国家级一流本科课程建设成果教材

"十二五"普通高等教育本科国家级规划教材

普通高等教育"十一五"国家级规划教材

面向21世纪课程教材

CHEMICAL REACTION ENGINEERING

化学反应工程

第六版

朱炳辰　李　涛　主编

化学工业出版社

·北京·

内容简介

本书共九章。绪论阐述了化学反应工程的基本研究方法和研究内容;第一章对化学反应工程所涉及的物理化学、热力学相关知识进行了梳理,并介绍了基本的工业反应器及设计基础;第二章阐述了气-固相催化反应本征及宏观反应动力学和传质过程对其的影响;第三章介绍了釜式和均相管式反应器中的基本反应规律及其优化;第四章讨论反应器中的停留时间分布规律及非理想流动;第五章~第九章分别针对工业应用的气-固相催化反应工程、气-液反应工程、流-固相非催化反应工程、流化床反应工程、气-液-固三相反应工程及其反应器作了系统的阐述。鉴于本科教学的学时数限制,建议在使用本书教学时,将第一章至第五章作为本科生教学内容,第六章至第九章供学有余力的学生拓展知识面或用于研究生教学。

本书为高等学校化学工程与工艺专业教材,也可供有关研究、设计和生产单位工程技术人员参考。

图书在版编目(CIP)数据

化学反应工程 / 朱炳辰,李涛主编. -- 6 版.
北京:化学工业出版社,2025. 5. --(“十二五”普通高等教育本科国家级规划教材)(普通高等教育“十一五”国家级规划教材)(面向 21 世纪课程教材). -- ISBN 978-7-122-47865-8

Ⅰ. TQ03

中国国家版本馆 CIP 数据核字第 2025BX0979 号

责任编辑:赵玉清
责任校对:王 静
装帧设计:张 辉

出版发行:化学工业出版社
　　　　　(北京市东城区青年湖南街 13 号　邮政编码 100011)
印　　装:北京云浩印刷有限责任公司
880mm×1230mm　1/16　印张 19¾　字数 592 千字
2025 年 7 月北京第 6 版第 1 次印刷

购书咨询:010-64518888
售后服务:010-64518899
网　　址:http://www.cip.com.cn
凡购买本书,如有缺损质量问题,本社销售中心负责调换。

定　　价:59.80 元　　　　　　　　　版权所有　违者必究

前言

　　《化学反应工程》第一版于 1993 年出版，获 1996 年全国高等学校化工类优秀教材二等奖和 1998 年化工科技进步三等奖。第二版于 1998 年出版，为上海普通高等学校"九五"重点教材，获 1999 年上海普通高等学校优秀教材一等奖。第三版经教育部化工类专业人才培养及课程内容体系改革的研究与实践项目组批准立项于 2001 年出版，获 2003 年上海市优秀教材一等奖。第四版 2007 年出版，被教育部评为普通高等教育"十一五"国家级规划教材，2008 年被评为教育部精品教材。第五版 2011 年出版，被评为"十二五"普通高等教育本科国家级规划教材。

　　本书作为化学反应工程课程的基础教材，同时也是化学工程与工艺相关专业本科生的专业核心课程教材。新版教材以《化学反应工程（第五版）》为基础，延续了化学反应工程基本原理及工业规模反应器理论的框架体系，除基本的理想反应器数学模型外，增加了自热式、绝热式、连续换热式等工业上常见的催化反应器数学模型的建立和求解，并以数字资源的形式在书中作为拓展内容，以供学有余力及对化学反应工程有较浓厚学习兴趣的同学，进一步拓宽和深入学习内容。同时，修订增加了部分习题参考答案，便于学生自我检验知识掌握程度。

　　化学反应工程属工程学科，用自然科学的原理考察、解释和处理工程实际问题。化学反应工程的研究方法是应用理论推演和实验研究工业反应过程的规律而建立的数学模拟方法，该方法结合工程实践的经验，应用于工程分析和设计，强调工程观念，提倡理论与实际的结合。旨在对学生进行定量计算和设计能力的训练，培养学生分析问题和解决问题的能力及创新精神。全书的主线是化学反应与动量、质量、热量传递交互作用的共性归纳综合的宏观反应过程，以及反应装置的工程分析和设计。

　　化学反应工程是化学工程与工艺专业的核心课程。化学工程作为一级工程技术学科就是要把化学实验室中的研究成果实现产业化，其关键就是进行科技成果的开发与放大工作。本课程的研究对象是化学反应过程和反应器，因此应向学生强调本课程是"反应工艺开发之斧，反应设备设计之模，反应过程放大之桥"。本教材在教学理念上重视如下三个结合。

　　① 化学工程与化学工艺相结合。化学反应工程的研究目的是实现工业反应过程与工业反应器的优化。化学工程着眼于反应过程与反应器中的传递过程，化学工艺着眼于反应过程与反应器中的化学反应，把两者结合起来才能有效地实现反应过程的开发放大与优化。

　　② 基本原理与反应器设计相结合。通过对《化学反应工程》的学习，学生既要掌握反应工程的基本原理，也要了解反应器的选型和设计。阐明原理是本课程的基础，讲述反应器数学模型是本课程的重点，两者必须很好地结合。要将基本原理中的化学动力学、返混、反应过程热量与质量传递、复合反应选择性与收率、反应器热稳定性等内容与间歇反应器、平推流反应器、全混流反应

器的数学模型紧密结合进行教学。

③ 反应影响与传递影响相结合。工业反应过程中化学反应的影响与传递过程（动量传递、热量传递、质量传递）的影响是本教材的基本内容。反应的影响与传递的影响是有机联系的，两者对反应过程开发、反应器放大都起重要作用。在使用本教材时，阐述均相反应过程、气-固相催化反应过程、气-液相反应过程、流-固相非催化反应过程时应处处向学生强调反应影响与传递影响的结合，并举出实例。

在使用本教材时，应将"方法论"作为教学重点。为使学生掌握化学反应工程的基本观点和工程方法，培养学生分析与解决工程问题的实际能力。在使用本教材时，特别强调"方法论"教学，结合主讲教师的科研实践，列举化工过程开发中的实例，通过科学分析，工程思维和优化措施，解决工程实际问题。在使用本教材进行教学阐述化学反应工程开发方法论时，向学生介绍"热力学与动力学相结合的研究方法""反应过程与传递过程相结合的分析方法""大型冷模与小型热模相结合的开发方法""数学模型与中间试验相结合的放大方法"，以增强学生分析问题和解决问题的能力。

本书共九章。绪论阐述了化学反应工程的基本研究方法和研究内容；第一章对化学反应工程所涉及的物理化学、热力学相关知识进行了梳理，并介绍了基本的工业反应器及设计基础；第二章阐述了气-固相催化反应本征及宏观反应动力学和传质过程对其的影响；第三章介绍了釜式和均相管式反应器中的基本反应规律及其优化；第四章讨论反应器中的停留时间分布规律及非理想流动；第五章～第九章分别针对工业应用的气-固相催化反应工程、气-液反应工程、流-固相非催化反应工程、流化床反应工程、气-液-固三相反应工程及其反应器作了系统的阐述。鉴于本科教学的学时数限制，建议在使用本书教学时，将第一章至第五章可作为本科生教学内容，第六章至第九章供学有余力的学生拓展知识面或用于研究生教学使用。

本书由华东理工大学朱炳辰，李涛主编。李涛、曹发海、钱炜鑫、张海涛、马宏方等分别负责各章节的编写；应卫勇教授对本书的编写提出了很多建设性的意见，华东理工大学的研究生参与了部分习题的编写和计算。同时，本书在编写过程中也得到了许多同行的宝贵意见，在此一并表示衷心的感谢！

由于作者水平有限，书中难免存在不妥和疏漏之处，敬请读者批评指正。

编者

2025 年 1 月

目录

绪　　论

○○ —— ○○ ○ ○○ ——————

一、物质转化过程工业中的化学加工

工业行业可以分为两大类：一类以物质转化为核心，从事物质的化学转化，生产新的物质产品，生产环节具有一定的不可分性，形成生产流程并多数连续操作，如石油加工、石油化工、煤化工、非金属矿与金属矿的化学加工、化肥、基本无机及有机化工、精细化工、高分子化工、生物化工等，可以统称为过程工业；另一类以物件的加工和组装为核心，不改变物质的内在形态，多属非连续操作，可以统称为装备与产品制造工业。

过程工业包含进行物理转化和化学转化两类过程。进行物理转化的过程，如流体输送、液体搅拌、固体的破碎、过滤、结晶、换热、蒸发、干燥、吸收、精馏、萃取、吸附、增湿、减湿及膜分离等单元操作。进行化学转化的过程，如按参与反应物质的相的类别来区分，可分为均相和多相（又称为非均相）反应，均相反应含气相反应和液相反应，而多相反应含液-液相反应、气-液相反应、液-固相反应、气-固相反应、固-固相反应和气-液-固三相反应。进行化学转化的过程，即化学反应过程，是产品生产的关键过程。在进行化学反应过程的装置或化学反应器中进行反应时，必然伴有放热或吸热的热效应。对于多相反应，必然存在处于不同相的物质间的质量传递。在反应装置中必然存在着流体流动或固体颗粒的流动，不同结构的反应器中，又存在着不同的流动形式。例如，进行气-固相的反应，有多种形式的反应器。①固定床反应器，在操作期间，固体颗粒以固定的形态放置在反应器中，气体反应混合物通过颗粒层流动与反应。②移动床反应器，固体颗粒逐渐自上而下流动，流出反应器外，并且同时补充固体。当固定床与移动床反应器中气体混合物沿着反应器的轴向流动时，称为轴向流动反应器；当反应气体沿反应器径向横穿过颗粒层时，称为径向流动反应器。显然，二者的流体流动形式有所区别，必然引起反应器有不同的结构设计。③流化床反应器，流化床反应器的特征是流体自下而上使颗粒在反应器中浮起而运动，流体和颗粒的物性不同，通过床层的流体流速不同，流化床可以在处于不同的流化状态下操作，对产物的产量和质量造成重大影响。

另外，气-固相催化反应中反应组分必须扩散到催化剂外表面，再扩散进入催化剂颗粒内部，方能与分布在催化剂内表面上的活性组分接触发生催化反应。催化剂颗粒的粒度及孔结构，必然影响反应组分在催化剂孔道中同时扩散与反应的反应速率。反应热由颗粒内部传至催化剂颗粒外表面，再与气相主体发生热量传递，气相的热量、质量传递过程速率必然与气体的流动状况有关。

综上所述，化学反应过程是一个综合化学反应与动量、质量、热量传递交互作用的宏观反应过程，这也就是 20 世纪初期国际化工学术界确立的"三传一反"的概念。

在书籍方面，1937 年 Damköhler[1] 在 "Der Chemie Ingenieur" 第三卷中写了扩散、流动与传热对化学反应收率影响的专章。1947 年 Франк-Каменецкий[2] 发表了论述化学动力学中扩散与传热的专著。

1947 年 Hougen 及 Watson[3] 所著《化学过程原理》第三卷专门讲述动力学与催化过程。上述著作都是早期讲述化学反应工程的开拓性学术专著。

　　1957 年第一次欧洲化学反应工程会议系统地总结并论述了上述有关宏观反应动力学及反应过程工程分析的若干基本问题，确定了"化学反应工程学"的名称。70 多年来，化学反应工程学有了很大的发展，成为"化学工程学"的重要学科分支，尤其是随着电子计算技术的应用、数值计算方法和现代测试技术的发展，化学反应工程的基础理论和实际应用都有了很大的飞跃。化学反应工程学广泛地应用了化学动力学、化工热力学、计算数学、现代测试技术、流体力学、传热、传质以及生产工艺、环境保护与安全、经济学等各方面的理论知识和经验，综合应用于工业反应器的结构和操作参数的设计和优化。图 0-1 概括地表达了化学反应工程学与有关学科间的关系。其中化学反应器，尤其是单系列大型及超大型高压反应器与机械工程中的金属材料、高压容器的设计和制造，甚至于超大型设备的运输等各方面存在着密切的依赖关系。

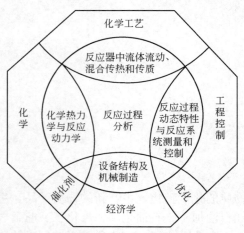

图 0-1　化学反应工程学与有关学科间的关系

二、化学反应工程与多尺度及多学科的联系

　　国内外学术界倡导物质转化过程中的时空多尺度（multiscale）效应[4]，归纳其要点如下：化工过程同时发生在很宽的时间尺度和空间尺度，即以分子振动的纳秒至污染物消失所需长达世纪的时间尺度。①纳尺度，即分子化学键振动的纳秒尺度及纳米尺度；②微尺度，即流体力学和传递中的滴、粒、泡、旋涡运动的微尺度；③介尺度，即反应器、换热器、分离器、泵等反应和单元操作的装置；④宏尺度，即生产单元和工厂；⑤宇尺度，即环境、大气、海洋、土壤。

　　以管式催化反应器中气-固相催化反应为例，反应物与催化剂的载体上所负载的活性组分间的分子反应属于纳秒及纳米尺度；反应组分在催化剂颗粒孔道内的扩散属于微尺度；反应组分连续流过长达数米的反应管的停留时间一般为 $10 \sim 10^3$ s，属于介尺度；反应器及有关原料制备和产物分离的装备组合成的生产单元和工厂属于宏尺度；而生产过程的污染物经历长时间才能消除属于宇尺度。

三、数学模拟方法

　　早期研究进行物理变化的化工单元操作的传统方法是经验归纳法，将实验数据用量纲分析和相似方法整理而获得经验关联式。这种方法在研究管道内单向流体流动的压力降、对流给热及不带化学反应的气-液两相间的传质等方面都得到了广泛的应用。由于化学反应工程涉及多种影响参数及参数之间相互作用的复杂关系，如化学反应与流体流动、传质、传热过程的相互交织，连续流动反应器中流体流动状况影响到同一截面反应物的转化率和选择率的不均匀性，化学反应速率与温度的非线性关系等，传统的量纲分析和相似方法已不能反映化学反应工程的基本规律。反映和描述工业反应器中各参数之间的关系，称为物理概念模型。表达物理概念模型的数学式称为数学模型，用数学方法来模拟反应过程的模拟方法称为数学模拟方法。用数学模拟方法来研究化学反应工程，进行反应器的放大与优化，比传统的经验方法能更好地反映其本质。

　　数学模型按处理问题的性质可分为化学动力学模型、流动模型、传递模型、宏观反应动力学模型。工业反应器中宏观反应动力学模型是化学动力学模型、流动模型及传递模型的综合，是本书所要讨论的核心内容。

　　例如气-固相催化反应过程，有三个层次的数学模型。①化学动力学模型，即反应组分在催化剂颗粒内表面上进行的催化反应动力学的模型，或称为本征动力学模型，其中有关分子振动的内容，是一般化学反应工程科技工作者没有条件也不必要进行研究的。但是，催化反应的本征动力学模型是最基础的模型，缺少时，应由反应工程工作者对所采用的工业催化剂进行在工业操作条件范围内、消除了扩散影响的本征反应速率测试，并经整理得出本征动力学模型方程，即可用于反应器设计和分析的等效模型。②颗粒宏观反应动力学模型，工业催化剂是具有一定粒度和形状的颗粒，反应组分和产物都必须在气流气体和颗粒外表面间扩散，然后在催化剂内进行同时扩散与反应的催化反应过程，某些反应热大的反应，还会造成催化剂颗粒内的温度分布。这些过程与催化剂的粒度、孔结构和本征动力学、反应温度和压力、气体混合物的物理性质和气体流动状态有关。上述以催化剂颗粒为基础的反应动力学称为颗粒宏观反应动力学。③反应器或床层宏观反应动力学模型，即使是固定床催化反应器，气体与固定床中的颗粒间的相对流动状态是最简单的，但还存在例如气体入口及出口部件对床层内气体分布的影响。管式固定床反应器由于管径与颗粒直径比较小的壁效应而影响径向流体分布，并且存在管内流化床与管外载热体换热而形成的径向温度和浓度分布等问题。此外，还存在催化剂在使用过程中会由于各种原因逐渐失去活性，气体混合物中某些固体粉末或催化剂粉化沉积在固定床的颗粒间等问题。上述这些因素综合起来，称为反应器或床层宏观反应动力学。

对于气-固流化床反应器，气-固两相的流动，造成流化床反应器轴向及径向催化剂颗粒和气体流速、温度、压力及浓度的很大的不均匀性和复杂性，在颗粒宏观反应动力学的基础上再考虑反应器或床层宏观反应动力学时还有许多研究工作有待深入。

各种工业反应过程的实际情况是复杂的，尤其是反应器内流体和固体的运动状况及多孔固相催化剂和固相反应物颗粒内的物理结构和宏观反应过程，一方面由于对过程还不能全部地观测和了解；另一方面由于数学知识和计算手段的限制，用数学模型来完整地、定量地反映事物全貌目前还不能实现。因此，将宏观反应过程的规律进行去粗取精的加工，根据主要的矛盾和矛盾的主要方面，并在一定的条件下将过程合理简化，是十分必要的。简化是数学模拟方法的重要环节。合理地简化模型要达到以下要求：①不失真；②能满足应用的要求；③能适应当前实验条件，以便进行模型鉴别和参数估值；④能适应现有计算机的运算能力。

数学模型的建立是通过实验研究得到的对于客观事物规律性的认识，并且在一定条件下进行合理简化的工作。不同的条件下其简化内容是不相同的，各种简化模型是否失真，要通过不同规模的科学实验和生产实践去检验和考核，对原有的模型进行修正，使之更为合理。

数学模型大都是各种形式的联立代数方程、常微分方程、偏微分方程或积分方程组。这些方程组往往难以求得解析解，但由于发展了各种数值计算方法和电子计算机运算能力的提高，给定边界条件和有关数据及操作条件后，可以在计算机上迅速求取数值解，便于进行多方案评比及优化计算，这些都是数学向化学反应工程渗透而获得的成果。

四、工程放大与优化

以往将实验室和小规模生产的研究成果推广到大型工业生产装置，要综合各方面的有关因素提出优化设计和操作方案，即"工程放大和优化"，难度比换热等物理过程大得多，需要经历一系列的中间试验，通过中间试验来考核不同规模的生产装置能否达到小型试验所预期的效果。中间试验不仅耗费大量的人力、物力和财力，并且试验的周期相当长，一般要三五年甚至更长一些，这就会延误大型装置的建设。如果没有掌握反应过程的规律，未能从分析反应器结构和各种参数对反应过程的影响中找到关键所在，即使小规模试验成功，而较大规模的生产试验往往会失败。因此，要求尽可能地掌握反应过程的基本规律，尽可能地减少中试的层次和增加放大的倍数。人们在实践中提出了各种化工生产的工程放大方法，主要有相似放大法、经验放大法和数学模拟放大法，并不断地改进工程放大和优化的方法。

生产装置以模型装置的某些参数按比例放大，即按相同准数对应的原则放大，称为相似放大法。例如，按照设备的几何尺寸比例放大，称为几何相似放大；按照量纲分析得出的准数来比拟，如按照表征流体流动的雷诺数相同放大，称为准数相似放大。由于工业反应装置中化学反应过程与流体流动过程、热量及质量传递过程交织在一起，而它们之间的关系又是非线性的，用单一的相似放大法无法在保持反应器内物理相似的同时满足化学相似，因而顾此失彼而失败。

经验放大法是按小型生产装置的经验计算或定额计算，即在单位时间内，在某些操作条件下，由一定的原料组成来生产规定质量和产量的产品。对于某些过程简单的反应器，如搅拌反应器内进行单一液相均相反应，而物料又是通过一般搅拌易于达到均匀的物质，在机械制造许可的条件下，大倍数的放大还可奏效。对于某些气-固相催化反应器，积累了多年的操作经验，可以采用经验放大法，如根据催化反应的空间速度放大、按单管的根数放大。如果放大倍数不太大，这种经验放大法还可用以放大设计。如果放大倍数太大，即使对于结构简单的单段或多段绝热型固定床催化反应器，由于反应器直径放大后，催化剂床层高度与反应器直径比变得相当小，也会由于反应气体的分布情况恶化而导致达不到预期的效果。

如果要求通过改变反应过程的操作条件和反应器的结构来改进反应器的设计，或者进一步优化反应器的操作方案，经验放大法是不适用的，应该用数学模拟放大法。数学模拟放大法比传统的经验方法能更好地反映反应过程的本质，可以增加放大倍数，缩短放大周期，可以根据数学模拟方法来评比各类反应器的结构及预期所达到的效果，从而寻求反应器的优化设计。此外，用数学模型还可以研究反应过程中操作参数改变时反应装置的行为，从而达到操作优化，而某些参数的改变往往是工业中难以实现或具有破坏性质的。因此，数学模拟放大法既是进行工程放大和优化设计的基础，也是制定、优化操作和控制方案的基础。

用数学模拟方法进行工程放大及寻求优化，能否精确地进行预计，取决于数学模型是否失真，也取决于过程中各种影响参数间的相互关系的复杂性。由于反应过程中存在许多复杂的因素，建立合适的数学模型并不是轻而易举的事。

对于某些参数之间关系复杂的反应器，如气-固流化床，待突破的技术瓶颈主要是多相湍流的速度场、浓度场和温度场的试验研究和模拟方法。要进行大型冷模试验研究和反应器的热模试验研究，并依靠测量技术的发展及开发新测量仪器和探头，以进一步检验和修正气-固流化床中诸多有关微尺度与反应之间的"三传一反"规律，取得可靠的能反映过程实质的数学模型。装置投产后，还应从生产实践进一步检验数学模型。

上述用数学模拟放大方法来设计或开拓新的生产过程，可以用图 0-2 来表示。

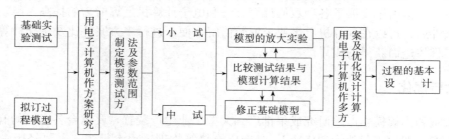

图 0-2　数学模拟放大方法示意图

我国众多的学术界及工业界的科学技术工作者在充分开展有关反应过程的化学反应特征、催化剂的组成和制备方法研究、工程设计及宏观反应动力学研究的基础上，通过实验及理论分析，运用数学模拟方法，成功地开发了多种具有我国特色的反应过程及反应器。例如流态化催化裂化工业装置，流化床丙烯腈合成，流化床萘氧化制苯酐反应器，固定床径向及轴径向氨合成、甲醇合成、丁烯氧化脱氢、乙苯脱氢等多种形式的催化反应器，轻质烃热裂解炉，高温煤气化炉，湿法冶金中的气体提升搅拌反应器，三相床 1,4-丁炔二醇炔化反应器，丙烯氯醇化制备环氧丙烷的气-液反应器，活化 MDEA 溶液脱除二氧化碳过程开发，环氧丙烷水合反应制丙二醇反应器等。应予强调的是，流体力学和流场结构的研究是许多新型反应器的理论基础，如径向及轴径向固定床反应器、气流床水煤浆及粉煤气化炉；高温辐射传热理论是天然气蒸气转化炉的基础；流化床中的流体力学、传热、传质及流体分布和固体颗粒分布、流-固分离构件又是各种新型流化床反应器的基础。

　　由于化学反应工程学是涉及多尺度的学科，即催化剂和固相颗粒、液滴、气泡等微尺度，各种反应器的介尺度和生产单元的宏尺度，每扩大一个尺度，就相应地扩大了与图 0-1 所示的多学科的相互联系。因此化学反应工程必须与化学、生产工艺、机械设备、工程控制及经济等多学科相互结合，在科学发展观的指导下，促进反应过程、装备和生产工艺的不断发展、深化和优化。

　　关于化工产品的原料路线、生产方法、流程设置、生产规模及有关原料组成、转化率、选择率等操作条件等方面的确定和优选主要是有关工艺学运用科学发展观和系统工程的观点所讨论的问题，不是本书所阐述的内容，但是化学反应工程必须与化学工艺相互结合，反应器的结构选型和操作条件必须立足于化学工艺。某些有关化学反应工程深化的内容或特殊的反应器的分析将在研究生的有关反应工程课程或专门著作中讨论。

参考文献

[1] Damköhler G. Der Chemie-Ingenieur//Eucken A，Jakob M. Band Ⅲ. Akat Verlagsges，1937；Int Chemical Engineering，1988，28（1）：132-198.

[2] Франк-Каменецкий. Диффуэия и Теплопередача В хинической кинетике. Йэд. АНСССР，1947.

[3] Hougen O A，Watson K M. Chemical Process Principles：Vol 3. Kinetics and Catalysis. New York：Wiley，1947.

[4] 郭慕孙，胡英，王樵，等. 物质转化过程中的多尺度效应. 哈尔滨：黑龙江教育出版社，2002.

第一章　应用化学反应动力学及反应器设计基础

○○ —————— ○○　○　○○ ——————

　　本章在回顾物理化学、化工热力学等教材有关内容的基础上，阐述物质转化工业过程中化学反应和工业反应器的分类、单一及多重气相反应的化学计量学、加压下气相反应的反应焓和化学平衡常数、化学反应速率的表达方式、温度对反应速率常数及反应速率的影响，并强调化学反应器的设计要以化学反应的特性和生产工艺为基础。

第一节　化学反应和工业反应器的分类

　　为了研究物质转化工业过程中化学反应过程的共同规律，有必要将化学反应分类，一种是按照反应的化学特性或反应过程进行的条件分类；另一种是按化学反应的功能分类，即化学反应单元分类。

一、化学反应的分类

　　化学反应按反应的化学特性分类［表 1-1 之（一）］，或按反应过程进行的条件分类［表 1-1 之（二）］，后一种分类方法主要是计入了工业反应的特点。

表 1-1　化学反应的分类

（一）按反应的化学特性分类	
反应机理	①单一反应；②多重反应(平行反应、连串反应、连串-平行反应、集总反应)
反应的可逆性	①可逆反应；②不可逆反应
反应分子数	①单分子反应；②双分子反应；③三分子反应
反应级数	①一级反应；②二级反应；③三级反应；④零级反应；⑤分数级反应
反应热效应	①放热反应；②吸热反应
（二）按反应过程进行的条件分类		

均相	催化反应	①气相反应；②液相反应
	非催化反应	
多相	催化反应	①液-液相反应；②气-液相反应；③液-固相反应；④气-固相反应；⑤固-固相反应；⑥气-液-固三相反应
	非催化反应	
温度		①等温反应；②绝热反应；③非绝热变温反应
压力		①常压反应；②加压反应；③减压反应

续表

（二）按反应过程进行的条件分类	
操作方法	①间歇过程；②连续过程（平推流、全混流、中间型）；③半间歇过程
	①定态过程；②非定态过程
流动模型	①理想流动模型（平推流，全混流）；②非理想流动模型

注：本教材讨论的反应大多数是连续过程中的多相反应。

化学反应按功能的共性分类，即按化学反应单元分类，见表 1-2[1]。

表 1-2 中所列同一类单元中不同的反应在反应工程原理和生产装置中有许多共性，如氮的催化加氢合成氨与一氧化碳加氢合成甲醇，如苯的磺化与萘的磺化等反应。按化学反应单元分类，便于进行反应过程的工程分析与反应器设计。

表 1-2　按化学反应单元分类

氧化	二氧化硫催化氧化制硫酸，氨催化氧化制硝酸，乙烯氧化制环氧乙烷，丙烯胺氧化制丙烯腈，乙烯络合催化氧化制乙醛，甲苯液相氧化合成苯甲酸等
加氢和脱氢	氮催化加氢合成氨，苯催化加氢制环己烷，乙苯催化脱氢制苯乙烯，正丁烯催化氧化脱氢制丁二烯，一氧化碳催化加氢制甲醇等
电解	食盐水电解制氯和氢，水电解制氧和氢，熔融氢氧化钠电解制金属钠，丙烯腈电解制己二腈，有色金属的水溶液电解和熔盐电解等
化学矿的焙烧	氧化焙烧，硫酸化焙烧，氯化焙烧，还原焙烧。如硫铁矿氧化焙烧，金红石矿氯化焙烧制四氯化钛，重晶石与煤粉的还原焙烧制硫化钡
化学矿的浸取	酸浸取，碱浸取，盐浸取。如硫酸浸取磷矿制磷酸，钾石盐溶浸法制氯化钾，明矾石氨浸法制钾氮混肥，铜锌矿的酸浸取，铀矿的碱浸取等
有机化工	烃类热裂解，氧化，烷基化，水解和水合，羰基合成。如轻质烃热裂解制低级烯烃，乙烯氯氧化制氯乙烯，苯与乙烯烷基化反应合成苯乙烯，油脂水解制甘油和脂肪酸，乙烯水合制乙二醇，甲醇低压羰基化合成醋酸
煤化工	煤的干馏，煤的气化，煤制油，煤制化工品，煤炭多联产，如：煤的高温、低温干馏，粉煤气化，直接、间接制油，煤制碳素产品，煤电联产。
精细化工	磺化，硝化，卤化，重氮化，酯化，胺化，缩合。如苯、萘的磺化，苯硝化制硝基苯，氨基苯甲酸的重氮化，醇与酸的酯化，硝基苯气相加氢制苯胺
聚合	缩聚，加成聚合，自由基聚合，离子型聚合，配位聚合，开环聚合，共聚
生物化工	酶工程，淀粉制糖，培养基灭菌，生物质分离纯化。如：抗生素生产，微生物酶制剂生产，氨基酸发酵，多糖发酵，类胡萝卜素生产，维生素发酵，丙酮丁醇发酵，葡萄酒酿造等

许多重要的工业反应过程是复杂的含有多种反应单元和多重反应体系的多相反应。

例如，煤的气化过程主要包括：碳的燃烧和部分燃烧、加氢气化和与水蒸气反应等气-固相反应，一氧化碳的水气变换及甲烷化的气相反应和热裂解反应。

例如，石油加工中的催化裂化过程主要包括：裂化、异构化、环化、烷基化、缩合等反应单元；加氢裂化过程主要包括：加氢、裂化、异构化、环化等反应单元，都是含有多种不同的化学反应单元的复杂的多重反应体系。催化裂化和加氢裂化过程中有关的反应工程的内容都是本教材所关注的。

二、工业反应器的分类

工业反应器可按不同的方式分类，即：①操作方法；②流动模型；③结构类型。

1. 按操作方法分类

按操作方法的特征，反应器可分为：①间歇反应器；②管式及釜式连续流动反应器；③半间歇反应器。按操作方法分类的反应器如图 1-1 所示。

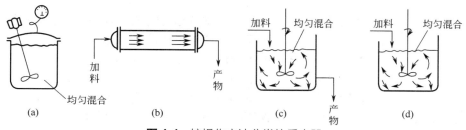

图 1-1　按操作方法分类的反应器
（a）釜式间歇反应器；（b）管式连续流动反应器；（c）釜式连续流动反应器；（d）半间歇反应器

在间歇过程中，反应物一次加入反应器，经历一定的反应时间达到所要求的转化率后，产物一次卸出，生产是分批进行的。在反应期间，反应器中没有物料进出。如果间歇反应器中的物料由于搅拌而处于均匀状态，则反应物系的组成、温度、压力等参数在每一瞬间都是一致的，但随着操作时间或反应时间而变化，故独立变量为时间。典型的间歇反应器为加压的釜式反应器，见图 1-1(a)。如果在常压下操作，常称为槽式反应器。釜式反应器中安装有搅拌装置，釜式反应器的高度一般与直径相等或稍高。在间歇操作过程中，除了需要一定的反应时间外，还需要加料、出料、清洗等辅助时间。

釜式或槽式反应器广泛用于含液相反应物料的系统，如精细合成中的液-液均相及液-液非均相反应；有色冶金及化学矿加工中的液-固相反应；生物反应中微生物的分批发酵的气-液反应；聚合物生产中的乳液及悬浮液聚合等过程。

在连续过程中，反应物连续不断地加入反应器，同时产物连续不断地流出反应器，如果在定态下操作，反应物进料时的组成和流量不随时间而变，产物的组成和流量也不随时间而变。连续流动反应器一般有管式及釜式两种，管式反应器的长度与直径之比远大于釜式。气态及液态低碳烃的高温热裂解采用管式连续流动反应器，见图 1-1(b)；如果搅拌釜式反应器中流体连续不断地进料和出料，也可在定态下操作，属于釜式连续流动反应器，见图 1-1(c)。如果搅拌釜式反应器中液相反应物 A 先置放在反应器中，在一定温度和压力下，反应物 B 连续加入反应器，反应产物保留在反应釜中，即半间歇反应器，见图 1-1(d)。显然，连续流动反应器属定态操作，而半间歇反应器处于非定态操作。

2. 按流动模型分类

连续流动过程中流体物料不断流入而又连续不断地流出反应器，同时进入反应器的流体物料中不同质点或粒子在反应器中的停留时间不一定相同。流体的质点或粒子代表一堆分子所组成的流体，它的体积比反应器的体积小到可以忽略，但其中所包含的分子足够多，具有确切的统计平均性质，如组成、温度、压力、流速等。

流体在反应器中流动时存在流速分布不均匀的现象，如由于反应器设计或安装不良而产生死角、沟流和短路等非理想流动，见图 1-2。不同的质点在反应器中的停留时间不同，形成停留时间分布（residence time distribution，RTD）。有两种不同的停留时间分布，即寿命分布（life distribution）和年龄分布（age distribution）。寿命是反应器出口处质点的年龄。寿命分布是指质点从进入到离开反应器时的停留时间分布；年龄分布是指仍然停留在反应器中的质点的停留时间分布。反应器中不同年龄的质点的混合称为返混。

在连续反应过程中返混是一个重要的工程概念。返混又称为逆向混合，逆向是时间概念上的逆向，不同于一般搅拌混合。对于间歇反应器，虽然反应器中的物料被搅拌均匀，但在反应器中并不存在时间概念上的逆向混合，它既是同一时间进入反应器的物料之间的混合，也是浓度、温度等参数相同的物料之间的混合。在釜式连续流动反应器中，反应物料的参数随空间位置而变，不同空间位置的物料存在倒流、错流与回流，从而使不同年龄的质点混合，产生返混。

（1）流动模型　流动模型是连续流动反应器中流体流经反应器的流动规律的模型，对各种流动模型

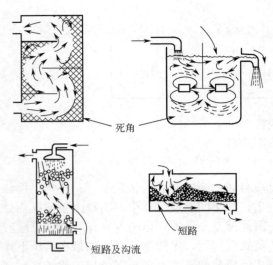

死角

短路及沟流

短路

图 1-2　反应器中存在的几种非理想流动

进行的数学描述即流动的数学模型。连续流动反应器中流体流动模型从返混情况可以分为理想流动模型和非理想流动模型。理想流动模型又有两种极限情况：完全没有返混的平推流反应器（plug flow reactor，PFR）和返混为极大值的全混流反应器（mixed flow reactor，MFR）。非理想流动模型是实际工业反应器中流体流动状况对理想流动偏离的描述。对于实际工业反应器，在测定停留时间分布基础上，可以确定非理想流动模型参数，表达对理想流动的偏离程度，此内容将在本书第四章讨论。

（2）平推流模型　平推流模型亦称活塞流模型或理想置换模型，如图 1-1(b) 所示，是一种返混量为零的理想流动模型。它假设反应物料以稳定流量流入反应器，在反应器中平行地像汽缸活塞一样向前移动。它的特点是，沿着物料的流动方向，物料的温度、浓度不断变化，而垂直于物料流动方向的任一截面（又称径向平面）上物料的所有参数，如浓度、温度、压力、流速都相同，因此，所有物料质点在反应器中具有相同的停留时间，反应器中不存在返混。长径比很大，流速较高的管式反应器中的流体流动可视为平推流。

（3）全混流模型　全混流模型亦称理想混合模型或连续搅拌釜（槽）式反应器（continuous stirred tank reactor，CSTR）模型，如图 1-1(c) 所示，是一种返混程度为无穷大的理想流动模型。它假定反应物料以稳定流量流入反应器，刚进入反应器的新鲜物料与存留在反应器中的物料瞬间达到完全混合。反应器中所有空间位置的物料参数都是均匀的，而且等于反应器出口处的物料性质，即反应器内物料浓度和温度均匀，与出口处物料浓度和温度相等。物料质点在反应器中的停留时间参差不齐，有的很短，有的很长，形成停留时间分布。搅拌强烈的连续搅拌釜（槽）式反应器中的流体流动可视为全混流。

3. 按结构类型分类

按反应器的结构类型分类见表 1-3。

表 1-3　工业反应器的结构类型与特征

类　型	适用的反应	特　征	生　产　举　例
釜（槽）式，单级或多级串联	液相，液-液相，液-固相，气-液相，气-液-固三相	适用性强，操作弹性大。连续操作时温度、浓度易控制，返混严重	苯的硝化，氯乙烯聚合，矿石的湿法加工，油脂加氢，有机物的氧化，微生物的发酵
均相管式	气相，液相	比传热面大，长径比很大，压降大，接近平推流	轻质烃的裂解
填料塔	气-液相	结构简单，压降小，填料装卸麻烦，返混小	化学吸收，有机物的氧化，气体净化
板式塔	气-液相	逆流接触，流速有限制，返混小，可在板间另加换热面	苯连续磺化，异丙苯氧化，氨盐水碳酸化
喷雾塔	气-液相快速反应	结构简单，流体表面积大，气流速度有限制	高级醇的连续磺化
固定床	气-固相催化（绝热式或连续换热式）	催化剂不易磨损，但装卸难，传热控温不易，接近平推流	氨合成，乙苯脱氢，乙烯氧化合成环氧乙烷，甲烷蒸气转化
流化床	①气-固相（催化及非催化）；②液-固相（非催化）	传热好，易控温，粒子易输送，但易磨损，操作条件限制较大，返混较大	①石油催化裂化，萘氧化制苯酐，丙烯氨氧化制丙烯腈，矿石高温焙烧加工，煤气化，F-T 合成；②矿粒的化学浸润和洗涤，絮凝酵母酿造啤酒，含重金属污水电极法处理

续表

类　型	适用的反应	特　征	生　产　举　例
气流床	气-固相	固体颗粒细小,气流流动情况复杂	煤的高温气化
滴流床	气-液-固三相	催化剂带出少,要求气、液分布均匀,温度调节较难	丁炔二醇合成,馏分油加氢
鼓泡淤浆床	气-液-固三相(催化及非催化)	固相在液相中悬浮,气相连续流入及流出反应器	F-T 合成,甲醇及二甲醚三相床合成,有色金属的浸取,油脂催化加氢
三相流化床	气-液-固三相(催化及非催化)	固相在液相中悬浮,液相和气相连续进入及流出反应器	煤的直接加氢液化
回转筒式	气-固相,固-固相	粒子返混小,相接触面小,传热效能低	矿石热加工,十二烷基苯的磺化
螺旋挤压机式	高黏度液相	停留时间均一,传热难	聚甲醛及氯化聚醚的生产

第二节　化学计量学

一、化学计量式

化学计量学是研究化学反应系统中反应物和产物组成变化关系的一种数学方法。化学计量学的基础是化学计量式,化学计量式与化学反应方程式不同,后者表示反应的方向,而前者表示参加反应的各组分的数量关系,所以采用等号代替化学反应方程式中表示反应方向的箭头。习惯上规定化学计量式等号左边的组分为反应物,等号右边的组分为产物。

化学计量式的通式可表示为

$$\nu_1 A_1 + \nu_2 A_2 + \cdots = \cdots + \nu_{n-1} A_{n-1} + \nu_n A_n \tag{1-1}$$

或

$$-\nu_1 A_1 - \nu_2 A_2 - \cdots + \nu_{n-1} A_{n-1} + \nu_n A_n = 0 \tag{1-2}$$

或

$$\sum_{i=1}^n \nu_i A_i = 0 \quad (i=1,2,\cdots,n) \tag{1-3}$$

式中,A_i 为组分 A_i(简称组分 i);ν_i 为组分 i 的化学计量数。

如果反应系统中存在 m 个反应,则第 j 个反应的化学计量式的通式可写成

$$\nu_{1j} A_1 + \nu_{2j} A_2 + \cdots = \cdots + \nu_{(n-1)j} A_{n-1} + \nu_{nj} A_n \tag{1-4}$$

或

$$\sum_{i=1}^n \nu_{ij} A_i = 0 \quad (j=1,2,\cdots,m) \tag{1-5}$$

式中,ν_{ij} 为第 j 个反应中组分 i 的化学计量数。

二、反应进度、转化率及化学膨胀因子

1. 反应进度 (extent of reaction)

对于单一反应
$$\nu_A A + \nu_B B \Longrightarrow \nu_L L + \nu_M M \tag{1-6}$$

各组分初态物质的量(mol),分别为 n_{A0}、n_{B0} 及 n_{L0}、n_{M0};"某一状态"反应物质的量(mol),分别为 n_A、n_B 及 n_L、n_M。由化学计量关系可知

$$-\frac{n_A - n_{A0}}{\nu_A} = -\frac{n_B - n_{B0}}{\nu_B} = \frac{n_L - n_{L0}}{\nu_L} = \frac{n_M - n_{M0}}{\nu_M} = \xi \tag{1-7}$$

式(1-7)中反应物的 $n_A - n_{A0}$ 为负值,而产物的 $n_L - n_{L0}$ 为正值,ξ 称为"反应进度"。初态时,

反应进度 $\xi = 0$，而"某一状态"即反应进度为 ξ 的状态。反应进度 ξ 与 n_i 具有相同的单位，即为 mol。由于 ξ 的定义与化学计量数 ν_i 有关，使用时必须表明具体的反应计量式。式(1-7)亦可写成

$$\pm(n_i - n_{i0}) = \pm\Delta n_i = \nu_i \Delta\xi \tag{1-8}$$

当组分 i 为反应物时，$\pm(n_i - n_{i0})$ 取负号；组分 i 为产物时，取正号。

由此可见，知道反应进度即可知道所有反应物及产物的反应量（mol）。

2. 转化率 (conversion)

反应物 A 的反应量 $(-\Delta n_A)$ 与其初态量 n_{A0} 之比称为转化率，用符号 x_A 表示，即

$$x_A = \frac{n_{A0} - n_A}{n_{A0}} = \frac{-\Delta n_A}{n_{A0}} \tag{1-9}$$

工业反应过程的原料中各反应组分之间往往不符合化学计量数关系，通常选择不过量的反应物计算转化率，这样的组分称为关键组分（key component）。

3. 化学膨胀因子 (chemical expansion factor)

在等温等压下进行气相均相反应或气-固相催化反应的连续系统中，反应前后气体物质总的化学计量数 $\sum\nu_i = (\nu_L + \nu_M) - (\nu_A + \nu_B)$ 有所变化的反应必然引起连续系统中反应气体混合物体积流量的改变，所以瞬时体积流量 V 应等于初态体积流量 V_0 加上化学反应所引起的体积流量的变化。若以 c_{A0}、c_{B0} 及 c_{i0} 分别表示组分 A、B 及惰性组分 i 且不含产物的初态浓度，则

$$V = V_0 + \left(\frac{c_{A0} x_A \delta_A}{c_{A0} + c_{B0} + c_{i0}}\right) V_0 \tag{1-10}$$

其中 δ_A 为组分 A 转化 1mol 时，反应物系增加或减少的量，称为化学膨胀因子，即

$$\delta_A = \frac{1}{\nu_A}[(\nu_L + \nu_M) - (\nu_A + \nu_B)] = \frac{\sum\nu_i}{\nu_A} \tag{1-11}$$

由式(1-11)，式(1-10)可写成

$$V = V_0(1 + \delta_A y_{A0} x_A) \tag{1-12}$$

式中，y_{A0} 为组分 A 的初态摩尔分数。

组分 A 的瞬时浓度 c_A 也可根据下式进行转换，即

$$c_A = \frac{N_A}{V} = \frac{N_{A0}(1 - x_A)}{V_0(1 + \delta_A y_{A0} x_A)} \tag{1-13}$$

式中，N_{A0}、N_A 分别为组分 A 的初态摩尔流量及瞬时摩尔流量，mol/s。

三、多重反应系统中独立反应数的确定

单一反应（single reaction）可以通过参数转化率将反应过程中任何两个组分关联，但多重反应（multiple reactions）体系需要多个参数才能进行关联。参数的数目应等于独立反应数。

例如，CO、CO_2、H_2、CH_3OH 和 H_2O 五个反应组分可以写出三个反应方程，即

$$CO + 2H_2 \rightleftharpoons CH_3OH$$
$$CO_2 + 3H_2 \rightleftharpoons CH_3OH + H_2O$$
$$CO_2 + H_2 \rightleftharpoons CO + H_2O$$

不难看出，第一式与第三式相加即为第二式，成为线性相关反应，上述系统中明显地只存在着两个独立反应，即只存在着两个关键组分。根据两个关键组分和两个独立反应便可以进行反应系统的物料衡算和化学平衡计算，至于选取哪两个组分作关键组分往往要根据组分在反应物系中的作用及组成的分析方便和精确性而定。但是上述反应过程究竟根据哪两个独立反应来进行，即反应模式如何，要根据反应动力学的研究来确定，如使用同位素标记物或根据动力学数据进行筛选。

可以采用原子矩阵法来确定独立反应数[2]。原子矩阵法的基本根据是封闭物系中各个元素的原子数目守恒。设反应物系中含有 n 个反应组分 A_1、A_2、$\cdots$、A_n，它们之中共包含 l 种元素。若 β_{ji} 为组分 A_i 的分子式中元素 j 的系数，n_i 为组分 A_i 的量（mol），则反应物系中元素 j 的原子数 b_j 为

$$\sum_{i=1}^{n} \beta_{ji} n_i = b_j, \quad j=1,2,\cdots,l \tag{1-14}$$

写成 $l \times n$ 阶的系数矩阵 $[\beta_{ji}]$，即

$$[\beta_{ji}] = \begin{bmatrix} \beta_{11} & \beta_{12} & \cdots & \beta_{1n} \\ \beta_{21} & \beta_{22} & \cdots & \beta_{2n} \\ \vdots & \vdots & & \vdots \\ \beta_{l1} & \beta_{l2} & \cdots & \beta_{ln} \end{bmatrix} \tag{1-15}$$

系数矩阵 $[\beta_{ji}]$ 又称为原子矩阵。如果原子矩阵的秩等于 R_β，则由线性代数的定理可知，方程组的自由未知量应为 $n-R_\beta$，也就是关键组分数或独立反应数等于 $n-R_\beta$。

【**例 1-1**】　反应物系中包含下列反应组分：CH_4、H_2O、CO、CO_2 及 H_2，求独立反应数及可能的反应方程式。

解　将这个物系写成

$[(CO_2，H_2O，H_2，CH_4，CO)(H，C，O)]$

前面的括号表示反应组分，后面的括号表示所含的元素。

写出原子矩阵

$$\begin{array}{cccccc} & CO_2 & H_2O & H_2 & CH_4 & CO \\ [\beta_{ji}] = & \begin{bmatrix} 0 & 2 & 2 & 4 & 0 \\ 1 & 0 & 0 & 1 & 1 \\ 2 & 1 & 0 & 0 & 1 \end{bmatrix} & & & & \begin{matrix} H \\ C \\ O \end{matrix} \end{array}$$

将 $[\beta_{ji}]$ 进行初等变换，可得

$$\begin{array}{cccccc} & H_2 & CO_2 & H_2O & CH_4 & CO \\ & \begin{bmatrix} 1 & 0 & 0 & 4 & 1 \\ 0 & 1 & 0 & 1 & 1 \\ 0 & 0 & 1 & -2 & -1 \end{bmatrix} & & & & \begin{matrix} H \\ C \\ O \end{matrix} \end{array}$$

由此可知，矩阵 $[\beta_{ji}]$ 的秩为 3，而反应组分数为 5，因此独立反应数等于 $5-3=2$。

若选定 CH_4 及 CO 为关键组分，可得出可能的反应方程式为

$$CH_4 + 2H_2O \rightleftharpoons CO_2 + 4H_2$$

$$CO + H_2O \rightleftharpoons CO_2 + H_2$$

四、多重反应的收率及选择率

对于单一反应，反应物的转化率即产物的生成率，对于多重反应则不然。多重反应按其中各个反应间的相互关系，主要可分为同时反应、平行反应、连串反应和平行-连串反应。一般将形成所需要的主要产物的反应，或某一产物的反应速率较快而产量也较多的反应称为主反应，其他的反应称为副反应。

反应系统中同时进行两个或两个以上的反应物与产物都不相同的反应称为同时反应，如

$$A \xrightarrow{k_1} L, \quad B \xrightarrow{k_2} M$$

一种反应物同时形成多种产物，称为平行反应，如

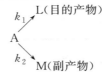

氨与氧反应可能生成一氧化氮、氧化亚氮和氮，属于平行反应，选择合适的催化剂，并在一定的条件下反应，可使生成一氧化氮的主反应的选择率达 $0.97\sim0.98$。

如果反应先形成某种中间产物，中间产物又继续反应形成最终产物，则称为连串反应，如

$$A \xrightarrow{k_1} L \xrightarrow{k_2} M$$

一氧化碳加氢生成甲醇时，生成的甲醇还可形成二甲醚，这是连串反应。乙烯催化氧化制环氧乙烷过程中，乙烯氧化生成环氧乙烷，乙烯和生成的环氧乙烷都可以深度氧化成二氧化碳及水，这是平行-连串反应。

对于多重反应，除了反应物的转化率的概念外，还必须有目的产物的收率（yield）的概念，收率以 Y 表示，其定义如下

$$Y = \frac{\text{生成目的产物所消耗的关键组分的量（mol）}}{\text{进入反应系统的关键组分的量（mol）}} \tag{1-16}$$

如 ν_A 和 ν_L 分别表示关键反应物 A 及目的产物 L 的化学计量数，则收率又可表示为

$$Y = \frac{\nu_A}{\nu_L} \times \frac{\text{目的产物 L 生成的量（mol）}}{\text{进入反应系统的关键组分 A 的量（mol）}} \tag{1-17}$$

为了表达已反应的关键组分有多少生成目的产物，常用选择率（selectivity）的概念，选择率用 S 表示，其定义如下

$$S = \frac{\text{生成目的产物所消耗的关键组分的量（mol）}}{\text{已转化的关键组分的量（mol）}} \tag{1-18}$$

结合式(1-9)、式(1-17) 及式(1-18)，可得

$$Y = Sx \tag{1-19}$$

多重反应系统中，组分 i 在各个有关反应中有各自的反应进度，它的总反应量等于在各个有关反应中所作贡献的代数和。

五、气相反应的物料衡算

气相反应混合物的组成常用各组分在混合物中的摩尔分数表示。当化学反应式显示反应过程中气体物质 $\sum \nu_i \neq 0$ 时，反应前后各组分的组成（或摩尔分数）的变化必须根据化学计量式所显示的物料衡算关系式确定。

【例 1-2】 氨合成反应的物料衡算。

解　氨合成反应是 $\sum \nu_i < 0$ 的反应，反应后气体组成和初态或氨分解基组成（所有的氨分解成氢和氮）可以通过物料衡算来计算。取 n_{T0} mol 的氨分解基气体为基准，氨分解基气体混合物中氢、氮、甲烷及氩的摩尔分数分别用 $y_{H_2}^0$、$y_{N_2}^0$、$y_{CH_4}^0$ 及 y_{Ar}^0 来表示。反应后气体混合物共有 n_T mol，n_{NH_3} 为反应生成氨的物质的量（mol）。氨分解基与反应后气体组成的物料衡算，见表（例 1-2-1）。

表（例-1-2-1）　氨合成反应的物料衡算

组分	氨分解基(初态)		反　应　后	
	摩尔分数	物质的量	物质的量	摩尔分数
NH_3	0	0	n_{NH_3}	$y_{NH_3} = n_{NH_3}/n_T$
H_2	$y_{H_2}^0$	$n_{T0}y_{H_2}^0$	$n_{T0}y_{H_2}^0 - 1.5n_{NH_3}$	$y_{H_2} = (n_{T0}y_{H_2}^0 - 1.5n_{NH_3})/n_T$
N_2	$y_{N_2}^0$	$n_{T0}y_{N_2}^0$	$n_{T0}y_{N_2}^0 - 0.5n_{NH_3}$	$y_{N_2} = (n_{T0}y_{N_2}^0 - 0.5n_{NH_3})/n_T$
CH_4	$y_{CH_4}^0$	$n_{T0}y_{CH_4}^0$	$n_{T0}y_{CH_4}^0$	$y_{CH_4} = n_{T0}y_{CH_4}^0/n_T$
Ar	y_{Ar}^0	$n_{T0}y_{Ar}^0$	$n_{T0}y_{Ar}^0$	$y_{Ar} = n_{T0}y_{Ar}^0/n_T$
小计	1	n_{T0}	$n_T = n_{T0} - n_{NH_3}$	1

由 $y_{NH_3} = n_{NH_3}/n_T = n_{NH_3}/(n_{T0} - n_{NH_3})$，解得

$$n_{NH_3} = n_{T0} y_{NH_3}/(1+y_{NH_3}) \tag{例 1-2-1}$$

$$n_T = n_{T0} - n_{NH_3} = n_{T0}/(1+y_{NH_3}) \tag{例 1-2-2}$$

$$y_{H_2} = (n_{T0} y_{H_2}^0 - 1.5 n_{NH_3})/n_T = y_{H_2}^0 (1+y_{NH_3}) - 1.5 y_{NH_3} \tag{例 1-2-3}$$

$$y_{N_2} = (n_{T0} y_{N_2}^0 - 0.5 n_{NH_3})/n_T = y_{N_2}^0 (1+y_{NH_3}) - 0.5 y_{NH_3} \tag{例 1-2-4}$$

$$y_{CH_4} = y_{CH_4}^0 (1+y_{NH_3}) \tag{例 1-2-5}$$

$$y_{Ar} = y_{Ar}^0 (1+y_{NH_3}) \tag{例 1-2-6}$$

第三节　加压下气相反应的反应焓和化学平衡常数

实际气体及气体混合物在加压及低温下的性质，如 pVT 状态图、热化学性质、化学平衡常数，与理想气体有所偏离，对于同一种气体，压力越高、温度越低，偏离越大。在同样的温度及压力下，不同的气体，偏离程度不同。讨论实际气体的性质，对于化学反应器设计和分析是很重要的。

一、理想气体和实际气体的状态方程

理想气体的物理模型有下列特征：①气体分子本身的体积可以略去不计；②分子之间的相互作用可以忽略，分子间的碰撞是完全弹性的碰撞，理想气体的数学模型是理想气体状态方程。即

$$pV_m^{id} = RT \tag{1-20}$$

式中，p，T 和 V_m^{id} 分别是气体的压力、温度和 1mol 理想气体所占据的体积；R 为摩尔气体常数。

对于不同的 pVT 单位，常用的 R 的数值如下

$$R = 8.314J/(mol \cdot K) = 8.314 \, Pa \cdot m^3/(mol \cdot K) = 1.987kcal/(kmol \cdot K)$$
$$= 0.08206atm \cdot m^3/(kmol \cdot K) = 8.314 \times 10^{-3} MPa \cdot m^3/(kmol \cdot K) \tag{1-21}$$

其中 1atm（物理大气压）$=0.101325MPa$；K 为热力学温度，与摄氏温度（℃）的换算关系为 $T/K = t/℃ + 273.15$。本书所称的压力均为绝对压力。在工程计算中，经常用到气体的体积（m^3，STP）与物质的量（mol）的换算。STP 状况下的体积是指处于绝对压力 0.101325MPa 及 273.15K 的状况下理想气体的体积，其值为 $22.414 \times 10^{-3} m^3$(STP)/mol。热化学卡与焦的换算关系为 $1cal = 4.184J$。

物质的质量为 m，摩尔质量为 M，则物质的量 $n = m/M$ \tag{1-22}

对于偏离理想气体的实际气体，引入压缩因子（compressibility factor）Z，则

$$pV_m = ZRT \tag{1-23}$$

当 $Z \neq 1$，即表明偏离理想气体，Z 为相同温度及压力下，1mol 实际气体体积 V_m 与 1mol 理想气体体积 V_m^{id} 之比。根据对应状态原理，压缩因子可以根据临界压力 p_c、临界体积 V_c、临界温度 T_c 性质，求出的对比压力 $p_r = p/p_c$ 和对比温度 $T_r = T/T_c$ 标绘的两参数普遍化压缩因子图，以及根据 p_r、T_r 和偏心因子 ω 表达的三参数压缩因子表来求得。

单原子气体在较大 p，T 范围内服从理想气体状态方程，气体分子越复杂，或极性越大，偏离理想状态也越大，离临界状态越近，偏离也越大。鉴于石油化工、合成氨等工业采用高压、低温技术，能够描绘实际气体的状态方程也越来越重要。

早期表达实际气体的状态方程有 van der Waals 方程和 Virial 方程。van der Waals 方程于 1873 年提出，在理想气体模型的基础上，对实际气体的物理模型作了修正，即将气体分子看作是有一定大小的硬球，并且相互有吸引力，不同物质有不同的模型参数。Virial 方程于 1901 年提出，采用 $Z = 1 + B/V + C/V^2 + D/V^3 + \cdots$ 的无穷级数形式，其中第二维里系数 B 可用统计热力学理论求得，也可从实验测定，但只有少数物质测得了在几个兆帕压力下必需的第三维里系数 C 及第四维里系数 D。

为了更精确地表达流体的 pVT 关系，发展了许多应用于纯气体的状态方程，如①Redlich-Kwong（简称 RK）方程、Soave-Redlich-Kwong（SRK）方程、Peng-Robinson（PR）方程、童景山方程等两参数状态方程；② Beattie-Bridgemann（BB）方程、Benedict-Webb-Rubin（BWR）方程、Martin-Hou（MH-51）方程、Starling-Han-Benedict-Redlich-Kwong（SHBWR）方程、1981 年发展的 MH-81 方程等多参数方程；③对两参数对比关联式进行改进的 Pitzer 等的三参数对比状态关联式。以上方程见《化学工程手册》[3]第一篇和第二篇及专著[4]、高校教材[5]。上述状态方程如 BB 方程及 BWR 方程，对于特定的气体，有各自特定的模型参数，并不通用。另一些状态方程，如 RK 方程、SRK 方程、PR 方程、童景山方程、MH 方程的模型参数可以通过纯物质的 p_c、T_c、V_c、Z_c 及 ω 来求取。SHBWR 方程是针对 BWR 方程的参数模型只能适用于一些标定物质而改进的，将 BWR 方程的模型参数进行了普遍的关联，可由物质的 p_c、T_c 和 ω 求得。

对于高压低温下物质的 pVT 关系，使用时必须注意所选用的状态方程的适用性，而使用计算机时，方程所需的模型参数多少并不重要。

对于气体混合物，不同的状态方程有不同的混合规则，见专著[4]第三章。但许多两参数状态方程（如 van der Waals，RK，SRK 和 PR）及多参数状态方程的混合规则中都含有双元相互作用参数 k_{ij}^* 值，同一双元组分在不同的状态方程中的 k_{ij}^* 值是不相同的，并且缺乏许多不同双元组分的 k_{ij}^* 值。

另一种在工程上常用的计算气体混合物的 pVT 关系的方法是按简单摩尔分数平均法求取的虚拟临界参数 T_{cm}、p_{cm} 和 ω_{cm}，即

$$T_{cm}=\sum y_i T_{ci}, \ p_{cm}=\sum y_i p_{ci}, \ \omega_{cm}=\sum y_i \omega_{ci} \tag{1-24}$$

式中，T_{ci}，p_{ci} 及 ω_{ci} 分别是 i 组分的临界温度、临界压力和临界偏心因子；y_i 是 i 组分的摩尔分数。

与其他更为复杂的混合规则确定的数值相比，由式(1-24)计算 T_{cm}，偏差率常低于 2%，如果混合物中所有组分满足下列条件：

$$0.5<(T_{ci}/T_{cj})<2 \ 及 \ 0.5<(p_{ci}/p_{cj})<2 \tag{1-25}$$

对于虚拟临界压力 p_{cm}，简单摩尔平均法偏差较大，除非所有组分的临界压力或临界体积都相近。如改用 Prausnitz-Gunn 混合规则，所得 p_{cm} 能取得满意的结果，即

$$p_{cm}=\frac{R(\sum y_i z_{ci})T_{cm}}{\sum y_i V_{ci}} \tag{1-26}$$

当混合物中含有极性组分时，用式(1-24)～式(1-26)的计算结果都不能令人满意。

此外，经验表明，对于氢、氦、氖等量子气体，用以下两式计算 T_r 和 p_r，即

$$T_r=T/(T_c+8) \qquad (T \ 及 \ T_c \ 的单位为 \ K) \tag{1-27}$$
$$p_r=p/(p_c+0.8106) \qquad (p \ 及 \ p_c \ 的单位为 \ MPa) \tag{1-28}$$

二、气体的摩尔定压热容和气相反应的摩尔反应焓

1. 气体混合物的摩尔定压热容

气体的标准摩尔定压热容 $c_p^\ominus$ 是标准状态已规定压力为 $p^\ominus$（其值为 100kPa 或 0.1MPa），处于理想气体状态下 1mol 气体的热容，即

$$c_p^\ominus=\frac{dH_m^\ominus}{dT} \tag{1-29}$$

式中，$H_m^\ominus$ 为理想气体于定压 $p^\ominus$ 下的摩尔焓；$c_p^\ominus$ 为摩尔定压热容，J/(mol·K)。

组分 i 的 $c_{p,i}^\ominus$ 与温度的关系式表达为温度的多项式

$$c_{p,i}^\ominus=A_{0i}+A_{1i}T+A_{2i}T^2+A_{3i}T^3 \tag{1-30}$$

多种理想气体的 A_0、A_1、A_2 及 A_3 值可由有关手册或专著如参考文献 [3,4] 查找。

混合气体的标准摩尔定压热容 $c_{p,\text{mix}}^{\ominus}$ 可用同温度下 i 组分的 $c_{p,i}^{\ominus}$ 和简单摩尔分数平均法来计算

$$c_{p,\text{mix}}^{\ominus}=\sum y_i c_{p,i}^{\ominus}(T) \tag{1-31}$$

加压下偏离理想气体状态的实际气体的摩尔定压热容还与压力有关。实际气体与理想气体状态的摩尔定压热容差可根据两参数 T_r、p_r 普遍化图来求取,但不便于在计算机上计算,也可以采用适当的状态方程根据热力学关于摩尔定压热容差的基本关系式来求取。但在计算加压下实际气体混合物的摩尔定压热容时,如果按各组分在系统总压及温度 T 下的热容来计算时,还要考虑混合热,计算费时。在工程上,可按各组分在分压 $p_i(p_i=py_i)$ 及同一温度下的热容 $c_p(p_i,T)$ 按简单摩尔分数平均法来计算加压下混合气体的摩尔定压热容 $c_{p,\text{mix}}$,即

$$c_{p,\text{mix}}=\sum y_i c_{p,i}(p_i,T) \tag{1-32}$$

不同压力下许多常用实际气体的摩尔定压热容与温度的关系可参见有关专著[6,7]、教材[8]附录载有的根据不同压力和温度下气体 H_2、N_2、NH_3、CH_4、Ar、CO、CO_2、H_2O 及 CH_3OH 等组分摩尔定压热容的数据回归成的关联式,可供工程计算使用。

2. 气相反应的摩尔反应焓

等温等压下关键组分的反应进度由 ξ_1 变为 ξ_2 时反应的焓变称为反应焓。摩尔反应焓,用符号 $\Delta_r H$ 表示,下标 r 表示反应,是 $\Delta\xi$ 为 1mol 的反应焓变,单位用 kJ/mol。许多化学工艺书籍称为反应热,用符号 ΔH_R 表示。对于放热反应,反应后,系统的总焓值减少,故反应焓为负值;对于吸热反应,反应焓为正值。应予注意,摩尔反应焓与反应的化学计量式的写法有关,如氨合成反应的化学计量式常写成 $3H_2+N_2\Longleftrightarrow 2NH_3$,显然,生成 2mol 的 NH_3 的反应焓是写成 $\frac{3}{2}H_2+\frac{1}{2}N_2\Longleftrightarrow NH_3$ 生成 1mol 的 NH_3 的反应焓的 2 倍。计算摩尔反应焓时应按化学计量数为 1 的关键组分来表达化学计量式。气相反应的标准摩尔反应焓 $\Delta_r H^{\ominus}$ 为处于压力 $p^{\ominus}=0.1MPa$ 理想气体的标准状态下的摩尔反应焓,其值与温度有关。在热化学中,用 298.15K(或 25℃)作为基准温度来计算标准摩尔反应焓。摩尔反应焓 $\Delta_r H$ 是温度和压力的函数。标准摩尔反应焓与温度的关系,可由式(1-29)、式(1-30)求得,即在基准温度 298.15K 与温度 T 间积分,可得标准摩尔反应焓 $\Delta_r H^{\ominus}(T)$ 与温度的关系式。

当压力增加到实际气体性质偏离理想气体时,压力对摩尔反应焓的影响就不容忽视。可由焓是过程状态函数的关系求得,见图 1-3,即实际气体于压力 p、温度 T 的摩尔反应焓 $\Delta_r H(p,T)$ 可由各反应物在等温 T 下由压力 p 降压至理想状态($p^{\ominus}$,T)的等温变压焓差 $\left(\dfrac{\partial H}{\partial p}\right)_{T,i}$ 之和 ΔH_1,温度 T 时标准状态下摩尔反应焓 $\Delta_r H^{\ominus}(p^{\ominus},T)$ 和各产物由标准状态($p^{\ominus}$,T)在等温下升压至加压状态(p,T)的等温变压焓差 ΔH_2 的代数和求得,即

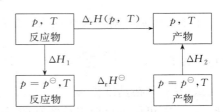

图 1-3 加压下实际气体摩尔反应焓计算图

$$\Delta_r H(p,T)=\Delta H_1+\Delta_r H^{\ominus}(p^{\ominus},T)+\Delta H_2 \tag{1-33}$$

等温变压焓差 $\left(\dfrac{\partial H_m}{\partial p}\right)_T$ 可由热力学理论导出,即

$$\left(\frac{\partial H_m}{\partial p}\right)_T=V_m-T\left(\frac{\partial V_m}{\partial T}\right)_p=-\frac{RT^2}{p}\left(\frac{\partial Z}{\partial T}\right)_p \tag{1-34}$$

根据式(1-34),已绘制出利用对比状态 p_r 及 T_r 的普遍化焓差图。用计算机可根据状态方程由式(1-34)计算反应物和产物的等温变压焓差 ΔH_1 和 ΔH_2,从而计算实际气体在压力 p 和温度 T 下的摩尔反应焓。

许多工业气-固相催化反应在加压下进行,如果压力不太高,例如 250℃时一氧化碳加氢合成甲醇

反应于 5MPa 及 0.1MPa 压力下进行的摩尔反应焓之差值<0.5％，可以不考虑压力对摩尔反应焓的影响。但是，对于氨合成反应，工业装置偏离理想气体状态较大，不但要计入压力对摩尔反应焓的影响，还应计入过程的混合热。

三、实际气体的化学反应平衡常数

1. 气相化学反应平衡常数

气相化学反应平衡常数与摩尔反应焓一样，应按化学计量数为 1 的关键组分来表达化学反应计量式，如用各组分的分压 p_i 来表示的平衡常数，称为 K_p。对于反应 $\nu_A A + \nu_B B \rightleftharpoons L + \nu_M M$，式中 L 为关键组分，其化学计量数为 1，则 $K_p = \dfrac{(p_L^*)(p_M^*)^{\nu_M}}{(p_A^*)^{\nu_A}(p_B^*)^{\nu_B}}$，上标 "*" 表示处于平衡状态。如果 $\sum \nu_i \neq 0$，显见 K_p 为有量纲数。为此，采用标准平衡常数 $K_p^\ominus$，即不以组分的分压 p_i 而用 $\dfrac{p_i}{p^\ominus}$ 来表示，标准压力 $p^\ominus$ 取值为 100kPa 或 0.1MPa，此时标准平衡常数 $K_p^\ominus$ 的量纲为 1，而 K_p 称为实用平衡常数，显然只有 $\sum \nu_i = 0$ 的反应的 K_p 与 $K_p^\ominus$ 在数值上相等。

根据物理化学和化工热力学，已知对于偏离理想气体状态的实际气体于加压下的平衡常数 K_p 不但决定于反应本性和温度，还依赖于总压及平衡组成；但以逸度表示的平衡常数 K_f 只决定于反应本性和温度，而与总压 p 及平衡组成无关。气相反应中组分 i 的逸度

$$f_i = p_i \phi_i = p y_i \phi_i \tag{1-35}$$

式中，ϕ_i 为逸度因子（fugacity factor），其值与反应本性、温度、压力和平衡组成有关，编制计算机程序时，应采用合适的状态方程计算逸度因子。

等压下 K_f 与温度的关系可用 van't Hoff 方程表示如下

$$\left(\frac{\partial \ln K_f}{\partial T}\right)_p = \frac{\Delta_r H^\ominus}{RT^2} \tag{1-36}$$

由上式可见，对于吸热反应，$\Delta_r H^\ominus > 0$，$\left(\dfrac{\partial \ln K_f}{\partial T}\right)_p > 0$，即 K_f 随温度的升高而增大；对于放热反应，$\Delta_r H^\ominus < 0$，$\left(\dfrac{\partial \ln K_f}{\partial T}\right)_p < 0$，即 K_f 随温度的降低而增大。

式(1-36) 在基准温度 298.15K 与任何温度 T 间积分，可得 K_f 与温度的关系式，基准温度下 $\ln K_{f,298.15K}$ 可由各反应组分的基准温度下的标准摩尔反应吉布斯函数 $\Delta_r G_{298.15K}^\ominus$ 计算而得。

对于非理想气体，应用适当的状态方程计算各反应组分的逸度因子值，然后求得同一温度下的 K_p 值。如果反应体系可作理想气体，则 $K_p = K_f$。一般有关化学产品工业生产的工艺书籍对低压下许多重要气相反应的平衡常数 K_p 与温度的关系式均有记载。

2. 操作参数对产物平衡组成的影响

同一温度但不同压力的 K_p 值随气体混合物偏离理想气体状况的程度而异，压力越高，温度越低，偏离越大，则压力对 K_p 值的影响也越大。

令 $K_\phi = \dfrac{(\phi_L^*)(\phi_M^*)^{\nu_M}}{(\phi_A^*)^{\nu_A}(\phi_B^*)^{\nu_B}}$，$K_\phi$ 形式上与平衡常数 K_p 相同，但并非平衡常数，它是气相反应物系的特性，并且依赖于温度和系统总压 p，当反应气体混合物呈非理想气体性质时，还与平衡组成有关。由式(1-35)，可知

$$K_f=\frac{(f_L^*)(f_M^*)^{\nu_M}}{(f_A^*)^{\nu_A}(f_B^*)^{\nu_B}}=\frac{(p_L^*)(p_M^*)^{\nu_M}}{(p_A^*)^{\nu_A}(p_B^*)^{\nu_B}}\times\frac{(\phi_L^*)(\phi_M^*)^{\nu_M}}{(\phi_A^*)^{\nu_A}(\phi_B^*)^{\nu_B}}=K_pK_\phi=K_yK_\phi p^{\sum\nu_i}\qquad(1\text{-}37)$$

当 $\sum\nu_i<0$，K_p 及产物的平衡摩尔分数随压力增加而增大；产物的平衡摩尔分数随初始气体混合物中惰性物质摩尔分数减少而增大。

【例 1-3】　氨合成反应的平衡常数及平衡组成。

解　由于高压下进行氨合成反应的 NH_3、H_2、N_2 混合气不仅严重地偏离理想气体的性质，并且还是非理想溶液，各反应组分的逸度因子不但与温度压力有关，并且与组成有关。经研究，氨合成反应以逸度表示的平衡常数 $K_f\,atm^{-1}$ 仅与温度有关，可采用 Gillespie 及 Beattie 发表的方程[9]计算，即

$$K_f=\frac{f_{NH_3}^*}{(f_{H_2}^*)^{1.5}(f_{N_2}^*)^{0.5}}=\exp(-2.691122\ln T+4608.8543/T-1.2708577\times10^{-4}T+$$

$$4.257164\times10^{-7}T^2+6.1937237)\qquad(\text{例 }1\text{-}3\text{-}1)$$

高压下氨合成反应的 NH_3、H_2、N_2 系统是非理想混合物，必须计入压力、温度和混合气体组成对各组分逸度因子 ϕ_i 的影响，可用 Beattie-Bridgeman 状态方程[10]计算

$$RT\ln\phi_i=\left(B_{0i}-\frac{A_{0i}}{RT}-\frac{C_{0i}}{T^3}\right)p+(A_{0i}^{0.5}-sum)\frac{p}{RT}\qquad(\text{例 }1\text{-}3\text{-}2)$$

式中，$sum=\sum y_iA_{0i}^{0.5}$，计算时包括甲烷及氩在内，sum 项反映了平衡组成 y_i^* 对 pVT 关系和 ϕ_i 的影响。

式（例 1-3-1）及式（例 1-3-2）中 p 以物理大气压计，而 $R=0.08206\,atm\cdot m^3/(kmol\cdot K)$，式中各系数见表（例 1-3-1）。

表（例 1-3-1）　Beattie-Bridgeman 状态方程的参数

组分	A_{0i}	B_{0i}	C_{0i}
H_2	0.1975	0.02096	6.0504×10^4
N_2	1.3445	0.05046	4.20×10^4
NH_3	2.3930	0.03415	476.87×10^4
CH_4	2.2769		
Ar	1.2907		

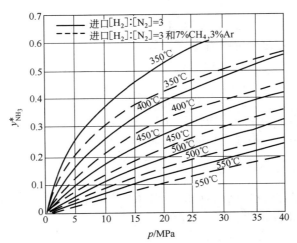

图（例 1-3-1）　压力、温度和惰性气体对氨平衡摩尔分数 $y_{NH_3}^*$ 的影响

根据式(例1-3-1)及式(例1-3-2)可算出不同压力、温度及初始组成时的氨平衡摩尔分数，见图(例1-3-1)，由图可见，增加压力、降低温度或减少初始组成气体中惰性气含量，均提高氨平衡摩尔分数 $y^*_{NH_3}$。

30.4MPa、450℃、无惰性气存在时，$y^*_{NH_3}$ 为 0.35。若催化剂在低温 200℃时仍具有显著活性，则压力可降至 5.06MPa，$y^*_{NH_3}$ 仍可达 0.5。因此，研发低温下具有良好活性的氨合成催化剂是降低氨合成操作压力的关键。

第四节　化学反应速率及动力学方程

化学反应速率是单位时间内单位反应混合物体积中反应物的反应量或产物的生成量。随着反应持续进行，反应物不断减少，产物不断增多，各组分的浓度或摩尔分数不断地变化，所以反应速率是指某一瞬间（或某一微元空间）状态下的"瞬时反应速率"，其表示方法随反应处于间歇系统或连续系统而有所不同。

一、间歇系统及连续系统的化学反应速率

1. 反应速率的表示方式

间歇系统中，反应速率表示为单位反应时间内单位反应混合物体积中反应物 A 的反应量，而反应时间 t 为计时器所显示的时间，即

$$(r_A)_V = -\frac{1}{V} \times \frac{dn_A}{dt} \tag{1-38}$$

式中，V 为釜式反应器中反应混合物所占的体积；n_A 为某一瞬时反应物 A 的量，mol；t 为反应时间；负号表示反应物 A 的量随反应时间增加而减少。

对于液相均相、液-液非均相反应，反应混合物体积均指液相在釜式反应器中所占的体积；对于气-液相或气-液-固三相反应，反应混合物体积均指不含气相的液相或液-固相所占的体积。

间歇釜式反应器主要用于液相或以液相占反应器中大部分体积的反应，在此情况下，反应过程中液相反应混合物体积的变化可以略去，即作等容处理。因此，经典的化学动力学常以单位时间内反应物或产物的浓度变化来表示反应速率，即

$$(r_i)_V = \pm \frac{dc_i}{dt} \tag{1-39}$$

对于反应
$$\nu_A A + \nu_B B = \nu_L L + \nu_M M \tag{1-40}$$
各组分的反应速率与化学计量数之间存在着下列关系

$$r_A : r_B : r_L : r_M = \nu_A : \nu_B : \nu_L : \nu_M$$

或
$$-\frac{1}{\nu_A} \times \frac{dc_A}{dt} = -\frac{1}{\nu_B} \times \frac{dc_B}{dt} = \frac{1}{\nu_L} \times \frac{dc_L}{dt} = \frac{1}{\nu_M} \times \frac{dc_M}{dt} \tag{1-41}$$

连续系统中反应速率可表示为单位反应体积 dV_R 中、或单位反应表面积 dS 上、或单位质量固体、或单位质量催化剂 dW 上某一反应物或产物的摩尔流量的变化，即

$$(r_i)_V = \pm \frac{dN_i}{dV_R} \quad 或 \quad (r_i)_S = \pm \frac{dN_i}{dS} \quad 或 \quad (r_i)_W = \pm \frac{dN_i}{dW} \tag{1-42}$$

式中，N_i 为组分 i 的摩尔流量；V_R 为反应体积（对于均相反应，反应体积是反应混合物在反应器中所占据的体积；对于气-固相催化或非催化反应，反应体积是反应器中颗粒床层的体积，它包括颗粒的体积和颗粒之间的空隙体积）；下标 V、S 及 W 分别表示反应床层体积、反应表面积及固体催化剂质量。

式(1-39)及式(1-42)中，当组分 i 为反应物时，等号右边均取负值；当 i 为产物时，均取正值。

反应体积与固相质量及反应表面积之间可按下式换算

$$dS = S_g dW = S_g(\rho_b dV_R) = S_i dV_R \tag{1-43}$$

式中，ρ_b 为反应体积中固相的堆密度，t/m^3 床层或 kg/L 床层；S_g 为单位质量催化剂的内表面积（对于多孔催化剂），m^2/kg；S_i 为单位床层体积中催化剂的内表面积，m^2/m^3 床层。

在气-固相催化反应的研究中，由于实验反应器与工业反应器中催化剂的堆密度不同，按单位质量催化剂计算实验室反应器中的反应速率便于换算到工业反应器中的反应速率。

2. 空间速度

空间速度（简称空速）（space velocity，SV）是单位反应体积所能处理的反应混合物的体积流量。当反应混合物进入及离开反应器的组成处于定值时，空间速度愈大，表明反应器的空时产率（space time yield，STY）愈大。对于不同性质的反应混合物，体积流量的表示方式不同，例如，反应混合物以液体状态进入反应器，常以 25℃ 下液体的体积流量表示空速，称为液空速。如果气体混合物含有水蒸气，称为湿空速；不计水蒸气时，称干空速。

反应过程中，气体混合物体积流量随操作状态（压力、温度）而变化，$\sum \nu_i \neq 0$ 的反应混合物的摩尔流量也有变化。因此，采用不含产物的反应混合物初态组成和 STP 状况来计算初态体积流量，以 V_{S0} 表示。对于循环过程，如氨合成，初态体积流量即将混合气体中全部氨分解为氢及氮的状态，又称为"氨分解基"体积流量。V_{S0} 在定态连续反应器中不同位置处不随操作压力、温度和反应进度而变。

对于串联的连续流动多级反应器，不以某一级反应器的进口状态计算空速，而以 STP 状况下初态的气相反应混合物体积流量来计算空间速度。按单位反应体积计算空速时，气体混合物的初态体积流量 V_{S0} 以 $m^3(STP)/h$ 计，而反应体积 V_R 常以 m^3 计，即空间速度（SV）的单位常用 h^{-1}。

$$SV = V_{S0}/V_R \tag{1-44}$$

按单位质量催化剂或固体计算空速，称为质量空速，以符号 MSV 表示，其单位常以 $m^3(STP)/(t \cdot h)$ 或 $L(STP)/(kg \cdot h)$ 表示。催化床中催化剂的堆密度或反应体积中固相的堆密度为 ρ_b，则 $W = V_R \rho_b$，即

$$MSV = SV/\rho_b \tag{1-45}$$

空间速度（SV）的倒数定义为标准接触时间 τ_0，即为反应体积 V_R 与 STP 状况初态反应混合物体积流量 V_{S0} 之比，即

$$\tau_0 = 1/SV = V_R/V_{S0} \tag{1-46}$$

V_R 与进口压力、温度下初态反应混合物体积流量 V_0 之比，称为接触时间 τ，即

$$\tau = V_R/V_0 \tag{1-47}$$

停留时间分布的测定是在流体不存在温度及组成变化的等容情况下进行，此时平均停留时间 t_m 可按反应体积 V_R 和等容状况下反应混合物的体积流量 V_0 来计算，即

$$t_m = V_R/V_0 \tag{1-48}$$

连续流动反应器中等容过程的平均停留时间 t_m，即接触时间 τ。但对于变容过程，即使所有质点的停留时间都相同，即平推流，但反应器内物料的实际体积流量 V 却随反应进度和温度、压力而变，不能简单地用平均停留时间 $t_m = V_R/V_0$ 来计算。但可采用接触时间 $\tau = V_R/V_0$，因为 V_0 是进口压力、温度下初态反应混合物体积流量，其值不随反应器中反应进度、压力和温度的变化而变。

国外有的反应工程教材，如教材[12,13]定义 $\tau = V_R/V_0$ 为"空间时间"（space time），国内有的教材简称它为"空时"。

对于连续系统，按反应物转化率 x_A 的定义

$$x_A = (N_{A0} - N_A)/N_{A0} \tag{1-49}$$

式中，N_{A0} 为初态组成（或分解基组成）反应物 A 的摩尔流量；N_A 为反应物 A 的瞬时摩尔流量。

由式(1-49)可知，$N_A = N_{A0}(1-x_A)$，而 $dN_A = -N_{A0}dx_A$，以此代入连续系统反应物 A 的反应速率表达式 $r_A = -dN_A/dV_R$，可得以转化率为变量的反应速率表示式如下

$$r_A = N_{A0}dx_A/dV_R \tag{1-50}$$

由于 $dV_R = V_{S0}d\tau_0$，而 STP 状况下反应物 A 的初始浓度 c_{A0}^0，即 N_{A0}/V_{S0}，则式(1-50)可写成

$$r_A = c_{A0}^0 dx_A/d\tau_0 \tag{1-51}$$

3. 反应物的消耗速率和产物的生成速率

对于单一反应，由于转化的反应物全部转化生成产物，在代入化学计量关系后，反应物的消耗速率可以转化成产物的生成速率。例如，对于反应 $3H_2 + N_2 \rightleftharpoons 2NH_3$，由于 $r_{H_2}/3 = r_{N_2}/1 = r_{NH_3}/2$，或 $r_{H_2} = 1.5r_{NH_3}$，即氢的消耗速率 r_{H_2} 是氨的生成速率 r_{NH_3} 的 1.5 倍。

二、动力学方程

化学反应速率与反应物系的性质、压力 p、温度 T 及各反应组分的浓度 c 等因素有关。对于气-固相催化反应，还与催化剂的性质有关。因此，对于特定反应（含特定的催化剂）的反应物系，反应速率可用函数关系表示：$r = f(p, T, c)$。

在一定的压力和温度条件下，化学反应速率便变成了各反应组分的浓度的函数，这种函数关系式称为动力学方程或速率方程。一般液相反应用物质的量浓度表示动力学方程中反应物系的组成。对于连续系统气相反应，则由于反应器中不同位置处气体的温度、反应混合物的摩尔流量及体积流量都在变化，采用分压或摩尔分数表示比较方便，高压下的气相反应，则采用逸度表示为宜。

如果化学反应的反应式能代表反应的真正过程，称为基元反应，它的动力学方程可以从质量作用定律直接写出。然而，大多数化学反应是由若干个基元反应综合而成，称为非基元反应，其动力学方程需要由实验确定。

如果反应 $\nu_A A + \nu_B B \rightleftharpoons \nu_L L + \nu_M M$ 是液相可逆反应，其动力学方程常用幂函数形式的通式表示如下

$$r_A = k_c c_A^a c_B^b - k_c' c_L^l c_M^m \tag{1-52}$$

式中，幂指数 a 及 b 分别称为正反应速率式中组分 A 及 B 的反应级数；幂指数 l 及 m 分别称为逆反应速率式中组分 L 及 M 的反应级数，幂指数之和 $n = a + b$ 及 $n' = l + m$ 称为正、逆反应的总级数；k_c 及 k_c' 为以浓度表示的正、逆反应速率常数，其值取决于反应物系的性质和反应温度，与反应组分的浓度无关。

如果反应速率的单位用 $kmol/(m^3 \cdot h)$ 表示，浓度的单位用 $kmol/m^3$ 表示，n 级反应的 k_c 单位为 $(kmol/m^3)^{1-n}/h$。

如果反应 $\nu_A A + \nu_B B \rightleftharpoons \nu_L L + \nu_M M$ 是气-固相催化可逆反应，根据不均匀表面吸附理论导出的动力学方程常用分压或逸度的幂函数形式的通式来表示，即

$$r_A = k_p p_A^a p_B^b p_L^l p_M^m - k_p' p_A^{a'} p_B^{b'} p_L^{l'} p_M^{m'} \tag{1-53}$$

此时正反应速率式中有产物的分压出现，而逆反应速率式中有反应物的分压出现，并且以幂指数形式出现的参数 a、b、l、m 及 a'、b'、l'、m' 可以是正数或负数，整数或分数。

根据均匀表面吸附理论，反应式 $\nu_A A + \nu_B B \rightleftharpoons \nu_L L + \nu_M M$ 的气-固相催化反应动力学方程可采用 Langmuir-Hinshelwood 式表示，其通式为

$$r_A = \frac{k_1 p_A^{\nu_A} p_B^{\nu_B} - k_2 p_L^{\nu_L} p_M^{\nu_M}}{(1 + \sum K_i p_i^m)^q} \tag{1-54}$$

式中，i 泛指反应物、产物及惰性组分；K_i 是 Langmuir 等温吸附平衡常数；参数 m 及 q 是正整数。反应达到平衡时，反应速率为零，此时由式(1-52)及式(1-53)，可得

$$K_c = k_c/k_c'; \quad K_p = k_p/k_p' \tag{1-55}$$

即正、逆反应速率常数之比为平衡常数 K_c 或 K_p。

第五节 温度对反应速率的影响及最佳反应温度

对于非催化反应，或者对于催化剂已经确定的催化反应，温度是影响化学反应速率的最主要的因素，并且是操作中可调节的因素。温度对反应速率的影响主要体现在其对反应速率常数的影响，对于不同类型的反应，温度的影响是不相同的。

一、温度对反应速率常数的影响

反应速率常数可理解为反应物系各组分浓度均为 1 时的反应速率，它是温度的函数，在一般情况下，反应速率常数 k 与绝对温度 T 之间的关系可以用 Arrhenius 经验方程表示，即

$$k = k_0 \exp\left(-\frac{E_c}{RT}\right) \tag{1-56}$$

式中，k_0 为指前因子，其单位与反应速率常数相同，决定于反应物系的本质；E_c 为化学反应活化能，J/mol；R 为摩尔气体常数，在此式中取值 8.314J/(mol·K)。

一般化学反应活化能为 $4 \times 10^4 \sim 4 \times 10^5$ J/mol，多数在 $6 \times 10^4 \sim 2.4 \times 10^5$ J/mol 之间，活化能小于 4×10^4 J/mol 的反应，其反应速率常常快到不易测定。

反应速率常数的单位与反应速率的表示方式有关。大多数均相反应都采用以反应体积为基准的反应速率表示式，此时称为体积反应速率常数 k_V。对于气-固相催化反应或流-固相非催化反应，常以反应表面或固体质量为基准表示反应速率，相应地称为表面反应速率常数 k_S 或质量反应速率常数 k_W，三者之间的关系可按式(1-43)来换算。

反应速率常数的单位还由反应物系组成的表示方法而定。通常以浓度 c、分压 p、逸度 f 或气相摩尔分数 y 表示气相反应物系的组成，相应的反应速率常数分别以 k_c、k_p、k_f 及 k_y 表示。

在一定温度范围内，反应机理不变，则化学反应活化能的数值不变，反应速率常数的对数值对 $1/T$ 标绘是一直线。

如果某一反应的反应速率常数的对数值对 $1/T$ 标绘是一曲线，即化学反应活化能的数值随温度而变，如图 1-4 所示，这种情况在气-固相催化反应中常有发生。当传质过程对气-固相催化反应过程的影响未完全消除时，就会发生这种情况（详见第二章），这时所测得的反应速率常数是包括了传质过程影响在内的

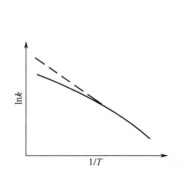

图 1-4 ln$k$-$1/T$ 图

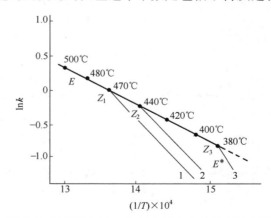

图 1-5 钒催化剂的 k 与反应温度 T 的关系示意图

1—$x < 0.60$；2—$x = 0.75$；3—$x = 0.95$；

E,E^*—折点前后活化能；Z_1，Z_2，Z_3—转折点

总体反应速率常数。当完全消除了传质过程的影响，只要在所观察的温度范围内，反应机理没有改变，$\ln k$-$1/T$ 标绘将改变到图 1-4 的虚线部分，即化学反应活化能的数值不变。

图 1-5 是 S101 型 SO_2 氧化的钒催化剂的 $\ln k$-$1/T$ 图，出现多个转折点[14]。研究表明：进口气体组成含 SO_2 7%、O_2 11%时，当转化率 $x < 0.60$ 时，转折点 Z_1 温度为 470℃；随转化率提高，转折点温度下降，当 $x = 0.75$ 时，转折点 Z_2 温度为 440℃；当 $x > 0.95$ 时，转折点 Z_3 温度为 380℃。实验表明，钒催化剂的活性组分在工业反应温度下是负载在二氧化硅载体上的熔融体，它的组成随温度和气体的组成而变化，熔融态的 4 价钒活性高。

二、温度对单一反应速率的影响及最佳温度曲线

1. 温度对不同类型单一反应速率的影响

（1）不可逆反应　绝大多数反应的反应速率常数随温度升高而增大，不可逆单一反应由于不存在化学反应平衡的限制，无论是放热反应或吸热反应，无论反应进度如何，都应该在尽可能高的温度下进行反应，以尽可能提高反应速率，获得较高的反应产率。但是，反应温度过高，催化剂会丧失活性，高温材料的选用、热能的供应等方面还会存在许多实际困难。因此，不可逆单一反应在考虑这些限制因素的前提下应尽可能选用较高的操作温度。

（2）可逆吸热反应　对于不带副反应的可逆吸热单一反应，为了阐明温度对反应速率常数的影响，将可逆反应动力学方程写成下列形式

$$r_A = k_1 f_1(y) - k_2 f_2(y) = k_1 f_1(y) \left[1 - \frac{k_2 f_2(y)}{k_1 f_1(y)} \right] = k_1 f_1(y) \left[1 - \frac{f_2(y)}{K_y f_1(y)} \right] \tag{1-57}$$

式中，$f_1(y)$ 和 $f_2(y)$ 是各反应组分摩尔分数的函数，与温度无关。

吸热反应的平衡常数 K_y 随温度升高而增大，即式(1-57)方括号内的数值和反应速率常数 k_1 的值均随温度升高而增大。因此，可逆吸热反应和不可逆反应一样，应尽可能在高温下进行，既有利于提高转化率，也有利于增大反应速率。当然，也应考虑到有关限制因素。

（3）可逆放热反应　对于不带副反应的可逆放热单一反应，温度升高固然使反应速率常数增大，但平衡常数 K_y 的数值降低，引起式(1-57)方括号内的数值减小。即反应物系的组成不变而改变温度时，反应速率受这两种相互矛盾因素的影响。在较低的温度范围内，由于 K_y 的数值较大，式(1-57)方括号内的数值接近于 1，温度对反应速率常数的影响大于对方括号内数值的影响，反应速率随温度升高而增大。图 1-6 是某钒催化剂上二氧化硫氧化反应速率相对值与转化率及温度的关系。当转化率不变时，在较低的温度范围内反应速率随温度升高而增大。随着温度增加，可逆放热反应的平衡常数逐渐降低，方括号内的数值逐渐减小，反应速率随温度增加的增加量逐渐减少。温度增加到某一数值时，反应速率随温度的增加量变为零。此时，再继续增加温度，由于温度对平衡常数的影响发展成为矛盾的主要方面，反应速率随温度升高而减少，而且这个减少量越来越大。即对于一定的反应物系组成，具有最大反应速率的温度称为相应于这个组成的最佳温度。

2. 可逆放热单一反应的最佳温度曲线

从图 1-6 可以看到，当转化率增加，最佳温度及最佳温度下的反应速率之值都随之下降，这是由于转化率增加，反应物

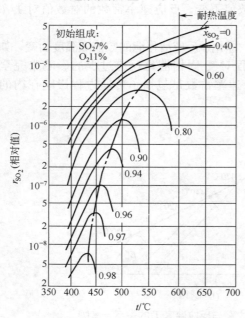

图 1-6　二氧化硫氧化反应速率相对值与转化率及温度的关系

不断减少，产物不断增加，式(1-57) 中 $f_2(y)/f_1(y)$ 值随之增大，从而加强了平衡常数对反应速率的限制作用，相应地最佳温度值随之降低。比较各个最佳温度下的反应速率可知，转化率高时，$f_2(y)/f_1(y)$ 值较大，$[1-f_2(y)/K_y f_1(y)]$ 值较小，因此高转化率的最佳温度下的反应速率之值低于低转化率的最佳温度下的反应速率之值。

综上所述，对于不可逆单一反应，可逆吸热单一反应和可逆放热单一反应，将平衡曲线和等反应速率曲线在转化率-温度图上标绘时，将具有图 1-7(a)、(b) 及 (c) 的特征。

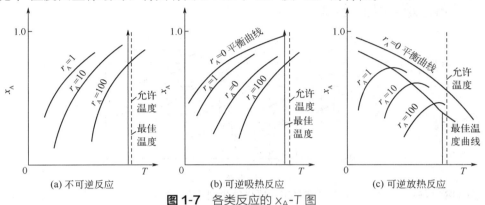

图 1-7　各类反应的 x_A-T 图

由相应于各转化率的最佳温度所组成的曲线，称为最佳温度曲线，可由不同的转化率下反应速率随温度变化的曲线图上得出。不带副反应的可逆放热单一反应的最佳温度曲线还可以由动力学方程（本征动力学方程或工业颗粒催化剂的宏观动力学方程）用求极值的方法求出。反应物系的组成不变且处于最佳温度时，$(\partial r_A/\partial T)_y=0$，由

$$r_A=k_1 f_1(y)-k_2 f_2(y)=k_{10}\exp[-E_1/(RT)]f_1(y)-k_{20}\exp[-E_2/(RT)]f_2(y)$$

式中，E_1，E_2 分别是正反应及逆反应的活化能。

将 r_A 对 T 求导，以 T_{op} 表示最佳温度，可得

$$k_{10}\left(\frac{E_1}{RT_{op}^2}\right)\exp\left(-\frac{E_1}{RT_{op}}\right)f_1(y)-k_{20}\left(\frac{E_2}{RT_{op}^2}\right)\exp\left(-\frac{E_2}{RT_{op}}\right)f_2(y)=0$$

或

$$\frac{E_1}{E_2}\exp\left(\frac{E_2-E_1}{RT_{op}}\right)=\frac{k_{20}f_2(y)}{k_{10}f_1(y)}$$

反应物系的组成处于平衡状态时，相应的平衡温度以 T_e 表示，此时 $r_A=0$，即

$$k_{10}\exp\left(-\frac{E_1}{RT_e}\right)f_1(y)=k_{20}\exp\left(-\frac{E_2}{RT_e}\right)f_2(y)$$

由此可得

$$\frac{E_1}{E_2}\exp\left(\frac{E_2-E_1}{RT_{op}}\right)=\exp\left(\frac{E_2-E_1}{RT_e}\right)$$

取对数化简，可得

$$\frac{E_2-E_1}{R}\left(\frac{1}{T_{op}}-\frac{1}{T_e}\right)=\ln\frac{E_2}{E_1}$$

即

$$T_{op}=\frac{1}{\dfrac{1}{T_e}+\dfrac{R}{E_2-E_1}\ln\dfrac{E_2}{E_1}}=\frac{T_e}{1+\dfrac{RT_e}{E_2-E_1}\ln\dfrac{E_2}{E_1}} \tag{1-58}$$

式(1-58) 只能求得同一转化率下最佳温度与平衡温度之间的关系，要求得最佳温度曲线，尚需借助表示平衡温度与转化率之间关系的平衡曲线。

应注意，同一催化剂，由于内扩散影响，表征温度对工业颗粒催化剂总体反应速率影响的表观活化

能低于本征反应的活化能，因此，同一压力及气体组成时工业颗粒催化剂的最佳温度数值低于消除内扩散影响的细颗粒催化剂。

如果改变操作压力或反应物系的初始组成而引起平衡曲线的改变，而催化反应的正、逆反应活化能不变，则最佳温度与平衡温度之间关系不变，但最佳温度曲线随平衡曲线而变。凡能提高平衡转化率但又不影响反应速率常数的因素，都会使同一转化率下的最佳温度增大。例如，对于氨合成反应，提高反应压力或降低反应气体混合物中惰性气的摩尔分数，都能使相同氨摩尔分数的平衡温度和最佳温度值增大。参见图1-8，引自教材[11]第217页。

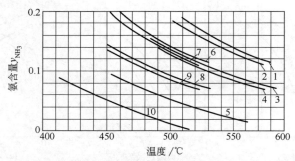

图1-8　[H_2]：[N_2] = 3的条件下，铁作催化剂氨合成的平衡温度曲线和最佳温度曲线

1,6—30MPa，$y^0_{惰}=0.12$ 下平衡温度曲线和最佳温度曲线；2,7—30MPa，$y^0_{惰}=0.15$ 下平衡温度曲线和最佳温度曲线；3,8—20MPa，$y^0_{惰}=0.15$ 下平衡温度曲线和最佳温度曲线；

4,9—20MPa，$y^0_{惰}=0.18$ 下平衡温度曲线和最佳温度曲线；

5,10—15MPa，$y^0_{惰}=0.13$ 下平衡温度曲线和最佳温度曲线

如果最佳温度的计算值超过了催化剂的耐热温度，反应温度应按照催化剂耐热温度的要求而定。最佳温度曲线只有在工业催化剂的活性温度范围内才有实际工业意义。

三、温度对平行和连串反应速率的影响

多重反应有两个基本类型，即平行反应和连串反应。任何复杂的多重反应是由这两类反应组成的反应网络。犹如电路一样，平行反应相当于并联，连串反应相当于串联。温度对于多重反应的影响应当同时考虑温度对主、副反应的影响，或者考虑温度对主反应收率和选择率的影响。下面对基本的平行反应和连串反应进行分析。

1. 平行反应

设等温、等容的间歇反应器中进行的两个平行反应均为不可逆反应，且反应组分 A_2 大量过剩，反应可视为拟一级反应

$$A_1 + A_2 \xrightarrow{k_1} A_3 \tag{1-59}$$

$$A_1 + A_2 \xrightarrow{k_2} A_4 \tag{1-60}$$

此时，产物 A_3 及 A_4 的反应速率（即生成速率）r_3 及 r_4 可分别表示为

$$r_3 = dc_3/dt = k_1 c_1 \tag{1-61}$$

$$r_4 = dc_4/dt = k_2 c_1 \tag{1-62}$$

反应物 A_1 的反应速率 r_1（即消耗速率）可表示为

$$r_1 = -dc_1/dt = r_3 + r_4 = (k_1 + k_2)c_1 \tag{1-63}$$

如反应的初态条件是 $t=0$ 时，$c_1 = c_{10}$，$c_2 = c_{20}$，$c_3 = 0$，$c_4 = 0$，积分式(1-63)，可得

$$c_1 = c_{10} \exp[-(k_1 + k_2)t]$$

将上式分别代入式(1-61) 及式(1-62)，积分后可得

$$c_3 = k_1 c_{10} \{1 - \exp[-(k_1 + k_2)t]\} / (k_1 + k_2) \tag{1-64}$$

$$c_4 = k_2 c_{10} \{1 - \exp[-(k_1 + k_2)t]\} / (k_1 + k_2) \tag{1-65}$$

若 A_3 为目的产物，则 A_3 的收率 Y_3 可根据式(1-17) 求得如下

$$Y_3 = k_1 \{1 - \exp[-(k_1 + k_2)t]\} / (k_1 + k_2) \tag{1-66}$$

根据式(1-18)，目的产物 A_3 的选择率

$$S_3 = \frac{c_3}{c_{10} - c_1} = \frac{k_1 c_{10} \{1 - \exp[-(k_1 + k_2)t]\} / (k_1 + k_2)}{c_{10} \{1 - \exp[-(k_1 + k_2)t]\}} = \frac{k_1}{k_1 + k_2} \tag{1-67}$$

由此可见，上述情况下反应的选择率仅仅是温度的函数。但这只是主反应及副反应的动力学方程中浓度函数都相同的特例，在此情况下

$$S = \frac{1}{1 + (k_{02}/k_{01}) \exp[(E_1 - E_2)/(RT)]} \tag{1-68}$$

由上式可知，若主反应的活化能 E_1 大于副反应的活化能 E_2，则温度升高，反应的选择率增加，并且，目的产物 A_3 的选择率和收率也相应增加。这时，采用高温反应，收率和选择率都升高。若 $E_1 < E_2$，则反应的选择率随温度升高而降低，在此情况下，应采用较低的操作温度，方可得到较高的目的产物 A_3 的收率，但反应的转化率由于温度降低而降低。因此，存在一个具有最大生产强度或空时产率 $[t/(m^3 \cdot h)]$ 的最佳温度。

如果反应是催化反应，反应速率常数不仅与温度有关，并且与催化剂的性能有关。所以，选择合适的催化剂是改善反应选择率的重要手段。

某些有机物的催化氧化放热反应，常伴有强放热深度氧化生成 CO_2 和水的副反应，并且主、副反应均可作为不可逆反应。如乙烯催化氧化合成环氧乙烷，深度氧化副反应的反应热和反应活化能均大为超过主反应合成环氧乙烷的反应热和反应活化能。在工业反应器中，随着工业颗粒催化剂粒内温度升高和床层轴向温度升高，深度氧化副反应随之加剧，并且选择率下降。如果改进环氧乙烷合成催化剂的性能，使其在较低温度下生成环氧乙烷的反应速率增加，可提高其选择率。

2. 连串反应

设连串反应

$$A_1 + A_2 \xrightarrow{k_1} A_3 \tag{1-69}$$

$$A_2 + A_3 \xrightarrow{k_2} A_4 \tag{1-70}$$

均为不可逆反应，这两个反应对各自的反应物均为一级不可逆反应，故组分 A_1 的反应速率（消耗速率）

$$r_1 = k_1 c_1 c_2 \tag{1-71}$$

组分 A_4 的反应速率（生成速率）$\qquad r_4 = k_2 c_2 c_3 \tag{1-72}$

由于组分 A_2 参与了两个反应，因此其反应速率（消耗速率）为组分 A_1 的消耗速率和组分 A_4 的生成速率之和，即

$$r_2 = k_1 c_1 c_2 + k_2 c_2 c_3 \tag{1-73}$$

组分 A_3 是第一反应的产物，又是第二反应的反应物，故其净生成速率应等于第一反应生成速率与第二反应消耗速率之差，由于化学计量数相等，因而也等于组分 A_1 的消耗速率与组分 A_4 的生成速率之差，即

$$r_3 = r_1 - r_4 = k_1 c_1 c_2 - k_2 c_2 c_3 \tag{1-74}$$

① 如果目的产物是 A_4，即 A_4 的生成量应尽可能大，A_3 的生成量应尽量减少。这种情况比较简单，只要提高反应温度即可达到目的。因为升高反应温度，k_1 和 k_2 都增大。

② 如果目的产物为 A_3，情况就复杂得多。若反应在等容下进行，反应速率可以以 dc/dt 表示，经过推导，可得出组分 A_3 的收率 Y_3 和组分 A_1 的转化率 x_1 与反应速率常数之比值 k_2/k_1 的函数关系，

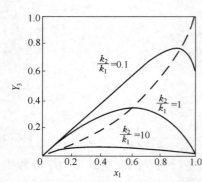

图1-9 连串反应的收率和转化率
与 k_2/k_1 的关系

如图 1-9 所示。其中每一曲线相应于一定的 k_2/k_1 值。由图 1-9 可见，转化率一定时，A_3 的收率 Y_3 总是随 k_2/k_1 值的增加而减少。图 1-9 中的虚线为极大点的轨迹。

由于比值 k_2/k_1 仅为温度的函数（如为催化反应，则对一定的催化剂而言），可以通过改变温度即改变 k_2/k_1 来考察收率与温度间的关系，由于

$$k_2/k_1 = (k_{02}/k_{01})\exp[(E_1-E_2)/(RT)] \qquad (1\text{-}75)$$

若 $E_1 > E_2$，则温度越高，比值 k_2/k_1 越小，A_3 的收率 Y_3 越大，A_4 的收率 Y_4 越小。如果目的产物为 A_3，可见采用高温有利。若 $E_1 < E_2$，情况相反，在低温下操作可获得较高的 A_3 的收率。但应注意，温度低必然使反应速率变慢，致使反应器的生产能力下降。这应结合具体反应器来进行讨论。

以上所述，系针对一级不可逆反应，对于非一级不可逆反应，也可作类似的分析，但数学处理较复杂。

第六节　反应器设计基础及基本设计方程

一、反应器设计基础

化学反应器的设计、分析和开发一般包括下列内容。①根据反应过程的化学基础和生产工艺的基本要求，进行反应器的选型设计。例如，对于气-固相催化放热反应，要考虑使用固定床、气-固流化床或气-液-固三相悬浮床反应器。在固定床中要考虑使用绝热或管式连续换热反应器，要根据反应过程和不同类型反应器的特征初步选定反应器的类型。②根据化学反应与有关流体力学、热量、质量传递过程综合的宏观反应动力学，计算反应器的结构尺寸，主要是影响催化床内温度分布和流体流动状态的结构尺寸。③反应器的机械设计。虽然这部分工作是机械工程师及有关设计工作者的任务，但反应工程设计工作者应与机械设计工作者紧密合作，充分考虑到机械设计、设备制造及运输、安装方面的要求和相关制约因素。④在机械设计可行的前提下，进行改变结构尺寸和操作温度、流体流动条件对反应器的稳定操作和适应一定幅度的催化剂失活和产量、产品质量和选择率、收率等方面的工艺要求的工程分析，然后确定反应器的设计。⑤反应器投产后，还要综合生产实践反馈来的效果改进今后同一类型化学反应器的设计。某些部件，如气体预混合，进口、出口装置，多段冷激反应器的冷、热气体混合部件，气-液吸收塔的液体分布和气体分布装置等，这些装置设计是否合理，往往影响整个反应器的效果。这些问题需要在实践中积累经验。⑥开发新型反应器，如由固定床改为三相悬浮床，往往会提高反应效率，但在液相载体选择、结构尺寸设计等方面需要经过一定规模的工业试验，才能投入大规模生产。

化学反应器是为了进行指定产品生产及其原料制备过程的反应设备，必须对所面向的产品的化学特征和现有生产方法、流程及操作条件等工艺内容有足够的认识。

1. 化学基础

① 应掌握化学及催化剂研究工作者所获有关反应网络，催化剂对主、副反应的促进及抑制能力，对反应温度、原料组成、压力、空速的要求和在一定条件下能获得的转化率、选择率和收率的研究成果。

② 应掌握反应过程的热力学数据和黏度、热导率及扩散系数等物性数据。有关生产工艺书籍常介绍许多反应的理想气体状态的反应平衡常数及反应焓与温度的关联式。许多工业气-固相催化反应在加压下进行，如果压力较高而必须考虑气体的非理想性质时，需按逸度计算反应平衡常数和反应速率，并计入加压对反应焓和物性数据的影响。为此，本章第三节在物理化学和化工热力学的基础上，阐述了状态方程及其他方法供编制计算机程序时使用。

③ 研究工作者所进行的反应动力学研究大都是在等温条件下，通过改变反应物系进口组成、空速和温度等参数的实验数据，再经整理而得的本征动力学，缺少反应器设计需要的内、外扩散过程及还原、失活等过程影响的工业颗粒催化剂宏观动力学数据。在这种情况下，反应器设计工作者往往只能按本征动力学计算，再加以校正；或者在工业反应的压力和相应的组成及温度范围内测试工业颗粒催化剂包含内扩散过程在内的宏观反应动力学，再加以校正。

④ 许多与流体、固体颗粒流动状况密切相关的反应器，如流化床反应器，按工业反应器考虑的反应动力学，又称为反应器级或床层级宏观反应动力学，必须在颗粒级宏观反应动力学的基础上考虑流动状况的影响，这些问题往往是当今反应工程研究工作者的重点研究内容。

⑤ 尽管催化剂开发的研究工作者对催化剂的失活与毒物的品种及含量，起始活性温度和耐热温度等问题进行过必要的实验研究，但最好多了解工业反应器中催化剂的实际操作运行情况，如工业催化剂的失活与毒物含量、使用时间的关系，催化反应操作失控而导致飞温，由于气-液、气-固等反应器各种部件设计不妥导致流体分布不均，从而达不到设计工艺指标等方面的实际案例，以便对反应器的设计、操作和原料气制备方面提出必要的改进建议。

2. 生产工艺及反应器的设计参数

化学反应器虽是过程工业众多装置中的主要装置，但设计和操作要从属于多尺度、多层次的整个工业过程大系统的要求。一般来说，较大规模工业过程有关规模、选址、采用的原料和主要生产工艺须首先经项目论证，由政府主管部门根据国家建设和科学发展观的经济需要来批准；其次，要根据投资、原料消耗、能量消耗和回收等方面的经济效益和环保安全方面的要求来考虑，确定整个生产工艺中各有关工序的流程、装备和主要操作条件，大型工业过程含有多个生产工序，往往其中许多工序都有化学反应器，它们的设计参数相互有机地联系。

［例 1-3］介绍了减少气体中惰性气含量可以提高氨平衡摩尔分数和增加氨合成催化反应速率，从而增加氨合成反应器的空时产率。但是，氨合成反应的单程转化率不高，未反应的混合气必须在分离氨后循环使用，再与粗原料气精制后的新鲜原料气混合而进入反应器，部分反应后气体应放空，以免惰性气体在循环中累积。因此，氨合成反应器进口气体中惰性气含量决定于下列因素：①所采用的原料种类，如煤、天然气，以及其精制方法；②回收放空气中氨及氢的方法，即惰性气含量由合成氨的生产方法和流程所决定。

3. 安全生产技术

有一项十分重要的技术，即安全生产技术，主要是防爆、防泄漏、防污染。除压力设备系统因超压导致爆炸，以及加工不良导致可燃、有毒气体逸出外，本章主要以乙烯催化氧化合成环氧乙烷过程为例，阐述原料气中配氧的安全技术。

乙烯催化合成环氧乙烷是石油化工中的重要反应过程，由于乙烯转化率不高和深度氧化生成二氧化碳的副反应，未反应的含乙烯、氧、惰性气甲烷、生成的环氧乙烷及二氧化碳的气体混合物由管式催化反应器出口经回收环氧乙烷和脱除二氧化碳后循环使用，原料气乙烯和氧补充进入循环系统，配制的含氧混合气要注意混合气的含氧爆炸极限和对混合装置的要求。

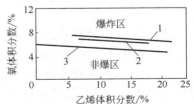

图 1-10　乙烯-氧-氮混合物在压力为 2.6MPa 时，不同温度下的爆炸极限浓度

1—200℃；2—280℃；3—300℃

可燃的烃或其他有机物与空气或氧的气态混合物在一定氧含量范围内由于明火、高温或静电火引燃，会发生分支连锁反应，火焰迅速传播，在很短时间内，温度和压力剧增，引起爆炸，此浓度范围称为爆炸极限，可由实验求得。爆炸极限与气体混合物的组成及温度、压力有关。图 1-10 是乙烯-氧-氮混合气在压力 2.6MPa 时，不同温度下的爆炸极限[15]。另须注意，氧与循环气的混合应在很短时间混合完全，以免局部氧浓度超过爆炸极限。

二、反应器设计的基本方程

反应器设计的基本方程包括反应动力学方程、物料衡算式、热量衡算式和动量衡算式。反应动力学是化学反应器设计的主要基础。

1. 反应动力学方程

一般的均相化学反应的速率方程和动力学实验方法已在物理化学教材中讨论。然而广泛存在于过程工程中的多相反应，如气-固相催化反应动力学、气-液反应动力学及流-固相非催化反应动力学都是化学反应工程教材讨论的重点内容，其中包含了质量和热量传递过程与化学反应过程综合的宏观反应过程动力学。

2. 物料衡算

物料衡算以质量守恒定律为基础，是计算反应器体积的基本方程。间歇反应器与全混流反应器，由于反应器中浓度均匀，可对整个反应器作物料衡算。对于物料浓度沿轴向分布的反应器，应选取反应器微元体积作计算基准，在微元体积中浓度和温度均匀，对该微元体积作物料衡算，将这些微元加和起来，成为整个反应器。对反应器或对反应器微元体积进行关键组分的物料衡算时，关键组分可以是反应物，也可以是产物；对于单一反应，只选定一个关键组分；对多重反应，则根据所确定的独立反应数和相应的关键组分，建立每个关键组分的物料衡算式。以单一反应的关键反应物为例，对反应器或微元体积物料衡算的通式为

关键反应物流入速率＝关键反应物流出速率＋关键反应物的转化速率＋关键反应物的累积速率　　（1-76）

对于间歇反应器，由于分批加料、卸料，反应过程中反应物系和关键反应物的流入及流出速率均为零。对于连续流动反应器，定态下，式(1-76)中的累积量为零；非定态下，则式(1-76)中各项均需考虑。化学反应工程教材一般只讨论定态下连续流动反应器。此时，式(1-76)应用于微元反应体积，实质上是式(1-50)所表示的反应速率表达式。

即使单一反应，一般气体反应混合物中含有多个反应物、产物及惰性组分，此时，应按照本章第二节五中所讨论的气相反应的物料衡算，以化学计量关系为基础，建立反应过程中各反应组分的瞬时组成（常以瞬时摩尔分数表示）与进口态组成间的关系。对于多重反应，本章第二节中已讨论，应作独立反应数的分析和对已选定的关键组分作反应物系中各组分的组成变化间的物料衡算，如果反应过程中存在多相而多相间的差别又不能忽略时，应分别对各个相作物料衡算。

3. 热量衡算

热量衡算以能量守恒定律为基础。大多数反应器常常可将位能、动能及功等略去，实质上只是热量衡算式，对反应器或微元体积，其通式为

$$\left[\begin{array}{c}单位时间内反应\\物系带入的焓\end{array}\right]=\left[\begin{array}{c}单位时间内反应\\物系带出的焓\end{array}\right]+\left[\begin{array}{c}单位时间内反应\\物系的反应焓\end{array}\right]+\left[\begin{array}{c}单位时间内反应物\\系与外界传递的焓\end{array}\right]+\left[\begin{array}{c}单位时间内反应\\物系累计的焓\end{array}\right]$$

（1-77）

式(1-77)中的物系的反应焓，放热反应为负值，吸热反应为正值，多重反应则应计入每个独立反应的放热或吸热。对于间歇反应器，反应物系带入与流出的焓均为零。对于连续流动反应器，定态下式(1-77)中的热量累积项为零；对于等温连续流动反应器，定态下，单位时间内由于反应而引起的焓变与单位时间内与外界传递的热量相等；对于定态下连续流动绝热反应器，反应物系与外界传递的热量为零。

式(1-77)中，单位时间内反应物系与外界传递的热量包括以下两种。①反应物系与传热面间传递的热量，一般传热推动力用 $T_b - T_a$ 表达，T_b 为微元体积中反应物系的温度，T_a 为传热介质的温度。对于放热反应，$T_b > T_a$，反应物系被外界传热介质所冷却；对于吸热反应，$T_b < T_a$，反应物系被外

界传热介质所加热。②反应器传向环境的热损失。

4. 动量衡算

一般情况下，动量衡算式可以忽略。除非反应物系通过反应器的压力降与操作压力之比相当大，例如烃类/蒸汽转化的外热管式催化反应器及轻质烃热裂解的均相管式反应器，如果通过反应器的压力降与反应管入口压力之比达 10% 左右，要影响气体的浓度、平衡组成及反应速率，必须考虑反应物系沿反应器轴向长度的压力变化的动量衡算，或者采取取反应器入口及出口处压力的算术平均值的简化方法。关于气体通过固定床、流化床、气-液-固三相床及气-液吸收反应器的压力降的计算，本书各有关部分均有讨论。

在本书所讨论的各类反应的本征及宏观反应动力学的基础上，各类反应器如何运用物料衡算及热量衡算进行反应器的设计与分析，均见本书各有关部分。

第七节　讨论与分析

① 本章的任务：根据本书的主线是阐述物质转化工业过程多相反应的反应-质量-热量及动量交互作用综合的宏观反应过程和讨论工业反应器的设计及分析，本章的主要内容是讨论物理化学教材中有关内容如何应用于工程实践，如介绍按化学反应过程的条件进行分类，化学计量学及应用于单一和多重气相反应的物料衡算，实际气体的状态方程及应用于加压下实际气体的反应焓、化学平衡常数等内容。

② 实际气体的状态方程是化工热力学的重要内容。本章以高压下氨合成反应为例，介绍了应用 BB 状态方程计算工业氨合成过程中 H_2、N_2、NH_3、CH_4、Ar 气体混合物，考虑了高压下实际气体及非理想溶液性质的有关组分的逸度因子和反应平衡常数的计算。虽然 BB 状态方程发表于 1928 年，是一个早期发表的状态方程，并且只有有限的组分可使用本方程中的模型参数，也可以说是 20 世纪初为合成氨的工业发展而开发的，但经实践验证可应用于含极性很强的物质氨和量子气体氢并呈非理想溶液状态的高压下非理想气体混合物，到现在还是适用于氨合成过程的工程计算。本章因此作为一个示例，并适用于今后氨合成催化反应动力学研究和氨合成催化反应器的数学模拟设计和工程分析。

③ 本教材中讨论的大多数反应是比较复杂的多组分单一及多重气相反应，并且反应前后产物及反应物的化学计量数之和不相等，即 $\sum \nu_i \neq 0$，应当按照物料衡算的关系处理反应前后的物系组成的变化，如果动力学实验和工业计算过程中忽略了它，将导致物料衡算基础的失误，从而影响后续的工作。因此，本章予以讨论，并示例，希望授课老师重视对学生这方面计算能力的锻炼。

④ 一般化学课程教材中讨论的化学反应速率 $\dfrac{dc}{dt}$ 是针对间歇反应器中等容液相反应的速率而定义的，但在工业过程中大量涉及多相反应如气-固相催化反应、液-固相反应、气-液反应与气-液-固三相反应，反应速率大都以固相为基础，如单位固相质量、单位固相内表面积或外表面积和单位反应体积，若气相混合物中各反应组分的组成用浓度表示，则除了反应进程外，还与系统的温度、压力有关，甚为不便，因此常用分压、摩尔分数或高压下的逸度来表示反应速率，这些都是反应工程的基础内容。

⑤ 本教材讨论的化学反应器不是孤立的，而是整个生产工艺中的一个环节，许多工业过程生产流程长、环节多、反应器多，但都是有机的组合，每个反应器在工艺中有不同的作用，因此反应器的设计特别是工艺操作参数的要求要服从工艺的需要，不能孤立地寻求操作条件的优化，而工艺流程的设置也往往按照反应器特别是催化反应器和其中催化剂的特征而设置的，特别是催化剂要求的气体净化指标。如果催化剂方面有某些重大的突破，例如要求的气体净化指标有所改变，整个工艺流程将随之改变。如果研发的新型催化剂改变了反应类型、反应方向或产物结构，会导致整个生产方法及工艺的改变，所使用的反应器设计要适应所研发的催化剂的特征和新工艺的要求。虽然本课程不是工艺学课程，而化学工

程与工艺专业设有化学工艺学的必修课程，因此化学反应工程的教学和研发工作者绝不能忽视工艺基础。为此本章以合成氨过程中惰性气含量和有机物氧化的爆炸为例，说明工艺基础的重要性。

<h2 style="text-align:center">参 考 文 献</h2>

[1] 黄仲九，房鼎业. 化学工艺学. 2 版. 北京：高等教育出版社，2008.

[2] 李绍芬. 化学与催化反应工程. 北京：化学工业出版社，1988：18-23.

[3] 时钧，汪家鼎，余国琮，等. 化学工程手册. 2 版. 北京：化学工业出版社：1996.

[4] 童景山. 流体的热物理性质. 北京：中国石化出版社，1996.

[5] 马沛生. 化工热力学：通用型. 北京：化学工业出版社，2005.

[6] Hilsenrarh J, et al. Tables of Thermodynamic and Transport Properties of Air, Ar, CO, CO₂, H₂, N₂ and Steam. New York：Pergamon Press，1960.

[7] Vargaftik. Tables on Thermophysical Properties of Liquids and Gases. 2nd ed. New York：Willey，1975.

[8] 朱炳辰，房鼎业. 化学反应工程. 北京：化学工业出版社，2011.

[9] Gillespie L J，Beattie J A. The thermodynamic treatment of chemical equilibrium in system composed of real gases Ⅱ Relation for the heat of reaction applied to the ammonia synthesis reaction, the energy and entropy constants for ammonia. Phys Rev, 1930，36：1008-1012.

[10] Beattie J，Bridgeman O C. A new equation of state for fluid，Ⅱ，Application to hylium, neon, ergon, hydrogen, nitrogen ammonia, oxygen, air and methane. J Am Chem Soc, 1928，50：3133-3136.

[11] 陈五平. 合成氨、尿素、硝酸、硝酸铵. 无机化工工艺学：上册. 3 版. 北京：化学工业出版社，2002.

[12] Levenspiel O. Chemical Reaction Engineering. 3rd. New York：John Wiley & Sons，1999.

[13] Fogler H S. Element of Chemical Reaction Engineering. 3rd. New Jersey：Prentice Hall，1999.

[14] 汤桂华，赵增泰，郑冲. 硫酸. 北京：化学工业出版社，1999：217.

[15] 吴指南. 基本有机化工工艺学. 北京：化学工业出版社，1981：295.

 习 题

1-1 银催化剂上进行甲醇氧化为甲醛的反应

$$2CH_3OH + O_2 \longrightarrow 2HCHO + 2H_2O$$
$$2CH_3OH + 3O_2 \longrightarrow 2CO_2 + 4H_2O$$

进入反应器的原料中，甲醇：空气：水蒸气＝2：4：1.3（摩尔比），反应后甲醇转化率达72%，甲醛的收率为69.2%。试计算（1）反应的选择率；（2）反应器出口的气体组成。

1-2 甲醇合成过程中含有组分 CO、CO_2、H_2、CH_3OH、H_2O、N_2 和 CH_4。已知反应器进口各组分的摩尔分数为 $y_{i,in}$，i 代表各组分。取 CO 和 CO_2 加氢反应为关键反应，分别导出（1）出口气体中关键组分的摩尔分数为 y_{CO_2} 和 y_{CO} 时；（2）出口气体中关键组分的摩尔分数为 y_{CH_3OH} 和 y_{CO_2} 时，其余各组分摩尔分数的计算表达式。

1-3 确定下列反应物系的独立反应数。

(1) $[CO、CO_2、H_2、CH_3OH、H_2O、CH_4、CH_3OCH_3、C_4H_9OH、N_2]$，$[H、C、O、N]$

(2) $[CO_2、MgO、CaO、MgCO_3、CaCO_3]$，$[Ca、Mg、C、O]$

1-4 气相乙烯、氧和乙酸经贵金属催化剂合成乙酸乙烯酯的多重反应，已确立独立反应数为 2，其主、副反应如下

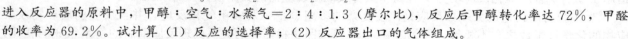

主反应：$CH_2{=}CH_2 + CH_3COOH + \dfrac{1}{2}O_2 \longrightarrow CH_3COOCH{=}CH_2 + H_2O$

副反应：$CH_2{=}CH_2 + 3O_2 \longrightarrow 2CO_2 + 2H_2O$

若反应器入口气体组成为 y_{ET}^0、y_{HAC}^0、$y_{O_2}^0$ 及 $y_{N_2}^0$，气体混合物的摩尔流量为 N_{T0}，出口气体组成为 y_{ET}、y_{HAC}、y_{VAC}、y_{O_2}、y_{N_2}、y_{CO_2} 及 y_{H_2O}。其中下标 ET、HAC、VAC、O_2、N_2、CO_2 及 H_2O 分别代表气相中乙烯、乙酸、乙酸乙烯酯、氧、氮、二氧化碳及水。出口气体混合物的湿基摩尔

流量为 N_T（含水蒸气），干基摩尔流量为 N_{TD}（不含水蒸气）。求反应后，出口 N_T、N_{TD} 和出口气体中各组分湿基摩尔分数 y_i 及干基摩尔分数 y_{iD} 与 N_{T0} 及入口气体组成间的物料衡算计算式。

1-5　某气-固一级不可逆催化反应，按单位质量催化剂表示的本征动力学方程为 $-\dfrac{dN_A}{dW}=k_w f_A$，式中 f_A 为反应组分 A 的逸度。若 ρ_b、ρ_p 分别表示催化剂床层的堆密度和催化剂的假密度，ε 为催化剂床层的空隙率，S_i、S_v 和 S_g 分别为单位体积催化床、单位体积催化剂颗粒和单位质量催化剂的内表面积。（1）推导按单位体积催化床和单位质量催化剂颗粒表示的本征反应速率常数 k_{VR} 与 k_W 间的关系。（2）催化床层中某一微元体积的压力为 p，温度为 T，组分 A 的摩尔分数为 y_A，浓度为 c_A。若将本征动力学方程 $-\dfrac{dN_A}{dW}=k_w f_A$ 改写为 $-\dfrac{dN_A}{dW}=k_p p_A$，$-\dfrac{dN_A}{dW}=k_y y_A$ 和 $-\dfrac{dN_A}{dW}=k_c c_A$，推导 k_p、k_y、k_c 与 k_W 间的关系式。

1-6　有如下平行反应

P 为目的产物，各反应均为一级不可逆放热反应，反应活化能依次为 $E_2<E_1<E_3$，k_j^0 为 j 反应的指前因子，证明最佳温度

$$T_{op}=\frac{E_3-E_2}{R\ln\dfrac{k_3^0(E_3-E_1)}{k_2^0(E_1-E_2)}}$$

1-7　编制程序，在计算机上求出下列工况的高压氨合成平衡摩尔分数之值，K_f 的计算式见式（例 1-3-1）。

（1）氨分解基组成：$3H_2+N_2$；$p=30.398MPa$，$344℃$ 及 $440℃$；$p=20.265MPa$，$344℃$ 及 $440℃$。

（2）氨分解基组成：$y_{H_2}^0=0.675$，$y_{N_2}^0=0.225$，$y_{CH_4}^0=0.07$，$y_{Ar}^0=0.03$；$p=30.398MPa$，$344℃$ 及 $440℃$；$p=20.265MPa$，$344℃$ 及 $440℃$。

1-8　某日产氨千吨的氨合成催化反应器，若进入反应器的气体组成：$y_{NH_3}=0.0363$，$y_{CH_4}=0.0954$，$y_{Ar}=0.0296$，其余为 3∶1 的 $H_2∶N_2$。出反应器的氨净值（即出口与进口气体中氨含量之差，以百分数表示）为 14%，求进入反应器气体的量，以 kmol/h 表示。

第二章　气-固相催化反应本征及宏观动力学

○○ ——— ・○○　○　○○ ———

　　本章首先介绍固体催化剂的基本特征、孔结构和均匀及不均匀表面吸附等温方程的要点，在此基础上，阐述单一活性中心及单组分吸附的气-固相催化反应动力学方程。本书提倡作为工科本科生教材，从动力学实验获得符合统计检验的本征动力学"等效模型"，用于反应器设计和工程分析。本章的重点在于讨论有关固体催化剂的反应-传质-传热耦合的宏观过程，用曲折因子和有效扩散系数反映反应组分在具有复杂孔结构催化剂颗粒的内扩散过程，由此建立等温球形催化剂内进行一级不可逆反应的反应——扩散微分方程，这是反应—传质耦合过程的最基本的并易于获得解析解的数学模型。并进一步讨论用 Thiele 模数反映催化剂粒度、反应温度、本征反应速率常数和曲折因子等参数对内扩散有效因子影响的基本规则。然后，逐步介绍工业颗粒催化剂的形状"球化"，将多组分和多重反应简化为关键组分扩散模型等化学反应工程的基本研究方法——合理简化的数学模型方法用于研究工业催化剂的内扩散过程。本章介绍了颗粒催化剂工程设计中的活性组分不均匀分布及异形催化剂设计；提出通过实验获得符合工业操作工况的等温及非等温工业颗粒催化剂的"宏观动力学方程"，用以进行反应器设计和工程分析；简要介绍外扩散过程的影响和催化剂失活动力学。

第一节　催化及固体催化剂

一、催化反应

　　催化（catalysis）的研究和发展对化学工业的变革起着决定性的作用。18 世纪到 19 世纪初期世界工业起步和发展所需的基本化工原料如硫酸、氨和硝酸的生产，由于开发了催化作用和研制了催化剂而发生了根本性的变革。1831 年研制了铂催化剂转化二氧化硫的接触法替代了铅室法生产硫酸。1900 年铂催化剂上进行的氨氧化反应取代了硫酸和硝酸钠反应生产硝酸。1913 年使用熔铁催化剂的氨合成生产装置的开发带动了高压容器和压缩机的发展。1923 年采用锌铬催化剂使一氧化碳加氢合成甲醇取代了木材干馏制甲醇。但由于低温下锌铬催化剂的催化作用低，只能在 350～420℃反应，较高反应温度下不利于甲醇合成的热力学平衡，因此必须在 25～30MPa 高压下生产。1966 年铜基催化剂合成甲醇投产，可在 220～270℃下反应，相应压力可降至 5MPa，节约了高压生产的能耗。

　　多种性能不同催化剂的开发促使同一产品在反应器、生产流程甚至生产方法和原料方面都发生了根本性的变革，使产品的投资、原料消耗等技术经济指标不断优化，同时环境污染也不断减少。在通常条件下难以获得的化学产品可以通过催化作用实现工业生产，催化是现代化学工业的基石[1]。研究有关工业催化的基本问题可阅读高等学校教材[2,3]。

　　同一种反应物系，使用不同的催化剂可以得到不同的产品。例如乙烯氧化使用银催化剂可得环氧乙烷，乙烯氧化使用钯系催化剂可得乙酸，但这两个过程的主要副反应都是深度氧化生成二氧化碳和水。另外，使用同一系列的催化剂，也可使不同的反应物系发生催化作用。例如使用银系固体催化剂，可使甲醇氧化制甲醛，乙醇氧化制乙醛，乙烯氧化制环氧乙烷，乙二醇氧化制乙二醛，1,2-丙二醇氧化制丙酮醛；使用 V_2O_5 系催化剂可使苯、萘、邻二甲苯等芳香族化合物氧化[4]。

催化反应可以分为均相催化和多相催化，反应在同一相中进行称为均相催化；反应在两相界面上进行称为多相催化。脱水、水合、聚合、酯的水解、醇醛缩合等反应采用酸性、碱性催化剂，属于均相反应，常采用碱离子（OH^-）和乙酸根离子。在某些气-液相反应的液相中添加某些物质，可加速液相中的反应过程，例如在碳酸钾溶液中添加二乙醇胺、N-甲基二乙醇胺等有机胺可用来加速吸收二氧化碳。最常用的催化反应是使用固体催化剂的气-固相催化反应，它的本征和宏观反应动力学是本章要讨论的重点内容。专著[1,5]对气-固相催化作用及重要的催化反应过程进行了阐述；有关碳一化学和石油化工中的催化剂可参阅专著[6-9]；有关石油加工中的催化可参阅专著[10-13]。良好的工业催化剂应该在活性（activity）、选择性（selectivity）和稳定性（stability）或寿命（life）三方面都符合基本要求。

二、固体催化剂

固体催化剂一般由活性组分、助催化剂和载体组成。主要起催化作用的是活性组分，常用的催化剂活性组分是金属和金属氧化物。催化剂大多数采用载体，称为负载型催化剂。助催化剂在催化剂中的含量很少，它们对于反应没有活性或者活性很小，但是加入到催化剂中却能提高催化剂的活性、选择性和稳定性。

载体是多孔性固体，主要作用是负载活性组分的骨架，分散活性组分及助催化剂，同时增大内表面积，但在一定条件下，对于某些反应，载体也具有活性，并且载体与活性组分之间可以发生化学反应，导致具有催化性能的新的表面物质形成。常用的载体多为氧化铝、二氧化硅、碳化硅、浮石、刚玉、活性炭、铁矾土、白土、氧化镁、硅胶、硅藻土、沸石分子筛等物质。用作载体的物质应具有以下特性：提供足够的内表面积、良好的机械性能，如抗磨损、抗冲击及抗压；在反应与再生过程中，有足够的热稳定性，例如在 800～900℃ 高温下进行的甲烷/蒸汽转化反应，要求载体能满足高温和机械强度的要求，因此使用熔点在 2000℃ 以上的难熔耐火氧化物作载体。

工业固体催化剂的形状和尺寸应根据具体的反应和反应器的特征而定。绝大多数固体催化剂形状为规则的颗粒，一般用打片法或挤条法制备的催化剂大多数为粒度几毫米至十几毫米的圆柱形或单孔环柱形。为了降低催化剂床层的压力降及提高其使用效率，近年来开发了多种薄壁异形催化剂，如车轮形、舵轮形或多通孔形（可参见本章第六节），不规则的催化剂大多数为使用于流化床的经破碎的细粒催化剂。由熔融法制备的氨合成用铁催化剂大多为破碎成直径 1.5～10mm 的不规则颗粒。

1. 固体催化剂的孔结构

大多数固体催化剂是多孔物质，每克有几十甚至几百平方米的内表面积。

（1）内表面积　多孔固体催化剂的内表面积或是载体固有的，或是由还原、活化所形成的。例如，原来无孔的氨合成熔融铁催化剂的内表面积由 Fe_3O_4 还原而形成。固体催化剂内含有大小不等的孔道，形成相当大的内表面积，即使是粒度很小的催化剂颗粒，其外表面积与催化剂内的孔道所形成的内表面积相比也是很小的。常用于测量固体催化剂比内表面积（S_g，m^2/g）的方法是气体吸附法，简称 BET法。大多数催化剂要求载体提供较高的内表面积，以增强催化剂的反应活性。

（2）比孔容和孔隙率　比孔容（V_g，mL/g）是每克催化剂内部孔道所占的体积，常用氦-汞置换法来测定。在定压（大气压）下，测定容器中被催化剂试样置换的氦体积，将氦换成汞，再测定置换的汞体积。测定时要预先将催化剂经过真空加热处理。由于在大气压下汞不能透入绝大多数催化剂中的孔道，只能充填入颗粒间的空隙，两次测得体积之差再除以催化剂颗粒试样的质量即为比孔容。测定被置换的氦体积即得固体物质（骨架）所占的体积，可算得催化剂固相的真密度 ρ_t。由被置换的汞体积可算得催化剂颗粒的表观密度或假密度 ρ_p。以单位堆积体积的颗粒质量表示其密度，称为堆密度或床层密度 ρ_b，一般堆密度是指催化剂活化前的测定值。颗粒催化剂孔隙率(θ) 是催化剂颗粒的孔容积与颗粒的总体积之比，许多催化剂的孔隙率为 0.5 左右，孔隙率可按假密度进行计算

$$\theta = \rho_p V_g \tag{2-1}$$

如果催化剂床层的空隙率为 ε，显见

$$\rho_b = \rho_p(1-\varepsilon) = \rho_t(1-\theta)(1-\varepsilon) \tag{2-2}$$

（3）孔径及其分布　催化剂中孔道的大小、形状和长度都是不均一的。催化剂的孔道一般可以根据孔半径大小分成三类：微孔（micropore），指半径小于 1nm 的孔，活性炭、沸石分子筛等多含有微孔；中孔（mesopore），指半径在 $1\sim25$nm 的孔，多数催化剂中大部分孔属于这一范围；大孔（macropore），指半径大于 25nm 的孔，硅藻土中的孔道主要属大孔范围。目前，使用先进的仪器，压汞法可测 5.5nm$\sim360\mu$m 直径的孔分布；气体吸附法可测 $0.35\sim300$nm 直径的孔分布。

Wheeler[14] 曾提出最简化的表征催化剂孔结构的平行孔模型，其特征是催化剂中孔道是由一系列互不相交、内壁光滑、半径不等的平行圆柱状孔所组成。根据这个模型，平均孔半径 $\bar{r}_a$ 可以按以下方法计算。

$$m_p S_g = (2\pi \bar{r}_a L)n \tag{2-3}$$

$$m_p V_g = [\pi(\bar{r}_a)^2 L]n \tag{2-4}$$

式中，m_p 是催化剂颗粒的质量，g；n 是所测催化剂颗粒中的孔道数。

由上两式可得催化剂平均孔半径

$$\bar{r}_a = 2V_g/S_g \tag{2-5}$$

有关固体催化剂的物理性质，如比表面积、孔容、孔径及其分布、密度和机械性能的测试，可参阅相关专著[15,16]。

工业颗粒催化剂的内表面积是由其中的孔道形成的，孔半径愈小，孔数量愈多，其比内表面积愈大。但是本章第三节将要讨论工业气-固相催化反应过程必须经历气相反应物由颗粒外表面向催化剂孔道内部扩散，才能在孔道所组成的内表面上进行催化反应的内扩散过程，催化剂的孔径愈小，比内表面积愈大，内扩散过程使工业催化剂的实际反应速率降低得愈多，因此对催化剂的孔径分布及比内表面积都具有一定的要求，并不是比表面积愈大愈好。

2. 固体催化剂的活化

各种制备好的催化剂通常都要经过一个"活化"过程，就是在一定的温度和压力下，用一定组成的气体对催化剂进行处理，使其中的某种氧化物、氢氧化物或盐的形态存在的活性组分得到还原或进行相变，以获得催化反应所必需的活性组分和相组成。不同的催化剂对活化过程有不同的要求，一般要严格掌握活化过程的温度、压力、气体组成和操作时间。活化过程对于催化剂的孔结构及活性具有很重要的影响。"预还原"催化剂是催化剂制造厂在良好的条件下将催化剂还原，然后以低浓度氧在催化剂外层形成钝化保护膜的钝化处理。生产厂只需对预还原催化剂外层进行"再还原"工作。由于钝化膜只占催化剂相当少的比例，再还原工作不仅比还原操作省工省时，从而增加了生产时间，更重要的是可以保证还原过程的质量。

专著[15] 系统地介绍了我国现代多类工业催化剂的主要性能和使用条件。

第二节　化学吸附与气-固相催化反应本征动力学模型

在已经提出的许多气-固相催化理论中，活性位理论应用较为广泛。活性位只占催化剂内表面积的很小一部分，在组成固体催化剂微晶的棱、角或突起部位上，由于价键不饱和而具有剩余力场，能将周围气相中的分子或原子吸收到处于这些部位的活性位上，即化学吸附作用。一般认为气-固相催化反应

由下列串联的步骤所组成：①反应物被分布在催化剂表面上的活性位吸附，成为活性吸附态；②活性吸附态组分在催化剂活性表面上进行反应，生成吸附态产物；③吸附态产物从催化剂活性表面上脱附。照上述步骤获得的催化反应的化学反应动力学称为本征动力学（intrinsic kinetics）。气-固相催化反应本征动力学的基础是化学吸附。

一、吸附等温方程

气体在固体表面的吸附可分为物理吸附和化学吸附。产生物理吸附的原因是分子间的引力，一般没有明显的选择性，可以是单分子层吸附，也可以是多分子层吸附，吸附速率较快，脱附也容易，其热效应较小，约为 2～20kJ/mol。物理吸附量随温度升高而迅速减少，只能在较低的温度下进行。化学吸附是固体表面与吸附分子间的化学键造成的，有显著的选择性，化学吸附的热效应通常是 80～400kJ/mol。从化学吸附中能量变化的大小考虑，被吸附分子的结构发生了变化，成为活性吸附态分子，它所需的反应活化能比自由分子的反应活化能低，由此可以解释固体表面的催化作用。化学吸附速率随温度升高而增加，故宜在较高温度下进行。化学吸附的一个主要特征是固体表面上的吸附层是单分子层，即活性表面上吸附满了气体分子时，吸附量不能再提高。化学吸附速率可以通过气体分子与固体表面碰撞过程的三种因素来建立。①单位表面上的气体分子碰撞数。气体分子对固体表面的碰撞频率愈大，吸附速率也愈大。根据分子运动论可知，气相中组分在单位时间内对单位表面的碰撞数与气相中组分 A 的分压 p_A 成正比。②吸附活化能。化学吸附需要活化能 E_a，只有能量超过 E_a 的气体分子才有可能被吸附，这种分子占总分子数的分率为 $\exp[-E_a/(RT)]$。③表面覆盖率。表面覆盖率 θ_A 表示已被组分 A 覆盖的活性位总数的分率，吸附分子与催化剂固体表面碰撞，其中只有一部分才能碰上空着的活性位，这个碰撞的概率为 $f(\theta_A)$。考虑上述三项因素，可得

$$r_a = \sigma_A p_A f(\theta_A) \exp[-E_a/(RT)] \tag{2-6}$$

式中，r_a 为吸附速率；σ_A 为吸附比例常数。

影响脱附的因素有两种，其一与表面覆盖率有关，用函数 $f'(\theta_A)$ 表示，其二与脱附活化能 E_d 有关，即与 $\exp[-E_d/(RT)]$ 成正比。考虑上述两项因素，脱附速率 r_d 可写成

$$r_d = k'f'(\theta_A) \exp[-E_d/(RT)] \tag{2-7}$$

吸附是可逆的，净吸附速率 r 为

$$r = r_a - r_d = \sigma_A p_A f(\theta_A) \exp[-E_a/(RT)] - k'f'(\theta_A) \exp[-E_d/(RT)] \tag{2-8}$$

对于一定的吸附系统，恒温下测得的平衡吸附量与分压的关系称为吸附等温线。有两类模型描述吸附等温线的规律，即均匀表面吸附模型和不均匀表面吸附模型。

1. 均匀表面吸附等温方程

均匀表面吸附层模型是由 Langmuir 提出的，具有下列基本要点：①催化剂表面是均匀的，即具有均匀的吸附能力，每个活性位都有相同的吸附热和吸附活化能；②吸附分子间没有相互的作用；③吸附和脱附可以建立动态平衡。根据这个模型，E_a、E_d、σ_A 及 k' 均不随表面覆盖率而变，令 $k_a = \sigma_A \exp[-E_a/(RT)]$ 和 $k_d = k' \exp[-E_d/(RT)]$。吸附速率与未覆盖表面分率成正比，即 $f(\theta_A) = 1 - \theta_A$；脱附速率与表面覆盖率成正比，即 $f'(\theta_A) = \theta_A$。式(2-8) 可写成

$$r = k_a p_A(1-\theta_A) - k_d\theta_A \tag{2-9}$$

上式称为 Langmuir 吸附速率方程，式中 k_a 及 k_d 分别为吸附速率常数及脱附速率常数。当吸附达到动态平衡时，$r_a = r_d$，此时气相中组分 A 的分压为吸附平衡分压 p_A^*，即 $k_a p_A^*(1-\theta_A) = k_d\theta_A$，令 $b = k_a/k_d$，可得

$$\theta_A = bp_A^*/(1+bp_A^*) \tag{2-10}$$

上式为 Langmuir 均匀表面吸附等温方程，式中 b 是吸附平衡常数，b 值的大小表明固体表面吸附能力的强弱程度。将此式改变，可得

$$1/\theta_A = 1 + 1/(bp_A^*) \tag{2-11}$$

即对于均匀表面吸附，$1/\theta_A$ 与 $1/(bp_A^*)$ 应为直线关系。

如果气相中组分 A 及 B 都被同一催化剂活性位吸附，表面覆盖率分别为 θ_A 及 θ_B，则组分 A 的吸附速率 $r_a = k_{aA}p_A(1-\theta_A-\theta_B)$，组分 A 的脱附速率 $r_d = k_{dA}\theta_A$，令 $b_A = k_{aA}/k_{dA}$，达平衡时

$$\theta_A/(1-\theta_A-\theta_B) = b_A p_A^* \tag{2-12}$$

同样，可得组分 B 的吸附等温式

$$\theta_B/(1-\theta_A-\theta_B) = b_B p_B^* \tag{2-13}$$

式中，$b_B = k_{aB}/k_{dB}$；p_B^* 是组分 B 的吸附平衡分压。

联立解式(2-12) 及式(2-13)，可得

$$\theta_A = b_A p_A^*/(1+b_A p_A^* + b_B p_B^*); \quad \theta_B = b_B p_B^*/(1+b_A p_A^* + b_B p_B^*)$$

推广到气相中多个组分被吸附，可得

$$\sum_{i=1}^{n}\theta_i = \sum_{i=1}^{n}b_i p_i^* / (1+\sum_{i=1}^{n}b_i p_i^*) \tag{2-14}$$

$$\theta_i = b_i p_i^* / (1+\sum_{i=1}^{n}b_i p_i^*) \tag{2-15}$$

当被吸附分子解离成两个原子，且各占一个活性位时，对于单组分吸附，可得吸附速率 $r_a = k_a p_A (1-\theta_A)^2$，脱附时，两个原子都可脱附，脱附速率 $r_d = k_d \theta_A^2$，达平衡时可得

$$\theta_A = \sqrt{bp_A^*}/(1+\sqrt{bp_A^*}) \tag{2-16}$$

2. 不均匀表面吸附等温方程

均匀表面吸附在一定情况下是与实验数据符合的，例如，平衡压力 p^* 的变化不超过 1～2 个数量级时。当平衡压力及表面覆盖率的变化较大时，均匀表面吸附模型就与实验值不符合。实践证明，由于催化剂表面的不均匀性，吸附活化能 E_a 随表面覆盖率增加而增加，脱附活化能 E_d 随表面覆盖率增加而减少。吸附开始时，气体首先吸附在表面活性最高的部分，随着活性高的表面逐渐被遮盖，吸附愈来愈弱，所需要的活化能愈来愈大。对于 E_a 及 E_d 与表面覆盖率的关系，有不同的假设，适用于不同的场合。下面介绍其中一种应用最广泛的 Temkin 简化模型[17]。根据实验结果，对于中等覆盖率的不均匀表面，该模型认为在吸附过程中，E_a 随 θ_A 增加而线性增加，E_d 随 θ_A 增加而线性下降，即 $E_a = E_a^0 + \beta\theta_A$；$E_d = E_d^0 - \gamma\theta_A$；其中，$E_a^0$、$E_d^0$、$\beta$ 及 γ 都是常数。

代入吸附速率式(2-8)，可得

$$r = r_a - r_d = \sigma_A p_A f(\theta_A)\exp\left(-\frac{E_a^0}{RT} - \frac{\beta\theta_A}{RT}\right) - k'f'(\theta_A)\exp\left(-\frac{E_d^0}{RT} + \frac{\gamma\theta_A}{RT}\right)$$

当 θ_A 的变化在中等覆盖率的范围内，$f(\theta_A)$ 的变化对 r_a 的影响要比 $\exp[-\beta\theta_A/(RT)]$ 的影响小得多，$f(\theta_A)$ 可近似地归并到常数项中去。同理，$f'(\theta_A)$ 也可以近似地归并到常数项中去。由此可得

$$r = r_a - r_d = k_a' p_A \exp(-g\theta_A) - k_d'\exp(h\theta_A) \tag{2-17}$$

式中，$k_a' = \sigma_A f(\theta_A)\exp[-E_a^0/(RT)]$；$g = \beta/(RT)$；$k_d' = k'f'(\theta_A)\exp[-E_d^0/(RT)]$；$h = \gamma/(RT)$，当吸附达平衡时，$k_a' p_A^*/k_d' = \exp[(g+h)\theta_A]$；令 $f = g + h$，$b_0 = k_a'/k_d'$，则

$$b_0 p_A^* = \exp(f\theta_A) \quad 或 \quad \theta_A = \frac{1}{f}\ln(b_0 p_A^*) \tag{2-18}$$

式(2-18) 是单组分不均匀表面吸附等温方程，又称 Temkin 吸附等温方程。令 $\alpha = g/f$，则 $h = f - g = (1-\alpha)f$，式(2-17) 可写成

$$r = r_a - r_d = k_a' p_A \exp(-\alpha f\theta_A) - k_d'\exp[(1-\alpha)f\theta_A]$$

最后可得单组分不均匀表面吸附速率方程

$$r=(k'_a p_A - k'_d b_0 p_A^*)/(b_0 p_A^*)^\alpha \tag{2-19}$$

二、均匀表面吸附动力学模型

本书讨论均匀表面吸附动力学方程中的 Langmuir-Hinshelwood 提出的控制步骤模型，又称为 L-H 模型。其要点：气-固相催化反应过程由反应物在催化剂表面上的活性位上的化学吸附、活性吸附态组分在表面上进行反应和产物脱附三个串联的步骤组成，若其中某一步骤的阻滞作用最大，则总的催化反应过程的速率决定于这个步骤的速率，或称过程为这一步骤所控制，至于非速率控制步骤则均认为达到平衡。

如果催化剂表面上只有一类活性位能进行化学吸附、表面反应和脱附，称为 L-H 型动力学方程的基础模型，下面分别讨论其中三种工况。

1. 过程为单组分反应物的化学吸附控制

对于反应 $\nu_A A + \nu_B B \rightleftharpoons \nu_L L + \nu_M M$，若过程为单组分反应物 A 的化学吸附过程所控制，则催化反应速率 r_A 即为反应物 A 的化学吸附速率。

$$r_A = r_{aA} - r_{dA} = k_a p_A \left(1 - \sum_{i=1}^{n} \theta_i\right) - k_d \theta_A$$

式中，$\sum_{i=1}^{n} \theta_i$ 是反应物 A、B 和产物 L、M 的表面覆盖率之和，由式(2-14) 及式(2-15) 可得。

$$1 - \sum_{i=1}^{n} \theta_i = 1/(1 + b_A p_A^* + b_B p_B^* + b_L p_L^* + b_M p_M^*)$$

及

$$\theta_A = b_A p_A^* / (1 + b_A p_A^* + b_B p_B^* + b_L p_L^* + b_M p_M^*)$$

由于反应过程属反应物 A 的吸附控制，催化剂上吸附态的反应物 B 和产物 L、M 的吸附平衡分压 p_B^*、p_L^* 和 p_M^* 应分别与气相中的分压 p_B、p_L 和 p_M 相等，并且催化剂表面上吸附态的反应物和产物达到化学平衡，即

$$K_p = \frac{(p_L^*)^{\nu_L}(p_M^*)^{\nu_M}}{(p_A^*)^{\nu_A}(p_B^*)^{\nu_B}} = \frac{p_L^{\nu_L} p_M^{\nu_M}}{(p_A^*)^{\nu_A} p_B^{\nu_B}}$$

以上各式代入反应物 A 的化学吸附速率式中，并由于 $k_d b_A = k_{aA}$，令 $k_{aA} = k$，最后可得反应物 A 吸附控制时催化反应速率的表示式

$$r_A = \frac{k\{p_A - [(p_L^{\nu_L} p_M^{\nu_M})/(p_B^{\nu_B} K_p)]^{1/\nu_A}\}}{1 + b_A[(p_L^{\nu_L} p_M^{\nu_M})/(p_B^{\nu_B} K_p)]^{1/\nu_A} + b_B p_B + b_L p_L + b_M p_M} \tag{2-20}$$

2. 过程为表面化学反应控制

若过程为催化剂表面吸附态的反应物及产物之间的表面化学反应所控制，并且不参与反应的惰性组分 I 亦被吸附，此时催化反应速率服从质量作用定律，对于反应

$$A + B \underset{k'}{\overset{k}{\rightleftharpoons}} L + M$$

则

$$r_A = k\theta_A\theta_B - k'\theta_L\theta_M$$

令 $k_1 = k b_A b_B$，$k_2 = k' b_L b_M$，由式(2-15) 可得

$$r_A = \frac{k_1 p_A p_B - k_2 p_L p_M}{(1 + b_A p_A + b_B p_B + b_L p_L + b_M p_M + b_I p_I)^2} \tag{2-21}$$

式中，b_I 及 p_I 分别是惰性组分 I 的吸附平衡常数及分压。

若惰性组分 I 不被吸附，则式(2-21) 中略去 $b_I p_I$ 项。

3. 过程为单组分产物的脱附控制

对于反应 $\nu_A A + \nu_B B \rightleftharpoons \nu_L L + \nu_M M$，如过程为产物 L 的脱附控制，则

$$r_L = r_{dL} - r_{aL} = k_d \theta_L - k_a p_L \left(1 - \sum_{i=1}^{n} \theta_i\right)$$

而 $1 - \sum_{i=1}^{n} \theta_i = 1 - \sum_{i=1}^{n} b_i p_i^* / \left(1 + \sum_{i=1}^{n} b_i p_i^*\right) = \dfrac{1}{1 + b_A p_A^* + b_B p_B^* + b_L p_L^* + b_M p_M^*}$

由于反应过程为单组分产物 L 脱附控制，催化剂上吸附态的反应物 A、B 和产物 M 的吸附平衡分压分别与气相分压相等，并且表面吸附态的反应物和产物应达到化学平衡，即

$$K_p = \frac{(p_L^*)^{\nu_L} (p_M^*)^{\nu_M}}{(p_A^*)^{\nu_A} (p_B^*)^{\nu_B}} = \frac{(p_L^*)^{\nu_L} p_M^{\nu_M}}{p_A^{\nu_A} p_B^{\nu_B}}$$

可得

$$r_L = \frac{k \left[(K_p p_A^{\nu_A} p_B^{\nu_B} / p_M^{\nu_M})^{1/\nu_L} \right]}{1 + b_A p_A + b_B p_B + b_L (K_p p_A^{\nu_A} p_B^{\nu_B} / p_M^{\nu_M})^{1/\nu_L} + b_M p_M} \tag{2-22}$$

【例 2-1】 若某铁催化剂上氨合成反应速率由氨脱附所控制，并设表面吸附态有氨及氮，试推演均匀表面吸附模型动力学方程。

解 过程由氨脱附所控制，并且氨及氮均呈表面吸附，则

$$r_{NH_3} = k_d \theta_{NH_3} - k_a p_{NH_3} \left(1 - \sum_{i=1}^{n} \theta_i\right) \tag{例 2-1-1}$$

由题设可知 $\quad p_{NH_3}^* = K_p p_{N_2}^{0.5} p_{H_2}^{1.5} \quad 1 - \sum\limits_{i=1}^{n} \theta_i = \dfrac{1}{1 + b_{N_2} p_{N_2} + b_{NH_3} p_{NH_3}^*}$

$$\theta_{NH_3} = \frac{b_{NH_3} p_{NH_3}^*}{1 + b_{N_2} p_{N_2} + b_{NH_3} p_{NH_3}^*}$$

将上列各式代入式(例 2-1-1)，由于 $k_d b_{NH_3} = k_a$，并令 $k_a = k$，可得

$$r_{NH_3} = \frac{k (K_p p_{N_2}^{0.5} p_{H_2}^{1.5} - p_{NH_3})}{1 + b_{N_2} p_{N_2} + b_{NH_3} K_p p_{N_2}^{0.5} p_{H_2}^{1.5}} \tag{例 2-1-2}$$

若催化剂表面上有两类活性位能同时参与不同反应组分的化学吸附及脱附，它们在气-固相催化反应的串联步骤中阻滞作用相当，即不属于单组分吸附或脱附控制；或某反应组分的吸附或脱附的阻滞作用和表面化学反应的阻滞作用都要同时考虑，都不能应用式(2-20)～式(2-22)所表示的 L-H 型动力学方程的基础模型。

三、不均匀表面吸附动力学模型

下面讨论根据 Temkin 提出的中等覆盖率单组分不均匀表面吸附等温方程导出的气-固催化反应本征动力学模型。

1. 过程为单组分反应物的化学吸附控制

若过程只有单组分反应物 A 吸附并为控制步骤，根据单组分不均匀表面吸附等温方程式(2-19)，其动力学方程即为

$$r = r_a - r_d = (k_{aA} p_A - k_{dA} b_{0A} p_A^*)/(b_{0A} p_A^*)^{\alpha} \tag{2-23}$$

式中，p_A^* 为反应物 A 的吸附平衡分压。

【例 2-2】 Temkin[17] 提出铁催化剂上氨合成反应为下列步骤所组成

$$N_2 + 2X \rightleftharpoons 2NX$$

$$NX + \frac{3}{2}H_2 \Longrightarrow NH_3 + X$$

式中，X 代表活性位。

若过程的反应速率由 N_2 的解离吸附控制，此时表面化学反应达到平衡，即催化剂上吸附态氮的吸附平衡分压 $p_{N_2}^*$ 应与气相中 p_{H_2}、p_{NH_3} 达到平衡，或

$$K_p = p_{NH_3}/[(p_{N_2}^*)^{0.5}p_{H_2}^{1.5}] \text{ 及 } p_{N_2}^* = p_{NH_3}^2/(K_p^2 p_{H_2}^3)$$

根据中等覆盖率情况下不均匀表面吸附理论，当过程为氮的单组分吸附且为控制步骤时，由式(2-19) 可得

$$r_{N_2} = k_{a,N_2}p_{N_2}/(b_{0,N_2}p_{N_2}^*)^\alpha - k_{d,N_2}b_{0,N_2}p_{N_2}^*/(b_{0,N_2}p_{N_2}^*)^\alpha \qquad (例\,2\text{-}2\text{-}1)$$

$$= k_{a,N_2}p_{N_2}[b_{0,N_2}p_{NH_3}^2/(K_p^2 p_{H_2}^3)]^{-\alpha} - k_{d,N_2}[b_{0,N_2}p_{NH_3}^2/(K_p^2 p_{H_2}^3)]^{1-\alpha}$$

令 $k_1 = k_{a,N_2}(b_{0,N_2}K_p^{-2})^{-\alpha}$ 及 $k_2 = k_{d,N_2}(b_{0,N_2}K_p^{-2})^{1-\alpha}$，并由实验确定 $\alpha = 0.5$，可得

$$r_{NH_3} = 2r_{N_2} = k_1 p_{N_2}p_{H_2}^{1.5}/p_{NH_3} - k_2 p_{NH_3}/p_{H_2}^{1.5} \qquad (例\,2\text{-}2\text{-}2)$$

2. 过程为单组分吸附态的表面化学反应控制

当过程为下式表示的单组分吸附态的表面化学反应控制

$$AX + B \Longrightarrow X + M$$

由于反应为单组分 A 吸附态的表面化学反应控制，可得反应速率

$$r = (k_1 p_A^* p_B - k_2 p_M)/(b_{0A}p_A^*)^\alpha \qquad (2\text{-}24)$$

【例 2-3】 若一氧化碳变换反应由下列步骤组成

（1）水解及氧吸附

$$H_2O + X \Longrightarrow OX + H_2$$

（2）表面化学反应

$$OX + CO \underset{k_2'}{\overset{k_1'}{\rightleftharpoons}} X + CO_2$$

而表面化学反应是控制步骤，试推演不均匀表面吸附动力学方程。

解 由式(2-19) 可得

$$r = [k_1'(p_{O_2}^*)^{0.5}p_{CO} - k_2'p_{CO_2}]/(b_{0,O_2}p_{O_2}^*)^\alpha \qquad (例\,2\text{-}3\text{-}1)$$

由于水解反应达到平衡，$p_{O_2}^*$ 应与气相中 p_{H_2} 及 p_{H_2O} 建立化学平衡，即

$$K_p = p_{H_2}(p_{O_2}^*)^{0.5}/p_{H_2O}$$

以上式代入式(例 2-3-1)，令 $k_1 = k_1'K_p/(b_{0,O_2}K_p)^\alpha$，$k_2 = k_2'/(b_{0,O_2}K_p)^\alpha$；由实验测得 $\alpha = 0.5$，最后可得

$$r = k_1 p_{CO}(p_{H_2O}/p_{H_2})^{0.5} - k_2 p_{CO_2}(p_{H_2}/p_{H_2O})^{0.5} \qquad (例\,2\text{-}3\text{-}2)$$

3. 过程为单组分产物的脱附控制

当过程为单组分产物 L 的脱附控制，根据不均匀表面吸附理论，其动力学方程为

$$r = r_d - r_a = (k_d b_{0L}p_L^* - k_a p_L)/(b_{0L}p_L^*)^\alpha \qquad (2\text{-}25)$$

以均匀表面吸附理论为基础的 L-H 型动力学方程又称为双曲型动力学方程，并具有"反应速率=反应速率常数×推动力项/吸附项"的形式，推动力项表明气相中组分离化学平衡的远近，吸附项表明被催化剂活性位所吸附的组分及吸附的强弱。以不均匀表面吸附理论为基础的动力学方程，当表面只有单组分吸附态时，可化成幂函数型，这类方程又称为幂函数型方程。L-H 型方程中正、逆反应速率常数及各组分的吸附平衡常数都是温度的函数，幂函数型动力学方程中只有正、逆反应速率常数是温度的函数。

从实验数据关联成动力学方程时，幂函数型方程要简单些，但很难用哪种假设的反应机理来推演，因此称为经验方程。

对于同一反应，可能有多种的 L-H 型方程，例如，文献［18］导出了大量关于氨合成反应的 L-H 型方程，对同一套实验数据进行模型判别，发现有 21 个 L-H 型方程模型计算值与实验值比较的相对残差绝对值的算术平均值 AAD（average absolute deviation）与根据不均匀表面吸附理论推导的幂函数型氨合成动力学方程相似，都在 6%～8%。

读者如需要深入了解化学吸附的多种模型和多种工况下的气-固相催化反应本征动力学模型，可阅读相关专著［20］。

第三节　气-固相催化反应宏观过程与催化剂颗粒内气体的扩散

一、气-固相催化反应宏观过程

本章第二节已经讨论过多孔固体催化剂上进行的气-固相催化反应是由反应物在催化剂的活性位上的化学吸附、活性吸附态组分进行表面反应和产物的脱附三个串联的步骤所组成，按照上述步骤获得的催化反应动力学称为本征动力学。由于绝大多数的活性位处于固体催化剂的内表面上，而工业气-固相催化反应过程中反应物和产物又都在气相中，显而易见，在多孔工业颗粒催化剂上进行的气-固相催化反应由下列几个步骤所组成：①反应物从气流主体扩散到催化剂颗粒的外表面；②反应物从外表面向催化剂的孔道内部扩散；③在催化剂内部孔道所组成的内表面上进行催化反应；④产物从内表面扩散到外表面；⑤产物从外表面扩散到气流主体。第一个和第五个步骤称为外扩散过程，第二个和第四个步骤称为内扩散过程，第三个步骤即本征动力学过程，内扩散过程和催化剂内表面上进行的本征动力学过程是同时进行的，因此又称为扩散-反应过程。多孔固体催化剂上进行的气-固相催化反应过程除了必定存在气-固两相之间的质量传递过程和固相内的质量传递与催化反应同时进行的过程外，由于催化反应的热效应和气-固两相之间存在温度差，同时也产生了气-固两相之间和固相内的热量传递过程。气-固两相之间的传质系数和给热系数决定于气体的流动状况和物理性质。固体催化剂内的传质和传热过程又涉及反应组分在催化剂内的扩散系数和催化剂颗粒的热导率。由此可见，整个气-固相催化反应过程的速率，除了被催化剂内表面上进行的化学反应及催化剂的孔结构所决定外，还与反应气体的流动状况、传质及传热等物理过程密切有关，工业气-固相催化剂的反应过程的动力学包括了物理过程对催化反应速率的影响，故称为宏观动力学（macrokinetic），其速率称为总体速率（global rate）。

1. 气-固相催化反应过程中反应组分的浓度分布与内扩散有效因子

现以催化活性组分均匀分布的球形催化剂为例，说明催化反应过程中反应物的浓度分布，如图 2-1 所示。在气-固相催化床中反应物从气流主体通过层流边界层扩散到颗粒外表面是一个纯物理过程。设反应物在气流主体中的浓度为 c_{Ag}，通过边界层，它的浓度由 c_{Ag} 递减到外表面上的浓度 c_{AS}，边界层中反应物的浓度梯度是常量，浓度差 $c_{Ag}-c_{AS}$ 就是外扩散过程的推动力，R_p 是球形颗粒的半径。

反应物由颗粒外表面向内部扩散时，同时就在内表面上进行催化反应，消耗了反应物。越深入到颗粒内部，反应物的浓度由于反应消耗而降低得越多；催化剂的活性越大，向内部扩散的反应物的浓度降低得也越多。因此，催化剂内部反应物的浓度梯度并非常量，在浓度-径向距离图上，反应物的浓度分布是一曲线。产物由催化剂颗粒中心向外表面扩散，浓度分布的趋势则与反应物相反。对于可逆反应，催化剂颗粒中反应物可能的最小浓度是颗粒温度下的平衡浓度 c_A^*。如果在距中心半径 R_d 处反应物的浓度接近平衡浓度，此时，在半径 R_d 的颗粒内催化反应速率接近于零，这部分区域称为"死区"，见图 2-2。

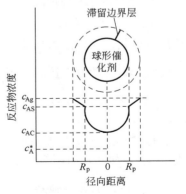

图 2-1　球形催化剂中反应物 A 的浓度分布

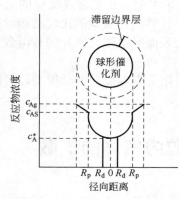

图 2-2 球形催化剂中存在死区时
反应物 A 的浓度分布

由于内扩散与内表面上的催化反应同时进行，催化剂内各部分的反应速率并不一致，越接近于外表面，反应物的浓度越大而产物的浓度越小，因此，当颗粒处于等温时，越接近于外表面，单位内表面上催化反应速率越大。由此可见，单位时间内等温催化剂颗粒中实际反应量恒小于按外表面反应组分浓度及颗粒内表面积计算的反应量，即不计入内扩散影响的反应量，二者的比值称为"内扩散有效因子"。对于单位体积催化床，内扩散有效因子可表示如下

$$\zeta = \frac{\int_0^{S_i} k_S f(c_A) \mathrm{d}S}{k_S f(c_{AS}) S_i} \tag{2-26}$$

式中，k_S 为按单位内表面积计算的催化反应速率常数；$f(c_{AS})$ 和 $f(c_A)$ 分别为按外表面上反应组分 A 浓度 c_{AS} 和颗粒内反应组分 A 的浓度 c_A 计算的动力学方程中的浓度函数；S_i 为单位体积催化床中催化剂的内表面积。

应予注意，球形催化剂颗粒中，c_A 随径向距离而变。

定态下，单位时间内从催化剂颗粒外表面由扩散作用进入催化剂内部的反应组分量与单位时间内整个催化剂颗粒中实际反应的组分量相等，换言之，内扩散有效因子亦可表示为

$$\zeta = \frac{按反应组分外表面浓度梯度计算的扩散速率}{按反应组分外表面浓度及内表面积计算的反应速率} \tag{2-27}$$

对于气-固相催化反应器，定态下，单位时间内从气流主体扩散到催化床中催化剂外表面的反应组分量也必等于颗粒内实际反应量，$(r_A)_g$ 是计入内、外扩散过程的总体速率，并且以单位体积催化床为基础，即

$$(r_A)_g = k_G(c_{Ag} - c_{AS}) S_e = k_S S_i f(c_{AS}) \zeta \tag{2-28}$$

上式是将内、外传递过程影响考虑在内的催化反应总体速率或宏观反应速率。式(2-28) 中 $(r_A)_g$ 表示计入内、外扩散过程的总体速率；k_G 为外扩散传质系数；S_e 为单位体积催化床中颗粒的外表面积；c_{Ag} 是气流主体中反应组分 A 的浓度。

若催化反应是一级可逆反应，动力学方程中的浓度函数可表示为 $f(c_A) = c_A - c_A^*$，c_A^* 是等温催化剂于反应温度下的平衡浓度，包含有内、外扩散过程的总体速率可改写成下列形式

$$(r_A)_g = \frac{c_{Ag} - c_A^*}{\dfrac{1}{k_G S_e} + \dfrac{1}{k_S S_i \zeta}} \tag{2-29}$$

2. 催化反应控制阶段的判别

由式(2-28) 或式(2-29) 可见，若颗粒等温，当 k_G、S_e、k_S、S_i 及 ζ 为不同数值时，过程可处于外扩散控制、内扩散影响强烈或本征动力学控制。现将其特点分述如下。

（1）本征动力学控制　当 $\dfrac{1}{k_G S_e} \ll \dfrac{1}{k_S S_i \zeta}$，并且 ζ 趋近于 1，即内、外扩散过程的影响均可略去时，式(2-29) 变成下列形式

$$(r_A)_g = k_S S_i (c_{Ag} - c_A^*) = k_S S_i (c_{AS} - c_A^*) \tag{2-30}$$

此时 $c_{Ag} \approx c_{AS} \approx c_{AC}$ 而 $c_{AC} \gg c_A^*$。c_{AC} 表示颗粒中心处反应物 A 的浓度，这种情况发生在外扩散传质系数 k_G 和外表面积 S_e 相对较大、催化剂颗粒相当小的时候，见图 2-3(a)。

（2）内扩散影响强烈　当 $\dfrac{1}{k_G S_e} \ll \dfrac{1}{k_S S_i \zeta}$，并且 $\zeta \ll 1$，即外扩散过程的阻滞作用可以不计，或 $c_{AS} \approx c_{Ag}$，而内扩散过程具有强烈的影响，式(2-29) 变成

$$(r_A)_g = k_S S_i (c_{Ag} - c_A^*) \zeta \tag{2-31}$$

此时 $c_{Ag} \approx c_{AS} \gg c_{AC}$ 而 $c_{AC} \approx c_A^*$。

这种情况发生在催化剂颗粒相当大，并且外扩散传质系数和反应速率常数都相对较大的时候，见图2-3(b)，许多含贵金属的催化剂，如含铂、钯、铑、钌等贵金属，活性很高，如果均匀分布在载体内，则由于严重的内扩散阻滞作用，催化剂颗粒内部根本不发生反应，形成死区，因此制成的活性组分不均匀分布在载体外表面薄层，薄层厚度一般＜0.1mm。

（3）外扩散控制　当 $\dfrac{1}{k_G S_e} \gg \dfrac{1}{k_S S_i \zeta}$，并且 ζ 趋近于1，即外扩散过程的阻滞作用占过程总阻力的主要部分，式(2-29)变成

$$(r_A)_g = k_G S_e (c_{Ag} - c_{AS}) = k_G S_e (c_{Ag} - c_A^*) \tag{2-32}$$

此时，$c_{Ag} \gg c_{AS}$，并且 $c_{AS} \approx c_{AC} \approx c_A^*$。

这种情况发生在活性组分均匀分布、催化剂颗粒相当小、外扩散传质系数相对较小而反应速率常数又相对较大的时候，见图2-3(c)。如果所用的催化剂是无孔的网状物，如氨氧化用的铂网，过程属于外扩散控制。在常见的气-固相催化反应器中，外扩散影响可以不考虑，而内扩散影响必须计入。

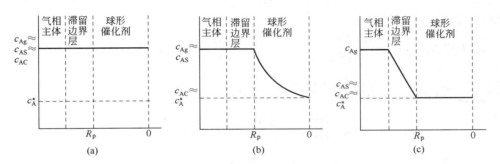

图 2-3　催化剂颗粒内反应物 A 的浓度分布
（a）本征动力学控制时反应物 A 的浓度分布；（b）内扩散强烈影响时
反应物 A 的浓度分布；（c）外扩散控制时反应物 A 的浓度分布

如果反应是二级不可逆反应，即

$$(r_A)_g = \zeta k_S S_i c_{AS}^2 \tag{2-33}$$

与外扩散过程速率式 $(r_A)_g = k_G S_e (c_{Ag} - c_{AS})$ 相结合，可得 $\zeta k_S S_i c_{AS}^2 = k_G S_e (c_{Ag} - c_{AS})$
解上式可得外表面浓度 c_{AS}

$$c_{AS} = \frac{1}{2 k_S S_i \zeta} \left[\sqrt{k_G^2 S_e^2 + 4 k_G k_S S_i \zeta S_e c_{Ag}} - k_G S_e \right] \tag{2-34}$$

以 c_{AS} 代入外扩散过程速率式，可得宏观速率方程

$$(r_A)_g = k_G S_e \left[c_{Ag} - \frac{k_G S_e}{2 k_S S_i \zeta} \left(1 - \sqrt{1 + \frac{4 k_S S_i c_{Ag} \zeta}{k_G S_e}} \right) \right] \tag{2-35}$$

如果过程为外扩散控制，$c_{AS} = 0$，则式(2-32)变成

$$(r_A)_g = k_G S_e c_{Ag} \tag{2-36}$$

此时，尽管本征反应速率是二级不可逆，但总体反应速率与反应物浓度成线性关系，因此，在进行本征动力学研究时，必须消除外扩散过程的影响，否则会得出错误的结论。

如果反应是非一级反应，总体速率只能写成式(2-28)的形式，而不能写成式(2-29)的形式，但上述过程分析和 c_{Ag}、c_{AS}、c_A 与 c_A^* 间的相对关系仍可成立。并且外扩散控制时，由于 $c_{Ag} \gg c_{AS}$，非一级反应的总体反应速率变成了一级反应，温度对总体速率常数的影响服从温度对外扩散传质系数影响的规律，比原来以化学反应活化能的形式表现出来的温度影响大为降低。

3. 球形催化剂内反应组分浓度分布的微分方程

以单颗球形催化剂为基础，令 R_p 为球形催化剂的半径，在其中距中心 R 处取一厚度 dR 的微元球壳，见图 2-4，定态下单位时间内通过内扩散进入该微元壳体内反应物 A 的量

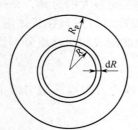

$4\pi(R+dR)^2 D_{\text{eff,A}}\left(\dfrac{dc_A}{dR}\right)_{R+dR}$ 与单位时间内通过内扩散离开微元壳体反应物 A 的量 $4\pi R^2 D_{\text{eff,A}}\left(\dfrac{dc_A}{dR}\right)_R$ 之差，必等于单位时间内在壳体中进行化学反应所消

图 2-4　球形催化剂示意

耗的反应物 A 的量。考虑到本征反应速率主要以 $(r_A)_S = -\dfrac{dN_A}{dS} = k_S f(c_A)$ 的形式表示，催化剂的微元体积 $dV_c = 4\pi R^2 dR$，则其质量 $dW = \rho_p dV_c = \rho_p(4\pi R^2 dR)$，又 $dS = S_g dW$，$(r_A)_W = -\dfrac{dN_A}{dW} = S_g(r_A)_S = k_S S_g f(c_A)$，以催化剂单位体积 V_c 为基础的反应速率 $(r_A) = -\dfrac{dN_A}{dV_c} = -\rho_p\left(\dfrac{dN_A}{dW}\right)$，因此，可得该微元球壳的扩散-反应过程的物料衡算式，即

$$4\pi(R+dR)^2 D_{\text{eff,A}}\left(\frac{dc_A}{dR}\right)_{R+dR} - 4\pi R^2 D_{\text{eff,A}}\left(\frac{dc_A}{dR}\right)_R = (4\pi R^2 dR)k_S S_g \rho_p f(c_A)$$

以 $\left(\dfrac{dc_A}{dR}\right)_{R+dR} = \left(\dfrac{dc_A}{dR}\right)_R + \dfrac{d}{dR}\left(\dfrac{dc_A}{dR}\right)dR$ 代入上式，略去 $(dR)^2$，可得

$$D_{\text{eff,A}}\left(\frac{d^2 c_A}{dR^2} + \frac{2}{R}\frac{dc_A}{dR}\right) = k_S S_g \rho_p f(c_A) \tag{2-37}$$

或

$$D_{\text{eff,A}}\left(\frac{1}{R^2}\right)\frac{d}{dR}\left(R^2 \frac{dc_A}{dR}\right) = k_S S_g \rho_p f(c_A) \tag{2-38}$$

式中，$D_{\text{eff,A}}$ 为催化剂颗粒内气体混合物中组分 A 的有效扩散系数。

上式即为活性组分均匀分布球形催化剂内反应物浓度分布的微分方程，称扩散-反应方程。当颗粒内不存在"死区"时，其边界条件如下

$$R = R_p \text{ 时，} c_A = c_{AS};\quad R = 0 \text{ 时，} \frac{dc_A}{dR} = 0$$

当颗粒内存在"死区"时，死区的半径为 R_d，则边界条件如下

$$R = R_p \text{ 时，} c_A = c_{AS};\quad R = R_d \text{ 时，} c_{A_{R=R_d}} = c_A^*,\quad \left(\frac{dc_A}{dR}\right)_{R=R_d} = 0$$

研究获得气-固相催化反应本征动力学和有效扩散系数与有关参数间的关系后，即可对式(2-37)或式(2-38)求解，再依据式(2-26)或式(2-27)可求得内扩散有效因子于不同工况下的数值及与有关参数间的基本规律。

二、固体催化剂颗粒内气体的扩散与曲折因子

1. 固体催化剂颗粒内气体扩散的形式

固体催化剂颗粒内气体组分的扩散过程有多种形式：分子扩散、Knudsen 扩散、构型扩散及表面扩散。当孔半径 r_a 远大于气体分子运动的平均自由程 λ，即 $\lambda/2r_a \leqslant 10^{-2}$ 时，气体分子在孔中的扩散属分子扩散，与通常的气体扩散完全相同，传递过程的阻力来源于分子间的碰撞，与孔半径无关。当 $\lambda/2r_a \geqslant 10$ 时，孔内气体的扩散属 Knudsen 扩散，这时主要是气体分子与孔壁的碰撞。

2. 双组分及多组分气体混合物中的分子扩散

（1）双组分气体混合物中的分子扩散　如果在不流动的双组分气体混合物中存在着组分 A 及 B 的浓度差，则组分 A 在 x 方向的摩尔扩散通量 $J_A[kmol/(m^2 \cdot s)]$，可按 Fick 定律表示如下

$$J_A = -D_{AB}\frac{dc_A}{dx} = -D_{AB}c_T\frac{dy_A}{dx} \tag{2-39}$$

式中，D_{AB} 为组分 A 在双组分气体混合物中的分子扩散系数；c_T 为气体混合物中组分 A 及 B 的总浓度，$kmol/m^3$；y_A 为组分 A 的摩尔分数。

双组分气体分子扩散系数 D_{AB} 可从有关手册或书籍中查阅，缺乏实验数据时，可进行实验测定，或用有关经验式估算。下面介绍一种较简化的双组分体系分子扩散系数（D_{AB}，cm^2/s）的经验计算式，即

$$D_{AB} = \frac{0.001T^{1.75}\left(\frac{1}{M_A}+\frac{1}{M_B}\right)^{0.5}}{(p/0.101325)[(\sum V)_A^{1/3}+(\sum V)_B^{1/3}]^2} \tag{2-40}$$

式中，M_A 及 M_B 分别是组分 A 及 B 的摩尔质量；p 为压力，MPa；$(\sum V)_A$ 及 $(\sum V)_B$ 分别是组分 A 和 B 的分子扩散体积。

由上式可见分子扩散系数与压力成反比。

某些常见组分的原子与分子扩散体积的数值可参阅表 2-1[21]。

表 2-1　某些常见组分的原子及分子扩散体积

原子扩散体积/cm³		一些简单分子的扩散体积/cm³					
C	16.5	H_2	7.07	Ar	16.1	H_2O	12.7
H	1.98	D_2	6.70	Kr	22.8	(CCl_2F_2)	114.8
O	5.48	He	2.88	(Xe)	37.9	(Cl_2)	37.7
(N)	5.69	N_2	17.9	CO	18.9	(SF_4)	69.7
(Cl)	19.5	O_2	16.6	CO_2	26.9	(Br_2)	67.2
(S)	17.0	空气	20.1	N_2O	35.9	(SO_2)	41.1
芳烃及多环化合物	20.2	Ne	5.59	NH_3	19.9		

注：表中带括号者均为由少数实验数据关联得到的。

（2）多组分气体混合物中的分子扩散　n 组分的流动系统中组分的扩散系数与体系的组成有关，且对各组分有不同值，此时组分 A 的分子扩散系数 D_{Am} 可由下式求出

$$D_{Am} = \left[\sum_{j \neq A}^{n} \frac{y_j - y_A N_j/N_A}{D_{Aj}}\right]^{-1} \tag{2-41}$$

式（2-41）称为 Stefan-Maxwell 方程。式中下标 j 指混合物中除组分 A 以外的其余各组分，包括不参与反应的惰性组分在内。如果气体混合物中不发生化学反应，则各组分扩散通量之比值等于摩尔质量开方根比值之倒数，即

$$N_j/N_A = \sqrt{M_A/M_j} \tag{2-42}$$

如果气体混合物中发生化学反应 $\nu_A A + \nu_B B \Longrightarrow \nu_L L + \nu_M M$，则各反应组分的扩散通量与化学计量系数间存在下列关系式

$$\frac{N_A}{\nu_A} = \frac{N_B}{\nu_B} = -\frac{N_L}{\nu_L} = -\frac{N_M}{\nu_M} \tag{2-43}$$

多组分系统中存在化学反应时惰性组分 I 的扩散通量 $N_I = 0$。如果 n 组分系统中只有组分 A 扩散，其余各组分均为不流动组分，则对于 $j = B, \cdots, n$；$N_j = 0$，D_{Am} 可计算如下

$$D_{Am} = \frac{1 - y_A}{\sum_{j \neq A}^{n} \frac{y_j}{D_{Aj}}} \tag{2-44}$$

上式即组分 A 在 n 组分气体混合物中的分子扩散系数的 Wilke 简化模型[22]。

3. Knudsen 扩散系数

直圆孔中 Knudsen 扩散系数 D_K（cm^2/s）可估算如下

$$D_K = \frac{2}{3} r_a \overline{V} \tag{2-45}$$

式中，r_a 为孔半径，cm；$\overline{V}$ 为平均分子运动速度，cm/s。

考虑到 $\overline{V} = \sqrt{8RT/(\pi M)}$ 并以气体常数 R 的数值代入上式可得

$$D_K = 9700 r_a \sqrt{T/M} \tag{2-46}$$

4. 催化剂孔内组分的综合扩散系数

前已述及，一般工业催化剂可以只考虑分子扩散和 Knudsen 扩散，在此情况下，根据"尘气"模型[23,24]，催化剂孔内组分 i 的扩散通量可以表示如下

$$N_i = N_i^{(D)} + N_i^{(V)} \tag{2-47}$$

扩散通量 $N_i^{(D)}$ 由分子扩散和 Knudsen 扩散串联而成。层流流动通量 $N_i^{(V)}$ 是由催化剂两端存在着相当大的压力差而引起的组分通过多孔催化剂的层流流动所形成。工业催化反应器中催化剂两端的压力差很小，层流流动通量可不考虑。

按照分子扩散通量与 Knudsen 扩散通量串联的原理，组分 A 在催化剂孔道内 x 方向的分压降 $-\frac{dp_A}{dx}$ 是由分子扩散所形成的分压降 $-\left(\frac{dp_A}{dx}\right)_B$ 和由 Knudsen 扩散所形成的分压降 $-\left(\frac{dp_A}{dx}\right)_K$ 相加而综合形成，即

$$-\left(\frac{dp_A}{dx}\right) = \frac{RT}{D_{Ae}} N_{A,x} = -\left(\frac{dp_A}{dx}\right)_B - \left(\frac{dp_A}{dx}\right)_K$$

式中，D_{Ae} 为组分 A 在半径 r_a 的孔道内的综合扩散系数，cm^2/s。

对于多组分系统 $-\left(\frac{dp_A}{dx}\right)_B = \frac{RT}{D_{Am}} N_{A,x} = RT \sum_{j \neq A}^{n} \frac{y_j N_{A,x} - y_A N_{j,x}}{D_{Aj}}$，而 $-\left(\frac{dp_A}{dx}\right)_K = \frac{RT}{D_{KA}} N_{A,K}$，由此可见，对于多组分系统

$$\frac{1}{D_{Ae}} = \frac{1}{D_{Am}} + \frac{1}{D_{KA}} = \sum_{j \neq A}^{n} \left(\frac{y_j - y_A N_{j,x}/N_{A,x}}{D_{A,j}}\right) + \frac{1}{D_{KA}} \tag{2-48}$$

对于双组分系统，则应为

$$\frac{1}{D_{Ae}} = \frac{y_B - y_A N_{B,x}/N_{A,x}}{D_{AB}} + \frac{1}{D_{KA}} \tag{2-49}$$

由于 $y_B = 1 - y_A$，并令 $\alpha = 1 + N_{B,x}/N_{A,x}$，可得

$$\frac{1}{D_{Ae}} = \frac{1 - \alpha y_A}{D_{AB}} + \frac{1}{D_{KA}} \tag{2-50}$$

如果反应为 A→B，孔道内进行的是等摩尔逆向扩散，则 $N_{B,x} = -N_{A,x}$，在此情况下，$\alpha = 0$，式 (2-50) 方能形成下列形式

$$\frac{1}{D_{Ae}} = \frac{1}{D_{AB}} + \frac{1}{D_{KA}} \tag{2-51}$$

如果 y_A 甚小，$\alpha y_A \ll 1$，也可用式(2-51)。

一般在常压下必须同时计入分子扩散和 Knudsen 扩散对综合扩散系数的贡献，由于分子扩散系数与压力成反比。而 Knudsen 扩散系数与压力无关，在较高压力下，Knudsen 扩散的相对影响逐渐减少，可以不考虑。例如在 10MPa 压力以上进行的氨合成反应，Knudsen 扩散可以不考虑。

5. 催化剂颗粒内组分的有效扩散系数与曲折因子

前面所讨论的是催化剂孔道内气体组分的扩散，从整个催化剂来看，只有孔道部分可供气体组分扩散，而这些孔道又是很不规则的，要进一步考虑催化剂颗粒内组分的扩散。根据 Wheeler 提出的计算颗粒内组分的有效扩散系数的简化平行孔模型[25]：沿长度 l 单位时间内组分 A 的扩散量 $G_l = -D_{Ae}\dfrac{dc_A}{dl}\pi(\bar{r}_a)^2$，而 $\bar{r}_a$ 是平均孔半径。取平均值，孔以 45°角与外表面相交，则垂直于外表面的 x 方向上单位时间内组分 A 的扩散量 $G_x = G_l \cdot \cos 45° = -\dfrac{D_{Ae}}{\sqrt{2}}\dfrac{dc_A}{dx}\pi(\bar{r}_a)^2$。催化剂的孔隙率为 θ，则每平方厘米颗粒外表面上具有孔数 $n_p = \dfrac{\theta}{\sqrt{2}\pi(\bar{r}_a)^2}$，最后得出垂直于每平方厘米外表面单位时间内组分的扩散量 $n_p G_x$ 可表示为 $n_p G_x = -\dfrac{1}{2}\theta D_{Ae}\dfrac{dc_A}{dx} = -D_{eef,A}\dfrac{dc_A}{dx}$，即以整个催化剂颗粒来考虑组分的扩散系数，称为颗粒内组分的有效扩散系数 D_{eff}。

$$D_{eff} = \frac{1}{2}\theta D_e \qquad (2\text{-}52)$$

实际上孔与孔要交叉和相交，内壁并非光滑，孔是弯曲的，并有收缩及扩张之处，孔截面积也并非一致。这些情况都不同于 Wheeler 提出的简化模型。在简化模型的基础上，平行交联孔模型对式(2-52)修正如下[26]

$$D_{eff} = \frac{\theta}{\delta} D_e \qquad (2\text{-}53)$$

式中，参数 δ 称为曲折因子（tortuosity factor），曲折因子之值随催化剂颗粒的孔结构而变化，须待实验测定，其值多在 2～7 之间[27]。

曲折因子的实验测定方法有定态隔膜法及动态法[28]。

定态隔膜法测定圆柱状 B109 型中温变换催化剂曲折因子的实例可参见文献 [29]。

动态法可测试球形及无定形催化剂的曲折因子，并可计入死孔的贡献。用动态法中的单颗粒珠串法（single pellet string reactor，SPSR）测试单孔环柱形环氧乙烷合成 YS-5 型银催化剂曲折因子的实验装置、基本原理和数据处理的实例可参见文献 [30]，用单颗粒珠串法测定不定形 A301 型氨合成催化剂曲折因子的实例可参见文献 [31]。

第四节　内扩散有效因子

一、等温催化剂单一反应内扩散有效因子

1. 球形催化剂一级反应

催化剂处于等温情况下，反应速率常数是常量，催化剂颗粒内反应混合物组成的变化对于有效扩散系数的影响通常可略去。若反应是一级不可逆单一反应，式(2-37) 有解析解。

如球形催化剂上进行一级不可逆反应，则 $f(c_A) = c_A$，此时，式(2-37) 可写成

$$\frac{d^2 c_A}{dR^2} + \frac{2}{R}\frac{dc_A}{dR} = \frac{k_S S_g \rho_p}{D_{eff,A}} c_A \qquad (2\text{-}54)$$

令 Thiele 模数[32]

$$\phi = \frac{R_p}{3}\sqrt{\frac{k_S S_g \rho_p}{D_{\mathrm{eff,A}}}} \tag{2-55}$$

可得

$$\frac{\mathrm{d}^2 c_A}{\mathrm{d}R^2} + \frac{2}{R}\frac{\mathrm{d}c_A}{\mathrm{d}R} = \frac{9\phi^2}{R_p^2}c_A \tag{2-56}$$

式(2-56) 是二阶非线性变系数常微分方程，有解析解，其解为

$$c_A = c_{AS}R_p \mathrm{sh}\left(3\phi\frac{R}{R_p}\right)\Big/\left[R\,\mathrm{sh}(3\phi)\right] \tag{2-57}$$

上式即等温球形催化剂内进行一级不可逆反应时反应物 A 的浓度分布方程。将上式求导

$$\frac{\mathrm{d}c_A}{\mathrm{d}R} = \frac{c_{AS}R_p}{\mathrm{sh}(3\phi)}\left[\left(\frac{3\phi}{R_p}\right)\mathrm{ch}\left(3\phi\frac{R}{R_p}\right)\Big/R - \mathrm{sh}\left(3\phi\frac{R}{R_p}\right)\Big/R^2\right]$$

$R = R_p$ 时，

$$\left(\frac{\mathrm{d}c_A}{\mathrm{d}R}\right)_{R=R_p} = c_{AS}\left[\frac{1}{\mathrm{th}(3\phi)}\left(\frac{3\phi}{R_p}\right) - \frac{1}{R_p}\right] \tag{2-58}$$

由式(2-27) 可得颗粒催化剂的内扩散有效因子

$$\zeta = \frac{4\pi R_p^2 D_{\mathrm{eff}}\left(\dfrac{\mathrm{d}c_A}{\mathrm{d}R}\right)_{R=R_p}}{\dfrac{4}{3}\pi R_p^3 k_S S_g \rho_p c_{AS}} = \frac{1}{\phi}\left[\frac{1}{\mathrm{th}(3\phi)} - \frac{1}{3\phi}\right] \tag{2-59}$$

上式即等温球形催化剂一级不可逆反应的内扩散有效因子。

　　以 Thiele 模数 ϕ 为参变数，c_A/c_{AS} 对 R/R_p 的标绘见图 2-5，内扩散有效因子 ζ 对 ϕ 的标绘见图 2-6。由图可见，当 $\phi \leqslant 1$ 时，随着 R/R_p 的减小，c_A/c_{AS} 下降得并不显著，即颗粒的大部分内表面都是有效的，相应地 ζ 之值相当大。当 $\phi \geqslant 2$ 时，随着 R/R_p 的减小，c_A/c_{AS} 显著地下降，ζ 值相应地较小。当 $\phi = 4$ 或 5 时，催化剂颗粒内明显地出现死区。由双曲线函数的特性可知，当 $3\phi \geqslant 5$ 时，$\mathrm{th}(3\phi) \approx 1$，此时 $\zeta = \frac{1}{\phi}\left(1 - \frac{1}{3\phi}\right)$；当 $\phi \geqslant 5$ 时，$\frac{1}{3\phi} \approx 0$，此时 $\zeta = \frac{1}{\phi}$。

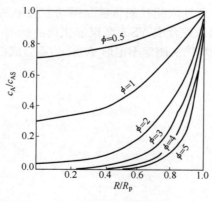

图 2-5　$\dfrac{c_A}{c_{AS}}$ 对 $\dfrac{R}{R_p}$ 标绘图

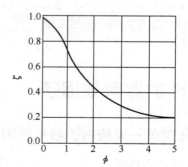

图 2-6　ζ 对 ϕ 标绘图

　　Thiele 模数 ϕ 中 $\sqrt{k_S S_g \rho_p/D_{\mathrm{eff}}}$ 反映了反应速率常数与颗粒内有效扩散系数的比值，颗粒的半径 R_p 和 S_g 也反映在内。当颗粒半径 R_p、S_g 和 k_S/D_{eff} 比值增大时，都会导致 ϕ 值增大而 ζ 值减小，这是由于增大 k_S 及减小 D_{eff} 时，一方面增大了反应物向颗粒中心扩散过程中的反应消耗量，另一方面又减

少了单位时间内反应物向颗粒中心的扩散量，因而导致反应物浓度分布曲线迅速下降，降低了 ζ。当 $k_S S_g \rho_p / D_{eff}$ 的值不变而增大颗粒半径时，则大颗粒催化剂中心处反应物的浓度远小于小颗粒催化剂中心处反应物的浓度，因而大颗粒的实际反应速率远小于小颗粒，即 R_p 增大，ζ 降低。

为了更好地说明内扩散有效因子值随 Thiele 模数值增大而下降，将 ϕ 值平方，得

$$\phi^2 = \frac{R_p^2 k_S S_g \rho_p}{9 D_{eff,A}} = \frac{1}{3} \times \frac{\frac{4}{3}\pi R_p^3 k_S S_g \rho_p c_{As}}{4\pi R_p^2 D_{eff}\left(\frac{c_{AS}}{R_p}\right)} = \frac{1}{3} \times \frac{\text{不计入内扩散影响时的反应速率}}{\text{以}\frac{c_{AS}}{R_p}\text{为浓度梯度的扩散速率}} \tag{2-60}$$

由上式可以进一步看出 Thiele 模数的物理意义，它反映了不计入内扩散影响时的反应速率（即极限反应速率）与以 $\frac{c_{AS}}{R_p}$ 为浓度梯度的扩散速率之比值。ϕ 值越大，扩散速率相对地越小，即内扩散的影响越严重，内扩散有效因子越小。

如果球形催化剂上进行一级可逆反应，亦可通过 Thiele 模数求解，只不过 k_S 用 $k_{RS}=k_S(1+K_c)/K_c$ 代替，其推导见［例2-4］。

【例2-4】　若球形催化剂内进行等温一级可逆反应 A $\Longleftrightarrow$ B，且反应物 A 与产物 B 在颗粒内的有效扩散系数 $D_{eff,A}$ 与 $D_{eff,B}$ 数值相近，求内扩散有效因子。

解　一级可逆反应 A $\Longleftrightarrow$ B 的反应速率

$$r_A = -\frac{dN_A}{dS} = r_B = \frac{dN_B}{dS} = k_S\left(c_A - \frac{c_B}{K_c}\right) \tag{例2-4-1}$$

式中，K_c 为以浓度表示的反应平衡常数。

在半径为 R_p 的球形颗粒内对 dR 微元壳体作物料衡算，得

$$\frac{d^2 c_A}{dR^2} + \frac{2}{R}\frac{dc_A}{dR} = \left(\frac{k_S S_g \rho_p}{D_{eff,A}}\right)\left(c_A - \frac{c_B}{K_c}\right) \tag{例2-4-2}$$

$$\frac{d^2 c_B}{dR^2} + \frac{2}{R}\frac{dc_B}{dR} = \left(\frac{k_S S_g \rho_p}{D_{eff,B}}\right)\left(c_A - \frac{c_B}{K_c}\right) \tag{例2-4-3}$$

由 $D_{eff,A} \approx D_{eff,B} = D_{eff}$ 已知，解式（例2-4-2）或式（例2-4-3），得出反应物 A 的浓度从颗粒外表面向颗粒中心降低，而产物 B 的浓度相应地上升。

以 c_{A0} 及 c_{B0} 分别表示组分 A 及 B 的初始浓度，由于等摩尔反应，可知 $c_B = c_{B0} + (c_{A0} - c_A)$，即

$$r_A = r_B = k_S\{c_A - [c_{B0} + (c_{A0} - c_A)]/K_c\} \tag{例2-4-4}$$

当反应达到平衡时，$r_A = k_S(c_{Ae} - c_{Be}/K_c) = 0$，式中 c_{Ae} 及 c_{Be} 分别是组分 A 和组分 B 在颗粒温度下的平衡浓度，可得 $K_c = c_{Be}/c_{Ae} = (c_{B0} + c_{A0} - c_{Ae})/c_{Ae}$ 或 $c_{Ae}(1+K_c) = c_{B0} + c_{A0}$，代入式（例2-4-4），可得 $r_A = k_S\{c_A - [c_{Ae}(1+K_c) - c_A]/K_c\} = k_S(1+K_c)(c_A - c_{Ae})/K_c$。

令 $k_{RS} = k_S(1+K_c)/K_c$，可得

$$r_A = k_{RS}(c_A - c_{Ae}) \tag{例2-4-5}$$

以式（例2-4-5）代入（例2-4-2），则

$$\frac{d^2 c_A}{dR^2} + \frac{2}{R}\frac{dc_A}{dR} = \left(\frac{k_{RS} S_g \rho_p}{D_{eff}}\right)(c_A - c_{Ae})$$

颗粒等温情况下，c_{Ae} 是常量，令 $c_A' = c_A - c_{Ae}$，则

$$\frac{d^2 c_A'}{dR^2} + \frac{2}{R}\frac{dc_A'}{dR} = \left(\frac{k_{RS} S_g \rho_p}{D_{eff}}\right)c_A' \tag{例2-4-6}$$

式（例2-4-6）与式（2-54）的形式相同，若令 $\phi = \frac{R_p}{3}\sqrt{\frac{k_{RS} S_g \rho_p}{D_{eff}}}$，则

$$\zeta = \frac{1}{\phi} \left[\frac{1}{\text{th}(3\phi)} - \frac{1}{3\phi} \right] \tag{例 2-4-7}$$

即一级可逆反应以 $c'_A = c_A - c_{Ae}$，其内扩散有效因子与一级不可逆反应相同，仍可按式（2-59）计算。

2. 非中空任意形状催化剂一级反应

当催化剂颗粒是无限长圆柱体或两端面无孔的有限长圆柱体和圆形薄片，但不是如环柱形的中空颗粒。催化剂内进行等温一级反应的扩散-反应方程都有解析解，但应注意颗粒尺寸的表示方式。球形颗粒的体积 $V_p = 4\pi R_p^3 / 3$，外表面积 $S_p = 4\pi R_p^2$，则其比外表面积

$$\frac{V_p}{S_p} = \frac{R_p}{3} \tag{2-61}$$

因此，球形催化剂的 Thiele 模数亦可写成

$$\phi = \frac{V_p}{S_p} \sqrt{\frac{k_S S_g \rho_p}{D_{eff}}} = \frac{R_p}{3} \sqrt{\frac{k_S S_g \rho_p}{D_{eff}}} \tag{2-62}$$

无限长或两端面无孔的圆柱体，又称为两端封闭的圆柱体，端面的半径为 R_p，长度为 L，两端面的面积可不计入扩散-反应过程，则其比外表面积

$$\frac{V_p}{S_p} = \frac{\pi R_p^2 L}{2\pi R_p L} = \frac{R_p}{2} \tag{2-63}$$

因此，两端封闭圆柱体催化剂的 Thiele 模数写成

$$\phi_c = \frac{V_p}{S_p} \sqrt{\frac{k_S S_g \rho_p}{D_{eff}}} = \frac{R_p}{2} \sqrt{\frac{k_S S_g \rho_p}{D_{eff}}} \tag{2-64}$$

圆形薄片可只计入两端面向内的扩散-反应过程，而周边面积可不计入扩散过程，若其端面面积为 A_p，厚度为 $2R_p$，则其比外表面积可表示为

$$\frac{V_p}{S_p} = \frac{2R_p A_p}{2A_p} = R_p \tag{2-65}$$

因此，圆形薄片催化剂的 Thiele 模数写成

$$\phi_p = \frac{V_p}{S_p} \sqrt{\frac{k_S S_g \rho_p}{D_{eff}}} = R_p \sqrt{\frac{k_S S_g \rho_p}{D_{eff}}} \tag{2-66}$$

由以上讨论可知不论催化剂是球形、两端封闭的圆柱体或圆形薄片，Thiele 模数均可表示成 $\phi = \frac{V_p}{S_p} \sqrt{\frac{k_S S_g \rho_p}{D_{eff}}}$，只不过是对于不同的形状，$\frac{V_p}{S_p}$ 有不同的数值。

Aris 按此 $\frac{V_p}{S_p}$ 的表示方式，对上述三种形状颗粒的催化剂进行一级反应的内扩散有效因子进行了解析解的计算[33]，其结果列于表 2-2，并绘成图 2-7。

表 2-2 不同形状催化剂一级反应的内扩散有效因子

ϕ	内扩散有效因子			ϕ	内扩散有效因子		
	圆形薄片	无限长圆柱体	球形		圆形薄片	无限长圆柱体	球形
0.1	0.997	0.995	0.994	2.0	0.482	0.432	0.416
0.2	0.987	0.981	0.977	5.0	0.200	0.197	0.187
0.5	0.924	0.892	0.876	10.0	0.100	0.100	0.097
1.0	0.762	0.698	0.672				

由表 2-2 数据可见，当 ϕ 值很大或很小时，形状相差很大的催化剂颗粒的内扩散有效因子之值几乎相同，当 ϕ 值处于中间范围内，才有差异，但仍很接近。因此，可以认为，对于一级反应，颗粒催化剂的内扩散有效因子与颗粒的几何形状无关，一律可以按球形计算，但此时 ϕ 值应表示为

$$\phi = \frac{V_p}{S_p} \sqrt{\frac{k_S S_g \rho_p}{D_{eff}}}$$

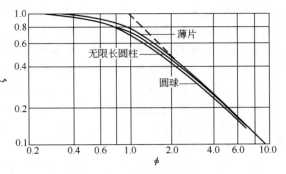

图 2-7 一级不可逆反应的 ζ-ϕ 图

大多数工业催化剂经压片制成圆柱形，按上述讨论，形状作球形处理，扩散-反应方程就只有一个方向，即一维模型，一维模型的计算比考虑轴向及径向同时进行扩散-反应过程的两维模型简单得多。

对于零级反应，即 $f(c_A)=c_A^n$ 中 $n=0$，由于反应速率与反应物浓度无关，只要催化剂整个粒内反应物的浓度大于零，有效因子之值均为 1。一旦粒内某一径向距离 R_d 处反应物完全消耗，在 R_d 以内的区域中不再进行反应，即"死区"，ζ 之值等于粒内进行反应区域之体积与整个颗粒体积之比。

3. 非一级反应的简化近似解

当本征动力学方程 $-\dfrac{dN_A}{dS}=k_S f(c_A)=k_S c_A^n$ 中 $n \neq 1$ 及 $n \neq 0$ 时，式（2-37）无解析解，教材[28]介绍了几种近似解，下面介绍 Satterfild[27] 提出的近似解法：将本征反应速率 $(r_A)_{V_c}=k_S S_g \rho_p c_A^n$ 近似写成 $(r_A)_{V_c}=k_S S_g \rho_p c_{AS}^{n-1} c_A$，则式（2-37）可近似写为一级反应，即

$$\frac{d^2 c_A}{dR^2} + \frac{2}{R}\frac{dc_A}{dR} = \frac{k_S S_g \rho_p}{D_{eff}} c_{AS}^{n-1} c_A \tag{2-67}$$

将 Thiele 模数写成

$$\phi_1 = \frac{V_p}{S_p}\sqrt{\frac{k_S S_g \rho_p c_{AS}^{n-1}}{D_{eff}}} \tag{2-68}$$

则

$$\zeta = \frac{1}{\phi_1}\left[\frac{1}{th(3\phi_1)} - \frac{1}{3\phi_1}\right] \tag{2-69}$$

4. 多组分非一级反应等温催化剂内扩散有效因子的计算模型

（1）多组分单一反应内扩散有效因子的多组分模型　许多重要的工业气-固相催化反应，如氨合成、二氧化硫氧化、一氧化碳变换等单一反应，都为多组分反应，其本征动力学方程与多个反应组分的分压或逸度有关，并且大多数为非一级反应，催化剂颗粒的形状大多数并非球形。此时可按照本节所讨论的一级反应的处理办法，将非中空任意形状的催化剂 V_p/S_p 值作球形处理，即形状的"球化"。反应混合物中既有多个反应物及产物，又含有惰性组分，由多组分气体混合物中的分子扩散系数的模型，即式（2-41），可知气体混合物中某一反应组分或产物的分子扩散系数与其他反应组分、产物和惰性气体的摩尔分数及扩散通量有关。因此，应根据多组分的特点对每个反应组分及产物建立反应-扩散模型，文献[34]提出了多孔催化剂内扩散有效因子的多组分扩散模型和数值计算方法，并应用于中温变换催化剂 B109，进行了改变反应温度和反应气体组成的 16 组实验，测得 16 组工况下 B109 催化剂的总体速率或宏观反应速率的实验值，用定态隔膜法并按孔分布数据计算 Knudsen 扩散系数的曲折因子 δ 值为 2.74。上述 16 组内扩散有效因子实验值与多组分扩散模型计算值的相对残差的绝对值的算术平均值（AAD）为 9.31%。如果按平均孔径计算 Knudsen 扩散系数，内扩散有效因子的计算值偏小，与实验数据相比，误差增大许多，由此可见，应采用孔分布数据计算 Knudsen 扩散系数。

（2）多组分单一反应内扩散有效因子的关键组分模型　若多组分反应中某一反应组分，如氨合成系统中的组分氨，在气体混合物中的摩尔分数较其他反应组分都小，氨在催化剂颗粒内的摩尔分数相对变

化远比其他组分大，则可以建立关键组分氨的反应-扩散方程，称为关键组分模型。文献［34］按反应组分 CO 的转化率建立关键组分模型，则 16 组计算值与实验值的 AAD 为 14.92%。由此可见，多组分扩散模型的计算值更接近实验值。在关键组分扩散模型中，只建立关键组分的反应-扩散二阶非线性微分方程，其他反应组分和产物在催化剂颗粒内的摩尔分数变化则按化学计量式计算。

不论多组分扩散模型还是关键组分扩散模型，催化剂内的反应-扩散二阶非线性微分方程组或微分方程，可采用适当的数值计算方法，如正交配置法，将二阶非线性微分方程的边值问题转换成离散化的一阶非线性微分方程组，即可在计算机上求得数值解。由于正交配置法涉及的数学超出本科生所学的数学，本教材不作进一步讨论，读者可参阅数学书籍［35］或有关使用正交配置法实例的文献。

（3）多组分多重反应等温催化剂的内扩散有效因子　许多重要的工业反应为多重反应，例如 CO 与 CO_2 同时加氢合成甲醇的平行反应，是最简单的多重反应。对 CO 加氢和 CO_2 加氢合成甲醇的两个独立反应建立多组分扩散模型时，反应物 H_2 及产物甲醇在这两个独立反应中是共有的，如何处理它们之间的反应速率和扩散通量之间的关系是一个值得研究的问题。因此，对于多重反应，往往只能简化，以所确定的关键组分建立独立反应的反应-扩散模型。

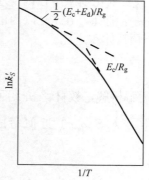

图 2-8 $\ln k_S' - \dfrac{1}{T}$ 的关系

5. 粒度、温度和转化率对内扩散有效因子的影响

催化剂颗粒的粒度增大，Thiele 模数增大，其中心部分与外表部分的反应组分的浓度差增大，相应地内扩散有效因子降低。反应速率常数和扩散系数都随温度升高而增大，但温度对于反应速率常数的影响大，所以提高反应温度，Thiele 模数值增大，内扩散有效因子降低。

本征反应速率常数 k_S 与内扩散有效因子 ζ 之乘积称为宏观速率常数 k_S'。将 $\ln k_S'$ 与 $1/T$ 标绘，见图 2-8。在低温范围内，过程为化学动力学控制，ζ 接近于 1，此时温度对宏观反应速率 $r_{A,g}$ 的影响就是化学反应活化能 E_c。温度增加，计入内扩散影响，此时球形催化剂的宏观速率（以一级不可逆反应为例）

$$r_{A,g} = (4/3)\pi R_p^3 k_S S_g \rho_p c_{AS} \zeta = 4\pi R_p^2 \sqrt{k_S S_g \rho_p D_{eff}} \left[\frac{1}{\text{th}(3\phi)} - \frac{1}{3\phi} \right]$$

将反应速率常数和扩散系数与温度的关系 $k_S = k_S^0 \exp\left[-E_c/(RT) \right]$ 和 $D_{eff} = D_{eff}^0 \exp\left[-E_d/(RT) \right]$ 代入可得

$$r_{A,g} = \sqrt{k_S^0 D_S^0} \exp\left[-\frac{(E_c + E_d)}{2RT} \right] 4\pi R_p^2 \sqrt{S_g \rho_p} \left[\frac{1}{\text{th}(3\phi)} - \frac{1}{3\phi} \right] \tag{2-70}$$

由上式可见，在高温范围内，内扩散影响甚大，此时 $\left[\dfrac{1}{\text{th}(3\phi)} - \dfrac{1}{3\phi} \right]$ 之值接近于 1，以对数形式表达的温度对宏观反应速率的影响值即反应的宏观活化能为化学反应活化能 E_c 和温度对扩散系数的影响系数 E_d 的算术均值 $0.5(E_c + E_d)$。在中温范围内，温度对宏观反应速率的影响由 E_c 逐渐降至 $0.5(E_c + E_d)$。催化剂颗粒增大，更加剧了温度对宏观反应速率的负面影响。

其他条件不变，同一初始组成和温度，转化率对内扩散有效因子的影响则视反应级数而异。如果是 n 级反应，$f(c_A) = c_A^n$，由于 $c_{AS} = c_{AS}^0 (1-x)$，c_{AS}^0 是初始状态下反应物 A 的外表面浓度，由式（2-68）Satterfield 的近似解可得

$$\phi_1 = \frac{V_p}{S_p} \sqrt{\frac{k_S S_g \rho_p}{D_{eff}}} \sqrt{c_{AS}^{n-1}} = \frac{V_p}{S_p} \sqrt{\frac{k_S S_g \rho_p}{D_{eff}}} \sqrt{(c_{AS}^0)^{n-1}} \sqrt{(1-x)^{n-1}} \tag{2-71}$$

若反应温度不变，由上式可见：①当 $n=1$ 时，ϕ_1 与转化率 x 无关，即无论转化率如何，有效因子之值不变；②当 $n>1$ 时，x 值增大，ϕ_1 值减小，即有效因子值增大；③当 $n<1$ 时，x 值增大，ϕ_1 值增大，即有效因子值降低。工业反应器中进行的可逆放热反应，反应前期转化率低而温度高，反应后期转化率高而温度低，考虑到温度对本征反应速率常数和扩散系数的影响，一般来说，反应后期有效因

子增大。以上讨论是根据 $f(c_A)=c_A^n$，并用 Satterfield 提出的近似解。对于实际的工业催化反应，上述定性趋势还是可行的，但对多重反应的温度影响，如涉及强放热深度氧化的副反应，必须重视。

6. 内扩散影响的判据[36]

对于一定粒度的催化剂在一定的温度和气体组成下反应时，是否存在内扩散影响，常用粒度试验来判定。粒度试验是在温度、反应气体组成、空间速度都不变的情况下进行，若实验测得的转化率或多重反应的选择率随粒度减小而提高，说明内扩散的影响不可忽略。

对于 n 级反应，$f(c_A)=c_A^n$，则宏观反应速率 $r_{A,g}=k_S S_g \rho_p c_{AS}^n \zeta$，以 $\phi_1 = \dfrac{V_p}{S_p}\sqrt{\dfrac{k_S S_g \rho_p}{D_{eff}} c_{AS}^{n-1}}$ 代入，可得

$$\frac{r_{A,g}\left(\dfrac{V_p}{S_p}\right)^2}{D_{eff} c_{AS}} = \phi_1^2 \zeta \tag{2-72}$$

式(2-72)的左端项均为可测项，称为内扩散的判据式。当 $\phi_1 \ll 1$ 时，即内扩散影响可以略去，右端项 $\phi_1^2 \zeta = \phi_1^2 \times 1 \ll 1$。当 $\phi_1 \gg 1$ 时，即内扩散严重影响，$\zeta = 1/\phi_1$，右端项 $\phi_1^2 \zeta = \phi_1 \gg 1$。

二、等温内扩散对多重反应选择率的影响

1. 平行反应

对于平行反应，如乙醇同时发生脱氢、脱水而生成乙醛与乙烯的反应

$$A \xrightarrow{k_1} B \quad r_B = k_1 c_A^{n_1} \quad n_1 > 0 \quad (主反应)$$

$$A \xrightarrow{k_2} D \quad r_D = k_2 c_A^{n_2} \quad n_2 > 0$$

存在内扩散影响时，催化剂颗粒内反应物 A 的浓度 c_A 显然低于外表面浓度 c_{AS}，则催化剂颗粒内某一位置处瞬时选择率

$$S = \frac{r_B}{r_B + r_D} = \frac{k_1 c_A^{n_1}}{k_1 c_A^{n_1} + k_2 c_A^{n_2}} = \frac{1}{1 + (k_2/k_1)(c_A)^{n_2 - n_1}} \tag{2-73}$$

不存在内扩散影响时，瞬时选择率

$$S' = \frac{r_B}{r_B + r_D} = \frac{1}{1 + (k_2/k_1)(c_{As})^{n_2 - n_1}} \tag{2-74}$$

比较上两式可见，两个反应的级数相同，内扩散对选择率无影响；主反应的级数大于副反应的级数，则内扩散使选择率降低；主反应的级数小于副反应时，则内扩散使选择率增高。

2. 连串反应

对于连串反应，如丁烯脱氢生成丁二烯又进一步变成聚合物，许多加氢、氧化、卤代等反应都属此类，即

$$A \xrightarrow{k_1} B \,(目的产物) \xrightarrow{k_2} D$$

如果连串反应中各个反应都是一级不可逆反应，瞬时选择率

$$S = \frac{r_B}{r_A} = \frac{k_1 c_A - k_2 c_B}{k_1 c_A} = 1 - \frac{k_2 c_B}{k_1 c_A} \tag{2-75}$$

催化剂颗粒内不同位置处 c_B/c_A 之值因地而异，即瞬时选择率 S 值各处不一。由于内扩散过程的影响，从颗粒外表面向内则反应物浓度 c_A 值降低，越往粒内，目的产物 B 的瞬时选择率越小。将粒内组分 A 及 B 的浓度分布求出后，方能得出整个颗粒催化剂的总选择率。

三、非等温催化剂内扩散有效因子

1. 催化剂颗粒的有效热导率及温度分布微分方程

多孔催化剂颗粒的有效热导率可表示为

$$\lambda_e = \pm Q_c / \frac{dT}{dR} \tag{2-76}$$

式中，Q_c 为催化剂颗粒内部的导热速率；λ_e 为颗粒的有效热导率，对于颗粒中存在孔隙的催化剂，其值远低于无孔隙同类固体的热导率。

λ_e 随孔隙中气体的热导率增大而增大，随孔隙率降低而增大，参见表 2-3。

表 2-3   一些工业催化剂在空气中于 0.1MPa 压力、90℃时的热导率[27]

催 化 剂	Ni-W	Co、Mo/α-Al₂O₃	Co、Mo/β-Al₂O₃	Pt-Al₂O₃	Al₂O₃-SiO₂	活性炭
$\lambda_e \times 10^3$（颗粒）/[J/(cm·s·K)]	4.69	3.47	2.42	2.22	3.6	2.68
颗粒密度/(g/cm³)	1.83	1.63	1.54	1.15	1.25	0.65
$\lambda_e \times 10^3$（粉末）/[J/(cm·s·K)]	3.05	2.13	1.38	1.295	1.8	1.675
粉末密度/(g/cm³)	1.48	1.56	1.089	0.88	0.82	0.53

用双试样保护热板式热导仪测定乙烯氧化合成环氧乙烷银催化剂的颗粒热导率的实例，可参见文献[30]。

计入催化剂颗粒的导热时，对图 2-4 的微元球壳作热量衡算

$$4\pi(R+dR)^2 \lambda_e \left(\frac{dT}{dR}\right)_{R+dR} - 4\pi R^2 \lambda_e \left(\frac{dT}{dR}\right)_R = (4\pi R^2 dR) k_S S_g \rho_p f(c_A) \Delta_r H(p,T) \tag{2-77}$$

式中，$\Delta_r H(p,T)$ 为摩尔反应焓，放热反应，其值为负；吸热反应，其值为正。

上式化简后，可得

$$\frac{\lambda_e}{\Delta_r H(p,T)}\left(\frac{d^2 T}{dR^2} + \frac{2}{R}\frac{dT}{dR}\right) = k_S S_g \rho_p f(c_A) \tag{2-78}$$

上式即球形催化剂颗粒内温度分布的微分方程，其边界条件如下

$$R=0 \text{ 时，} \frac{dT}{dR}=0 \text{；} R=R_p \text{ 时，} T=T_S \text{（外表面温度）}$$

联立式(2-37)及式(2-78)，消去右端项，可得

$$D_{eff,A} \frac{d}{dR}\left(R^2 \frac{dc_A}{dR}\right) = \left(\frac{\lambda_e}{\Delta_r H(p,T)}\right)\left[\frac{d}{dR}\left(R^2 \frac{dT}{dR}\right)\right]$$

将上式积分，代入边界条件 $R=0$ 时，$\frac{dc_A}{dR}=0$，$\frac{dT}{dR}=0$，可得

$$D_{eff,A} \Delta_r H(p,T) \frac{dc_A}{dR} = \lambda_e \frac{dT}{dR}$$

再积分，代入边界条件 $R=R_p$ 时，$c_A=c_{AS}$，$T=T_S$，可得

$$T-T_S = D_{eff,A}[-\Delta_r H(p,T)](c_{AS}-c_A)/\lambda_e \tag{2-79}$$

上式表达了球形催化剂颗粒内组分的浓度差与温度差之间的关系，在导出过程中消去了反应速率。因此，此式与动力学方程的形式无关，知道了颗粒内浓度分布，可以方便地知道温度分布。当颗粒中心处反应物的浓度 $c_{AC}=0$ 时，可知颗粒外表面温度 T_S 与颗粒中心 T_C 之差值达最大值，即

$$(T_C-T_S) = [-\Delta_r H(p,T)]D_{eff,A}c_{AS}/\lambda_e \tag{2-80}$$

摩尔反应焓的数值对于颗粒内温度分布具有很大的影响。某些反应，如烃类/蒸汽转化、乙烯氧化、邻二甲苯氧化，其反应焓相当大，应计入颗粒内温度分布，此时应将式(2-37)及式(2-78)组成的二阶变系数非线性微分方程组联立求解，一般无解析解，只有数值解。某些烃类氧化反应带深度氧化生成二氧化碳及水的副反应，颗粒内温度愈高，深度氧化副反应的反应速率愈加剧，同时摩尔反应焓愈大，严重时可能出现颗粒内温度剧烈升高，烧坏催化剂，破坏反应过程。对于大多数的无机催化反应，如氨合成、二氧化硫转化、一氧化碳变换和有机化工中的甲醇合成，反应热并非太大，可略去颗粒内温度分布。

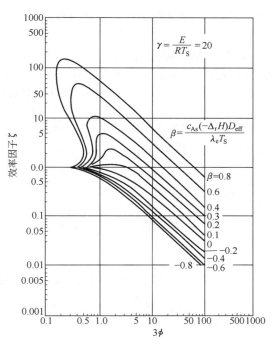

图 2-9　有效因子 ζ 与 3ϕ 的关系图

2. 非等温催化剂一级不可逆反应内扩散有效因子

如果反应焓较大而催化剂的有效热导率较小，而必须计入颗粒内的温度分布时，球形催化剂的内扩散有效因子可以将式(2-37)及式(2-78)联立求解，Weisz 等[37]对一级不可逆反应球形催化剂的内扩散有效因子 ζ 进行了数值计算，见图 2-9，此时反应组分的不计入内扩散影响时的反应速率按颗粒外表面的温度 T_S 的反应速率常数 k_{SS} 计算，而颗粒内反应速率常数 k_S 却随粒内温度而变。根据非等温内扩散过程的特点，有效因子 ζ 除了是参数

$3\phi = R_P \sqrt{\dfrac{k_{SS} S_g \rho_p}{D_{eff}}}$ 的函数以外，还与参数 $\gamma = \dfrac{E}{RT_S}$ 及参数 $\beta = \dfrac{c_{AS}[-\Delta_r H(p,T)]D_{eff,A}}{\lambda_e T_S}$ 有关。参数 γ 反映了反应速率常数随温度变化的敏感性，γ 值随化学反应活化能 E 的增大和外表面温度 T_S 值的减小而增大，即非等温效应对有效因子的影响增大。由式(2-80)可知发热参数 β 代表了颗粒内最大的温度差与外表面温度的比值，β 的绝对值增大，对内扩散有效因子的影响也越大。当 $\beta=0$ 时，即等温催化剂的有效因子。对于放热反应，β 为正值，颗粒内的温度高于外表面的温度，当粒内温度增高对反应速率常数的影响超过粒内反应物浓度降低的影响时，$\zeta>1$，这意味着粒内非等温效应是有利的。但是，应予注意，当粒内温度升高的数值相当大时，可能使催化剂颗粒中心过热而丧失活性，或导致其他不希望的副反应发生。对于吸热反应，β 是负值，粒内温度及反应速率常数总是降低的，因此，不会出现 $\zeta>1$ 的情况。

催化剂粒内的温升为下列因数所决定：反应焓和活化能，反应组分在原料中的浓度，催化剂颗粒几何形状的工程设计和颗粒的有效热导率。

3. 多重反应非等温催化剂的内扩散过程和选择率

许多重要的石油化工产品的合成属催化氧化多重反应，如环氧乙烷合成、乙酸乙烯酯合成，均带有深度氧化生成 CO_2 的副反应，并且副反应的反应活化能及反应焓均大于主反应，催化剂粒内温度升高加剧了副反应，降低了主要反应产物的选择率，并且粒内温升愈大，副反应增加得愈多，形成恶性循环甚至飞温。催化剂的粒度愈大，反应组分在催化剂粒内的扩散途径愈长，粒内温升愈大，选择率也降低得愈多。

第五节　气-固相间热、质传递过程对总体速率的影响

一、外扩散有效因子

前已述及，工业催化反应器中存在着气流主体与催化剂颗粒外表面间的质量及热量传递过程。式(2-

28）是计入气-固相间外扩散传质过程的总体速率。而气-固相间传热过程可由下式表达

$$Q_S = (r_A)_g[-\Delta_r H(p,T)] = \alpha_S S_e(T_S - T_g) \tag{2-81}$$

计算气-固相间传质系数 k_G 和给热系数 α_S 的关联式见本教材第五章。外扩散有效因子 ζ_{ex} 反映了外扩散过程对催化反应总体速率的影响，可表达为

$$\zeta_{ex} = \frac{外扩散有影响时按催化剂外表面组成计算的反应速率}{外扩散无影响时按催化剂外表面组成计算的反应速率} \tag{2-82}$$

若不计入气流主体与颗粒外表面间的温度差，对于一级不可逆反应，并且内扩散过程的影响不计，则 $\zeta_{ex} = c_{As}/c_{Ag}$，再结合式（2-28），可得

$$k_G S_e(c_{Ag} - c_{AS}) = k_S S_i c_{AS}$$

由此可得

$$c_{AS} = \frac{c_{Ag}}{1 + Da_1} \tag{2-83}$$

式中 Damköhler 数 Da_1 表示如下

$$Da_1 = \frac{k_S S_i}{k_G S_e} \tag{2-84}$$

Damköhler 数说明外扩散过程的影响，其物理意义为化学反应速率与外扩散传质速率之比。以式（2-84）代入式（2-83），可得一级不可逆反应的外扩散有效因子

$$\zeta_{ex} = \frac{1}{1 + Da_1} \tag{2-85}$$

当 $Da_1 \to 0$ 时，外扩散对催化反应过程无影响，Da_1 越大则外扩散的影响越严重。

对于 $f(c_A) = c_A^n$ 的 n 级不可逆反应，定义对 n 级反应适用的 Damköhler 数

$$Da = \frac{k_S S_i c_{Ag}^{n-1}}{k_G S_e} \tag{2-86}$$

可以导出当 $n=2$，0.5 及 -1 时不可逆反应的外扩散有效因子，即

$n=2$ 时，

$$\zeta_{ex} = \frac{1}{4Da^2}(\sqrt{1+4Da}-1)^2 \tag{2-87}$$

$n=0.5$ 时，

$$\zeta_{ex} = \sqrt{\frac{2+Da^2}{2}\left[1-\sqrt{1-\frac{4}{(2+Da^2)^2}}\right]} \tag{2-88}$$

$n=-1$ 时，

$$\zeta_{ex} = \frac{2}{1+\sqrt{1-4Da}} \tag{2-89}$$

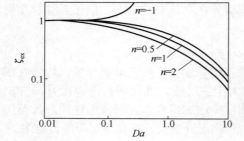

图 2-10 外扩散有效因子 ζ_{ex}-Da 图

图 2-10 是不同反应级数的不可逆反应的外扩散有效因子 ζ_{ex} 对 Da 的标绘。由图可以看出，对于任何级数的不可逆反应，Da 数值接近于零时，ζ_{ex} 值总是趋近于 1。反应级数为正值时，ζ_{ex} 随 Da 数值增加而降低，并且反应级数越高，外扩散过程的影响越大。$n=-1$ 时，ζ_{ex} 值总是大于 1 并且随 Da 数增大而增高，但最大值为 2，即负级数的反应，外扩散过程加速过程的总体速率。

二、工业催化反应器中气流主体与催化剂外表面间的浓度差和温度差

1. 相间浓度差和温度差

工业催化反应器中，一般说来活性组分均匀分布，催化剂颗粒的内扩散过程的影响总是要考虑的；反

应焓不是特别大时，催化剂颗粒内的温度差可以不考虑，而气流主体与催化剂外表面间的浓度差与温度差就由式（2-28）及式（2-81）所确定。应予注意，外扩散传质系数及给热系数与气流的 Reynolds 数和物性数据有关，而本征反应速率和反应焓都是根据颗粒外表面温度和反应组分浓度计算，这些都是待确定的未知值，需联立求解。

计算表明，对于轴向绝热型反应器和管式反应器，气-固相间质量和热量传递过程对总体速率的影响很小，但内扩散过程影响严重。但如果催化反应器中气体作径向流动，由于气体的质量通量相对很低，气-固相间的热、质传递过程具有相当影响。

对于工业反应器中铂网上氨氧化反应，气-固相间传递过程对总体速率的影响十分显著，过程为外扩散控制。

2. 本征动力学研究中消除外扩散影响的方法

进行本征动力学研究时，除了进行粒度试验，以确定所采用的固体催化剂的粒度已消除内扩散的影响，还要消除外扩散的影响，使气相主体温度及组分浓度与催化剂颗粒一致。此时，一般要选用足够大的空间速度进行动力学试验，当采用足够细的粒度及相当高的反应温度，在同一等温积分反应器内改变催化剂装量，但空间速度维持某一特定值不变，相当于随着催化剂装量增大，反应气体体积流量、质量流量 G ［或质量通量 G，kg/(m² · s)］和气-固相间传质、传热系数均相应增大，从而增加了出口转化率，则说明此时尚未完全消除外扩散的影响。如果采用的反应温度在此催化剂活性温度范围的较低部分，可能由于催化剂在低温下本征反应速率较低，反映不了外扩散影响的真实情况。

第六节　固体颗粒催化剂的工程设计

固体颗粒催化剂的活性组分、助催化剂的组成、载体的选用及其加工过程中的沉淀、浸渍、干燥、焙烧等工艺及装备属于催化化学及化工单元操作，读者可参阅专著[15]。本书讨论与催化剂颗粒内部的扩散-反应-导热有关的催化剂工程设计。

一、异形催化剂

由各种因素对颗粒催化剂内扩散有效因子影响的讨论可知：催化剂的本征活性越大，反应温度越高，颗粒越大，内扩散有效因子越低，催化剂中的死区越大，即催化剂的有效活性层愈薄，大部分催化剂未得到充分利用。如果采用的催化剂活性组分是贵金属，则催化剂制造费用和产品成本剧增。如果采用小颗粒催化剂以提高有效因子，对于固定床反应器则受到床层许可压力降和能耗过高的限制。为了提高催化剂的利用率，降低用于催化剂的成本和床层压降，工业上广泛采用异形颗粒及活性组分不均匀分布的催化剂工程设计。

天然气中甲烷/蒸汽转化制合成气，是在加压、高温下进行的强吸热催化反应，催化剂装填在炉管内，管外燃烧燃料辐射供热，一般炉管内直径 100～150mm，管长 9.5～11.5m。早期使用含镍的单孔环状形催化剂，如 $\phi17mm/8mm\times16mm$，即外径 17mm、内径 8mm、高 16mm 的单孔环柱形。在工业使用的高温及炉管内高质量通量的情况下，外扩散的影响可以不考虑，而内扩散影响十分严重，有效活性层的比厚度仅 0.2 左右，颗粒催化剂的总体反应速率可近似看成与外表面积成正比。因此，近年来甲烷/蒸汽转化催化剂制成车轮或舵轮形截面，见图 2-11[39]。典型的八筋舵轮形为外径 13mm，高 9mm，中心孔 2.4mm，板厚 1mm。催化剂活性明显提高，压力降减少。为了降低催化剂压力床，硫酸生产用钒催化剂多年来已制成单孔环柱条，如 $\phi9mm/\phi4mm\times(10～15)mm$。

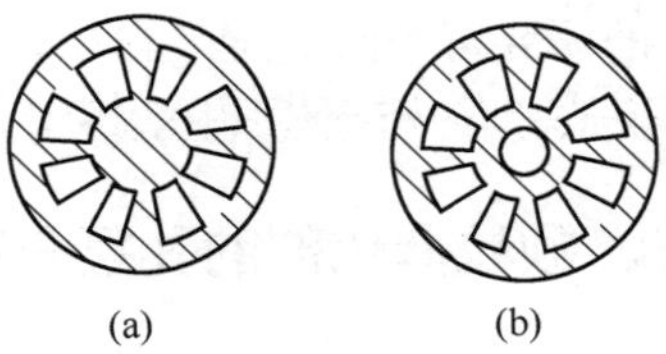

(a)　　　　　(b)

图 2-11 车轮状及舵轮状截面催化剂

(a) 八筋车轮；(b) 八筋舵轮

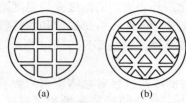

图 2-12　多通孔颗粒结构示意

图 2-12 是截面上有多通孔的圆柱形催化剂，其中图 2-12(a) 为 12 孔、图 2-12(b) 为 24 孔的薄壁多通孔。用于带强放热深度氧化副反应的催化反应，由于其中扩散距离减小，可降低粒内温升和内扩散的阻滞作用，如乙烯氧化合成环氧烷反应，可增加选择率和转化率，并降低催化床的压力降，效果明显优于相同外径如 7mm 的单孔环柱形[40,41]。

汽车尾气净化三效催化剂是重要的环保催化剂，能净化汽车排放尾气中的一氧化碳、碳氢化合物和氮氧化物，其主催化剂组成为 Rh、Pt、Pd 等重金属和稀土过渡金属等非贵金属。其载体为陶瓷或金属制成的整体蜂窝状，属薄壁平行结构，如 25 孔/cm²，壁厚 0.305cm；或 62 孔/cm²，壁厚 0.156cm[42]。

二、活性组分不均匀分布催化剂

活性组分不均匀分布催化剂一般有外表型、内部型和中间型，见图 2-13。

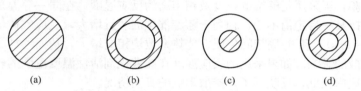

图 2-13　球形催化剂中活性组分的各种分布
（a）均匀分布；（b）外表型；（c）内部型；（d）中间型

如果催化剂的活性组分集中在颗粒的外表层，称为外表型不均匀分布，又称蛋壳型，见图 2-13(b)。如果催化剂的活性组分集中于颗粒内部，称为内部型，又称蛋黄型，见图 2-13(c)。中间型催化剂则将活性组分分布于催化剂中间，其外层及内部均为不含活性组分的载体，又称蛋白型，见图 2-13(d)。

外表型一般适用于单一反应，单一反应不存在选择性问题，要求尽可能地提高反应的转化率和单位体积催化剂单位时间内的产量。这时采用外表型并且适当设计活性组分层的厚度，可以减少活性组分的用量而获得同样或更好的效果。对于多重反应，当过程存在内扩散影响时，外表型也能获得良好的效果。如萘氧化生成邻苯二甲酸酐，同时又深度氧化生成顺丁烯二酸酐、二氧化碳和水。采用外表型可显著地提高邻苯二甲酸酐的产量，这是由于在外表层的活性组分所生成的邻苯二甲酸酐进一步向颗粒中心扩散时，内层无活性组分，避免了进一步氧化。外表型催化剂有利于连串反应中间产物的选择率。此外，由于外表型可避免邻苯二甲酸酐进一步氧化，降低了总的反应热，可降低反应器径向温差，使反应的热敏感性降低。

对于负反应级数的反应，反应物浓度下降，反应速率增加，因此采用内部型则反应物扩散通过外层载体时由于扩散阻力而降低浓度，到达有活性组分的内层时可增加反应速率。催化剂颗粒外层易中毒的催化剂，也宜于采用内部型，毒物吸附在无催化活性的外表层，并不影响内部的活性组分。中间型催化剂是内部型的外表型。

活性组分不均匀分布催化剂的等温内扩散有效因子的近似解及非等温催化剂颗粒上活性组分的最佳分布的研究可参阅文献［43，44］。在单孔环柱形载体的内、外环柱的外表面上活性组分的外表型不均匀分布，可提高单位床层体积中活性组分的负载量，如乙烯气相氧化合成乙酸乙烯酯的钯金单孔环柱型催化剂[45]。

三、颗粒催化剂的孔径分布及内表面积设计

颗粒催化剂的比内表面积与孔容及平均孔半径有关。由式(2-5) 可见，孔容一定时，平均孔径 $\bar{r}_a$ 愈小，比内表面积 S_g 愈大。再由式(2-46) 及式(2-48) 可见，$\bar{r}_a$ 变小，Knudsen 扩散系数 D_K 及孔内组分的综合扩散系数 D_e 随 $\bar{r}_a$ 而变小。再由式(2-55) 可见，随着 S_g 的增大和 $D_{eff,A}$ 的减小，Thiele 模数

ϕ 值增大，即内扩散有效系数值减小。另外，如果 S_g 值太小，活性组分和助催化剂等不能很好地分散在颗粒催化剂中，导致其本征反应速率减低，也使颗粒催化剂的总体速率减低。因此，应合理地设计颗粒催化剂的孔径分布及比内表面积。

对于带深度氧化副反应的烃类氧化反应，如乙烯在银催化剂中氧化合成环氧乙烷，更要注意孔径分布设计，如果小孔径过多，内扩散过程的阻滞作用增大，会导致颗粒内温升过大而加剧副反应，从而降低了环氧乙烷的选择性，北京燕山石化公司研究院的工作表明：$\alpha\text{-}Al_2O_3$ 载体有足够大的孔容，且孔径 $>30\mu m$ 的孔容占总孔容的 20% 以上，对于制备高选择性的银催化剂是十分必要的[46]。此外，石油加工中的馏分油的流化催化裂化的催化剂是分子筛催化剂，其孔径对于择形选择性是至关重要的，见本教材第八章 [例 8-3]。

固定床催化反应器所用催化剂的孔径分布和比内表面积，形状选型和几何尺寸的工程设计应根据反应和反应器的特征、催化剂的活性温度范围、成本、选择率、转化率、床层许可压力降、机械强度、寿命和供应情况等因素综合考虑。

第七节 气-固相催化反应宏观动力学模型

一、工业颗粒催化剂总体速率的实验测定

大多数固定床催化反应器中气流主体与颗粒催化剂外表面上反应组分的浓度差和温度差相当小，催化剂内部的反应组分浓度差和强放热反应的温度差相当严重。通常用于反应器工程设计的颗粒催化剂总体速率应计入颗粒内扩散-反应-导热过程，这可以在工业操作的温度、压力、反应组分变化范围内在无梯度反应器中实验测定总体速率，这个方法比根据本征反应速率和计入粒内扩散及导热的内扩散有效因子的方法直接、方便和准确。

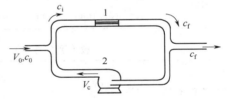

图 2-14 无梯度反应器示意
1—催化床；2—循环泵

实验室无梯度反应器是一种全混流反应器，图 2-14 是示意图，大量反应气体在反应器进出口处循环流动，少量反应后气体导出系统，循环的气体与补充的原料气混合后再经过催化床。对反应器进行物料衡算，如以 V_0 及 V_c 分别表示原料气及循环气的体积流量（按反应器内温度及压力计算），c_0 表示原料气中反应组分 A 的浓度，而 c_i 及 c_f 分别表示反应器进口及出口处反应组分的浓度，则

$$V_0 c_0 + V_c c_f = (V_0 + V_c) c_i$$

$$c_i = \frac{V_0}{V_0 + V_c} c_0 + \frac{V_c}{V_0 + V_c} c_f = \frac{c_0 + R_c c_i}{1 + R_c} \qquad (2\text{-}90)$$

式中，循环比 $R_c = V_c / V_0$。当循环比增加到 $25 \sim 30$ 时，c_i 接近 c_f，即反应器的操作性能相当于一个全混流反应器，反应器中不存在浓度梯度，如果温控装置设计合理，也无温度梯度，故称为无梯度反应器，对于全混流反应器可以方便地计算催化剂的总体速率，即

$$(r_A)_w = V_0 (c_0 - c_f)/W = N_{T0} (y_{A0} - y_{Af})/W \qquad (2\text{-}91)$$

式中，N_{T0} 为原料气的摩尔流量。

二、宏观与本征反应动力学模型

在一定压力下，将原料气组成、反应温度、气体质量空速等参数在一定范围内变化，按照正交实验设计，可得出许多实验点的工业催化剂颗粒的总体速率，再通过数据整理和统计检验校核宏观反应动力学的模型筛选和参数估值，可得在实验范围内适

延伸阅读 2-1
宏观动力学实验
测定

用的宏观动力学方程，用于工程设计和操作调优。

根据一氧化碳中温变换单一反应，甲醇合成、环氧乙烷氧化等多重反应，经实验测定的本征反应动力学模型和工业颗粒的宏观反应动力学模型的比较，可以看出：同一系列的固相催化剂，在活性组分含量、助催化剂组成和加工工艺等方面有所差别，形成不同型号的产品，在活性温度范围、技术指标等方面会有所差异，但本征和宏观反应动力学模型都可以用同一种形式表示，只不过反映温度影响的反应速率常数和吸附平衡常数的模型参数值各不相同。

【例 2-5】 某些工业催化剂的本征及宏观动力学模型的比较。

解 在加压等温积分反应器和内循环无梯度反应器中，测试了下列工业催化剂的本征及总体速率，并回归成动力学方程：①CO 与水蒸气反应生成 H_2 和 CO_2 的高（中）温变换催化剂，结果列于表（例 2-5-1）；②CO 和 CO_2 同时加氢合成 CH_3OH 的铜系催化剂，结果列于表（例 2-5-2）；③乙烯在银催化剂上合成环氧乙烷，副反应生成 CO_2，结果列于表（例 2-5-3）。表中单位如下：反应速率，kmol/(kg·h)；压力及逸度，MPa；活化能 E，kJ/kmol。

表（例 2-5-1） 铁-铬系高（中）温变换催化剂本征及宏观反应动力学模型及模型参数

本征及宏观反应动力学	$-\dfrac{dN_{CO}}{dW}=k_1\exp\left(-\dfrac{E_1}{RT}\right)p_{CO}p_{CO_2}^{-0.5}\left(1-\dfrac{p_{CO_2}p_{H_2}}{K_p p_{CO}p_{H_2O}}\right)$
催化剂 B110-2	本征[47]：常压，$k_1=5.11\times10^6$，$E_1=105.7\times10^3$；$\rho^2=0.9888$，$F=137.93$； 宏观[48]：$\phi 9.7mm\times5.5mm$ 颗粒，常压，$k_1=2341$，$E_1=7.809\times10^3$；$\rho^2=0.9413$，$F=114.6$
FBD	本征[49]：常压，$k_1=9.778\times10^7$，$E_1=91.74\times10^3$；$\rho^2=0.9894$，$F=233.8$； 宏观[50]：$\phi 9.1mm\times9.7mm$，$p=0.8\sim2.9MPa$，$k_1=1811.6$，$E_1=49.57\times10^3$；$\rho^2=0.9810$，$F=403.6$

表（例 2-5-2） 铜基甲醇合成催化剂本征及宏观反应动力学模型

本征及宏观反应动力学	$-\dfrac{dN_{CO}}{dW}=\dfrac{k_1 f_{CO}f_{H_2}^2(1-\beta_1)}{(1+K_{CO}f_{CO}+K_{CO_2}f_{CO_2}+K_{H_2}f_{H_2})^3}$
$\beta_1=\dfrac{f_{CH_3OH}}{K_{f_1}f_{CO}f_{H_2}^2}\quad \beta_2=\dfrac{f_{CH_3OH}f_{H_2O}}{K_{f_2}f_{CO_2}f_{H_2}^3}$	$-\dfrac{dN_{CO_2}}{dW}=\dfrac{k_2 f_{CO_2}f_{H_2}^3(1-\beta_2)}{(1+K_{CO}f_{CO}+K_{CO_2}f_{CO_2}+K_{H_2}f_{H_2})^4}$

催化剂 C301	本征[51]：$p=5MPa$，$k_1=1482\exp\left(-\dfrac{50430}{RT}\right)$；$k_2=1.511\times10^5\exp\left(-\dfrac{69970}{RT}\right)$； $K_{CO}=\exp[-6549-13090\times(1/T-1/\overline{T})]$； $K_{CO_2}=\exp[-3.398+2257\times(1/T-1/\overline{T})]$； $K_{H_2}=\exp[-1.493-1583\times(1/T-1/\overline{T})]$； $\overline{T}=508.9K$ 对于 r_{CO_2}，$\rho^2=0.9947$，$F=6778$；对于 $r_{CH_3OH}=r_{CO}+r_{CO_2}$，$\rho^2=0.9977$，$F=176.8$
	宏观[52]：$\phi 5mm\times5mm$ 颗粒，$p=5MPa$，$k_1=191.2\exp\left(-\dfrac{41770}{RT}\right)$； $k_2=6392\exp\left(-\dfrac{60920}{RT}\right)$； $K_{CO}=\exp[-2.902-29600\times(1/T-1/\overline{T})]$； $K_{CO_2}=\exp[-0.504+3559\times(1/T-1/\overline{T})]$； $K_{H_2}=\exp[-1.692-2001\times(1/T-1/\overline{T})]$； $\overline{T}=508.9K$ 对于 r_{CO_2}，$\rho^2=0.9989$，$F=1880.3$； 对于 $r_{CH_3OH}=r_{CO}+r_{CO_2}$，$\rho^2=0.9902$，$F=140.3$

续表

催化剂 C302	本征[53]：$p=5\text{MPa}$， $k_1=4.706\times10^5\exp\left(-\dfrac{39590}{RT}\right)$；$k_2=1.906\times10^6\exp\left(-\dfrac{449000}{RT}\right)$； $K_{CO}=\exp[-16.04-1.5\times10^4\times(1/T-1/\overline{T})]$； $K_{CO_2}=\exp[-8.50\times10^{-2}+1.715\times10^4\times(1/T-1/\overline{T})]$； $K_{H_2}=\exp[-0.5791-3.831\times10^2\times(1/T-1/\overline{T})]$； $\overline{T}=508.9\text{K}$　对于 r_{CO}，$\rho^2=0.9998$，$F=5077.9$； 对于 r_{CO_2}，$\rho^2=0.9993$，$F=1519.9$
	宏观[54]：$\phi5\text{mm}\times5\text{mm}$ 颗粒，$p=5\text{MPa}$，$k_1=214.7\exp\left(-\dfrac{41835}{RT}\right)$； $k_2=1.294\times10^4\exp\left(-\dfrac{60968}{RT}\right)$； $K_{CO}=\exp[-36.81-1000\times(1/T-1/\overline{T})]$； $K_{CO_2}=\exp[-0.145+10560\times(1/T-1/\overline{T})]$； $K_{H_2}=\exp[-1.720-1220\times(1/T-1/\overline{T})]$； $\overline{T}=508.9\text{K}$　对于 r_{CO_2}，$\rho^2=0.9965$，$F=172.7$； 对于，$r_{CH_3OH}=r_{CO}+r_{CO_2}$，$\rho^2=0.9883$，$F=50.54$

表（例 2-5-3）　环氧乙烷合成银催化剂本征及宏观反应动力学模型

本征及宏观反应动力学	$-\dfrac{dN_{EO}}{dW}=\dfrac{k_1p_{O_2}p_{ET}}{(1+K_1p_{O_2}+K_2p_{O_2}^{0.5}p_{CO_2})}$； $\dfrac{dN_{CO_2}}{dW}=\dfrac{k_2p_{CO_2}p_{ET}}{(1+K_1p_{O_2}+K_2p_{O_2}^{0.5}p_{CO_2})}$；下标 EO 为环氧乙烷，下标 ET 为乙烯
YS-5 型 （单孔环柱形）	本征[38]：$p=2.0\text{MPa}$，二氯乙烷含量 0.4×10^{-6}， $k_1=\exp\left(11.6954-\dfrac{4.563\times10^4}{RT}\right)$；$k_2=2\exp\left(17.8314-\dfrac{8.1289\times10^4}{RT}\right)$； $K_1=\exp\left(\dfrac{1.8322\times10^4}{RT}-2.8279\right)$；$K_2=\exp\left(\dfrac{3.6828\times10^4}{RT}-0.9167\right)$； 对于 r_{CO}，$\rho^2=0.9922$，$F=2072.5$；对于 r_{CO_2}，$\rho^2=0.9983$，$F=451.2$
YS-6 型 （多通孔圆柱形）	宏观[55]：$p=2.0\text{MPa}$，二氯乙烷含量 0.2×10^{-6}， $k_1=\exp\left(12.391-\dfrac{43.586\times10^3}{RT}\right)$；$k_2=2\exp\left(18.599-\dfrac{77.763\times10^3}{RT}\right)$； $K_1=\exp\left(\dfrac{18.321\times10^3}{RT}-2.828\right)$；$K_2=\exp\left(\dfrac{34.660\times10^3}{RT}-1.0074\right)$； 对于 r_{CO}，$\rho^2=0.9995$，$F=85406$；对于 r_{CO_2}，$\rho^2=0.9998$，$F=38790$

　　由本例可见，所涉及的变换单一可逆反应，甲醇合成可逆平行反应和环氧乙烷合成不可逆连串反应，同一系列催化剂，虽然配方和粒度各不相同，但本征反应和宏观反应速率方程的形式都相同，只是改变了方程中反应速率和平衡常数中反映温度影响的模型参数的数值，表明反应机理没有改变。

第八节　固体催化剂的失活[56,57]

一、固体催化剂失活的原因

催化剂都具有一定的耐用时间，即使用寿命。由于各种物质及热的作用，催化剂的组成及结构渐起变化，导致活性下降及催化性能劣化，这种现象称为失活。催化剂失活的原因可分为中毒、结焦、堵塞、烧结和热失活等。一般使催化剂中毒的物质是随反应原料带来的外来杂质，也有些生成的反应产物中含有对催化剂有毒的物质。催化剂的毒物随催化剂的品种而异，那些能与催化剂活性表面形成共价键的分子是一些毒性很强的毒物。如果某些毒物与催化剂的活性组分之间的化学反应是可逆的，或者并不发生化学反应而只是吸附在活性位上而降低其活性，当反应气体净化程度增高，催化剂可以恢复其活性时称为暂时性中毒，否则为永久性中毒。毒物与催化剂的载体作用，使其粉化也属永久性中毒。催化剂对毒物是有选择性的，例如硫化氢对铜基催化剂是永久性毒物，但对硫酸生产中的钒催化剂却无毒害作用。催化剂在使用过程中由于积炭反应使催化剂的孔口及孔道因结焦堵塞而失去活性。原油中含有的有机金属化合物，进行加氢脱硫反应时，有机金属组分和硫化氢反应形成金属硫化物沉积而堵塞催化剂内的孔道和颗粒之间的空隙。催化剂的烧结和热失活都是由高温引起的催化剂结构和性能的变化。烧结是高温使用引起的催化剂或载体的微晶长大，内表面积和孔隙率减少而导致催化活性下降。微晶长大的速率与温度有关，温度超过某一数值时，催化剂的重结晶十分显著，这个温度称为"耐热温度"。热失活主要包括化学组成和相组成的变化，活性组分由于生成挥发性物质而损失等。某些低温下活性好的催化剂，往往耐热性能差，而耐热温度高的催化剂又要求在较高的温度下才具有催化活性，因此研制低温活性及耐热性能都好的低温、宽温区催化剂是很重要的。原料气中含有的粉尘、油污会覆盖催化剂颗粒外表面及孔道，使其活性下降，气流通过催化床的压力降上升，以及原料气中水蒸气冷凝而使催化剂丧失机械强度等均会使催化剂失活。总的来说，保证原料气的净化指标、精细操作、防止超温及减少温度波动是延长催化剂寿命的主要措施。

二、催化剂失活动力学

催化剂失活时，其相对活性 α 可定义如下

$$\alpha = \frac{r_A}{r_{A0}} = \frac{\text{某一时刻反应物 A 在催化剂上的反应速率}}{\text{相同反应条件下反应物 A 在新鲜催化剂上的反应速率}} \tag{2-92}$$

催化剂相对活性 α 在使用刚开始时为 1，催化剂由于种种原因逐渐失活，其相对活性 α 随着使用时间增加而逐渐下降，失活速率 r_d 一般可表示如下

$$r_d = -\mathrm{d}\alpha/\mathrm{d}t = k_d c_i^m \alpha^d = k_{d0} \exp[-E_d/(RT)] c_i^m \alpha^d \tag{2-93}$$

式中，d 为失活级数；k_d 为失活反应速率常数；c_i 为在气相中对失活有影响的组分（如毒物）浓度；m 为与失活有关的浓度属性；E_d 为失活活化能。

研究催化剂失活动力学的关键在于确定失活速率方程的形式。根据不同的失活机理可归纳出下列几种失活表达式。

（1）平行失活　反应物 A 可生成某一种副产物 P 沉积在催化剂内表面上称为平行失活。

$$A \longrightarrow R(\text{产物}) + P(\text{沉积副产物}) \downarrow$$

如烃类催化裂化

$$C_{11}H_{24} \longrightarrow 2C_5H_{12} + C \downarrow$$

或甲苯歧化过程

$$甲苯(A) \longrightarrow \begin{cases} 二甲苯(R)+苯 \\ 焦炭(P)\downarrow+苯 \end{cases}$$

此时失活速率与反应物 A 的浓度有关，即

$$r_d = -d\alpha/dt = k_d c_A^m \alpha^d \tag{2-94}$$

（2）连串失活　产物进一步分解或形成某种物质 P 沉积在催化剂内表面上称为连串失活。

$$A \longrightarrow R \longrightarrow P\downarrow$$

如醇脱氢制醛，醛进一步脱氢，最后老化生成焦炭沉积在催化剂内表面上。失活速率与产物 R 的浓度关系为

$$r_d = -d\alpha/dt = k_d c_R^m \alpha^d \tag{2-95}$$

（3）并列失活　原料气中毒物沉积在催化剂内表面上或与催化剂中活性组分反应，即中毒失活，称为并列失活。

$$A \longrightarrow R$$
$$P \longrightarrow P\downarrow$$

此时，失活速率可表示为

$$r_d = -d\alpha/dt = k_d c_P^m \alpha^d \tag{2-96}$$

（4）独立失活　这是固态变换过程，失活由内表面结构改变或高温下催化剂内表面烧结所致，此时失活速率与反应物 A 的浓度无关，取决于在高温环境下的反应时间，即

$$r_d = -d\alpha/dt = k_d \alpha^d \tag{2-97}$$

第九节　讨论与分析

本章的重点是固体颗粒催化剂内的反应-扩散宏观过程和宏观动力学方程。

1. 关于本征反应动力学模型

作为"化学反应工程"课程的工科本科生教材，本书讨论基于化学吸附的均匀表面吸附和不均匀表面吸附的基本要点和基于单组分吸附、脱附控制的本征动力学模型的推导，并不阐述关于多组分吸附、脱附控制或两个以上的活性吸附中心的本征动力学模型，也不讨论运用表面科学的实验技术研究固体催化剂的表面状况和活性吸附等催化化学方面的内容。某些催化反应如氨合成，可能有多种实验值符合统计检验的本征动力学方程，从催化反应器设计与分析的角度，化学反应工程的研究工作应着重于选用能运用于工程实践的动力学模型，或称为"等效模型"，作为确定反应器设计和操作工艺条件的模型。

2. 关于固体催化剂的反应-传质-传热耦合过程

固体催化剂的反应-传质-传热耦合过程分两个方面，首先是固体催化剂内的反应-传质-传热耦合过程或称为内扩散过程，其次是气流主体与固体催化剂外表面间的传质、传热的外扩散过程。等温球形催化剂内进行一级不可逆单一反应的扩散-反应过程的物理模型和数学模型是化学反应与传质交互作用的基本模型。

早期推导的一级不可逆反应内扩散有效因子是基于催化剂内的单孔，但实际工业催化剂的内扩散问题很复杂，即使反应热不大，催化剂粒内可作为等温，但涉及多重反应、多组分反应物和产物的内扩散过程，涉及催化剂的多种形状和孔结构；还涉及催化剂的多种失活方式。工业催化剂呈球形的很少，大多数是圆柱形，单孔环形或其他形状。因此，本书介绍了运用反应工程数学模型的研究方法，进行合理的简化，如①将圆柱形、薄片形颗粒简化为"球形"的物理模型，其内扩散数学模型随之变化为"一维"；②采用曲折因子描述催化剂内复杂的孔结构；③将多组分简化为在内扩散过程中相对变化最大的关键组分的反应-扩散方程，称为关键组分模型；④将多重反应简化成为已确定为独立反应的关键组分模型，从而简化了模型的数学求解。进行了上述四个方面物理模型的"简化"，是否"合理"，是否"失

真"，要靠实验检验，与上述"合理简化"的模型计算值比较，如相对残差在可接受的范围，则"合理简化"是可行的。

球形等温催化剂一级不可逆反应内扩散有效因子的解析解虽然是最简单的反应，但却显示了内扩散过程的最基本规律：反应温度愈高，反应速率常数与有效扩散数之比愈大；催化剂颗粒愈大，Thiele 模数愈大，则内扩散有效因子之值愈小；催化剂曲折因子之值愈大，内扩散有效因子之值愈小。这些基本规律指明了工业催化剂颗粒大小、形状和孔结构设计的改进方向。实验证明，综合上述四方面的物理模型的简化是可行的。

一些烃类氧化过程的多重反应由于副反应是反应热很大的深度氧化生成二氧化碳和水的反应，并且由于副反应活化能大于主反应活化能，温度愈高，副反应的反应速率愈大，必须计入催化剂的粒内温升。此时，选用合适的关键组分作催化剂内的反应-传质和反应-传热的物料和热量衡算，运用一些数学上解联立偏微分方程组的数值计算方法，可以在计算机上求得非等温内扩散有效因子的数值解，并且通过工业颗粒的宏观速率测试来证明上述数值解可以运用于工程计算。

3. 关于宏观动力学方程

前面已经阐述了工业催化剂，尤其是异形催化剂和使用于多重强放热反应的催化剂，在内扩散有效因子的计算中存在许多方面的问题，许多工业催化剂难以求其内扩散有效因子的数值及选择率，即使有经工业颗粒宏观反应速率验证的简化数值解，但在反应器模拟和多方案比较计算中，需逐点进行计算，是很烦琐的。因此，本书推荐进行工业颗粒催化剂在一定工况下的宏观速率测试，然后再回归成"等效的"宏观动力学模型，作为反应器设计与分析的动力学基础。

从本教材对内扩散有效因子的多种影响因素的讨论中，已经明确了影响因素依次是：①形状和颗粒尺寸；②温度；③压力；④气体组成。因此，针对设计所选用的工业催化剂的形状和颗粒大小进行宏观反应速率测试时，首先要确定实验的压力，因为压力对本征反应速率和分子扩散系数都有很大的影响，其次要在反应器操作的温度和组成变化范围内进行。如果设计和操作的压力与宏观速率测试的压力有 20% 的变动，估计带来的误差还不会太大。

宏观速率测试时，对催化剂的预处理如还原、活化，要与工业实际情况相同，对于原料气的净化处理必须与工业使用相同。一般测试用的催化剂都是未经工业使用的新鲜催化剂，即未失活的新鲜催化剂。在工业使用过程中，催化剂会失活、衰老，其失活速率与工业使用条件有关，如有需要，可进行模拟失活后的宏观速率测试，再回顾某一失活状态下的宏观动力学模型。

研究催化剂失活和反应器结构尺寸如管式反应器的 d_t/d_p 对总体速率的影响，可将某一型号工业催化剂在其使用期内，对工业反应器进行不同剂龄的操作工况测试，根据催化剂的宏观动力学模型，求出使用时间和某些特征参数如冷管式反应器管外沸腾水的温度对宏观反应速率的影响关系，即反应器级宏观反应动力学。可参见本书第五章 [例 5-9]。

4. 关于本征和宏观动力学模型的形式和参数

本章 [例 2-5] 讨论了铁-铬系 CO 变温、铜基甲醇合成及环氧乙烷合成银催化剂的本征及宏观反应动力学模型研究的实例。上述三种类型的催化剂，如 B110-2 与 FBD 铁-铬系高（中）温变换催化剂，C301 与 C302 甲醇合成铜基催化剂，YS-5 与 YS-6 环氧乙烷合成银催化剂，它们都是同一系列但不同型号的催化剂，组成甚至颗粒形状与尺寸都不相同，但本征动力学模型的形式都一致，只是反映温度对反应速率常数和吸附平衡常数影响的模型参数不相同；并且所测试的工业颗粒催化剂的宏观动力学模型的形式也与本征动力学模型的形式相同，也只是反映温度影响的模型参数不同。通过上述实验研究可作如下解释。①只要在所讨论的温度和反应气体组成的变化范围内，反应的化学机理不变，本征动力学模型的形式不会变。但本书第一章 SO_2 氧化的钒催化剂的本征反应速率常数的 $\ln k\text{-}1/T$ 图上出现转折点，反映了催化剂的活性组分在相应温度和反应气体组成范围内有了改变时，其反应机理有了改变。②宏观与本征动力学模型的形式相同，说明在所讨论的温度和组成范围内，反应机理没有改变，但由于传质和传热过程的介入，温度对动力学参数的影响有所改变。此外，［例 2-5］的实验数据尚属经验性的，待进一步深入研究；作为化学反应工程的科研工作者，直接获得工业上选用的颗粒催化剂的宏观动力学方程，比从本征动力学计算其内扩散有效因子，更方便和准确。本章有关颗粒催化剂内一级反应-传质-传热的讨论，是阐明固体颗粒催化剂的"三传一反"宏观过程原理的基本内容。

参 考 文 献

[1] 韩维屏. 催化化学导论. 北京：科学出版社，2003.

[2] 黄仲涛，耿建铭. 工业催化. 4 版. 北京：化学工业出版社，2020.

[3] 王尚弟，孙俊全，王正宝. 催化剂工程导论. 3 版. 北京：化学工业出版社，2020.

[4] 吴指南. 基本有机化工工艺学. 北京：化学工业出版社，1981.

[5] 颜伯锷，吴震宵. 工业催化过程导论. 北京：高等教育出版社，1990.

[6] Keim W. C1 化学中的催化. 黄仲涛，等译. 北京：化学工业出版社，1989.

[7] 蔡端，彭少逸. 碳一化学中的催化作用. 北京：中国石化出版社，1995.

[8] 黄仲涛，曾昭槐. 石油化工中的催化作用. 北京：中国石化出版社，1995.

[9] 孙桂大，阎富山. 石油化工中催化作用导论. 北京：中国石化出版社，2000.

[10] 侯祥麟. 中国炼油技术. 北京：中国石化出版社，1991.

[11] 程之光. 重油加工技术. 北京：中国石化出版社，1994.

[12] 陈俊武，曹汉昌. 催化裂化工艺与工程. 北京：中国石化出版社，1991.

[13] 韩崇仁. 加氢裂化工艺与工程. 北京：中国石化出版社，2001.

[14] Wheeler A. Reaction rate and selectivity in catalyst pores. Advances in catalysis, 1955 (2)：105-165.

[15] 黄仲涛. 工业催化剂手册. 北京：化学工业出版社，2004.

[16] 辛勤. 固体催化剂研究方法上册. 北京：科学出版社，2004.

[17] Temkin M I. The kinetics of some industrial heterogenerous catalytic reaction. Advances in catalysis, 1978 (28)：173-291.

[18] Ferraris G B, Donati G, Rejna F, Carra S. An investigation on kinetic models for ammonia synthesis. Chem Eng Sci, 1974, 29：1621-1627.

[19] 李涛，徐懋生，朱继承，等. A301 氨合成催化剂本征动力学. 华东理工大学学报，2001, 27 (3)：221-225.

[20] 郭汉贤. 应用化工动力学. 北京：化学工业出版社，2003.

[21] Fuller E N, Schentter P D, Giddings J C. A new method for prediction of binaary gas-phase diffusion coefficients. Ind Eng Chem, 1966, 58(5)：19-27.

[22] Wilke C R. Diffusional properties of multicomponent gases. Chem Eng Progr, 1950, 46：95-104.

[23] Jackson R. Transport in Porous Catalyst. New York：Elsevier Sc, 1977.

[24] Mason E A, Malinauskas A P, Evans R B. Flow and diffusion of gases in porus media. J Chem Phys, 1967, 46：3199-3216.

[25] Wheeler A. Reaction rate and selectivity in catalyst pores. Advances in catalysis, 1951：249-327.

[26] Feng C F, Stewart W E. Practical models for isothermal diffusion and flow of gases in porous solids. Ind Eng Chem Fundam, 1973, 12(2)：143-147.

[27] Satterfild G N. 多相催化中的传质. 陈涌英，译. 北京：石油工业出版社，1980.

[28] 朱炳辰，房鼎业. 化学反应工程. 5 版. 北京：化学工业出版社，2011.

[29] 吕待清，朱炳辰，宋维端. B109 中温变换催化剂曲折因子的测定. 化肥与催化，1982 (2)：27-31.

[30] 高崇，朱英，李树森，等. 环柱状催化剂内强放热复合反应-传质-传热耦合过程研究：（Ⅰ）催化剂曲折因子、有效热导率的测定. 化工学报，1998, 49：601-609.

[31] 李涛，朱英，李森生，等. A301 氨合成催化剂工程参数的研究与测定：（Ⅲ）曲折因子的测定. 华东理工大学学报，2000, 26：256-259.

[32] Thiele E W. Relation between catalytic activity and size of particle. Ind End Chem, 1939, 31：916-920.

[33] Aris R. On shape factors for irregular particales - Ⅰ. steaty state problem, diffusion and reaction. Chem Eng Sci, 1957, 6：262-268.

[34] 朱炳辰，宋维端，房鼎业，等. 多孔催化剂效率因子和多组分扩散模型：（Ⅰ）多组分扩散模型及数值计算方法；（Ⅱ）B109 中温变换催化剂的效率因子. 化工学报，1984 (1)：33-50.

[35] Finlayson B A. 化工非线性分析. 李绍芬，等译. 天津：天津大学出版社，1992.

[36] Weisz P B, Prater C D. Interpretation of measurement in expermental catalysis. Advances in Catalysis，1954, 3：142-196.

[37] Weisz P B, Hicks J S. The behavior of porous catalyst particles in view of internal mass and heat diffusion effects. Chem Eng Sci,

1962，17：265-275.

[38] 高崇，潘银珍，朱炳辰. 环柱状催化剂内强放热复合反应-传质-传热耦合过程研究：（Ⅱ）本征反应动力学及反应-传质-传热耦合过程数学模型；（Ⅲ）数学模型的求解及实验验证. 化工学报，1998，49：610-623.

[39] 徐守民，刘期崇，夏代宽，等. 薄壁舵轮型甲烷蒸气转化催化剂研究. 化肥与催化，1998（3）：1-8.

[40] 樊蓉蓉，甘霖，朱炳辰. 异形多孔催化剂的工程研究：Ⅳ. 异形多孔颗粒反应-传质-传热偶合过程数学模型. 华东理工大学学报，2003，29：1-5.

[41] 朱炳辰，樊蓉蓉，徐懋生，等. 一种催化氧化合成环氧乙烷的方法：中国，ZL01181907.0. 2004-8-18.

[42] 王建昕，傅立新，黎维彬. 汽车排气污染治理及催化转化. 北京：化学工业出版社，2000.

[43] 袁权，黄彬坤，李京山. 活性非均匀分布催化剂颗粒的等温有效系数. 化工学报，1983，34：327-334.

[44] 吴华，袁权，朱葆琳. 非等温催化剂颗粒上活性组分的最佳分布. 化工学报，1984，35：283-293.

[45] 何文军，曾季锋，徐佩若，等. 新型环柱状催化剂气相合成醋酸乙烯宏观反应动力学. 华东理工大学学报，1991，25：559-562.

[46] 金积铨. 乙烯氧化制环氧乙烷 YS 型高效银催化剂. 燕山石化，1990（4）：193-200.

[47] 丁百全，朱炳辰，朱子彬，等. 中温变换 B110-2 型催化剂本征动力学研究. 化学反应工程与工艺，1987，3（1）：1-9.

[48] 潘银珍，朱子彬，徐懋生，等. 中温变换 B110-2 型催化剂宏观动力学研究. 燃料化学学报，1989，17：147-155.

[49] 张卿，李涛，郑起，等. FBD 变换催化剂反应动力学：Ⅰ. 本征动力学研究. 华工理工大学学报，2003，29：217-220.

[50] 李涛，张卿，郑起，等. FBD 变换催化剂反应动力学：Ⅱ. 宏观动力学研究. 华工理工大学学报，2003，29：221-224.

[51] 宋维端，朱炳辰，王弘轼，等. C301 铜基催化剂甲醇合成反应动力学. 化工学报，1988，39：401-408.

[52] 张均利，宋维端，王弘轼，等. C301 铜基催化剂甲醇合成反应动力学：Ⅱ. 宏观动力学模型. 化工学报，1988，39：409-415.

[53] 丁百全，王弘轼，秦惠芳，等. 三相床甲醇合成过程：Ⅱ. C302 催化剂甲醇合成反应本征动力学. 华东理工大学学报，2000，25：334-337.

[54] 应卫勇，房鼎业，朱炳辰. C302 催化剂上甲醇合成宏观反应动力学. 华东理工大学学报，2001，26：1-4.

[55] 甘霖，王弘轼，朱炳辰，等. 环氧乙烷合成银催化剂宏观动力学及失活分析. 化工学报，2001，52：969-973.

[56] 李承烈，李贤均，张国泰. 催化失活. 北京：化学工业出版社，1989.

[57] Butt J B, Petersen E E. Activation, Deactivation and Poisoning of Catalysts. SanDiago：Academic Press Inc，1988.

 习 题

2-1 铂催化剂上乙烯深度氧化的动力学方程可表示为 $r = kp_A p_B/(1+K_B p_B)^2$，式中 p_A、p_B 分别为乙烯及氧的分压。在 473K 等温下的实验数据如下：

序号	$p_A/10^3$ MPa	$p_B/10^3$ MPa	$r/[10^4$ mol/(g·min)]	序号	$p_A/10^3$ MPa	$p_B/10^3$ MPa	$r/[10^4$ mol/(g·min)]
1	8.99	3.23	0.672	7	7.75	1.82	0.828
2	14.22	3.00	1.072	8	6.17	1.73	0.656
3	8.86	4.08	0.598	9	6.13	1.73	0.694
4	8.32	2.03	0.713	10	6.98	1.56	0.791
5	4.37	0.89	0.613	11	2.87	1.06	0.418
6	7.75	1.74	0.834				

试求该温度下的反应速率常数 k 和吸附平衡常数 K_B。

2-2 丁烯在某催化剂上制丁二烯的总反应为 $C_4H_8 \longrightarrow C_4H_6 + H_2$，假设反应按如下步骤进行

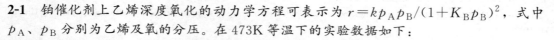

a. 　　　　　　　　　　$C_4H_8 + (\quad) \Longleftrightarrow (C_4H_8)$

b. 　　　　　　　　　　$(C_4H_8) \Longleftrightarrow (C_4H_6) + H_2$

c. 　　　　　　　　　　$(C_4H_6) \Longleftrightarrow C_4H_6 + (\quad)$

（1）分别写出 a、c 为控制步骤的均匀吸附动力学方程；（2）写出 b 为控制步骤的均匀吸附动力学方程，若反应物和产物的吸附都很弱，问此时反应对丁烯是几级反应。

2-3 试从四氢呋喃热分解的半衰期 $t_{0.5}$（即 $x = 0.5$ 时）数据，确定其反应速率方程

p_0/kPa	28.46	27.13	37.24	17.29	27.40
$t_{0.5}$/min	14.5	67	17.3	39	47
t/℃	569	530	560	550	539

2-4　液相中反应物 A 通过生成中间产物 AE 转化为产物 B，

$$A+E \Longleftrightarrow AE \longrightarrow B+E$$

速率方程可表示为 $-\dfrac{dc_A}{dt}=\dfrac{kc_A}{K+c_A}$，其中 k、K 为常数。实验测定数据如下表，试计算 k 及 K。

t/h	0	7.45×10^{-3}	8.75×10^{-3}	9.56×10^{-3}
c_A/(mol/m³)	10.0	1.0	0.5	0.25

2-5　二甲醚在 504℃ 时热分解反应为

$$CH_3OCH_3 \longrightarrow CH_4+H_2+CO$$

反应在等温间歇反应器中以气相进行，测得下列数据

t/s	0	390	777	1195	3155	∞
p_0/kPa	41.6	54.4	65.1	74.9	103.9	124.1

试确定反应级数与反应速率常数。

2-6　对一级可逆反应 $A \Longleftrightarrow B$，画出球形催化剂中存在"死区"和不存在"死区"时，产物 B 的浓度分布图。

2-7　某氨合成催化剂还原后比表面积 $S_g=13.1\text{m}^2/\text{g}$，孔容 $V_g=0.082\text{mL/g}$。气体混合物中 $y_{NH_3}=0.09$，$y_{H_2}=0.57$，$y_{N_2}=0.19$，$y_{CH_4}=0.10$，$y_{Ar}=0.05$，温度 400℃，压力 30.4MPa。催化剂的孔隙率 $\theta=0.50$，曲折因子 $\delta=2.5$。已知计算分子扩散系数时各组分的分子扩散体积如下：氢，6.12；氮，18.5；氨，20.7；甲烷，25.14；氩，16.2。求：（1）计入 Knudsen 扩散时氨的有效扩散系数 D_{eff,NH_3}；（2）不计入 Knudsen 扩散时的 D_{eff,NH_3}。

2-8　求下述情况下，催化剂孔道中 CO 的有效扩散系数。已知气体混合物中各组分的摩尔分数：$y_{H_2O}=0.50$，$y_{CO}=0.10$，$y_{CO_2}=0.06$，$y_{N_2}=0.24$；温度 400℃，压力 0.709MPa；催化剂孔道平均直径 10nm，孔隙率 0.50，曲折因子 2.06。

2-9　用空气在常压下烧去催化剂上的积炭，催化剂颗粒直径为 5mm，颗粒有效热导率 λ_e 为 0.35J/(m·s·K)，每燃烧 1mol O_2 放出热量 5.4×10^8J，燃烧温度 760℃ 时，氧在催化剂颗粒内的有效扩散系数 D_{eff} 为 5×10^{-7}cm²/s。试估计定态下催化剂颗粒表面与中心的最大温度差。

2-10　乙烯直接水合制乙醇可视为对乙烯的一级不可逆反应，在 300℃、7.09MPa 下，$k=0.09\text{s}^{-1}$，$D_{eff}=7.04\times10^{-4}$cm²/s；采用直径与高均为 5mm 的圆柱形催化剂，求内扩散有效因子。

2-11　某催化反应在 500℃ 下进行，已知本征反应速率 $r_A=7.696\times10^{-5}p_A^2$mol/(g·s)（式中 p_A 的单位为 MPa），催化剂为 ϕ5mm×5mm 圆柱体，$\rho_p=0.8$g/cm³，颗粒外表面 A 的分压 $p_A=0.101325$MPa，粒内组分 A 的有效扩散系数 $D_{eff}=0.025$cm²/s。求催化剂的内扩散有效因子。

第三章 釜式及均相管式反应器

○○ —————→ ○○ ○ ○○ —————————

　　本章讨论间歇及连续流动釜式和均相管式反应器。本书第一章已讨论过，强烈搅拌的间歇釜式反应器中所有物料的质点或粒子在计时器上显示的反应时间都相同。连续流动均相管式反应器，由于长径比大，反应器内流体流动的雷诺数很大，呈湍流流动，可以视为平推流反应器，所有物料质点在反应器内的停留时间和反应时间都相同。强烈搅拌的连续流动釜式反应器中，刚进入反应器的新鲜物料与存留在反应器中的物料瞬时达到完全混合，可视为物料质点的停留时间分布极宽的全混流反应器。呈平推流流动的均相管式反应器和呈全混流动的连续釜式反应器均属于理想流动反应器，在强烈搅拌的间歇及连续流动釜式反应器中，完全互溶的液相中物系的混合达分子尺度，不存在物质传递过程对反应的影响，即其反应动力学是本征反应动力学。如果在强烈搅拌的釜式反应器中进行液-液、液-固、气-液等非均相反应和气-液-固非催化及催化的三相反应，都存在液相与液相、固相或气相之间的相际传质过程，传质过程与搅拌情况有关，其反应动力学是包含传质的宏观反应动力学。至于搅拌反应釜中液-固系统的固相内和气-液系统的液相内的宏观反应动力学将在本书第七章及第六章讨论。

第一节　间歇釜式反应器

一、釜式反应器的特征

　　釜式或槽式反应器都设置搅拌装置，典型的搅拌釜式反应器的结构如图 3-1 所示。工厂中一般称加压下操作的釜式反应器为反应釜，常压下操作的为反应槽。釜式反应器大都用于完全互溶的液相或呈两相的液-液相及液-固相反应物系在间歇状态下操作，与化学实验室内装有电动搅拌器的玻璃三口烧瓶极为类似，化学实验室中用三口烧瓶进行反应开发、操作条件及动力学研究，便于移植于工业釜式反应器中生产。

　　间歇操作时，反应物料按一定配料比一次加入反应器中，容器的顶部有一可拆卸的顶盖，以供清洗和维修用。在容器内部设置搅拌装置，使器内物料均匀混合。顶盖上部开有各种工艺接管用以测量温度、压力和添加物料。反应器外部一般都装有夹套用来加热

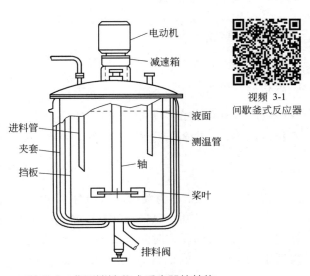

视频 3-1
间歇釜式反应器

电动机
减速箱
液面
进料管
测温管
夹套
挡板
轴
桨叶
排料阀

图 3-1　典型搅拌釜式反应器的结构

或冷却物料。器内还可以根据需要设置盘管或排管以增大传热面积。搅拌器的形式、尺寸和安装位置都要根据物料性质和工艺要求选择，目的都是为了在消耗一定的搅拌功率条件下达到反应器内的充分混合。经过一定的时间，反应达到规定的转化率后，停止反应并将物料排出反应器，完成一个生产周期。从间歇反应器操作可以看到以下特点。

① 由于剧烈的搅拌，反应器内物料浓度达到分子尺度上的均匀，且反应器内浓度处处相等，因而排除了物质传递对反应的影响。

② 由于反应器内具有足够强的传热条件，反应器内各处温度相等，因而无需考虑反应物料内的热量传递问题。

③ 反应器内物料同时开始和停止反应，所有物料具有相同的反应时间。

间歇反应器的优点是操作灵活，适应不同操作条件与不同产品品种，适用于小批量、多品种、反应时间较长的产品生产。间歇反应器缺点是装料、卸料等辅助操作要耗费一定的时间。

连续操作的釜式反应器，如图 1-1(c) 所示，反应物料连续地加入和排出，与间歇釜式反应器一样，由于剧烈的搅拌，反应器内物料混合均匀，物料组成和温度相同，但一般进口处反应物料的温度低于反应器内的物料温度。可以根据需要利用传热装置调节反应器内物料的温度，连续操作的釜式反应器可以处于等温或绝热情况下操作。

间歇及连续流动釜式反应器广泛用于含液相反应物料的系统，如精细合成中的液相反应及液-液非均相反应，有色冶金及化学矿加工中的液-固相反应，生物反应中的微生物发酵反应，聚合物生产中的乳液及悬浮液聚合，气-液-固非催化及催化的三相反应及油脂加氢或有机物氧化的气-液相反应等过程。

釜式反应器也可以在半间歇状态下操作，如图 1-1(d) 所示，属于非定态过程。

二、间歇釜式反应器的数学模型

由于间歇釜式反应器中反应混合物处于剧烈搅拌状态下，其中物系温度和各组分的浓度均达到均一，可以对整个反应器进行物料衡算。若 V_R 为反应物料在整个反应器中占有的体积，间歇操作则物料的流入量及流出量均为零，此时单一反应关键反应组分 A 的物料衡算式可写成

$$(r_A)_V V_R + dn_A/dt = 0 \tag{3-1}$$

式中，$(r_A)_V$ 为按单位体积液相反应混合物计算的反应速率；t 为反应时间；n_A 为反应时间为 t 时的关键反应组分 A 的量，mol。

考虑到 $n_A = n_{A0}(1-x_A)$，n_{A0} 为反应开始时反应组分 A 的量，mol；x_A 为组分 A 的转化率。则式(3-1) 可写成

$$(r_A)_V V_R = -dn_A/dt = n_{A0} dx_A/dt \tag{3-2}$$

整理积分，可得

$$t = \frac{n_{A0}}{V_R} \int_0^{x_{Af}} \frac{dx_A}{(r_A)_V} = c_{A0} \int_0^{x_{Af}} \frac{dx_A}{(r_A)_V} \tag{3-3}$$

式(3-3) 即为液相单一反应达到一定转化率所需反应时间的数学模型，反应过程中等温液相物料的密度变化可以不计，即等容过程，则 $(r_A)_V = -dc_A/dt$，即式(3-3) 可表示为

$$t = -\int_{c_{A0}}^{c_{Af}} \frac{dc_A}{(r_A)_V} \tag{3-4}$$

式中，c_{A0} 及 c_{Af} 为关键反应组分 A 初始和所要求的浓度，$kmol/m^3$。

由式(3-4) 可知，只要已知反应动力学方程或反应速率与组分 A 浓度 c_A 之间的变化规律，就能计算达到 c_{Af} 所需的反应时间。最基本、最直接的方法是数值积分或图解法。如图 3-2 所示，已知动力学数据 $1/(r_A)_V$-x_A 的曲线，然后求取 x_{A0} 到 x_{Af} 之间曲线下的面积即为 t/c_{A0}。同时也可作出曲线 $1/(r_A)_V$-c_A，然后求取 c_{A0} 到 c_{Af} 之间曲线下的面积为反应时间 t，如图 3-3 所示。

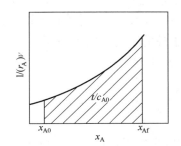

图 3-2 等温间歇液相反应过程
t/c_{A0} 的图解积分

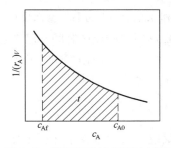

图 3-3 等温间歇液相反应过程
反应时间 t 的图解积分

1. 等温等容液相单一反应

在间歇反应器中，若进行等容液相单一不可逆反应，则关键反应物 A 的反应速率为 $(r_A)_V = -\dfrac{dc_A}{dt} = k_c f(c_A)$，可得所需反应时间 $t = -\displaystyle\int_{c_{A0}}^{c_{Af}} \dfrac{dc_A}{k_c f(c_A)}$，在等温条件下，反应速率常数为常量。

等温等容过程中，反应物系的体积 V_R 不变，以零级、一级和二级不可逆反应的本征速率方程代入

$$c_{Af} = \frac{n_{Af}}{V_R} = \frac{n_{A0}(1-x_{Af})}{V_R} = c_{A0}(1-x_{Af}) \tag{3-5}$$

由于等容过程中，$c_A = c_{A0}(1-x_A)$，即

$$t = \frac{c_{A0}}{k_c} \int_0^{x_{Af}} \frac{dx_A}{f(x_A)} \tag{3-6}$$

在计算中采用转化率和残余浓度两种形式表示反应要求。若要求达到规定转化率，即着眼于反应物料的利用率，或着眼于减轻反应后的分离任务。另一种要求是达到规定的残余浓度，这完全是为了适应后续工序的要求，如有害杂质的除去即属此类。

间歇反应器中反应速率、转化率和残余浓度的计算结果归纳于表 3-1。分析表 3-1，可得到一些有用的概念，它将有助于对实际问题作出判断，这种判断有时比计算更为重要，望读者务必予以重视。

表 3-1 间歇反应器中等温等容液相单一不可逆反应的动力学计算结果

反 应 级 数	反 应 速 率	残 余 浓 度 式	转 化 率 式
$n=0$	$(r_A)_V = k_c$	$k_c t = c_{A0} - c_A$ 或 $c_A = c_{A0} - k_c t$	$k_c t = c_{A0} x_A$ 或 $x_A = \dfrac{k_c t}{c_{A0}}$
$n=1$	$(r_A)_V = k_c c_A$	$k_c t = \ln \dfrac{c_{A0}}{c_A}$ 或 $c_A = c_{A0}\exp(-k_c t)$	$k_c t = \ln \dfrac{1}{1-x_A}$ 或 $x_A = 1 - \exp(-k_c t)$
$n=2$	$(r_A)_V = k_c c_A^2$	$k_c t = \dfrac{1}{c_A} - \dfrac{1}{c_{A0}}$ 或 $c_A = \dfrac{c_{A0}}{1+c_{A0}k_c t}$	$c_{A0}k_c t = \dfrac{x_A}{1-x_A}$ 或 $x_A = \dfrac{c_{A0}k_c t}{1+c_{A0}k_c t}$

比较不同反应级数的残余浓度和反应时间，可以发现：零级反应残余浓度随反应时间增加呈直线下降，一直到反应物完全转化为止。而一级反应和二级反应的残余浓度随反应时间的增加而慢慢地下降。特别是二级反应，反应后期的残余浓度变化速率非常小，这意味着反应的大部分时间花费在反应的末期。若提高转化率和降低残余浓度，会使所需的反应时间大幅度增加。为了保证反应后期动力学的准确、可靠，要密切注意反应后期的反应机理是否发生变化，要重视反应过程后期动力学的研究。

【例 3-1】　以乙酸（A）和正丁醇（B）为原料在间歇反应器中生产乙酸丁酯，操作温度为 100℃，每批进料 1kmol 的 A 和 4.96kmol 的 B，已知反应速率 $(r_A)_V = 1.045 c_A^2$ kmol/($m^3 \cdot h$)，试求乙酸转化率 x_A 分别为 0.5、0.9、0.99 所需的反应时间。已知乙酸与正丁醇的密度分别为 960kg/m^3 和 740kg/m^3。

解
$$CH_3COOH + C_4H_9OH \longrightarrow CH_3COOC_4H_9 + H_2O$$

对 1kmol A 而言，投料情况是

| 乙酸（A） | 1kmol | 60kg | 60/960＝0.0625m^3 |
| 正丁醇（B） | 4.96kmol | 368kg | 368/740＝0.496m^3 |

该反应为液相反应，反应过程中体积不变，对每 1kmol A 而言，每次投料体积

$$V_R = 0.0625 + 0.496 = 0.559 m^3 \quad c_{A0} = n_{A0}/V_R = 1/0.559 = 1.79 kmol/m^3$$

$$t = c_{A0} \int_0^{x_{Af}} \frac{dx_A}{k_c c_A^2} = \frac{1}{k_c c_{A0}} \left(\frac{x_{Af}}{1 - x_{Af}} \right)$$

将 $x_{Af} = 0.5$、0.9、0.99 分别代入计算可得 $t_{0.5} = 0.535h$；$t_{0.9} = 4.81h$；$t_{0.99} = 52.9h$。

计算结果表明：转化率从 0.9 提高到 0.99，反应时间从 4.81h 延长到 52.9h，说明大量反应时间花在高转化率上。

对于单一可逆反应，要考虑化学平衡，动力学方程及积分式见表 3-2，表 3-2 中 k_c 及 k_c' 分别为正反应及逆反应速率常数，K_c 为平衡常数，$\dfrac{k_c}{k_c'} = K_c$。

表 3-2　间歇反应器中等温等容液相单一可逆反应的动力学及积分式

反　应	动　力　学　方　程	动力学方程的积分式
可逆反应（产物初始浓度为零）		
1 级：$A \underset{k_c'}{\overset{k_c}{\rightleftharpoons}} C$	$-\dfrac{dc_A}{dt} = k_c c_A - k_c' c_L$	$(k_c + k_c')t = \ln \dfrac{c_{A0} - c_{Ae}}{c_A - c_{Ae}}$
1 级，2 级：$A \underset{k_c'}{\overset{k_c}{\rightleftharpoons}} L + M$	$-\dfrac{dc_A}{dt} = k_c c_A - k_c' c_L c_M$ $= k_c \left[c_A - \dfrac{1}{K_c}(c_{A0} - c_A)^2 \right]$	$k_c t = \dfrac{c_{A0} - c_{Ae}}{c_{A0} + c_{Ae}} \ln \dfrac{c_{A0}^2 - c_{Ae} c_A}{(c_A - c_{Ae}) c_{A0}}$
2 级，1 级：$A + B \underset{k_c'}{\overset{k_c}{\rightleftharpoons}} L$	$-\dfrac{dc_A}{dt} = k_c c_A c_B - k_c' c_L$ $= k_c \left[c_A^2 - \dfrac{1}{K_c}(c_{A0} - c_A) \right]$	$k_c t = \left[\dfrac{c_{A0} - c_{Ae}}{c_{Ae}(2c_{A0} - c_{Ae})} \right] \times$ $\ln \dfrac{c_{A0} c_{Ae}(c_{A0} - c_{Ae}) + (c_{A0} - c_{Ae})^2 c_A}{(c_A - c_{Ae}) c_{A0}^2}$
2 级：$A + B \underset{k_c'}{\overset{k_c}{\rightleftharpoons}} L + M$ $(c_{A0} = c_{B0})$	$-\dfrac{dc_A}{dt} = k_c c_A c_B - k_c' c_L c_M$ $= k_c \left[c_A^2 - \dfrac{(c_{A0} - c_A)^2}{K_c} \right]$	$k_c t = \dfrac{\sqrt{K_c}}{2 c_{A0}} \ln \dfrac{x_{Ae} - (2x_{Ae} - 1)x_A}{x_{Ae} - x_A}$
2 级：$2A \underset{k_c'}{\overset{k_c}{\rightleftharpoons}} L + M$	$-\dfrac{dc_A}{dt} = k_c c_A^2 - k_c' c_L c_M$ $= k_c \left[c_A^2 - \dfrac{(c_{A0} - c_A)^2}{4K_c} \right]$	$k_c t = \dfrac{\sqrt{K_c}}{c_{A0}} \ln \dfrac{x_{Ae} - (2x_{Ae} - 1)x_A}{x_{Ae} - x_A}$
2 级：$A + B \underset{k_c'}{\overset{k_c}{\rightleftharpoons}} 2L$	$-\dfrac{dc_A}{dt} = k_c c_A c_B - k_c' c_L^2$ $= k_c \left[c_A^2 - \dfrac{4(c_{A0} - c_A)^2}{K_c} \right]$	$k_c t = \dfrac{\sqrt{K_c}}{4 c_{A0}} \ln \dfrac{x_{Ae} - (2x_{Ae} - 1)x_A}{x_{Ae} - x_A}$

注：c_{Ae} 及 x_{Ae} 中的下标 e 指平衡状态。

2. 等温等容液相多重反应

间歇反应器中进行等温等容多重不可逆反应的动力学及积分式见表 3-3。

表3-3 间歇反应器中进行等温等容液相多重一级不可逆反应的动力学方程及其积分式[1]（产物初始浓度为零）

反 应	动 力 学 方 程	动力学方程的积分式
$\begin{array}{c} \quad \nearrow^{k_1} L \\ A \\ \quad \searrow_{k_2} M \end{array}$ （平行反应）	$-\dfrac{dc_A}{dt}=(k_1+k_2)c_A$ $\dfrac{dc_L}{dt}=k_1 c_A$ $\dfrac{dc_M}{dt}=k_2 c_A$	$c_A=c_{A0}\exp[-(k_1+k_2)t]$ $c_L=\dfrac{k_1}{k_1+k_2}c_{A0}\{1-\exp[-(k_1+k_2)t]\}$ $c_M=\dfrac{k_2}{k_1+k_2}c_{A0}\{1-\exp[-(k_1+k_2)t]\}$
$A \xrightarrow{k_1} L \xrightarrow{k_2} M$ （连串反应）	$-\dfrac{dc_A}{dt}=k_1 c_A$ $\dfrac{dc_L}{dt}=k_1 c_A-k_2 c_L$ $\dfrac{dc_M}{dt}=k_2 c_L$	$c_A=c_{A0}\exp(-k_1 t)$ $c_L=\dfrac{k_1 c_{A0}}{k_1-k_2}[\exp(-k_2 t)-\exp(-k_1 t)]$ $c_M=c_{A0}-c_A-c_L$ $=c_{A0}\left[1+\dfrac{k_2\exp(-k_2 t)-k_1\exp(-k_1 t)}{k_1-k_2}\right]$

某些多重反应的动力学方程的积分式不易求出解析解，但可在计算机上求得数值解。

三、间歇釜式反应器的工程放大及操作优化

1. 工程放大

由间歇反应器的设计方程可得一个极为重要的结论：反应物达到一定的转化率所需的反应时间，只取决于过程的反应速率或动力学因素，与反应器的大小无关；反应器的大小是由反应物料的处理量决定的。由此可见，上述计算反应时间的表达式，既适用于小型设备，又可用于大型设备。所以，由实验室数据设计生产规模的间歇反应器时，只要保证两者的反应条件相同和设备结构如搅拌装置合理放大，便可达到同样的反应效果。

工业釜式反应器要考虑反应物系的腐蚀性能或环保要求，可用不同的材料制成，例如搪瓷、一般合金钢或特种耐腐蚀、耐温合成钢。一般可选用化工机械制造厂的按容积及耐压等级的规格产品，如 $0.5\sim15m^3$，耐压 $2.6\sim20MPa$。生物化工用的发酵装置，其容积可达 $1500m^3$。某些特定反应可根据要求另行设计制造。如低压羰基法由甲醇和一氧化碳用液相金属络合催化剂合成乙酸，压力 $2.65\sim2.8MPa$，由于反应物系的强腐蚀性，选用锆材和哈氏合金（Hastelloy）等贵重材料。

实验室用的小型反应器要做到等温操作比较容易，而大型反应器就很难做到；又如实验室反应器通过搅拌可使反应物料混合均匀，浓度均一，而大型反应器要做到这一点就比较困难。生产规模的间歇反应器的反应效果与实验室反应器相比，总是有些差异。

间歇反应器的反应体积根据单位时间的反应物料处理体积 Q_0 及操作周期来决定。前者由生产任务确定，而后者系由两部分组成：一是反应时间 t，由式（3-4）求得；另一是辅助时间 t_0，其值只能根据实际经验来决定。由此可得间歇反应器的反应体积

$$V_R=Q_0(t+t_0) \tag{3-7}$$

无论间歇釜式反应器中进行液相，液-液相或液-固相反应，反应体积 V_R 要比反应器的实际体积 V_t 要小，以保证反应物料上面存有一定的空间，V_R 与 V_t 之比为填充系数 f，其值根据反应物料的性质而定，一般为 $0.4\sim0.85$。对于沸腾或鼓泡的液体物料，可取较小的值如 $0.4\sim0.6$；对于不沸腾或不鼓泡的液体物料，可取 $0.7\sim0.85$。间歇釜式反应器中未装填液体物料的空间为液体物料的蒸气所占据，即液体混合物中各有关组分的蒸气压之和所确定，而不同组分的蒸气压均与物料的温度有关，物料的反应温度越高，则蒸气压越大，反应器应承受的总压越高，所采用的耐压等级也越高。釜式反应器必须在密闭条件下操作，以免物料蒸气外溢，污染环境及造成物料损失。到达所需反应时间停止反应后卸料时，应妥善处理反应器中所密闭物料的蒸气。

2. 反应时间的优化 [2]

前已指出，间歇反应器每批物料的操作时间包括反应时间和辅助时间，对于一定的化学反应和反应器，辅助时间是一定值。反应物的浓度是随反应时间的增长而降低的，而反应产物的生成速率，则随反应物浓度的降低而降低。所以，随着操作时间的延长，无疑会使产品的产量增多，但按单位操作时间计算的产品产量并不一定增加。因此，以单位操作时间的产品产量为目标函数，就必然存在一个最优反应时间，此时该函数值最大。

对于反应 A→R，若要求产物 R 的浓度为 c_R，则单位操作时间的产品产量 P_R 为

$$P_R = \frac{V_R c_R}{t + t_0} \tag{3-8}$$

将式(3-8) 对反应时间求导，得

$$\frac{dP_R}{dt} = \frac{V_R\left[(t+t_0)\dfrac{dc_R}{dt} - c_R\right]}{(t+t_0)^2} \tag{3-9}$$

并由 $\dfrac{dP_R}{dt} = 0$，可得 $$\frac{dc_R}{dt} = \frac{c_R}{t+t_0} \tag{3-10}$$

式(3-10) 即为单位时间产物产量最大所必须满足的条件，由此可求最优化反应时间。

上面所讨论的最优反应时间是对单位时间产品产量最大而言，如从单位产品所消耗的原料量最少着眼，则反应时间越长，原料单耗越少。优化的目标函数不同，结果不一样。若以生产费用最低为目标，并设单位时间内反应操作费用为 a，辅助操作费用为 a_0，而固定费用为 a_f，则单位质量产品的总费用为

$$A_T = \frac{at + a_0 t_0 + a_f}{V_R c_R} \tag{3-11}$$

为了使 A_T 最小，仍可用上面所述的求极值方法，将式(3-11) 对 t 求导，得

$$\frac{dA_T}{dt} = \frac{1}{V_R c_R^2}\left[ac_R - (at + a_0 t_0 + a_f)\frac{dc_R}{dt}\right] \tag{3-12}$$

令 $$\frac{dA_T}{dt} = 0$$

则 $$\frac{dc_R}{dt} = \frac{c_R}{t + (a_0 t_0 + a_f)/a} \tag{3-13}$$

3. 配料比 [3]

对反应 $A + B \longrightarrow P + S$，如动力学方程为 $(r_A)_V = kc_A c_B$。

在工业上，为了使价格较高的或在后续工序中较难分离的组分 A 的残余浓度尽可能低，也为了缩短反应时间，常采用反应物 B 过量的操作方法。定义配料比 $m = c_{B0}/c_{A0}$，于是，等溶液相反应过程中组分 B 的浓度

$$c_B = c_{B0} - (c_{A0} - c_A) = c_A + (m-1)c_{A0} \tag{3-14}$$

代入动力学方程

$$(r_A)_V = -dc_A/dt = kc_A[c_A + (m-1)c_{A0}] \tag{3-15}$$

积分可得

$$c_{A0}kt = \frac{1}{m-1}\ln\frac{(m-1)c_{A0} + c_A}{mc_A} = \frac{1}{m-1}\ln\frac{m - x_A}{m(1 - x_A)} \tag{3-16}$$

或写成

$$c_{B0}kt = \frac{m}{m-1}\ln\frac{m - x_A}{m(1 - x_A)} \tag{3-17}$$

以 $c_{B0}kt$ 为纵坐标、转化率 x_A 为横坐标，配料比 m 为参变量，将式（3-17）标绘为图 3-4。由图 3-4 可见，当要求 A 的转化率较高时，配料比的影响更加明显，提高配料比可缩短反应时间，而需付出的代价是：①降低反应器的容积利用率；②增加组分 B 的回收费用，所以这也是一个需优化的参数。

当配料比 m 大到 B 在反应中的消耗可以忽略时，上述动力学方程可写为 $r_A = kc_{B0}c_A = k'c_A$。

此时，该二级反应可视同为一级反应。即使 m 不是很大，在反应末期也可能发生这种反应级数的转变。例如，当 $c_{A0} = 1$，$c_{B0} = 1.3$ 时，在反应初期，A 和 B 浓度接近，表现出二级反应的特征；而当 A 的转化率为 0.9 时，$c_{A0} = 0.1$，$c_{B0} = 0.4$，此时配料比为 4，组分 B 过量甚多，其动力学特征接近一级反应。

4. 反应温度

本书第一章第六节已讨论温度对单一反应和多重反应的反应速率的影响，对于间歇釜式反应器，可以在反应时间的不同阶段，反应物系处于不同组成时，调整反应温度。一般来说，高转化率时，反应物浓度减少，反应速率随之减少，可以适当提高反应温度，以促使反应速率常数增大而增加反应速率。例如：间歇釜式反应器中的硝化反应，在反应前期，温度为 40～45℃；反应中期，温度为 60℃；而反应后期，温度调高为 70℃。

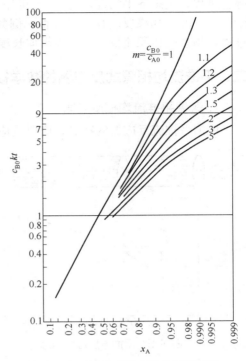

图 3-4 配料比对反应转化率的影响

但应注意，对于液相反应，液相组分的性质随温度而变，例如，①反应温度提高，液相组分的蒸气压很快上升，甚至某一组分会达到沸点；②反应温度增大，可能使某些反应组分的腐蚀性加强；③对于多重反应，反应温度增高，会使某些副反应加剧。

第二节　连续流动均相管式反应器

一、均相管式反应器的特征

在连续管式反应器中，沿着与物料流动方向垂直的径向截面上总是呈现不均匀速度分布。在流速较大的湍流状态时，虽然速度分布较均匀，但在边界层中速度仍然因壁面的阻滞而减慢，造成了径向速度分布的不均匀性，使径向和轴向都存在一定程度的混合，这种速度分布的不均匀性和径向、轴向的混合给反应器的设计计算带来许多困难。为此，人们设想了一种理想流动，即认为物料在反应器内具有严格均匀的径向速度分布，物料像活塞一样向前流动，反应器内没有返混。这种流动称为平推流，亦称活塞

视频 3-2
PFR反应器

流，这是一种理想化的流动模型，实际反应器中流动状况，只能以不同程度接近于这种理想流动。当管式反应器的管长远大于管径且物系处于湍流状态时接近于平推流流动，习惯用平推流反应器（PFR）来表示。平推流反应器具有以下特点：①在连续定态条件下操作时，反应器的径向截面上物料的各种参数，如浓度、温度等只随物料流动方向变化，不随时间而变化；②由于径向具有均匀的流速，也就是在径向不存在浓度分布，反应速率随空间位置的变化只限于轴向；③由于径向速度均匀，反应物料在反应器内具有相同的停留时间。

如果反应物系是液相，在等温反应过程中，无论摩尔流量有无变化，物系的密度均可视为不变，即

等容过程，定态下平均停留时间 t_m 可用反应器体积 V_R 与液相物系进口体积流量 V_0 之比来确定，即 $t_m = V_R / V_0$。如果反应物系是气相，例如低碳烃热裂解反应，由于变温和摩尔流量不断增加，即变容过程，物系的体积流量沿反应器轴向长度而变，定态下平均停留时间不能用 V_R/V_0 来计算。

二、平推流均相管式反应器的数学模型

1. 等温平推流均相反应器

根据平推流反应器的特点，应取反应器内一微元体积 dV_R 进行物料衡算，如图 3-5 所示。在微元体积内反应物料的浓度、温度均匀一致。

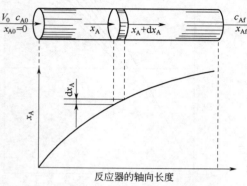

图 3-5 平推流反应器示意

若反应器进口处组分 A 的初始浓度为 c_{A0}，流体的体积流量为 V_0，则进入微元体积的组分 A 的摩尔流量为 $V_0 c_{A0}(1-x_A)$，离开时的摩尔流量为 $V c_{A0}(1-x_A - dx_A)$，而在微元体积中组分 A 的反应量为 $(r_A)_V dV_R$，定态时，微元中单一反应物料衡算如下

$$V_0 c_{A0} dx_A = (r_A)_V dV_R \tag{3-18}$$

将上式积分，当 $V_R = 0$ 时，$x_A = 0$，则达到一定转化率 x_{Af} 所需的反应体积为

$$V_R = V_0 c_{A0} \int_0^{x_{Af}} \frac{dx_A}{(r_A)_V} \tag{3-19}$$

进行积分时，需知道 $(r_A)_V$ 与 x_A 的函数关系。为此，要注意两点：第一，反应是等温还是变温，等温时反应速率常数 k 为常数，变温反应时要结合热量衡算式建立 k 与 x_A 的关系；第二，如化学计量式中 $\sum \nu_i \neq 0$，对于气相反应，过程中气体混合物的摩尔流量和体积流量不断地变化，需建立反应物系体积流量与 x_A 的关系。

如平推流反应器内进行等温等容过程，其平均停留时间 t_m 为

$$t_m = \frac{V_R}{V_0} = c_{A0} \int_0^{x_{Af}} \frac{dx_A}{(r_A)_V} \tag{3-20}$$

将上式与间歇反应器中反应时间的积分式相比，表明两者结果完全相同，也即间歇反应器中的结论完全适用于平推流反应器。

若在平推流反应器中进行等温 n 级不可逆均相反应，反应动力学方程 $r_A = k c_A^n$；代入式(3-19)，可以求反应器体积 V_R 与转化率 x_A 的关系。

对于等容液相过程，以反应物浓度 c_A 与转化率 x_A 的关系 $c_A = c_{A0}(1-x_A)$ 代入式(3-19)，可得

$$V_R = V_0 \int_0^{x_{Af}} \frac{dx_A}{k c_{A0}^{n-1}(1-x_A)^n} = V_0 \int_{c_{A0}}^{c_{Af}} \frac{-dc_A}{k c_A^n} \tag{3-21}$$

等温等容液相单一不可逆反应平推流反应器计算式见表 3-4。

表 3-4　等温等容液相单一不可逆反应平推流反应器计算式

反 应 级 数	反 应 速 率	反 应 器 体 积	转 化 率
$n=0$	$(r_A)_V = k$	$V_R = \dfrac{V_0}{k} c_{A0} x_{Af}$	$x_{Af} = \dfrac{k t_m}{c_{A0}}$
$n=1$	$(r_A)_V = k c_A$	$V_R = \dfrac{V_0}{k} \ln \dfrac{1}{1-x_{Af}}$	$x_{Af} = 1 - \exp(-k t_m)$
$n=2$	$(r_A)_V = k c_A^2$	$V_R = \dfrac{V_0}{k c_{A0}} \times \dfrac{x_{Af}}{1-x_{Af}}$	$x_{Af} = \dfrac{c_{A0} k t_m}{1 + c_{A0} k t_m}$

本书第一章将空间速度（SV）的倒数定义为标准接触时间 τ_0，τ_0 即反应体积 V_R 与标准状况下初态反应混合物体积流量 V_{S0} 之比。当反应器中有填充物，如气-固相固定床催化反应器，以含有填充物间的空隙在内的反应床层体积计算 V_R。V_R 与进口状态下初态反应混合物流量 V_0 之比，称为接触时间 τ。表 3-4 中 t_m 与 τ_0 或 τ 是有区别的。t_m 只适用于等温等容反应，而 τ_0 或 τ 通用于变温变容反应，因为 τ_0 或 τ 按初态流量 V_{S0} 或 V_0 计算，V_{S0} 或 V_0 在反应器中是一个不变值。

2. 绝热等容平推流均相反应器

由于反应过程伴随热效应，为了维持反应温度条件的需要，工业生产中许多反应是在变温条件下进行。变温平推流反应器，其温度、反应物系浓度、反应速率均沿流动方向变化，需要联立物料衡算式和热量衡算式，再结合动力学方程求解，而反应器内流体的压降若低于进口压力的 1/10，动量衡算式可不计。对图 3-5 中微元体积 dV_R 进行定态下热量衡算，反应物料带入与带出微元体积的热焓差为 $\sum N_i c_{pi} dT$，传向环境的热量为 $K(T-T_a)dF$，反应热效应为 $(\Delta_r H)(r_A)_V dV_R$，可得

$$-\sum N_i c_{pi} dT = K(T-T_a)dF + \Delta_r H (r_A)_V (dV_R) \tag{3-22}$$

式中，N_i 为反应混合物中各组分的摩尔流量；c_{pi} 为各组分的等压摩尔热容；T 为微元体积内反应物系温度；T_a 为环境温度；$\Delta_r H$[1] 为以关键反应组分 A 为基准的反应压力及温度下摩尔反应焓（放热反应，其值为负；吸热反应，其值为正）；K 为反应物系与环境的传热总系数；dF 为单位微元体积的传热面积。

将式(3-18) 与式(3-22) 联立求解，即可求得达到一定转化率所需的反应体积。由于反应速率 $(r_A)_V$ 是 T 与 x_A 的函数，需沿流动方向对转化率与反应温度联立求解。

式(3-22) 是热量衡算式的通式，对于等温反应，可简化为

$$K(T-T_a)dF = (-\Delta_r H)(r_A)_V (dV_R) \tag{3-23}$$

此式与式(3-18) 联立，可用来计算等温情况下，平推流反应器所需的换热面积。

对于绝热反应，式(3-22) 中传热项为零，可得

$$\sum N_i c_{pi} dT = (-\Delta_r H)(r_A)_V (dV_R) \tag{3-24}$$

由于

$$(r_A)_V (dV_R) = -dN_A = N_{A0} dx_A \tag{3-25}$$

式(3-24) 可化为

$$\sum N_i c_{pi} dT = (-\Delta_r H)N_{A0} dx_A$$

令

$$\Lambda = \frac{dT}{dx_A} = \frac{(-\Delta_r H)N_{A0}}{\sum N_i c_{pi}} \tag{3-26}$$

若略去反应焓及定压热容随温度的变化，则 Λ 为一定值，Λ 称为绝热温升或绝热温降，是一个重要的工程概念，其意义是在绝热条件下，组分 A 完全反应时反应物系的温度升高或降低的数值。若 $x_{A0}=0$，T_0 为进口温度，则

$$T = T_0 + \Lambda x_A \tag{3-27}$$

上式关联了绝热反应条件下每一瞬间的反应温度 T 与转化率 x_A 之间的关系。

【例 3-2】 在直径 0.6m、长 16m 的管式反应器内，以溴化四乙胺作催化剂，由环氧丙烷和 CO_2 合成碳酸丙烯酯。新鲜的环氧丙烷（PO）、CO_2 进入管式反应器，碳酸丙烯酯（PC）则部分循环，反应压力 7MPa，进口温度 411K。CO_2 全部溶于 PC-PO 混合物，过程为液相均相平推流绝热反应。

反应式为

$$C_3H_6O(PO) + CO_2 = C_4H_6O_3(PC)$$

反应器进料量如下：PO 7.1kmol/h，CO_2 10.475kmol/h，PC 33.875kmol/h，环氧丙烷的反应速率 $r_{PO} = k(c_{PO}c_{CO_2} - c_{PC}/K)$；反应速率常数 $k = 6.557 \times 10^6 \exp(-12139/T)$ [m³/(kmol·h)]；平衡常数 $K = \exp(-22.177 + 11584/T)$。

在上述绝热反应条件下，环氧丙烷的平均反应焓 $\Delta_r H = -96.24$ kJ/mol，反应混合物的平均密度

---

[1] 从本章开始，将 (p, T) 状态下摩尔反应焓 $\Delta_r H(p, T)$ 的标注 (p, T) 略去，即写成 $\Delta_r H$。

$\rho=1000\text{kg/m}^3$，单位质量混合物的平均等压热容 $\overline{c}_p=1.98\text{kJ/(kg·K)}$。求解反应器出口环氧丙烷的转化率[3]。

解　将给定的各反应组分的摩尔流量（kmol/h），转换成物质的量浓度（kmol/m³）。已知在反应过程中，液相反应混合物的平均密度 $\rho=1000\text{kg/m}^3$，则液相混合物进口质量流量

$$W=7.1\times58+10.475\times44+33.875\times102=4327.95\text{kg/h}$$

其体积流量
$$V_0=4327.95/1000=4.328\text{m}^3/\text{h}$$

因此，进口处各反应组分的初始浓度和摩尔分数如下：

$c_{\text{PO},0}=1.640\text{kmol/m}^3,c_{\text{CO}_2,0}=2.420\text{kmol/m}^3,c_{\text{PC},0}=7.827\text{kmol/m}^3$；

$y_{\text{PO},0}=0.1380,y_{\text{CO}_2,0}=0.2036,y_{\text{PC},0}=0.6584$

对于等容液相反应，环氧丙烷的转化率为 x_{PO} 时，环氧丙烷的浓度 $c_{\text{PO}}=c_{\text{PO},0}(1-x_{\text{PO}})$，根据反应的化学计量式，PO 的反应消耗量 $\Delta c_{\text{PO}}=c_{\text{PO},0}-c_{\text{PO}}=c_{\text{PO},0}x_{\text{PO}}$，相应的 CO_2 反应消耗量为 $\Delta c_{\text{CO}_2}=\Delta c_{\text{PO}}$。碳酸丙烯酯的反应增加量 $\Delta c_{\text{PC}}=\Delta c_{\text{PO}}$。由此可得当环氧丙烷转化率为 x_{PO} 时，CO_2 的浓度 $c_{\text{CO}_2}=c_{\text{CO}_2,0}-\Delta c_{\text{CO}_2}=c_{\text{CO}_2,0}-c_{\text{PO},0}x_{\text{PO}}$，碳酸丙烯酯的浓度 $c_{\text{PC}}=c_{\text{PC},0}+\Delta c_{\text{PC}}=c_{\text{PC},0}+c_{\text{PO},0}x_{\text{PO}}$。因此，动力学方程可写成

$$(r_{\text{PO}})_V=-\frac{\mathrm{d}N_{\text{PO}}}{\mathrm{d}V_R}=-\frac{V_0\mathrm{d}c_{\text{PO}}}{\mathrm{d}V_R}=k\left(c_{\text{PO}}c_{\text{CO}_2}-\frac{c_{\text{PC}}}{K}\right) \qquad (\text{例 }3\text{-}2\text{-}1)$$

对于连续管式均相反应器，有

$$\mathrm{d}V_R=A_c\mathrm{d}l$$

式中，A_c 为管式反应器的截面积；$\mathrm{d}l$（变量）为轴向长度。

反应器内物料衡算方程如下

$$-(V_0/A_c)(\mathrm{d}c_{\text{PO}}/\mathrm{d}l)=k(c_{\text{PO}}c_{\text{CO}_2}-c_{\text{PC}}/K) \qquad (\text{例 }3\text{-}2\text{-}2)$$

对于绝热反应器，热量衡算方程为

$$\sum N_i c_{pi}\mathrm{d}T=(-\Delta_{\text{r}}H)(r_{\text{PO}})_V A_c\mathrm{d}l$$

或
$$(W/A_c)\overline{c}_p\mathrm{d}T/\mathrm{d}l=(-\Delta_{\text{r}}H)k(c_{\text{PO}}c_{\text{CO}_2}-c_{\text{PC}}/K) \qquad (\text{例 }3\text{-}2\text{-}3)$$

将 V_0、W、$\overline{c}_p$ 和反应速率常数 k 及平衡常数 K 与温度的关系式代入物料衡算及热量衡算方程，用 Runge-Kutta 法求解微分方程组，可得管式反应器中物料温度及各反应组分摩尔分数的轴向分布，见表（例 3-2-1）。

表（例 3-2-1）　碳酸丙烯酯合成反应器的轴向温度和组分摩尔分数分布

位置/m	温度/K	组成（摩尔分数）		
		环氧丙烷	二氧化碳	碳酸丙烯酯
0	411.0	0.1380	0.2036	0.6584
1.6	413.0	0.1185	0.2055	0.6760
3.2	415.1	0.1159	0.2031	0.6811
4.8	417.6	0.1128	0.2003	0.6870
6.4	420.5	0.1091	0.1969	0.6940
8.0	424.1	0.1046	0.1929	0.7025
9.6	428.5	0.0989	0.1878	0.7133
11.2	434.1	0.0915	0.1811	0.7274
12.8	441.8	0.0813	0.1719	0.7468
14.4	451.8	0.0677	0.1596	0.7727
16.0	460.6	0.0558	0.1489	0.7953

3. 变温变容平推流均相反应器——低碳烃管式裂解炉

乙烯是石油化工的主要代表产品，我国目前主要采用低碳烃在立式管式炉（或称管式裂解炉）内的

加热裂解技术。裂解反应所需热量由管外燃烧燃料供应，管式裂解炉的能耗占乙烯装置能耗的 70%～85%，管式炉裂解技术在提高乙烯选择率、提高产品收率、降低能耗，增强对原料的适应性等方面都有研究开发。我国学者及科技工作者在裂解工艺、技术及工程方面发表了不少的专著，如邹仁鋆的专著《石油化工裂解原理与技术》[4]，陈滨主编的《乙烯工学》[5]，钱家麟主编的《管式加热炉》[6]。本科生教材中邹仁鋆主编的《基本有机化工反应工程》[7] 和黄仲九、房鼎业主编的《化学工艺学》[8] 都有相当篇幅讨论管式炉裂解技术。

本书从化学反应工程角度以乙烷裂解为例讨论有关反应动力学和管式炉的数学模型，至于裂解炉管外辐射传热，请参阅专著[6] 第三章、第四章和第十二章。

低碳烃裂解是一个很复杂的多重反应系统，即使只考虑高温下乙烷裂解脱氢生成乙烯、乙烯脱氢生成乙炔和乙炔与水蒸气反应生成一氧化碳的连串反应。

从反应工程的角度考虑，乙烷单独进行脱氢生成乙烯而不伴随乙烯和乙炔进一步脱氢是不可能的，只有同时研究上述反应的反应动力学，从反应速率和反应时间方面来寻求乙烯的高产率。根据动力学数据计算不同温度下乙烯产率随反应时间的变化，见图 3-6[7]。

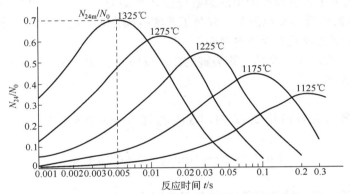

图 3-6　不同温度下乙烯产率随反应时间的变化

图 3-6 中 N_{24}/N_0 及 N_{24m}/N_0 分别为乙烯与氢摩尔比及最大乙烯与氢摩尔比与反应时间的关系。由图 3-6 可见，温度一定时，乙烯产率 N_{24}/N_0 随反应时间延长而增加，到最高点后，反应时间继续延长，则乙烯分解的反应占优势，乙烯产量下降，并且反应温度愈高，最大乙烯与氢摩尔比 N_{24}/N_0 值愈高，而对应的最佳反应时间愈短；其他低碳烃也有类似情况，即高温和短停留时间是提高乙烯收率的关键。

为了适应耐高温的要求，工业裂解炉的炉管材料由 25Cr20Ni（HK）系列合金钢改为 25Cr35Ni（HP）系列合金钢，其中含铌或钨，耐热温度可达 1150℃。国外不同的公司有不同的炉型，炉管排列也不断改进，以缩短停留时间。Lummus 公司开发的 SRT（short residence time）型裂解炉已从早期的 SRT-Ⅰ 型发展到 1994～1999 年的 SRT-Ⅵ 型。SRT-Ⅰ 型炉，每台生产能力 20～30kt 乙烯/年，每台 4 组炉管，每组炉管长 80～90m，管内直径 75～133mm，多程等径管，表观停留时间 0.6～0.7s，适用原料为乙烷到石脑油。SRT-Ⅵ 型炉，每台生产能力 50～100kt 乙烯/年，每台 16～24 组炉管，每组炉管长约 21m，炉管采用变径管，前端采用 4 根内直径约 50mm 的管单程系列，合并后采用单根内直径约 100mm 的双程，表观停留时间 0.2～0.3s，适用原料为乙烷到加氢尾油。SRT 型炉出口的裂解物温度达 810～860℃，其中除乙烯外，还有未反应的乙烷和丙烷以及裂解生成的甲烷、丙烯、乙炔、丁二烯、碳五混合物，氢和一氧化碳。

低碳烃裂解普遍采用水蒸气作稀释剂：①可以降低烃分压，提高乙烯收率；②加入后增加管内流速，减低滞留膜厚度，防止管内热结焦；③经过反应（$H_2O + C \Longrightarrow CO + H_2$）清除焦炭；④高温蒸汽有氧化性，可抑制原料所含硫对炉管的腐蚀。水蒸气的稀释比要适当，过大会影响裂解炉的处理能力，增加裂解炉的热负荷和影响出炉气体的急冷降温；但易结焦的原料应适当增大稀释比。例如，裂解原料为乙烷时，稀释比（蒸汽与烃质量比）为 0.30～0.35；裂解轻石脑油时，稀释比为 0.50；裂解重柴油时，稀释比为 0.80～1.00。

裂解炉管中物料的真实停留时间是物料从炉管进口到出口所经历的反应时间。对于等容平推流反应器，反应过程中物料的体积流量不变，故真实停留时间即平均停留时间，裂解炉管中进行的反应是变温和变摩尔反应，炉管中物料的体积流量、物料的温度和组成随管长而变，真实停留时间可按微元管长的物料的体积流量和相应微元体积而逐段积分求出，如按［例 3-3］求解裂解炉管内物料衡算、热量衡算、动量衡算及各反应的反应速率式组成的微分方程组，可逐段求出其停留时间而后加和。在工业裂解炉中，一般用表观停留时间，对于变容反应，可按下列不同体积流量的表示方式计算表观停留时间：①炉管进口值；②炉管出口值；③炉管进口和出口的算术平均值；④炉管进口、出口的对数平均值。不同公司的裂解炉，常采用不同的体积流量表示方式。

【例 3-3】 乙烷裂解管式炉。

文献［9］综合前人关于乙烷裂解炉中的裂解反应式及动力学参数，提出了管式均相平推流反应器中乙烷裂解的反应-传热数学模型及数值解，并与工艺实际操作数据进行比较，吻合良好。

（一）乙烷、丙烷裂解反应式及动力学模型

乙烷、丙烷裂解的一次反应式及其产物裂解的二次反应式、动力学模型及反应速率常数和平衡常数与温度的关系均可参见文献［9］。

（二）物料衡算式

定态下，管式反应器微元轴向长度 dl 内，参与乙烷、丙烷裂解反应的有关组分 i 的物料衡算式如下

$$\pm dN_i = \sum (r_i)_V dV_R = \sum (r_i)_V A_c dl \qquad \text{（例 3-3-1）}$$

（三）热量衡算式

定态下，乙烷裂解管式反应器微元段 dl 的热量衡算式如下

$$\sum c_{pi} M_i N_i dT = \sum (-\Delta_r H)_i dN_i + K_{ba}(T_W - T) \pi D_{T0} dl \qquad \text{（例 3-3-2）}$$

式中，c_{pi} 及 M_i 为单位质量反应组分 i 的等压热容和相对分子质量；$(-\Delta_r H)_i$ 为反应组分 i 于压力 p、温度 T 时的摩尔反应焓；T 为反应管中物系温度；D_{T0} 及 T_W 为反应管的外直径及外壁温度；K_{ba} 为传热系数。

管外壁温度由裂解炉辐射室中燃料燃烧供给的高温热所确定，文献［9］用别洛康法，文献［6］用区域法计算辐射传热。

（四）动量衡算式

乙烷裂解炉中的反应管细而长，管内雷诺数达 3×10^5，流动阻力对反应物系静压变化的影响甚大，必须计入。可采用直管及弯管内单相流体流动的压力降的计算，即

$$\Delta p = \lambda \rho_f (u^2/2) \Delta L_e / d_t \qquad \text{（例 3-3-3）}$$

式中，λ 为摩擦系数；d_t 为管内直径；u 为操作状态下物系的流速，其值随温度、压力和摩尔流量而变；ΔL_e 为所考虑的管段并计入弯管的当量长度；ρ_f 为物系操作状态下的密度。

本例所计算的炉管为 SRT-Ⅰ型，每组炉管总长 96m，分八程，见图（例 3-3-1），每程直管段长 9.14m，弯管段长 0.38m，管为等径管，内径 116mm；原料烃组成（质量分数）：乙烷 96.65%，乙烯 1.10%，丙烷 0.7%；进口温度 667℃，原料烃投入量 2340kg/h；水蒸气稀释比 0.3。

图（例3-3-1）
SRT-Ⅰ型炉管

联立反应速率式、物料衡算式、热量衡算式及动量衡算式组成的微分方程组，用

Runge-Kutta 法求解。由于反应器进口处反应温度和物料组成的变化要比出口处温度大得多，采用变步长法，即进口处微元段长度为 0.2m、0.3m，逐渐增大为 0.5m、1m，至近出口处增大为 2m。

（清洁管）逐点计算结果见表（例 3-3-1）。

表（例 3-3-1）　（清洁管）逐点计算结果

计　算　点	4	20	32	40	48	64	80	92
反应管逐点值/m	0.8	4.0	8.2	13.0	20.0	40.0	72.0	96.0
反应物料温度/℃	657.4	685.5	717.3	744.6	766.1	783.9	805.8	824.9
反应物料压力/MPa	0.323	0.328	0.318	0.314	0.308	0.289	0.252	0.217
实际累计停留时间/s	0.011	0.054	0.107	0.166	0.247	0.457	0.732	0.893
乙烷的转化率/%	0.01	0.10	0.43	1.42	4.40	17.07	37.84	52.48
$Re/10^{-5}$	3.60	3.51	3.43	3.36	3.31	3.27	3.22	3.19
Pr	0.936	0.937	0.938	0.934	0.921	0.865	0.789	0.748
平均摩尔质量/(g/mol)	26.21	26.20	26.15	26.00	25.58	23.86	21.41	19.99
密度/(kg/m³)	1.097	1.057	1.014	0.968	0.916	0.791	0.609	0.483
乙烷(质量分数)/%	96.27	96.19	95.87	94.92	92.06	79.89	59.33	45.83
甲烷(质量分数)/%	—	—	0.03	0.09	0.26	1.06	2.60	3.93
乙烯(质量分数)/%	1.03	1.10	1.39	2.26	4.84	15.53	32.26	43.58
丙烷(质量分数)/%	—	—	—	—	0.02	0.09	0.22	0.32
丙烯(质量分数)/%	2.70	2.69	2.67	2.61	2.46	1.99	1.60	1.41
乙炔(质量分数)/%	—	—	0.01	0.03	0.09	0.22	0.25	0.23
丁二烯(质量分数)/%	—	—	—	—	—	0.09	0.56	1.13
混合 C_5(质量分数)/%	—	—	—	—	0.01	0.14	0.42	0.61
氢(质量分数)/%	—	—	0.02	0.08	0.26	0.98	2.14	2.94
一氧化碳(质量分数)/%	—	—	—	—	—	0.004	0.014	0.024

表（例 3-3-1）按管内无结垢的清洁管计算。工厂实测炉管出口产物分布（质量分数）：氢 2.91%，甲烷 3.91%，乙烯 43.42%，乙烷 45.57%，丙烯 1.69%，丙烷 0.13%，丁二烯 1.0%。模拟计算值与工厂实测值很接近。

第三节　连续流动釜式反应器

一、连续流动釜式反应器的特征及数学模型

连续流动釜式反应器在强烈搅拌情况下可视为全混流反应器，反应物料连续地加入和流出反应器，不存在间歇操作中的辅助时间问题。在定态操作中，容易实现自动控制，操作简单，节省人力，产品质量稳定，可用于产量大的产品生产过程。

由于强烈搅拌，反应器内物料达到全釜均匀的浓度和温度。这种连续流动反应器的流动状况称为全混流反应器，常用 CSTR 表示。这种全混流也是一种理想化的假设，实际工业生产中广泛使用连续搅拌釜式反应器进行液相反应，只要达到足够的搅拌强度，其流型很接近于全混流。根据全混流的定义，进入反应器的反应物料与存留于反应器中的物料达到瞬间混合，而且在反应器出口处即将要流出的物料也与釜内物料浓度相等。全混流反应器的

视频 3-3
连续流动釜式反应器

特点是反应器中反应物料的浓度处于出口状态的低浓度，而反应产物浓度则处于出口状态的高浓度。全混流反应器的反应速率由釜内的浓度和温度所决定。

根据全混流反应器的特征，可对整个反应器作物料衡算。定态下，反应器内反应物料的累积量为零，V_0 和 c_{A0} 分别为液相物料进口流量和反应组分 A 的浓度，反应物料充满整个反应器，其体积为 V_R。对关键反应组分 A 作物料衡算

$$V_0 c_{A0} = V_0 c_{A0}(1 - x_{Af}) + (r_A)_f V_R \tag{3-28}$$

化简得

$$\tau = V_R / V_0 = (c_{A0} - c_{Af})/(r_A)_f = c_{A0} x_{Af}/(r_A)_f \tag{3-29}$$

$$V_R = V_0 c_{A0} x_{Af}/(r_A)_f \tag{3-30}$$

式中，$(r_A)_f$ 表示按出口浓度计算的反应速率。

当反应器进口物料中已含反应产物，即

$$V_R = V_0 c_{A0}(x_{Af} - x_{A0})/(r_A)_f \tag{3-31}$$

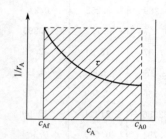

图 3-7 全混流反应器单反应的 $1/r_A$-c_A 曲线

如果已知反应速率 r_A 与反应物浓度 c_A（或转化率 x_A）的动力学关系，可以标绘成 $1/r_A$-c_A 的曲线，图 3-7 为单一反应的曲线形状，由式(3-29) 可以知道，全混流反应器中进行反应的接触时间 τ 为图中的矩形面积，而相同条件等温平推流反应器所需接触时间为 $1/r_A$-c_A 曲线下面的面积，明显低于全混流反应器。

表 3-5 列出了等温平推流反应器和全混流反应器进行不同级数单一等温等容液相不可逆反应时的反应结果表达式。

表 3-5 平推流反应器和全混流反应器进行等温等容液相单一不可逆反应的比较（表中接触时间 $\tau = V_R/V_0$）

反 应 级 数	反 应 器 形 式	
	平 推 流 反 应 器	全 混 流 反 应 器
零级	$k\tau = c_{A0} x_{Af}$	$k\tau = c_{A0} x_{Af}$
	$\dfrac{c_{Af}}{c_{A0}} = 1 - \dfrac{k\tau}{c_{A0}}\left(\dfrac{k\tau}{c_{A0}} \leqslant 1\right)$	$\dfrac{c_{Af}}{c_{A0}} = 1 - \dfrac{k\tau}{c_{A0}}\left(\dfrac{k\tau}{c_{A0}} \leqslant 1\right)$
一级	$k\tau = \ln\dfrac{1}{1 - x_{Af}}$	$k\tau = \dfrac{x_{Af}}{1 - x_{Af}}$
	$\dfrac{c_{Af}}{c_{A0}} = \exp(-k\tau)$	$\dfrac{c_{Af}}{c_{A0}} = \dfrac{1}{1 + k\tau}$
二级	$k\tau = \dfrac{1}{c_{A0}}\dfrac{x_{Af}}{(1 - x_{Af})}$	$k\tau = \dfrac{1}{c_{A0}}\dfrac{x_{Af}}{(1 - x_{Af})^2}$
	$\dfrac{c_{Af}}{c_{A0}} = \dfrac{1}{1 + c_{A0} k\tau}$	$\dfrac{c_{Af}}{c_{A0}} = \dfrac{\sqrt{1 + 4 c_{A0} k\tau} - 1}{2 c_{A0} k\tau}$

需要指出，定态下全混流反应器无论是在绝热或是与外界有热交换的情况下进行反应，反应在等温下进行，反应温度由过程的热量衡算和物料衡算决定，如存在多个定态，将在本节三、中讨论。

【例3-4】 生化工程中酶反应 A→R 为自催化液相反应，反应速率 $r_A = k c_A c_R$，产物 R 是过程的催化剂，因此进口原料中含有产物 R，某温度下 $k = 1.512 \text{m}^3/(\text{kmol} \cdot \text{min})$，采用的原料中含 A 0.99kmol/m^3，含 R 0.01kmol/m^3，原料的进料量为 $10 \text{m}^3/\text{h}$，要求 A 的最终浓度降到 0.01kmol/m^3，求①反应速率达到最大时，A 的浓度为多少？②采用全混流反应器时，反应器体积是多大？③采用平推流反应器时，反应器体积是多大？④为使反应器体积为最小，将全混流和平推流反应器组合使用，组合方式如何？其最小体积为多少？

解 ① $r_A = k c_A c_R = k c_A [c_{R0} + (c_{A0} - c_A)]$

要使反应速率最大

$$\mathrm{d}r_A / \mathrm{d}c_A = 0$$

即
$$kc_{R0}+kc_{A0}-2kc_{Am}=0$$

化简得
$$c_{Am}=0.5\times(c_{A0}+c_{R0})=0.5\text{kmol/m}^3$$

② 在全混流反应器中
$$V_0(c_{A0}-c_{Af})=(r_A)_f V_R=kc_{Af}(c_{A0}+c_{R0}-c_{Af})V_R$$

$$V_R=\frac{V_0(c_{A0}-c_{Af})}{kc_{Af}(1-c_{Af})}=\frac{10\times(0.99-0.01)}{1.512\times0.01\times(1-0.01)\times60}=10.91\text{m}^3$$

③ 在平推流反应器中

由 c_{A0} 到 c_{Am} 和由 c_{Am} 到 c_{Af} 是对称的，因此
$$V_R=\frac{2V_0}{k}\int_{c_{A0}}^{c_{Am}}\frac{-dc_A}{c_A(1-c_A)}=\frac{2V_0}{k}\ln\left(\frac{c_{A0}}{1-c_{A0}}\times\frac{1-c_{Am}}{c_{Am}}\right)$$

$$=2\times\frac{10}{1.512}\ln\left(\frac{0.99}{1-0.99}\times\frac{1-0.5}{0.5}\right)/60=1.013\text{m}^3$$

④ 反应器的组合形式及最小体积。

要使反应器体积最小，从 c_{A0} 到 c_{Am} 应该用全混流反应器，而后从 c_{Am} 到 c_{Af} 串联一个平推流反应器。

全混流反应器体积为 $V_{R1}=\dfrac{V_0(c_{A0}-c_{Am})}{kc_{Am}(1-c_{Am})}=\dfrac{10\times(0.99-0.5)}{1.512\times0.5\times(1-0.5)\times60}=0.216\text{m}^3$

平推流反应器体积为 $V_{R2}=\dfrac{V_0}{k}\int_{c_{Am}}^{c_{Af}}\dfrac{-dc_A}{c_A(1-c_A)}=\dfrac{V_0}{k}\ln\left(\dfrac{c_{Am}}{1-c_{Am}}\times\dfrac{1-c_{Af}}{c_{Af}}\right)$

$$=\frac{10}{1.512\times60}\ln\left(\frac{0.5}{1-0.5}\times\frac{1-0.01}{0.01}\right)=0.507\text{m}^3$$

所以最小总体积 $V_R=V_{R1}+V_{R2}=0.723\text{m}^3$

二、多级全混釜的串联及优化

1. 多级全混釜的浓度特征

从前面已分析的平推流反应器和全混流反应器的特点可以看到，平推流反应器是无返混的反应器，全混流反应器是返混最大的反应器。从反应过程的推动力来比较，平推流反应器的反应推动力比全混流反应器的反应推动力大得多，平推流反应器的反应速率沿物料流动方向有一个由高到低的变化过程，全混流反应器的反应速率始终处于出口反应物料低浓度的低速率状态。为此，为了降低返混影响的程度，提高全混流反应过程的推动力，常采用多级全混流反应器串联的措施。

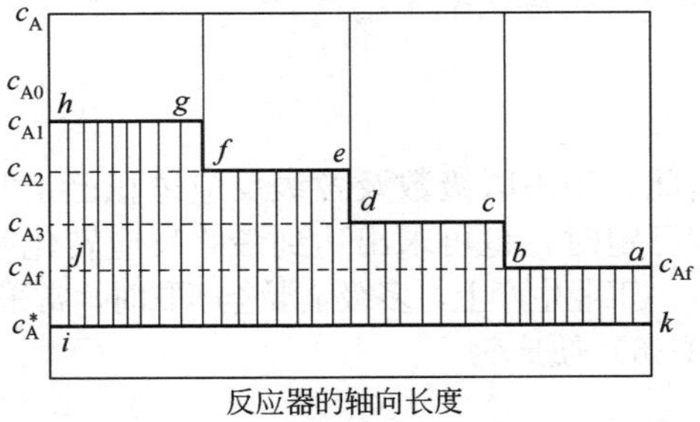

多级全混流反应器串联的浓度推动力如图 3-8 所示。例如，一个体积为 V_R 的全混流反应器改用 m 个体积为 V_R/m 的全混流反应器串联来代替，若两者的初始浓度和最终浓度相等，则后者的平均推动力大于前者。当只用一个全混流反应器时，整个反应器中反应物浓度均为 c_{Af}，反应过程的平均推动力正比于浓度 c_{Af} 与平衡浓度 c_A^* 之间的矩形面积；若采用多级串联，各级全混流反应器中的浓度分别是 c_{A1}、c_{A2}、c_{A3}、c_{Af}，除最后一级外，其余各级都在高于单级操作时的浓度下进行，因此平均推动力提高。级数越多，过程就越接近平推流反应器。从图 3-8 还可看出，对多级全混釜，每一级内浓度是均匀的，等于该级的出口浓度，而各级之间浓度是不同的。

图 3-8 多级串联全混流反应器的推动力

2. 多级全混釜串联的计算[10]

（1）解析计算 多级全混釜的串联操作如图 3-9 所示。设各釜都在定态的同一等温条件下操作，反

应过程中物料的体积不发生变化，以 V_{R1}、V_{R2}、$\cdots$、V_{Rm} 及 c_{A1}、c_{A2}、$\cdots$、c_{Am} 分别表示各釜的反应体积和反应物 A 的浓度，任一釜 i 中的关键组分 A 的反应速率可表示为

$$(r_A)_i = \frac{V_0 c_{A0}(x_{Ai}-x_{Ai-1})}{V_{Ri}} \tag{3-32}$$

或

$$V_{Ri} = \frac{V_0(c_{Ai-1}-c_{Ai})}{(r_A)_i} \tag{3-33}$$

式中，$(r_A)_i$ 表示按第 i 级出口组分 A 的浓度 c_{Ai} 计算的反应速率。

只要反应的动力学关系已知，利用上式可以计算各釜的反应体积。对于一定的原料、给定各釜的反应体积和规定的最终转化率，可确定各釜的出口转化率和反应器的个数。

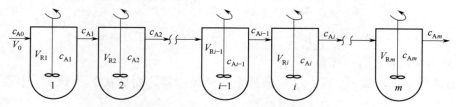

图 3-9 多级串联全混流反应器示意

对于一级不可逆等容单一反应，由物料衡算可以直接建立级数和最终转化率的关系式，而不必逐釜计算，就可求出反应器的串联个数和反应体积。根据接触时间的定义 $\tau_i = V_{Ri}/V_0$，而 $(r_A)_i = kc_{Ai}$，可将式（3-33）改写为

$$k\tau_i = \frac{c_{Ai-1}-c_{Ai}}{c_{Ai}}$$

即

$$\frac{c_{Ai}}{c_{Ai-1}} = \frac{1}{1+k\tau_i} \tag{3-34}$$

设 τ_1、τ_2、$\cdots$、τ_m 分别为第 1 级、第 2 级、$\cdots$、第 m 级的接触时间，对各釜可分别写出

$$\frac{c_{A1}}{c_{A0}} = \frac{1}{1+k\tau_1}, \cdots, \frac{c_{Am}}{c_{Am-1}} = \frac{1}{1+k\tau_m}$$

将以上各式相乘，得

$$\frac{c_{Am}}{c_{A0}} = \prod_{i=1}^{m}\left(\frac{1}{1+k\tau_i}\right) \tag{3-35}$$

由于最终转化率 $x_{Am} = 1 - \dfrac{c_{Am}}{c_{A0}}$，故

$$x_{Am} = 1 - \prod_{i=1}^{m}\left(\frac{1}{1+k\tau_i}\right) \tag{3-36}$$

由此，当串联级数及各级反应体积已定时，由上式可直接求出所能达到的最终转化率。而当各级反应体积已定时，也可求出达到最终反应转化率所需的级数。

工业生产上，多级全混釜串联时，常采用相等的各级体积，以便设备制造。此时 $\tau_1 = \tau_2 = \cdots = \tau_m = \tau$，式（3-36）便成为

$$x_{Am} = 1 - \left(\frac{1}{1+k\tau}\right)^m \tag{3-37}$$

或

$$\tau = \frac{1}{k}\left[\frac{1}{(1-x_{Am})^{1/m}} - 1\right] \tag{3-38}$$

反应系统的总体积

$$V_R = mV_{Ri} = mV_0\tau = \frac{mV_0}{k}\left[\frac{1}{(1-x_{Am})^{1/m}} - 1\right] \tag{3-39}$$

由式（3-39）可见，反应釜级数越多，最终转化率越高；处理量一定时，反应釜体积越大，最终转化率也越高。

（2）图解计算[10]　　对于非一级反应，采用解析法计算各级浓度是比较麻烦的，当已知反应速率和初浓度时，可用图解法（图 3-10）。

将式（3-33）改写为

$$(r_A)_i = \frac{c_{Ai-1}}{\tau_i} - \frac{c_{Ai}}{\tau_i} \tag{3-40}$$

式（3-40）表示第 i 级全混釜进口、出口浓度与反应速率的关系，在 $r_A\text{-}c_A$ 图上为一直线，其斜率为 $-1/\tau_i$。同时，该级的出口浓度不仅要满足直线方程式（3-40），而且要满足动力学方程。也就是说，若将这两个方程式同时绘于 $r_A\text{-}c_A$ 图上，则两线交点的横坐标就是所求的 c_{Ai} 值。若各级全混釜的温度相等，体积也相同，作图法求解的步骤如下。

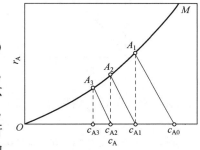

图 3-10　多级串联全混流反应器图解计算

① 在 $r_A\text{-}c_A$ 图上标出动力学曲线，如图 3-10 中的 OM 曲线。

② 以初始浓度 c_{A0} 为起点，从 c_{A0} 作斜率为 $-1/\tau_i$ 的直线与 OM 线交于 A_1，其横坐标 c_{A1} 就是第一级出口浓度。

③ 由于各级全混釜 τ_i 相等，从 c_{A1} 作 $c_{A0}A_1$ 的平行线 $c_{A1}A_2$，与 OM 曲线交于 A_2 点，A_2 点的横坐标 c_{A2} 为第二级的出口浓度。如此下去，当最终浓度等于或略超过规定出口浓度时，所作平行线的根数就是反应器的级数。

如果各级的反应温度不相同，需作出不同温度下的动力学曲线，按上法求出物料衡算线与动力学曲线的交点，即各级的出口浓度。如果各级体积不相同，各条直线的斜率就不相等，各组物料衡算线不平行，用上述方法仍可求出各釜的出口浓度。

【例 3-5】　在实验室间歇反应器中，用硫酸分解一定粒度范围的某产地磷灰石，得到反应时间 t 与磷灰石分解率 x_A 的数据，见表（例 3-5-1）。

表（例 3-5-1）　反应时间与磷灰石分解率数据

t/min	15	30	60	90	150	210	270
x_A/%	25.22	42.41	61.24	77.23	90.07	94.62	99.50

现设计一萃取磷酸装置（连续流动系统），采用无料浆循环流程，硫酸、磷灰石以及稀释液均从第一搅拌反应槽加入。整个装置由 5 个体积相同的全混流搅拌反应槽串联而成。反应料浆的体积流量为 $0.667\text{m}^3/\text{min}$，所有工艺条件与实验室所采用的相同。现要求磷灰石的分解率达 98%，求搅拌反应槽的体积。

注：表（例 3-5-1）中数据是间歇搅拌反应器中硫酸分解磷灰石的宏观反应动力学数据，含搅拌釜中液-固传质及磷灰石颗粒的液-固相非催化反应动力学在内。

解　　此问题可按图解法来确定所需反应体积。首先根据所给数据，绘制反应时间与分解率的关系曲线，即图（例 3-5-1）。然后在图上对应于不同分解率的点对曲线作切线，分别求出各切线的斜率，即 $\mathrm{d}x_A/\mathrm{d}\tau$ 值，所得结果见表（例 3-5-2）。

表（例 3-5-2）　$\mathrm{d}x_A/\mathrm{d}\tau$ 值

x_A	0.99	0.95	0.90	0.80	0.70	0.60	0.50	0.40
$\mathrm{d}x_A/\mathrm{d}\tau\times10^4$	5.0	7.9	15	29	47	62	77	97

再以 x_A 为横坐标、$\mathrm{d}x_A/\mathrm{d}\tau$ 为纵坐标，将表（例 3-5-2）中的数据作成动力学曲线标于图（例 3-5-2）中。

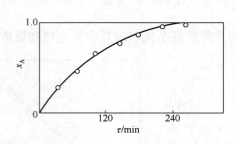

图（例3-5-1） 磷灰石分解率与分解时间的关系

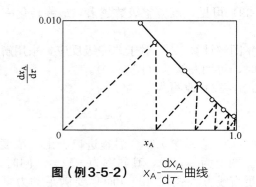

图（例3-5-2） x_A-$\dfrac{dx_A}{d\tau}$曲线

因$(r_A)_i = c_{A0} dx_A/d\tau$，式（3-40）可改写为

$$\frac{dx_A}{d\tau} = \frac{1}{\tau_i}x_{Ai} - \frac{1}{\tau_i}x_{Ai-1} \tag{例3-5-1}$$

上式即为搅拌反应槽的物料衡算式，在x_A-$\dfrac{dx_A}{d\tau}$图上应为一直线，其斜率为$\dfrac{1}{\tau_i}$，而且各级的斜率都相同。但因反应体积未知，斜率尚不能直接测定，不过级数及最终分解率都已决定，可用试差法求解。新鲜磷灰石进入第一级搅拌反应槽，故分解率为$x_A = 0$，由此可知第一级搅拌反应槽的物料衡算通过原点 0。又因最终分解率为98%，故可在$x_A = 0$及$x_A = 0.98$之间由原点 0 出发试作 5 条平行的物料线，如能使最后一条物料线与动力学曲线的交点的垂直线落在 0.98 处，则所试绘的物料线即为所求的正确值，否则需重新调整斜率，直至满足要求为止。试差结果见图（例 3-5-2）。求得的物料衡算线的斜率为0.0154min^{-1}。故每一搅拌反应槽的接触时间均为

$$\tau = 1/0.0154 = 64.9 \text{min}$$

而反应料浆的体积流量为

$$V_0 = 0.667 \text{m}^3/\text{min}$$

故每一搅拌反应槽的反应体积为

$$V_R = \tau V_0 = 64.9 \times 0.667 = 43.3 \text{m}^3$$

而反应槽的总反应体积为

$$\sum V_R = 5 \times 43.3 = 216 \text{m}^3$$

3. 多级全混釜串联的优化[11]

当处理的物料量、进反应器组成及最终转化率相同时，串联的多级全混流反应器的级数、各级的反应体积及各级的转化率之间存在一定的关系。需综合考虑多种因素而决定。例如，级数愈多，虽然增大了反应推动力，但设备、流程及操作控制变得复杂。一般来说，物料处理量、进料组成及最终转化率是设计反应器前根据工业生产的工艺而规定的，当级数也确定后，希望合理分配各级转化率，使所需反应总体积最小。这就是各级转化率的最佳分配问题。

现讨论一级不可逆等容单一反应的情况，m 个全混釜，各级温度相同，由式（3-41）可计算所需的反应总体积

$$V_R = \sum_{i=1}^{m} V_{Ri} = \frac{V_0}{k}\left(\frac{x_{A1} - x_{A0}}{1 - x_{A1}} + \frac{x_{A2} - x_{A1}}{1 - x_{A2}} + \cdots + \frac{x_{Am} - x_{Am-1}}{1 - x_{Am}}\right) \tag{3-41}$$

为使V_R最小，可将式（3-41）分别对x_{A1}、x_{A2}、$\cdots$、x_{Am-1}求偏导数，则

$$\frac{\partial V_R}{\partial x_{Ai}} = \frac{V_0}{k}\left[\frac{1 - x_{Ai-1}}{(1 - x_{Ai})^2} - \frac{1}{1 - x_{Ai+1}}\right] \quad (i = 1, 2, \cdots, m-1) \tag{3-42}$$

使V_R最小必须满足$\partial V_R/\partial x_{Ai} = 0$，即

$$\frac{1 - x_{Ai-1}}{(1 - x_{Ai})^2} = \frac{1}{1 - x_{Ai+1}}(i = 1, 2, \cdots, m-1)$$

化简得 $\dfrac{x_{Ai}-x_{Ai-1}}{1-x_{Ai}}=\dfrac{x_{Ai+1}-x_{Ai}}{1-x_{Ai+1}}$

即
$$\frac{V_0(x_{Ai}-x_{Ai-1})}{k(1-x_{Ai})}=\frac{V_0(x_{Ai+1}-x_{Ai})}{k(1-x_{Ai+1})} \tag{3-43}$$

式（3-43）表示
$$V_{Ri}=V_{Ri+1} \tag{3-44}$$

即对一级不可逆等容单一反应，各级反应釜的温度均相同，采用多级全混釜串联时，要保证总的反应体积最小，必需的条件是各釜的反应体积相等。对于其他级数的反应，可仿照上述办法求得最佳转化率的分配。上面的讨论建立在各级温度相等的前提下来考虑的，若为可逆放热反应，还存在着各级反应器最佳温度分配的问题。

三、全混流反应器的热稳定性[1, 2]

任何化学反应都有一定的反应热，有必要讨论反应器的传热问题，尤其当反应器放热强度较大时，传热过程对化学反应过程的影响，往往成为过程的关键因素。化学反应器的热量传递问题与一般的加热、冷却或换热过程中的传热问题有一个重要的区别，即反应器内的反应过程和传热过程相互之间有关联作用。对放热反应，当某些外界因素使得反应温度升高时，一般反应速率随之加快。然而反应速率增加愈大，反应放热速率也愈大，这就使反应温度进一步上升，因而就可能出现恶性循环。然而，这种恶性循环是吸热反应所没有的，也是一般换热过程所不存在的一类特殊现象。这种现象的存在对传热和反应器的操作、控制都提出了特殊的要求。本小节将从全混流反应器的传热问题阐明热稳定性的一些基本概念。

1. 热稳定性和参数灵敏性的概念

如果一个反应器是在某一平衡状态下设计并进行操作的，就传热而言，反应器处于热平衡状态，即反应的放热速率应该等于移热速率。只要这个平衡不被破坏，反应器内各处温度将不随时间而变化，处于定态。但是，实际上各有关参数不可能严格保持在给定值，总会有各种偶然的原因而引起扰动。扰动表示为流量、进口温度、冷却介质温度等有关参数的变动。如果某个短暂的扰动使反应器内的温度产生微小的变化，产生两种情况：一是反应温度会自动返回原来的平衡状态，此时称该反应器是热稳定的，或是有自衡能力；另一种是该温度将继续上升或下降直到另一个平衡状态为止，则称此反应器是不稳定的，或无自衡能力。二者虽然都是热平衡的，但是一个是稳定的，另一个是不稳定的。可见，平衡和稳定是两个不同的概念。平衡不等于稳定。平衡有两种：稳定的平衡和不稳定的平衡。

一般来说，热稳定性条件要比热平衡条件苛刻得多。热平衡条件只要求移热速率等于放热速率，因此可以采用很大的传热温差，以减少必需的传热面，从而简化了反应器的结构；而热稳定性条件则给传热温差以限制，要求传热温差小于某个规定值，因而增加了所需的传热面积，使反应器结构复杂化。热稳定性问题，严格地说属于动态问题。但是按动态问题处理超出了作为本科生教材的范围。因此本小节只用定态的方法作不太严格的讨论。

即使反应器满足热稳定性条件，仍然还有一个参数灵敏性问题。参数灵敏性指的是各有关参数（流量、进口温度、冷却温度等）作微小的调整时，反应器内的温度（或反应结果）将会有多大变化。化学反应器的热稳定性和参数灵敏性的区别见图 3-11。

图 3-11(a) 表示稳定性问题，系统所受到的短暂的扰动消失后，如果原定态点是稳定的，将逐步恢复到原

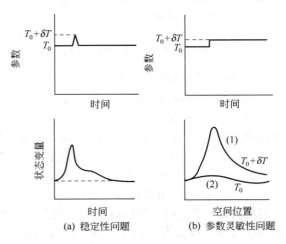

图 3-11 反应器热稳定性和参数灵敏性的区别

操作状态。图 3-11(b) 表示参数灵敏性问题，如果某操作参数的微小变化会引起操作状态有很大的变化，则称反应器的操作状态对该参数是灵敏的，如图 3-11(b) 的曲线（1）。反之，如果某操作参数的微小变化引起的操作状态的变化也很小，则称该参数是不灵敏的，如图 3-11(b) 的曲线（2）。如果反应器的参数灵敏性过高，那么对参数的调节就会有过高的精度要求，使反应器的操作变得十分困难。因此，在反应器的设计中，确定设备尺寸和工艺条件时必须设法避免过高的参数灵敏性。无论是热稳定性还是参数灵敏性，两者都给反应器的设计增加了限制因素。如果不予重视，往往会使设计的反应器无法操作。

2. 全混流反应器的多态

以全混流反应器内进行一级不可逆液相单一放热反应为例。设全混流反应器的体积为 V_R，反应物料进料体积流量为 V_0，反应器中反应混合物温度为 T，并且其中反应物浓度为 c_{Af}，反应物进料浓度为 c_{A0}，进料温度为 T_0，由表 3-5 可知，$c_{Af}=c_{A0}/(1+k\tau)$，反应器设置间壁冷却器，冷却介质的温度为 T_C。

反应器中单位时间的放热量，即放热速率为

$$Q_R=V_R r_A(-\Delta_r H)=V_R k c_{Af}(-\Delta_r H)=V_R k c_{A0}(-\Delta_r H)/(1+k\tau) \tag{3-45}$$

式(3-45) 表示了放热速率 Q_R 与反应温度 T 之间的关系。由于反应速率常数与温度呈指数函数关系，放热速率 Q_R 随温度的变化呈 S 形曲线，如图 3-12 所示。当接触时间 $\tau=V_R/V_0$ 不变，在低温下操作时，反应速率很慢，反应物浓度变化很小，反应放热速率很低。当温度升高到某一数值时，反应速率开始随温度升高而呈指数上升，出口转化率及反应放热速率亦随之很快增大。在高温下操作时，反应速率常数虽然很大，但出口反应转化率已接近于 1，这时反应放热速率几乎不再随温度升高而增大，Q_R 曲线在高温时已趋于平坦。

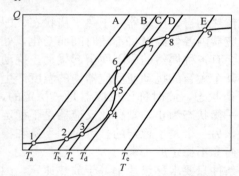

图 3-12　一级不可逆放热反应进口温度变化时操作状态的变化

反应器的移热速率为通过器壁传走的热量和进料物料升温所需热量之和。即移热速率

$$Q_C=KF(T-T_c)+V_0\rho c_p(T-T_0) \tag{3-46}$$

式中，K 为反应器与冷却介质间传热总系数；F 为器壁传热面积；ρ 为反应物料密度；c_p 为单位质量反应物料等压热容。

如果略去反应过程中反应物料的密度、黏度、热容等物性参数随温度的变化，且冷却介质温度 T_c 与进料温度 T_0 相等，移热速率 Q_C 与 T 成线性关系，同样标绘于图 3-12 中，与 T 轴交点为 T_0。在 Q_R 曲线与 Q_C 直线的交点处，$Q_R=Q_C$，此时反应器的放热速率与移热速率相等，达到了热平衡，因此交点就是系统的操作状态点。根据不同的操作参数，Q_R 与 Q_C 的交点可能有三个、两个或一个，这种有多个交点的现象称为反应器的多态。多态操作点具有不同的特征。

3. 物料进口温度和进料流量对全混釜热稳定性的影响和"起燃与熄火"

（1）改变物料进口温度　图 3-12 是全混釜中进行一级不可逆液相单一放热反应的放热曲线 Q_R 与移热直线 Q_C。如果其他参数保持不变而逐渐改变进料温度，则放热曲线 Q_R 不变，而移热直线 Q_C 平行位移。图 3-12 中相互平行的 Q_C 线，表示不同的进料温度 T_0。最左边的移热线进料温度最低，$T_0=T_a$ 线与 Q_R 线仅有一个相交的操作状态点 1；$T_0=T_b$ 线与 Q_R 线相交于两个操作状态点 2 和 6；$T_0=T_c$ 线与 Q_R 有三个相交的操作状态点 3、5、7；进料温度提高到 $T_0=T_d$ 时与 Q_R 线相交于两个操作状态点 4、8；最后，进料温度再提高时，$T_0=T_e$ 移热线与 Q_R 线只有一个操作状态点 9。这些操作点有不同的特征。$T_0=T_c$ 移热线与 Q_R 线有三个相交点 3、5、7。当反应在 7 点操作，若外界有一微小的扰动使反应温度上升，由于此时反应放热速率小于移热速率，系统温度将下降回到 7 点。如果反应温度受到干扰而略有降低，则由于此时反应放热速率大于移热速率，系统温度将上升回到 7 点。无论温度在

7 点附近有所升高或降低，系统都能自动回复到 7 点，这时系统具有热自衡能力，7 点称为热稳定的状态点，它之所以具有热自衡能力，是因为符合下述条件

$$\frac{dQ_R}{dT} < \frac{dQ_C}{dT} \tag{3-47}$$

即放热曲线的斜率小于移热速率线的斜率。3 点也具有同样的性质，无论温度在 3 点附近有所升高或降低，由于 3 点也能满足式(3-47)，系统温度都能回复到 3 点，即也具有热自衡能力。7 与 3 虽然都是稳定的操作状态点，但 3 点温度、转化率太低，是不期望的操作点。7 点既是热稳定的，且反应温度与转化率都足够高，才是期望的操作点。5 点的情况不同。当因外界的干扰反应温度有所升高时，其放热速率大于移热速率，系统温度将一直上升到 7 点；当因外界的干扰反应温度有所下降时，其放热速率小于移热速率，系统温度将一直下降到 3 点。5 点不具有热自衡能力，是非热稳定的状态点。

　　1 点和 2 点与 3 点一样都是热稳定的状态点，但因为转化率太低，都是不期望的状态点。8 点和 9 点与 7 点一样，也都是热稳定的状态点，但 9 点反应温度太高，是否涉及其他操作制约因素需要综合考虑。

　　$T_0 = T_d$ 线与 Q_R 的两个交点 4、8 具有特殊的性质。当进料温度逐渐缓慢提高，操作状态由点 1 逐渐升至点 2、点 3，当移热曲线达 $T_0 = T_d$ 线时，操作状态达点 4，此时进料温度稍有增加，由于 $\frac{dQ_R}{dT} > \frac{dQ_C}{dT}$，反应器内温度将迅速增至热稳定操作状态点 8，即点 4 是不稳定的状态点。上述反应器内不连续温度突变现象称为起燃（ignition）。点 4 成为起燃点（ignition point）或着火点。如果进料温度逐渐降低，Q_C 线将沿着 $T = T_e$，$T = T_d$，$T = T_c$，$T = T_b$，$T = T_a$ 向左平移，与升温过程的 $T = T_d$ 线情况相似，降温过程的 $T = T_b$ 线与 Q_R 线的交点 6，也存在反应器内从点 6 骤降至点 2 的不连续温度突变现象，这种突变现象称为熄火（quench），点 6 称为熄火点（quench point）。

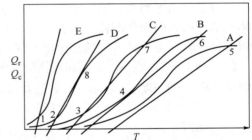

图 3-13　改变进料流量对全混釜操作状态（一级不可逆放热反应）的影响

　　(2) 改变进料流量　其他参数不变，改变进料流量 V_0，由式(3-45)可知，相应地改变了接触时间 τ 和放热速率 Q_R，由式(3-46)可知，同时改变了移热速率 Q_C。图 3-13 表示改变进料流量对全混釜操作状态（一级不可逆放热反应）的影响。A、B、C、D 和 E 分别代表进料流量逐渐增加时的放热曲线 Q'_R 和移热直线 Q'_C，可依次得到点 5、6、7、8 的操作点，其中 5、6 点为热稳定的操作点。当进料流量 V_0 稍微超过 D 线的 V_0 值，立即由点 8 骤降至点 2，表明进料流量太大，反应放出的热量不足以维持反应系统在所需的温度下操作，即反应被"熄火"了。同样，当进料流量由高降低时，依此得到 1、2、3、6、5 各操作点，而在点 4 处出现反应温度骤增至点 6 的"起燃"现象。

　　图 3-12 中改变进料温度时的"起燃点"和"熄火点"绘于图 3-14(a)；图 3-13 中改变进料流量时的"起燃点"和"熄火点"绘于图 3-14(b)。

　　4. 最大允许温差

　　最大允许温差是热稳定条件对全混流反应器设计中的一个限制。为了便于讨论，设进料温度 $T_0 = $ 冷却剂温度 T_C，则式(3-46)化简为

$$Q_C = (KF + V_0 \rho \bar{c}_p)(T - T_C) \tag{3-48}$$

　　对于一级不可逆单一放热反应，由式(3-45)和式(3-48)求导后，可得

$$\Delta T_{max} = (T - T_C)_{max} = \frac{RT^2}{E} \frac{c_{A0}}{c_A} \tag{3-49}$$

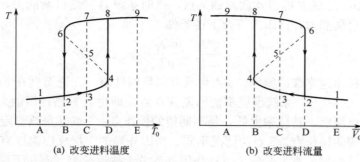

(a) 改变进料温度   (b) 改变进料流量

图 3-14　改变进料温度和进料流量的"起燃点"和"熄火点"

据此求得反应器所必须具有的最小传热面积为

$$F_{min} = \frac{Q_R}{K\Delta T_{max}} - \frac{V_0\rho\bar{c_p}}{K}$$

$$= \frac{(-\Delta_r H)kc_A V_R}{K\Delta T_{max}} - \frac{V_0\rho\bar{c_p}}{K} \tag{3-50}$$

由上式可知，决定 ΔT_{max} 的反应参数是反应活化能 E，活化能愈大，反应速率对温度愈敏感，允许温差 ΔT 就愈小。最大允许温差决定了放热反应全混釜的冷却介质温度和控制要求。最小传热面积则决定了全混流反应器中传热面积的设置要求。

全混釜内由于物料的剧烈混合，所以原则上不致发生局部过高或局部过低的现象。如果反应物系为液体或流化床内的固体颗粒，热容较大，温度的升降就比较迟缓而易于进行调节和控制。对于这样的反应器，设计时可以不必一定满足稳定条件，因为利用简单的控制措施完全可能实现闭环操作。

【例 3-6】 某一级不可逆液相放热反应在绝热全混釜中进行，反应混合物体积流量 $V_0 = 6\times10^{-2}$ L/s，其中反应物 A 的浓度 $c_{A0} = 3$ mol/L，进料及反应器中反应混合物密度 $\rho = 1$ g/cm³，热容 $c_\rho = 4$ J/(g·K)，在反应过程中保持不变，反应器容积 $V_R = 18$ L，反应热 $\Delta_r H = -200$ kJ/mol，反应速率 $r_A = 4.48\times10^6\exp\left(\frac{-62760}{8.314T}\right)c_A$ mol/(L·s)，若进料温度 $T_0 = 25$℃，试求操作状态点温度。

解　$\tau = V_R/V_0 = 18/(6\times10^{-2}) = 300$ s

$$N_{A0} = V_0 c_{A0} = 6\times10^{-2}\times3 = 0.18 \text{ mol/s}$$

放热速率

$$Q_R = \frac{kV_R c_{A0}(-\Delta_r H)}{1+k\tau} = \frac{4.48\times10^6\exp\left(-\frac{62760}{8.314T}\right)\times18\times3\times200000}{1+4.48\times10^6\exp\left(-\frac{62760}{8.314T}\right)\times300} \tag{例 3-6-1}$$

当 T 由 298K 增至 458K 时，Q_R 的数值见表（例 3-6-1）。

表（例 3-6-1）　Q_R 数值

T/K	298	318	338	358	378	398	418	438	458
Q_R/(J/s)	481.6	2248	7672	17468	26704	31924	34236	35200	35620
Q_C/(J/s)	0	4800	9600	14400	19200	24000	28800	33600	38400

绝热全混流反应器的移热速率

$$Q_C = V_0\rho c_\rho(T-T_0) = 6\times10^{-2}\times1000\times4\times(T-T_0) \tag{例 3-6-2}$$

Q_R-T 曲线为 S 形曲线，Q_C-T 关系线为直线，两线相交于三点：

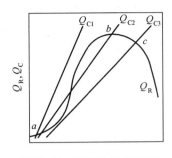

图 3-15　可逆放热反应的
最宜操作点

低转化率、热稳定操作点　　　300.4K，$x=0.0161$
中转化率、非热稳定操作点　　346K，$x=0.365$
高转化率、热稳定操作点　　　444K，$x=0.982$

5. 单一可逆放热反应

以上讨论的是全混釜中进行一级不可逆液相单一放热反应热稳定性的工程分析。若进行的是一级可逆液相单一放热反应，由于化学平衡的限制，高温下反应速率下降，全混釜反应器的 Q_R 曲线亦随之下降，有一极大值，如图 3-15 所示。最好选择在 Q_R 曲线最高点附近的热稳定的状态点作操作点，如图 3-15 中的 b 点。图 3-15 中移热直线 Q_{C1} 和 Q_{C3} 虽然与 Q_R 分别相交于热稳定的 a 点及 c 点，但 a 点反应温度和反应率过低，c 点反应温度虽较高，但平衡转化率比 b 点低，也不适宜选作操作点。

第四节　理想流动反应器的体积比较

前面讨论了几种理想反应器体积的计算，如果在这些反应器中进行相同的反应，采用相同的进料流量与进料浓度，反应温度与最终转化率也相同。比较这几种反应器所需的体积，对于间歇反应器与平推流反应器，当上述条件一定时，两者的体积是相同的（未考虑间歇反应器的辅助时间），这是因为它们均不存在返混。全混流反应器，由于返混程度极大，反应体积要大许多。设 V_{RP} 与 V_{RM} 分别表示平推流与全混流反应器的反应体积，两者之比

$$\frac{V_{RM}}{V_{RP}} = \left[\frac{V_0 c_{A0} x_{Af}}{(r_A)_f}\right] \bigg/ \left[V_0 c_{A0} \int_0^{x_{Af}} \frac{\mathrm{d}x_A}{r_A}\right] \tag{3-51}$$

以 $1/r_A$ 对 x_A 作图，如图 3-16 所示，图 3-16 中曲线 AB 代表 $1/r_A$ 与 x_A 的关系，由动力学关系而定。D 点的转化率表示反应器出口的转化率 x_{Af}。矩形 $OCBD$ 面积表示 $x_{Af}/(r_A)_f$ 之值，相当于全混流反应器的体积；曲线 AB 下边 $OABD$ 的面积表示 $\int_0^{x_{Af}} \frac{\mathrm{d}x_A}{r_A}$ 之值，相当于平推流反应器的体积。显而易见，当 V_0、c_{A0}、x_{Af} 相同时，全混流反应器所需体积大于平推流反应器的体积，这是由于前者存在返混造成的。

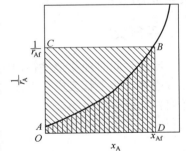

图 3-16　理想流动反应器
体积比较

由图 3-16 可见，当转化率较小时，两者体积的差别较小，因此，采用低转化率操作，可以减少返混带来的影响。但这样做会使原料得不到充分利用，解决的办法是将未反应物料从反应产物中分离出来，返回到反应系统中再循环使用，当然这要增加分离、输送费用，需进行综合经济比较，以确定最佳方案。

还要指出，反应级数越高，以及反应过程中 $\sum \nu_i$ 增加愈多的反应，则返混对反应的影响越严重，V_{RM} 与 V_{RP} 的差别越大，所以对这类反应特别要注意减少返混。

多级全混流反应器串联操作可以减少返混，提高反应推动力，使 V_{RM} 与 V_{RP} 的差别减小。例如对一级不可逆单一等容反应，等体积多级全混流反应器串联的总反应体积与单个平推流反应体积之比为

$$\frac{V_{RM}}{V_{RP}} = m\left[\frac{1}{(1-x_{Af})^{1/m}} - 1\right] \bigg/ \left[\ln\frac{1}{1-x_{Af}}\right] \tag{3-52}$$

以 V_{RM}/V_{RP} 为纵坐标，以 $(1-x_{Af})$ 为横坐标，将式（3-52）作成曲线如图 3-17[10] 所示。①在串联级数 m 一定时，x_{Af} 越大，V_{RM} 与 V_{RP} 之比也越大。②在最终转化率 x_{Af} 一定时，m 越大，V_{RM} 与

V_{RP} 之比越小，越接近平推流反应器。当 $m > 6$ 时，再增加级数所能减少的反应体积已很有限，要从经济上加以权衡。③图 3-17 中虚线表示 $k\tau$ 一定时，反应器级数与最终转化率的关系，m 不同，所得到的最终转化率 x_{Af} 也不同。例如 $k\tau = 10$，用一个全混流反应器最终转化率为 91%，用两个全混流反应器串联最终转化率为 97.3%。

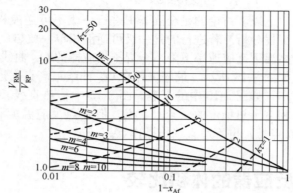

图 3-17　多级理想混合反应器与理想置换反应器反应体积的比较

第五节　多重反应的选择率

前面讨论的反应体积的计算，都是对单一反应而言，对于多重反应，反应器中的流动情况不仅影响反应器的大小，还要影响反应的选择率。对工业反应过程，选择率的要求比反应器大小更重要。虽然多重反应的类型很多，但最基本的是平行反应与连串反应，下面分别讨论在等温等容液相反应情况下这两类典型的反应。

一、平行反应

反应物同时独立地进行两个或两个以上的反应称为平行反应，化工生产中许多取代、加成及分解反应过程存在着平行反应。下面讨论最简单的情况，即各反应组分的化学计量数均相等。典型的平行不可逆液相反应可表示为

$$A \nearrow^{L(主反应)}_{\searrow M(副反应)} \qquad 或 \qquad A+B \nearrow^{L(主反应)}_{\searrow M(副反应)}$$

令 r_L 为主反应速率，r_M 为副反应速率，两者之比为对比速率

$$\alpha = r_L / r_M \tag{3-53}$$

瞬时选择率定义为关键反应组分 A 在总反应速率中生成主产物的反应速率，即

$$s = r_L / r_A = r_L / (r_L + r_M) = \alpha / (1 + \alpha) \tag{3-54}$$

显然，对比速率 α 和选择率 S 在本质上是相似的，只是表达方式不同而已。为了对整个反应器的反应总结果作出评价，还常用总选择率的概念，对于等温等容反应，总选择率定义为

$$S_f = c_{Lf} / (c_{A0} - c_{Af}) \tag{3-55}$$

如果知道瞬时选择率与浓度的变化关系，就可确定它的总选择率。总选择率是反应过程中或反应器中瞬时选择率的积分值，因而对于平推流反应器

$$S_{fp} = \int_{c_{A0}}^{c_{Af}} -S dc_A / (c_{A0} - c_{Af}) \tag{3-56}$$

在平推流反应器中可用式(3-56)计算总选择率,在全混流反应器中总选择率用下式计算

$$S_{fm}=S=r_{Lf}/(r_{Lf}+r_{Mf})=c_{Lf}/(c_{A0}-c_{Af}) \tag{3-57}$$

（1）选择率的温度效应　设反应物 A 在两个平行竞争的反应中,生成主产物 L 和副产物 M,主、副反应的级数分别为 n_1、n_2,主、副反应的活化能分别为 E_1、E_2,由选择率定义

$$S=r_L/(r_L+r_M)=1/\left(1+\frac{k_2}{k_1}c_A^{n_2-n_1}\right) \tag{3-58}$$

温度对选择率的影响由比值 k_2/k_1 所确定,由动力学可知

$$k_2/k_1=(k_{20}/k_{10})e^{[(E_1-E_2)/(RT)]} \tag{3-59}$$

由式(3-58)、式(3-59)可知,如果 $E_1>E_2$,即主反应活化能大于副反应活化能,温度增高有利于选择率的增大;当 $E_1<E_2$,即主反应活化能小于副反应活化能,温度降低有利于选择率的增大;若 $E_1=E_2$,选择率与温度无关。平行反应选择率的温度效应也可表示为提高温度对活化能高的反应有利;反之,降低温度对活化能低的反应有利。

（2）选择率的浓度效应　由式(3-58),当 $n_1>n_2$,即主反应级数大于副反应级数,S 随 c_A 的升高而增大;反之,当 $n_1<n_2$,即主反应级数小于副反应级数,S 随 c_A 的升高而减小;又若 $n_1=n_2$ 时,S 与 c_A 无关。

由此可知,对于平行反应,当主反应级数大于副反应级数,即需要 c_A 高时,可以采用平推流反应器（或间歇反应器）;或使用浓度高的原料,或采用较低的单程转化率等。反之,当主反应级数小于副反应级数,即需要 c_A 低时,可以采用全混流反应器;或使用浓度低的原料（也可加入惰性稀释剂,也可用部分反应后的物料循环以降低进料中反应物的浓度）;或采用较高的转化率等。

（3）平行反应加料方式的选择　对于平行不可逆反应

$$A+B \begin{array}{c} \nearrow L（主反应） \\ \searrow M（副反应） \end{array}$$

若相应的反应速率方程 $r_L=k_1c_A^{n_1}c_B^{m_1}$,$r_M=k_2c_A^{n_2}c_B^{m_2}$
则瞬时选择率

$$S=1/\left(1+\frac{k_2}{k_1}c_A^{n_2-n_1}c_B^{m_2-m_1}\right) \tag{3-60}$$

只要知道主、副反应级数的相对大小,就可确定在反应过程中该组分浓度高低的要求,并决定采用何种反应器或如何加料。不同情况下适宜的操作方式见表 3-6。

表 3-6　平行反应的适宜操作方式

动力学特点	对浓度的要求	适宜的操作方式
$n_1>n_2$ $m_1>m_2$	c_A、c_B 都高	① A、B 同时加入的间歇式操作; ② A、B 同时加入的平推流反应器; ③ 多段全混流反应器,A、B 同时加入第一级
$n_1<n_2$ $m_1<m_2$	c_A、c_B 都低	① A、B 同时缓慢滴加的间歇式操作; ② A、B 同时加入单个全混流反应器; ③ 一次加入 A,多股陆续加入 B 的平推流反应器
$n_1>n_2$ $m_1<m_2$	c_A 高、c_B 低	① 一次加入 A;缓慢滴加 B 的间歇式操作; ② 平推流反应器,由进口一次加入 A,沿管长分段加入 B; ③ 多段全混流反应器,由第一段一次加入 A,B 分段加入; ④ 单个全混流反应器,A、B 同时加入,而后 A 从出口物料中分离返回反应器

二、连串反应

连串反应是指反应主产物能进一步反应生成其他副产物的过程，许多卤化、水解反应都属连串反应。

（1）间歇及平推流反应器中连串反应的选择率　对于等温间歇反应器中进行连串一级不可逆液相反应，进料中只有组分 A，并且各反应组分的化学计量数均相等

$$A \xrightarrow{k_1} L \xrightarrow{k_2} M$$

相应各组分的反应速率为

$$r_A = -dc_A/dt = k_1 c_A \tag{3-61}$$
$$r_L = dc_L/dt = k_1 c_A - k_2 c_L \tag{3-62}$$
$$r_M = dc_M/dt = k_2 c_L \tag{3-63}$$

反应开始时 A 的浓度为 c_{A0}，而 $c_{L0} = c_{M0} = 0$，积分式(3-61)，可得

$$c_A = c_{A0} e^{-k_1 t} \tag{3-64}$$

代入式(3-62)，可得

$$dc_L/dt + k_2 c_L = k_1 c_{A0} e^{-k_1 t} \tag{3-65}$$

此式为一阶线性常微分方程，其解为

$$c_L = k_1 c_{A0} (e^{-k_1 t} - e^{-k_2 t})/(k_2 - k_1) \tag{3-66}$$

又

$$c_M = c_{A0} - c_A - c_L = c_{A0} + c_{A0}[(k_2 e^{-k_1 t} - k_1 e^{-k_2 t})/(k_1 - k_2)] \tag{3-67}$$

图 3-18 表示具有不同 k_1 和 k_2 值的连串反应，其图形虽各不相同，但具有共同的特点，即组分 A 的浓度单调下降，副产物 M 的浓度单调上升，而主产物 L 的浓度先升后降，其间存在最大值。

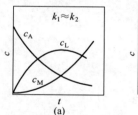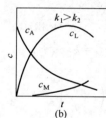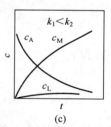

图 3-18 连串反应的浓度-时间关系

连串反应的瞬时选择率 S 可表示为

$$S = r_L/r_A = 1 - k_2 c_L/(k_1 c_A) \tag{3-68}$$

（2）连串反应的温度、浓度效应　连串反应的温度效应决定于比值 k_2/k_1 的大小，选择温度的高低决定于主、副反应活化能的相对大小，若 $E_1 > E_2$，即主反应的活化能高，提高温度可增大选择率；若 $E_1 < E_2$，即主反应的活化能低，降低温度可增大选择率。这个结论与平行反应的温度效应相同。连串反应的浓度效应较平行反应复杂。提高连串反应选择率可以通过适当选择反应物的初浓度和转化率来实现。初浓度对连串反应选择率的影响，取决于主、副反应级数的相对大小，主反应级数高时，增加初浓度有利于提高选择率；反之，主反应级数低时，降低初浓度才能提高选择率。

转化率对连串反应的影响如下：随着转化率的增大，反应物浓度 c_A 越来越低，c_L/c_A 的比值总是随 x_A 的增大而增大，瞬时选择率下降。因此，对连串反应，不能盲目追求过高的转化率，因转化率过高时选择率降低。在工业生产中进行连串反应时，常使反应在较低的单程转化率下操作，而把未反应原料经分离回收之后再循环使用。

（3）连串反应的最佳反应时间与最大收率　多重反应中主产物的收率定义为

$$Y = \frac{c_{Lf}}{c_{A0}} = \frac{c_{Lf}}{c_{A0} - c_{Af}} \times \frac{c_{A0} - c_{Af}}{c_{A0}} = Sx_{Af} \tag{3-69}$$

在连串反应中，由于总选择率总是随转化率的增大而减低，而收率又是这两个因子的乘积，因此连串反应的收率必有极值。

上述式（3-61）~式（3-69）均按对间歇反应器情况推导。本章第三节已讨论过等温等容反应在间歇或平推流反应器中进行时，同类反应的动力学积分式相同，只不过间歇反应器用反应时间 t，而平推流反应器用接触时间 τ。

因此，对间歇反应器或平推流反应器，以式（3-66）对 t 求导，使其为零，可求得主产物 L 浓度最大的反应时间

$$t_{opt} = \ln(k_2/k_1)/(k_2 - k_1) \tag{3-70}$$

并可得到主产物 L 的最大出口浓度

$$(c_{Lf})_{max} = c_{A0} \left(\frac{k_1}{k_2}\right)^{k_2/(k_2-k_1)} \tag{3-71}$$

最大收率

$$Y_{max} = \left(\frac{k_1}{k_2}\right)^{k_2/(k_2-k_1)} \tag{3-72}$$

由上式可见，在间歇反应器或平推流反应器中进行一级连串不可逆液相反应，其最大收率与初浓度无关，只决定于 k_2/k_1 之比。对应于此最大收率，间歇反应器必然有最优反应时间，而平推流反应器是最优接触时间与最优转化率。

平推流反应器中进行一级连串反应最大收率与 k_2/k_1 比值的关系见图 3-19（a）。

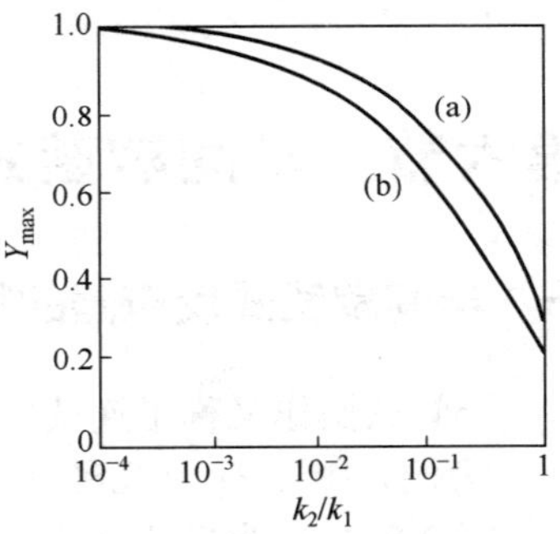

若全混流反应器中进行一级不可逆、并且进料中只含有组分 A 的等容液相反应，根据物料衡算式

$$V_0 c_{A0} = V_0 c_{Af} + V_R k_1 c_{Af}$$

可得

$$c_{Af} = \frac{c_{A0}}{1 + k_1 V_R/V_0} = \frac{c_{A0}}{1 + k_1 \tau_m}$$

式中，τ_m 为全混流反应器的接触时间。

对 L 作物料衡算

$$0 = V_0 c_{Lf} + V_R(-k_1 c_{Af} + k_2 c_{Lf})$$

可得

$$c_{Lf} = \frac{c_{A0} k_1 \tau_m}{(1 + k_1 \tau_m)(1 + k_2 \tau_m)} \tag{3-73}$$

由

$$c_{A0} = c_{Af} + c_{Lf} + c_{Mf}$$

得

$$c_{Mf} = \frac{c_{A0} k_1 k_2 \tau_m^2}{(1 + k_1 \tau_m)(1 + k_2 \tau_m)} \tag{3-74}$$

要使主产物 L 浓度最大，则以式（3-73）对 τ_m 求导，可得

$$(\tau_m)_{opt} = 1/\sqrt{k_1 k_2} \tag{3-75}$$

相应主产物 L 的最大浓度

$$(c_{Lf})_{max} = \frac{c_{A0}}{(1 + \sqrt{k_2/k_1})^2} \tag{3-76}$$

最大收率

$$Y_{max} = \frac{1}{(1 + \sqrt{k_2/k_1})^2} \tag{3-77}$$

图 3-19　一级连串反应的最大收率
（a）平推流；（b）全混流

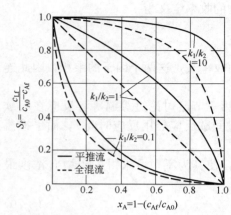

图 3-20 一级连串反应的 S_f-x_A 图

与间歇反应器及平推流反应器一样，全混流反应器中进行一级连串不可逆反应，主产物最大收率与反应物初浓度无关，只与 k_2/k_1 之比值有关。对应最大收率必然有最优接触时间 $(\tau_m)_{opt}$ 与最优转化率。

全混流反应器中进行一级连串不可逆液相反应的最大收率与 k_2/k_1 比值的关系见图 3-19(b)。

不论在哪一种形式的反应器中进行一级连串不可逆液相反应，其总选择率 S_f 仍可用 $\dfrac{c_{Lf}}{c_{A0}-c_{Af}}$ 计算。若以 S_f 与 x_A 作图，可得图 3-20。由图 3-20 可见，①当 x_A、k_1/k_2 相同，间歇操作或平推流操作时，主产物的选择率 S_f 比全混流操作为高；②如果 k_1/k_2 远比 1 小，要使主产物选择率高，必须在低的单程转化率下操作；③如果 k_1/k_2 远大于 1，即使转化率较高，也可得到较高的选择率。

以上所讨论的平行及连串反应都是一级不可逆的最简单的情况，如果其中有可逆反应或不同级数的反应，或者连串-平行反应等复杂的情况，读者可进一步阅读国外教材(参考文献［11］第 8 章或参考文献［12］第 6 章)。

第六节　半间歇釜式反应器

一、半间歇釜式反应器的特征

半间歇操作又称半连续操作，同时具有间歇操作和连续操作的某些特征。以反应物 A 和 B，产物为 R 为例，图 3-21 是几种常用的半间歇操作方式。

图 3-21(a) 为反应物 B 一次投入反应器，A 在反应过程中连续加入，反应过程中不出料，反应结束后一次出料。主要适用于以下情况：①要求严格控制反应器内 A 的浓度，防止因 A 过量而使副反应增加的情况；②保持在较低温度下进行的放热反应；③A 浓度低，B 浓度高对反应有利的情况。

图 3-21(b) 为反应物 A 和 B 同时连续加入反应器，反应过程中不出料，反应完毕后，一次出料。①这种操作可以严格控制 A、B 的加料比例，而且可以保持 A 和 B 都在较低的浓度下进行；②适合于 A、B 浓度降低对反应有利的场合。

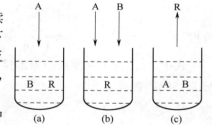

图 3-21 半间歇操作示意

图 3-21(c) 为将反应物 A、B 一次按比例全部投入反应器，反应过程中连续不断地移出产物 R。①这种操作方式既能满足 A、B 的比例要求；②又能保持 A、B 在反应过程中的高浓度；③对可逆反应尤其合适。

二、半间歇釜式反应器的数学模型[13]

半间歇液相釜式反应器广泛应用于精细化工产品生产中，如磺化、硝化、氮化、酰化及重氮化等单元反应，其中反应物及产物可以处于互溶的液相或不互溶的液-液非均相。如果属于液-液非均相，还涉及液-液相之间的微观混合等问题。

现以等温半间歇液相均相反应为例，讨论其数学模型及计算，过程见图 3-21(a)。作物料衡算如下

$$V_{A0}c_{A0} = (r_A)_V V_R + \frac{d(V_R c_A)}{dt} \tag{3-78}$$

式中，V_R 为釜式反应器中液相反应物料的体积，随时间而变。设操作开始时先向反应器中加入体积为 V_{R0} 的物料 B，然后连续地输入浓度为 c_{A0} 的反应物 A，体积流量恒定为 V_{A0}，过程中不导出物料，故

$$V_R = V_{R0} + V_{A0}t \tag{3-79}$$

反应器中进行如下单一不可逆液相均相等温反应 A+B ⟶ R，$(r_A)_V = kc_A c_B$。如果反应物 B 大量过剩，可按一级反应处理，即 $(r_A)_V = kc_A$，代入式(3-78)，可得

$$\frac{d(V_R c_A)}{dt} + (kc_A)V_R = V_{A0}c_{A0} \tag{3-80}$$

上式中的 $V_R c_A$ 为变量，则该式为一线性方程，初始条件为 $t=0$ 时，$V_R c_A = 0$，即

$$V_R c_A = \frac{V_{A0}c_{A0}}{k}(1-e^{-kt}) \tag{}$$

将式(3-79) 代入上式，得

$$\frac{c_A}{c_{A0}} = \frac{1-e^{-kt}}{k(t+V_{R0}/V_{A0})} \tag{3-81}$$

上式即反应物 A 的浓度与反应时间的关系。而产物 R 的浓度 c_R 与反应时间的关系如下

$$V_R c_R = V_{A0}c_{A0}t - V_R c_A \tag{3-82}$$

将式(3-79) 和式(3-81) 代入式(3-82) 后，可得

$$\frac{c_R}{c_{A0}} = \frac{kt-(1-e^{-kt})}{k(t+V_{R0}/V_{A0})} \tag{3-83}$$

根据式(3-81) 和式(3-83) 可计算不同反应时间反应物 A 和产物 R 的浓度。图 3-22 为 $k=0.2\text{h}^{-1}$ 及 $V_{R0}/V_{A0}=0.5\text{h}$ 时的计算结果。由图 3-22 可见，反应物 A 的浓度与反应时间关系曲线存在着一个极大值。如果不存在化学反应，由于 A 的连续加入，器内 A 的浓度应随时间而增加，有化学反应时，A 加入到反应器后消耗一部分，但开始时 A 的浓度低，反应速率慢，浓度随时间而上升；随浓度增大，反应速率加快，当反应消耗的 A 超过了加入的 A 时，A 的浓度则随时间的增加而下降。反应产物 R 的浓度总是随反应时间的增加而增大。

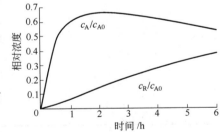

图 3-22　半间歇反应器组分浓度与反应时间的关系

若 V_{A0} 不是常数，需要知道 V_{A0} 与反应时间 t 的函数关系才能求解式(3-80)，若 B 的浓度对反应速率的影响不能忽略，式(3-80) 为非线性方程，一般情况下得不到解析解，需用数值法求解。

【例 3-7】 在等温釜式反应器中进行如下液相均相反应：

$$A+B \longrightarrow R, (r_A)_V = 2c_A$$
$$2A \longrightarrow S, (r_S)_V = 0.5c_A^2$$

采用半间歇操作，先将 1m^3 浓度为 4kmol/m^3 的 B 加入反应釜，然后将 1m^3 浓度为 4kmol/m^3 的 A 于 3h 内均匀加入反应器中，使之与 B 反应。求 A 加料完毕时，组分 A 和产物 R 的浓度并与间歇操作的计算结果加以比较。

解　由题意知该半间歇操作反应属于连续加料而间歇出料的情况，故可用(3-78)来计算反应釜内组分 A 的浓度与反应时间的关系。A 的转化速率为

$$(r_A)_V = (r_R)_V + 2(r_S)_V = 2c_A + c_A^2 \tag{例 3-7-1}$$

将此式代入式(3-78) 得：

$$V_{A0}c_{A0} = (2c_A + c_A^2)V_R + \frac{d(V_R c_A)}{dt} \tag{例 3-7-2}$$

A 在 3h 内均匀加料，因此 $V_{A0} = 1/3\text{m}^3/\text{h}$。由于在反应釜中预先加入 1m^3 的 B，故初始反应体积 $V_{R0} = 1\text{m}^3$。任意反应时间 t 下的反应体积为

$$V_R = 1 + t/3 \tag{例 3-7-3}$$

式(例 3-7-2) 可以改写成

$$V_{A0}c_{A0} = (2c_A + c_A^2)V_R + c_A\frac{dV_R}{dt} + V_R\frac{dc_A}{dt}$$

或

$$\frac{dc_A}{dt} = \frac{V_{A0}c_{A0}}{V_R} - 2c_A - c_A^2 - \frac{c_A}{V_R}\frac{dV_R}{dt} \tag{例 3-7-4}$$

将 V_R、V_{A0} 及 c_{A0} 的数值代入式(例 3-7-4)，得

$$\frac{dc_A}{dt} = \frac{4 - c_A}{3 + t} - 2c_A - c_A^2 \tag{例 3-7-5}$$

此为一阶非线性微分方程，可用数值法求解，表(例 3-7-1) 列出了求解的结果。可以看出，当 $t = 3\text{h}$ 时，釜内组分 A 的浓度为 0.2886kmol/m^3。相应的转化率为

$$\frac{4 - 0.2886}{4} \times 100\% = 0.8557 \times 100\% = 85.57\%$$

表（例 3-7-1）　反应釜内组分 A 的浓度与时间的关系

t/h	$c_A/(\text{kmol/m}^3)$	t/h	$c_A/(\text{kmol/m}^3)$
0	0	1.6	0.3508
0.2	0.2030	1.8	0.3477
0.4	0.3103	2.0	0.3367
0.6	0.3608	2.2	0.3261
0.8	0.3802	2.4	0.3160
1.0	0.3883	2.6	0.3063
1.2	0.3783	2.8	0.2972
1.4	0.3694	3.0	0.2886

为了求 R 的浓度，对反应器作 R 的物料衡算可得

$$\frac{d(V_R c_R)}{dt} = (r_R)_V V_R \tag{例 3-7-6}$$

将式(例 3-7-3) 及反应速率方程 $(r_R)_V = 2c_A$ 代入式(例 3-7-6)，得

$$\frac{d(V_R c_R)}{dt} = 2 \times \left(1 + \frac{t}{3}\right)c_A \tag{例 3-7-7}$$

因 $t = 0$ 时，$c_R = 0$，故 $V_R c_R = 0$；当 $t = 3\text{h}$ 时，1m^3 的 A 全部加完，即 $V_R = 2\text{m}^3$。若把 $V_R c_R$ 作为一个变量看待，则积分式(例 3-7-7)，得

$$c_A = \int_0^3 c_A dt + \frac{1}{3}\int_0^3 t c_A dt \tag{例 3-7-8}$$

利用表(例 3-7-1) 列出的 c_A 和 t 的数据，用数据积分或图解积分法求出式(例 3-7-8) 中右边的两个积分值。

于是当 $t=3$ 时，$c_R=1.46kmol/m^3$，目标产物 R 的收率 $y=1.46/2=0.73$。

与间歇操作的计算比较可见，在相同的反应条件下，半间歇操作的转化率为 85.57%，低于间歇操作的转化率为 99.88%，而目标产物的收率 73% 大于间歇操作的收率 69.19%。原因在于半间歇操作是在 A 的浓度相对较低的条件下操作，有利于产物的生成，但是也降低了转化率。因此要求产物收率较高时采用半间歇操作是有利的。

第七节 釜式反应器中进行的多相反应

釜式反应器除应用于进行液相均相反应外，还广泛应用于液-液非均相反应、液-固相反应、气-液相反应和气-液-固三相非催化及催化等多相反应。本节从反应器的尺度介绍釜式反应器中进行多相反应的特征。至于液相中进行多类的气-液反应的宏观动力学将在本书第六章讨论，非催化液-固相反应的固相颗粒加工的宏观动力学将在第七章流-固相非催化反应讨论，而气-液-固三相催化及非催化反应将在第九章讨论。

一、釜式反应器中进行的液-液非均相反应

液-液非均相反应过程是基本上不互溶的液体构成连续相与分散相间的传递和反应过程，常见的液-液反应有精细化工中的硝化、磺化等过程[14]，带化学反应的液-液萃取过程[15]，高分子聚合中的缩合、乳液聚合过程[1]。液-液相反应通常使用单桨或多桨搅拌釜式反应器，而黏性流体要采用特种搅拌桨。

釜式反应器中的液-液非均相反应，涉及下列反应工程问题。①液-液的分散与混合，使基本不互溶的两种液体混合，其中的一相液体以微小的液滴均匀分散到另一相液体中，被分散的一相为分散相，另一相为连续相，被分散的液滴越小，反应器单位体积中两相接触面积越大。并且，液滴又不断地发生凝并与分裂，从而影响两相的接触面积，分散与混合过程与搅拌桨的形式和转速有关。②连续相和分散相中的有关反应组分在另一相中的溶解度。③连续相与分散相之间的传质过程。④有关液相反应组分在另一液相中的传质和反应耦合过程，与本书第六章所讨论的气相组分溶解在液相中所进行的气-液反应动力学相似。液-液相非均相反应的整个过程比气-液相反应过程还要复杂，可参见施玉葵、顾其威[16,17]关于醛酮液相催化缩合的论文。参考文献 [1] 第 348～352 页阐述了液-液非均相反应中的：①连续相与分散相间的传质系数；②釜式反应器中液滴的凝并与分裂；③液滴内的传质过程对滴内反应速率的影响；④釜式反应器中进行液-液非均相反应的放大等工程问题。

二、釜式反应器中进行的液-固非均相反应

多种有色金属、稀有和放射性元素及化学矿在加工过程中使用酸、碱或盐类溶液进行化学加工[18]，称为液-固相浸取或分解反应。这些液-固非均相反应大都在间歇或连续操作的釜式反应器（槽）中进行，其中固相颗粒存在着化学组成、颗粒粒度和固相内孔隙结构的非定态变化。

本书第八章讨论含液-固及气-固相非催化系统的流-固相非催化反应，根据固相颗粒的不同结构，阐述了颗粒的收缩未反应芯模型、整体反应模型、有限厚度反应模型的固相结构特征。根据结构特征，提出了颗粒内固相变化和相应的反应-扩散耦合过程的物理模型，以及阐述前两种物理模型的颗粒总体速率的模型。

釜式反应器中液-固相非均相反应的床层宏观反应动力学，涉及：①固相颗粒是否悬浮在反应器中；②液-固两相之间的传质速率；③釜式反应器处于间歇、连续或半连续的操作方式三个共同问题。

釜式反应器中，在强烈搅拌情况下，液相与悬浮在其中固相颗粒的外表面间的传质系数 k_S 的计算关联式，见文献 [1]。

$$Sh=\frac{k_{S}d_{p}\rho}{D_{L}}=2.0+0.76(Re)^{0.5}(Sc)^{1/3} \tag{3-84}$$

式中，D_{L} 为反应物在液体中的分子扩散系数。

上式的适用范围为 $20<Re<2000$，Re 数中的线速度 u 为液-固相的相对运动速度，其值可以相应地用颗粒的沉降速度表示。

由式(3-84) 表达的传质系数 k_{S} 一般远大于气-固反应的气-固相间气相传质系数 k_{G}。另一方面，反应釜中的固体颗粒一般常预先破碎成粒度在 1mm 以下的细小颗粒，单位反应釜体积中颗粒的外表面积 S_{e} 相当大，因而液相向颗粒外表面的扩散传质过程阻力对总体速率的影响可以不考虑。

液-固相反应在间歇操作的釜式反应器中进行时，反应釜中液相组成随反应时间而变，固相颗粒则存在一定的粒度分布，不同粒度的颗粒达到所要求的转化率的反应时间是不同的，往往较大颗粒达到所要求的转化率所需要的反应时间决定整个间歇反应釜的反应时间，尤其涉及某些颗粒本身的化学反应的性质，所需反应时间相当长。

三、釜式反应器中进行的气-液相络合催化反应

1. 液相缩合催化

本书第六章气-液反应工程从气-液反应的角度介绍了搅拌鼓泡反应器中进行液相有机化合物的加氢、氧化、氯化等反应，气-液相络合催化反应，也在搅拌鼓泡反应器中进行。

一些可溶性的过渡金属有很多的特性，能生成稳定的或不稳定的配合物。有些分子或离子与金属络合使某一特征反应更容易进行，称为液相络合催化反应。例如，用于乙烯合成乙醛的钯配合物催化剂，用于甲醇羰基化合成乙酸的铑配合物催化剂，以及近年发现的用于乙烯聚合的可溶性 Ziegler 催化剂。配合物催化剂以分子状态存在，有效浓度远超过分散度很低的固体催化剂。配合物催化剂分子在结构上只能与一定的化合体产生配合物催化剂作用。又由于液相络合催化反应的液体具有较大的热容和热导率，即使强放热反应，温度也易于控制。因此，络合催化具有高活性、高选择性和反应条件温和等优点。液相络合催化的缺点是催化剂不易分离导致回收困难。

2. 甲醇液相络合催化羰基合成乙酸装置技术改造案例

甲醇与一氧化碳羰基合成乙酸由美国 Monsanto 公司于 20 世纪 70 年代初开发成功，采用铑的羰基化合物与碘化物组成的络合催化体系，与其他络合催化体系（如 Co 系、Ir 系及 Ni 系）比较，Rh 系的催化剂活性高、副产物少、乙酸收率最高，且操作压力低。Monsanto 法的工艺特征如下：甲醇与 CO 在水-乙酸介质中于压力 2.65～2.8MPa、温度 180～200℃生成乙酸。副产物很少，主要副产物是变换反应，即 CO 与水反应生成 CO_2 与 H_2，还有极少量的乙酸甲酯、二甲醚和丙酸等副产物[19]。

我国上海吴泾化工有限公司于 20 世纪 90 年代引进了年产 10 万吨乙酸的装置，经过有关科技工作者多年的努力，对引进装置进行了"消化、吸收、改造和再创新"，主要成果为：①优选了液相反应介质的组成，提高了反应速率并且降低了成品乙酸中甲酸和丙酸等杂质的含量[20]；②原有搅拌反应器为全混釜，致使原料气中 CO 的转化率只有 85% 左右，改造后在搅拌反应器后串联一个塔式反应器，其中设置有多孔塔板，接近平推流反应器，并且相应改造了流程，出口 CO 总转化率可达 95% 左右，通过上述技术改造和再创新，装置产量达年产乙酸 20 万吨，原料中 CO 转化率提高到 95%，降低了成本[21]。这是一项应用络合催化和反应工程原理，对引进技术进行再创新，并获得多项自主知识产权专利的集成创新成果。

第八节　讨论与分析

① 本章所讨论的间歇釜式反应器、连续流动均相管式反应器和连续流动釜式反应器被认为是三种

不同类型的理想流动反应器，也是最基本的反应器。在间歇操作强烈搅拌的釜式反应器中，液相反应物系的组成均匀并随操作的反应时间而变，釜内反应温度处于等温，但反应温度可以根据反应物系的特性和主要反应物的不同转化率而调节，系统始终处于动态，大多数间歇釜式反应器中处理液相反应物，并且不考虑液相反应物系的密度随组成的变化，即系统为等容过程，在上述情况下，等温间歇釜式反应器的数学模型简单，易进行积分运算。

如果釜式反应器在半间歇情况下操作，例如反应釜中先全部加入反应物料 B，调节到所需的反应温度后，连续地以恒定流量输入另一反应物料 A，即使反应属于最简单的单一不可逆反应并且反应物 B 大量过剩，由于反应物系体积不断地增加，系统亦属动态，数学模型及运算都比同一反应在间歇操作时复杂得多，但对于某些反应可获得比间歇釜式反应器较好的技术指标。本章讨论了半间歇一级不可逆反应的案例。如果半间歇反应器中的反应比较复杂，难以获得解析解，但可以运用计算机求出数值解。

许多液相及含液相的反应可以先在实验室规模的间歇或半间歇釜式反应器中进行改变操作条件的实验，以了解各种有关工艺条件的影响，以及获取较简单反应的动力学方程，以指导进一步的过程开展，实验设备投资少，操作费用小。如果该反应的工业生产适宜于连续系统中进行，如多级串联全混流及连续管式反应器，通过本章第二节"均相管式反应器的特征"和第三节"连续流动釜式反应器的特征及数学模型"的论述，可知实验室间歇反应器的实验数据，可以作为中试或生产规模的连续流动反应器的设计和操作的依据。

② 如果搅拌釜式反应器中反应系统属于含液相的非均相系统，如液-液非均相、液-固相、气-液相、气-液-固三相，但其中必有液相存在，并且液相占据釜式反应器中的大部分体积，搅拌器在液相中剧烈搅拌，这种反应比液相均相反应复杂，要考虑两相之间的混合和相际接触面积、相际传质和传热、一相中反应组分在另一相中的反应-扩散宏观过程，虽然某些多相反应，如气-液反应、液-固相非催化反应及气-液-固三相反应的宏观反应过程在本书中有专章论述，但本章第七节从釜式反应器的角度讨论了一些相关问题。

精细化工所讨论的液相反应在间歇或连续搅拌反应釜中进行。其中一些反应，实质上是液-液非均相反应，在实验室规模的釜式反应器中所获实验数据，用于工业规模的搅拌反应釜设计时，由于涉及搅拌装置对液-液非均相体系的相互混合接触面积及传质的影响，另一方面一相中的反应组分在另一相中的反应-扩散的宏观过程和宏观动力学的研究工作比其他类型的多相反应少得多，大型搅拌反应釜设计和确定操作条件时，还需进行很多工作。

③ 本章［例 3-5］讨论了根据实验室间歇反应器中，用硫酸分解磷灰石制萃取磷酸的数据，设计5 个体积相同的全混流反应槽串联的工业装置案例。表（例 3-5-1）所表示的实质上是搅拌反应釜中计入液-固传质和流-固相反应的实验动力学数据，可以用来设计相同工艺条件的工业串联全混流反应器。但即使处理组成相近的磷灰石，若进料粒度改变、各釜反应温度或各釜体积有所不同时，就不能用来设计，应计入不同条件下各釜中的总体速率对反应产率的影响，是一个很复杂的问题，可参见专论［22］。

参　考　文　献

[1] 陈甘棠. 化学反应工程. 4 版. 北京：化学工业出版社，2021.
[2] 李绍芬. 反应工程. 3 版. 北京：化学工业出版社，2013.
[3] 朱开宏. 工业反应工程分析导论. 北京：中国石化出版社，2003.
[4] 邹仁鋆. 石油化工裂解原理与技术. 北京：化学工业出版社，1982.
[5] 陈滨. 乙烯工学. 北京：化学工业出版社，1995.
[6] 钱家麟. 管式加热炉. 2 版. 北京：中国石化出版社，2003.
[7] 邹仁鋆. 基本有机化工反应工程. 北京：化学工业出版社，1981.
[8] 黄仲九，房鼎业. 化学工艺学. 2 版. 北京：高等教育出版社，2008.
[9] 杨德芝，李康诩. 乙烷裂解动力学的研究和管式炉设计模型. 石油化工，1979（11）：763-773.

[10] 朱炳辰. 无机化工反应工程. 北京：化学工业出版社，1981.

[11] Levenspiel O. Chemical Reaction Engineering. 3rd. New York：John Wiley & Sons, 1999.

[12] Fogler H S. 化学反应工程. 李术之，朱建华，译. 3 版. 北京：化学工业出版社，2005.

[13] 杨志才. 化工生产中的间歇过程. 北京：化学工业出版社，2001.

[14] 张铸勇. 精细有机合成单元反应. 上海：华东理工大学出版社，2003.

[15] 1980 年国际溶剂萃取会议论文选：萃取化工和过程分析. 邵德荣，等译. 北京：原子能出版社，2005.

[16] 施玉蓉，顾其威. 醛酮缩合反应的相平衡与反应过程分析. 华东理工大学学报，1992，18（5）：549-555.

[17] 施玉蓉，顾其威. 醛酮液相催化缩合反应的均相与非均相反应动力学研究. 化学反应工程与工艺，1993，9（4）：353-359.

[18] 陈家镛，杨守志，柯家骏，等. 湿法冶金的研究与发展. 北京：冶金工业出版社，1998.

[19] 应卫勇. 煤基合成化学品. 北京：化学工业出版社，2010.

[20] 上海吴泾化工有限公司. 降低杂质的醋酸生产的铑/无机碘化物催化体系：中国，CN1537840A. 2004-10-20.

[21] 上海吴泾化工有限公司. 一种生产醋酸的羰基化反应器及其应用方法：中国，CN1562939A. 2005-1-12.

[22] 李佐虎，陈家镛. 连续多级串联完全混合槽中固体颗粒反应产率计算方法. 化工学报，1980（4）：307-317.

 习 题

3-1　在间歇反应器中进行液相反应 $A+B \longrightarrow P$，$c_{A0}=0.307mol/L$，测得二级反应速率常数 $k=61.5\times10^{-2}L/(mol \cdot h)$，计算当 $c_{B0}/c_{A0}=1$ 和 5 时，转化率分别为 0.5、0.9、0.99 所需的反应时间，并对计算结果加以讨论。

3-2　在等温间歇反应器中进行皂化反应

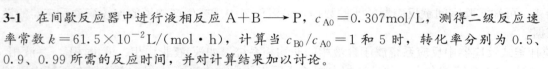
$$CH_3COOC_2H_5+NaOH \longrightarrow CH_3COONa+C_2H_5OH$$

该反应对乙酸乙酯和氢氧化钠均为一级，反应开始时乙酸乙酯和氢氧化钠的浓度均为 0.02mol/L，反应速率常数为 5.6L/(mol·min)，要求最终转化率为 0.95，试求当反应器体积分别为 1m³、2m³ 时，所需的反应时间各是多少？

3-3　在平推流反应器中进行等温一级反应，出口转化率为 0.9，现将该反应移到一个等体积的全混流反应器中进行，且操作条件不变，问出口转化率是多少？

3-4　在 150℃等温平推流反应器中进行一级不可逆反应，出口转化率为 0.6，现改用等体积的全混流反应器操作，料液流率及初浓度不变、要求转化率达到 0.7，问此时全混流反应器应在什么温度下操作？已知反应活化能为 83.68kJ/mol。

3-5　在 CSRT 中进行液相反应

$$A+B \Longrightarrow P+R$$

在 120℃时，反应速率 $r_A=8c_Ac_B-1.7c_Pc_R mol/(mol \cdot L)$

反应器体积为 100mL，两股进料流同时等流量进入反应器，一股含 A 3.0mol/L，另一股含 B 2.0mol/L，当 B 的转化率为 80% 时，每股料液流量为多少？

3-6　已知某均相反应，反应速率 $r_A=kc_A^2$，$k=17.4mL/(mol \cdot min)$，物料密度恒定为 0.75g/mL，加料流量为 7.14L/min，$c_{A0}=7.14mol/L$，反应在等温下进行，试计算下列方案的转化率各为多少。

（1）串联两个体积为 0.25m³ 的全混流反应器；

（2）一个 0.25m³ 的全混流反应器，后接一个 0.25m³ 的平推流反应器；

（3）一个 0.25m³ 的平推流反应器，后接一个 0.25m³ 的全混流反应器；

（4）两个 0.25m³ 的平推流反应器。

3-7　液相自催化反应 $A \longrightarrow P$，反应速率 $r_A=kc_Ac_P$，$k=10^2m^3/(kmol \cdot s)$，进料体积流量 $V_0=0.002m^3/s$，进料浓度 $c_{A0}=2kmol/m^3$，$c_{P0}=0$，问当 $x_A=0.98$ 时，下列各种情况下的反应器体积。

（1）单个平推流反应器；

（2）单个全混流反应器；

（3）两个等体积全混流反应器串联。

3-8　在全混流反应器中进行一级不可逆反应 $A \rightleftharpoons R$，$r_A = k_1 c_A - k_2 c_R$，已知该反应温度下的平衡转化率 $x_{Ac} = 2/3$，反应器出口实际转化率 $x_{Af} = 1/3$，问如何调节加料速率，可使反应转化率达 $1/2$。

3-9　物料 A 的液相平行反应为

$$A \longrightarrow L(异构反应) \quad r_{A1} = k_1 c_A$$
$$2A \longrightarrow M(二聚反应) \quad r_{A2} = k_2 c_A^2$$

进料浓度为 c_{A0}，试证明在等温平推流反应器中，L 的最大收率 $\dfrac{\ln(1+a)}{a}$，式中 $a = \dfrac{k_2}{k_1} c_{A0}$。

3-10　有一平行反应-连串液相反应在间歇反应器中进行

$$A+B \longrightarrow L \quad r_1 = k_1 c_A c_B$$
$$L+B \longrightarrow M \quad r_2 = k_2 c_L c_B$$

开始时 $c_{A0} = 0.1 \text{kmol/m}^3$，B 大量过量，得到如下数据：

t	c_A	c_M
t_1	0.055	0.038
t_2	0.01	0.042

试求 k_2/k_1 比值为多少？间歇反应器中 L 的最大浓度为多少？并求此时 A 的转化率。

3-11　对平行反应 $A \begin{smallmatrix} \nearrow L & r_L = 1 \\ \rightarrow M & r_M = 2c_A \\ \searrow N & r_N = c_A \end{smallmatrix}$ 其中 L 为目的产物，在等温操作中证明，

（1）采用全混流反应器则 $c_{Lmax} = c_{A0}$；
（2）采用平推流反应器 $c_{Lmax} = c_{A0}/(1+c_{A0})$。

3-12　在平推流反应器中进行基元反应，$A \begin{smallmatrix} k_1 \nearrow L \xrightarrow{k_2} M \\ \searrow N \\ k_3 \end{smallmatrix}$　L 为目的产物，已知 $k_2 = k_1 + k_3$，求 L 的最大收率及最优接触时间。

第四章　反应器中的混合及对反应的影响

化学反应器中流体流动状况严重影响反应速率、转化率和选择率，研究反应器中的流体流动模型是反应器选型、设计和优化的基础[1-7]。流动模型是反应器中流体流动与返混的描述，尽管工业反应器多种多样，其中流体流动情况复杂，但就其返混情况而言可以用不同的流动模型来描述。流动模型可分为两大类：理想流动模型和非理想流动模型。理想流动模型有两种极限情况：完全没有返混的平推流反应器和返混为极大值的全混流反应器。非理想流动模型是对实际工业反应器中流体流动状况与理想流动偏离的描述。对实际工业反应器，在测定停留时间分布的基础上，可以确定非理想流动模型参数，表达对其偏离程度。

第三章讨论了两种不同流动类型的理想反应器——平推流反应器和全混流反应器。平推流反应器，出口的反应物料质点在器内停留了相同的时间，即具有相同的停留时间；而全混流反应器出口的反应物料各质点具有不同的停留时间，即具有停留时间分布。由于反应物料在这两种反应器中具有不同的流动模式，其反应结果具有明显的差异，工业反应器中反应物料的流动往往偏离这两类流动模式。对于所有偏离平推流和全混流的流动统称为非理想流动。显然，随着这种偏离程度的不同，反应结果也不同。此外，第三章将反应器内反应物料按分子尺度的规模讨论其流动、混合和分散。而在有些场合，反应物料可能是具有一定粒径的固体颗粒或是流体，但是却以许多分子凝聚成团或块作为独立的单元进行流动、混合和分散，即具有不同的凝聚态，它也将影响反应的结果。本章讨论非理想流动和反应器的混合状态，并考察它们对反应的影响。

第一节　连续反应器中物料混合状态分析

一、混合现象的分类

化学反应是不同物质分子之间的化学作用，必要前提是反应物质之间首先要达到接触。因而任何化学反应都要将反应物料达到充分混合。无论连续流动釜式反应器还是间歇搅拌釜，搅拌的目的都是把釜内的物料混合均匀，搅拌是达到混合的一种手段。然而，"混合"只是一种总称，如果按其性质分类的话，可以有多种不同的情况。如果按混合对象的年龄可以把混合分为以下两类。

① 相同年龄物料之间的混合——同龄混合。这里所说的物料年龄就是物料在反应器中已停留的时间。例如，在间歇反应过程中，如果物料是一次投入的，则在反应进行的任何时刻，所有物料都具有相同的停留时间，此时搅拌引起的混合就是同龄混合。

② 不同年龄物料之间的混合——返混。在连续流动釜式反应器中，搅拌的结果使进入反应器的物料与刚进入的物料相混。这种不同时刻进入反应器的物料，即不同年龄物料之间的混合称为返混。

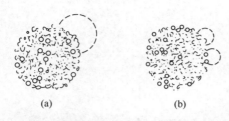

图 4-1 取样尺度和混合均匀的关系
(a) 取样尺度大；(b) 取样尺度小

各线条符号 ⌒ 等组分 A；

○ 组分 B；⟨⟩ 取样尺度

此外，对反应物料混合均匀程度的考察还有一个混合的尺度问题。例如，在图 4-1 中，A 和 B 两种物料的混合，如果分析其混合程度时取样以几百上千个小微团为基准的［图 4-1(a)］，则可以明显地判断它们之间的混合是均匀的；但是如果取样的尺度缩小，例如只取一个小微团［图 4-1(b)］的大小进行分析，则显然混合是非常不均匀的。取样的多少，就是尺度的问题。混合现象按混合发生的尺度大小可分为如下两类。

① 宏观混合。宏观混合是指设备尺度上的混合现象。如在连续流动釜式反应器中，由于机械搅拌的作用，使反应器内的物料产生设备尺度上的大环流，使物料在设备尺度上达到混合。如果搅拌作用足以使物料达到充分的混合，就会使反应器内的物料在设备尺度上达到均一，这就是全混流的状态。相反，如果物料在设备尺度上无任何混合作用，就如同第三章所讨论的平推流反应器，物料自进入反应器后，在流动方向上互不相混，这又是另一种极端的流动状态——平推流。因此，全混流和平推流是宏观混合的两种极限的流动状态。

② 微观混合。它是一种物料微团尺度上的混合。微团是指固体颗粒、液滴或气泡等尺度的物料聚集体。在发生混合作用时，各个微团之间可以达到完全相混，也可能完全不混或是介于两者之间。微团之间达到完全均一的混合状态，就是通常讨论的均相反应过程。微团之间完全不发生混合作用的例子就是进行固相加工反应的情形，而液-液相反应过程则介于中间混合状况。

二、连续反应过程的考察方法

综上所述，同样在一个连续釜式反应器中，对均相反应和固相加工反应采用完全不同的两种分析方法。两种方法的根本区别在于考察对象的不同：均相反应以反应器作为考察对象；固相反应以反应物料为考察对象。不同的反应系统要采用不同的考察方法。

1. 以反应器为对象的考察方法

在均相反应过程中描述连续釜式反应器的数学模型时是以整个反应器作为考察对象，而反应物料则因连续进料和出料而变换，无法跟踪这些物料。但由于釜内有剧烈的搅拌作用而保证其中的浓度和温度处处均匀。

若取反应物料中的单个分子来考察反应速率的问题，对单个分子来说实际上只能有两个状态：反应物或反应产物。因此，单个分子也就没有转化率、选择率等的动力学概念。倘若选取一个物料微团作为考察对象，如果该微团足够大，而使其中包含的分子数目足以具有统计性质的话，此时浓度、转化率和反应速率等概念就有意义了。但是，由于不同微团间不断发生凝并、分裂等微观混合过程，不可能对于某一特定微团观察其状态变化，对于均相反应中的反应物料为考察对象就出现了严重的困难。

由此可知，连续釜式反应器中的均相反应过程通常以整个反应器或微元作为考察对象，而不以反应物料作为考察对象。但是，采用反应容积微元进行考察时，必须确保该微元内所有微团之间浓度均一，即采用这种考察方法是以微团间的充分混合为前提。

2. 以反应物料为对象的考察方法

与均相反应的情况不同，在连续反应器中进行固相加工反应过程时就应采用以反应物料为对象的考察方法，每一个固体颗粒就是一个"微团"。与均相反应相对照，固相加工反应是"微团"间完全不混合的一种极端状况。这时如果仍旧采用反应器微元为对象的考察方法，则在每一个微元中存在着浓度不完全相同的各种固体颗粒微团。此时微元内单位时间反应量就不能用微元内物料平均浓度去计算，而应该以各个颗粒反应速率的平均值表示，即反应速率应以单位固体质量作基准。而微元内反应速率的平均

值等于

$$\overline{r_i} = k\overline{f(c)} = \frac{k \sum f(c) \delta_w}{d_w} \tag{4-1}$$

式中，d_w 为微元中固体颗粒总质量；δ_w 为微元中每一固体颗粒质量。
而微元内单位时间的反应量为

$$\overline{r_i} d_w = k \sum f(c) \delta_w \tag{4-2}$$

上述结果表明如果以微元为考察对象，就必须首先得知每一微元内不同颗粒的浓度分布情况。

然而对固体加工过程，采用另一种极端状态就有其方便之处。固体颗粒微团之间既然完全互不混合，此时唯一需要知道的是物料在反应器中的停留时间分布情况以及反应动力学的性质。总之，微团之间不能混合（如固体颗粒）或微团间不混合的过程采用以物料作为对象的考察方法为宜。

第二节 停留时间分布

在实际工业反应器中，由于物料在反应器内的流动速度不均匀，或因内部构件的影响造成物料与主体流动方向相反的逆向流动，或因在反应器内存在沟流、环流或死区都会导致对理想流动的偏离，使在反应器出口物料中有些在器内停留时间很长，而有些则停留了很短的时间，因而具有不同的反应程度。所以，反应器出口物料是所有的具有不同停留时间的物料的混合物，而反应的实际转化率是这些物料的平均值。为了定量地确定出口物料的反应转化率或产物的定量分布，就必须定量地描述出口物料的停留时间分布。

一、停留时间分布的定义

停留时间是指物料质点从进入到离开反应器总共停留的时间，这个时间也就是质点的寿命。物料在反应器中的转化率，决定于质点在反应器中的停留时间，即取决于质点的寿命。因此，这里所讨论的停留时间分布着重于质点的寿命分布。

物料在反应器中的停留时间分布[1,2,8,9]是一个随机过程，按照概率论，可用停留时间分布密度与停留时间分布函数来定量描述物料在流动系统中的停留时间分布。

1. 停留时间分布密度

用符号 $E(t)$ 表示，其定义是：同时进入反应器的 N 个流体质点中，停留时间介于 t 与 $t+dt$ 间的质点所占分数 $\dfrac{dN}{N}$ 为 $E(t)dt$。根据此定义，停留时间分布密度具有归一化性质

$$\int_0^\infty E(t)dt = 1 \tag{4-3}$$

即

$$\sum \frac{\Delta N}{N} = 1$$

这是因为停留时间趋于无限长时，所有不同停留时间质点分率之和应为1。

2. 停留时间分布函数

用符号 $F(t)$ 表示，其定义为：流过反应器的物料中停留时间小于 t 的质点（或停留时间介于 $0\sim t$ 之间的质点）的分数。根据此定义

$$F(t) = \int_0^t E(t)dt \tag{4-4}$$

$t=0$ 时，$F(t)=0$；t 趋于无穷大时，$F(t)$ 趋于1。

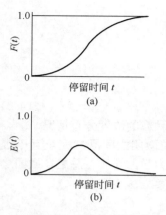

图 4-2 停留时间分布
（a）分布函数；（b）分布密度

$F(t)$ 与 $E(t)$ 的曲线形状如图 4-2 所示。$F(t)$ 与 $E(t)$ 的关系，由定义可知，为

$$E(t) = \frac{\mathrm{d}F(t)}{\mathrm{d}t} \tag{4-5}$$

$E(t)$ 曲线在任一 t 时的值就是 $F(t)$ 曲线上对应点的斜率。若 $E(t)$ 曲线已知，积分即可得到相应的 $F(t)$ 之值。只要知道其中的一种停留时间分布形式即可求出另一种。

二、停留时间分布的实验测定

停留时间分布通常由实验测定，主要的方法是应答技术，即用一定的方法将示踪物加到反应器进口，然后在反应器出口物料中检验示踪物信号，以获得示踪物在反应器中停留时间分布规律的实验数据。可用的示踪物很多，利用其光学的、电学的、化学的或放射性的特点，以相应的测试仪器进行检测。例如，最直观的方法是向物料中加入少量有色颜料，然后用光电比色仪测定流出液颜色的变化。采用何种示踪物，要根据物料的物态、相系以及反应器的类型等情况而定。示踪物除了不与主流体发生反应外，其选择一般还应遵循下列原则：①示踪剂应当容易与主流体溶为一体，除了显著区别于主流体的某一可检测性质外，两者应具有尽可能相同的物理性质；②示踪剂浓度很低时也能够检测，这样可使示踪剂量减少而不影响主流体流动；③用于多相系统检测的示踪剂不发生由一相转移到另一相的情况，例如气相示踪剂不能被液体吸收，液相示踪剂不能挥发到气相中去，各种示踪物都不被器壁或催化剂颗粒吸附；④示踪剂本身应具有或易于转变为电信号或光信号的特点，从而能在实验中直接使用现代仪器或计算机采集数据作实时分析，以提高实验的速度与精度。

示踪物输入的方式有多种，如阶跃注入法、脉冲注入法及周期输入法等。前两种方法简便易行，应用广泛。

1. 阶跃法

阶跃法是当设备内流体达到定态流动后，自某瞬间起连续而稳定地加入某种示踪物质，然后分析出口流体中示踪物料浓度随时间的变化，以确定停留时间分布。实验的具体方法见图 4-3（a），物料以稳定的体积流量 V 通过体积为 V_R 的反应器，然后自某瞬间（$t=0$）起，在入口处连续加入浓度为 c_0 的示踪物，并保持混合物的体积流量仍为 V，在出口处，测得示踪物浓度 c 随时间 t 的变化就是示踪物在器内的停留时间分布，阶跃注入与出口应答曲线示于图 4-3（b）与（c），图中纵坐标为示踪物对比浓度 c/c_0，横坐标为时间 t。图 4-3（b）为阶跃注入曲线，因为示踪物从 $t=0$ 时开始连续加入，即 $t=0$ 时，c/c_0 由 0 突跃至 1，此后维持 $c/c_0=1$。图 4-3（c）则为出口应答曲线，$t=0$ 时，$c/c_0=0$，其后随 t 的增加而形成曲线，其确切的形状取决于反应器类型。

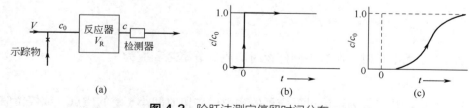

图 4-3 阶跃法测定停留时间分布
（a）实验装置；（b）阶跃注入曲线；（c）出口应答曲线

阶跃法测定的停留时间分布曲线代表了物料在反应器中的停留时间分布函数，即 $F(t)$。这是因为停留时间为 t 时，出口物料中示踪物的浓度为 c，混合物流量为 V，所以示踪物流出量为 Vc；又因为在

停留时间 t 时流出的示踪物，也就是在反应器中停留时间小于 t 的示踪物，按定义，物料中小于停留时间 t 的粒子所占的分数为 $F(t)$，因此当示踪物入口流量为 Vc_0 时，示踪物出口流量为 $Vc_0F(t)$，即

$$Vc_0F(t)=Vc$$

故得

$$F(t)=(c/c_0)_s \tag{4-6}$$

式中，c/c_0 的下标 s 表示输入是阶跃函数。

由此可见，用阶跃注入法测得的是停留时间分布函数。对阶跃函数的输入，其数学描述为在反应器入口处

$$c=\begin{cases} 0 & 当\ t<0 \\ c_0 & 当\ t>0 \end{cases} \tag{4-7}$$

用这种方法可以直接、方便地测定实际反应器的停留时间分布函数。

2. 脉冲法

脉冲法是当反应器中流体达到定态流动后，在某个极短的时间内，将示踪物脉冲注入进料中，然后分析出口流体中的示踪物浓度随时间的变化，以确定停留时间分布，实验的具体做法是，使物料以稳定的流量 V 通过体积 V_R 反应器，然后在某个瞬间（$t=0$ 时），用极短的时间间隔 Δt，向进料中注入浓度为 c_0 的示踪物，并保持混合物的流量仍为 V，同时在出口处测定示踪物浓度 c 随停留时间 t 的变化。示踪物脉冲输入与出口应答的对比浓度 c/c_0 随停留时间 t 变化的关系如图 4-4。图 4-4(a) 表示 $t=0$ 的某瞬间，脉冲注入物料时，示踪物的浓度先由 0 突变为 c_0，随后因脉冲停止，又由 c_0 突变为 0。其脉冲输入的数学描述为在反应器进口处

$$c=\begin{cases} 0 & t<0 \\ c_0 & 0<t<\Delta t_0 \\ 0 & t>\Delta t_0 \end{cases} \tag{4-8}$$

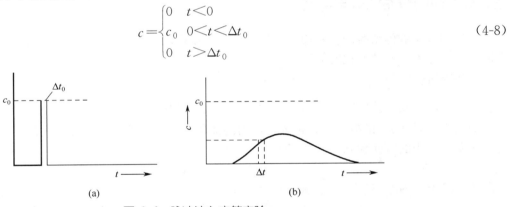

图 4-4 脉冲注入应答实验

（a）脉冲法输入曲线；（b）出口应答曲线

由图 4-4 可见，示踪物虽在极短时间间隔 Δt_0 内输入，到出口处，有可能已形成一个停留时间很宽的分布，反映了示踪物在反应器中的停留时间分布。

脉冲方法测得的停留时间分布代表了物料在反应器中的停留时间分布密度，即 $E(t)$。这是因为混合物的流量为 V，出口示踪物的浓度为 c，在 dt 时间中示踪物的流出量为 $Vcdt$，又由停留时间分布密度的定义，$E(t)dt$ 是出口物料中停留时间为 t 与 $t+dt$ 之间示踪物所占分数，若在反应器入口处，在极短的瞬间 Δt_0 时间内加入的示踪物总量为 M

$$M=Vc_0\Delta t_0 \tag{4-9}$$

则 $ME(t)dt$ 就是出口物料中停留时间为 t 与 $t+dt$ 之间的示踪物的量。因此

$$ME(t)dt=Vcdt$$

或

$$E(t)=\frac{V}{M}c_P \tag{4-10}$$

式中，c_P 为脉冲法示踪物出口浓度。

式(4-10) 表明，用脉冲注入法测得的停留时间分布曲线就是停留时间分布密度。如果知道混合物流量 V 及示踪物加入量 M，就很易测得停留时间分布密度，由于式(4-9) 中的 c_0 及 Δt_0 难以准确测得，故用下式表示 M

$$M = V \int_0^\infty c_P \mathrm{d}t \tag{4-11}$$

上式右端表示所有时间内示踪物之和，考虑到所有示踪物量终将在出料中出现，由式(4-11) 可以求得示踪物总量。式(4-10) 可改写为

$$E(t) = \frac{c_P}{\int_0^\infty c_P \mathrm{d}t} \tag{4-12}$$

因为 $F(t) = \int_0^t E(t)\mathrm{d}t$，代入上式可得

$$F(t) = \frac{\int_0^t c_P \mathrm{d}t}{\int_0^\infty c_P \mathrm{d}t} \tag{4-13}$$

故仅用一种脉冲注入实验，既可由式(4-13) 求得停留时间分布函数，又可由式(4-12) 求得停留时间分布密度。

三、停留时间分布的数字特征

对不同流型的停留时间分布规律可以采用随机函数的特征值来表示，其中重要的数字特征值为"数学期望"、"方差"和"对比时间"。

1. 数学期望

由概率论可知，停留时间分布的数学期望 $\hat{t}$ 就是物料在反应器中的平均停留时间 t_m。

平均停留时间 t_m 的概念。设进入反应器的流体体积流量为 V，反应器中取一微元体积 $\mathrm{d}V_R$，流体流过该微元体积的时间为 $\mathrm{d}t$，不管流型如何，均有

$$\mathrm{d}V_R = V\mathrm{d}t \tag{4-14}$$

上式的边界条件为 $t=0$ 时，$V_R=0$；$t=t_m$ 时，$V_R=V_R$。

积分上式得
$$t_m = \int_0^{V_R} \mathrm{d}V_R / V \tag{4-15}$$

若反应过程中物料体积不发生变化，则

$$t_m = V_R / V \tag{4-16}$$

式中，t_m 是指整个物料在设备内的停留时间，而不是个别质点的停留时间，称作平均停留时间。不管设备内流型如何，也不管个别质点的停留时间如何，只要物料体积流量 V 与反应体积 V_R 的比值相同，则 t_m 亦相同。流型只改变物料质点的停留时间分布，却不改变 t_m。t_m 是物料粒子停留时间的数学期望 $\hat{t}$。

$$t_m = \hat{t} = \frac{\int_0^\infty tE(t)\mathrm{d}t}{\int_0^\infty E(t)\mathrm{d}t} = \int_0^\infty tE(t)\mathrm{d}t \tag{4-17}$$

对于停留时间分布密度曲线，数学期望就是对于原点的一阶矩，即分布密度 $E(t)$ 曲线下面这块面积的重心在横轴上的投影。由 $E(t)$ 与 $F(t)$ 的关系，上式也可写为

$$\hat{t} = \int_0^\infty t\, \frac{\mathrm{d}F(t)}{\mathrm{d}t}\mathrm{d}t = \int_0^1 t\,\mathrm{d}F(t) \tag{4-18}$$

对离散型测定值，此时数学期望由下式计算

$$\hat{t} = \frac{\sum t E(t) \Delta t}{\sum E(t) \Delta t} = \frac{\sum t E(t)}{\sum E(t)} \tag{4-19}$$

可用上式由实验数据求出平均停留时间，此时取样间隔时间 Δt 相同。

2. 方差

方差也称离散度，用来度量随机变量与其均值的偏离程度，是 $E(t)$ 曲线对平均停留时间的二阶矩，其定义为

$$\sigma_t^2 = \frac{\int_0^\infty (t-\hat{t})^2 E(t)\mathrm{d}t}{\int_0^\infty E(t)\mathrm{d}t} = \int_0^\infty (t-\hat{t})^2 E(t)\mathrm{d}t = \int_0^\infty t^2 E(t)\mathrm{d}t - \hat{t}^2 \tag{4-20}$$

可见方差是停留时间分布离散程度的量度，σ_t^2 愈小，愈接近平推流，对平推流反应器，系统中所有质点的停留时间相等且等于 V_R/V，$t = \hat{t}$，故 $\sigma_t^2 = 0$。

对离散型则为

$$\sigma_t^2 = \frac{\sum t^2 E(t)}{\sum E(t)} - \hat{t}^2 \tag{4-21}$$

用此式可由实验数据求出方差。

3. 对比时间

为了消除由于时间单位不同而使平均时间和方差之值发生变化所带来的不便，可采用对比时间 $\theta = \frac{t}{t_m}$ 来表示停留时间分布的数字特征。当以对比时间 θ 为自变量时，由于时标的改变，在对应的时标处，即 θ 和 $\theta_{t_m} = t$，其停留时间的分布函数值相等，即 $F(\theta) = F(t)$，这里 $F(\theta)$ 代表对比时间为 θ 的停留时间分布函数。相应的停留时间分布密度为

$$E(\theta) = \frac{\mathrm{d}F(\theta)}{\mathrm{d}\theta} = \frac{\mathrm{d}F(t)}{\mathrm{d}(t/t_m)} = t_m \frac{\mathrm{d}F(t)}{\mathrm{d}t} = t_m E(t) \tag{4-22}$$

同样，仍有归一化性质

$$\int_0^\infty E(\theta)\mathrm{d}\theta = 1 \tag{4-23}$$

用 θ 表示方差，即 σ_θ^2，有

$$\sigma_\theta^2 = \int_0^\infty (\theta-1)^2 E(\theta)\mathrm{d}\theta = \int_0^\infty (\theta-1)^2 E(t) t_m \mathrm{d}\theta$$

$$= \frac{1}{t_m^2} \int_0^\infty (t-\hat{t})^2 E(t)\mathrm{d}t = \sigma_t^2 / t_m^2 \tag{4-24}$$

可以推知，对平推流
$$\sigma_\theta^2 = \sigma_t^2 = 0 \tag{4-25}$$

对全混流
$$\sigma_\theta^2 = 1 \tag{4-26}$$

对于一般实际流型 $0 \leqslant \sigma_\theta^2 \leqslant 1$；当 σ_θ^2 接近于 0 时，可作平推流处理；接近于 1 时，可作全混流处理。

【例 4-1】 达到定态操作的反应器进口物料中，用脉冲法注入示踪有色物料，于出口用比色法测定有色示踪物浓度随时间的变化，数据见表（例 4-1-1）。设过程中物料密度不变，试确定物料的平均停留时间与停留时间分布函数，并计算方差。

表（例 4-1-1） 示踪物浓度随时间的变化值

时间 t/s	0	120	240	360	480	600	720	840	960	1080
示踪物浓度/(g/m^3)	0	6.5	12.5	12.5	10.0	5.0	2.5	1.0	0	0

解 由下式计算停留时间分布函数

$$F(t) = \sum_0^t c_P \Big/ \sum_0^\infty c_P$$

由下式计算平均停留时间 t_m

$$t_m = \sum_0^\infty c_P t \Big/ \sum_0^\infty c_P$$

由下式计算方差

$$\sigma_t^2 = \sum_0^\infty t^2 c_P \Big/ \sum_0^\infty c_P - t_m^2$$

具体计算过程见表（例 4-1-2）。

表（例 4-1-2） 计算过程

时间 t/s	0	120	240	360	480	600	720	840	960	1080
$c_P/(g/m^3)$	0	6.5	12.5	12.5	10.0	5.0	2.5	1.0	0	0
$\sum_0^t c_P/(g/m^3)$	0	6.5	19.0	31.5	41.5	46.5	49.0	50.0	50.0	50.0
$F(t) = \dfrac{\sum_0^t c_P}{\sum_0^\infty c_P}$	0	0.13	0.38	0.63	0.83	0.93	0.98	1.00	1.00	1.00
$tc_P/(g \cdot s/m^3)$	0	780	3000	4500	4800	3000	1800	840	0	0
$t^2 c_P \times 10^{-5}/(g \cdot s^2/m^3)$	0	0.936	7.200	16.200	23.040	18.000	12.960	7.056	0	0

计算过程中

$$\sum_0^\infty c_P = 0 + 6.5 + 12.5 + \cdots + 1.0 + 0 + 0 = 50$$

因为

$$\sum_0^\infty c_P t = 0 + 780 + 3000 + \cdots + 840 + 0 + 0 = 18720$$

所以

$$t_m = \frac{18720}{50} = 374.4s$$

因为

$$\sum_0^\infty c_P t^2 = (0 + 0.936 + 7.200 + \cdots + 7.056 + 0 + 0) \times 10^5 = 8539200$$

所以

$$\sigma_t^2 = \frac{8539200}{50} - 374.4^2 = 30609s^2$$

而

$$\sigma_\theta^2 = \frac{\sigma_t^2}{t_m^2} = 0.218$$

可见，物料在反应器中的流型既非平推流，也非全混流，但较接近于平推流。

四、理想流型反应器的停留时间分布

对理想流型反应器，其流型是确定的，可以直接计算停留时间分布。

1. 平推流

在平推流情况下，所有物料质点的停留时间都相同，且等于整个物料的平均停留时间，其停留时间分布函数与分布密度见图 4-5 及图 4-6。图中横坐标为对比时间。

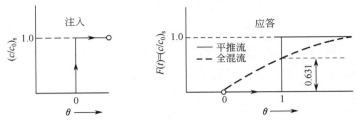

图 4-5　理想反应器阶跃注入应答曲线（停留时间分布函数曲线）

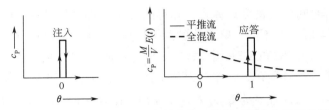

图 4-6　理想反应器脉冲注入应答曲线（停留时间分布密度曲线）

平推流反应器的停留时间分布函数如下

$$F(t)=\begin{cases}0 & t<t_{m}\\1 & t\geqslant t_{m}\end{cases} \tag{4-27}$$

或

$$F(\theta)=\begin{cases}0 & \text{当 }\theta<1\\1 & \text{当 }\theta\geqslant1\end{cases} \tag{4-28}$$

平推流反应器的停留时间分布密度如下

$$E(t)=\begin{cases}0 & \text{当 }t<t_{m}\\\infty & \text{当 }t=t_{m}\\0 & \text{当 }t>t_{m}\end{cases} \tag{4-29}$$

或

$$E(\theta)=\begin{cases}0 & \text{当 }\theta<1\\\infty & \text{当 }\theta=1\\0 & \text{当 }\theta>1\end{cases} \tag{4-30}$$

2. 全混流

在全混流情况下，设备内流体质点达到完全混合，器内各处浓度相等，且等于出口浓度。其停留时间分布函数与分布密度可推导而得。

进行阶跃注入实验，在 dt 时间内，加入到反应器内的示踪物量为 Vc_0dt，反应器出口流出的示踪物量为 $Vcdt$，积累物料为 V_Rdc，对反应器作示踪物的物料衡算，可得

$$Vc_0dt-Vcdt=V_Rdc \tag{4-31}$$

或

$$\frac{dc}{dt}=\frac{V}{V_R}(c_0-c)=\frac{1}{t_m}(c_0-c) \tag{4-32}$$

$$\frac{\mathrm{d}c}{c_0-c}=\frac{1}{t_{\mathrm{m}}}\mathrm{d}t \tag{4-33}$$

积分得

$$\left[-\ln(c_0-c)\right]_0^c=\left[t/t_{\mathrm{m}}\right]_0^t \tag{4-34}$$

得

$$\frac{c}{c_0}=F(t)=1-\mathrm{e}^{-t/t_{\mathrm{m}}} \tag{4-35}$$

或

$$F(\theta)=1-\mathrm{e}^{-\theta} \tag{4-36}$$

上式为全混流反应器中停留时间分布函数的计算式，算得的曲线即图 4-5 中的虚线。

全混流反应器的停留时间分布密度可利用式(4-35)、式(4-36) 导得，即

$$E(t)=\frac{1}{t_{\mathrm{m}}}\mathrm{e}^{-t/t_{\mathrm{m}}} \tag{4-37}$$

或

$$E(\theta)=\mathrm{e}^{-\theta} \tag{4-38}$$

上式为全混流反应器停留时间分布密度计算式，算得的 $E(\theta)$ 曲线即图 4-6 中的虚线。

彩图 4-1
不同反应器串联
顺序的停留时间
分布

【例 4-2】　在不同串联方式的两个反应器系统中进行二级液相反应，两个反应器系统为（1）CSTR 和 PFR 串联，CSTR 在前，PFR 在后；（2）CSTR 和 PFR 串联，PFR 在前，CSTR 在后。令 CSTR 的停留时间 τ_{m} 和 PFR 的停留时间 τ_{P} 相等，并 $\tau_{\mathrm{m}}=\tau_{\mathrm{P}}=1\mathrm{min}$，反应速率常数为 $k=1.0\mathrm{m}^3/(\mathrm{kmol}\cdot\mathrm{min})$，液相反应物进料浓度为 $c_{\mathrm{A0}}=1\mathrm{kmol/m}^3$，计算不同串联顺序的转化率。

解　（1）CSTR 在前，PFR 在后的情况

对 CSTR 进行物料衡算

$$V_0(c_{\mathrm{A0}}-c_{\mathrm{A1}})=kc_{\mathrm{A1}}^2 V_{\mathrm{R}}$$

式中，V_0 为进料体积流量；c_{A1} 为第一个反应器的出口反应物浓度。

整理得到

$$\tau_{\mathrm{m}}kc_{\mathrm{A1}}^2+c_{\mathrm{A1}}-c_{\mathrm{A0}}=0$$

求解得

$$c_{\mathrm{A1}}=\frac{-1+\sqrt{1+4\tau_{\mathrm{m}}kc_{\mathrm{A0}}}}{2\tau_{\mathrm{m}}k}=\frac{-1+\sqrt{1+4}}{2}=0.618\mathrm{kmol/m}^3$$

对于 PFR 的计算，由二级反应的计算关系得

$$\frac{1}{c_{\mathrm{Af}}}-\frac{1}{c_{\mathrm{A1}}}=\tau_{\mathrm{P}}k$$

解得 PFR 的出口浓度 c_{Af} 为

$$c_{\mathrm{Af}}=0.382\mathrm{kmol/m}^3$$

因此转化率为

$$x_{\mathrm{A}}=(1-0.382)/1=0.618$$

（2）PFR 在前，CSTR 在后的情况

PFR 的出料 c_{A1} 是 CSTR 的进料，c_{A1} 为

$$\frac{1}{c_{\mathrm{A1}}}-\frac{1}{c_{\mathrm{A0}}}=\tau_{\mathrm{P}}k$$

解得 PFR 的出口浓度 c_{A1} 为

$$c_{A1} = 0.5 \text{kmol/m}^3$$

对 CSTR 进行物料衡算

$$\tau_m k c_{Af}^2 + c_{Af} - c_{A1} = 0$$

求解得

$$c_{Af} = \frac{-1 + \sqrt{1 + 4\tau_m k c_{A1}}}{2\tau_m k} = \frac{-1 + \sqrt{1+2}}{2} = 0.366 \text{kmol/m}^3$$

相应的转化率为 0.634。

　　从本例可以看出，CSTR 和 PFR 采用两种不同的串联方式，其停留时间分布曲线是相同的，但得到的转化率却不同，所以对反应器的分析十分重要。停留时间分布并不是对一个反应器或反应器系统的完整描述，对于特定的反应器，停留时间分布是唯一的，但与特定的停留时间分布相对应的反应器系统并不是唯一的。对非理想反应器进行分析时，单独使用停留时间分布并不充分，还需要很多其他信息。后面将要说明除停留时间分布外，选取合适的流体流动模型，考虑混合的程度，都是对反应器进行正确分析所必要的。

五、停留时间分布曲线的应用[7]

　　根据停留时间分布曲线的形状可以判断反应器中的流动状况是比较接近于平推流，还是比较接近于全混流，利用本章第三节讨论的非理想流动反应器的数学模型，还可根据停留时间分布将实际反应器的流动状况与理想反应器的偏差定量化。对微团完全不混合的系统，停留时间分布可直接用于反应器计算。

　　此外，停留时间分布曲线可用于诊断反应器中是否存在不良流动，以便针对存在的问题改进反应器的结构。图 4-7 为接近平推流反应器的几种停留时间分布曲线，图中横坐标上 t 表示根据反应器实际容积计算的平均停留时间。图 4-7 中（a）为正常的停留时间分布曲线，曲线的峰形和位置均与预期相符；（b）的出峰时间过早，表明反应器内可能存在静止区（"死区"），使反应器有效容积小于实际容积，平均停留时间缩短；（c）出现几个递降的峰，表明反应器内可能存在循环流；（d）的出峰时间太晚，可能是计算上的误差，或为示踪剂被器壁或填充物吸附；（e）出现两个峰，表明反应器内有两股平行流，例如存在短路或沟流。对接近全混流的反应器，也可通过测定停留时间分布判断是否存在上述各种不良流动。

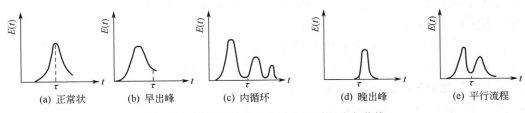

　　　　(a) 正常状　　　　(b) 早出峰　　　　(c) 内循环　　　　(d) 晚出峰　　　　(e) 平行流程

图 4-7　接近平推流的几种停留时间分布曲线

　　图 4-8 为接近全混流反应器的几种停留时间分布曲线，也同样有：（a）正常形状；（b）出峰太早；（c）内循环；（d）出峰太晚；（e）由于仪表滞后而造成的推迟等。

　　分析停留时间分布曲线形状后，就可以针对存在的问题，设法克服或加以改进，比如用增加反应管的长径比、加入横向挡板或将一釜改为多釜串联等手段，可使流动状况更接近于平推流。反之，设法加强返混，亦可使流动状况接近于全混流。

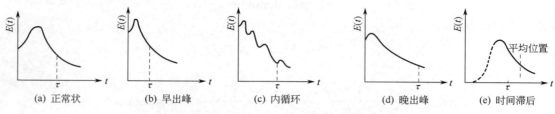

图 4-8　接近全混流的几种停留时间分布曲线

（a）正常状　　（b）早出峰　　（c）内循环　　（d）晚出峰　　（e）时间滞后

　　总之，测定停留时间分布曲线的目的，在于可以对反应器内的流动状况作出定性判断，以确定是否符合工艺要求或提出相应的改善方案；另外，通过求取数学期望和方差，作为返混的度量，进而求取模型参数；对某些反应，则可直接运用 $E(t)$ 函数进行定量的计算。

第三节　非理想流动模型

一、数学模型方法[10-12]

　　工业反应器中总是存在一定程度的返混，产生不同的停留时间分布，影响反应的结果。返混程度的大小，一般难以直接测定，总是设法用停留时间分布来加以描述。但是，由于停留时间分布与返混之间不一定存在对应的关系，也就是说，一定的返混必然会造成确定的停留时间分布，但是，同样的停留时间分布可以是由不同的返混所造成。因此，不能直接把测定的停留时间分布用于描述返混的程度，而要借助于模型方法。

　　为了考虑工业反应器中非理想流动的影响，一般基于对反应过程的初步认识，首先分析其实际流动状况，从而选择一个较为切合实际的合理简化的流动模型，并用数学模型方法关联返混与停留时间分布的定量关系，然后通过停留时间分布的实验测定来检验模型并确定所引入的模型参数，最后结合反应动力学数据来计算反应结果。

　　数学模型方法是通过对复杂过程的分析，进行合理的简化，并用一定的数学方法予以描述，使其符合实际过程的规律性，然后加以求解。前面已阐述了返混程度达到极限的两种反应器及其计算方法。然而实际工业反应器中的返混程度，与平推流和全混流都有一定的偏离，因而人们总是期望能够通过返混程度的数学描述并结合反应动力学关系，达到对反应过程进行定量设计计算的目的。

　　数学模型方法的基本特点如下。

　　① 简化。把一个复杂的实际问题简化为物理图像简单的物理模型。这里的简化，不是数学方程式的某些简化，而是将考察的对象本身加以简化，简化到能作简单的数学描述。如上述例子中将复杂的分流、汇流、混合，简化成平推流和叠加轴向弥散的物理模型。

　　② 等效性。所得的简化模型必须基本上等效于考察对象，否则就失真了。但是这种等效性不是全面的，而是服从于某一特定的目的。弥散模型在返混方面与原型是等效的，而在流动阻力方面却肯定与原型不等效。正是由于只要求服从某一特定目的的等效性，可以不拘泥于细枝末节，不需要逼真地描述考察对象，而可以大刀阔斧地进行过程的简化。

　　③ 模型简化的程度体现在模型参数的个数。一般来说，在保证足够的等效性的前提下，模型参数愈少愈好。如上述的轴向弥散模型只有一个模型参数 De，所以是单参数模型。

　　以下就广泛应用的弥散模型和多级全混流模型作必要的阐述。

二、轴向混合模型[13]

轴向混合模型是一种适合于返混程度较小的非理想流动的流动模型，见图 4-9。它是在平推流模型的基础上再叠加一个轴向混合的校正。模型参数是轴向混合弥散系数 E_z，停留时间分布可表示为 E_z 的函数。其基本假定：①垂直于流体流动方向的每一截面上，具有均匀的径向浓度；②沿流体流动方向，具有相同的流体速度；③物料浓度是流体流动距离的连续函数。轴向混合模型是描述非理想流动的主要模型之一，特别运用于返混程度较小的系统，如管式、塔式反应器等。

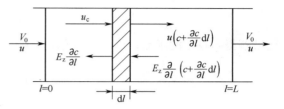

图 4-9　轴向混合模型示意

设管式反应器长为 L、直径为 D_R、体积为 V_R，在其距进口 l 处取长为 dl 的微元管段，反应器进出口处物料体积流量 V_0 和线速度 u 都相同，作物料衡算，有

$$\left[uc+E_z\frac{\partial}{\partial l}\left(c+\frac{\partial c}{\partial l}dl\right)\right]\frac{\pi D_R^2}{4}=\left[u\left(c+\frac{\partial c}{\partial l}dl\right)+E_z\frac{\partial c}{\partial l}\right]\frac{\pi D_R^2}{4}+\frac{\partial c}{\partial t}\left(\frac{\pi}{4}D_R^2\right)dl \tag{4-39}$$

整理得

$$\frac{\partial c}{\partial t}=E_z\frac{\partial^2 c}{\partial l^2}-u\frac{\partial c}{\partial l} \tag{4-40}$$

利用

$$\bar{c}=c/c_0,\quad \theta=t/t_m,\quad \bar{l}=l/L$$

则

$$\frac{\partial \bar{c}}{\partial \theta}=\frac{E_z}{uL}\times\frac{\partial^2 \bar{c}}{\partial \bar{l}^2}-\frac{\partial \bar{c}}{\partial \bar{l}}=\frac{1}{Pe}\times\frac{\partial^2 \bar{c}}{\partial \bar{l}^2}-\frac{\partial \bar{c}}{\partial \bar{l}} \tag{4-41}$$

式中，$Pe=\dfrac{uL}{E_z}$，称为 Peclet 数，其物理意义是轴向对流流动与轴向弥散流动的相对大小，它的倒数 $\dfrac{E_z}{uL}$ 是表征返混大小的量纲为 1 的数。

在返混较小的情况下，如果对流体进行阶跃示踪试验，可测得停留时间分布及方差，并推导出方差与 Pe 的关系，求得轴向混合模型的参数 Pe，进而求式（4-39）的解。

初始条件为

$$c=\begin{cases}0 & \text{当 } l>0,t=0\\c_0 & \text{当 } l<0,t=0\end{cases} \tag{4-42}$$

边界条件为

$$c=\begin{cases}c_0 & l=-\infty,t\geqslant 0\\0 & l=\infty,t\geqslant 0\end{cases} \tag{4-43}$$

此时，用下式代入偏微分方程式（4-40）

$$\alpha=\frac{1-ut}{\sqrt{4E_z t}} \tag{4-44}$$

变换后得

$$\frac{d^2\bar{c}}{d\alpha^2} + 2\alpha\frac{d\bar{c}}{d\alpha} = 0 \tag{4-45}$$

边界条件相应为

$$\bar{c} = \begin{cases} 1 & \alpha = -\infty \\ 0 & \alpha = \infty \end{cases} \tag{4-46}$$

很易解得 $\bar{c}$ 是 α 的函数，以 $l=L$ 代入，可得到以 t 表示的反应器末端的应答曲线

$$\bar{c}_{l=L} = \frac{c}{c_0} = \frac{1}{2}\left\{1 - \mathrm{erf}\left[\frac{1}{2}\sqrt{\frac{uL}{E_z}} \times \frac{1-\dfrac{t}{L/u}}{\sqrt{t/(L/u)}}\right]\right\} \tag{4-47}$$

由 $t_m = L/u$，$\theta = t/t_m$ 代入，上式可写为

$$F(\theta) = \frac{c}{c_0} = \frac{1}{2}\left[1 - \mathrm{erf}\left(\frac{1}{2}\sqrt{Pe}\frac{1-\theta}{\sqrt{\theta}}\right)\right] \tag{4-48}$$

由此式可求得

$$E(\theta) = \frac{1}{2\sqrt{\pi\theta^3/Pe}}\exp\left[-\frac{(1-\theta)^2}{4\theta/Pe}\right] \tag{4-49}$$

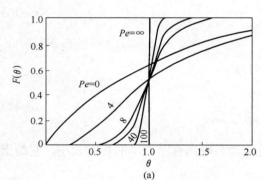

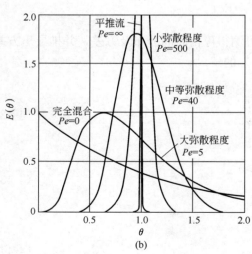

图 4-10 轴向混合模型

(a) 停留时间分布函数；(b) 停留时间分布密度

以上各式中 erf 为误差函数，其定义为

$$\mathrm{erf}(y) = \frac{2}{\sqrt{\pi}}\int_0^y e^{-x^2}\,dx$$

erf 有以下性质：

$\mathrm{erf}(\pm\infty) = \pm 1$；$\mathrm{erf}(0) = 0$；$\mathrm{erf}(-y) = \mathrm{erf}(y)$

式(4-48)、式(4-49) 根据不同 Pe 值得的结果如图 4-10 所示，图中当 $\dfrac{E_z}{uL} = \dfrac{1}{Pe} = 0$ 时，表示无轴向混合，即为平推流型；当 $\dfrac{E_z}{uL} = \dfrac{1}{Pe} = \infty$ 时，表示轴向混合达到最大程度，即为全混流型。其余则表示不同程度返混的分布函数。

因此，理论上轴向混合模型可描述返混量介于零和无穷大之间的任何非理想流动，但实际上该模型主要用于描述与平推流偏离不大的非理想流动，如固定床反应器和管式反应器中的流动状况。由图 4-10 可见，当 $\dfrac{E_z}{uL}$ 较小或 Pe 数较大时，曲线形态对称，接近高斯曲线，流动状况接近于平推流。随着 $\dfrac{E_z}{uL}$ 增大，曲线形态逐渐向负指数曲线过渡，流动状况逐渐趋近于全混流。

利用解析法或曲线拟合法可求得对比停留时间分布的方差 σ_θ^2 与参数 $\dfrac{E_z}{uL}$ 的关系，即

$$\sigma_\theta^2 = 2\left(\frac{E_z}{uL}\right) - 2\left(\frac{E_z}{uL}\right)^2 (1 - e^{-\frac{uL}{E_z}})$$

$$= \frac{2}{Pe} - 2\left(\frac{1}{Pe}\right)^2 (1 - e^{-Pe}) \tag{4-50}$$

当返混程度相当小时（通常认为 $\frac{E_z}{uL}$ 应小于 0.01），其数学期望和方差分别为

$$\theta = 1$$

$$\sigma_\theta^2 = \frac{\sigma_t^2}{t_m^2} = 2\left(\frac{E_z}{uL}\right) = 2/Pe \tag{4-51}$$

由式(4-50) 和式(4-51) 可见，如果已经测得停留时间分布曲线，就可以获得表征该曲线的数学特征 σ_θ^2，从而求得 Pe 数，也就可以求得模型参数 E_z。由此可以看到停留时间分布测定的作用，它可以用来求取模型参数。同时也表明，当流动模型确定后，停留时间分布与模型参数之间存在一一对应的关系。

三、多级串联全混流模型[14]

多级串联全混流模型，是用 m 个等体积的全混釜串联来模拟实际反应器。m 个串联反应器的总体积与实际反应器的体积相等，因此其总的平均停留时间 t_m 是相同的，每一级的平均停留时间 $t_i = t_m/m$。模型的参数是串联级数 m，希望找到恰当级数 m，使 m 个等体积全混釜串联的停留时间分布与实际反应器相符。这样，由实测反应器的停留时间分布规律，求其方差 σ_θ^2，计算模型参数 m，就可进行实际反应器的设计计算。

在多级串联全混流系统入口处，阶跃注入浓度为 c_0 的示踪物，对第 i 个反应器进行示踪物的物料衡算，得

$$c_{i-1}V - c_iV = V_{Ri}\frac{dc_i}{dt} \tag{4-52}$$

$t_m = m\dfrac{V_{Ri}}{V}$，故

$$\frac{dc_i}{dt} + \frac{m}{t_m}c_i = \frac{m}{t_m}c_{i-1} \tag{4-53}$$

初始条件是当 $t=0$ 时，$c_i=0$，积分上式得

$$c_i = \frac{m}{t_m}e^{-mt/t_m}\int_0^t c_{i-1}e^{mt/t_m}dt \tag{4-54}$$

第一级 $c_{i-1} = c_0$，故上式变为

$$c_1 = c_0\frac{m}{t_m}e^{-mt/t_m}\int_0^t e^{mt/t_m}dt \tag{4-55}$$

积分上式得第一级反应器出口示踪物应答曲线

$$\frac{c_1}{c_0} = 1 - e^{-mt/t_m} \tag{4-56}$$

同样，第二级 $c_{i-1} = c_1$，代入前式

$$c_2 = \frac{m}{t_m}e^{-mt/t_m}\int_0^t c_0(1 - e^{-mt/t_m})e^{mt/t_m}dt \tag{4-57}$$

第
四
章

积分上式，得第二级反应器出口示踪物应答曲线

$$\frac{c_2}{c_0}=1-e^{-mt/t_m}\left(1+\frac{mt}{t_m}\right) \tag{4-58}$$

用同样方法，得第 m 级反应器出口示踪物的应答曲线，即

$$F(\theta)=\frac{c_m}{c_0}=1-e^{-m\theta}\left[1+m\theta+\frac{1}{2!}(m\theta)^2+\cdots+\frac{1}{(m-1)!}(m\theta)^{m-1}\right] \tag{4-59}$$

$$E(\theta)=\frac{m^m}{(m-1)!}\theta^{m-1}e^{-m\theta} \tag{4-60}$$

上述两式即为多级串联全混流模型的停留时间分布函数与分布密度计算式。不同 m 值的计算结果见图 4-11，由图可知，多级串联全混流模型在 $m=1$ 时，与全混流相同；而 $m=\infty$ 时，与平推流相同。

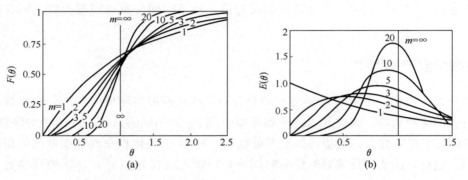

图 4-11　多级串联全混流反应器停留时间分布函数与分布密度
（a）停留时间分布函数；（b）停留时间分布密度

$$\sigma_\theta^2=\frac{\int_0^\infty(\theta-1)^2E(\theta)d\theta}{\int_0^\infty E(\theta)d\theta}=\int_0^\infty \theta^2 E(\theta)d\theta-1$$

$$=\int_0^\infty \frac{\theta^2 m^m \theta^{m-1}}{(m-1)!}e^{-m\theta}d\theta-1=\frac{1}{m} \tag{4-61}$$

测定停留时间分布，可求得方差 σ_θ^2，进而由式（4-61）求得 m，即可按多级串联的全混流反应器的规律计算实际反应器的转化率。

第四节　非理想流动反应器的计算

实际流动反应器的计算，是根据生产任务和要求达到的转化率确定反应体积；或根据反应体积和规定的生产条件计算平均转化率，由于流动情况复杂，返混情况不同，流体在反应器中停留时间的不同分布，都会影响反应的转化率。前面已讨论了宏观流体反应过程的计算和微观混合对反应过程的影响。本节主要讨论反应器内微团之间充分混合，且存在一定程度的设备尺度上的混合，即存在一定返混的反应器计算。对这类反应器的计算，可以结合流动模型，通过实验测得停留时间分布，求得模型参数，然后再计算反应结果。

一、轴向混合反应器的转化率

前已推导，轴向混合模型的微分方程为

$$E_z \frac{\partial^2 c}{\partial l^2} - u \frac{\partial c}{\partial l} - \frac{\partial c}{\partial t} = 0 \tag{4-40}$$

设进行一级不可逆反应，$r_A = kc_A$，且引入对比浓度 $\bar{c}_A = c_A/c_{A0}$、对比长度 $\bar{l} = l/L$ 和 $Pe = uL/E_z$，则微分方程可写为

$$\frac{1}{Pe} \times \frac{\partial^2 \bar{c}_A}{\partial \bar{l}^2} - \frac{\partial \bar{c}_A}{\partial \bar{l}} - k\bar{c}_A t_m = 0 \tag{4-62}$$

其边界条件为 $\bar{l} = 0$ 时，有

$$\bar{c}_A - \frac{1}{Pe} \times \frac{d\bar{c}_A}{d\bar{l}} = 1 \tag{4-63}$$

$\bar{l} = 1$ 时，有

$$\frac{d\bar{c}_A}{d\bar{l}} = 0$$

式中，$t_m = \dfrac{V_R}{V_0} = \dfrac{L}{u}$。

解此微分方程[8]，在反应器末端，$l = L$，可得

$$\frac{c_A}{c_{A0}} = 1 - x_A = \frac{4\beta}{(1+\beta)^2 \exp\left[-\dfrac{Pe}{2}(1-\beta)\right] - (1-\beta)^2 \exp\left[\dfrac{-Pe}{2}(1+\beta)\right]} \tag{4-64}$$

$$\beta = (1 + 4kt_m/Pe)^{1/2} \tag{4-65}$$

上式即为一级不可逆反应转化率计算公式，对于非一级反应则需用数值解。

以 Pe 数为参数，对式(4-64)进行标绘，可得如图 4-12 所示的曲线族。对二级不可逆反应，用数值方法求解，其结果如图 4-13 所示。利用这些图，在确定了 Pe 数后，可方便地查得反应结果。

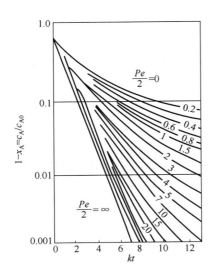

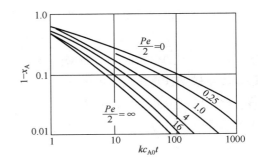

图 4-12 轴向混合模型一级不可逆反应的转化率　　　　**图 4-13** 轴向混合模型二级不可逆反应的转化率

【例 4-3】 在［例 4-1］的反应器中进行等温一级不可逆反应，反应速率常数 $k=2.84\times10^{-3}\,\mathrm{s}^{-1}$，物料在反应器中的平均停留时间 $t_{\mathrm{m}}=374.4\mathrm{s}$，停留时间分布的方差 $\sigma_\theta^2=0.218$，用弥散模型计算其转化率。

解 由式（4-51）
$$Pe=\frac{uL}{E_z}=\frac{2}{\sigma_\theta^2}=\frac{2}{0.218}=9.17$$

代入式（4-65）计算 β 值
$$\beta=\left(1+4\times2.84\times10^{-3}\times\frac{374.4}{9.17}\right)^{0.5}=1.21$$

将 β 值代入式（4-64），得
$$1-x_{\mathrm{A}}=\frac{4\times1.21}{(1+1.21)^2\exp\left[-\dfrac{9.17}{2}(1-1.21)\right]-(1-1.21)^2\exp\left[-\dfrac{9.17}{2}(1+1.21)\right]}=0.38$$

或 $x_{\mathrm{A}}=0.62$

二、多级串联全混流反应器的转化率

前已推导，在等体积多级串联全混流反应器中进行一级不可逆反应，转化率可用下式计算
$$1-x_{\mathrm{A}m}=\left(\frac{1}{1+k\tau}\right)^m \tag{3-37}$$

而串联的级数可由停留时间分布的测定数据用式（4-61）计算
$$\sigma_\theta^2=1/m \tag{4-61}$$

【例 4-4】 同［例 4-1］，用多级串联全混流模型计算转化率。

解 由式（4-61），$m=\dfrac{1}{\sigma_\theta^2}=\dfrac{1}{0.218}=4.59$

代入式（3-37）
$$x_{\mathrm{A}m}=1-\left[\frac{1}{1+2.84\times10^{-3}\times\dfrac{374.4}{4.59}}\right]^{4.59}=0.616$$

【例 4-5】 在一管式反应器中，用脉冲示踪法测定出口流体中示踪剂的浓度变化如下：

时间 t/min	0	5	10	15	20	25	30	35
示踪剂出口浓度 $c(t)$/(g/L)	0	3	5	5	4	2	1	0

今用该反应器进行一级液相分解反应，其反应动力学方程为
$$-r_{\mathrm{A}}=kc_{\mathrm{A}};\ k=0.307\mathrm{min}^{-1}$$

求：该反应器的停留时间分布密度函数 $E(t)$、平均停留时间和方差。并分别用轴向混合模型和多级串联全混流模型计算该反应的转化率。

解 停留时间分布密度函数 $E(t)$ 的计算

由式（4-12）得
$$E(t)=\frac{c_i(t)}{\sum c_i(t)\Delta t_i}=\frac{c_i(t)}{(3+5+5+4+2+1)\times5}=\frac{c_i(t)}{100}\ \mathrm{min}^{-1}$$

计算得

t/min	0	5	10	15	20	25	30	35
$E(t)/\text{min}^{-1}$	0	0.03	0.05	0.05	0.04	0.02	0.01	0

$$t_m = \frac{\sum t_i c_i(t)\Delta t_i}{\sum c_i(t)\Delta t_i} = \frac{\sum t_i c_i(t)}{\sum c_i(t)} \quad (\Delta t_i \text{ 为常数})$$

$$= \frac{5\times 3 + 10\times 5 + 15\times 5 + 20\times 4 + 25\times 2 + 30\times 1}{3+5+5+4+2+1}$$

$$= 15\text{min}$$

$$\sigma_t^2 = \frac{\sum t_i^2 E(t)\Delta t_i}{\sum E(t)\Delta t_i} - t_m^2 = \frac{\sum t^2 E(t)}{\sum E(t)} - t_m^2$$

$$= \frac{5^2\times 0.03 + 10^2\times 0.05 + 15^2\times 0.05 + 20^2\times 0.04 + 25^2\times 0.02 + 30^2\times 0.01}{0.03+0.05+0.05+0.04+0.02+0.01} - 15^2$$

$$= 47.5 \text{ min}^2$$

$$\sigma_\theta^2 = \frac{\sigma_t^2}{t_m^2} = \frac{47.5}{15^2} = 0.221$$

可见返混程度较小。

　　轴向混合模型的计算，由式（4-50）得

$$\sigma_\theta^2 = 0.211 = \frac{2}{Pe} - 2\left(\frac{1}{Pe}\right)^2 (1 - e^{-Pe})$$

用试差法可计算得 $Pe = 8.33$

$$k\tau = 0.307\times 15 = 4.6$$

由图 4-12 可求得 $x_A = 0.965$

　　多级串联全混流模型的计算，由式（4-61）

$$m = \frac{1}{\sigma_\theta^2} = \frac{1}{0.211} = 4.76$$

即相当于 4.76 个等容积的全混釜，由式（3-37）

$$x_{Am} = 1 - \left(\frac{1}{1+0.307\times 15/4.76}\right)^{4.76} = 0.960$$

第五节　讨论与分析

　　① 物料的混合现象按混合尺度可分为宏观混合和微观混合。宏观混合是指设备尺度上的混合现象；微观混合是指微团尺度的混合现象。

　　在反应器中的预混合指的是物料在进行反应之前能否达到分子尺度上的均匀问题。对于极快的反应，预混合过程中的反应量已有相当部分，实际反应场所（微团内和微团外）的反应物配比与原料中反应物配比大为不同，因而对反应结果，特别是对选择率会产生显著影响，应予以充分重视。

　　② 返混是指不同时刻进入反应器物料间的混合，是连续过程伴生的现象，它起因于空间的反向运动和不均匀的速度分布。返混是化学反应器中的一个重要的宏观动力学因素。

　　返混造成两种后果：改变反应器内物料的浓度分布和造成物料停留时间分布。返混与停留时间分布是因果关系，而停留时间分布只能反映设备尺度上的混合，不能计及微团尺度上的混合。

　　停留时间分布与返混之间不一定存在对应的关系，也就是说，一定的返混必然会造成确定的停留时间分布，但是，同样的停留时间分布可以是由不同的返混所造成。因此，不能直接把测定的停留时间分布用于描述返混的程度，而要借助于模型方法。

③ 在实际工业反应器计算中，往往存在非理想流动的影响，一般总是基于一个反应过程的初步认识，首先分析其实际流动状况，从而选择一较为切合实际的合理简化的流动模型，并用数学模型方法关联返混与停留时间分布的定量关系，然后通过停留时间分布的实验测定来检验假设的模型的正确程度，确定在假设模型时所引入的模型参数，最后结合反应动力学数据和物料衡算式来估计反应结果。

④ 有关表征固定床催化反应器、气-液反应的鼓泡塔和填料塔、流化床反应器及气-液-固三相中相混合的弥散系数，在本书第五、六、八、九章阐述。

参 考 文 献

[1] Smith J M. Chemical Engineering Kinetics. 3rd ed. New York：McGraw-Hill Book Co，1981.
[2] Levenspiel O. Chemical Reaction Engineering. 3rd ed. New York：John Wiley & Sons，1999.
[3] Carberry J J. Chemical and Catalytic Reaction Engineering. New York：McGraw-Hill Book Co，1976.
[4] Denbigh K G，Turner J C R. Chemical Reactor Theory. 3rd ed. Cambridge：Cambridge University Press，1985.
[5] Froment G F，Bischoff K B. Chemical Reactor Analysis and Design. New York：John Wiley & Sons，1990.
[6] 李绍芬，朱炳辰. 无机物工业反应过程动力学. 北京：化学工业出版社，1966.
[7] 陈甘棠. 化学反应工程. 4版. 北京：化学工业出版社，2021.
[8] Danckwerts P V. Continuous Flow System. Chem Eng Sci，1953，2：1-14.
[9] Danckwerts P V. The effect of incomplete mixing on homogeneous reactions. Chem Eng Sci，1958，8：93-96.
[10] Turner J C R. Residence-time measurements in chemical plant. Brit Chem Eng，1964，9：12-16.
[11] Wen C Y，Fan L T. Models for Flow Systems and Chemical Reactors. New York：Marcel Dekker Inc，1975.
[12] 陈敏恒，袁渭康. 工业反应过程开发方法. 北京：化学工业出版社，1985.
[13] Standart G. The thermodynamic significance of the Danckwerts boundary conditions. Chem Eng Sci，1968，23：645-657.
[14] Buffham B A，Gibilaro L G. A generalization of the Tank-in-series mixing model. AIChE J，1968，14：805-806

习 题

4-1 有一理想的釜式搅拌器，已知反应器体积为 100L，流量为 10L/min，试估计离开反应器的物料中，停留时间分别为 $0\sim1\mathrm{min}$，$2\sim10\mathrm{min}$ 和大于 30min 的物料所占的分数。

4-2 有一中间试验反应器，其停留时间分布曲线函数式为：

$$F(t)=0，\ 0\leqslant t\leqslant 0.4\mathrm{ks}；$$
$$F(t)=1-\exp[-1.25(t-0.4)]，\ t>0.4\mathrm{ks}$$

试计算：（1）平均停留时间 $\bar{t}$；

（2）$A \xrightarrow{k} P$　$k=0.8\mathrm{ks}^{-1}$ 等温操作，进行固相颗粒反应时，其转化率为多少？

（3）若用 PFR，停留时间为 0.4ks，后接一个平均停留时间为 0.8ks 的 CSTR，问此时反应转化率是多少？如果上述两个反应器串联顺序相反，其转化率又为多少？

4-3 用脉冲示踪法测得示踪物浓度如下：

t/s	0	48	96	144	192	240	288	336	384	432
示踪物浓度/(g/m³)	0	0	0	0.1	0.5	10.0	8.0	4.0	0	0

试计算平均停留时间。如在反应器中进行一级反应 $A \longrightarrow P$，$k=7.5\times10^{-3}\mathrm{s}^{-1}$，求平均转化率。如分别采用 CSTR 和 PFR，其平均停留时间相同，则反应结果分别为多少？

4-4 用脉冲示踪法测得实验反应器的停留时间分布关系如下所示：

t/s	1	2	3	4	5	6	8	10	15	20	30	41	52	67
$c(t)/(g/L)$	9	57	81	90	90	86	77	67	47	32	15	7	3	1

今有一液相反应 $A+B \longrightarrow P$，已知 $c_{A0} \ll c_{B0}$，若此反应在具有相同停留时间的平推流反应器中进行，转化率可达 99%，试计算：(1) 该反应器的平均停留时间及方差；(2) 若实验反应器以多釜串联模型描述，可达到的转化率为多大？

4-5　等体积的平推流反应器与全混流反应器按以下两种方法串联：(1) 平推流在前，全混流在后；(2) 全混流在前，平推流在后，试画出反应器组合的停留时间分布函数与停留时间分布密度图。

4-6　用脉冲注入法，在反应器入口液体中加入 $KMnO_4$ 示踪物，从加入示踪物开始，测得出口物料中示踪物浓度如下：

时间/min	0	5	10	15	20	25	30	35	40	45	50
$KMnO_4$ 浓度/(g/m³)	0	2	6	12	12	10	5	2	1	0.5	0

设示踪物加入对流型无影响，试确定液体在反应器中的平均停留时间及 E_z/uL 值。

4-7　在全混流反应器中进行液-固反应，产物为固相，反应为1级，已知 $k=0.02\text{min}^{-1}$，固体颗粒的平均停留时间为 100min，求 (1) 平均转化率；(2) 若转化率低于 30% 为不合格，试计算不合格产品所占百分数；(3) 若采用两个等体积的全混流反应器（总体积不变），试计算不合格产品百分数。

4-8　在直径为 10cm，长为 6.36m 的管式反应器中进行一级反应 $A \longrightarrow P$，已知反应速率常数 $k=0.25\text{s}^{-1}$，反应器的示踪实验结果列于下：

t/s	0	1	2	3	4	5	6	7	8	9	10	12	14
$c/(\text{mg/L})$	0	1	5	8	10	8	6	4	3	2.2	1.5	0.6	0

求分别用 (1) 轴向混合模型；(2) 平推流模型；(3) 多级串联全混流模型；(4) 单个 CSTR 模型，计算转化率，并对计算结果进行讨论。

第五章　固定床气-固相催化反应工程

○○ —— ○○ ○ ○○ ————

本章讨论固定床气-固相催化反应器的基本类型和数学模型，固定床的流体力学、热量和质量传递过程，绝热式催化反应器的数学模型、设计及优化，连续换热内冷自热式催化反应器的一维模型，外冷管式催化反应器的飞温和参数敏感性，简述薄床层催化反应器和催化反应过程进展，最后对固定床催化反应器进行讨论与分析。

第一节　固定床气-固相催化反应器的基本类型和数学模型

一、固定床气-固相催化反应器的基本类型

固定床气-固相催化反应器主要分绝热式和连续换热式两类。绝热式如不计入热损失则与外界不换热，对于可逆放热反应，依靠本身放出的反应热而使反应气体温度逐步升高；催化床入口气体温度高于催化剂的起始活性温度，而出口气体温度低于催化剂的耐热温度。单段绝热催化床适用于绝热温升较小的反应，见图 5-1。以天然气为原料的大型氨厂中的一氧化碳中（高）温变换及低温变换、甲烷化反应都采用单段绝热式。如果单段绝热床不能适应要求，则采用多段绝热床，反应气体通过第一段绝热床反应至一定的温度和转化率而离可逆放热反应平衡温度曲线不太远时，将反应气体冷却至远离平衡温度曲线的状态，再进行下一段的绝热反应。反应和冷却过程间隔进行。根据反应的特征，一般有二段、三段或四段绝热床。根据段间反应气体的冷却方式，多段绝热床又分为间接换热式和冷激式。二氧化硫氧化、乙苯脱氢过程等常用多段间接换热式。图

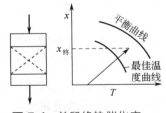

图 5-1　单段绝热催化床

5-2 是多段固定床绝热反应器，其中图（a）是间接换热式，图（b）是原料气冷激式，图（c）是非原料气冷激式。图 5-3 是单一可逆放热反应三段间接换热式的操作状况，在转化率-温度图上有平衡曲线和最佳温度曲线，换热器是管式，部分反应的气体在管内流动而被冷却，冷却过程中气体的组成不变。如果段间用冷流体与上一段出口反应气体混合，称为冷激式。冷激用的冷流体如果是尚未反应的原料气，称为原料气冷激式。高压下操作的反应器如大型氨合成反应器常采用此型。图 5-4 是单一可逆放热反应三段原料气冷激式操作状况。由于冷激气是原料气，过程的平衡温度曲线和最佳温度曲线在冷激前后都不变，但是冷激后下一段入口气体的转化率比上一段出口转化率降低，因此催化床体积比相同条件下的间接换热式增大。冷激用的冷流体如果是非关键组分的反应物，称为非原料气冷激式，如一氧化碳变换反应器采用过热水蒸气冷激，冷激后，平衡温度曲线向着同一温度下提高平衡转化率的方向移动。最佳温度曲线也随之变动。单一可逆放热反应三段非原料气冷激式催化床的操作状况见图 5-5。绝热式反应器

结构简单，便于装卸催化剂，内无冷管，避免由于少数冷管损坏而影响操作，特别适用于大型催化反应器。

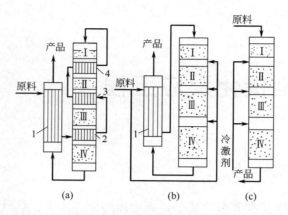

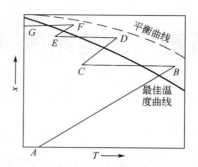

图 5-2 多段固定床绝热反应器
（a）间接换热式；（b）原料气冷激式；（c）非原料气冷激式

图 5-3 单一可逆放热反应三段
间接换热式操作状况

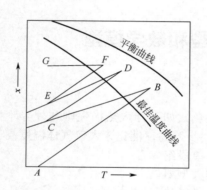

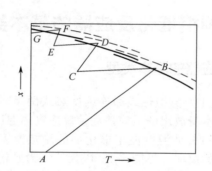

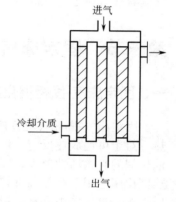

图 5-4 单一可逆放热反应三段
原料气冷激式操作状况

图 5-5 单一可逆放热反应三段
非原料气冷激式操作状况

图 5-6 外冷管式催化床

催化铂重整是石油加工中的重要反应，它以石脑油为原料，可生产高辛烷值汽油和芳烃，其中的大部分反应都是强吸热反应，在绝热反应器中由于反应吸热而降低了反应气体的温度，必须采用三段至四段反应器串联，中间由加热炉补充供热，一般重整催化床的入口温度为 480～530℃。为了降低固定床反应器的压力降，一些重整流程采用径向流动反应器[1]。

连续换热式催化床中反应与换热过程同时进行。乙烯催化氧化合成环氧乙烷、萘氧化制邻苯二甲酸酐及乙烯与乙酸气相氧化制乙酸乙烯酯等反应的反应热大，采用管式催化床，见图 5-6，催化剂装载在管内，以增加单位体积催化床的传热面积。载热体在管间流动或气化以移走反应热。合理地选择载热体是控制反应温度和保持稳定操作的关键。载热体的温度与催化床之间的温差宜小，但又必须移走大量的反应热。反应温度不同，选用的载热体不同。一般反应温度 200～250℃时采用加压热水气化作载热体而副产中压蒸汽；反应温度 250～300℃时，可采用挥发性低的有机载热体如矿物油、联苯-联苯醚混合物；反应温度在 300℃以上采用熔盐作载热体。有机载热体和熔盐吸收的反应热都用来产生蒸汽。

某些反应热并不太大而在高压下进行的反应，如中、小型合成氨厂的氨合成催化反应器，要求高压容器的催化剂装载系数较大和每立方米催化床每日的生产能力或空时产率较高，常采用催化床上部为绝热层，下部为催化剂装在冷管间而连续换热的催化床，未反应气经过床外换热器和冷管预热到一定温度而进入催化床，故称为自热式，绝热层中反应气体迅速升温，冷却层中反应气体被冷却而接近最佳温度曲线。图 5-7 是三套管并流式氨合成催化床的气体温度分布和操作状况图。冷管是三重套管，外冷管是催化床的换热面，内冷管内衬有内衬管，内冷管与内衬管之间的间距为 1mm，形成隔热的滞气层而使内、外冷管之间的传热可以不计。

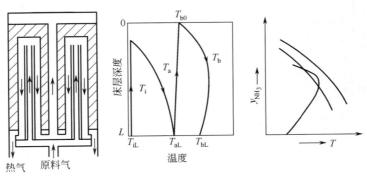

图 5-7　三套管并流式冷管催化床温度分布及操作状况

大型制氨装置中的甲烷/蒸汽转化是强吸热反应，要求外部供热以使催化反应在尽可能高的温度下进行，因此采用外热管式催化床，催化剂装在管内，管外燃烧天然气、油田气或重油，以辐射传热方式传热给炉管，烟道气的热量要充分利用。图 5-8 是侧壁烧嘴式转化炉。

图 5-8　侧壁烧嘴式转化炉
O 转化管；├ 烧嘴

图 5-9　径向流动催化反应器

按照反应气体在催化床中的流动方向，固定床反应器可分为轴向流动与径向流动，轴向流动反应器中气体流向与反应器的轴平行，而径向流动催化床中气体在垂直于反应器轴的各个横截面上沿半径方向流动，见图 5-9。径向流动催化床的气体流道短、流速低，可大幅度地降低催化床压降，为使用小颗粒催化剂提供了条件。径向流动反应器的设计关键是合理设计流道使各个横截面上的气体流量均等。图 5-10 和图 5-11 是 Topsφe 公司大型氨合成反应器的径向二段冷激式及径向二段间接换热式。径向催化床中也可以安装冷管。华东理工大学于 20 世纪 60 年代开发了 φ800mm 鼠笼冷管型径向氨合成反应器，于 20 世纪 80 年代开发了丁烯氧化脱氢制丁二烯年产 1.6 万吨二段绝热段间喷水冷激的径向反应器，21 世纪初开发了年产 10 万吨和 20 万吨乙苯脱氢二段绝热轴径向反应器。轴径向催化床见图 5-12，催化床由无分隔的两部分组成，上部是轴向催化床，下部是轴径向混合流动催化床，便于装卸催化剂。顶端不封闭且侧壁不开孔，气体做轴径向混合流动，主要部分仍用侧壁开孔调节以保证气体做均匀径向流动。

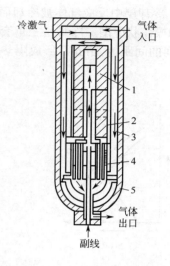

图 5-10 径向二段冷激氨合成塔（Topsφe 型）
1—第一催化床；2—催化剂筐；3—第二催化床；
4—热交换器；5—外筒

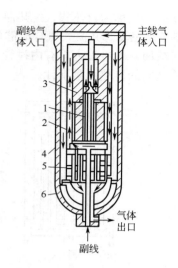

图 5-11 径向二段间接换热氨合成塔（Topsφe 型）
1—中间热交换器；2—催化剂筐；3—第二催化床；
4—第一催化床；5—热交换器；6—外筒

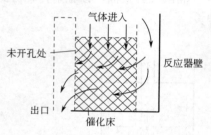

延伸阅读 5-1
三套管并流式氨
合成反应器数学
模型

图 5-12 轴径向催化床

二、固定床催化反应器的数学模型

催化反应器的数学模型，根据反应动力学可分为非均相与拟均相两类；根据催化床中温度分布可分为一维模型和二维模型；根据流体的流动状况又可分为理想流动模型（包括平推流和全混流）和非理想流动模型。

绝大部分工业催化反应不可略去传质和传热过程对总体速率的影响，例如烃类蒸气转化的催化剂要同时考虑气流主体与催化剂颗粒外表面的相间传质和传热及颗粒内部的传质和传热；氨合成、二氧化硫氧化催化剂只要考虑颗粒内部的传质，而颗粒内部温差及相间的温差和浓度差均可略去；铂网上氨氧化的催化剂只要考虑相间的传质和传热。把这些传递过程对反应速率的影响计入模型，称为"非均相"模型。

如果反应属于化学动力学控制，催化剂颗粒外表面上及颗粒内部反应组分的浓度及温度都与气流主体一致，计算过程与均相反应一样，故称为"拟均相"模型。如果某些催化过程的颗粒宏观动力学研究得不够，只能按本征动力学处理，而将传递过程的影响、反应器结构导致流体分布不均的影响如壁效应、催化剂的中毒、结焦、衰老、还原等项因素合并成为"活性校正系数"和"寿命因子"，这种处理方法属于"拟均相"模型。应注意活性校正系数和寿命因子与催化剂粒度、反应器结构、毒物的品种及含量、催化剂的还原情况及使用时间等条件有关。一般工业反应器中的气-固相催化反应，催化剂粒内的传质、传热影响必须计入，而粒外的传质、传热影响往往可不考虑，此时以工业颗粒催化剂的宏观动力学方程为基础，再计入反应器结构、中毒、衰老等因素的"活性校正系数"和"寿命因子"，也属于"拟均相"模型。

若只考虑反应器中沿着气流方向的浓度差及温度差，称为"一维模型"；若同时计入垂直于气流方向的浓度差和温度差，称为"二维模型"。一维拟均相平推流模型是最基础的模型，在这个模型基础上，按各种类型反应器的实际情况，计入轴向返混、径向浓度差及温度差，颗粒内部及相间的传质和传热，便形成了表 5-1 的分类。一般固定床反应器，床高远大于催化剂直径，不计入轴向返混，即"平推流"模型。但薄床层反应器，如氨催化氧化，则应计入轴向返混。

表 5-1 中基础模型的数学表达式最简单，所需的模型参数最少，数学运算也最简单。模型中考虑的问题越多，所需的传递过程参数也越多，如 BⅢ、BⅣ 型，其数学表达式非常复杂，求解也十分费时。处理具体问题时，一定要针对具体反应过程及反应器的特点进行分析，选用合适的模型。如果通过检验认为可以进行合理的假定而选用简化模型时，则采用简化模型进行模拟设计和模拟放大。

表 5-1　催化反应器数学模型分类

	A 拟均相模型	B 非均相模型
一维模型	AⅠ 基础模型	BⅠ 基础模型＋粒内及相间浓度分布及温度分布
	AⅡ AⅠ＋轴向返混	BⅡ BⅠ＋轴向返混
二维模型	AⅢ AⅠ＋径向浓度差及温度差	BⅢ BⅠ＋径向浓度分布及温度分布
	AⅣ AⅢ＋轴向返混	BⅣ BⅢ＋轴向返混

有关催化反应器设计的基本原则，已在本书第一章第六节阐述。

第二节　固定床流体力学

固定床中进行催化反应时，同时发生传热及传质过程，两者又与流体在床层内的流动状况密切有关。为了研究固定床中化学反应的宏观反应过程，进行合理的反应器结构设计，必须先讨论固定床的传递过程，即固定床中的流体力学、传热及传质问题。

一、固定床的物理特性

1. 非中空固体颗粒的当量直径及形状系数

常用的非中空颗粒当量直径的表示方法有三种，即等体积圆球直径、等外表面积圆球直径和等比外表面积圆球直径。

若以 S_p 和 V_p 表示非中空颗粒的外表面积和体积，按等体积圆球直径计算的当量直径 d_v 可表示如下

$$d_v = (6V_p/\pi)^{1/3} \tag{5-1}$$

式中，V_p 为与非中空颗粒等体积的圆球体积。

按等外表面积圆球直径计算的当量直径 D_p 可表示如下

$$D_p = (S_p/\pi)^{1/2} \tag{5-2}$$

式中，S_p 为与非中空颗粒等外表面积的圆球外表面积。

按等比外表面积圆球直径计算的当量直径 d_s 可表示如下

$$d_s = 6/S_V = 6V_p/S_p \tag{5-3}$$

式中，S_V 为与非中空颗粒等比外表面积的圆球比外表面积，$S_V = S_p/V_p$。

再以 S_s 表示与非中空颗粒等体积圆球的外表面积，则

$$S_s = \pi d_v^2 \tag{5-4}$$

非球形颗粒的外表面积 S_p 一定大于等体积的圆球的外表面积。因此，引入一个量纲 1 数 ϕ_s，称为颗粒的形状系数，其值如下

$$\phi_s = S_s/S_p \tag{5-5}$$

对于球形颗粒，$\phi_s = 1$；对于非球形颗粒，$\phi_s < 1$。形状系数说明了颗粒形状与圆球的差异程度。

形状系数 ϕ_s 可由颗粒的体积及外表面积算得。非中空颗粒的体积可由实验测定，或由其质量及密度计算。形状规则的颗粒，例如圆柱形颗粒，其外表面积可由直径及高求出；形状不规则的颗粒外表面

积却难以直接测量，这时可测定由待测颗粒所组成的固定床压力降来计算形状系数。

上述三种当量直径 d_v、D_p、d_s 与形状系数 ϕ_s 间的相互关系可表示如下

$$\phi_s d_v = d_s = 6V_p/S_p \tag{5-6}$$

及

$$\phi_s = (d_v/D_p)^2 \tag{5-7}$$

2. 混合颗粒的平均直径及形状系数

某些催化剂是由大块物料破碎成的碎块，如氨合成用铁催化剂，形状是不规则的，大小也不均匀，如果颗粒不太细（如大于 0.038mm），平均直径可以由筛分分析数据来决定。如混合颗粒中，直径为 d_1、d_2、$\cdots$、d_n 的颗粒的质量分数分别为 x_1、x_2、$\cdots$、x_n，则该混合颗粒的算术平均直径 $\overline{d}_p$ 为

$$\overline{d}_p = \sum_{i=1}^{n} x_i d_i \tag{5-8}$$

而调和平均直径 $\overline{d}_p$ 为

$$\frac{1}{\overline{d}_p} = \sum_{i=1}^{n} \frac{x_i}{d_i} \tag{5-9}$$

在固定床和流化床的流体力学计算中，用调和平均直径较为符合实验数据。大小不等且形状也各异的混合颗粒，其形状系数由待测颗粒所组成的固定床压力降来计算。

3. 固定床的当量直径

为了将处理流体在管道中流动的方法应用于固定床中的流体流动问题，必须确定固定床的当量直径 d_e。按定义，固定床的当量直径为水力半径 R_H 的 4 倍，而水力半径可由床层的空隙率和单位床层体积中颗粒的润湿表面积计算得到。当不考虑颗粒间相互接触而减少表面积时，床层中颗粒的比表面积 S_e，即单位体积床层中颗粒的外表面积，可由床层的空隙率 ε 及非中空单颗颗粒的体积 V_p 及外表面积 S_p 计算而得

$$S_e = (1-\varepsilon)S_p/V_p = 6(1-\varepsilon)/d_s \tag{5-10}$$

按水力半径的定义得

$$R_H = \frac{有效截面积}{润湿周边} = \frac{床层的空隙体积}{总的润湿面积} = \frac{\varepsilon}{S_e}$$

因此固定床的当量直径

$$d_e = 4R_H = \frac{4\varepsilon}{S_e} = \frac{2}{3}\left(\frac{\varepsilon}{1-\varepsilon}\right)d_s \tag{5-11}$$

当床层由单孔环柱体、多通孔环柱体等中空颗粒组成时，不能使用式(5-11)。

4. 固定床的空隙率及径向流速分布

固定床的空隙率是颗粒物料层中颗粒间自由体积与整个床层体积之比，它是固定床的重要特性之一。空隙率对流体通过床层的压力降、床层的传热都有重大的影响。床层空隙率 ε 的数值与下列因素有关：颗粒形状、颗粒的粒度分布、充填方式、颗粒直径与容器直径之比等。颗粒直径 d_p 与床层直径 d_t 比越大，壁效应对整个床层平均空隙率的影响越大。图 5-13 是 d_p/d_t 对床层平均空隙率的影响，所用颗粒有不同粗糙度的球形、圆柱形的均匀颗粒和不规则的混合颗

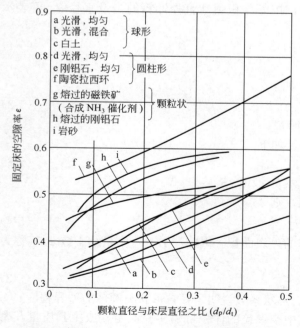

图 5-13 d_p/d_t 对床层平均空隙率的影响

粒。图 5-13 中曲线表明，无论哪一种颗粒，当 d_p/d_t

值在 0.05 以上时，床层平均空隙率 ε 均随 d_p/d_t 值的增大而增大。当容器的直径较颗粒的直径大得多时，壁效应可不计，此时可将图 5-13 中曲线外推至 $d_p/d_t=0$ 处来估算空隙率。

　　紧密填充固定床的床层空隙率低于疏松填充固定床，反应器中充填催化剂时应以适当方式加以振动压紧，此时床层的压力降虽较大，但装填的催化剂可较多。固定床中同一截面上的空隙率也是不均匀的，近壁处空隙率较大，而中心处空隙率较小，图 5-14(a) 是固定床的局部空隙率，其值随径向距离而变化；横坐标是按 d_p 数目计算的离壁距离[2]，固定床由均匀球形颗粒乱堆在圆形容器中组成。近壁 0~1 个颗粒直径处，局部床层空隙率变化最大。图 5-14(b) 表示以径向距离 r 处局部流速 $u(r)$ 与床层平均流速 u 之比的径向流速分布，以 0~1 个颗粒直径处变化最大。由图 5-14(a) 及 (b) 可见，距壁 4 个颗粒直径处，床层空隙率和流速分布趋平坦，因此一般工程上认为当床层直径 d_t 与颗粒直径 d_p 之比值达 8 时，可不计壁效应。图 5-13 是 d_t 远大于 d_p 的固定床空隙率。

　　如果固定床与外界换热，床层非等温，存在着径向温度分布，则床层中径向流速分布的变化比等温时还要大；当管内 Re 数增大时，径向流速分布可趋向平坦，见图 5-14(b)。管式催化床内直径一般为 25~40mm，而催化剂颗粒直径一般为 5~8mm，即管径与催化剂颗粒直径比（d_t/d_s）相当小，则壁效应对床层中径向空隙率分布和径向流速分布及催化反应性能的影响必须考虑。

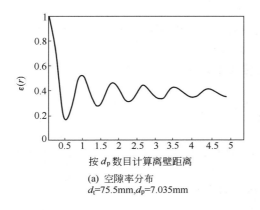

(a) 空隙率分布
$d_t=75.5mm, d_p=7.035mm$

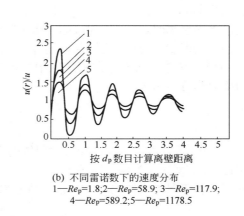

(b) 不同雷诺数下的速度分布
1—$Re_p=1.8$; 2—$Re_p=58.9$; 3—$Re_p=117.9$;
4—$Re_p=589.2$; 5—$Re_p=1178.5$

图 5-14 空隙率及不同雷诺数下的速度分布

二、单相流体在固定床颗粒层中的流动及压力降

1. 流动特性

　　流体在固定床中的流动较之在空管内的情况要复杂得多。在固定床中，流体在颗粒物料所组成的孔道中流动，这些孔道相互交错联通，而且是弯曲的；各个孔道的几何形状相差甚大，其横截面积也很不规则且不相等，床层各个横截面上孔道的数目也不相同。

　　床层中孔道的特性主要取决于构成床层的颗粒特性：粒度、粒度分布、形状及粗糙度，孔道的特性影响床层空隙率。颗粒的粒度越小，则构成的孔道数目越多，孔道的截面积也越小。颗粒的粒度越不均匀，形状越不规则，表面越粗糙，则构成的孔道越不规则，各个孔道间的差异也就越大。一般来说，如果颗粒是随意堆积的，床层直径与平均颗粒直径之比大于 8 时，床层任何部分的空隙率大致相同。床层中可供流体流动自由体积并不等于所有孔道的总体积，而是存在部分死角，死角中的流体处于不流动的状态。流体在床层中的孔道内流动时，经常碰撞前面的颗粒，加上孔道截面的不均匀，时而扩大，时而缩小，以致流体作轴向流动时，往往在颗粒间产生再分布，流体的旋涡运动不如在空管中那么自由。由于孔道特性的改变以及流体的再分布，旋涡运动的范围要受到流动空间的限制，即取决于孔道的形状及大小。固定床内流动的流体旋涡的数目比空管中流动要多得多。空管中流体的流动状态由滞流转入湍流时是突然改变的，转折非常明显。固定床中流体的流动状态由滞流转入湍流是一个逐渐过渡的过程，这是由于各孔道的截面积不相同，在相同的体积流率下，某一部分孔道内流体处于滞流状态，而另一部分孔道内流体则已转入湍流状态。

2. 单相流体通过固定床颗粒层的压力降

单相流体通过固定床时要产生压力损失，主要来自颗粒的黏滞曳力，即流体与颗粒表面间的摩擦，流体流动过程中孔道截面积突然扩大和收缩，以及流体对颗粒的撞击及流体的再分布。低流速时，压力降主要是由于表面摩擦而产生，高流速及薄床层中流动时，扩大、收缩则起着主要作用。如果容器直径与颗粒直径之比值较小，还应计入壁效应对压力降的影响。

计算单相流体通过固定床颗粒层压力降的方法很多，其中有许多都是利用流体在空圆管中流动时的压力降公式，加以合理地修改而成。下面介绍其中的一个使用最广泛的 Ergun 方法[3]。流体在空圆管中做等温流动，且流体密度的变化可不计时，压力降可表示为

$$\Delta p = 4f\frac{L}{d}\frac{\rho_f(u_{0e})^2}{2} \tag{5-12}$$

式中，L 为管长，m；d 为圆管的内直径，m；ρ_f 为流体的密度，kg/m^3；u_{0e} 为流体的平均流速，m/s；f 为摩擦系数，量纲 1 数；Δp 为压力降，N/m^2。

上式应用于固定床时，u_{0e} 应为流体在床层空隙中的真正平均流速 u_e，圆管的直径应以固定床的当量直径 d_e 代替，而管长则应以流体在固定床中的流动途径来代替。将 $u_e = u_0/\varepsilon$，$d_e = 2/3[\varepsilon/(1-\varepsilon)]d_s$ 代入式(5-12)，又考虑到流体在固定床中的流动途径远大于固定床的高度 L，并等于 L 的若干倍，则固定床的压力降可表示为

$$\Delta p = f_M\frac{\rho_f u_0^2}{d_s}\left(\frac{1-\varepsilon}{\varepsilon^3}\right)L \tag{5-13}$$

式中，u_0 为以床层不含内构件和所载固体的空截面积 A_c 及操作状态下气体体积流量计算的流速，或称表观流速，m/s；f_M 为修正摩擦系数。

经多种颗粒和工况的实验测定，修正摩擦系数 f_M 与修正雷诺数 Re_M 的关系可表示如下

$$f_M = \frac{150}{Re_M} + 1.75 \tag{5-14}$$

而

$$Re_M = \frac{d_s\rho_f u_0}{\mu_f}\times\frac{1}{1-\varepsilon} = \frac{d_s G}{\mu_f}\times\frac{1}{1-\varepsilon} \tag{5-15}$$

式中，μ_f 为流体黏度，$kg/(m\cdot s)$；G 为流体质量流率或质量通量，$kg/(m^2\cdot s)$。

当 $Re_M < 10$ 时，处于滞流状况，式(5-14) 中 $150/Re_M \gg 1.75$，即式(5-13) 可化简为

$$\Delta p = 150\frac{(1-\varepsilon)^2}{\varepsilon^3}\frac{\mu_f u_0}{d_s^2}L \tag{5-16}$$

当 $Re_M > 1000$ 时，处于完全湍流状况，式(5-16) 中 $150/Re_M \ll 1.75$，即式(5-13) 可化简为

$$\Delta p = 1.75\frac{\rho_f u_0^2}{d_s}\frac{1-\varepsilon}{\varepsilon^3}L \tag{5-17}$$

如果 d_t/d_s 的值不够大时，应考虑壁效应对固定床压力降的影响。根据 d_t/d_s 的值在 7～91 的范围内的实验结果整理获得下列关联式[4]

$$\frac{\Delta p\rho_f}{G^2}\frac{d_s}{L}\frac{\varepsilon^3}{1-\varepsilon}\frac{1}{M} = \frac{150\mu_f(1-\varepsilon)M}{Gd_s} + 1.75 \tag{5-18}$$

$$M = 1 + 2/3(d_s/d_t)(1-\varepsilon)^{-1} \tag{5-19}$$

如果使用的催化剂是中空的单孔环柱体，当量直径 d'_s 可表示如下[5]

$$d'_s = 6V_{cyl}E^n/S_{cyl} \tag{5-20}$$

式中，V_{cyl} 是单孔环柱体的体积；S_{cyl} 是单孔环柱体的外表面积。

E 由下式确定

$$E = V_p S_{cyl}/(S_p V_{cyl}) \tag{5-21}$$

式中，V_p 和 S_p 是外形与单孔环柱体相等的圆柱体的体积和外表面积。

式（5-20）中指数 n 由下式确定

$$n = \frac{d_t/d_i}{(\varepsilon d_t^2/d_i^2)^{0.4} + (0.010\varepsilon d_t^2/d_i^2)^{0.75}} \tag{5-22}$$

式中，d_i 是单孔环柱体内直径。

3. 影响固定床压力降的因素

影响固定床压力降的因素有的是属于流体的，如流体的黏度、密度等物理性质和流体的质量流率；有的是属于床层的，如床层的高度和流通截面积、床层的空隙率，以及颗粒的物理特性如粒度、形状、表面粗糙度等。

流体的物理性质如黏度、密度与反应物系的温度、压力和组成有关，是反应器操作工艺所确定的。往往在反应器中温度及物系组成有相当明显的变化；此时，按床层微元高度中物理性质计算压力降。

流体的质量流率与床层的高度及流通截面积是密切联系的。当反应器的生产任务及反应物料的质量流量 $W(kg/s)$ 不变时，对于一定的催化床体积 V_R，其高度 L 和床层截面积 A_c 可以有不同的比例，如 L/A_c 的值增大，则流率 G 和 L 同时增大而 A_c 增加压力降。当 $Re_M > 1000$ 时，Δp 正比于 G^2L，即 V_R 一定时，Δp 正比于 $(W/A_c)^2L$，或 Δp 正比于 L^3。由此看来，对于一定的催化床体积，在可能范围内采用加大床层直径同时相应地减小床层高度的方法，有利于降低床层压力降。如果催化反应在高压下进行，从高压容器的角度，采用减小容器内径相应地增加容器高度的方法有利于减小高压容器壁厚及便于制造，这个要求和降低催化床压力降的要求是相矛盾的。但如果将反应气体在催化床内的流动由轴向流动改为径向流动，即减小了气流在催化床内流动的路程，同时增加了垂直于流向的截面积和减小了气流速度，从而大幅度地减少了床层的压力降，为使用小颗粒催化剂，提高催化剂的总体速率及催化床的空时产率创造了良好的条件。

颗粒粒度和形状是影响床层压力降的另一重要因素。形状相同的颗粒，减小颗粒的当量直径，会导致固定床压力降增加。当 $Re_M < 10$ 时，压力降反比于颗粒当量直径的平方；当 $Re_M > 1000$ 时，压力降反比于当量直径。颗粒的筛析范围相同，形状系数小的颗粒，如片状，其当量直径减小，床层的压力降增大。

床层空隙率对压力降的影响十分显著，当 $Re_M > 1000$ 时，压力降正比于 $(1-\varepsilon)/\varepsilon^3$，$\varepsilon$ 由 0.4 增至 0.5 时，压力降可降至原来的 $1/2.3$。床层空隙率的大小与颗粒的形状、粒度分布、填充方法、颗粒直径与容器直径之比值等因素有关。颗粒疏松填充时床层空隙率大于紧密填充。环柱状颗粒组成的床层的空隙率大于圆柱状颗粒。混合颗粒的粒度越不均匀，小颗粒填充在大颗粒之间，所组成的床层空隙率越小。催化剂在使用过程中逐渐破碎、粉化，当质量流率不变时，由于空隙率减小，床层压力降相应地逐步增大。催化剂使用后期床层压力降较前期压力降增加的程度随催化剂的机械强度而定。即使不计入破损，操作一段时期后，由于床层中颗粒填实，使床层下沉，空隙率降低而增高压力降。

三、径向流动反应器中流体的分布

径向流动装置由于流体流通的截面积大、流速小、流道短，具有床层压力降小的显著特点，近年来在化工、石油、原子能等方面得到了广泛应用；特别在许多催化反应过程，如氨合成、铂重整、乙苯脱氢等都已使用了径向流动反应器。径向流动反应器不但具有降低反应器的压力降，节约动能消耗，降低对于鼓风机、循环压缩机的要求等优点，而且为采用较小颗粒的催化剂和提高空间速度创造了有利条件，从而提高了设备的空时产率。但径向流动反应器应合理地设计分布气体的流道，对分布流道的制造要求较高，且要求催化剂有较高的机械强度，以免由于催化剂破损而堵塞布气小孔，破坏了流体的均匀分布。

在图 5-9 径向流动催化反应器中，流体沿中心管向下流动，同时经中心管壁上小孔流入催化床，在催化床中由内向外流动，再经催化床外侧器壁上小孔流入外围的环隙集合后流出反应器。图中分流的中心管称为分流流道，合流的环隙称为合流（或集流）流道。为了使反应气体沿轴向高度在催化床中均匀分布，必须研究流体在分流流道和合流流道中流动时的静压分布，以及分流和合流情况下流体穿过侧壁小孔的阻力系数等有关流体力学规律[6]。

1. 变质量流动和动量交换系数

流体在流道中做定态流动时，中途不与外界发生质量交换，即恒质量流动，流道中不同截面处流体的静压、动能、位能与多种摩擦阻力之间的关系服从 Bernoulli 方程。如果在分流和合流的主流道中的流体与外界有质量交换，即变质量流动，就不能应用 Bernoulli 方程，而要用动量守恒原理来分析其中流体静压与动能的变化规律。

图 5-15(a) 和（b）是定态操作情况下等截面分流流道和合流流道中流体经侧壁孔流出和流入的某一小段。

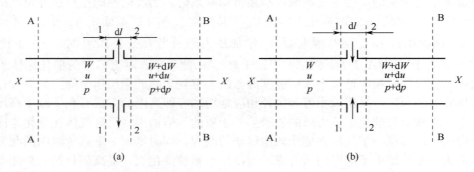

图 5-15 分流及合流流道
(a) 分流流道；(b) 合流流道

图 5-15 中，流体在分流或合流侧壁孔的主流道上游截面 1—1 处的质量流量为 W(kg/s)，流速为 u，静压为 p。经侧壁孔由于分流或合流引起的质量流量的变化为 $\mathrm{d}W$；分流时，$\mathrm{d}W < 0$，合流时 $\mathrm{d}W > 0$。侧壁孔的流道下游截面 2—2 处，流体的质量流量为 $W + \mathrm{d}W$，流速为 $u + \mathrm{d}u$，静压为 $p + \Delta p$。截面 1—1 与截面 2—2 间的距离是 $\mathrm{d}l$。A_c 为流道截面积。根据牛顿第二定律：物体的动量对时间的变化率与作用在该物体上外力的合力 $\sum \vec{F}$ 成正比，且沿着合力的方向，对于分、合流管中单位时间内流体动量的变化，可写成

$$\sum \vec{F} = \Delta(Wu) \tag{5-23}$$

将上式应用于 $\mathrm{d}l$ 长变质量流动的微元段流道，若只计入不可逆的摩擦损失 $\mathrm{d}R_n$，可写成

$$[p - (p + \mathrm{d}p) - \mathrm{d}R_n]A_c = (W + \mathrm{d}W)(u + \mathrm{d}u) - Wu \tag{5-24}$$

以质量流量 $W = \rho_f u A_c$ 代入上式，略去高阶项 $\mathrm{d}W \cdot \mathrm{d}u$，并计入 $\mathrm{d}R_n = \dfrac{f}{d_e} \dfrac{\rho_f u^2}{2} \mathrm{d}l$，可得

$$\mathrm{d}p + 2\rho_f u \, \mathrm{d}u + \frac{f}{d_e} \frac{u^2 \rho_f}{2} \mathrm{d}l = 0 \tag{5-25}$$

式中，d_e 是流道的当量直径。

上式即为变质量流动的主流道内动量守恒微分方程，或简称动量微分方程，它与 Bernoulli 机械能量守恒微分方程的区别仅在于第二项的系数。

若将式(5-25)对所观察侧孔的上游主流道截面 A—A 处及下游流道截面 B—B 处进行积分，二截面的间距为 Δl，可得

$$p_B - p_A + (u_B^2 - u_A^2)\rho_f + R_n = 0 \tag{5-26}$$

实际上，将动量守恒方程应用于分流及合流的主流道中的流体流动时，还要考虑到流体经侧孔流出或流入时造成的涡流对主流道流体能量的损失，为此，对动量交换项乘上一个动量交换系数 K，即式(5-25)最后修正为

$$dp + 2K\rho_f u du + \frac{f}{d_e}\frac{u^2}{2}\rho_f dl = 0 \tag{5-27}$$

而式(5-26)最后修正为

$$p_B - p_A + K(u_B^2 - u_A^2)\rho_f + R_n = 0 \tag{5-28}$$

动量交换系数与各种因素的关系必须通过实验测定。华东理工大学研究了适用于径向流动反应器流体流动条件的动量交换系数[6]。研究在等截面圆形及圆环形截面不锈钢管道中用空气及 CO_2 作为介质，侧壁小孔均匀分布在垂直于管轴线的截面上，开孔处光滑，分流后流体经静压箱测得其静压。实验结果表明，动量交换系数与主流道的形状无关，而决定于主流道的分流及合流前后的流速比，分流时流速比取 u_B/u_A，合流时取 u_A/u_B。

分流情况下，u_B/u_A 的实验范围为 0.56～0.96，动量交换系数 K_d 与 u_B/u_A 可回归成

$$K_d = 0.57 + 0.15 u_B/u_A \tag{5-29}$$

合流情况下，u_A/u_B 的实验范围为 0.3～0.98，动量交换系数 K_c 与 u_A/u_B 可回归成

$$K_c = 0.98 + 0.17 u_A/u_B \tag{5-30}$$

在径向流动反应器中，如果侧孔是密布的，无论分流或合流，每个侧孔前后的主流道流体流速变化很小，即 $u_A \approx u_B$，此时分流动量交换系数 $K_d = 0.72$，而合流动量交换系数 $K_c = 1.15$。分流动量交换系数 $K_d < 1$，表明由于分流造成涡流，主流道流体由于动量交换而获得的能量较动量交换系数为 1 时的理论值为小。而合流动量交换系数 $K_c > 1$，表明由于合流造成涡流，主流道流体所失去的能量较理论值为大。

【例 5-1】 分流流道内静压分布　某日产 1000t 的径向氨合成反应器，第二段径向层高 9.53m，等截面分流流道当量直径 d_e 为 0.044m，气体进入分流流道的流速 u_{A0} 为 9.72m/s；气体密度 ρ_f 为 50.8kg/m^3，摩擦系数 f 为 0.025，分流动量交换系数 K_d 为 0.72，计算分流流道内静压分布。

图（例 5-1-1） 等截面均布分流流道的流体分布

解　图(例 5-1-1)是等截面均布分流流道的流体分布图。L 为流道的全长，以进口端作为计算距离的基准，则距离进口端 l 处流体的流速 u_A 与 l 呈下列线性关系

$$u_A = u_{A0}(1 - l/L)$$

以比长度 $\bar{l}$ 代替 l/L，可写成

$$u_A = u_{A0}(1 - \bar{l}) \tag{例 5-1-1}$$

将式(例 5-1-1)与动量微分方程式(5-27)联立，可得

$$dp_A + 2K_d\rho_f(u_{A0})^2(1-\bar{l})d(1-\bar{l}) + (Lf/d_e)(u_{A0}/2)^2\rho_f(1-\bar{l})^2 d\bar{l} = 0 \tag{例 5-1-2}$$

式中，p_A 为分流流道内气体静压，Pa。

边界条件如下：$\bar{l}=0$ 时，$u_A=u_{A0}$，$p_A=p_{A0}$；$\bar{l}=1$ 时，$u_A=0$。自 $\bar{l}=0$ 积分到 $\bar{l}=1$，可得

$$\Delta p_A = p_A - p_{A0} = (u_{A0})^2 \rho_f \left\{ K_d[1-(1-\bar{l})^2] - \frac{Lf}{6d_e}[1-(1-\bar{l})^3] \right\} \qquad (例5\text{-}1\text{-}3)$$

式（例5-1-3）是表征分流流道内静压分布的方程。

按已知条件可得比静压差

$$\Delta \bar{p}_A = \Delta p_A (u_{A0})^{-2} \rho_f^{-1} = K_d[1-(1-\bar{l})^2] - \frac{Lf}{6d_e}[1-(1-\bar{l})^3]$$

$$= 0.72 \times [1-(1-\bar{l})^2] - 0.902 \times [1-(1-\bar{l})^3]$$

$$\Delta p_A = \Delta \bar{p}_A (u_{A0})^2 \rho_f = 4800 \Delta \bar{p}_A$$

计算结果列于表（例5-1-1）。

表（例5-1-1）　分流流道内静压分布计算结果

l/m	0	0.953	1.906	2.859	3.812	4.765	5.718	6.671	7.624	8.577	9.530
$\bar{l}$	0	0.1	0.2	0.3	0.4	0.5	0.6	0.7	0.8	0.9	1.0
$\Delta \bar{p}_A$	0	-0.1076	-0.1809	-0.225	-0.246	-0.249	-0.239	-0.222	-0.204	-0.188	-0.182
Δp_A /mmH$_2$O[①]	0	-516	-868	-1082	-1182	-1196	-1149	-1068	-977	-903	-874

① 1mmH$_2$O=9.80665Pa。

图（例5-1-2）是 $\Delta \bar{p}_A$ 对 $\bar{l}$ 标绘的曲线，于 $\bar{l}_x=0.466$ 处，Δp_A 呈现最小值，这是因为在分流流道进口端附近，摩擦损失占优势，流道内静压下降；当 $\bar{l}>0.466$ 时，动量交换项占优势，流道内静压又回升。

当分流流道进口端流速 u_{A0} 不变，分别改变流道长度 L，摩擦系数 f 及当量直径 d_e 时，会改变摩擦损失项与动力交换项的相对大小，因而改变等截面分流流道内相对静压差 $\Delta \bar{p}_A$ 与 $\bar{l}$ 的关系。由式（例5-1-2）可见，如果 $K_d \gg L_f/(6d_e)$，即摩擦损失项可略去不计时，流道内静压随 $\bar{l}$ 的增大而上升，此时称为流动处于"动量交换控制"。如果 $K_d \ll L_f/(6d_e)$，即动量交换项可略去不计时，流道内静压随 $\bar{l}$ 的增大而下降，此时称为流动处于"摩擦损失控制"。

当进口端流速增大，而 L、f、d_e 均保持不变时，则相对静压差 $\Delta \bar{p}_A$ 与 $\bar{l}$ 的关系不变，但静压差 Δp_A 却随 $(u_{A0})^2 \rho_f$ 值的增大而增大。

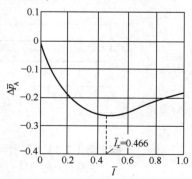

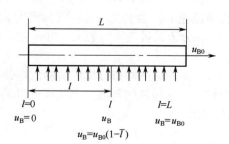

图（例5-1-2） $\Delta \bar{p}_A - \bar{l}$ 图　　　　　**图（例5-2-1）** 等截面均布合流流道的流体分布

【例5-2】 合流流道内静压分布　某日产1000t 径向氨合成反应器，第二段径向层高9.53m，等截面合流流道当量直径 d_e 为0.166m，合流流道出口处气体流速 u_{B0} 为11.92m/s。气体密度 ρ_f 为45kg/m^3，摩擦系数 f 为0.0174，合流动量交换系数 K_e 为1.15，计算合流流道内静压分布。

解 图（例5-2-1）是等截面均布合流流道的流体分布图。以进口端作为计算基准，则距离进口端 l

处的流体的流速 u_B 与 l 呈下列线性关系

$$u_B = u_{B0}l/L = u_{B0}\bar{l} \qquad\qquad\text{(例 5-2-1)}$$

将式（例 5-2-1）与动量微分方程式（5-27）联立，可得

$$\mathrm{d}p_B + 2K_c\rho_f(u_{B0})^2\bar{l}\,\mathrm{d}\bar{l} + (Lf/d_e)(u_{B0}/2)^2\rho_f\bar{l}^2\mathrm{d}\bar{l} = 0$$

式中，p_B 为合流流道内气体静压，Pa。

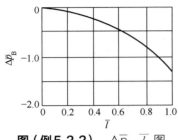

图（例 5-2-2） $\Delta\bar{p}_B\text{-}\bar{l}$ 图

其边界条件如下：$\bar{l}=0$ 时，$u_B=0$；$\bar{l}=1$ 时，$u_B=u_{B0}$，$p_B=p_{B0}$。

自 $\bar{l}=0$ 积分到 $\bar{l}=1$，可得

$$\Delta p_B = p_B - p_{B0} = -(u_{B0})^2\rho_f\left(K_c\bar{l}^2 + \frac{Lf}{6d_e}\bar{l}^3\right)$$

式（例 5-2-2）是表征合流流道内静压分布的方程。

按已知条件，可得比静压差

$$\Delta\bar{p}_B = \Delta p(u_{B0})^{-2}\rho_f^{-1} = -1.15\bar{l}^2 - 0.1665\bar{l}^3$$

$$\Delta p_B = \Delta\bar{p}_B(u_{B0})^2\rho_f = 6394\Delta\bar{p}_B$$

计算结果列于表（例 5-2-1）。

表（例 5-2-1） 合流流道内静压分布计算

l/m	0	0.953	1.906	2.859	3.812	4.765	5.718	6.671	7.624	8.577	9.530
$\bar{l}$	0	0.1	0.2	0.3	0.4	0.5	0.6	0.7	0.8	0.9	1.0
$\Delta\bar{p}_B$	0	−0.046	−0.0473	−0.1079	−0.1946	−0.308	−0.450	−0.621	−0.821	−1.053	−1.317
Δp_B /mmH$_2$O①	0	−74.2	−302	−690	−1244	−1971	−2880	−3970	−5250	−6730	−8420

① 1mmH$_2$O=9.80665Pa。

图（例 5-2-2）是 $\Delta\bar{p}_B$ 对 $\bar{l}$ 标绘的曲线。

当合流流道出口处流速 u_{B0} 不变，无论怎样改变流道长度 L，摩擦系数 f 及当量直径 d_e 时，$\Delta\bar{p}_B$ 总是负值，即等截面均布合流流道内静压总是下降的。

当出口处流速 u_{B0} 增大，而 L、f、d_e 均保持不变时，则比静压差 $\Delta\bar{p}_B$ 与 $\bar{l}$ 的关系不变，但静压差 Δp_B 却随 $(u_{B0})^2\rho_f$ 值的增大而增大。

2. 穿孔阻力系数

图 5-16 是径向反应器流体分布图。反应气体从中心分流流道 A 自上而下流动，同时通过内分布筒侧壁小孔不断分流，经过催化床，又经过外分布筒侧壁小孔进入外合流流道 B，自上而下，合流后流出反应器。如果要求流体沿催化床轴向高度均匀分布，其必要条件是催化床的 I—I 环面上静压 p_A' 与 II—II 环面上静压 p_B' 之差值沿轴向高度处处保持相等。由［例 5-1］及［例 5-2］可知分流及合流流道内流体的静压分布规律不同，即沿轴向高度分流道内静压 p_A 与合流流道内静压 p_B 之差值不能保持处处相等。因此，需要调节沿轴向高度流体穿过侧

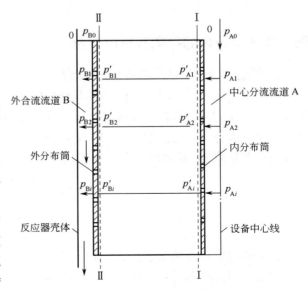

图 5-16 径向反应器流体分布示意

壁小孔的能量损失，以保持 p'_A 与 p'_B 之差值处处相等。

径向反应器的分流、合流流体通过侧壁孔流出、流入时的穿孔能量损失 ΔH_0 应包括支流流体和主流流体进行动量交换而引进的能量变化，流体转弯、进入和离开小孔时的收缩及扩大，以及克服孔壁摩擦引起的能量损失。一般将穿孔能量损失表示为流体穿孔流速的动压头与穿孔阻力系数的形式。

$$\Delta H_0 = \zeta_0 u_0^2 \rho_f / 2 \tag{5-31}$$

式中，ΔH_0 为流体穿孔能量损失，Pa；u_0 为按孔截面积计算的流体穿孔流速，m/s；ζ_0 为穿孔阻力系数。

用空气和二氧化碳作为介质，研究适用于径向反应器分流、合流情况的穿孔阻力系数与有关参数之间的关系[6]。实验结果表明：①若流体穿孔 Re_0 数（$Re_0 = d_0 u_0 \rho_f / \mu$）超过 4000，$Re_0$ 对穿孔阻力系数 ζ_0 已无影响；②实验时，主流道 Re 数可达 $2 \times (10^4 \sim 10^5)$，穿孔阻力系数决定于流体穿孔流速与主流道流体流速 u 之比（u_0/u）；③主流道截面形状和孔截面积 A_0 与主流道截面积 A 之比（A_0/A）对穿孔阻力系数的影响可略去不计。

对于分流，主流道流速 u 按分流前流速 u_A 计算，在 $u_0/u = 0.2 \sim 25$ 的条件下，从实验数据可归纳出分流穿孔阻力系数 ζ_{0d} 与 u_0/u 的关联式如下

$$\left. \begin{array}{l} 当 u_0/u \leqslant 2.5 时, \zeta_{0d} = 2.52(u_0/u)^{-0.432}\beta \\ 当 2.5 < u_0/u < 8 时, \zeta_{0d} = 1.81 - 0.046(u_0/u)\beta \\ 当 u_0/u \geqslant 8 时, \zeta_{0d} = 1.45\beta \end{array} \right\} \tag{5-32}$$

对于合流，主流道流速 u 按合流后流速 u_B 计算，在 $u_0/u = 0.2 \sim 16$ 的条件下，获得合流穿孔阻力系数 ζ_{0c} 与 u_0/u 的关联式如下

$$\left. \begin{array}{l} 当 u_0/u \leqslant 2 时, \zeta_{0c} = 1.75(u_0/u)^{-0.228}\beta \\ 当 u_0/u > 2 时, \zeta_{0c} = 1.5\beta \end{array} \right\} \tag{5-33}$$

上两式中 β 是侧壁厚度 δ 与穿孔直径 d_0 之比值的函数，实验测定时，$\delta/d_0 = 0.39 \sim 3.1$。

$$\beta = 1.11(\delta/d_0)^{-0.336} \tag{5-34}$$

轴径向催化床是径向床的改进，顶部采用催化剂自封式结构，即合流管比分流管低一定的高度，使径向床的顶部造成轴径向二维混合流动，减少了催化剂封所形成的死区，提高了催化剂的利用率[7]。

四、固定床流体的径向及轴向混合

1. 固定床径向及轴向混合有效弥散系数 (effective dispersion coefficient)

当流体流经固定床时，不断发生分散与汇合，形成了一定程度的径向及轴向混合，尤其当固定床中进行化学反应而又与外界换热时，床层中不同径向位置处流速、温度及反应速率都不相同，也就必然存在着径向浓度分布，更加加剧床层中径向及轴向的混合过程，而其中径向混合比轴向更加显著。径向混合有效弥散系数 E_r 及轴向混合有效弥散系数 E_z 一般用 Peclet 数（Pe）表示，此时

$$Pe_r = \frac{d_s u}{E_r} = \frac{d_s u \rho_f}{\mu_f} \times \frac{\mu_f}{\rho_f E_r} \tag{5-35a}$$

或

$$Pe_z = \frac{d_s u}{E_z} = \frac{d_s u \rho_f}{\mu_f} \times \frac{\mu_f}{\rho_f E_z} \tag{5-35b}$$

表征径向混合及轴向混合有效弥散系数的 Pe 数与 Re 数的关系见图 5-17[8]，由图可见，当 $Re > 40$，即处于湍流状态时，无论对于气体还是液体，径向 $Pe_r = 10$，几乎不随 Re 数而变，气体的轴向 $Pe_z \approx 2$ 不随雷诺数而变，但液体的轴向 Pe_z 值随 Re 值而有一定程度的变化。

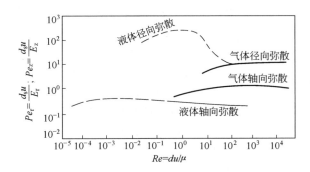

图 5-17　固定床轴向及径向 Pe 数与 Re 数的关系

2. 固定床反应器中的轴向返混

第三章已经讨论过可以略去不计逆向混合影响的条件是模型参数 $E_z/(uL)<0.005$。在固定床反应器的流动状况下，一般 $Re>40$，此时 $Pe_z=d_su/E_z=2$，由此可得

$$0.5(d_s/L)<0.005 \tag{5-36}$$

即固定床反应器中床层高度 L 超过颗粒直径 d_s 的 100 倍时，可以略去轴向返混的影响。某些固定床反应器，如实验室测试动力学数据的装置，床层高度与颗粒直径的比值往往低于 100 倍，称为薄床层，此时必须考虑轴向返混的影响。但可以在催化床上、下部填充适当大小的惰性物料，造成整个填充床处于平推流状态。

第三节　固定床热量与质量传递过程

在固定床反应器中，除了在绝热条件下进行反应外，为了保证反应过程所必需的温度条件，反应器需要与外界进行换热，若床层被冷却，热量在床层中按对流、传导及辐射的综合方式传至床层近壁处，再通近壁处滞流边界层传向容器内壁。因此，床层中每一截面上都形成一定的径向温度分布，并且不同轴向位置处的径向温度分布也不相同，如图 5-18 所示。另外，流体在固体颗粒间流动时，不断地分散与汇合，形成了径向及轴向混合过程的浓度分布。固定床反应器应将温度分布与浓度分布方程和动力学方程联立求解。固定床反应器

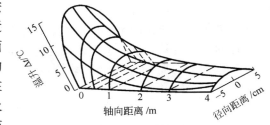

图 5-18　固定床反应器的温度分布

中流体与颗粒表面间的传热及传质，对于某些气-固相催化反应及流-固相非催化反应过程都是很重要的。有关固定床中传热与传质问题可参阅专著 [9]。

一、固定床径向传热过程分析

流体通过固定床的径向热量传递是通过多种方式进行的。通常把固体颗粒及在其空隙中流动的流体包括在内的整个固定床看作为假想的固体，按传导传热的方式来考虑径向传热过程。这一假想的固体热导率，称为径向有效热导率 λ_{er}，而径向有效热导率 λ_{er} 又分解成静止流体径向有效热导率 λ_{e0} 与流动流体径向有效热导率 $(\lambda_{er})_t$ 两部分[10]。床层的径向有效热导率 λ_{er} 即为此二者之综合。

静止流体有效热导率是固定床内流体不流动时床层主体的有效热导率，它包括如下 6 个过程（示意图见图 5-19）：①床层空隙内部流体的传热，它与流体的热导率 λ_f 有关；②颗粒之间通过接触的传热，

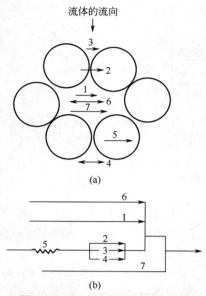

图 5-19　固定床的径向传热方式
(a) 水平箭头为热的流动方向；
(b) 垂直箭头为流体的流动方向

其给热系数为 α_p；③颗粒表面附近流体中的传热，它与流体的热导率 λ_f 有关；④颗粒表面之间的热辐射传热，其给热系数为 α_{rs}；⑤通过固体颗粒的传热，它与固体的热导率 λ_s 有关；⑥空隙内部流体的辐射传热，它与辐射给热系数 α_{rv} 有关。流动流体径向有效热导率 $(\lambda_{er})_t$ 由图 5-19 传热方式 7 所形成，7 即流体通过固定床时，由于流体混合所引起的径向对流传热。

图 5-19(b) 指出热流 2、3 和 4 是并联的，并且与热流 5 串联，再与热流 1、6 并联，并组成静止流体有效热导率 λ_{e0}，最后 λ_{e0} 和流动流体径向有效热导率 $(\lambda_{er})_t$ 并联组成整个固定床的有效热导率 λ_{er}。

如果固定床被冷却，则固定床中的热量通过图 5-19 中 7 种方式传至床层器壁内流体滞流膜，再通过滞流膜传向器壁，这个过程的给热系数称为壁给热系数 α_W。

根据上述传热过程分析，研究固定床的传热问题常用下列两种不同的处理方法：①分别测定床层的径向有效热导率 λ_{er} 和壁给热系数 α_W；②将 λ_{er} 和 α_W 合并一起，测定整个固定床层对壁的给热系数 α_t。如果只需要确定固定床的传热面积时，采用第二种方法。如果既需要确定传热面积，又需要确定床层内径向温度分布，要采用第一种方法。

二、固定床对壁的给热系数

当确定固定床与外界的换热面积 F 时，若以床层内壁的滞流边界层作为传热阻力所在，应以近壁处的床层温度 T_R 和换热面内壁温度 T_w 之差作为传热推动力。但是，近壁处的床层温度 T_R 难以直接测量，一般要从床层的径向温度分布来求解，这种计算换热面积的方法很不方便。因此，若只需要计算固定床与外界换热所需的传热面积时，将床层的径向传热与通过床层内壁的滞流边界层的传热合并成整个固定床对壁的传热，这时就要以固定床中同一截面处流体的平均温度 T_m 与换热面内壁温度 T_w 之差作为传热推动力，而相应的给热系数就称为固定床对壁的给热系数 α_t。此时，传热速率方程可表示如下

$$dQ = \alpha_t(T_m - T_w)dF \tag{5-37}$$

当相同的质量流率 $G[\text{kg}/(\text{m}^2 \cdot \text{s})]$ 时，固定床由于存在固体颗粒，增加了流体的涡流，固定床对壁的给热系数远大于空管。固定床对壁的给热系数与许多因素有关，除了决定于流体的流速 u 及其物理性质如热导率 λ_f、热容 c_p（单位质量流体的等压热容）、密度 ρ_f 及黏度 μ_f 之外，还决定于固定床的特性，如颗粒的当量直径 D_p、床层直径 d_t、床层高度或长度 L、空隙率 ε 和颗粒的形状系数 ϕ_s 及热导率 λ_s。对于一定的固体颗粒，形状系数、热导率及床层空隙率都是常数，但若壁效应具有影响时，床层空隙率是 D_p/d_t 的函数。由实验数据整理而得到的计算固定床对壁的给热系数的关联式甚多[9]，下面介绍其中的一种[11]。

当流体流过固定床而被冷却时，以流体进出口处床层的平均温度的算术平均值作为计算物理性质的示性温度，对于玻璃或低热导率的瓷质球状颗粒，其直径为 d_V，床层对壁的给热系数 α_t 可以归纳如下

$$\frac{\alpha_t d_t}{\lambda_f} = 6.0 Re_p^{0.6} Pr^{0.123} \left(1 - 1.59\frac{d_t}{L}\right)^{-1} \exp\left(-3.68\frac{d_V}{d_t}\right) \tag{5-38}$$

上式的试验范围：$d_V/d_t=0.08\sim0.5$；$L/d_t=10\sim30$；$Re_p=d_VG/\mu_f=250\sim6500$；$Pr$（Prandtl 数）$=c_p\mu_f/\lambda_f=0.722\sim4.8$；$\alpha_t d_t/\lambda_f=Nu$（Nusselt 数）。

对于铜、铁等高热导率球形颗粒，可归纳如下

$$\frac{\alpha_t d_t}{\lambda_f}=2.17Re_p^{0.52}\left(\frac{d_t}{d_V}\right)^{0.8}\left(1+1.3\frac{d_t}{L}\right)^{-1} \tag{5-39}$$

上式的试验范围：$d_V/d_t=0.1\sim0.5$；$L/d_t=10\sim30$；$Re_p=300\sim10000$。

对于圆柱形颗粒，其当量直径以与颗粒等外表面积的圆球直径 D_p 计算。

由以上两式可得以下结论。①表示流体物理性质的 Pr 数对于床层对壁的给热系数的影响并不显著。②床层高度与直径的比值（L/d_t）>30 时，床层高度的影响可以不计。③对于高热导率填充物，床层导热能力增强；所以当操作条件和床层结构相同时，高热导率颗粒床层对壁的给热系数比低热导率颗粒床层要高 30% 左右。另外，对于高热导率颗粒，气体涡流对给热系数的影响减弱，Re_p 数的幂次由 0.6 降至 0.52。④在相同的质量流率 G 及 Pr 数情况下，固定床对壁的给热系数 α_t 比空管对壁的给热系数 α 大好几倍，其比值 α_t/α 是 d_V/d_t 值的函数。

如果固定床高度待求，则使用下式较为方便[12]。

对于球形颗粒，其直径为 d_V

$$\alpha_t d_t/\lambda_f=2.03Re_p^{0.8}\exp(-6d_V/d_t) \tag{5-40}$$
$$20<Re_p<7600,\ 0.05<d_V/d_t<0.3$$

对于圆柱形颗粒

$$\alpha_t d_t/\lambda_f=1.26Re_s^{0.95}\exp(-6d_s/d_t) \tag{5-41}$$

式中，$d_s=6V_p/S_p$，即等比外表面积球体直径；$Re_s=d_sG/\mu_f$。

上式应用范围如下

$$20<Re_s<800,\ 0.03<d_s/d_t<0.2$$

一般情况下，α_t 的值为 $60\sim320kJ/(m^2\cdot h\cdot K)$。

三、固定床径向有效热导率和壁给热系数

1. 理论模型

以固定床径向传热过程分析为基础的固定床径向有效热导率和壁给热系数的理论模型及有关参数可参见教材[13]第四章。

2. 实验关联式

下面介绍基于固定床传热实验的关联式。朱葆琳等根据气体通过固定床的床层径向温度分布实验数据获得固定床的径向有效热导率及壁给热系数的关联式[14]，即

$$\lambda_{er}/\lambda_f=A(d_VG/\mu_f)^B(d_t/d_V)^C \tag{5-42}$$

式中，A、B 及 C 为常数，取决于固体颗粒的特性，其数值列于表 5-2。

表 5-2　式（5-42）中常数 A、B 及 C 值

固体颗粒特性		A	B	C
低热导率	球形	0.182	0.75	0.45
	圆柱	0.220	0.75	0.45
高热导率	球形	0.300	0.72	0.60
	圆柱	0.380	0.72	0.60

流体的物性数据，以进出口平均温度的算术平均值作为定性温度。

对于低热导率颗粒，壁给热系数 α_W 可计算如下

$$\alpha_W d_t/\lambda_f = 65\exp(-4d_V/d_t)(d_t/L)^{0.2}(d_V G/\mu_f)^{0.4} \tag{5-43}$$

对于高热导率颗粒，壁给热系数可计算如下

$$\alpha_W d_t/\lambda_f = 5.1(d_t/d_V)^{0.8}(d_t/L)^{0.1}(d_V G/\mu_f)^{0.46} \tag{5-44}$$

对于圆柱形颗粒，当量直径采用等外表面积的圆球直径 D_p。上列三式的实验范围如下：$d_V/d_t = 0.074 \sim 0.254$（低热导率颗粒）；$d_V/d_t = 0.12 \sim 0.20$（高热导率颗粒）；$L/d_t = 5 \sim 15$；$d_V G/\mu = 130 \sim 1400$。按式（5-42）计算的径向有效热导率是平均值，与径向位置无关。

有关固定床传热的研究工作表明：①固体颗粒的形状如圆柱形、单孔环柱形及低管径与颗粒直径比，将影响固定床径向有效热导率和壁给热系数的数值[15,16]；②对于单孔环柱形颗粒，采用同时计入外环和内环表面积的等比表面积的当量直径整理实验数据较好，并且对于单孔环柱形，内环与外环直径比较大时，强化了固定床径向传热性能[17]。异形多通孔催化剂的固定床热导率可参阅[18]。

四、固定床径向及轴向传热的偏微分方程

工业反应器大都为圆柱形，现以圆柱形固定床为例讨论其中不进行化学反应的热量传递过程，以便于今后讨论固定床反应器内的径向温度分布，并采用下列假定：①由于轴向有效热导率数值远低于径向有效热导率，轴向热传导可略去不计，即只考虑轴向随流体带入及带出的显热；②假定床层内各点的固体温度与流体温度相同，即不考虑固体与流体间的温度差；③略去温度对热容的影响。

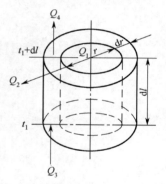

图5-20 微元环柱体的传热模型

在圆柱形固定床内，取一高为 dl、厚为 dr，并对称于床层轴的微元环柱体，见图5-20。单位时间内，从径向 r 面传入的热量为 Q_1，由 $r+dr$ 面传出的热量为 Q_2；从轴向 l 面传入的热量为 Q_3，由 $l+dl$ 面传出的热量为 Q_4。根据上述假定，以 0℃ 作为计算显热的基准温度，若床层被冷却，Q_1、Q_2、Q_3 及 Q_4 可分别表示如下

$$Q_1 = -\lambda_{er,r}(2\pi r)dl\left(\frac{\partial T}{\partial r}\right)_r$$

$$Q_2 = -\lambda_{er,r+dr}[2\pi(r+dr)]dl\left(\frac{\partial T}{\partial r}\right)_{r+dr}$$

$$Q_3 = Gc_p(2\pi r dr)T_l$$

$$Q_4 = Gc_p(2\pi r dr)T_{l+dl}$$

对该微元体作热平衡，$Q_1 + Q_3 = Q_2 + Q_4$

由于 $\left(\frac{\partial T}{\partial r}\right)_{r+dr} = \left(\frac{\partial T}{\partial r}\right)_r + \left(\frac{\partial^2 T}{\partial r^2}\right)_r dr$；$T_{l+dl} = T_l + \left(\frac{\partial T}{\partial l}\right)_l dl$；$\lambda_{er,r+dr} = \lambda_{er,r} + \left(\frac{\partial \lambda_{er}}{\partial r}\right)_r dr$

将上述关系代入，略去 $(dr)^2$ 项，化简后，可得

$$-Gc_p\frac{\partial T}{\partial l} + \lambda_{er}\left(\frac{\partial^2 T}{\partial r^2} + \frac{1}{r}\frac{\partial T}{\partial r}\right) + \frac{\partial \lambda_{er}}{\partial r}\frac{\partial T}{\partial r} = 0 \tag{5-45}$$

如果略去径向位置对径向有效热导率的影响，即 $\frac{\partial \lambda_{er}}{\partial r} = 0$，则上式化简为

$$-Gc_p\frac{\partial T}{\partial l} + \lambda_{er}\left(\frac{\partial^2 T}{\partial r^2} + \frac{1}{r}\frac{\partial T}{\partial r}\right) = 0 \tag{5-46}$$

式（5-45）及式（5-46）是固定床内径向与轴向传热的偏微分方程，若 r_0 为床层半径，L 为床层高度，T_0 为床层入口处温度，其边界条件如下

$l=0$，$0 \leqslant r \leqslant r_0$ 时，$T=T_{r_0}=T_0$；$r=0$，$0 \leqslant l \leqslant L$ 时，$\dfrac{\partial T}{\partial r}=0$；$r=r_0$，$0 \leqslant l \leqslant L$

时，$-\lambda_{er}\left(\dfrac{\partial T}{\partial r}\right)_{r_0}=\alpha_w(T_R-T_w)$

关于同时计入径向与轴向传热的固定床反应器二维模型的数值解可见研究生教材[19]第五章。

五、固定床中流体与颗粒外表面间的传热与传质

大多数情况下，气-固相催化反应及流-固相非催化反应都在固体颗粒的内部及外表面上进行。这时，流体中的反应组分必须从流体主体扩散到颗粒的外表面，若反应产物为流体，则产物必须从颗粒的外表面扩散到流体主体。这种扩散过程的阻力决定于颗粒外表面的流体滞流膜。若反应伴有热效应，则流体主体与颗粒外表面间的传热过程的阻力也决定于颗粒外表面的流体滞流膜。换言之，固定床中流体与颗粒外表面间的传热及传质过程主要决定于流体与颗粒外表面间的给热系数 α_s [kJ/(m^2·h·K)] 及传质系数 k_G [kmol/(m^2·h·kPa/m^3)]。

关于 α_s 和 k_G 与流体的流动特性和物理性质、固定床特性之间的关系，发表了许多从实验数据整理获得的关联式，其中关于表征流体流动特性的 Re 数有如下三种方式

$$Re_p=D_pG/\mu_f,\quad Re'=D_pG/(\mu_f\varepsilon),\quad Re''=D_pG/[\mu_f(1-\varepsilon)]$$

式（5-47）和式（5-48）两项关联式是整理有关床层空隙率对流体与颗粒外表面间传热及传质影响的众多文献实验数据后，发现以 ε 与传热 J 因子 J_H 或 ε 与传质 J 因子 J_D 的乘积与 $Re=D_pG/\mu$ 来关联，可以在广泛的雷诺数区间适用，并同时适用于固定床及流化床，实验所用固体含圆球、圆柱形、单孔环柱形、鞍形及不规则形状等颗粒，D_p 为等外表面积球体直径。

固定床与流化床中流体与颗粒外表面间的传热 J 因子 J_H 可关联如下[20]

$$\varepsilon J_H=\varepsilon\left(\frac{\alpha_s}{c_pG}\right)\left(\frac{c_p\mu_f}{\lambda_f}\right)^{2/3}=\frac{2.876}{Re_p}+\frac{0.3023}{Re_p^{0.35}} \tag{5-47}$$

式中，$Re_p=D_pG/\mu_f$，其适用范围为 10～15000。

固定床及流化床中流体中组分与颗粒外表面间的传质 J 因子 J_D 可关联如下[21]

$$\varepsilon J_D=\varepsilon\left(\frac{k_G\rho_f}{G}\right)\left(\frac{\mu_f}{\rho_fD_B}\right)^{2/3}=\frac{0.765}{Re_p^{0.82}}+\frac{0.365}{Re_p^{0.386}} \tag{5-48}$$

式中，Re_p 的适用范围为 0.01～15000；D_B 为组分的分子扩散系数。

上两式中流体的物性数据都以膜温计算，而膜温取流体主体及颗粒外表面温度的算术平均值。由上两式可见，增大流体在固定床中的质量流率 G，减小颗粒的当量直径 D_p，都可以增大固定床及流化床中流体与颗粒外表面间的给热系数 α_s 和传质系数 k_G。

第四节　绝热式固定床催化反应器

本章图 5-1 为单段绝热催化床中单一可逆放热反应的平衡曲线和操作状态线在转化率-温度图上的标绘。随着反应温度升高，可逆放热反应的平衡转化率降低，平衡曲线由系统反应组分的性质、压力和初态组成所决定，已在本教材第一章第三节阐述。第一章第五节已讨论最佳温度曲线只存在于可逆放热

的单一反应，转化率升高，相应的最佳温度及最佳温度下的反应速率都随之下降。

绝热式工业固定床催化反应器有下列特点：①床层直径远大于颗粒直径；②床层高度与颗粒直径之比一般超过 100；③与外界的热量交换可以不考虑。因此，绝热式催化床可以不考虑垂直于气流方向的温度差、浓度差和轴向返混，计算时采用一维、平推流模型。如果催化反应动力学采用本征反应动力学的"非均相"模型，催化剂的外扩散、内扩散有效因子应根据催化床中不同位置的气体组成及温度用第二章所讨论的方法来求取。如果采用"活性校正系数"及"寿命因子"来概括宏观及失活等因素对反应速率的影响，即"拟均相"模型，可按本征动力学控制求出催化剂的理论用量，再除以活性校正系数（COR）和考虑催化剂活性随使用期限衰退时的寿命因子（TF），求出实际用量。如果采用工业颗粒催化剂在使用压力下的宏观动力学方程为基础的拟均相模型时，相应的校正系数与以本征动力学方程为基础有所不同。

一、绝热温升及绝热温降

图 5-21 是单一可逆放热反应绝热催化床的操作过程在 x_A-T 图上的标绘。图上标绘了平衡曲线、

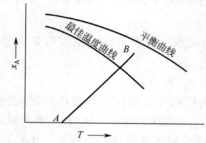

图 5-21 绝热催化床的 x_A-T 图

最佳温度曲线和绝热操作线 AB，A 点表示进口状态，B 点表示出口状态。绝热反应过程中，整个催化床与外界没有热量交换，即

$$N_T c_p \mathrm{d}T_b = N_{T0} y_{A0}(-\Delta_r H)\mathrm{d}x_A$$

对上式从催化床进口到出口进行积分，可得

$$\int_{T_{b1}}^{T_{b2}} \mathrm{d}T_b = \int_{x_{A1}}^{x_{A2}} \frac{N_{T0} y_{A0}(-\Delta_r H)}{N_T c_p}\mathrm{d}x_A \tag{5-49}$$

式（5-49）表达了由热量衡算式所确定的反应过程中转化率与温度的关系。T_{b1} 及 T_{b2}，x_{A1} 及 x_{A2} 分别表示整个催化床进、出口处的温度和反应组分 A 的转化率，反应热 $(-\Delta_r H)$ 是反应物系温度和压力的函数；等压摩尔热容 c_p 是反应混合物组成及温度的函数；而反应物系的摩尔流量 N_T 也随转化率而变。因此，严格来说，对式（5-49）进行积分计算时，应考虑到转化率和温度的变化对反应热、热容和反应物系摩尔流量的影响，只能用计算机运算。

在工业计算中可以简化，因为热焓是物系的状态函数，过程的热焓变化只决定于过程的初态 T_{b1} 及 x_{A1} 和终态 T_{b2} 及 x_{A2}，而与过程的途径无关。因此，可以将绝热反应过程简化成：在进口温度 T_{b1} 下进行等温反应，转化率由 x_{A1} 增至 x_{A2}，然后，组成为 x_{A2} 的反应物系由进口温度 T_{b1} 升至出口温度 T_{b2}。因此，在式（5-49）中，反应热 $(-\Delta_r H)$ 取进口温度 T_{b1} 下的数值，然后根据出口状态的气体组成来计算混合气体的摩尔流量 N_{T2}，热容 c_p 则取出口气体组成于温度 T_{b1} 和 T_{b2} 间的平均热容 $\bar{c}_p$。如果热容 c_p 在 T_{b1} 和 T_{b2} 的温度区间内与温度成线性关系，则平均热容 $\bar{c}_p$ 可用 T_{b1} 和 T_{b2} 的算术平均温度下的热容 $\bar{c}_p$ 来计算。由此可得

$$T_{b2} - T_{b1} = \frac{N_{T0} y_{A0}(-\Delta_r H)}{N_{T2}\bar{c}_p}(x_{A2} - x_{A1}) = \Lambda(x_{A2} - x_{A1}) \tag{5-50}$$

$$\Lambda = \frac{N_{T0} y_{A0}(-\Delta_r H)}{N_{T2}\bar{c}_p} \tag{5-51}$$

当 $x_{A2} - x_{A1} = 1$ 时，$T_{b2} - T_{b1} = \Lambda$，因此 Λ 称为"绝热温升"，即绝热情况下，组分 A 的转化率为 1.0 时，反应物系温度升高的数值。对于吸热反应，Λ 称为"绝热温降"。

如果反应物系中 y_{A0} 之值较小，或者 y_{A0} 之值虽较大，但 x_A 的变化不太显著，可以运用上述的以出口组成计算摩尔流量 N_{T2} 及热容 $\bar{c}_p$ 的简化方法，因而绝热操作线是直线。此时绝热过程中每一瞬时的反应温度 T_b 和转化率 x_A 与该绝热段初始温度 T_{b1} 和转化率 x_{A1} 之间的关系可用下式表示

$$T_b - T_{b1} = \Lambda(x_A - x_{A1}) \tag{5-52}$$

如果反应混合物的组成变化很大，就不能用上述简化计算方法，只能将催化床分成若干小段，采用该小段的组成和温度计算反应热、摩尔流量及热容。如果按照绝热催化反应器的数学模型，编制程序，建立床层中气体组成及温度随床层高度变化的微分方程组，可以在计算机上很方便地求解。无论如何，整个过程初始及最终状态间温度与转化率的关系总是符合热焓是状态函数而与过程途径无关的规律。对于多段间接换热式反应器和多段原料气冷激式反应器，如果略去各段出口气体组成对绝热温升值的影响，则各段绝热操作线的斜率均相同。由式(5-51)可见，对于既定的反应系统，绝热温升或绝热温降的数值决定于反应物系的初始组成 y_{A0} 及反应热 $(-\Delta_r H)$ 的数值，y_{A0} 越大，则绝热温升或绝热温降值越大。如果由于绝热温升过大而使绝热反应段出口温度超过催化剂的耐热温度，可采用降低初始组成中反应物浓度的方法来调节。例如，对于高浓度一氧化碳的变换过程，就采用这个方法，部分原料气与蒸汽混合进入第一段，剩下原料气再与第一段出口气体混合降温。这个方法比降低反应气体进入催化床的温度有效，因为进入催化床的气体温度要受到催化剂起始活性温度的限制。

二、绝热催化床及乙苯催化脱氢制苯乙烯反应器

1. 绝热催化床的反应体积

对于单段绝热反应的催化床体积，手算时，一般求出绝热温升后采用图解积分法，用计算机时可采用 Runge-Kutta 法求解表征催化床轴向组成及温度分布的微分方程组。

如 $r_{A,g} = f(T_b, y_A)$，kmol/(kg·h)，为关键反应组分 A 按单位质量催化剂计入内扩散影响的宏观反应速率或总体速率，可按如下方式转换成摩尔分数 y_A 随床层高度的变化。

延伸阅读 5-2
绝热式固定床
反应器数学模型

$$r_{A,g} = f(T_b, y_A)_g = -\frac{dN_A}{dW} = -\frac{d(N_T y_A)}{\rho_b dV_R} \tag{5-53}$$

如果反应是等摩尔单一反应，即反应物系的初始摩尔流量 N_{T0}（kmol/h），与反应过程中瞬时摩尔流量 N_T 相等，则 $d(N_T y_A) = N_{T0} dy_A$。计入 $dW = \rho_b dV_R = \rho_b A_c dl$，则

$$r_{A,g} = f(T_b, y_A)_g = -\frac{dN_A}{dW} = -\frac{N_{T0} dy_A}{\rho_b A_c dl}$$

或

$$-dy_A/dl = \rho_b A_c r_{A,g}/N_{T0}$$

再计入活性校正系数（COR）和寿命因子（TF）后，上式可写成

$$-dy_A/dl = \rho_b A_c \cdot \text{COR} \cdot \text{TF} \cdot r_{A,g}/N_{T0} \tag{5-54}$$

根据绝热催化床的物料衡算 $N_T c_p dT_b = (-\Delta_r H)(-dN_A)$，当 $N_T = N_{T0}$ 时，可得

$$dT_b/dl = (-\Delta_r H)(-dy_A/dl)/c_p \tag{5-55}$$

式(5-54)及式(5-55)组成表征绝热催化床内气体组成及温度随床高分布的常微分方程组。如果反应是变摩尔反应，则应计入反应过程中摩尔流量的变化。

边界条件如下：$l=0$ 时，$y_A = y_{A1}$，$T = T_{b1}$；

$l=L$ 时，$y_A = y_{A2}$，$T = T_{b2}$。

y_{A2} 为根据要求反应组分 A 的出口摩尔分数，所要求的催化床体积 $V_R = LA_c$，L 为催化床高。综合进口气量、许可压力降和机械方面的要求来确定催化床的截面积 A_c。

2. 乙苯负压催化脱氢制苯乙烯绝热反应器的数学模拟及操作工况分析案例

苯乙烯是重要的基本有机化工原料，大量用于塑料和合成橡胶的生产。我国燕山、盘锦和大庆的 6

万吨/年装置、茂名的 10 万吨/年装置、扬子 12 万吨/年装置和齐鲁的 20 万吨/年装置均采用乙苯负压催化脱氢工艺，核心设备乙苯脱氢反应器均采用二段或三段绝热轴径向反应器[22]。

【例5-3】 乙苯负压催化脱氢二段绝热轴径向反应器的数学模拟及操作工况分析。

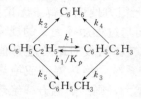

图（例5-3-1） 乙苯催化脱氢
制苯乙烯反应网络

解 （1）反应模型　在水蒸气存在下，乙苯催化脱氢制苯乙烯可用图（例5-3-1）反应网络表示。

根据原子矩阵的秩分析，独立反应数或关键组分数均为 3，选用下列主、副反应。

主反应：$C_6H_5C_2H_5 \rightleftharpoons C_6H_5C_2H_3 + H_2$ （例5-3-1）

$$(-\Delta_r H)_1 = -120679 - 4.56T \text{(J/mol)}$$

主要副反应：$C_6H_5C_2H_5 \longrightarrow C_6H_6 + C_2H_4$ （例5-3-2）

$$(-\Delta_r H)_2 = -108750 + 7.95T \text{(J/mol)}$$

$$C_6H_5C_2H_3 + 2H_2 \longrightarrow C_6H_5CH_3 + CH_4$$ （例5-3-3）

$$(-\Delta_r H)_3 = 53145 + 13.18T \text{(J/mol)}$$

由于主反应是吸热反应，并且上述三个反应都是反应后摩尔流量增加的反应，适当地提高反应温度及采取负压操作，有利于提高乙苯的转化率及苯乙烯的选择率。

主反应式（例5-3-1）的平衡常数 K_p 可表示如下

$$K_p = \frac{p_S^* p_H^*}{p_E^*} = \exp(19.6684 - 15370.8/T - 0.52229\ln T) \times 0.101325 \text{ (MPa)} \quad （例5-3-4）$$

式中，下标 S 为苯乙烯（styrene）；E 为乙苯（ethylbenzene）；H 为氢。

工业上将乙苯与过热水蒸气混合通过催化床进行绝热反应。采用负压操作，一般为二段催化床，一段进口温度 620℃，乙苯与过热水蒸气的质量比 1:1.3。经一段催化脱氢反应，温度降到 560℃ 左右，经间接换热器加热反应气体混合物，温度升高到 625℃，再进入二段催化床。一般二段出口乙苯的转化率为 0.65 左右，选择率为 0.96～0.97。所用的催化剂为上海石油化工研究院研制的 GS-05 型，长圆柱形，ϕ3mm×(6～8mm)。

（2）宏观动力学　反应的宏观动力学模型采用 Carra 双曲模型[23]，即

$$r_S = k_1(p_E - p_H p_S/K_p)/(p_E + K_a p_S) [\text{mol/(kg} \cdot \text{s)}] \quad （例5-3-5）$$

$$r_B = k_2 p_E/(p_E + K_a p_S) [\text{mol/(kg} \cdot \text{s)}] \quad （例5-3-6）$$

$$r_T = k_3 p_E p_S/(p_E + K_a p_S) [\text{mol/(kg} \cdot \text{s)}] \quad （例5-3-7）$$

测得 GS-05 工业颗粒的宏观动力学模型参数如下

$$k_1 = 1.59 \times 10^6 \exp[-146300/(RT)], \quad k_2 = 2.97 \times 10^9 \exp[-229200/(RT)],$$

$$k_3 = 9.89 \times 10^7 \exp[-169100/(RT)], \quad K_a = 4.36$$

（3）乙苯脱氢反应器数学模型　若不计入径向或轴径向反应器中的流体分布不均，可如轴向反应器一样，采用一维拟均相平推流模型模拟乙苯脱氢制苯乙烯绝热轴径向反应器。选取苯乙烯、苯和甲苯为关键组分，r 为径向距离，其物料衡算方程为

$$dn_S/dr = (2\pi r L \rho_b/F_0) r_S \quad （例5-3-8）$$

$$dn_B/dr = (2\pi r L \rho_b/F_0) r_B \quad （例5-3-9）$$

$$dn_T/dr = (2\pi r L \rho_b/F_0) r_T \quad （例5-3-10）$$

式中，n_S，n_B，n_T 是以 1kmol 乙苯进料为基准反应生成的苯乙烯、苯和甲苯，kmol；F_0 为乙苯进料量，kmol/h。

反应器热量衡算方程为

$$\mathrm{d}T/\mathrm{d}r=\big[(2\pi rL\rho_{\mathrm b})/(F_0c_{pm})\big]\big[r_{\mathrm S}(-\Delta_{\mathrm r}H)_1+r_{\mathrm B}(-\Delta_{\mathrm r}H)_2+r_{\mathrm T}(-\Delta_{\mathrm r}H)_3\big]\quad(\text{例 } 5\text{-}3\text{-}11)$$

以上诸式构成了乙苯脱氢轴径向反应器的一维拟均相反应器模型，用 Runge-Kutta 法求解，可得出床层中各组分的浓度分布和温度分布，用来模拟和优化反应器的设计和操作。

（4）模拟结果与分析　对床层内径 1.2m、外径 2.4m 和床高 8m 的二段中间再热反应器系统，通过模拟分析了反应温度和水烃比对乙苯脱氢反应转化率和选择率的影响。

① 进口温度的影响。在二段绝热反应器进口绝对压力 65kPa，水烃比 1.4，乙苯投料量 20000kg/h 的条件下，改变反应器进口温度，通过模拟计算，结果见图（例 5-3-2）。可以看出，乙苯的转化率 x 随反应进口温度的提高而提高，但选择率 β 随进口温度的提高而下降。这是由于副反应的活化能较主反应高。乙苯原料的成本在整个操作费用中占主要部分，因此在操作中应保持适当的转化率而尽可能降低反应温度为原则。

② 水烃比的影响。在乙苯脱氢负压操作系统中，由于真空系统的限制，反应系统出口气体的绝压只能维持在 40kPa 左右，采用轴径向或径向催化床，可以明显地减少催化床的压力降，有利于提高反应的选择率[22]。有关大型乙苯脱氢轴径向反应器的流体力学特性，读者可参阅文献［24］及专利[25]。

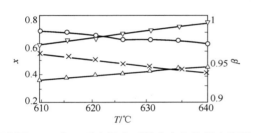

图（例5-3-2）　反应温度对转化率和选择率的影响
△ 一段反应器转化率；▽ 二段反应器转化率；
○ 一段反应器选择率；× 二段反应器选择率

图（例5-3-3）　水烃比对转化率和选择率的影响
△ 一段反应器转化率；▽ 二段反应器转化率；
○ 一段反应器选择率；× 二段反应器选择率

在二段绝热反应器进口温度分别为 620℃ 和 625℃，进口绝对压力 65kPa，乙苯投料量 20000kg/h 的条件下，改变水烃比，通过模拟计算，结果见图（例 5-3-3）。可以看出，随水烃比的提高，转化率和选择率都有所提高。因为水蒸气在本反应中有如下作用：a. 作为绝热吸热反应的热载体，提高水烃比即增大了热载体的量，有利于保持反应温度使转化率略有提高；b. 作为惰性载体的水蒸气可以降低反应产物的分压，有利于提高平衡转化率和反应选择率。但是过大的水烃比增加了高温蒸汽消耗，增加了操作的费用。在负压操作下，水烃比在 1.3～1.5 的范围内都是可接受的。

三、多段换热式催化反应器

1. 多段换热式绝热床进口、出口温度和转化率的优化设计

多段换热式反应器的催化床仍为绝热式，仅在段间换热用间接换热式或冷激式，冷激式又分为原料气冷激式及非原料气冷激式，选型决定于各种催化反应的特性、工艺要求并与催化反应器的结构设计有关。将在本章第九节讨论与分析部分阐述。本节讨论多段换热式各段绝热床进口和出口的温度和转化率的优化设计。

多段间接换热式各段绝热床始末温度和转化率的优化设计，以获得各段催化床体积之和为最小的目标，最早见于有关硫酸生产的专著[26]，本教材第三版[27]第五章对催化床出口温度不受催化剂耐热温度限制和受耐热温度限制的两种情况的解析解作了详细阐述。但这种解析解只适用于单一可逆放热反应的间接换热式，如二氧化硫转化、氨合成和一氧化碳变换。

对于单一可逆放热反应的冷激式多段绝热反应器，对于放热或吸热的多重反应的冷激式和间接换热式反应器，上述解析解均不适用，但均可用搜索法求解。

多段冷激式催化反应器具有下列特点：①冷激后下一段催化床进口气体的摩尔流量比上一段有所增加；②下一段催化床的进口气体摩尔流量和组成取决于上一段出口气体的摩尔流量和组成与段间冷激气的摩尔流量和组成之间的物料衡算；③下一段催化床进口气体的温度取决于上一段出口气的摩尔流量、温度、定压摩尔热容与冷激气体的摩尔流量、温度和定压摩尔热容之间的热量衡算式。段间换热过程可以采用原料气冷激、非原料气冷激甚至部分采用间接换热式的多种形式。如果段间采用间接换热式，则下一段催化床进口气体的摩尔流量和组成与上一段催化床出口气体的摩尔流量和组成都相同。

搜索法求解多段换热式各段绝热床进口和出口的温度转化率的优化设计是按照所考虑的催化反应器所规定的段数、换热方式，整个催化反应器的进口气体摩尔流量、组成和应达到的最终转化率或组成，以及催化剂的活性温度范围、反应动力学参数和相应的活性校正系数、反应热和各反应组分及惰性气体的摩尔定压热容与温度的关系式等基础数据，建立优化设计的目标函数即催化床总体积的数学模型，分析此数学模型应有几个独立变量，并采用那些参数作为独立变量，编制程序，用自动改变坐标及步长来寻求多维目标函数的搜索法在计算机上求解优化设计的目标函数催化床总体积最小。如果目标函数存在约束条件，如任一段催化床的出口温度不能超过催化剂的活性温度范围上限的耐热温度，即为有约束优化。搜索法计算中对于不满足约束条件的情况作"坏点"处理。这时将充分大的正数作为罚函数加在目标函数上，搜索法即可自行处理受到温度限制的约束问题。

下面讨论 m 段原料气冷激式单一反应催化床体积最小的优化设计。引用下列符号：

N_{TT}、$N_I(i)$ 及 $N_E(i)$ 分别表示进入反应器气体总摩尔流量，第 i 段进口气体和第 i 段出口气体摩尔流量，kmol/s；

$N_C(i,i+1)$ 为第 i 段及 $i+1$ 段间冷激气摩尔流量，kmol/s；

$Y_{AI}(i)$ 及 $Y_{AE}(i)$ 为关键组分 A 于第 i 段进口及出口处的摩尔分数；

$T_{bI}(i)$、$T_{bE}(i)$ 为第 i 段进口及出口温度（下标 I 表示进口态，下标 E 表示出口态），K；

$V_R(i)$、$L(i)$ 及 $A_c(i)$ 为第 i 段催化床体积（m^3）、催化床高度（m）及催化床截面积（m^2）。

一般先合理地设定各段催化床截面积，如果过程的转化率很高，如二氧化硫氧化，设计转化率达 0.97 以上，前、后段催化床的体积相差甚大，则反应速率相当小的后段催化床体积比前段大许多，后段催化床截面积应比前段大以免后段催化床高度过大而增加系统的压降。

因此，$V_R(i)=f[L(i),N_I(i),Y_{AI}(i),T_{bI}(i),N_E(i),Y_{AE}(i),T_{bE}(i)]$，共有变量 7 个。段间冷激过程中冷激气量 $N_C(i,i+1)$ 是变量，M 段催化床有 $M-1$ 个段间冷激，因此共有总变量数 $[7m+(m-1)]$ 个。

每段催化床有三个独立方程，即根据本征或宏观动力学方程和相应的活性校正系数，并合理设定 $A_c(i)$ 后，可列出 dy_A/dl 及 dT_b/dl 两个微分方程和由 $N_I(i)$、$Y_{AI}(i)$、$Y_{AE}(i)$ 通过物料衡算求得出口气摩尔流量 $N_E(i)$。m 段催化床共有 $3m$ 个独立方程。

在冷激过程中，可列出三个独立方程：①下一段进口反应气体摩尔流量为上一段出口气体摩尔流量与段间冷激气摩尔流量之和；②下一段进口气中反应组分 A 的摩尔流量为上一段出口气体中反应组分 A 摩尔流量与冷激气中反应组分 A 摩尔流量之和；③上一段出口气体由出口温度降温至下一段气体进口温度的焓变与冷激气由冷激气温度升温至下一段气体进口温度的焓变相等。共有 $3(m-1)$ 个独立方程。

此外还有三个约束条件：①各段间冷激气摩尔流量与第一段进口气体摩尔流量之和等于给定的原料气总流量 N_T；②进口气体中反应组分 A 的摩尔分数 $Y_{AI}(i)$ 是给定的；③由给定的产量、N_T 和 $Y_{AI}(i)$ 可确定最后一段出口气体中反应组分的摩尔分数 $Y_{AE}(M)$。

因此，上述 m 段催化床优化目标函数共有独立变量数为总变量数减去独立方程数及约束条件数，

即共有独立变量 $(7m+m-1)-[3m+3(m-1)+3]=2m-1$ 个。

如果再考虑到第一段催化床进口温度由催化剂的活性温度范围等有关因素所确定，即增加一个第一段进口温度为指定值的约束条件，则共有独立变量 $2m-2$ 个。例如，对于四段原料气冷激型催化床，如不指定第一段进口温度，共有 7 个独立变量；如指定第一段进口温度，共有 6 个独立变量。

独立变量数确定后，可根据计算的方便来确定选那几个变量为独立变量。如四段式选定第一段进口气体摩尔流量 $N_1(1)$，第一～三段催化床高度 $L(1)$、$L(2)$、$L(3)$，第一～三段进口温度 $T_{bI}(1)$、$T_{bI}(2)$ 及 $T_{bI}(1)$ 等 7 个变量为独立变量来计算第一段进口温度可变时的优化设计。

采用搜索法时，多维空间的目标函数可能存在几个终值，当初值不好时可能得到一个局部的好点，因此要采用不同的初值进行搜索。

【例 5-4】　某日产千吨两段间接换热式径向氨合成催化反应器，根据结构已知第一段径向床内径 0.45m，外径 0.98m；第二段径向床内径 0.30m，外径 1.00m；操作压力 19.25MPa，进口气体组成如下：$y_{NH_3}=0.0360$，$y_{H_2}=0.7127$，$y_{N_2}=0.2376$，$y_{CH_4}=0.0089$，$y_{Ar}=0.0048$。冷激气温度 130℃，进口气量 373000m³(STP)/h。使用 A110-2 型铁系催化剂，其本征动力学用逸度表示，$k_{T0}=0.5881\times10^{13}MPa^{0.5}/s$，活化能 $E=167.117kJ/mol$，该催化剂的限制温度为 510℃。催化剂颗粒为 $\phi1.5\sim3mm$，单位床层体积的催化剂外比表面积 $S_e=630m^2/m^3$ 催化剂，床层空隙率 $\varepsilon=0.40$。第一段进口温度给定为 340℃，催化剂的限制温度 510℃，试求最少催化剂用量时各段进、出口温度及氨摩尔分率和催化床体积。由于径向反应器催化床中气体的质量流率小，还需计入气流主体与催化剂外表面的相间传递过程。考虑到内扩散、还原、中毒、老化等因素，本征反应速率还须乘以活性校正系数。计算时第一段 $COR_1=0.55$，第二段 $COR_2=0.35$。氨合成反应焓采用专著[28]所载，由于高压下 H_2-N_2-NH_3 混合物是非理想气体混合物的特性，计入了不同压力、温度下混合热对氨合成焓的影响，其值如下

$$\Delta_r H(p,T)=-59951.4062+\left(\frac{p}{0.101325}-300\right)\left[2.5156+2.5147\times\left(\frac{p}{0.101325}-300\right)\right]$$
$$\left\{-1.1773\times10^{-3}+\left(\frac{p}{0.101325}-300\right)\left[2.1454\times10^{-5}+1.6238\times10^{-7}\times\right.\right.$$
$$\left.\left.\left(\frac{p}{0.101325}-300\right)\right]\right\}+13.7604(1108.8217-T) \tag{例 5-4-1}$$

式中，p 的单位是 MPa；$\Delta_r H(p,T)$ 的单位是 J/mol；T 的单位是 K。

解　按给定的数据编制第一段出口温度限制在 510℃，二段间接换热式氨合成催化床总体积的目标函数，由于径向反应器中气体的质量流率小，气体及催化剂从表面间的浓度差和温度差由传质 J_D 因子和传热 J_H 因子所确定。用直接搜索法求得催化床总体积最小时各段操作参数如下。

第一段进口处，$y_{NH_3,g}=0.0360$，$y_{NH_3,s}=0.0380$，$t_g=340℃$，$t_s=342℃$；第一段出口处，$y_{NH_3,g}=0.1432$，$y_{NH_3,s}=0.1444$，$t_g=508.4℃$，$t_s=509.7℃$，$V_{R1}=10.2485m^3$。下标 g 表示气相主体，下标 S 表示催化剂外表面。

第二段进口处，$y_{NH_3,g}=0.1432$，$y_{NH_3,s}=0.1441$，$t_g=368℃$，$t_s=368.8℃$；第二段出口处，$y_{NH_3,g}=0.2144$，$y_{NH_3,s}=0.2148$，$t_g=465.5℃$，$t_s=465.8℃$，$V_{R2}=30.8001m^3$。

催化床总体积：$V_R=41.0486m^3$。

显然，活性校正系数 COR_1 及 COR_2 的数值影响所得数值解的结果。

2. 多段原料气冷激式甲醇合成反应器的进、出口参数优化设计

对于多重反应，如 CO 及 CO_2 同时加氢合成甲醇，系统有两个独立的关键组分，则上述单一反应的关键组分 A 为两个独立的关键组分 CO 和 CO_2 所代替，变量数有所增加，独立方程数也有增加。但

还是可以得到独立变量数为 $2m-1$ 或 $2m-2$ 的结论。

有关四段原料气冷激式甲醇合成反应器进、出口参数优化设计的案例，可参阅文献 [29]。

第五节　连续换热内冷自热式催化反应器

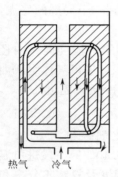

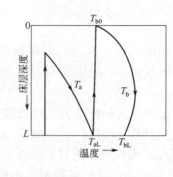

图 5-22　单管并流式催化床及温度分布示意

前已述及，某些反应热并不大而在高压下进行反应，如中、小型氨合成及甲醇合成，要求高压容器的催化剂装载系数较大，采用连续换热内冷自热式催化反应器，催化剂装在冷管间而与冷管内未反应气体连续换热，未反应气体经床外换热器与床内冷管预热至催化床进口温度，故称为自热式，图 5-7 是三套管并流式催化床，而图 5-22 是单管并流式催化床及温度分布示意图。内冷自热式催化床上部一般有绝热层，预热后气体进入绝热层后可迅速升温。

氨合成过程一般在超过 10MPa 压力及 $340\sim500℃$ 温度下进行，要求使用的材质能耐高温高压及高温、高压下的氮氢腐蚀，催化反应器采用内外筒体分开的结构，内筒为高合金钢制，内装载催化剂，能耐高温，但只承受内外筒间的压力差。未反应的氮氢混合气进入内外筒间的外环隙向下进入床外换热器管间预热后，进入催化床的冷管内继续升温，然后进入催化床反应，反应后气体进入床外换热器管内换热。外筒由进入反应器的未反应气体冷却，只承受高压而不承受高温，可用低合金钢。

一、内冷自热式催化反应器的一维平推流数学模型

催化剂装载在冷管管间的内冷自热式催化床一般采用一维平推流模型，并计入催化床内筒与高压外筒之间的外环隙传热，现以并流三套管式氨合成催化床为例讨论其一维平推流数学模型。

【例 5-5】　三套管氨合成反应器的一维平堆流数学模型。

（1）绝热层　目前，对不同型号的氨合成催化剂，大都发表了本征动力学模型，均可使用本教材第二章讨论的基于不均匀表面吸附的捷姆金模型，即

$$\frac{dN_{NH_3}}{dW}=k_1 f_{N_2}\frac{f_{H_2}^{1.5}f_{N_2}}{f_{NH_3}}-k_2\frac{f_{NH_3}}{f_{H_2}^{1.5}}=k_{T0}\exp\left(\frac{-E_a}{RT}\right)\left(\frac{K_f^2 f_{H_2}^{1.5}f_{N_2}}{f_{NH_3}}-\frac{f_{NH_3}}{f_{H_2}^{1.5}}\right)$$

考虑到氨合成反应是变摩尔反应，瞬时摩尔流量 N_T 与初始组成摩尔流量 N_{T0} 之间服从下列关系式：$N_T=N_{T0}/(1+y_{NH_3})$，$dN_{NH_3}=d(N_T y_{NH_3})=\dfrac{N_{T0}}{(1+y_{NH_3})^2}dy_{NH_3}$，再代入 $dW=\rho_b A_h dl$，可得 $\dfrac{dN_{NH_3}}{dW}=\dfrac{N_{T0}}{(1+y_{NH_3})^2}\times\dfrac{dy_{NH_3}}{\rho_b A_h dl}$。在本征反应速率的基础上，计入活性校正系数（COR）和寿命因子（TF），可得

$$\frac{dy_{NH_3}}{dl}=(1+y_{NH_3})^2\frac{\rho_b A_h}{N_{T0}}k_{T0}\exp\left(-\frac{E_a}{RT}\right)\left[\frac{K_f^2 f_{H_2}^{1.5}f_{N_2}}{f_{NH_3}}-\frac{f_{NH_3}}{f_{H_2}^{1.5}}\right]COR\cdot TF \qquad (例5\text{-}5\text{-}1)$$

绝热层的热量衡算计入催化床向外环隙传热 Q_s，根据经验一般取每米床高 1.5℃，即

$$N_{\tau}c_{pb}\mathrm{d}T_b = -(\Delta_r H)\mathrm{d}N_{\mathrm{NH_3}} - Q_s \quad 或 \quad \frac{\mathrm{d}T_b}{\mathrm{d}l} = \frac{(-\Delta_r H)}{c_{pb}(1+y_{\mathrm{NH_3}})}\frac{\mathrm{d}y_{\mathrm{NH_3}}}{\mathrm{d}l} - 1.5 \qquad (例\,5\text{-}5\text{-}2)$$

式（例 5-5-1）和式（例 5-5-2）组成了绝热层的数学模型。

其边界条件如下：$l=0$ 时，$y_{\mathrm{NH_3}} = y_{\mathrm{NH_3(in)}}$（进口氨摩尔分数）；$T_b = T_{b0}$；$l = L_h$（绝热层高）时，$T = T_{bh}$，其中 $y_{\mathrm{NH_3(in)}}$ 及 L_h 均为已知，故绝热层微分方程组可用 Rungr-Kutta 法算至 L_h 处，求得绝热层出口 L_h 处温度 T_{bh} 和氨摩尔分数。

（2）冷却层　冷却层中反应速率式与式（例 5-5-1）相同，但其截面积 A_c 应扣除冷管和中心管所占面积，与绝热层截面积 A_h 数值上不同，三套管式催化床，冷管由三重套管组成，其外为外冷管，外冷管内有内冷管，内冷管内还有内衬管，内衬管与内冷管之间是一层很薄的气体不流动的"滞气层"，滞气层中不流动气体的热导率很小，冷气体自下而上地流经内衬管的温升可以略去，然后冷气体在内、外冷管环隙之间自上而下流动从而冷却催化床。内、外冷管上端的气体温度 T_{a0} 即冷气体经床外换热器预热后的温度，冷气体在内、外冷管环隙中被加热后再通过分气盒进入中心管，再进入催化床的绝热层顶端，中心管的传热面积很小，气体温升亦可不计，因此，内、外冷管最下端气体温度 T_{ae} 即进入绝热层气体温度 T_{b0}，中、小型氨合成反应器一般在中心管内安装有电加热器，用作开工时加热催化床。

若 m_t 为冷管根数，D_{T0} 为外冷管外径，T_a 为内、外冷管环隙内反应气体温度，可得冷却层热量衡算式，其中 N_T 随床层中 $y_{\mathrm{NH_3}}$ 而变。

$$N_T c_{pb}\mathrm{d}T_b = (-\Delta_r H)\mathrm{d}N_{\mathrm{NH_3}} - K_{ba}(T_b - T_a)m_t\pi D_{T0}\mathrm{d}l - Q_s$$

或
$$\frac{\mathrm{d}T_b}{\mathrm{d}l} = \frac{(-\Delta_r H)}{c_{pb}(1+y_{\mathrm{NH_3}})}\frac{\mathrm{d}y_{\mathrm{NH_3}}}{\mathrm{d}l} - \frac{K_{ba}(1+y_{\mathrm{NH_3}})(T_b - T_a)m_t\pi D_{T0}}{N_{T0}c_{pb}} - 1.5 \qquad (例\,5\text{-}5\text{-}3)$$

由三套管式催化床外、内冷管环隙内热量衡算式，可得

$$\frac{\mathrm{d}T_a}{\mathrm{d}l} = \frac{K_{ba}m_t\pi D_{T0}(T_b - T_a)}{N_{T1}c_{pa}} \qquad (例\,5\text{-}5\text{-}4)$$

对于内冷式氨合成反应器，由于催化剂还原过程及冷管间的壁效应影响，冷却层活性校正系数随床高而变。上列诸式中，反应热（$-\Delta_r H$）见本教材式（例 5-4-1）；N_{T1} 为进入催化床含氨混合气的摩尔流量；c_{pa} 是内、外冷管环隙中气体的摩尔定压热容；K_{ba} 是催化床与外冷管间传热总系数，其中催化床对外冷管外壁的给热系数 α_t 按本章式（5-39）计算，与催化床颗粒等外表面积的球体直径 $D_p = \overline{d}_p / \sqrt{\phi_s}$，催化床的当量直径 $d_t = \sqrt{4A_c/(\pi m_t)}$。高压下含氨混合气体的物性参数如各组分的摩尔等压热容、黏度、热导率的计算可参见教材[30]附录。

式（例 5-5-1）、式（例 5-5-3）及式（例 5-5-4）组成催化床冷却层的数学模型，冷却层起始处 T_b 和 $y_{\mathrm{NH_3}}$ 值即绝热层出口处 T_b 和 $y_{\mathrm{NH_3}}$ 值，但缺少冷却层起始处冷管内顶部气体温度 T_{a0} 值。根据上述三套管催化床结构分析，已知冷却层出口处外、内冷管环隙间气体温度 T_{ae} 值即催化床绝热层入口处温度 T_{b0} 值。为此，定义一个函数 $f(T_{a0}) = T_{ae} - T_{b0}$，用一元函数求根法求得 T_{a0} 值，计算冷却层的常微分方程组至出口处 T_{be} 值，直至满足 $f(T_{a0})$ 小于给定的误差值的 T_{a0} 值。

外筒内径 1000mm 的三套管氨合成反应器催化剂床内径 D_R 为 900mm，中心管外径 D_c 219mm，外冷管外径 44mm、内径 39mm，内冷管外径 29mm，冷管 62 根，还原后绝热层高度 0.95mm，冷却层高度 8.87mm，热电偶套管 2 根，外径 51mm，操作压力 30.4MPa，进口气体组成如下：$y_{\mathrm{NH_3}} = 0.03$，$y_{\mathrm{CH_4}} = 0.04$，$y_{\mathrm{Ar}} = 0.08$，$y_{\mathrm{H_2}}/y_{\mathrm{N_2}} = 3.0$。使用 A110-2 型氨合成铁催化剂，颗粒 4.7～6.7mm，平均直径 5.7mm，形状系数 $\phi_s = 0.33$。计入还原、内扩散、径向温度差和浓度差的活性校正系数（COR）与催化床高度的关系如下：绝热层 COR=0.52；冷却层（COR）与催化床高呈线性关系递减，由 0.52 减至 0.36。

计算空间速度为 $25000h^{-1}$、寿命因子为 0.7、催化床进口温度 $t_{b0}=380℃$ 时的催化床轴向温度和 y_{NH_3} 分布。

按上述数学模型、催化床的结构参数和操作参数编制程序，在计算机上解得流化床内 y_{NH_3}、t_b 及 t_a 随床高的变化，见表（例 5-5-1）。

表（例 5-5-1） 诸参数随床高的变化

床高 l/m	y_{NH_3}	$t_b/℃$	$t_a/℃$	床高 l/m	y_{NH_3}	$t_b/℃$	$t_a/℃$
0.000	0.0300	380.0		3.611	0.1368	460.3	286.1
0.190	0.0376	392.7		4.498	0.1504	457.4	307.0
0.380	0.0452	405.2		5.385	0.1613	453.5	324.7
0.570	0.0529	417.7		6.272	0.1704	449.5	340.0
0.760	0.0608	430.5		7.159	0.1781	445.7	352.5
0.950	0.0691	443.6	202.8	8.046	0.1847	442.3	363.2
1.837	0.0978	456.6	234.0	8.933	0.1904	439.4	372.3
2.724	0.1198	460.8	261.8	9.820	0.1955	436.9	380.0

由表（例 5-5-1）可见，催化床的热点温度 460.8℃，位于 $l=2.724m$ 处，绝热层中气体一直升温，冷却层上部催化床反应速率大于冷却速率，故床层温度上升；热点处，二者速率相等，超过热点，冷却层中反应速率小于冷却速率，故床层温度下降，催化床出口处温度 $t_{be}=436.9℃$，冷管内顶部气温 $t_{a0}=202.8℃$。

二、内冷自热式氨合成反应器的热稳定性

本书第三章讨论了全混流反应器的热稳定性，本节介绍内冷自热式氨合成反应器定态操作下的热稳定性。

【例 5-6】 内冷自热式氨合成反应器的热稳定性。

自热式氨合成反应器的催化床和床外换热器是一个整体。催化床出口处气体温度 t_{be} 和进入冷管未反应气体温度 t_{ai} 是催化床和换热器联系的纽带。对于整个氨合成反应器，进入换热器壳程间气体温度 t_{in} 是确定的，氨的净值（即进口和出口处氨摩尔分数值的差值）确定了离开床外换热器管程已反应气体的温度 t_e。对于床外换热器，管程气体的摩尔流量和进、出口温度都是确定的，即传热量一定。根据传热方程 $Q=KF\Delta T_m$，可确定离开床外换热器的壳程气体温度 t_{sh}。如果这时 t_{sh} 低于催化床所要求的进入冷管气体温度 t_{ai}，说明反应器不能自热操作。如果 t_{sh} 大于 t_{ai}，就可用副线来调节，一部分未反应的冷气体绕过换热器与另一部分经换热器被反应后气体加热的原料气混合，进入催化床冷管。通过调节副线气体流量分率 β，可调节进入催化床冷管的气体温度。

对于一定结构尺寸的内冷自热式氨合成催化反应器，若已知催化剂的含活性校正系数的动力学数据，在一定空速下，改变催化床入口温度 t_{b0} 可通过数学模拟计算获得相应的进入冷管的气体温度 t_{ai}，上述工况下催化床的 t_{b0}-t_{ai} 曲线，即催化床放热曲线。再改变不同床外换热器的副线分率 β 值，相应可得不同 β 值的换热器移热直线。分析不同 β 值的移热曲线与放热曲线交点处的切线斜率，即可根据 $\left(\dfrac{\partial t_{be}}{\partial t_{ai}}\right)_{催化床}<\left(\dfrac{\partial t_{be}}{\partial t_{ai}}\right)_{换热器}$ 确定该交点是否是热稳定的交点，最后，结合不同 t_{b0} 值下催化床的热点温度 t_m 是否超过该催化剂的耐热温度，即可确定合适的催化床入口温度 t_{b0}。若分别改变催化剂的型号及相应的动力学数据、空速、反应压力、催化床入口处气体组成，可进一步分析改变操作工况对热稳定性的影响，详见教材[27]第五章和文献[31]。

第六节　连续换热外冷及外热管式催化反应器

连续换热管式催化反应器有两大类：用于放热反应的外冷管式反应器和用于吸热反应的外热管式反应器，催化剂装在管内，管外用载热体冷却或加热。

一、连续换热外冷管式催化床的数学模型

视频 5-3
甲醇合成反应器
介绍3D视频

前已述及，许多反应热较大而催化剂寿命较长的反应多采用外冷管式（以下简称管式）反应器，为了使单位催化床体积有较大的换热面积，反应管的外直径较小，一般为 20～40mm，可以减小催化床内的径向温度差。例如 Lurgi 式副产蒸汽年产 10 万吨甲醇合成反应器采用 $\phi 38mm \times 2mm$，长度 6.0mm 的反应管 3199 根，装填催化剂 17.43m³，操作压力 5MPa，管外副产 4MPa、240℃ 的蒸汽。管式反应器可以通过单管实验掌握其规律，便于放大于多管，但管数目增多，反应器的机械结构制造和管外载热体的均匀流动方面的困难加大。副产蒸汽时，管内应有使产生的大气泡破裂成小气泡的装置，因为大气泡会使传热效果不好。外冷管式反应器大都用于基本有机化合物如烃类和一碳化合物的氧化、加氢等反应，这些反应的工艺可参阅教材[32,34]及专著[33]。

管式反应器的催化剂装卸很不方便，在装催化剂时每根管子的压降要相同，很费工时。如压降不同就会造成各管间气体流量分布不均匀，致使停留时间不一样，影响反应效果。另一方面原料气的组成严格受到爆炸极限的限制，且对混合过程的要求很高，原料气必须充分混合后再进入反应器，尤其是以纯氧为氧化剂的反应过程。有时为了安全，需要加入水蒸气作稀释剂。

管式催化反应器催化床的一维平推流模型与催化剂设置于管外的自热式连续换热催化床如三套管氨合成催化反应器相同，但由于结构不同，管式反应器管外冷却剂或供热剂与管内流动的反应物系不同，不存在热反馈，更不存在三套管氨合成催化反应器的数学模型中、内外冷管环隙顶端的未反应气体温度待定的问题。如果反应体系是单一反应，则管内催化床的数学模型由反应物或产物的摩尔分数随床高变化的物料衡算式和催化床温度随床高变化的热量衡算式两个微分方程组成，催化床的热量衡算式中只计入催化床向管外传热，不存在内冷自热式氨合成反应器中催化床与内、外筒之间的环隙传热。管外如为加压水气化可不计入温度变化。如果反应体系为多重反应，则应考虑主反应物的转化率、主产物的收率和选择率随床高的变化，热量衡算式中则应同时考虑主、副反应的热效应。如果反应为多重变摩尔反应，如一氧化碳和二氧化碳同时加氢合成甲醇，物料衡算式及 dy_i/dl 的表达式是相当复杂的。使用一维模型时，一般可不考虑催化剂颗粒外表面与气流主体间的温度差和浓度差，反应动力学最好使用与催化剂颗粒形状及粒度及反应压力相适应的含内扩散过程在内的宏观动力学。

由于管外冷却剂不是管内反应物系，其温度可高于反应物系进入反应管的温度，不存在内冷自热式催化床自热平衡的热稳定性问题。

管式催化床的二维模型是在式(5-46) 固定床径向及轴向传热的偏微分方程的基础上计入化学反应。本教材不作阐述，可阅读研究生教材[19]。

二、连续换热外冷管式催化反应器的飞温及参数敏感性

1. 飞温及参数敏感性

许多石油化工产品的生产工艺使用催化氧化，如乙烯在银催化剂上氧化合成环氧乙烷，乙烯与乙酸在钯-金催化剂上氧化合成乙酸乙烯酯和邻二甲苯在钒催化剂上氧化合成邻苯二甲酸酐，采用外冷管式反应器，它们都是强放热多重反应，主要副反应是生成二氧化碳和水的深度氧化反应，副反应的反应热和活化能都大于主反应，一旦反应温度达到某一数值，副反应加剧，温度发生很大的变化，又更加加速

了深度氧化副反应，造成系统迅速升温的"飞温"现象，破坏了生产，这就涉及反应和操作的稳定性和敏感性。

稳定性是指在定态操作条件下，工艺操作参数的微小波动对反应器状态造成的影响；参数敏感性是指一个参数的改变对定态操作产生的影响，一个设计合理的反应器必须在稳定而又参数不敏感的状态下操作。

在反应操作中，一般应首先满足稳定性和参数敏感性条件的限制，因为这是关系到生产安全的大问题。在实际工业过程中，各工艺参数如进料温度、进料浓度、进料流量、冷却介质温度和空速等不可避免存在着扰动，如果操作在参数敏感区域，微小的波动就可能导致"热点"温度发生很大的变化，甚至造成飞温。对于带强放热深度氧化副反应的有机物催化氧化反应，这点必须十分重视。

天津大学李绍芬等[35]对管式固定床反应器的飞温及参数敏感性进行了理论分析。

2. 邻二甲苯催化氧化反应器的飞温案例

【例 5-7】 外冷管式反应器中邻二甲苯催化氧化过程的飞温[36]。

钒催化剂上邻二甲苯氧化的主要反应如下

$$邻二甲苯(A) \xrightarrow{k_1} 邻苯二甲酸酐(B)$$

原料气为空气与邻二甲苯的混合物，为了生产安全，邻二甲苯的浓度保持在爆炸范围以外，约1%左右，本例为0.8432%，含氧20.33%，上述3个反应的本征反应速率［kmol/(kg·h)］分别表示如下（分压 p 以 atm 计）。

$$r_1 = k_1 p_A p_{O_2}, \quad k_1 = \exp(-13500/T + 19.837)$$
$$r_2 = k_2 p_B p_{O_2}, \quad k_2 = \exp(-15500/T + 20.86)$$
$$r_3 = k_3 p_A p_{O_2}, \quad k_3 = \exp(-14300/T + 18.97)$$

所用催化剂为 V_2O_5 和钛的化合物喷涂在瓷球的外表面上，活性组分极薄，可以忽略内扩散的影响，其堆密度 $\rho_b = 1300 kg/m^3$。催化床内气体的质量流率 $G = 2.948 kg/(m^2 \cdot s)$，气流主体和颗粒外表面间的传递过程阻力也可以不计。操作压力 $p = 1.258 atm$（0.1275MPa）。反应管内直径 $d_t = 26mm$，反应管外用强制循环的熔盐冷却，熔盐温度 T_c 可以认为恒定且与进入反应管的原料气温度相等，即 $T_c = T_{b0}$。工程计算，取下列物性数据平均值，混合气的摩尔质量 $M_m = 29.29 g/mol$，催化床与熔盐间的总传热系数 $K_{ba} = 141.1 W/(m^2 \cdot K)$，反应混合气体的等压比热容 $c_{pm} = 1.059 kJ/(kg \cdot K)$，生成邻苯二甲酸酐的反应热 $(-\Delta_r H)_B = 1285 kJ/mol$ 邻二甲苯，生成一氧化碳和二氧化碳的反应热 $(-\Delta_r H)_C = 4561 kJ/mol$，略去床层内的压力变化。

解　3个反应中只有2个是独立的，选择邻苯二甲酸酐的收率 Y_B、一氧化碳和二氧化碳的总收率 Y_C 和床层反应温度 T_b 作状态变量，则一维平推流的数学模型如下

$$\frac{G y_{A0}}{M_m} \frac{dY_B}{dl} = \rho_b R_B \tag{例 5-7-1}$$

$$\frac{G y_{A0}}{M_m} \frac{dY_C}{dl} = \rho_b R_C \tag{例 5-7-2}$$

$$G c_{pm} \frac{dT_b}{dl} = \rho_b R_B (-\Delta_r H)_B + \rho_b R_C (-\Delta_r H)_C - \frac{\pi d_t K_{ba}}{\pi d_t^2/4}(T_b - T_a) \tag{例 5-7-3}$$

式中，y_{A0} 为邻二甲苯入口摩尔分数。

邻苯二甲酸酐的生成速率 $R_B = r_1 - r_2 = p_{O_2}(k_1 p_A - k_2 p_B)$。氧的进口摩尔分数为 $(y_{O_2})_0$，此例中由于反应量很小，氧的摩尔分数可视作常量，则 $p_{O_2} = p(y_{O_2})_0$，$p_A = p y_{A0}(1 - Y_B - Y_C)$，$p_B = p y_{A0} y_B$，因此

$$R_B = p^2 y_{A0} (y_{O_2})_0 [k_1 (1 - Y_B - Y_C) - k_2 Y_B] \tag{例5-7-4}$$

$$R_C = r_2 + r_3 = p^2 y_{A0} (y_{O_2})_0 [k_3 (1 - Y_B - Y_C) + k_2 Y_B] \tag{例5-7-5}$$

初始条件：$l=0$ 时，$Y_B=0$，$Y_C=0$，$T_c=T_{b0}$。用 Runge-Kutta 法解不同进口温度 T_0 时上述常微分方程组，可得反应管高度为 3m 以内的催化床轴向温度分布和邻苯二甲酸酐收率 Y_B（实线）及 CO、CO_2 收率 Y_C（虚线）的轴向分布，见图（例5-7-1）及图（例5-7-2）。

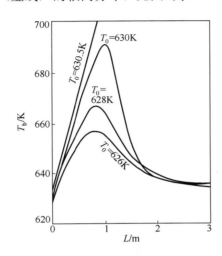

图（例5-7-1）　催化床轴向温度分布　　　　图（例5-7-2）　催化床轴向收率分布

当 $T_{b0}=626K$、628K 或 630K 时，模拟计算表明：床层有明显的先升高后降低的轴向温度分布，其热点温度及轴向位置分别为 $T_{b0}=626K$ 时，热点 $T_{max}=656.8K$，位于 $L=0.80m$ 处；$T_{b0}=630K$ 时，热点 $T_{max}=691.8K$，位于 $L=1.0m$ 处；当 $T_{b0}=630.5K$ 时，出现床层内温度猛升的现象，于 $L=1.0m$ 处温度已上升到 736K，于 $L=1.05m$ 处温度超过 1000K，以致催化剂遭到破坏，进气温度 0.5K 之差，竟造成如此严重的后果，这种现象称为"飞温"。由此可见，带强放热副反应的系统在管式反应器内操作，由于温度升高引起的副反应反应速率加大，而副反应的反应热大为超过主反应时，破坏了反应。对于这类反应，床层温度的控制，特别是热点温度，十分重要。

【例5-8】　邻二甲苯催化氧化管式反应器的操作参数敏感性及飞温[37]。

解　在钒催化剂上邻二甲苯催化氧化的本征反应速率见［例5-7］，并且［例5-7］讨论了反应器进口温度 T_{b0} 的参数敏感性。下面分别讨论进料浓度、熔盐温度及空速的参数敏感性。

（一）进料浓度

进料浓度是影响化学反应速率的重要因素，它对反应器前部的反应速率影响很大，在一定的条件下表现出参数的敏感性。另外，进料浓度 g_0 还直接影响反应器的生产能力，但由于参数敏感性的限制，进料浓度不得不被限制在一定的范围内，从而影响生产能力。如图（例5-8-1）可见，在其他条件（$SV=1500h^{-1}$，$T_{b0}=360℃$）不变时，热点温度随进料浓度的增大而增高，且热点位置稍微后移，当进料浓度 g_0 达到 $42g/m^3$（STP）时，进料浓度再增大到 $42.5g/m^3$（STP）即发生飞温。由此可见，进料浓度对邻二甲苯氧化反应过程是一个敏感参数。

反应收率 Y 与进料浓度之间的关系如图（例5-8-2）所示，从图中可看出，收率首先随进料浓度的逐步增大而缓慢提高，但达到进料浓度参数敏感区域后，由于热点温度的急剧升高，造成副反应加剧，选择率和收率相应下降。因此在反应器的设计与操作中，为避免发生飞温现象和保持较高的邻苯二甲酸酐收率，应严格控制邻二甲苯的进料浓度。

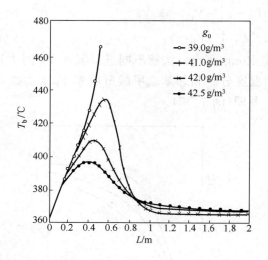

图（例5-8-1） 进料浓度的参数灵敏性

（SV=1500h^{-1}，$T_c=T_0=360℃$）

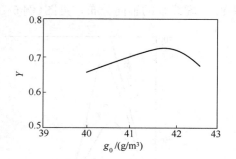

图（例5-8-2） 进料浓度与收率的关系

（SV=1500h^{-1}，$T_c=T_0=360℃$）

（二）熔盐温度

在管式固定床反应器中，反应热主要通过壳程中的熔盐循环冷却移去，而化学反应速率通常对温度十分敏感，因此熔盐温度一般是一个敏感参数。由图（例5-8-3）可知，邻二甲苯氧化反应器的热点温度随熔盐温度的增大而迅速提高，当熔盐温度进入临界区域后（如360℃），只要有1℃的波动就引起了飞温。这就要求在固定床反应器的设计与操作中，应确保足够大的熔盐循环量，以尽量减少壳程内轴向和径向的熔盐温差，特别要防止出现熔盐流动死区，否则将可能出现飞温和失控现象，影响反应转化率和操作安全。

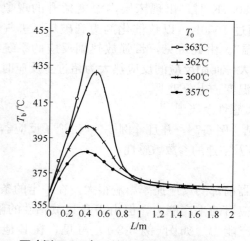

图（例5-8-3） 熔盐温度的参数灵敏性

（SV=1500h^{-1}，$g_0=40g/m^3$，$T_0=360℃$）

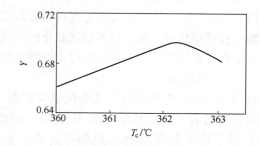

图（例5-8-4） 熔盐温度与收率的关系

（SV=1500h^{-1}，$g_0=40g/m^3$，$T_0=360℃$）

另外，熔盐温度对收率影响也很大。熔盐温度过低，热点温度很低，相应地转化率和收率也很低；相反，熔盐温度过高，热点温度就很高，转化率虽然很大，但选择率由于副反应的大量增加而下降。熔盐温度与收率之间的关系如图（例5-8-4）所示。由此可见，在反应器的操作过程中，既要有一定的熔盐温度，以保证高转化率；又不能使熔盐温度过高，过高的熔盐温度会使收率下降，甚至出现飞温。而这两个温度之间的差距并不很大，也就是说操作的弹性不大。因此在工业实际生产过程中，必须严格控制熔盐温度。

（三）空速

空速的参数敏感性如图（例5-8-5）所示。提高空速可以显著地降低热点温度，这是由于增大了床层内侧给热系数和增大了气体带走的显热。空速增大，热点位置显著后移。对这一类强放热反应，在保证一定转化率的条件下选用较大的空速是防止飞温的有效措施。而在反应器的运行过程中因设备（风机、压缩机等）故障而引起的气体减量或停车极易引起反应器的飞温而导致事故。

空速对收率也有一定的影响。空速较小时，流体在反应器中的流速较慢，停留时间较长，氧化程度必然加深，随着副反应的加剧选择率下降；并且，空速小，管内热阻大，反应热不能及时移出，热点温度随之上升，同样也造成选择率下降。两者共同作用的结果使收率下降。随着空速增大，反应气在管内的流速加大，管内热阻减小，反应热能及时地移走，热点温度下降，副反应减少，选择率增大，收率也增大。但是，若空速过大，热点温度下降幅度很大，反应不够完全，导致反应转化率下降。空速与收率之间的关系如图（例5-8-6）所示。

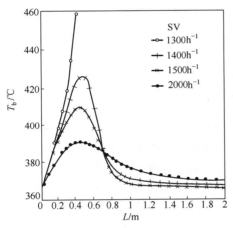

图（例5-8-5）　空速的参数灵敏性
（$g_0 = 40g/m^3$，$T_c = T_0 = 360℃$）

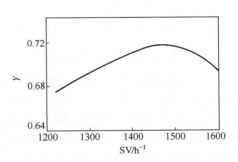

图（例5-8-6）　空速与收率之间的关系
（$g_0 = 40g/m^3$，$T_c = T_0 = 360℃$）

由［例5-7］和［例5-8］可见，对于强放热多重反应过程，在设计及操作时必须注意进料浓度、进口温度、管外载热体温度、空速等参数对导致飞温的操作稳定性和参数敏感性的工程分析。

三、强放热多重反应管式反应器的设计

烃类催化氧化强放热多重反应的副反应是生成二氧化碳和水的深度氧化反应。这类反应过程的成本中主要反应物（如乙烯）的成本占主要部分。如果选择率偏低，生成的二氧化碳多了，不仅增加了原料消耗，并且生成的二氧化碳还要在后续工序中除去，以免在循环系统中积累。这些过程的主要反应组分的转化率、目的产物的选择率和空时产率等技术指标首先决定于催化剂性能，其次是管式反应器的结构设计、操作参数的选用和管外冷却剂的选用和温度控制。目前，这些反应所用的工业催化剂都是负载型催化剂，金属作为主要活性组分，加上数种助催化剂，浸渍在耐温的无机氧化物的载体上，不同的反应对载体的孔结构，如孔径大小及其分布、孔隙率、比表面积等有不同的要求。载体制成不同的形状，如圆球形、圆柱形、单孔环柱形或多通孔圆柱形，尺寸也有区别，一般直径为4～8mm。活性组分及助催化剂，或均匀分布在载体内，如乙烯氧化银催化剂；或呈薄层分布在载体外表面上，如乙烯氧化乙酰化合成乙酸乙烯的钯-金贵金属催化剂。

我国燕山石化公司研究院研制的环氧乙烷合成系列催化剂，主要活性组分为银。使用 α-Al$_2$O$_3$ 为

载体，不断改进配方、制备方法和载体的孔结构[38]，形状由球形改为单孔环柱形及多通孔圆柱形，性能不断地提高，寿命可达 4 年。我国环氧乙烷反应器的一些操作指标和性能列于表 5-3。

表 5-3　环氧乙烷合成反应器的操作指标和性能

单位	反应管内直径 d/mm×管长 L/mm	催化剂型号	原料气中乙烯/%	致稳剂	反应管压降 Δp/MPa	空速 /h^{-1}	出口环氧乙烷/%	EO 空时产率 /[kg/(kg·h)]	废热锅炉汽包温度 /℃	选择率 S/%
A 厂	21×6000	A-1 型	18.5	N₂	0.15	7200	1.38	195	238.8	81.5
		B-1 型	21.8	N₂	0.12	7400	1.38	198	238.2	81.8
		B-3 型	20.2	N₂	<0.1	7400	1.35	186	238.7	83.6
B 厂	26×5900	A-1 型	20.6	CH₄	<0.1	6420	1.97	248	235	78.8
		B-2 型	29.5	N₂	<0.1	7362	1.86	269	235	81.4
		B-2 型	27.9	N₂	<0.1	7250	1.93	275	233	81.9
		B-3 型	29.0	N₂	<0.1	7000	1.98	272	236	82.7
C 厂	31.3×8000	B-2 型	26.4	CH₄	0.18	5500	1.72	186	237	81.1
D 厂	31.3×7000	B-4 型	25.0	CH₄	0.075	4500	1.79	160	238	80.5
E 厂	38.9×10500	C-1 型		CH₄		3357	1.13		218	79.8
F 厂	38.9×12200	C-2 型	35	CH₄		3740	2.61	192		80.5
G 厂	38.9×10690	B-5 型	29	CH₄		4000	2.10	160	227	81.5

我国环氧乙烷合成系统的单台设备生产能力和各项生产效率指标不断提高：①改进了催化剂的活性组分配方和催化剂的工程设计，降低了反应气体通过催化床的压降和催化剂粒内的温升，同时增加了选择率；②反应气体混合物中致稳剂由氮改为甲烷，这是由于甲烷的摩尔热容大于氮，在同样的单位催化床体积的反应放热量的情况下，可减少气体的温升，从而增加了选择率；③增大管内径，增加管长，以适应单台反应器提高生产能力的要求，并且当增加管长时，同样的催化床质量空速，可以增加气体的质量流率或线速，增加了管内的给热系数，强化了传热，从而提高了选择率，如果通过反应器的气体流量不变，增加管长，质量空速减少，出口环氧乙烷含量增加；④管间的载热体或冷却剂，由高温导热油改为加压水沸腾气化，不但便于副产较高压力的蒸汽，并且降低管内催化床与载热体之间的温度差，从而降低了催化床内的径向温差，增大了选择率；⑤适当提高原料气中乙烯含量，有利于提高空时产率，但催化剂的性能应能相适应而不降低出口选择率。

四、管式反应器的床层宏观反应动力学和环氧乙烷合成反应器的活性校正系数案例

本章第一节已阐述催化反应器的数学模型中的活性校正系数和寿命因子，即使以催化剂颗粒内的传质和传热过程的宏观反应动力学模型为基础，也未能计入催化剂床层内流体的流动状况，催化剂在反应器内的活化、还原状况及失活，以及催化剂颗粒外表面与气流气体间传质及传热过程的影响，这些因素组成催化剂"活性校正系数"，其中影响最大的为床层内流体的流动状况，如垂直于气体流动方向的截面上反应气体分布不均匀，将造成径向传热及传质的二维模型所不能计入的局部床层空隙率过大或温度分布不均匀，尤其在管式反应器内床层直径 d_t 与颗粒直径 d_p 之比往往低于 8，存在较为严重的壁效应。催化剂的中毒失活与生产中气体净化工艺有关，与催化剂在床层中的温度和位置有关，也与操作稳定情况及使用时间有关，这些因素都组成催化剂的活性组分配方和制备工艺所不能确定的"寿命因子"。由催化反应器床层内各种因素所形成的"活性校正系数"和"寿命因子"称为"床层宏观反应动力学"，这些与反应器结构密切有关的问题目前只能进行定性分析，而定量的数值往往要通过长期的反应器操作工况测定分析，而且与各种反应器的具体情况有关。

【例 5-9】　环氧乙烷合成管式反应器的床层宏观动力学及活性校正系数与失活分析[39]。

延伸阅读 5-4
乙烯氧化制环氧
乙烷反应器数学
模型

解　国内某大型乙烯氧化合成环氧乙烷管式反应器的反应管内直径为 31.3mm，催化床填充高度 7.0m，使用外形尺寸 $\phi 8.6mm \times 6.8mm$ 多通孔圆柱形 YS-6 型银催化剂，在无梯度反应器中测得 YS-6 型银催化剂宏观反应动力学模型及模型参数（见本书第二章［例 2-5］的表）。本例以计入催化剂颗粒内反应-传质-传热过程的宏观动力学模型为基础，采用径向浓度及温度分布的二维模型，并计入气相气体与催化剂颗粒外表面间的传质和传热过程，对反应器连续 20 个月的操作数据进行了反算。

YS-6 型催化剂在该厂连续 20 个月的操作数据，以及反算所得主、副反应活性校正系数 COR_{EO} 及 COR_{CO_2} 见表（例 5-9-1）。

表（例 5-9-1）　YS-6 型催化剂操作数据及计算结果

t/个月	空时产率/[g/(L·h)]		选择率		出口温度/℃		热点温度/℃	COR_{EO}	COR_{CO_2}
	计算值	测定值	计算值	测定值	计算值	测定值			
2	188.85	188.85	0.817	0.817	228.53	228.7	233.33	0.8077	0.5685
4	176.97	176.98	0.814	0.814	230.00	230.4	234.18	0.9705	0.7076
8	188.67	188.75	0.805	0.805	232.67	232.65	237.67	0.9484	0.6699
10	195.33	195.31	0.799	0.799	233.86	234.35	239.18	0.8950	0.6583
12	193.88	193.85	0.796	0.796	236.13	236.65	241.52	0.8511	0.5955
14	192.78	192.79	0.7978	0.7978	236.77	236.50	241.79	0.8053	0.5723
16	194.33	194.38	0.7975	0.7975	239.12	240.15	244.06	0.7301	0.4972
18	192.17	192.19	0.7964	0.7964	240.99	241.40	245.97	0.6939	0.4627
20	194.57	194.58	0.7952	0.7952	242.28	243.80	247.40	0.6624	0.4325

该系统入口气体组成大致为：C_2H_4 0.25，O_2 0.078，CH_4 0.61，CO_2 0.057，其余为少量的 H_2O 及 C_2H_4O；气体进口温度 177～185℃，空间速度 4400～4640h^{-1}，废热锅炉汽包温度 226～239℃。

（一）活性校正系数与使用时间的关系

将表（例 5-9-1）中 COR_{EO} 和 COR_{CO_2} 与使用时间 t 回归，可得

$$COR_{EO} = 1.1567 - 0.025t - 1.2026t^{-2} \qquad (例 5-9-1)$$

$$COR_{CO_2} = 0.8684 - 0.0219t - 1.03170t^{-2} \qquad (例 5-9-2)$$

上两式的相关系数 R 分别为 0.9953 和 0.9922；使用时间 t 以"个月"计。

（二）YS-6 催化剂失活研究

分析表（例 5-9-1）数据，可见 COR_{EO} 和 COR_{CO_2} 都从第 2 个月的测定值上升到第 4 个月的数值，然后一直到第 20 个月逐渐下降，可以认为第 4 个月以前催化剂的活化不完全，不能反映真实的反应速率。现以第 4 个月的反应速率作为新鲜催化剂的反应速率，即第 4 个月的活性校正系数 COR_{EO} 和 COR_{CO_2} 作为 1.0。其后的活性校正系数与第 4 个月的活性校正系数之比作为由于失活形成的寿命因子，随着操作时间的延长，活性逐渐降低，寿命因子逐渐下降，根据环氧乙烷合成银催化剂的热失活特性，由于深度氧化副反应颗粒内存在较大的温升，表明催化剂颗粒内累积了大量不能及时移出的反应热，使催化剂表面银颗粒集聚，随着使用期的延续而银粒慢慢长大，活性逐渐衰退，具有独立失活的特点。此时失活速率与反应物的浓度无关，取决于催化剂使用时间 t 和冷却剂温度 T_w（即副产蒸汽的汽包温度）。

$$r_d = -\frac{da}{dt} = k_d a^d \tag{例 5-9-3}$$

式中，催化剂活性定义 a 为

$$a = \frac{r_A}{r_{A0}} = \frac{\text{某一时刻反应物 A 在催化剂上的消耗率}}{\text{相同反应条件下反应物 A 在新鲜催化剂上的消耗速率}}$$

以第 4 个月的反应速率作为新鲜催化剂的反应速率，可获得乙烯氧化制环氧乙烷主、副反应的失活速率方程。

主反应

$$r_{d1} = \frac{da_1}{dt} = k_{d1} a_1^{0.6433} \quad (R=0.9993) \tag{例 5-9-4}$$

副反应

$$r_{d2} = \frac{da_2}{dt} = k_{d2} a_2^{0.3650} \quad (R=0.9990) \tag{例 5-9-5}$$

$$k_{d1} = \exp\left(31.2848 - \frac{1.4767 \times 10^5}{RT_w}\right) \tag{例 5-9-6}$$

$$k_{d2} = \exp\left(35.5937 - \frac{1.6511 \times 10^5}{RT_w}\right) \tag{例 5-9-7}$$

五、连续换热外热管式催化反应器

连续换热外热管式反应器广泛用于强吸热反应，如天然气或石油等烃类蒸气转化催化制氢和一氧化碳，作为有机合成和合成氨的原料气，一般为管式转化炉，可参见专著 [40]。转化炉管一般在 3～4MPa 压力下操作，温度 600～800℃。烃类蒸气转化炉近年来采用 HP-50 含铌高镍铬合金钢材料 ϕ112mm×10mm 炉管，管长 10～12m，管内气体质量流率高，压力降约为进口压力的 10%，管内一般填充 ϕ19mm/9mm×19mm、ϕ16mm/6mm×16mm 或 ϕ13mm/6mm×13mm 的环柱状催化剂。管外燃烧燃料以辐射传热方式供热，转化炉内辐射传热的计算可采用区域法[41] 及 Monte-Carlo 法[42]。管内的数学模型应是计入径向浓度差和温度差、催化剂粒内的温度差和浓度差及气-固相间的温度差和浓度差的二维非均相模型，轴向扩散可以不计，但应计入压力随管长的变化。催化剂内扩散影响十分严重，且存在着催化剂颗粒内温度差。工业计算一般采用按工业颗粒宏观反应动力学和催化剂活性校正系数计算的一维拟均相模型。为了提高蒸汽转化催化剂的内扩散有效因子和降低床层压力降，我国西南化工研究院和山东齐鲁石化工总厂等单位近年来开发了多种薄壁异形催化剂，如车轮形、舵轮形、蜂窝形，可参见本教材第二章第六节。

第七节　薄床层催化反应器

一、薄床层催化反应器轴向返混模型

本章第四节讨论的绝热式催化反应器，第五节讨论的内冷自热式催化反应器和第六节讨论的连续换热外冷及外热式催化反应器中催化床高度与催化剂颗粒直径之比都超过 100，可以略去轴向混合的影响，但对于薄床层催化反应器应计入轴向返混。

使用铂网催化剂的氨氧化和使用 0.5～3mm 结晶银粒或银网催化剂的甲醇氧化制甲醛均为薄床层催化反应器。

反应器的一维定态轴向弥散模型见图 5-23。反应器的截面积为 A_c，操作态反应混合物以流速 u（按反应器截面积 A_c 计入）流入，其中反应物 A 的浓度为 c_A。经过 dl 长的反应器微

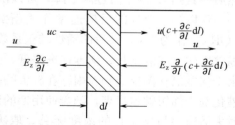

图 5-23 一维定态轴向弥散模型示意

元段后，反应消耗量为 $(r_A)_V A_c \mathrm{d}l$，反应物 A 的浓度为 $c_A + \left(\dfrac{\mathrm{d}c_A}{\mathrm{d}l}\right)\mathrm{d}l$，轴向弥散进入微元段反应物 A 的量为 $E_z \dfrac{\mathrm{d}}{\mathrm{d}l}\left(c_A + \dfrac{\mathrm{d}c_A}{\mathrm{d}l}\mathrm{d}l\right)A_c$，其中 E_z 为质量轴向混合有效弥散系数，简称质量轴向弥散系数，单位为 m^2/s。轴向弥散离开微元段反应物 A 的量为 $E_z \dfrac{\mathrm{d}c_A}{\mathrm{d}l}A_c$。对此微元段作定态下反应物的物料衡算可得

$$\left[uc_A + E_z \frac{\mathrm{d}}{\mathrm{d}l}\left(c_A + \frac{\mathrm{d}c_A}{\mathrm{d}l}\mathrm{d}l\right)\right]A_c = \left[u\left(c_A + \frac{\mathrm{d}c_A}{\mathrm{d}l}\mathrm{d}l\right) + E_z \frac{\mathrm{d}c_A}{\mathrm{d}l}\right]A_c + (r_A)_V A_c \mathrm{d}l$$

简化后可得
$$E_z\left(\frac{\mathrm{d}^2 c_A}{\mathrm{d}l^2}\right) - u\frac{\mathrm{d}c_A}{\mathrm{d}l} - (r_A)_V = 0 \tag{5-56}$$

其边界条件为　$l=0$ 时，$E_z\left(\dfrac{\mathrm{d}c_A}{\mathrm{d}l}\right)_{+0} = u\left[(c_A)_{+0} - (c_A)_0\right]$

$l=L$ 时，$\dfrac{\mathrm{d}c_A}{\mathrm{d}l} = 0$

式中，下标 +0 表示在 $l=0$ 的内侧。

二、薄床层氨氧化催化反应器的一维轴向弥散数学模型

氨与氧反应，可以发生下列反应

$$4NH_3 + 5O_2 \Longleftrightarrow 4NO + 6H_2O \qquad (\Delta_r H^{\ominus})_{298.15K} = -907.280\,\mathrm{kJ/mol}$$
$$4NH_3 + 4O_2 \Longleftrightarrow 2N_2O + 6H_2O \qquad (\Delta_r H)_{298.15K} = -1104.900\,\mathrm{kJ/mol}$$
$$4NH_3 + 3O_2 \Longleftrightarrow 2N_2 + 6H_2O \qquad (\Delta_r H)_{298.15K} = -1269.019\,\mathrm{kJ/mol}$$

生产硝酸需要的是生成 NO 的反应，在 900℃ 高温下，以上三个反应的平衡常数 K_p 都在 10^{53} 以上，都可以看成不可逆反应，而生成 N_2 的平衡常数最大。因此，工业上选用以铂为主体的网状铂合金催化剂，以提高生成 NO 的选择率，工业上生成 NO 的氨化率可达 96%～98%。铂催化剂的活性很高，据研究，铂网上氨氧化反应进行极快，是一个气流主体与催化剂外表面间传质及传热控制的过程。通常使用的铂丝直径为 0.04～0.10mm，铂网上不为铂占据的面积占总面积的 50%～60%。氨氧化反应器中安装数层铂网，常压氨氧化过程中一般为 3～4 层；0.4～0.6MPa 压力时为 6～8 层；0.8～1.0MPa 压力时为 15～20 层铂网[43]。铂网上氨催化氧化反应器为气流主体与催化剂外表面间传质及传热控制的薄床层反应器。

【例 5-10】 薄床层氨氧化反应器的平推流及一维轴向弥散数学模型[44]。

解　（一）平推流模型

前已述及铂网上氨催化氧化是外扩散控制过程，其反应速率即外扩散过程速率，由工艺确定，氨在氨-空气混合物中含量为 9.5%～11.5%，可略去过程中气体混合物的摩尔流量 N_T 的变化，即 $N_{NH_3} = N_T y_{NH_3} = N_{T0} y_{NH_3}$，外扩散控制的物料衡算

$$(r_A)_V = -\frac{N_{T0}\,\mathrm{d}y_{NH_3}}{\mathrm{d}V_R} = -\frac{\mathrm{d}y_{NH_3}}{\mathrm{d}V_R} = -\frac{PV}{RT_g}\left(\frac{\mathrm{d}y_{NH_3}}{A_c \mathrm{d}l}\right) = k_G S_e(c_{NH_3} - 0) = k_G\left(\frac{P}{RT_g}\right)S_e y_{NH_3}$$

或
$$-\frac{\mathrm{d}y_{NH_3}}{\mathrm{d}l} = k_G \frac{S_e}{u} y_{NH_3} \tag{例 5-10-1}$$

其边界条件 $l=0$ 时，$y_{NH_3} = (y_{NH_3})_0$；$l=L$ 时，$y_{NH_3} = (y_{NH_3})_e$

式中，T_g 为气相主体温度，K；u 为按反应器截面积 A_c 计算的反应混合物操作态流速，m/s；S_e 为 m^2 铂网表面积/m^3 铂网体积；k_G 为氨对铂网的传质系数，m/s。

对 dl 高催化床作热量衡算，可得

$$N_{T0}c_{pm}M_m dT_g = (-\Delta_r H)(-dN_{NH_3}) = (-\Delta_r H)(-N_{T0}dy_{NH_3})$$

或

$$\frac{dT_g}{dl} = \frac{-\Delta_r H}{c_{pm}M_m}\left(-\frac{dy_{NH_3}}{dl}\right) \tag{例 5-10-2}$$

式中，c_{pm} 为单位质量气体混合物热容，kJ/(kg·K)；M_m 为气体混合物的摩尔质量，kg/kmol。

气相主体与铂网外表面传热式：$(r_A)_V(-\Delta_r H) = \alpha_s S_e(T_s - T_g)$

或

$$T_s = T_g + \frac{k_G}{\alpha_s} \times \frac{P}{RT_g}y_{NH_3}(-\Delta_r H) \tag{例 5-10-3}$$

式中，T_s 为铂网外表面温度，K；α_s 为气流气体与铂网外表面给热系数，kJ/(m²·s·K)。

混合气体与铂网外表面间的传质及传热 J 因子可看作气体向水平圆管做轴向垂直运动时的 J_D 及 J_H。即

$$J_D = 1.82(Re)^{-0.51} = \frac{k_G\rho_f}{G}(Sc)^{2/3} \tag{例 5-10-4}$$

$$J_H = 1.95(Re)^{-0.51} = \frac{\alpha_s}{c_p G}(Pr)^{2/3} \tag{例 5-10-5}$$

以上两式中 k_G/α_s 代入式（例 5-10-3），可得

$$T_s = T_g + \frac{0.983(-\Delta_r H)}{c_{pm}M_m\left(\frac{Sc}{Pr}\right)^{2/3}}y_{NH_3} \tag{例 5-10-6}$$

氨对铂网的传质系数 k_G 可按下式计算

$$k_G = 1.781 \times 10^{-7} \times \frac{T_g^{1.8}Re^{0.385}}{d_c p} \tag{例 5-10-7}$$

令 $z = \dfrac{l}{L}$，$L = nd_c$，$1 - x = \dfrac{y_{NH_3}}{(y_{NH_3})_0}$，其中 L 为床层高度；n 为铂网层数；d_c 为铂丝直径，m；x 为氨的转化率；$(y_{NH_3})_0$ 为反应前氨的摩尔分数。则式（例 5-10-1）可写成

$$dx/dz = k_G S_e nd_c(1-x)/u \tag{例 5-10-8}$$

式（例 5-10-2）可写成

$$dT_g/dz = (-\Delta_r H)(y_{NH_3})_0(dx/dz)/(c_{pm}M_m) \tag{例 5-10-9}$$

上两式的边界条件为：$z=0$ 时，$x=0$，$T_g = T_{g,in}$（进口气温）

$z=1$ 时，$L = nd_c$，$x = x_e$，$T_g = T_{g,e}$（出口态）

平推流模型即将式（例 5-10-8）及式（例 5-10-9）的常微分方程组由进口处已知的 $T_{g,in}$ 及 $x=0$，算到出口处 $x = x_e$（要求的氨氧化率），即得所需铂网层数及出口气体温度。

（二）一维轴向弥散模型

按式（5-56）导出的一维轴向弥散模型，铂网上氨氧化的物料衡算如下

$$E_z\left(\frac{d^2 y_{NH_3}}{dl^2}\right) - u\frac{dy_{NH_3}}{dl} - k_G S_e y_{NH_3} = 0 \tag{例 5-10-10}$$

在热量衡算中，同样应代入热量的轴向混合有效弥散系数 E_{zh}（m²/s），即

$$E_{zh}\left(\frac{d^2 T_g}{dl^2}\right) - u\frac{dT_g}{dl} + \frac{(-\Delta_r H)}{c_{pm}M_m}k_G S_e y_{NH_3} = 0 \tag{例 5-10-11}$$

上两式的边界条件为：$l=0$ 时，$E_z\left(\dfrac{dy_{NH_3}}{dl}\right)_{+0} = u\left[(y_{NH_3})_{+0} - (y_{NH_3})_0\right]$

$$E_{zh}\left(\frac{dT_g}{dl}\right)_{+0} = u\left[(T_g)_{+0} - (T_g)_0\right]$$

$$l = L \text{ 时}, \frac{dy_{NH_3}}{dl} = 0, \frac{dT_g}{dl} = 0$$

氨催化反应过程，热量传递与质量传递同时存在，可按固定床反应器处理，可视为质量轴向弥散 $(Pe)_m$ 与热量轴向弥散 $(Pe)_n$ 相等，它们与 Re 数的关系见图5-17。

（三）两种模型的比较

模型计算值与实际操作值的比较见表（例5-10-1），可见，氨氧化铂网使用"一维轴向弥散及气流主体与铂网外表面间传质及传热控制模型"与实际操作数据符合较好。

表（例5-10-1） 氨氧化模型值与实际操作数据的比较

单位	模 型	压力 p /MPa	$(y_{NH_3})_0$	气体进口流量 /[m³(STP)/h]	出口温度 t/℃	反应器直径 D_1/m	铂网丝直径 d_c/mm	出口氨氧化率 $(x_{NH_3})_e$/%	铂网层数 实际值	铂网层数 计算值
某化工研究院硝酸车间	平推流-外扩散模型	0.1	0.11	2246	790	1.18	0.09	96	3	2.36
	返混流-外扩散模型									3.12
某化肥厂	平推流-外扩散模型	0.51	0.105	44200	850	3	0.09	96	6	4.35
	返混流-外扩散模型									5.28

第八节 催化反应过程进展

本节讨论催化反应过程的一些新研究方向和实例，如：①强制振荡非定态操作；②催化-吸收耦联；③催化-吸附耦联；④催化-催化耦联；⑤催化反应-蒸馏；⑥膜催化分离；⑦超临界化学反应；⑧均相催化多相化；⑨微型反应器等，其中大部分过程在多功能反应器中进行[45]。

一、强制振荡非定态周期操作催化反应过程

强制振荡非定态周期操作有两类方式：一类是周期性地改变进料组成、进料流量与反应温度的强制周期操作；二类是进料流的强制周期换向操作。黄仲涛[46]及李成岳[47]等分别对上述问题进行了综述。

1. 强制周期操作

有关催化反应过程强制浓度、温度、流量振荡的实验研究及效益可参见文献[47]。

有的研究者认为，强制周期振荡操作，即对催化反应过程进行瞬变的动态操作，可能改变反应组分在催化剂表面上的吸附态或吸附速率，从而促进了反应速率，而改变原料气组成和方式的瞬变应答法是研究催化反应的一种新方法[48]。

2. 流向周期变换操作

前苏联学者 Boreskov 及 Matros 等开发的流向变换人为非定态周期操作过程，已实现了低 SO_2 浓度且波动大的有色金属冶炼烟气的工业化[49,50]。我国沈阳冶炼厂1992年从俄罗斯引进了该技术，用于处理鼓风炉机转化烟气。华东理工大学采用三段中间换热式反应器，进行了每年 1500t H_2SO_4 规模的

中试，已完成回收铅烧结机低浓度 SO_2 烟气回收硫酸的直径 6m 的工业示范装置，并进行了理论分析[51]。北京化工大学等对二氧化硫的强制流向周期变换过程的模型化进行了研究[52]。由于流向周期变换操作具有蓄热性能，对自热操作的进料浓度要求大约降低了一个数量级，流程简化，能耗低，适应性强，工业废气中挥发性、低浓度有机化合物的脱除也在研究使用这种方式[53]。

二、催化-吸收耦联

催化-吸收耦联，又称催化-吸收一体化，是催化合成的同时产物被一种溶剂所选择性吸收，使催化与吸收分离过程同时进行。国外于 20 世纪 90 年代初开始研究催化-吸收耦联甲醇合成新过程，简称溶剂甲醇过程（solvent methanol process，SMP），它是甲醇被固相催化剂合成的同时被某一种液相溶剂所选择性吸收，使催化和分离同时进行，改变了传统的气-固相催化合成反应中的平衡限制，从而大幅度地提高了合成气中的氢、一氧化碳和二氧化碳的转化率，催化反应后的气体无需循环，使甲醇合成工业生产过程减少了气体循环所需能耗[54]，并进行了过程模拟研究[55]。

SMP 法已筛选了一种适用的溶剂四亚乙基乙二醇二甲醚（tetraethylene glycol dimethyl ether，TEGDME）。它的常压沸点为 275℃，摩尔质量 222.3g/mol，有很好的热稳定性，甲醇和水在其中的溶解度远大于氢、一氧化碳、二氧化碳和甲烷的溶解度。

三、催化-吸附耦联

催化-吸附耦联，又称催化-吸附一体化，是催化合成的同时产物被一种固体吸附剂所选择性吸附，使催化与吸附分离过程同时进行。国外于 20 世纪 80 年代后期进行了逆流气-固-固涓流床甲醇合成反应器研究，反应气体由下而上，固体由上而下流动。此项实验研究所用固体吸附剂为无定形硅铝，并进行了实验研究[56]及反应器模拟[57]，实验采用三段绝热反应，段间冷却，催化床中装填 $\phi 5mm \times 5mm$ 圆柱状铜基甲醇合成催化剂，并用 $\phi 7mm/1mm \times 7mm$ 拉西环填料稀释，拉西环与催化剂的容积比为 2：1。实验结果表明，在压力 5.0～6.0MPa、温度 500～528K，进口气体中一氧化碳摩尔分数为 0.20～0.35，对于化学计量比组成的进口气体一次通过时，可达完全转化。

四、催化-催化耦联

催化-催化耦联是在一个反应器内，使用双功能催化剂或两种不同功能的催化剂，将原料气经催化合成中间产品，再进一步催化合成最终产品。典型的是一步法催化-催化耦联生产二甲醚。一种是在固定床反应器中由合成气直接制取二甲醚，即采用 HZSM-5 型分子筛催化剂与铜基甲醇合成催化剂组成复合催化剂在固定床反应器中生成二甲醚，在 220～260℃温度范围内，压力 3～5MPa，二甲醚的选择率可达 82%[58]，可省去合成的甲醇先经精馏，获得的精甲醇气化后再经催化脱水的步骤，缩短流程。另一种催化-催化耦联制二甲醚的最新工艺是在气-液-固三相淤浆床反应器中进行合成气一步法合成二甲醚[59]，气体是合成气，液态是高沸点的热载体并且其中不含对催化剂有毒害物质，固体是甲醇合成及甲醇脱水的双功能催化剂，它是在三相淤浆反应器内合成甲醇的基础上开发的。

五、催化-蒸馏

催化-蒸馏是采用固体催化剂并作为填料或蒸馏塔内件提供传质表面的非均相催化反应-蒸馏耦合过程。催化-蒸馏具有选择率和收率高、设备投资少、能耗低、操作简单等优点[60]。

催化剂可采用填料方式装入塔内，主要有：①粒状催化剂与惰性填充物质（如瓷环）混合装入塔内，催化剂装卸方便；②将催化剂颗粒放入刚性中空多孔柱体内，或装入柔性或半刚性网管内，作为催化剂包，然后放于塔内，装卸较麻烦，但单位体积中催化剂装填量较大；③催化剂颗粒放入丝网的夹层或多孔板框的夹层内,然后将这些构件直立有规则地布于塔内。这种结构压降低,传质效果好,但装卸较麻烦。另一种方式是将催化剂装在塔板上,主要有:①催化剂粒子放在塔板上的筛网上;②装在降液管中。

催化-蒸馏的工艺条件由催化剂的性质决定,如醚化以离子交换树脂为催化剂,在150℃以下及加压下进行;烷基化以分子筛为催化剂,温度200℃左右,在加压下进行。如果催化剂的活性温度与该系统在某一压力下的沸点不相匹配,则不能使用催化蒸馏技术。

催化-蒸馏过程具有下列优点:①对于连串反应,当中间产品为目的产品时,反应中生成的中间产品很快离开反应段,避免了进一步的连串反应,从而提高了选择率;②对于可逆反应,由于产品很快离开反应段,转移了平衡,从而提高了收率;③对于放热反应,反应热可用来产生塔内的上行蒸汽,减少了再沸器的热负荷;④容易控制温度,可改变塔的操作压力来改变液体混合物的反应温度,并且改变多组分的气相分压,即改变液相中反应物的浓度,从而改变反应速率和产品分布;⑤将原来的反应器和蒸馏塔合并为一个塔,节省了投资,简化了流程。尽管催化蒸馏与常规的反应-分离相比有许多优点,但应对催化剂的性质、反应条件、反应速率、化学平衡常数、多组分的相对挥发度、共沸点等因素进行综合考虑,才能确定是否采用催化-蒸馏耦联技术。

关于催化蒸馏过程的模拟,可参见文献 [61]。关于催化蒸馏过程中催化剂包的有效因子可参见文献 [62]。由于催化剂包所含颗粒间隙中存在催化剂包内反应液的对流、交换过程,催化剂包内组分的有效扩散系数远大于分子扩散系数,而汽化量增加又有碍于催化剂包内反应液的对流,催化蒸馏过程中催化剂的有效因子计算是一个繁杂问题。

文献 [63] 综述了催化蒸馏技术在石油化工中的应用,如醚化反应中的合成甲基叔丁基醚、乙基叔丁基醚、乙醇醚;芳烃的烷基化反应中由催化裂化干气中的乙烯合成乙苯,合成异丙苯,合成直链烷基苯;加氢反应中的碳三加氢技术;苯加氢、戊二烯选择性加氢;乙酸甲酯催化精馏水解为甲醇和乙酸;环氧丙烷、水合制丙二醇;由 CO 气相耦联制成的草酸二乙酯进一步水解制草酸等。

六、膜催化

膜催化是催化转化和产品分离组合起来的过程,是当代催化学科的前沿研究领域之一,有关的综述可参见文献 [64,65]。

膜与催化剂的组合主要有下列 4 种形式:①膜与催化剂作为膜反应器的两个分立的组成部分;②催化剂装填在管状膜反应器中;③膜物质本身具有催化活性;④膜作催化剂。膜催化比常规催化剂有显著的优点:①扩散阻力小;②温度易控制;③选择性很高,如果制成的催化膜具有选择性透过功能,可获得超高纯产品。膜催化剂按性质及形状的分类,见表 5-4。无机膜催化剂具有热稳定性高、机械性能好、结构较稳定、抗化学及微生物腐蚀性强、再生简易等优点,适合于工业催化的应用[66]。

表 5-4　膜催化剂的分类

按性质划分		按结构和外形划分		按性质划分	按结构和外形划分
无机膜	金属膜	致密型	管状	氧化物膜	超微孔型,具有半渗透功能型
	合金膜	多孔型	中空管	有机膜	
	陶瓷膜	微孔型	薄板状	高分子膜(含生物膜)	
	玻璃膜			复合膜	

在石油化工和碳-化工领域中进行了多种类型反应的膜催化技术研究工作[64,65,67],其中主要的研究项目有烃类的脱氢、加氢及氧化反应。

七、超临界化学反应

超临界流体(supercritical fluids,SCF)是对比温度和对比压力同时大于 1 的流体,它既具有与气体相似的密度、黏度、扩散系数等物性，又兼有与液体相近的特性，它是处于气态和液态之间的中间状态的物质。在临界点附近，通过压力或温度的微小变化可使流体的密度、黏度、扩散系数及极性等物性发生显著的改变。因此超临界流体已被用来达到某些特定的目的，如超临界萃取、分离、结晶造粒等，近年内，超临界流体已被应用在化学反应中。

在超临界条件下进行多相催化反应，一般有两种方式：在反应物本身的超临界条件下进行反应和在反应条件下引入超临界介质。Savage[68]对超临界条件在化学反应中的应用和基础作了一个详细的综述，其内容主要涉及 1985 年以后的进展。

1. 超临界流体作为反应介质具有如下优良特性[69, 70]

（1）高溶解能力　只需改变压力，就可以控制反应的相态，既可使反应呈均相，又可控制反应呈非均相。超临界流体对大多数固体有机化合物都可以溶解，使反应在均相中进行。特别是对氢等气体具有很高的溶解度，提高氢的浓度，有利于加快反应速率。利用超临界 CO_2 对 H_2 有很大的溶解度，在金属钌配合物催化剂存在下，二氧化碳可以加氢生产甲酸；若有甲醇存在，可合成甲酸甲酯；若与二甲胺反应可合成二甲基甲酰胺[71,72]。

（2）高扩散系数　一般固体催化剂是多孔性物质，对于液-固相反应，液态扩散到催化剂内部很困难，反应只能在固体催化剂表面进行。然而，在超临界状态下，由于组分在超临界流体中的扩散系数相当大，对气体的溶解性大，对于受扩散制约的一些反应，可以显著地提高其反应速率。利用超临界介质较强的溶解性和高扩散系数能够把产物及时地从催化剂表面上萃取下来，使可逆反应转变为不可逆反应。

（3）有效控制反应活性和选择性　超临界流体具有连续变化的物性（密度、极性和黏度等），可以通过溶剂与溶质或者溶质与溶质之间的分子作用力产生的溶剂效应和局部凝聚作用控制反应活性和选择性。

（4）无毒性和不燃性　超临界流体（例如二氧化碳、水、二氟乙烷、己烷等），大多数是无毒和不燃的，有利于安全生产，而且来源丰富，价格低廉，有利于推广应用，降低成本。如二氧化碳的临界温度为 31℃，临界压力 7.4MPa，其超临界条件容易达到。

2. 在超临界流体中化学反应的特点

① 加快受扩散速率控制的均相反应速率。对于受反应物的扩散所控制的化学反应，在超临界环境下，可使反应速率提高，因为与液体相比，在超临界条件的扩散系数远比液体中的大。

② 克服界面阻力，增加反应物的溶解度。在超临界流体中可以增加反应物的溶解度，从而加快了反应速率，并可消除传质阻力。

③ 在超临界流体中的反应和分离相耦合。在超临界流体中溶质的溶解度随分子量、温度和压力的改变而有明显的改变，可利用这一性质，及时地将反应产物从反应体系中除去，以获得较大的转化率。

④ 延长固体催化剂的寿命，保持催化剂的活性。研究表明，超临界流体能及时将某些结焦的前驱物从催化剂表面上移出，带离反应器，延长了催化剂的操作周期[73]。

⑤ 在超临界介质中压力对反应速率常数的影响增强。

⑥ 酶催化反应的影响增强。酶能在非水的环境下保持活性和稳定性，因此，采用非水超临界流体作为一种溶剂，对酶催化反应具有促进作用。因为组分在超临界流体中的扩散系数大，黏度小，在临界点附近温度和压力对溶剂性质的改变十分敏感，对于固定化酶，超临界流体溶剂还有利于反应物和产物在固体孔道内的扩散。

3. 超临界气-固相甲醇合成

中国科学研究院山西煤炭化学所开发了超临界气-固相甲醇合成[74]，在气-固相甲醇合成催化反应系统中加入正己烷、正庚烷、环己烷或石油醚作为吸收介质，合成气分压 5.0MPa，吸收介质分压 1～3.5MPa，合成气空速 1000～2000h^{-1}，反应温度 200～250℃。由于反应生成的甲醇被超临界介质所吸收，达到甲醇合成过程的反应分离一体化，合成气中一氧化碳的转化率达 90% 以上，远高于平衡转化率，尾气可不必循环，节约大量的循环压缩功。

八、均相催化多相化

均相催化与多相催化相比，具有许多优点：①均相催化剂在反应介质中完全溶解，其中所有的过渡金属原子均参与催化作用；②均相催化的选择性远高于多相催化；③均相催化剂在温和条件下就有较高活性；④均相催化剂的中毒敏感性较多相催化剂低。但均相催化剂存在一个催化剂和产物难以分离回收的严重问题。

将均相催化转变为液/液两相催化，催化剂在反应后通过简单相分离与产物分开循环使用，为均相催化剂的分离回收提供可行途径，文献［75］综述了这方面的工作。例如温控相转移催化，以温控膦配体与铑的配合物为催化剂，在水/有机两相体系中进行的催化过程，其特点是在低（室）温下具有良好水溶性的催化剂，当温度升至其浊点温度时，从水中析出并转移至有机相，反应在有机相中进行，反应结束后至浊点以下温度时，催化剂又恢复水溶性，从而可通过简单的相分离与含有产物的有机相分开，实现分离回收。

九、微化工技术[76-78]

微化工技术（microchemical technology）是 20 世纪 90 年代初的多学科交叉的科技前沿领域，移植集成电路和微传感器制造技术的高新技术，涉及化学、材料、物理、化工、机械、电子、控制学等各种学科和工程技术；着重研究时空特征尺度在数百微米和数百毫秒以内的化工微型设备和并行分布系统的设计、模拟、生产和应用。微化工过程则注重于过程的高效、快速、灵活、轻便、易直接放大及高度集成。微化工技术包括微热、微反应、微分离、微分析等部分，微热、微反应是核心部分。

微反应系统大都呈微通道结构，每一通道相当于一个独立的反应器，放大过程即通道数量的并行增加，可快速、直接放大，避免了传统过程工业普遍存在的放大效应的困难。例如，用于氢气催化燃烧的微通道反应器主要由平行的多片薄铝板组成，薄层 $\alpha\text{-}Al_2O_3$ 载体浸涂在铝板上，而活性组分 Pt 再喷涂于载体上制备成 $Pt/\alpha\text{-}Al_2O_3$ 催化剂[79]。微通道结构具有比表面积大、传递速率强，提高受传递控制的反应过程的总体速率，停留时间短，可有效地控制副反应的选择率和提高时空产率。

微化工系统的结构规模见表 5-5。

表 5-5　微化工系统的结构规模（每一通道）

尺寸	$0.05 \sim 1.0mm$	体积	$0.1 \sim 50.0mm^3$
截面积	$0.002 \sim 1.0mm^2$	流量	$1\mu L/min \sim 10mL/min$（液体）
表面积	$2.0 \sim 200.0mm^2$		$1\mu L/min \sim 1.0L/min$（气体）

微反应系统利用微电子工艺可将微反应器、传感器、执行器集成到一块芯片上，实现实时监测和控制。

第九节　讨论与分析

1. 固定床催化反应器的比较与选型

固定床催化反应器有多种形式，各自有不同的特点与适用情况；不同类型的反应所适用的反应器形式是不相同的，也有的反应如高压下氨合成反应，大型装置采用多段绝热式，而中、小型装置常采用内冷自热式反应器。回顾比较各种类型固定床催化反应器的操作情况和技术指标，对于某一具体反应进行反应器的选型设计，是很有必要性的。

第五章

一般来说，反应的化学特征，特别是反应的反应热和所需的温度变化范围是确定反应器选型的基础。如果反应是强吸热并且要求在高温下进行和热通量大但催化剂不易失活，如烃类蒸气转化反应，则应采用连续换热外热管式反应器，可以有比较大的比传热面积以适应高热通量的要求，管外有燃料燃烧以适应高温要求[40]。如果反应是强放热的气-固相催化反应并且所伴有的深度氧化副反应的活化能和反应热都比主反应高，反应温度愈高，深度氧化副反应的反应速率更加剧，更多释放反应热，造成急剧升温甚至飞温，选择性急剧下降，必须加大比传热面积和严格控制反应温度，应采用外冷管式反应器。如果强放热反应所采用的催化剂活性温度范围很窄，应采用流化床反应器以控制床层温度，如丙烯氨氧化制丙烯腈。

绝热反应器与管式反应器相比，结构更简单，易加工、投资少，如果进出口装置设计得当，防止出现偏流和沟流，可避免管式反应器中管径与催化剂粒径之比过小的缺点，可用不存在径向温度和浓度分布的平推流模型，便于按接触时间相等的原则进行放大。如果反应的绝热温升较大或催化剂允许的反应温度范围较小，应采用多段绝热而段间采用间接换热或冷激的方式，这时必须妥善地设计换热或冷激混合装置，气体入口和出口分布器等部件的设计，特别对于换热和冷激装置与绝热层安装在同一容器中的情况。上述部件的设计都直接影响到工业反应器的操作效果，这些工程实际问题需要很多实际经验积累，一般有关反应工程书籍都未讨论，也有些是某些公司的专利，希望读者在工作中多加注意这些工程实际问题，多向有经验的前辈学习，进一步在实践中发展和创新。

接触法硫酸生产中的 SO_2 催化氧化反应器，如采用原料气冷激式，由于冷激后下一段进口处转化率较前一段出口处有所降低而影响高转化率的要求，而不宜采用原料气冷激式。但如制备的原料为硫黄，出口炉气中 SO_2 浓度可达 $10\%\sim12\%$，较硫铁矿制酸炉气中 SO_2 高，宜采用多段非原料气冷激式，即用干燥空气冷激，节省了段间接换热器的投资，段间冷激过程中 SO_2 转化率不会降低。同时，又提高了同一温度下 SO_2 的平衡转化率。因此，SO_2 氧化过程能否采用非原料气冷激，与原料气的制备过程有关，可参见专著[80]第五章。

氢-氮合成氨和一氧化碳和二氧化碳加氢合成甲醇，由于原料气制备工艺的限制，只能采用原料气冷激。显然，与中间换热式相比，降低了出口气体中氨或甲醇的摩尔分数，增加了未反应气体循环和压缩的功耗。

我国中、小型氨合成催化反应器多采用连续换热内冷自热式，催化剂装在冷管之间，增加了高压容器中催化剂的装载系数。我国 20 世纪 70 年代开始引进多种类型的日产千吨大型合成氨技术，参见专著[81]第四章和专著[82]第十九章。最早引进的是 Kellogg 技术，氨合成反应器为多段轴向原料气冷激式，床层压降大，只能采用 $6\sim10mm$ 大颗粒催化剂，内扩散影响大，又因冷激降低了下一段进口氨含量，操作压力 15.5MPa，进口氨含量 2%，出口 12.6%。其后于 20 世纪 80 年代中期将 Kellogg 型改为 Casale 轴径向技术，四段轴径向冷激型，催化剂颗粒改为 $1.5\sim3.0mm$，出口氨含量可达 15.8%，明显较改造前增加。引进的 Topspe 径向氨合成技术，S-100 型为二段径向冷激型，见图 5-10，进口压力 27.4MPa，催化剂 $1.5\sim3.0mm$，装量 $30m^3$，进、出口氨含量为 3.6% 和 16.0%。其后 S-200 型为二段径向中间换热式，进口压力 22.3MPa，催化剂 $1.5\sim3.0mm$，装量 $30m^3$，进、出口氨含量为 3.9% 和 18.0%。为了进一步降低能耗，Topspe 公司又提出 S-250 型，即经 S-200 型和废热锅炉后，再经一台单段径 S-50 型，操作压力 14.0MPa，进、出口氨含量之差可达 16.5%。S-250 型实质上是三段径向，一、二段间冷激，二、三段间换热。Braun 大型合成氨技术为三个单段绝热轴向氨合成反应器，内径 2460mm，每个反应器后设置一个废热锅炉，相当于三段间接换热器，由于轴向流动，催化剂颗粒 $6\sim10mm$，进口压力 15MPa 时，采用经深冷净化的原料气，进、出口气中氨含量可达 4% 和 21%。Kellogg 公司设计了卧式氨合成反应器，实际上是横卧置放而气体是直径方向流动，床层压降小，可使用小颗粒催化剂，但占地面积大，内件与高压外筒组成较困难，后由三段冷激型改为二段间接换热和三段间接换热器型。20 世纪 90 年代，我国引进的 ICI-AMV 低压氨合成技术，氨合成反应器为三段径向中间换热式，操作压力可低至 10.8MPa。由上述情况可见近代大型氨合成反应器的发展趋向于三段径向或轴径向中间换热式，可使用小颗粒催化剂，并采用高活性催化剂，适当降低操作压力，有利于提高出口氨含量和空时产率，降低床层压降和能耗。

具体工程设计所采用的氨合成反应器的类型，应根据原料气采用天然气或煤的原料路线和全工艺流程的特征，用系统工程的观点所确定。

2. 易失活催化剂的多段绝热反应器

某些催化剂极易由于结焦而失活，例如气相苯与乙烯合成乙苯的分子筛催化剂，一般使用一个半月左右即需烧焦再生。经研究，乙苯低聚反应是导致结焦失活的主要原因：乙烯分压愈高，反应温度愈高，催化剂失活速率愈快。经过多次工业实践，合成乙苯的工业反应器采用的多段绝热式由四段发展成六段，乙烯分段进料，以增大各段进口处苯与乙烯比，降低乙烯分压，而各段中乙烯几乎全部转化，可尽量减少催化剂的结焦。各段进口温度在催化剂使用初期一般为390℃，随着催化剂结焦失活，逐步升温到400℃左右，即需烧焦再生。由于各段进口乙烯低含量的限制，各段的绝热温升一般只有20℃左右。

3. 连续换热外冷管式反应器的大型化

表5-3列举了我国环氧乙烷合成反应器中反应管的内径、管长和主要操作数据。某大型石化厂环氧乙烷合成反应器的结构尺寸如下：①老系统，反应器外径5160mm，反应管 ϕ38.1mm×3.4mm×8130mm（即外径×壁厚×管长），每台公称生产能力7.5万吨EO/年；②新系统，反应器外径5500mm，反应管 ϕ38.1mm×2.0mm×11920mm，每台公称生产能力15.0万吨EO/年。可见管内径逐步增大，长度逐步增加，选用优良管材适当减小了反应管壁厚，减少了壁效应，同时增加了单台反应器的催化剂装量和单台生产能力。此外，要控制反应器外径尺寸，以适应现行大型压力容器的机械制造能力和运输的要求。

4. 移动床催化反应器

某些催化剂易失活，如石油加工中的加氢重整的含铂催化剂，如使用固定床时采用3～4个固定床催化反应器串联，每个反应器入口温度480～520℃，强吸热反应后原料油和氢混合物降温，经段间加热炉升温。由于催化剂积炭失活，每半年至一年停止进油，全部催化剂就地再生。改用移动床反应器时为连续再生工艺，设有专门的再生器，反应器和再生器都采用移动床型，催化剂在反应器和再生器之间不断地进行循环和再生，一般每3～7天全部催化剂再生一遍，参见专著[83]第十一章。专著《非流态化气固两相流——理论及应用》[84]阐述了非流态化气固两相流的基本特征和两相流动力学理论，应用于分析和解决移动床中气固两相流动行为的不均匀、不稳定等不正常现象。重整反应器有轴向式和径向式两类。显然径向式反应器中催化剂颗粒的流动比轴向式反应器更为困难。催化剂颗粒在移动床反应器中的停留时间远大于流体反应混合物的停留时间，因此反应过程视为可定态过程，即按固定床计算所需床层体积。

参 考 文 献

[1]　侯祥麟. 中国炼油技术. 北京：中国石化出版社，1991.

[2]　Zhen-Min Cheng, Wei-Kang Yuan. Estimating radial velocity of fixed beds with low tube to particle diameter radios. AIChE J, 1997，43：1319-1324.

[3]　Ergun S. Fluid flow throuth packed columns. Chem Eng Proqr，1952，48：89-94.

[4]　Menta D, Hwaley M C. Wall effect in packed columns. Ind Eng Chem Proc Des Dev，1969，8：280-282.

[5]　Reichelt W, Blag E. Stromungstechaische unter-suchungen an mit raschig-Rigen gofullten fullker perrohren und-sesaulen. Chem Ing Techn，1971，43：949-956.

[6]　张成芳，朱子彬，徐懋生，等. 径向反应器流体均布设计的研究. 化工学报，1979，1：67-90.

[7]　徐志刚，张成芳，朱子彬. 轴径向床流体二维流动的研究：（Ⅰ）流动静压均衡. 华东理工大学学报，1994，20：283-289；（Ⅱ）限定流速. 华东理工大学学报，1994，20：717-722；（Ⅲ）离心流动. 华东理工大学学报，1995，21：529-533.

[8]　Wilhelm R H. Process towards the a proior design of chemical reactor. Pure Appl Chem，1962，5：403-421.

[9]　Wakao N, Kaquei S. 填充床传热与传质过程. 沈静珠，李有润，译. 北京：化学工业出版社，1986.

[10]　Hougen O A. Engineering Aspects of Solid Catalysts. Ind Eng Chem，1961，53：509-528.

[11] 朱葆琳，游文泉. 流体流过填充床层冷却之传热系数. 化工学报，1957（2）：14-56.

[12] Li Chi-Hsiung, Finlayson B A. Heat transfer in packed Beds-A Reevaluation. Chem Eng Sci, 1977, 32：1055-1066.

[13] 朱炳辰，房鼎业. 化学反应工程. 5 版. 北京：化学工业出版社，2011.

[14] 朱葆琳，王学松. 填充床层热之传导-床层之温度分布. 化工学报，1957（1）：51-72.

[15] Dixon A G. Wall and particle-shape effects on heat transfer in packed beds. Chem Eng Comm, 1988, 71：217-237.

[16] Dixon A G. Heat transfer in fixed beds at very low（＜4）tube-to-particle diameter ratio. Ind Eng Chem Res, 1997, 36：3053-3064.

[17] 甘霖，徐懋生，朱炳辰. 环柱形颗粒填充床传热参数. 化工学报，2000，51：778-783.

[18] 樊蓉蓉，甘霖，朱炳辰，等. 异形多孔催化剂工程研究：（Ⅲ）12 孔及 24 孔颗粒固定床传热系数测定. 高校化学工程学报，2002，16：23-27.

[19] 朱炳辰，翁惠新，朱子彬. 高等反应工程. 3 版. 北京：中国石化出版社，2019.

[20] Gupta S N, Chaube R B, Upadhyay S N. Fluid-particle heat transfer in fixed and fluidized beds. Chem Eng Sci, 1974, 29：839-843.

[21] Dwisedi D N, Upadhyay S N. Particle fluid wall transfer in fixed and fluidized beds. Ind Eng Chem Proc Des Dev，1977, 16（2）：157-165 .

[22] 徐志刚，朱子彬，张成芳，等. 乙苯负压脱氢径向反应器的模拟. 化学反应工程与工艺，1998，14：282-286.

[23] Carra S, Forni L. Kinetic of catalyst dehydrogenation of ethybenzene to styrene. Ind Eng Chem Proc Des Dev, 1965, 4：281-285.

[24] 徐志刚，朱子彬，张成芳，等. 大型乙苯脱氢轴径向反应器的研究与开发：（1）流体力学特性. 化工学报，2001，52：858-871.

[25] 朱子彬，张成芳，徐志刚，等（中国石油化工总公司、华东理工大学）. 制备苯乙烯的装置：中国，ZL96114363.0.2000-3-8.

[26] 波列斯可夫. 硫酸生产中的催化过程. 北京：化学工业出版社，1959.

[27] 朱炳辰. 化学反应工程. 3 版. 北京：化学工业出版社，2001.

[28] Nielsen A. An investigation on promoted iron catalysts for the synthesis of ammonia. 3rd ed. Copenhagen：Gjellerup's Forlag, 1968.

[29] 姚佩芳，房鼎业，朱炳辰. 四段原料气冷激甲醇合成塔的定态模拟. 华东化工学院学报，1990，16：401-408.

[30] 朱炳辰. 化学反应工程. 北京：化学工业出版社，1993.

[31] 姚佩芳，朱炳辰. 连续换热式氨合成塔定常态操作的热稳定性. 化学反应工程与工艺，1986，2（4）：38-47.

[32] 吴指南. 基本有机化工工艺学. 修订版. 北京：化学工业出版社，1990.

[33] 区灿棋，吕德伟. 石油化工氧化反应工程与工艺. 北京：化学工业出版社，1992.

[34] 黄仲九，房鼎业. 化学工艺学. 北京：高等教育出版社，2001.

[35] 吴鹏，李绍芬，廖晖. 固定床反应器的飞温和参数敏感性. 化工学报，1994，45：422-428.

[36] 李绍芬. 反应工程. 3 版. 北京：化学工业出版社，2012.

[37] 杨卫胜，许志美，张濂. 轴向导热对列管式固定床反应器操作特性的影响. 华东理工大学学报，1998，24：379-384.

[38] 金积铨. 乙烯氧化制环氧乙烷 YS 型高效银催化剂. 燕山石化，1990（4）：193-200.

[39] 甘霖，王弘轼，朱炳辰，等. 环氧乙烷合成银催化剂宏观动力学及失活分析. 化工学报，2001，52：969-973.

[40] 钱家麟. 管式加热炉. 2 版. 北京：中国石化出版社，2003.

[41] 于遵宏，沈才大，等. 在方箱炉、圆筒炉中区域法计算辐射传热的数学模型及其应用. 化工学报，1980（2）：143-163.

[42] 于遵宏，孙杏元，等. 转化炉三维空间温度分布计算（蒙特卡罗法）. 华东化工学院学报，1984：285-294.

[43] 陈五平主编. 无机化工工艺学：上册. 3 版. 北京：化学工业出版社，2002.

[44] 朱子彬. 氨氧化反应器轴向返混数学模型. 化学反应工程与工艺，1991（1）：86-93.

[45] 刘金生，张志新，周敬来. 新型多功能反应器. 天然气化工，1997，72（4）：43-48.

[46] 黄仲涛，吴国华. 强制振荡条件下的催化反应过程和机理. 化工进展，1987（5）：10-15.

[47] 黄晓峰，陈标华，潘立登，等. 催化反应器人为非定态操作的研究进展. 化学反应工程与工艺，1997，14：337-348.

[48] 胡剑利，朱起明，李晋鲁，等. 几种动态技术在催化研究中的应用. 煤化工，1990（4）：24-32.

[49] Boreskov G K, Matros Y S. Unsteady-state performance of heterogeneous catalytic reactions. Catal Rev Sci Eng, 1983, 25：551-590.

[50] Matros Yu Sh. Catalytic processes under unsteady-state conditions. Amsterdam：Elsevier, 1989.

[51] Xiao W-D, Yuan W-K. Modelling and simulation for adiabatic fixed-bed reactor with flow reversal. Chem Eng Sci, 1994, 49：3631-3641.

[52] 吴慧雄，张濒增，李成岳，等. 二氧化硫强制动态氧化过程的模型化：（1）催化剂固定床的传热特性. 化工学报，1995，46：416-423；（2）过程模拟与参数分析. 化工学报，1995，46：424-430.

[53] Eigenberger G, Nieken U. Catalytic combustion with periodic flow reversal. Chem Eng Sci, 1988, 42：2109-2115.

[54] Krishnan C, Elliott J R, Berty J M. Continuous operation of the berty reactor for the solvent methanol process. Ind Eng Chem Rev，1991, 30：1413-1418.

[55]　Krishnan C，Elliott J R，Berty J M. Simulation of a three-phase reactor for the solvent methanol process. Chem Eng Comm，1991，105：155-170.

[56]　Kuczynski M，Oyevaar M H，Pieters R T，Westerterp K R. Methanol gas-solid-solid trickle flow reactor. An experimental study. Chem Eng Sci，1987，42：1887-1898.

[57]　Westerterp K R，Kuczynski M. A model for a conntercurrent gas-solid-solid trickle flow reactor for equilibrium reactions. The methanol synthesis. Chem Eng Sci，1987，42：1871-1875.

[58]　陈建刚，牛玉琴. HZSM-5 分子筛与铜基复合催化剂上合成气制二甲醚. 天然气化工，1997，22（6）：6-10.

[59]　郭俊旺，牛玉琴，张碧江. 气-液-固三相合成二甲醚技术进展. 天然气化工，1996，21（4）：38-43.

[60]　许锡恩，孟祥坤. 催化蒸馏过程研究进展. 化工进展，1998（1）：7-13.

[61]　许锡恩，郑宇翔，李家玲，等. 催化蒸馏合成乙二醇乙醚的过程模拟. 化工学报，1997，44：269-276.

[62]　王光润，秦文军. 催化蒸馏技术中催化剂的有效因子测定. 化工学报，1992，43：184-189.

[63]　方志平. 催化精馏技术在石油化工中的应用. 石油化工，2004，33：170-176.

[64]　黄仲涛，温镇杰. 国外膜催化剂的研究与应用. 化学反应工程与工艺，1991，7：177-186.

[65]　Saracco G，Specchia V. Catalytic inorganic-membrane reactors：present experience and future opportunities. Catal Rev-Sci Eng，1994，36：305-384.

[66]　黄仲涛，曾昭槐，钟邦克，庞先，王乐夫. 无机膜技术及其应用. 北京：中国石化出版社，1997.

[67]　闵恩泽. 开发石油化工催化新技术的一些科研领域. 化学反应工程与工艺，1991，7：319-332.

[68]　Savage P E. Reactions at supercritical conditions：applications and fundamentals. AIChE J，1995，41：1723-1778.

[69]　Achifford A. Supercritical fluids//Kiran E，Sengers J M H L，eds. Dordrechr：Kluwer Acad Publ，1994：449-453.

[70]　Buback M. Supercritical fluids//Kiran E，Sengers J M H L，eds. Dordrechr：Kluwer Acad Publ，1994：481-486 .

[71]　Jessop P G，Ikariya T，Noyori R. Homogeneous catalytic hydrogenation of supercritical carbon dioxide. Nature，1994，368：231-233.

[72]　Jessop P G，Hsiao Y，Ikariya T，Noyori R. Catalytic production of dimethylformamide from supercritical carbon dioxide. J Am Chem Soc，1994，116：8851-8852.

[73]　高勇，朱晓蒙，朱中南，等. 超临界反应条件下 Y 型分子筛催化剂失活的研究. 催化学报，1995，16：44-48.

[74]　钟炳（中科院山西煤炭化学研究所）. 中国，ZL95-115889. 9.2000.

[75]　金子林，魏莉，菲景阳. 推进清洁技术的有效手段——均相催化多相化. 石油化工，2004，33：393-401.

[76]　Ehrfeld W，Hessl V，Lowe H. 微反应器——现代化学中的新技术. 骆广生，王玉军，吕阳成，译. 北京：化学工业出版社，2004.

[77]　陈文光，袁权. 微化工系统//李静海，胡英，袁权，何鸣元. 展望 21 世纪的化学工程. 北京：化学工业出版社，2004：57-71.

[78]　陈文光，袁权. 微化工技术. 化工学报，2003，54：427-439.

[79]　曹彬，陈文光，袁权. 微通道反应器内氢气催化燃烧. 化工学报，2004，55：42-47.

[80]　汤桂华. 化肥工学丛书——硫酸. 北京：化学工业出版社，1999.

[81]　于遵宏，朱炳辰，沈才大等. 大型合成氨厂工艺过程分析. 北京：中国石化出版社，1993.

[82]　沈浚. 化肥工学丛书——合成氨. 北京：化学工业出版社，2001.

[83]　林世雄. 石油炼制工程. 北京：石油工业出版社，2000.

[84]　李洪钟，郭慕孙. 非流态化气固两相流——理论及应用. 北京：北京大学出版社，2002.

习　题

5-1　如图（习题 5-1）所示 ABC 为某可逆放热气-固相催化反应的平衡曲线，DEF 为最佳温度曲线，回答下列问题：

（1）A 点与 B 点哪一点的反应速率大？

（2）D、E、F 三点，哪一点的反应速率最大？哪一点的反应速率最小？

（3）G、M、E、N 各点中，哪一点的反应速率最大？

（4）D、G、H 各点中，哪一点的反应速率最大？

（5）G 与 M，哪一点的反应速率最大？

（6）从图上的相对位置，能否判断 M 与 N 点的反应速率相对大小？

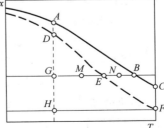

图（习题 5-1）

5-2　有一级可逆反应，在某一温度时，$k_1 = 0.5$，$k_2 = 1$。问：

（1）在该温度下，转化率可否达到 0.9？

（2）如该反应为放热反应，应采取什么温度序列？如该反应为吸热反应，应采取什么温度序列？

5-3　一级可逆放热反应 A $\rightleftharpoons$ P，210℃，$\Delta_r H = -130965 J/mol$，$k_1 = 0.2$，$k_2 = 0.5$。求在该温度下所能达到的最大转化率。若要使转化率等于 0.9，需采取何种措施。

5-4　［例 5-1］某日产千吨的氨合成塔若分流流道进口处流速 u_{A0} 为：（1）12m/s；（2）7m/s。试计算气体均匀分布时气流流道内的静压分布。

5-5　四段原料气冷激式甲醇合成反应器，原料气中反应组分为 CO、CO_2、H_2，各段催化床体积一定，写出要求产量最大的操作最佳化数学模型。

5-6　双套管并流式氨合成反应器，如考虑内、外冷管之间的换热及外冷管与催化床之间的换热，试写出冷却段的数学模型。

5-7　为了测定形状不规则的氨合成铁催化剂，将其充填在内径 98mm 的管中，高度为 1m，连续稳定地以流量为 $1 m^3/h$，压力 0.102MPa 的空气通过床层，测得床层的压力降为 101.3Pa，实验温度为 298K。试计算该催化剂颗粒的形状系数。

已知催化剂颗粒的等体积当量直径为 4mm，堆密度为 $1.45 g/cm^3$，颗粒密度为 $2.6 g/cm^3$。

5-8　由直径为 3mm 的多孔球形催化剂组成的等温固定床，在其中进行一级不可逆反应，基于催化剂颗粒体积计算的反应速率常数为 $0.8 s^{-1}$，有效扩散系数为 $0.013 cm^2/s$。当床层高度为 2m 时，可达到所要求的转化率。为了减小床层的压力降，改用直径为 6mm 的球形催化剂，其余条件均保持不变，流体在床层中的流动均为层流。试计算：

（1）催化剂床层高度；

（2）床层压力降减小的百分率。

5-9　拟设计一多段间接换热式二氧化硫催化氧化反应器，每小时处理原料气 35000 m^3（STP），原料气中 SO_2、O_2 和 N_2 的摩尔分数分别为 7.5%、10.5% 和 82%。采用直径 5mm、高 10mm 的圆柱形钒催化剂共 80 m^3。试决定反应器的直径和高度，使床层的压力降小于 4052Pa。

为简化起见，取平均操作压力为 0.1216MPa，平均操作温度为 733K，混合气体的黏度为 $3.4 \times 10^{-5} Pa·s$，密度按空气计算。

5-10　多段原料气冷激式氨合成反应器的进口原料气组成如下：

组分	NH_3	N_2	H_2	CH_4	Ar
摩尔分数/%	2.09	21.82	66.00	7.63	2.45

（1）计算氨分解基（或称无氨基）进口原料气组成；

（2）若进第一段的原料气温度为 407℃，求第一段的绝热操作线方程，方程中的组成分别用氨含量表示；反应气体的平均摩尔热容按 33.08J/(mol·K) 计算，反应热 $\Delta_r H = -53581 J/mol\ NH_3$；

（3）计算出口氨含量为 10% 时的床层出口温度，按考虑和忽略反应过程中总摩尔流量变化两种情况分别计算，并比较计算结果。

5-11　乙炔水合生产丙酮的反应式为

$$2C_2H_2 + 3H_2O \longrightarrow CH_3COCH_3 + CO_2 + 2H_2$$

在 $ZnO-Fe_2O_3$ 催化剂上乙炔水合反应的速率方程为

$$r_A = 7.06 \times 10^7 \exp(-7413/T) c_A \ [kmol/(h·m^3\ 床层)]$$

式中，c_A 为乙炔的浓度。在绝热固定床反应器中处理含 3%（摩尔分数）C_2H_2 的气体 1000 m^3（STP）/h，要求乙炔转化率 68%。若入口气体温度为 380℃，假定扩散影响可忽略，试计算所需催化剂量。反应热效应为 $-178 kJ/mol$。气体的平均等压摩尔热容按 36.4J/(mol·K) 计算。

5-12　习题 5-11 所述乙炔水合反应，在绝热条件下进行，并利用反应后的气体预热原料，其流程如图（习题 5-12）所示。所用预热器换热面积 $50m^2$，乙炔摩尔分数为 3% 的原料气以 $1000m^3$（STP）/h 的流量首先进入预热器预热，使其温度从 100℃ 升至某一定值后进入体积为 $1m^3$ 的催化剂床中绝热反应，反应速率方程见习题 5-11。预热器总传热系数为 $32.5J/(m^2 \cdot s \cdot K)$。反应气体等压摩尔热容按 $36.4J/(mol \cdot K)$ 计算。试求：

(1) 绝热温升（可不考虑反应过程中反应气体总摩尔流量的变化）；

(2) 计算反应器出口可能达到的乙炔转化率（列出方程式，并用文字说明求解过程）。

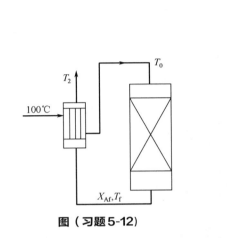

图（习题 5-12)

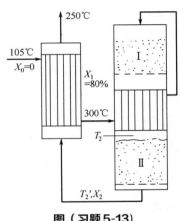

图（习题 5-13)

5-13　某合成氨厂采用两段间接换热式绝热反应器在常压下进行如下变换反应

$$CO + H_2O \Longrightarrow CO_2 + H_2$$

热效应 $\Delta_r H = -41030J/mol$，进入预热器的半水煤气与水蒸气之摩尔比为 1∶1.4，而半水煤气组成（干基）为

组分	CO	H_2	CO_2	N_2	CH_4	其他	Σ
摩尔分数/%	30.4	37.8	9.46	21.3	0.79	0.25	100

图（习题 5-13）为流程示意图，图上给定了部分操作条件。假定各股气体的热容均可按 $33.5J/(mol \cdot K)$ 计算。试求Ⅱ段绝热床层的进口、出口温度和一氧化碳转化率。设系统对环境的热损失为零。

5-14　在氧化铝催化剂上于常压下进行乙腈的合成反应

$$C_2H_2 + NH_3 \longrightarrow CH_3CN + H_2$$

$$\Delta_r H = -92.2kJ/mol$$

设原料气的摩尔比为 $C_2H_2 : NH_3 : H_2 = 1 : 2.2 : 1$，采用三段绝热式反应器，段间间接冷却，使每段出口温度均为 550℃，而每段入口温度亦均相同，已知总体反应速率式可近似地表示为

$$r_A = 3.08 \times 10^4 \exp(-7960/T)(1 - x_A) \quad [kmol\ C_2H_2/(h \cdot kg)]$$

式中，x_A 为乙炔的转化率。流体的平均摩尔热容为 $\bar{c}_p = 128J/(mol \cdot K)$。

如要求乙炔转化率达 92%，并且日产乙腈 20t，问催化剂量为多少？

第六章　气-液反应工程

○○ —— ○○ ○ ○○ ——

气-液反应广泛地应用于加氢、磺化、卤化、氧化等化学加工过程，实例见表6-1。合成气净化，废气及污水处理，以及好氧微生物发酵等过程均常应用气-液反应。

表 6-1　工业应用气-液反应实例

有机物氧化	链状烷烃氧化成酸;对二甲苯氧化成对苯二甲酸;环己烷氧化成环己酮;乙醛氧化成醋酸;乙烯氧化成乙醛
有机物氯化	苯氯化为氯化苯;十二烷烃的氯化;甲苯氯化为氯化甲苯;乙烯氯化
有机物加氢	烯烃加氢;脂肪酸酯加氢
其他有机反应	甲醇羟基化为醋酸;异丁烯被硫酸所吸收;醇被三氧化硫硫酸盐化;烯烃在有机溶剂中聚合
气体的吸收	SO_3 被硫酸所吸收;NO_2 被稀硝酸所吸收;CO_2 和 H_2S 被碱性溶液所吸收;CO 被乙酸亚铜溶液所吸收
合成产物	CO_2 与液氨合成尿素;CO_2 与氨水生成碳铵;CO_2 与含 NH_3 的盐水生成 $NaHCO_3$ 和 NH_4Cl

第一节　气-液反应平衡

一、气-液相平衡

气-液相达平衡时，i 组分在气相与液相中的逸度相等，即

$$\overline{f}_{i(g)} = \overline{f}_{i(L)} \tag{6-1}$$

气相中 i 组分的逸度 $\overline{f}_{i(g)}$ 是分压 p_i（或 py_i）与逸度因子 ϕ_i 的乘积，即

$$\overline{f}_{i(g)} = py_i\phi_i \tag{6-2}$$

液相中 i 组分为被溶解的气体，x_i 是 i 组分在液相中的摩尔分数，如果是符合亨利定律的稀溶液，即

$$\overline{f}_{i(L)} = E_i x_i \tag{6-3}$$

式中，E_i 是亨利系数。

若气相为理想气体的混合物，即 $\phi_i = 1$ 则低压下的气-液平衡关系为

$$p_i = py_i = E_i x_i \tag{6-4}$$

如果不是稀溶液，则还应引入活度和活度因子，可参见其他专著。

亨利定律也可用容积摩尔浓度 c_i 表示，则

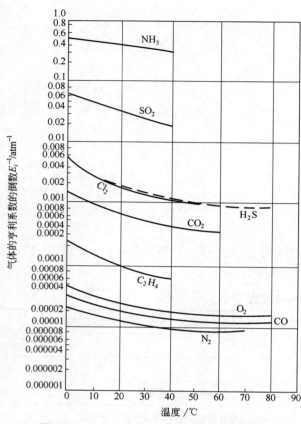

图6-1 各种气体在水中的亨利系数的倒数
（1atm＝101325Pa）

$$c_i = H_i \bar{f}_{i(g)} \tag{6-5}$$

在低压下则为

$$c_i = H_i p_i \tag{6-6}$$

溶解度系数 H_i 和亨利系数 E_i 的近似关系为

$$H_i = \frac{\rho}{M^0 E_i} \tag{6-7}$$

式中，ρ 为溶液的密度；M^0 为溶剂摩尔质量。

各种气体在水中的亨利系数的倒数（$1/E_i$，atm^{-1}）（1atm＝101325Pa）可由图 6-1 读出。关于气体在有机溶剂中的溶解度，可查阅有关手册[1,2]。另外，文献［3］综合了 1966 年前的溶解度数据，可供查阅。

亨利系数 E_i 与溶解度系数 H_i 与温度和压力的关系为

$$\frac{\mathrm{d}\ln E_i}{\mathrm{d}(1/T)} = -\frac{\mathrm{d}\ln H_i}{\mathrm{d}(1/T)} = \frac{\Delta H_i}{R} \tag{6-8}$$

$$\frac{\mathrm{d}\ln E_i}{\mathrm{d}p} = -\frac{\mathrm{d}\ln H_i}{\mathrm{d}p} = \frac{\bar{V}_i}{RT} \tag{6-9}$$

式中，$\bar{V}_i$ 为气体在溶液中的偏摩尔容积，$m^3/kmol$。

一些气体在某些溶剂中的偏摩尔容积的数值列于表 6-2。

表6-2 在 25℃时气体在溶剂中的偏摩尔容积 $\bar{V}_i$　　　　cm^3/mol

溶　剂	H_2	N_2	CO	O_2	CH_4	C_2H_4	C_2H_2	C_2H_6	SO_2	CO_2
乙醚	50	66	62	56	58					
丙醇	38	55	53	48	55	58	49	64	68	
四氯化碳	28	53	53	45	52	61	54	67	54	
苯	36	53	52	46	52	61	51	67	48	
甲醇	35	52	51	45	52					43
氯苯	34	50	46	43	49	58	50	64	48	
水	26	40	36	31	37					
V_b①	28	35	35	28	39	50	42	55	45	40

① V_b 为气体在纯液态正常沸腾温度下的摩尔容积。

二、溶液中气体溶解度的估算

如果溶液中含有电解质，这些电解质的离子将会降低气体的溶解度，它可由如下关联式[4]表示

$$\lg(E/E^0) = \lg(H^0/H) = h_1 I_1 + h_2 I_2 + \cdots \tag{6-10}$$

式中，E^0、E 为气体在水中和在电解质溶液中的亨利系数；H^0、H 为气体在水中和在电解质溶液

中的溶解度系数；I_1、I_2 为溶液中各电解质的离子强度，$I = 1/2 \sum c_i Z_i^2$，其中 c_i 为离子浓度，Z_i 为离子价数；h_1、h_2 为溶液中各电解质所引起的溶解度降低系数，其数值为 $h = h_+ + h_- + h_G$，其中 h_+、h_-、h_G 分别为该电解质正、负离子及被溶解的气体引起的数值，见表 6-3 和表 6-4。

表 6-3 常见离子的 h_+、h_- 的数值[4]

$h_+/(\mathrm{m^3/kion})$				$h_-/(\mathrm{m^3/kion})$			
H^+	0.000	Cr^{2+}	0.0107	F^-	0.150	SO_3^{2-}	0.0069
Li^+	0.050	Mn^{2+}	0.046	Cl^-	0.021	HSO_3^-	0.0663
Na^+	0.091	Fe^{2+}	0.049	Rr^-	0.011	HS^-	0.0512
K^+	0.070	Co^{2+}	0.057	I^-	0.005	ClO_3^-	-0.0747
Rb^+	0.071	Ni^{2+}	0.059	SO_4^-	0.029	HCO_3^-	0.108
Cs^+	0.058	Cu^{2+}	0.008	NO_3^-	-0.019	$C_2H_5O^-$	0.0878
Mg^{2+}	0.054	Zn^{2+}	0.049	CO_3^{2-}	0.038	MnO_4^-	-0.0606
Ca^{2+}	0.053	Cd^{2+}	0.1011	OH^-	0.060		
Sr^{2+}	0.065	Al^{2+}	0.0367	CNS^-	-0.0594		
Ba^{2+}	0.061	NH_4^+	0.029	PO_4^{3-}	0.0059		

表 6-4 常见被吸收组分的 h_G 的数值

组 分	$h_G(15℃)/(\mathrm{m^3/kion})$	$h_G(25℃)/(\mathrm{m^3/kion})$	备 注
H_2	-0.008	-0.002	CO_2 在其他温度下的 h_G 数值：
O_2	0.034(0.046,0℃)	0.022	0℃ $\qquad -0.007$
CO_2	-0.010	-0.019	40℃ $\qquad -0.026$
N_2O	0.003	0.000	50℃ $\qquad -0.029$
H_2S		-0.033	60℃ $\qquad -0.016$
NH_3		-0.054	
C_2H_2	-0.0011	-0.009	N_2、He、Ne、Ar、Kr
SO_2	$-0.101(35℃)$	-0.103	在 25℃时的 h_G 分别为
Cl_2	$-0.0145(20℃)$	$-0.0247(30℃)$	$0.0209,-0.0108,-0.0127,0.0247,0.0351$
C_2H_4	0.011	0.0162	
NO		0.0283	

如果吸收剂中含有非电解质溶质，气体溶解度亦会降低，则溶解度系数为

$$\lg(E/E^0) = \lg(H^0/H) = h_s c_s \tag{6-11}$$

式中，h_s 为非电解质溶液盐效应系数，$\mathrm{m^3/kmol}$；c_s 为非电解质的浓度，$\mathrm{kmol/m^3}$。

非电解质溶液盐效应系数随分子量增大而增加，见表 6-5。

表 6-5 非电解质溶液盐效应系数 h_s

非电解质	摩尔质量/(g/mol)	$h_s/(\mathrm{m^3/kmol})$	非电解质	摩尔质量/(g/mol)	$h_s/(\mathrm{m^3/kmol})$
乙醇	46	0.015	含水三氯乙醛	165	0.035
尿素	60	0.015	葡萄糖	180	0.085
甘油	92	0.035	砂糖	342	0.150

【例 6-1】 计算 CO_2 在 20℃、1mol/L Na_2CO_3 和 1mol/L NaOH 溶液中的溶解度系数，已知 CO_2 在 20℃水中溶解度系数 H^0 为 0.385kmol/($\mathrm{m^3 \cdot MPa}$)。

解 查表 6-3 及表 6-4 得

对 1mol/L Na_2CO_3：$h_1 = h_+ + h_- + h_G = 0.091 + 0.038 - 0.015 = 0.114$

1mol/L NaOH：$h_2 = h_+ + h_- + h_G = 0.091 + 0.060 - 0.015 = 0.136$

1mol/L Na_2CO_3 的离子强度：$I_1 = \dfrac{1}{2} \times \sum c_i Z_i^2 = \dfrac{1}{2}(2+4) = 3$

1mol/L NaOH 的离子强度：$I_2 = \dfrac{1}{2}(1+1) = 1$

由式（6-10）得 $\lg(H^0/H) = h_1 I_1 + h_2 I_2 = 0.114 \times 3 + 0.136 \times 1 = 0.478$

$H^0/H = 3.00$，$H = 0.385/3.00 = 0.128 \text{kmol}/(\text{m}^3 \cdot \text{MPa})$

三、带化学反应的气-液相平衡

气体 A 与液相组分 B 发生化学反应，则 A 组分既遵从相平衡关系又遵从化学平衡关系。设溶解气体 A 与液相中 B 发生反应，则可表示为

$$\nu_A A(液) + \nu_B B(液) \underset{}{\overset{K_c}{\rightleftharpoons}} \nu_M M + \nu_N N$$
$$H_A \big\updownarrow$$
$$\nu_A A(气)$$

由化学平衡常数 K_c 可写出

$$c_A^* = \left(\frac{c_M^{\nu_M} c_N^{\nu_N}}{K_c c_B^{\nu_B}} \right)^{1/\nu_A} \tag{6-12}$$

由相平衡关系式可得

$$\overline{f}_A^* = \frac{c_A^*}{H_A} = \frac{1}{H_A} \left(\frac{c_M^{\nu_M} c_N^{\nu_N}}{K_c c_B^{\nu_B}} \right)^{1/\nu_A} \tag{6-13}$$

当气相是理想气体混合物时，上式为

$$p_A^* = \frac{1}{H_A} \left(\frac{c_M^{\nu_M} c_N^{\nu_N}}{K_c c_B^{\nu_B}} \right)^{1/\nu_A} \tag{6-14}$$

为了较深入地阐明带化学反应的气-液平衡关系，下面分几种类型来分析。

1. 被吸收组分与溶剂相互作用

$$A(液) + B(溶剂) \rightleftharpoons M(液)$$
$$H_A \big\updownarrow$$
$$A(气)$$

设被吸收组分 A 在溶液中总浓度为 c_A^0，即 $c_A^0 = c_A^* + c_M$，由式（6-12）可得 $K_c = \dfrac{c_M}{c_A^* c_B} = \dfrac{c_A^0 - c_A^*}{c_A^* c_B}$。联合理想气体亨利定律 $c_A^* = H_A p_A^*$，整理得

$$p_A^* = \frac{c_A^*}{H_A} = \frac{c_A^0}{H_A(1 + K_c c_B)} \tag{6-15}$$

当 A 为稀溶液时，溶剂 B 是大量的，p_A^* 与 c_A^0 表观上仍遵从亨利定律，但溶解度系数较无溶剂化作用时增大 $(1 + K_c c_B)$ 倍。水吸收氨即属此例。

2. 被吸收组分在溶液中离解

$$A(液) \overset{K_c}{\rightleftharpoons} M^+ + N^-$$
$$H_A \big\updownarrow$$
$$A(气)$$

由反应平衡，$K_c = c_{M^+} c_{N^-} / c_A^*$，当溶液中无其他离子存在时，$c_{M^+} = c_{N^-}$，则

$$c_{M^+} = c_{N^-} = \sqrt{K_c c_A^*} \tag{6-16}$$

A 的总浓度 $c_A^0 = c_A^* + c_{M^+} = c_A^* + \sqrt{K_c c_A^*}$，由 $c_A^* = H_A p_A^*$，则得

$$c_A^0 = H_A p_A^* + \sqrt{K_c H_A p_A^*} \tag{6-17}$$

式(6-17) 表示 A 组分的溶解度为物理溶解量与离解量之和。水吸收二氧化硫即属此类型。

3. 被吸收组分与溶剂中活性组分作用

$$A(液) + B(液) \underset{}{\overset{K_c}{\rightleftharpoons}} M(液)$$
$$H_A \big\updownarrow$$
$$A(气)$$

设溶剂中活性组分起始浓度为 c_B^0，若组分 B 的转化率为 x_B，此时 $c_B = c_B^0 (1-x_B)$，$c_M = c_B^0 x_B$，由化学平衡关系 $K_c = c_M / (c_A^* c_B) = x_B / [c_A^* (1-x_B)]$。将气-液平衡关系 $c_A^* = H_A p_A^*$ 引入，则

$$p_A^* = x_B / [K_c H_A (1-x_B)] \tag{6-18}$$

液相总的 A 组分浓度

$$c_A^0 = c_A^* + x_B c_B^0 = H_A p_A^* + c_B^0 \frac{\alpha p_A^*}{1 + \alpha p_A^*}$$

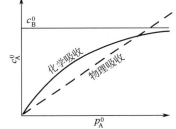

式中，$\alpha = K_c H_A$，为平衡常数 K_c 与溶解度系数 H_A 的乘积，表征带化学反应的气-液平衡特征。

如果物理溶解量相对于化学转化量可以忽略时，则

$$c_A^0 = x_B c_B^0 = c_B^0 \frac{\alpha p_A^*}{1 + \alpha p_A^*} \tag{6-19}$$

式(6-19) 为化学吸收典型的气-液平衡关系。它与物理吸收 $c_A^* = H_A p_A^*$ 的关系比较如下。

① 物理吸收时，气体的溶解度随分压呈直线关系；而化学吸收则呈渐近线关系，在分压很高时，气体的溶解度趋近于化学计量的极限，此

图 6-2 化学吸收的平衡关系

关系示于图 6-2。由图可见，物理吸收宜应用于高分压的情况下，而化学吸收宜应用于低分压的情况下。

② 对各种气体的溶解度的高低，物理吸收主要体现在 H 的数值上，而化学吸收则不同，取决于 α（$H_A K_c$ 的乘积）的数值，即除了 H_A 值外，化学平衡常数 K_c 更具有特殊的选择性。

③ 物理吸收溶解热较小，每摩尔仅数千焦之内，而化学吸收溶解热每摩尔高达数万焦，因此，温度改变对化学吸收平衡的影响较物理吸收时更为强烈。

第二节 气-液反应历程

一、气-液相间物质传递

描述气-液相间物质传递有各种不同的传质模型[5]，例如双膜论、Higbie 渗透论、Danckwerts 表面更新论和湍流传质论等，其中以双膜论最为简便。

双膜论是假定在气-液相界面两侧各存在一个静止膜，气侧为气膜，液侧为液膜，气-液间传质速率 $N [kmol/(m^2 \cdot s)]$，取决于通过气膜和液膜的分子扩散速率，即

$$N = \frac{D_G}{RT\delta_G}(p_G - p_i) = \frac{D_L}{\delta_L}(c_i - c_L) \tag{6-20}$$

在界面上 $\qquad\qquad\qquad\qquad c_i = Hp_i$

上两式消去界面条件 c_i 和 p_i，可得吸收速率

$$N = K_G(p_G - p^*) = K_L(c^* - c_L) \tag{6-21}$$

而 $\qquad K_G = \dfrac{1}{\dfrac{RT\delta_G}{D_G} + \dfrac{\delta_L}{HD_L}} = \dfrac{1}{\dfrac{1}{k_G} + \dfrac{1}{Hk_L}} \tag{6-22}$

$$K_L = \frac{1}{\dfrac{RTH\delta_G}{D_G} + \dfrac{\delta_L}{D_L}} = \frac{1}{\dfrac{H}{k_G} + \dfrac{1}{k_L}} \tag{6-23}$$

式中，p^* 为与液相 c_L 相平衡的气相分压，MPa；c^* 为与气相 p_G 相平衡的液相浓度，$kmol/m^3$；δ_G、δ_L 分别为气膜和液膜的有效厚度，m；k_G、k_L 分别等于 $D_G/(RT\delta_G)$ 和 D_L/δ_L；D_G 和 D_L 分别表示组分在气体和液体中的分子扩散系数，m^2/s。

双膜论虽能基本反映相间滞流层分子扩散的事实，但是很多人怀疑在界面有绝对静止的膜的存在。因此，提出了各种其他传质模型。常见传质模型主要特征列于表6-6。

表 6-6　常见传质模型的主要特征[5]

模　型	双　膜　论	渗　透　论	表面更新论	湍流传质论
传质系数表达式	$k_L = \dfrac{D_L}{\delta_L}$	$k_L = 2\sqrt{\dfrac{D_L}{\pi\tau_L}}$	$k_L = \sqrt{D_L S}$	$k_L = \dfrac{2}{\pi}\sqrt{aD_L}$
表征参数	膜厚 δ_L	界面停留时间 τ_L	表面更新率 S	湍流扩散系数 a
一级反应 M 表达式 $M = D_L k_1 / k_L^2$	$\dfrac{k_1 \delta_L^2}{D_L}$	$\dfrac{\pi}{4} k_1 \tau_L$	$\dfrac{k_1}{S}$	$\dfrac{\pi^2}{4}\dfrac{k_1}{a}$

二、化学反应在相间传递中的作用

溶解的气体与液相中的组分发生化学反应，溶解的气体因反应而消失，从而加速相间传递速率。此时，按化学反应和传递的相对大小区分为几种情况。

1. 化学反应可忽略的过程

若化学反应足够缓慢，液相中化学反应的量与物理吸收的量相比可忽略时，则可视为物理吸收过程。此时条件为：液相中反应量远小于物理溶解量。

若液相中进行一级不可逆反应，液相中反应量为反应器中积液量 V 乘上反应速率 $k_1 c_A$，而反应器中物理溶解量等于液体流量 Q_L 乘以液相组分 A 的浓度 c_A。因此，条件为

$$V k_1 c_A \ll Q_L c_A$$

消去 c_A 并令 $V/Q_L = t$，它表示液体在吸收器中的停留时间，则条件为

$$k_1 t \ll 1 \tag{6-24}$$

上式说明当一级反应速率常数与停留时间乘积远小于1时，即可认为是纯物理吸收过程。例如，CO_2 被 pH=10 的缓冲溶液所吸收，一级反应速率常数 $k_1 = 1s^{-1}$，则液相停留时间需远小于 1s，方可作物理吸收处理。

2. 液相主体中进行缓慢化学反应和膜中进行的快反应

如果反应比较缓慢而不能在液膜中完成，需扩散至液相主体中进行，此时，必须满足液膜中反应量远小于通过液膜扩散所传递的量，即 $\delta_L k_1 c_{Ai} \ll k_L c_{Ai}$。

则
$$M = \frac{\delta_L k_1}{k_L} = \frac{D_L k_1}{k_L^2} \ll 1 \tag{6-25}$$

式中，准数 M 为量纲 1 数，它代表液膜中化学反应与传递之间相对速率的大小，如果 $M \ll 1$，说明膜中反应速率远比传递速率小，为缓慢化学反应，此时化学反应扩展到液相主体中进行；同理，如果 $M \gg 1$，则说明膜中反应速率远比传递速率大，为快反应，此时传递的数量完全可以在膜中反应完毕。因此，M 的数值是判断反应在膜中进行还是在液相主体中进行的依据。

3. 准数 M 的判据

准数 M 表示了液膜中反应速率与传递速率之比值。由 M 数值的大小，可以决定反应相对于传递速率的类别，这一情况列于表 6-7。

表 6-7　准数 M 的判别条件

条　件	反　应　类　别	反应进行情况
$M \ll 1$	缓慢反应过程	反应在液流主体中进行
$M \gg 1$	快速反应过程	反应在膜中进行完毕

4. 化学吸收的增强因子

中速和快速反应过程，被吸收组分在液膜中边扩散边反应，其浓度随膜厚的变化不再是直线关系，而变为一个向下弯的曲线，如图 6-3 所示。若液膜中没有反应发生，液膜中浓度变化为虚线 $\overline{DE}$。若化学反应在液膜中进行，从界面上 D 点向液膜扩散的速率大于 E 点向液流主体扩散的速率，其间相差的量为液膜中的反应量。由于扩散速率可以用浓度梯度与扩散系数的乘积来表示，因此，当扩散系数为常量时，液膜中的浓度梯度就可以间接量度扩散速率的大小。例如，界面上溶解气体向液相的扩散速率可按界面上的浓度梯度，即用 $\overline{DD'}$ 直线斜率来代表；而溶解气体自液膜向液流主体扩散速率可按 E 点的浓度梯度，即用 $\overline{EE'}$ 的斜率来代表；无化学反应的物理吸收，扩散速率可以用虚线 $\overline{DE}$ 的斜率来代表；很明显，$\overline{DD'}$ 的斜率大于 $\overline{DE}$ 的斜率（以绝对值而言），这表明液膜中进行的化学反应将使吸收速率较纯物理吸收大为增加，若以 β 表示吸收速率增强因子，则

$$\beta = \frac{\overline{DD'}\ 的斜率}{\overline{DE}\ 的斜率} > 1$$

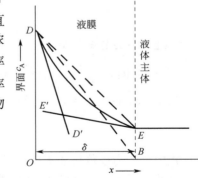

图 6-3　液膜中的浓度梯度示意

如果化学反应进行得很快，则被吸收组分浓度在液膜中的变化曲线将变得更向下弯曲一些，此时增强因子将会提高；反之，化学反应进行得慢，浓度曲线将更直一些，增强因子将会降低。

如果化学吸收增强因子确定后，液相传质速率可按物理吸收为基准进行计算
$$N = \beta k_L (c_i - c_L) \tag{6-26}$$
如果将式（6-26）与气膜传质速率式及界面条件 $c_i = H p_i$ 联解，即得
$$N = K_G (p_G - p^*) = K_L (c^* - c_L)$$
此时
$$K_G = \frac{1}{\dfrac{1}{k_G} + \dfrac{1}{\beta H k_L}} \tag{6-27}$$

$$K_L = \frac{1}{\dfrac{H}{k_G} + \dfrac{1}{\beta k_L}}$$ (6-28)

由此可知，由于化学吸收增强因子的作用，液相传质阻力的比例将降低。

第三节　气-液反应动力学特征

一、伴有化学反应的液相扩散过程

当气体在液膜中反应比较显著时，液膜中边扩散边反应。现以被吸收气体 A 和溶液中活性组分 B

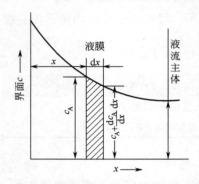

图 6-4　液膜中扩散微元简图

进行 $A + \nu_B B \longrightarrow Q$ 不可逆反应为例，建立微分方程。取单位面积的微元液膜进行考察，液膜中扩散微元如图 6-4 所示，其离界面深度为 x，微元液膜厚度为 dx，则被吸收气体 A 在微元液膜内的物料衡算为

从 x 处扩散进入量 $-D_{AL} dc_A/dx$

从 $x + dx$ 处扩散出的量 $-D_{AL}\left(\dfrac{dc_A}{dx} + \dfrac{d^2 c_A}{dx^2} dx\right)$

反应消耗的 A 量为 $r_A dx$。于是微元液膜内 A 组分的物料衡算式为

$$-D_{AL}\frac{dc_A}{dx} = -D_{AL}\left(\frac{dc_A}{dx} + \frac{d^2 c_A}{dx^2} dx\right) + r_A dx$$

即

$$\frac{d^2 c_A}{dx^2} = \frac{r_A}{D_{AL}}$$ (6-29)

同时，对于溶液中活性组分 B 在微元液膜内也可建立如下微分方程

$$\frac{d^2 c_B}{dx^2} = \frac{\nu_B r_A}{D_{BL}}$$ (6-30)

上述微分方程的边界条件为

当 $x = 0$ 时，$c_A = c_{Ai}$ 且 $\dfrac{dc_B}{dx} = 0$（B 组分不挥发）

当 $x = \delta_L$ 时，$c_B = c_{Bi}$ 且组分 A 向液流主体扩散的量应等于主体所反应的量，即

$$-D_{AL}\frac{dc_A}{dx}\bigg|_{x=\delta_L} = r_A(V - \delta_L)$$

式中，V 为单位传质表面的积液体积，m^3/m^2；$(V - \delta_L)$ 即单位传质表面的液流主体体积。显然，界面上 A 组分向液相扩散的速率，即吸收速率为

$$N_A = -D_{AL}\frac{dc_A}{dx}\bigg|_{x=0}$$ (6-31)

二、一级不可逆反应[6]

当吸收溶液中组分 B 大量过量，且反应对 A 为一级，由液膜中扩散和反应的关联，可得

$$\frac{d^2 c_A}{dx^2} = \frac{k_1 c_A}{D_{AL}}$$ (6-32)

令 $\bar{c}_A = c_A/c_{Ai}$，$\bar{x} = x/\delta_L$，代入上式，则

$$\frac{\mathrm{d}^2 \bar{c}_A}{\mathrm{d}\bar{x}^2} = \delta_L^2 \frac{k_1}{D_{AL}} \bar{c}_A = M\bar{c}_A \tag{6-33}$$

上述微分方程的通解为

$$\bar{c}_A = C_1 e^{\sqrt{M}\,\bar{x}} + C_2 e^{-\sqrt{M}\,\bar{x}}$$

积分常数 C_1、C_2 由边界条件来确定，即

当 $\bar{x}=0$ 时，$\bar{c}_A = c_A/c_{Ai} = 1$，代入通解可得
$$C_1 + C_2 = 1$$

当 $\bar{x}=1$ 时，即 $x=\delta_L$ 时，则

$$-D_{AL}\frac{\mathrm{d}c_A}{\mathrm{d}x} = k_1 c_A(V-\delta_L)$$

或

$$-\frac{\mathrm{d}\bar{c}_A}{\mathrm{d}\bar{x}} = \delta_L^2 \frac{k_1 \bar{c}_A}{D_{AL}}\left(\frac{V}{\delta_L}-1\right) = M\bar{c}_A(\alpha_L-1) \tag{6-34}$$

式中，$V/\delta_L = \alpha_L$，代表了单位传质表面的液相容积（或厚度）与液膜容积（或厚度）之比。

可解得

$$\bar{c}_A = \frac{\mathrm{ch}[\sqrt{M}(1-\bar{x})] + \sqrt{M}(\alpha_L-1)\mathrm{sh}[\sqrt{M}(1-\bar{x})]}{\mathrm{ch}\sqrt{M} + \sqrt{M}(\alpha_L-1)\mathrm{sh}\sqrt{M}} \tag{6-35}$$

将上式对 $\bar{x}$ 求导，按 $N_A = -\dfrac{D_{AL}c_{Ai}}{\delta_L}\dfrac{\mathrm{d}\bar{c}_A}{\mathrm{d}\bar{x}}\bigg|_{\bar{x}=0}$，可整理得

$$N_A = \frac{k_L c_{Ai}\sqrt{M}[\sqrt{M}(\alpha_L-1) + \mathrm{th}\sqrt{M}]}{(\alpha_L-1)\sqrt{M}\,\mathrm{th}\sqrt{M} + 1} \tag{6-36}$$

以纯物理吸收 $N_A = k_L c_{Ai}$ 为基准，可得吸收增强因子 β 为

$$\beta = \frac{\sqrt{M}[\sqrt{M}(\alpha_L-1) + \mathrm{th}\sqrt{M}]}{(\alpha_L-1)\sqrt{M}\,\mathrm{th}\sqrt{M} + 1} \tag{6-37}$$

如果把此反应吸收速率与液相均处于 c_{Ai} 浓度下的反应速率相比较，可得液相反应利用率 η 为

$$\eta = \frac{N_A}{k_1 c_{Ai} V} = \frac{[\sqrt{M}(\alpha_L-1) + \mathrm{th}\sqrt{M}]}{\alpha_L\sqrt{M}[(\alpha_L-1)\sqrt{M}\,\mathrm{th}\sqrt{M} + 1]} \tag{6-38}$$

　　液相反应利用率表示液相反应被利用的程度，如果液相反应利用率低，表示由于受传递过程限制而使液相 A 浓度较界面大为降低。对快速反应而言，液膜扩散往往不能满足反应的要求，液相主体 A 浓度接近或等于零，此时 η 亦必然接近于零。如果反应进行较慢，组分 A 需扩散至液流主体中，借液流主体的反应来完成，此时，液相反应利用率可达较高的数值。

　　下面分别就几个特殊情况进行讨论。

　　① 当反应速率很大，即 $M\gg1$，$\sqrt{M}>3$ 时，$\mathrm{th}\sqrt{M}\to1$，则 $\beta=\sqrt{M}$。此时 N_A 为

$$N_A = \sqrt{M}k_L c_{Ai} = \sqrt{k_1 D_{AL}}\,c_{Ai} \tag{6-39}$$

而 $\eta=1/(\alpha_L\sqrt{M})$，由于 $\sqrt{M}$ 远大于 1，而 $V/\delta_L=\alpha_L$，也远大于 1（α_L 通常在 $10\sim10^4$ 之间，填料塔 α_L 为 $10\sim100$，鼓泡塔 α_L 为 $100\sim10^4$），故 η 是很小的数值，通常接近于零。这说明反应在液膜中进行完毕，液相主体中组分 A 的浓度已趋近于零。

　　② 虽尚未达快速反应（即 $\sqrt{M}$ 未大于 3），但 α_L 很大，以致从液膜中扩散至液流主体的 A 实际上已在液相中反应完毕（即 $c_{AL}=0$），即当 $(\alpha_L-1)\gg1/(\sqrt{M}\,\mathrm{th}\sqrt{M})$ 时，式(6-37)则可化简为

$$\beta=\frac{\sqrt{M}}{\text{th }\sqrt{M}} \tag{6-40}$$

此时，$\eta=1/(\alpha_L \sqrt{M} \text{ th }\sqrt{M})$，由于 α_L 很大，且 c_{AL} 已等于零，故 η 值通常很小。应该指出：这里 $c_{AL}=0$ 的情况与快速反应 $c_{AL}=0$ 的情况不同，前者 $dc_A/dx\ |_{x=\delta_L}\neq0$，而后者 $dc_A/dx\ |_{x=\delta_L}=0$。

③ 当反应速率很小，即 $M\ll1$ 时，反应将在液流主体中进行，此时 $\text{th }\sqrt{M}\to\sqrt{M}$，则式（6-37）、式（6-38）分别为

$$\beta=\frac{\alpha_L M}{\alpha_L M-M+1} \tag{6-41}$$

$$\eta=\frac{1}{\alpha_L M-M+1} \tag{6-42}$$

式中，$\alpha_L M=(V/\delta_L)/(k_1\delta_L/k_L)=Vk_1/k_L$，它表示液相反应速率与液膜传递速率的比值大小。因此，对于 $M\ll1$ 的慢反应，又可按 $\alpha_L M$ 的大小区分为下列两种极端情况。

a. $\alpha_L M\gg1$，此时 M 虽低但 α_L 很大（如采用鼓泡塔），例如，$M=0.05$，$\alpha_L=1000$，$\alpha_L M=50$，则 $\beta=0.98$，$\eta=0.0194$。这表示虽反应慢，但在液流主体反应已进行完全，从而 $\beta\to1$，$\eta\to1/(\alpha_1 M)$。

b. $\alpha_L M\ll1$，此情况是 M 很小，α_L 也不大，例如，$M=0.01$，$\alpha_L=10$，$\alpha_L M=0.1$，则 $\beta=0.0917$，$\eta=0.917$，这表示液流主体远不能满足此反应的要求，主体 c_{AL} 接近于 c_{Ai}，从而 $\beta\to\alpha_L M$ 为很小的数值，$\eta\to1$。

由上述讨论可知，不同反应速率的化学吸收过程，其过程特征是不相同的。对快速反应吸收过程，反应常在邻近界面的液膜表层中进行，反应吸收速率由式（6-39）所决定。此时，吸收速率仅决定于反应速率常数、扩散系数和界面被吸收组分的浓度，它和液膜传质分系数 k_L 无关。因此，加剧液相的湍动并不能增加吸收速率，然而，改善反应条件（如增加反应速率常数 k_1 的值）、提高界面被吸收组分浓度和增大传质表面则能有效地提高吸收速率。对慢速反应吸收过程，其反应主要在液流主体中进行。此时，采用液相容积大的吸收设备是比较有利的。如果液流主体中的反应已能适应传递过程的要求（即 $\alpha_L M\gg1$），此时，一切有利于传质速率的措施，都会使吸收速率得以提高；如果液流主体中的反应速率远较传递速率小（即 $\alpha_L M\ll1$），则吸收速率将与传递速率（如传质表面、湍动程度等）无关，而仅决定于液流主体中的化学反应速率，此时，改善反应条件、增加液相容积将是加速吸收的主要措施。

三、不可逆瞬间反应

当液相中反应为不可逆瞬间反应，因反应极快，反应仅在液膜内某一平面上完成，此平面称为反应面。为了供应反应面中反应物质的需要，被吸收组分从界面方向扩散而来，吸收剂中活性组分由液流主体扩散而来，其模型见图 6-5。

反应面上被吸收组分 A 自界面扩散而来，其速率为

$$N_A=(D_{AL}/\delta_1)c_{Ai}=(\delta_L/\delta_1)k_L c_{Ai} \tag{6-43}$$

式中，δ_1 为界面至反应面的距离，m；δ_L 为液膜厚度，m。

同样，由液流主体向反应面扩散过来的 B 的速率为

$$N_B=(D_{BL}/\delta_2)c_{BL}=(\delta_L/\delta_2)(D_{BL}/\delta_L)c_{BL} \tag{6-44}$$

式中，δ_2 为反应面至液流主体的距离，m。

对反应 $A+\nu B\to Q$，扩散至反应面 A 和 B 的量必须满足化学计量的关系，即 $\nu N_A=N_B$，把 N_A 写成 N_B 的形式，并利用 $\delta_1+\delta_2=\delta_L$ 的关系，消去 δ_1 和 δ_2，可得

$$N_A=[1+D_{BL}c_{BL}/(\nu D_{AL}c_{Ai})]k_L c_{Ai} \tag{6-45}$$

因此，增强因子 β 为

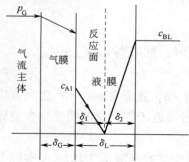

图 6-5　不可逆瞬间反应浓度分布

$$\beta = 1 + D_{BL}c_{BL}/(\nu D_{AL}c_{Ai}) \tag{6-46}$$

比较式（6-43）和式（6-45），可得 $\beta = \delta_L/\delta_1$。

由式（6-45）可知，c_{BL} 增大可明显有利于吸收速率的提高，这是由于组分 B 供应充足，使 δ_1 的数值降低，减少了被吸收组分的扩散距离，增大了吸收速率。

过高地提高 c_{BL} 是不必要的。这是因为虽然式（6-45）表示了在 c_{Ai} 一定时，c_{BL} 增加总是有利于吸收速率，但是，整个吸收过程还受到气膜扩散的限制。如果气膜传质跟不上液相反应吸收的要求，则界面 c_{Ai} 必然会降低。当 c_{BL} 不断增加后，一定会出现 $c_{Ai}=0$ 的极限情况。此后，再增加 c_{BL}，由于气膜扩散的控制，将不再使吸收速率增大。在这一极限情况下，吸收过程将以最大速率 $N_A = k_G p_G$ 进行。为此，瞬间不可逆反应系统中，力求在此极限速率的条件下操作，与此相对应的临界浓度 $(c_{BL})_C$ 由下列关系确定

$$N_B = (D_{BL}/\delta_L)[(c_{BL})_C - 0] = \nu_B N_A = \nu_B k_G p_G$$

可得
$$(c_{BL})_C = (\nu k_G/k_L)(D_{AL}/D_{BL})p_G \tag{6-47}$$

当 $c_{BL} \gg (c_{BL})_C$ 时，过程受气膜传递控制，如图 6-6 所示，吸收速率按界面组分 A 分压为零来考虑，即

$$N_A = k_G p_G \tag{6-48}$$

当 $c_{BL} < (c_{BL})_C$ 时，过程速率由气膜和液膜双方所决定，如果利用气膜传递速率式 $N_A = k_G(p_G - p_i)$，结合界面平衡条件 $c_{Ai} = Hp_i$ 与式（6-45）联解，消去界面条件 c_{Ai}、p_i 得

$$N_A = \frac{p_G + \dfrac{D_{BL}}{\nu_B H D_{AL}}c_{BL}}{\dfrac{1}{Hk_L} + \dfrac{1}{k_G}} \tag{6-49}$$

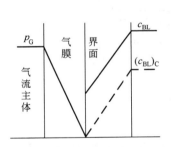

图 6-6　不可逆瞬间反应气膜控制时的浓度分布

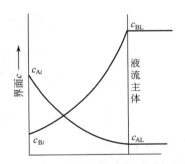

图 6-7　二级不可逆反应的浓度分布模型

四、二级不可逆反应[7]

假设被吸收组分 A 与吸收剂活性组分 B 发生不可逆二级反应，反应为 $A + \nu_B B \rightarrow Q$，此时必须考虑吸收剂活性组分 B 在液膜中的变化。其浓度变化见图 6-7。此情况不能直接得到解析解，常用的是液流主体反应进行完毕（$c_{AL}=0$）情况下的近似解，此近似解基于吸收剂组分 B 不挥发，在界面 $dc_B/dx\,|_{x=0}=0$。近界面反应区的 B 浓度可近似认为不变，取界面 c_{Bi} 的数值，按式（6-40）和式（6-25），对二级不可逆反应，增强因子可表示为

$$\beta = \frac{\sqrt{D_{AL}k_2 c_{Bi}}}{k_L}\bigg/ \text{th}\left(\frac{\sqrt{D_{AL}k_2 c_{Bi}}}{k_L}\right) \tag{6-50}$$

结合微分方程，可得

$$D_{AL}\frac{d^2 c_A}{dx^2}=\frac{D_{BL}}{\nu_B}\frac{d^2 c_B}{dx^2}$$

积分两次，代入相应的边界条件可得

$$(\beta-1)D_{AL}c_{Ai}=D_{BL}/\nu_B(c_{BL}-c_{Bi})\tag{6-51}$$

将式(6-50)和式(6-51)消去 c_{Bi}，得

$$\beta=\frac{\sqrt{M\dfrac{\beta_i-\beta}{\beta_i}}}{th\sqrt{M\dfrac{\beta_i-\beta}{\beta_i}}}\tag{6-52}$$

式中，$M=D_{AL}k_2 c_{BL}/k_L^2$；$\beta_i=1+D_{BL}c_{BL}/(\nu_B D_{AL}c_{Ai})$，$\beta_i$ 为瞬间反应增强因子，它表征了吸收组分 A 与活性组分 B 的扩散速率的相对大小。

由于式(6-52)是一个隐函数，一般不能直接计算出 β 值，为了便于直接得出 β 值，作出以 β_i 为参数的 β-$\sqrt{M}$ 图，见图 6-8。只要知道 M 和 β_i 的数值，从图 6-8 可读得 β 的数值。

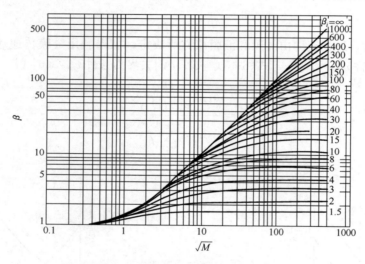

图 6-8 二级不可逆反应的增大因子

由图 6-8 可见两种极端情况。

① 如果液膜中 B 的扩散远大于反应的消耗，则液膜中组分 B 的浓度可认为恒定值，这就成为虚拟一级快反应。由图 6-8 可见，当 $\beta_i>2\sqrt{M}$ 时，其增大因子 β 落在图 6-8 中 45°斜线之上，即按虚拟一级快反应 $\beta=\sqrt{M}$ 来计算。

② 如果反应速率常数 k_L 很大，而组分 B 的供应又很不充分时，若 $\sqrt{M}>10\beta_i$，此时二级反应过程可作瞬间反应来处理，由图 6-8 可见，此时落在右面的水平线上，而且在数值上 $\beta=\beta_i$。

【例 6-2】 以 NaOH 溶液吸收 CO_2，NaOH 浓度 $0.5kmol/m^3$，界面上 CO_2 浓度为 $0.04kmol/m^3$，$k_L=10^{-4}m/s$，$k_2=10^4 m^3/(kmol\cdot s)$，$D_{AL}=1.8\times10^{-9}m^2/s$，$D_{BL}/D_{AL}=1.7$。试求吸收速率，界面 CO_2 浓度低到多少时可按一级反应来处理，高到多少时则可作瞬间反应来处理。

解

$$\sqrt{M}=\sqrt{0.5\times10^4\times1.8\times10^{-9}}/10^{-4}=30$$
$$\beta_i=1+1.7\times0.5/(2\times0.04)=11.6$$

查图 6-8 得 $\beta=9$，则吸收速率为

$$N_A=\beta k_L c_{Ai}=9\times10^{-4}\times0.04=3.6\times10^{-5}kmol/(m^2\cdot s)$$

可作一级反应来处理的条件为

$$\beta_i > 2\sqrt{M}，即 1+D_{BL}c_{BL}/(\nu_B D_{AL}c_{Ai}) > 2\times 30$$

代入数据得 $1+1.7\times 0.5/(2c_{Ai}) > 60$，故 $c_{Ai} < 0.0072\text{kmol/m}^3$

可作瞬间反应来处理的条件为

$$\sqrt{M} > 10\beta_i，即 30 > 10[1+1.7\times 0.5/(2c_{Ai})]$$

可得 $c_{Ai} > 0.0212\text{kmol/m}^3$，故 c_{Ai} 在 $0.0072 \sim 0.0212$ 之间，应作二级反应处理。

五、可逆反应

带可逆反应的吸收过程要复杂一些，这是因为液膜中进行的反应不仅与反应物浓度有关，而且还与生成物浓度有关。下面讨论反应的几种特殊情况。

1. 组分 B、Q 的浓度作常量处理

当液流主体组分 B 和 Q 的浓度较大，在液膜中可视为常量时，$A+B\underset{}{\overset{K_c}{\rightleftharpoons}}Q$ 微分方程组可简化为一个 A 组分的微分方程，即

$$\frac{d^2 c_A}{dx^2}=\frac{k_1}{D_{AL}}\left(c_A-\frac{c_{QL}}{c_{BL}K}\right)=\frac{k_1}{D_{AL}}(c_A-c_{AL}^*) \tag{6-53}$$

式中，$k_1=k_2 c_{BL}$，为虚拟一级正反应速率常数；$c_{AL}^*=\dfrac{c_{QL}}{c_{BL}K_c}$，表示与 c_{QL} 和 c_{BL} 相平衡的 A 组分浓度。

令 $\overline{c_A'}=(c_A-c_{AL}^*)/(c_{Ai}-c_{AL}^*)$，$\overline{x}=x/\delta_L$，可得

$$\frac{d^2\overline{c_A'}}{d\overline{x}^2}=M\overline{c_A'}$$

其边界条件为

$$\overline{x}=0,\overline{c_A'}=1;\overline{x}=1,-\frac{d\overline{c_A'}}{dx}=M(a_L-1)\overline{c_A'}$$

上式与一级不可逆反应微分方程式(6-33)完全相同，以 $c_A-c_{AL}^*$ 代替 c_A，可解得

$$N_A=\beta k_L (c_{Ai}-c_{AL}^*) \tag{6-54}$$

$$\beta=\frac{\sqrt{M}\left[\sqrt{M}(a_L-1)+\text{th}\sqrt{M}\right]}{(a_L-1)\sqrt{M}\,\text{th}\sqrt{M}+1}$$

因此，当 B 和 Q 可作常量处理时，可逆反应的增强因子将和一级不可逆反应的表示式完全相同，以 $c_A-c_{AL}^*$ 代替 c_{Ai} 来计算推动力，用虚拟一级反应速率常数 $k_1=k_2 c_{BL}$ 来代替一级反应速率常数。

【例 6-3】 以 4.28kmol/m^3 MDEA 水溶液在 70℃吸收分压为 0.2MPa 的 CO_2，已知溶液中 CO_2 平衡分压为 0.1MPa，CO_2 的溶解度系数为 $0.1\text{kmol/(m}^3\cdot\text{MPa)}$，$CO_2$ 液相扩散系数为 $1.65\times10^{-9}\text{m/s}$，MDEA 与 CO_2 的二级反应速率常数 $k_2=5.86\times10^6\exp(-3984/T)[\text{m}^3/(\text{kmol}\cdot\text{s})]$，溶液中有效 MDEA 浓度为 $0.7\times4.28\text{kmol/m}^3$。已知 $k_L=1.25\times10^{-4}\text{m/s}$，$k_G=8\times10^{-4}\text{kmol/(m}^2\cdot\text{MPa}\cdot\text{s)}$，若 MDEA 和反应产物浓度可视为常量，试求其吸收速率。

解　先计算：$k_1=k_2 c_{MDEA}=5.86\times10^6\exp\left(-\dfrac{3984}{343.2}\right)\times0.7\times4.28=159.58\text{s}^{-1}$

$$M=D_{AL}k_1/k_L^2=1.65\times10^{-9}\times159.58/(1.25\times10^{-4})^2=16.85\gg1$$

$$\sqrt{M}=4.1>3，\beta=\sqrt{M}=4.1$$

考虑液相和气相传质，其传质速率为

$$N_{CO_2} = K_G(p_{CO_2} - p_{CO_2}^*) = K_G(0.2 - 0.02)$$

$$K_G = \cfrac{1}{\cfrac{1}{k_G} + \cfrac{1}{\beta H k_L}} = \cfrac{1}{\cfrac{1}{8 \times 10^{-4}} + \cfrac{1}{4.1 \times 0.1 \times 1.25 \times 10^{-4}}} = \cfrac{1}{1250 + 19512}$$

$$= 4.816 \times 10^{-5} \text{kmol/(m}^2 \cdot \text{MPa} \cdot \text{s)}$$

$$N_{CO_2} = 4.816 \times 10^{-5}(0.2 - 0.1) = 4.816 \times 10^{-6} \text{kmol/(m}^2 \cdot \text{s)}$$

2. 一级可逆快反应

当组分 B 作常量处理，即 $c_B = c_{BL}$，$A + B \underset{K_c}{\rightleftharpoons} Q$ 可简化为 A 组分和 Q 组分两个微分方程

$$\frac{d^2 c_A}{dx^2} = \frac{k_1}{D_{AL}}\left(c_A - \frac{c_Q}{K_c c_{BL}}\right)$$

$$\frac{d^2 c_Q}{dx^2} = -\frac{k_1}{D_{QL}}\left(c_A - \frac{c_Q}{K_c c_{BL}}\right)$$

对于此类反应，膜式理论的增大因子可表示[8]为

$$\beta = \frac{1 + K_1 D_{QL}/D_{AL}}{1 + \cfrac{K_1 D_{QL} \text{th} \sqrt{M[1 + D_{AL}/(K_1 D_{QL})]}}{D_{AL}\sqrt{M[1 + D_{AL}/(K_1 D_{QL})]}}} \tag{6-55}$$

式中，$M = D_{AL} k_2 c_{BL}/k_L^2$；$K_1 = K_c c_{BL}$。

显然，当 $K_1 \to 0$ 时，$\beta = 1$；当 $K_1 \to \infty$ 时，$\beta = \sqrt{M}/\text{th}\sqrt{M}$，则成为一级不可逆的情况；当 $\sqrt{M} \to \infty$，则为瞬间可逆反应情况，$\beta = 1 + K_1 D_{QL}/D_{AL}$。

3. 瞬间可逆反应

瞬间可逆反应进行如此之快，以致在液相中任一点处反应都达到了平衡状态。例如，对 $A + \nu_B B \underset{K_c}{\rightleftharpoons} \nu_Q Q$ 瞬间可逆反应，液膜中微分方程按化学计量关系可表示为

$$D_{AL}\frac{d^2 c_A}{dx^2} + \frac{D_{QL}}{\nu_Q}\frac{d^2 c_Q}{dx^2} = 0 \tag{6-56}$$

$$D_{AL}\frac{d^2 c_A}{dx^2} - \frac{D_{BL}}{\nu_B}\frac{d^2 c_B}{dx^2} = 0 \tag{6-57}$$

边界条件：
$$x = 0, \quad c_A = c_{Ai}, \quad c_B = c_{Bi}, \quad c_Q = c_{Qi}$$
$$x = \delta_L, \quad c_A = c_{AL}, \quad c_B = c_{BL}, \quad c_Q = c_{QL}$$

在液相中任何一点存在 $K_c = \cfrac{(c_Q)^{\nu_Q}}{c_A(c_B)^{\nu_B}}$。

积分式(6-56) 两次，得

$$D_{AL}c_A + D_{QL}c_Q/\nu_Q = C_1 x + C_2 \tag{6-58}$$

式中，C_1 和 C_2 是积分常数。

由 $x = 0$ 的边界条件可得

$$C_2 = D_{AL}c_{Ai} + D_{QL}c_{Qi}/\nu_Q$$

由 $x = \delta_L$ 边界条件可得

$$C_1 = -k_L\left[\left(c_{Ai} + \frac{D_{QL}}{D_{AL}\nu_Q}c_{Qi}\right) - \left(c_{AL} + \frac{D_{QL}}{D_{AL}\nu_Q}c_{QL}\right)\right]$$

由于组分 A 在界面上就达到反应平衡，于是组分 A 的吸收速率应该等于界面上已反应了的组分 A（以 Q 状态存在）与未反应的 A 组分向液膜中扩散速率之和，即

$$N_A = \left(-D_{AL}\frac{dc_A}{dx} - \frac{D_{QL}}{\nu_Q}\frac{d^2c_Q}{dx^2} \right)_{x=0} \tag{6-59}$$

将式（6-58）对 x 求导，可得

$$N_A = -C_1 = k_L\left[\left(c_{Ai} + \frac{D_{QL}}{D_{AL}\nu_Q}c_{Qi} \right) - \left(c_{AL} + \frac{D_{QL}}{D_{AL}\nu_Q}c_{QL} \right) \right] \tag{6-60}$$

与 $N_A = \beta k_L(c_{Ai}-c_{AL})$ 相比较可得

$$\beta = 1 + D_{QL}(c_{Qi}-c_{QL})/[D_{AL}\nu_Q(c_{Ai}-c_{AL})] \tag{6-61}$$

同理，由 A 组分和 B 组分的化学计量关系积分处理可得

$$\beta = 1 + D_{BL}(c_{BL}-c_{Bi})/[D_{AL}\nu_b(c_{Ai}-c_{AL})] \tag{6-62}$$

【例 6-4】 在 25℃下用氨水吸收 H_2S，反应 $H_2S + NH_3 \rightleftharpoons HS^- + NH_4^+$ 为瞬间可逆反应，氨水中总氨为 $1kmol/m^3$，其中含 H_2S $0.5kmol/m^3$（包括溶解的 H_2S 和 HS^-），界面上 H_2S 溶解（物理）浓度为 $0.01kmol/m^3$，$k_L = 10^{-4}m/s$，反应平衡常数 $K_c = c_{HS^-}c_{NH_4^+}/(c_{H_2S}c_{NH_3})$ 在 25℃ 下为 $186kmol/m^3$，若 H_2S 和 HS^- 液相扩散系数相等，试求 H_2S 的吸收速率。

解 吸收速率等于已反应的 H_2S（HS^-）和未反应的 H_2S 向液相主体扩散速率之和。

$$N_A = k_L[(c_{H_2S,i}+c_{HS^-,i})-(c_{H_2S,L}+c_{HS^-,L})]$$

已知液相主体中 $c_{H_2S,L}+c_{HS^-,L} = 0.5kmol/m^3$，界面 H_2S 溶解浓度为 $0.01kmol/m^3$。设游离氨 $c_{NH_3}=x$，总氨浓度为 $1kmol/m^3$，铵离子浓度为 $c_{NH_4^+}=1-x$，由溶液电中性可知 $c_{HS^-}=c_{NH_4^+}=1-x$，将这些关系代入平衡表示式，则

$$186 = \frac{c_{HS^-}c_{NH_4^+}}{c_{H_2S}c_{NH_3}} = \frac{(1-x)^2}{0.01x}, \quad x=0.28kmol/m^3$$

即界面上 $c_{NH_3,i}=0.28kmol/m^3$，$c_{HS^-,i}=c_{NH_4^+,i}=0.72kmol/m^3$，于是

$$N_A = k_L[(c_{H_2S,i}+c_{HS^-,i})-(c_{H_2S,L}+c_{HS^-,L})]=10^{-4}[(c_{H_2S,i}+c_{HS^-,i})-0.5]$$
$$= 2.3\times10^{-5}kmol/(m^2 \cdot s)$$

六、平行反应[9, 10]

多种反应剂对一种气体的吸收过程在工业中极为常见。例如，H_2S 或 CO_2 被多种有机胺所吸收，CO_2 被有机胺活化了的溶液所吸收和氯被多种烯烃所吸收等，均属平行反应过程。

由于反应类型不同，图 6-9 示出多种不同的浓度分布形式。

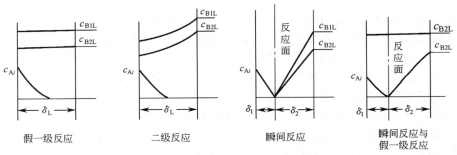

图 6-9　两种反应剂对一种气体吸收的浓度分布

1. 拟一级快反应

当反应剂 B_1、B_2 在液相主体和相界面的浓度实质上相同时，则两反应剂与 A 的反应均为假一级反应，对任一反应剂 B_i，满足这一情况的判别条件是

$$\sqrt{M_i} \ll 1 + \frac{c_{BiL}}{\nu_{Bi}c_{Ai}} \tag{6-63}$$

式中，$\sqrt{M_i} = \dfrac{\sqrt{D_{AL}k_{ABi}c_{BiL}}}{k_L}$，为 A 与 B_i 反应剂之间的反应吸收准数。若满足式（6-63）的条件，A 与 B_i 之间为拟一级反应。如果 A 与各反应剂之间的反应都是假一级反应，则 A 组分的吸收增大因子可由一级不可逆反应的公式计算，但式中的 $\sqrt{M}$ 应按 A 与所有反应剂之间反应之和来考虑，即

$$\sqrt{M} = \frac{1}{k_L}\sqrt{D_{AL}(k_{AB1}c_{B1L} + k_{AB2}c_{B2L} + k_{AB3}c_{B3L} + \cdots)} \tag{6-64}$$

多种反应剂对一种气体的吸收，增大因子要比单一反应剂为大。

活化 MDEA 溶液吸收二氧化碳过程，它属于多种反应剂对一种气体的吸收过程，此时，虽然活化剂哌嗪数量很小，但因其吸收中间产物能迅速水解成 HCO_3^-，因而很快恢复其活性，从而可处于"均匀活化"状态，即活化剂在液膜中不产生浓度降落。因此属于拟一级平行反应，反应的情况[11,12]遵从两反应剂对二氧化碳拟一级平行吸收关系，可得

$$\sqrt{M} = \frac{1}{k_L}\sqrt{D_{CO_2}(k_{am}c_{am} + k_p c_p)}$$

式中，$k_{am} = 5.86 \times 10^6 \exp(3984/T)$，为 MDEA 与 CO_2 反应速率常数；$k_p = 2.98 \times 10^{11} \exp(-3984/T)$，为哌嗪与 CO_2 反应速率常数。

2. 瞬间不可逆反应

如果各反应剂与 A 之间都满足如下条件，即

$$\sqrt{M_i} \gg 1 + \frac{c_{BiL}}{\nu_i c_{Ai}} \tag{6-65}$$

则 A 与各反应剂之间为瞬间反应，此时增大因子为

$$\beta = 1 + \frac{D_{B1L}c_{B1L}}{\nu_1 D_{AL}c_{Ai}} + \frac{D_{B2L}c_{B2L}}{\nu_2 D_{AL}c_{Ai}} + \frac{D_{B3L}c_{B3L}}{\nu_3 D_{AL}c_{Ai}} + \cdots \tag{6-66}$$

第四节 气-液反应器概述

一、工业生产对气-液反应器的要求

工业生产对气-液反应器有着各种不同的要求，归纳起来主要有下列几种。

（1）应具备较高的生产强度　首先要求反应器形式适合反应系统特性的要求。①对于 βH 很大而处于气膜控制的系统，应该选择气相容积传质系数大的反应器，即采用液体分散成微细的液滴并与高速的气流相接触的设备。这种情况下，高速气相湍动的设备，如喷射反应器和文氏反应器等较为适用。②对于快速反应系统，反应是在界面近旁的反应带中进行，要求选择表面积较大的反应器，同时也应具备一定的液相传质系数，此时填料反应器和板式反应器是比较适合的。③对于慢反应过程，反应在液相主体中进行，要求选用液相反应容积较大的设备，此时常选择鼓泡和搅拌鼓泡反应器。

（2）应有利于提高反应选择性　反应器的选型应有利于抑制副反应的发生。例如，如果是平行副反应，副反应较主反应为慢，则可采用储液量较少的设备，以抑制液相主体进行缓慢的副反应的发生。如

果副反应为连串反应，则应在采用液相返混较少的设备（如填料塔）进行反应，或采用半间歇（液体间歇加入和取出）反应器。

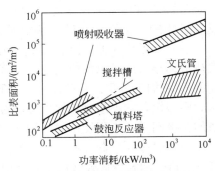

图6-10 气-液反应器比表面积与功率消耗的关系

（3）应有利于降低能量消耗 反应器设计应该考虑能量综合利用并尽可能降低能量消耗。若气-液反应处于高于室温的条件下进行，此时，考虑反应热量的利用和过程显热的回收将是一个重要的问题。如果气-液反应在加压下进行，则应考虑反应过程的压力能的综合利用。除此以外，为了造成气-液两相分散接触，需要消耗一定的动力。图6-10是常见的气-液反应器比表面积与功率消耗的关系[13]。由图可见，就造成相同比表面积而言，喷射吸收器能耗最少，其次是搅拌槽式反应器和填料塔。而文氏管和鼓泡反应器的能量消耗更大些。

（4）应有利于控制反应温度 气-液反应绝大部分是放热的，因而如何排除反应热防止温度过高就是经常碰到的实际问题。当气-液反应热效应很大而又需要综合利用时，降膜反应器是比较合适的塔型。例如尿素生产中 NH_3 和 CO_2 生成氨基甲酸的反应热，采用降膜塔就易于得到回收。除此以外，板式塔和鼓泡反应器可借安置冷却盘管来排除热量。但在填料反应器中，排除反应热比较困难，通常只能提高液体喷淋量，以使反应热由液体显热的形式排出。

（5）应能在较少液体流率下操作 为了得到较高的液相转化率，液体流率一般较低。适应于这种情况的操作有鼓泡反应器、搅拌鼓泡反应器和板式反应器。但填充床反应器、降膜反应器和喷射型反应器不能适应这种工况的要求。例如，当喷淋密度低于 $3m^3/(m^2 \cdot h)$ 时，填料就不会全部润湿。降膜反应器也有这种类似的情况。喷射型反应器在液、气比较低时将不能造成足够的接触比表面。

二、气-液反应器的形式和特点

气-液反应器按气-液相接触形态可分为：①气体以气泡形态分散在液相中的鼓泡反应器、搅拌鼓泡反应器和板式反应器；②液体以液滴状分散在气相中的喷雾反应器、喷射反应器和文氏反应器等；③液体以膜状运动与气相进行接触的填料反应器和降膜反应器等。

几种主要的气-液反应器的简图见图6-11，其各自的特点分述如下。

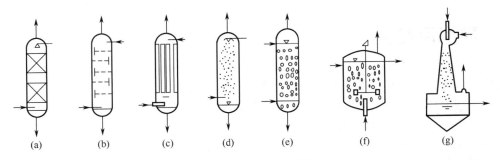

图6-11 气-液反应器的形式

（a）填料反应器；（b）板式反应器；（c）降膜反应器；（d）喷雾反应器；（e）鼓泡反应器；（f）搅拌鼓泡反应器；（g）喷射或文氏反应器

（1）填充床反应器 填充床反应器适用于快速和瞬间反应过程。其轴向返混几乎可以忽略，而且气相流动的压降较低，操作费用较小。填充床反应器具有操作适应性好、结构简单、能耐腐蚀等优点。广泛地应用于带有化学反应的气体净化过程。

（2）板式反应器 板式反应器适用于快速和中速反应过程。采用多板可以将轴向返混降低至最小程度，并且它可以在很小的液体流速下进行操作，从而能在单塔中直接获得极高的液相转化率。同时，板式反应器的气-液传质系数较大，可以在板上安置冷却或加热元件，以适应维持所需温度的要求。但是板式反应器具有气相流动压降较大和传质表面较低等缺点。

（3）降膜反应器　降膜反应器为膜式反应设备。通常借管内的流动液膜进行气-液反应，管外使用载热流体导入或导出反应的热量。降膜反应器可适用于瞬间和快速的反应过程，它特别适宜于较大热效应的气-液加工过程。除此以外，降膜塔还有压降小和无轴向返混的优点。然而，由于降膜塔中液体停留时间很短，它不适宜于慢反应的过程。同时，降膜管的安装垂直度要求较高，液体成膜和均布是降膜塔的关键问题，工程使用时必须注意。

（4）喷雾反应器　喷雾反应器适用于瞬间快速反应，过程受气膜控制的情况。例如，碱性溶液脱除H_2S、磷酸和氨生成磷铵的过程，由于喷雾反应器由空塔构成，不用担心设备的堵塞，因而可适用于有污泥、沉淀和生成固体产物的场合。喷雾反应器具有储液量过低和液侧传质系数过小的缺点；同时由于雾滴在气流中的浮动和气流沟流的存在，气相和液相的返混都比较严重，因此，单塔的传质单元数一般不超过 $2\sim3$。

（5）鼓泡反应器　鼓泡反应器具有极高的储液量，适宜于慢反应和放热量大的场合。鼓泡反应器液相轴向返混很严重，在不太大的高径比情况下，可认为液相处于理想混合状态。因此较难在单一连续反应器中达到较高的液相转化率，为了解决这一问题。处理量较少的情况通常采用半间歇操作方式，处理量较大的情况则采用多级鼓泡反应器串联的操作方式。除此以外，鼓泡反应器尚有鼓泡所耗压降较大的缺点。

（6）搅拌鼓泡反应器　搅拌鼓泡反应器亦适用于慢速反应过程，尤其对高黏性的非牛顿型液体更为适用。例如，发酵工业和高分子材料工业中，借搅动作用使气体高度分散减弱了传质系数对流体的黏性依赖，使高黏性流体气-液反应以较快的速率进行。当然，搅拌需消耗一定的动力，除此以外，它还存在轴封的问题。

（7）高速湍动反应器　喷射反应器、文氏反应器、湍动浮球反应器等属于高速湍动接触过程，它们适合于瞬间反应并处于气膜控制的情况。此时，由于湍动的影响，加速了气膜传递过程的速率，因而获得很高的反应速率。多数高速湍动反应器（例如喷射和文氏反应器）属于并流气-液接触设备，宜使用于不可逆反应的场合。

受篇幅的限制，本章仅阐述鼓泡反应器和填充床反应器。

第五节　鼓泡反应器

鼓泡反应器的特点是气相高度分散在液相之中，具有大的液体持有量和相际接触面，传质和传热效率较高，适用于缓慢化学反应和高度放热的情况；同时，鼓泡反应器结构简单，操作稳定，投资和维修费用低。它的缺点是液相有较大的返混及气相有较大的压降。

鼓泡反应器在石油化工、有机化工和食品工业中获得了广泛的应用。例如，各种有机化合物的氧化反应、各种石蜡和芳烃的氯化反应、各种生物化学反应、污水处理曝气氧化和氨水碳化生成固体碳酸氢铵等反应，都采用这种鼓泡反应器。

工业所遇到的鼓泡反应器，按其结构可分为：空心式、多段式、气提式和液体喷射式。

空心式鼓泡反应器（图 6-12）在工业上得到了广泛的应用。这类反应器最适用于缓慢化学反应系统或伴有大量热效应的反应系统。若热效应较大时，可在塔内或塔外装备热交换单元。图 6-13 为具有塔内热交换单元的鼓泡反应器示意图。

为克服鼓泡反应器中的液相返混现象，当高径比较大时，亦常采用多段鼓泡反应器，以提高反应效果，见图 6-14。

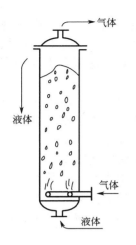
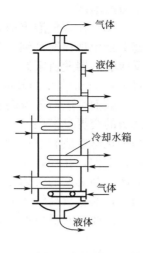
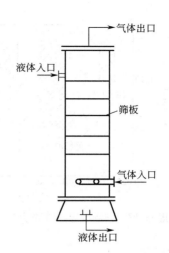

图 6-12 空心式鼓泡反应器　　**图 6-13** 具有塔内热交换单元的鼓泡反应器　　**图 6-14** 多段式鼓泡反应器

对于高黏性物系，例如生化工程的发酵、环境工程中活性污泥的处理、有机化工中催化加氢（含固体催化剂）等情况，常采用气体提升式鼓泡反应器（图 6-15）或液体喷射式鼓泡反应器（图 6-16）。此种利用气体提升和液体喷射形成有规则的循环流动，可以强化反应器传质效果，并有利于固体催化剂的悬浮。此类又统称为环流式鼓泡反应器，它具有径向气液流动速度均匀，轴向弥散系数较低，传热、传质系数较大，液体循环速度可调节等优点。

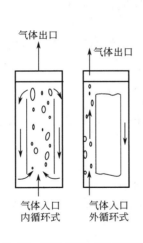
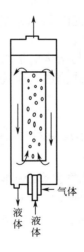

图 6-15 气体提升式鼓泡反应器　　　　**图 6-16** 液体喷射式鼓泡反应器

一、鼓泡反应器的操作状态

鼓泡反应器的流动状态可划分为如下三种区域[14]。

（1）安静鼓泡区　当表观气速低于 0.05m/s 时，常处于此种安静鼓泡区域，此时，气泡呈分散状态，气泡大小均匀，进行有秩序的鼓泡，目测液体搅动微弱。

（2）湍流鼓泡区　在较高的表观气速下，安静鼓泡状态不再能维持。此时部分气泡凝聚成大气泡，塔内气液剧烈无定向搅动，呈现极大的液相返混。气体以大气泡和小气泡两种形态与液体相接触，大气泡上升速度较快，停留时间较短，小气泡上升速度较慢，停留时间较长，形成不均匀接触的状态，称为

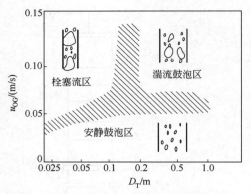

图 6-17 鼓泡反应器流动状态分布区区域图

湍流鼓泡区。

（3）栓塞气泡流动区　在小直径气泡塔中，较高表观气速下会出现栓塞气泡流动状态。这是由于大气泡直径被鼓泡反应器的器壁所限制，实验观察到栓塞气泡流发生在小直径直至 0.15m 直径的鼓泡反应器中。

鼓泡反应器各流动状态区域图见图 6-17。图中三个流动区域的交界是模糊的，这是由于气体分布器的形式、液体的物理化学性质和液相的流速一定程度地影响了流动区域的转移。例如，孔径较大的分布器在很低的气速下就成为湍流鼓泡区；高黏度的液体在较大的气泡塔中也会形成栓塞气泡流动区，而在较高气速下才能过渡到湍流鼓泡区。

工业鼓泡反应器的操作常处于安静区和湍动区的流动状态之中。

二、鼓泡反应器的流体力学特征

1. 气泡直径及径向分布

鼓泡反应器的气泡直径可按 Akita[15] 数关联式计算，即

$$\frac{d_{VS}}{D_R} = 26\left(\frac{gD_R^2\rho_L}{\sigma_L}\right)^{-0.5}\left(\frac{gD_R^3\rho_L^2}{\mu_L^2}\right)^{-0.12}\left(\frac{u_{OG}}{\sqrt{gD_R}}\right)^{-0.12} \tag{6-67}$$

式中，d_{VS} 为气泡的 Sauter 平均直径；D_R 为气泡反应器的内径；u_{OG} 为鼓泡反应器的表观气速；σ_L 为液体的表面张力。

上述计算公式，是指全塔平均气泡直径而言，实际上，鼓泡反应器内气泡直径沿径向存在一个直径分布。例如，可用下式描述气泡直径沿径向的变化[16]

$$d_B = \left(9 - 5.2\frac{d}{D_R}\right) \times 10^{-3}$$

式中，D_R 为鼓泡反应器内径；d 为鼓泡反应器内任一点的直径；d_B 为鼓泡反应器内于直径 d 处的气泡平均直径，m。

2. 鼓泡反应器的气含率及径向分布

气含率是指反应器内气液混合物中气体所占的体积分数。

根据多数人的研究，对于塔径大于 15cm 的鼓泡反应器，气含率关联式为

$$\frac{\varepsilon_G}{(1-\varepsilon_G)^4} = C\left(\frac{u_{OG}\mu_L}{\sigma_L}\right)\left(\frac{\rho_L\sigma_L^3}{g\mu_L^4}\right)^{7/24} \tag{6-68}$$

式中，C 为常数，对纯液体和非电解质溶液 $C=0.2$，对电解质溶液 $C=0.25$。

对于直径小于 15cm 的气泡反应器，可采用 Hughamark[17] 图确定气含率，即图 6-18，图中 ρ_W 是水的密度，σ_W 是水的表面张力。

上列关联适用于低黏度（黏度小于 0.20Pa·s）的液体。对于含表面活性剂的溶液和高黏性的非牛顿型液体，仍需在塔径大于 15cm 的实验塔中进行测定，方能得到可靠的数值。

上述的气含率是反应器内平均的值。气含率沿塔径的分布，可采用下式[18]

$$\varepsilon_G = 2\left[1 - \left(\frac{d}{D_R}\right)^2\right]\bar{\varepsilon}_G \tag{6-69}$$

式中，ε_G、$\bar{\varepsilon}_G$ 分别为塔内直径 d 处的气含率和全塔平均气含率。

3. 鼓泡反应器中液体循环速度

鼓泡反应器中，塔中部液体随气泡群的上升而夹带向上流动，而近壁处液体回流向下，构成了液体循环流动，如图 6-19 所示[19]。研究得出在鼓泡反应器 $d/D_R = 0.7$ 处为轴向循环速度为零的中心点，直径小于此处液流向上运动，直径大于此处则液流向下运动。研究得出[20] 中心最大上升液体速度 u_{CL}(m/s) 和近壁处最大下降速度 u_{WL}(m/s) 的关系为

$$u_{CL} = 1.1 u_{OG}^{0.2} \qquad (6-70)$$

$$u_{WL} = 0.9 u_{OG}^{0.4} \qquad (6-71)$$

4. 环流反应器的气含率和合适尺寸

对于低黏度液体，提升式环流反应器的气含率可表示[21] 为

$$\varepsilon_G = 0.647 \left(\frac{u_{OL}}{u_{OG} + u_{OL}} \right)^{0.68} u_{OG}^{0.34} \qquad (6-72)$$

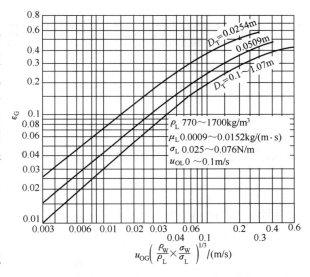

图 6-18 Hughamark 气含率关联图

式中，u_{OL} 为液体循环的表观流速，由反应器结构尺寸、物性和流体力学所决定，m/s。式(6-67)～式(6-72) 中 u_{OG} 的单位为 m/s。

为了获得较高的循环流速，对直径为 D_R 的提升式内循环反应器，如图 6-20 所示，其合适尺寸[22] 为导流筒长度 $4.4D_R$；顶部转向高度 $0.35D_R$；底部转向高度 $0.25D_R$；反应器高度 $5D_R$；导流筒直径 $0.59D_R$。

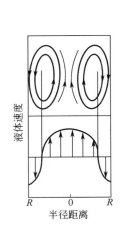

图 6-19 鼓泡反应器中液体循环示意

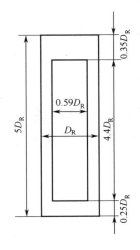

图 6-20 提升式内循环鼓泡反应器尺寸示意

三、鼓泡反应器的轴向混合

1. 鼓泡反应器的气相轴向混合

鼓泡反应器的气相轴向弥散系数 E_{GZ} 的关联式列于表 6-8。由表 6-8 可见，气相轴向弥散系数强烈依赖于鼓泡反应器的塔径 D_R，它随 D_R 的 1～2 次方关系增加而增大。

表 6-8   气相轴向弥散系数关联式

作　者	关　联　式	文　献	作　者	关　联　式	文　献
Towell	$E_{GZ}=19.7D_R^2(u_{OG}/\varepsilon_G)$	[23]	Mangartz,Pilhofer	$E_{GZ}=50D_R^{1.5}(u_{OG}/\varepsilon_G)^3$	[25]
Pavlica,Olson	$E_{GZ}=5D_R(u_{OG}/\varepsilon_G)$	[24]	Field,Davidson	$E_{GZ}=56.4D_R^{1.33}(u_{OG}/\varepsilon_G)^{3.56}$	[26]

注：E_{GZ} 的单位为 m²/s。

2. 液相轴向弥散系数

鼓泡反应器的液相轴向弥散系数 E_{LZ} 一般按下式关联

$$E_{LZ}=KD_R^a u_{OG}^b \left(\frac{\mu_L}{\mu_W}\right)^c \tag{6-73}$$

式中，D_R 的单位为 m。

各研究者所得方程的系数列于表 6-9。

表 6-9   关联式 (6-73)的各系数

作　者	文　献	K	a	b	c
Towell	[23]	1.23	1.5	0.5	0
Deckwer	[27]	0.678	1.4	0.3	0
Hikita	[28]	0.66	1.25	0.38	−0.12
Deckwer	[29]	1.2±0.2	1.5	0.5	0
Badura	[30]	0.692	1.4	0.33	0
Baird	[31]	0.709	1.33	0.333	0
Joshi,Sharma	[32]	0.31	1.5	1	0

注：E_{LZ} 的单位为 m²/s。

根据推荐，工程计算上采用 Deckwer[27]关联式为宜，即

$$E_{LZ}=0.678D_R^{1.4}u_{OG}^{0.2} \tag{6-74}$$

由上式计算得鼓泡反应器 $Pe_L=u_{OL}L/(E_{LZ}\varepsilon_L)$ 常处于 0.10～0.16 之间，液相可考虑为全混流。

四、鼓泡反应器的传质、传热特性

鼓泡塔的气膜传质分系数可按下式关联[27]

$$k_G d_B/D_G=6.6 \tag{6-75}$$

其液膜传质分系数可按下式关联[15]

$$\frac{k_L d_B}{D_L}=0.5\left(\frac{\mu_L}{D_L\rho_L}\right)^{0.5}\left(\frac{gd_B^3\rho_L^2}{\mu_L^2}\right)^{0.25}\left(\frac{gd_B^2\rho_L}{\sigma_L}\right)^{0.375} \tag{6-76}$$

鼓泡反应器的气-液传质比表面积可由气含率和气泡直径按下式确定

$$a=\frac{6\varepsilon_G}{d_{VS}} \tag{6-77}$$

鼓泡反应器气-液界面的液相容积传质系数 $k_L a$ 可按下式关联[15]

$$\frac{k_L a D_R^2}{D_L}=0.6\left(\frac{\mu_L}{D_L\rho_L}\right)^{0.5}\left(\frac{gD_R^2\rho_L}{\sigma_L}\right)^{0.62}\left(\frac{gD_R^3\rho_L^2}{\mu_L^2}\right)^{0.31}\varepsilon_G^{1.1} \tag{6-78}$$

鼓泡反应器内由于气泡的上升运动而使液体边界层厚度减少，从而引起鼓泡侧给热系数 α 显著增

大。除了液体物性因素以外，表观气速是影响给热系数的主要因素，表观气速 u_{OG} 与给热系数的关系如图 6-21 所示。由图 6-21 可见，当表观气速较小时，气速增加能导致给热系数增大；但当超过某临界值 $u_{OG,max}$（一般 $u_{OG,max}$ 取 $0.1m/s$）后，给热系数不再明显增大，而趋近于最大给热系数。此最大给热系数的数值决定于液相的性质，见表 6-10。

表 6-10　鼓泡反应器各种液体最大给热系数

液体种类	$\mu_L \times 10^3/Pa \cdot s$	热导率 $\lambda_L/[kJ/(m \cdot h \cdot K)]$	密度×比热容 $/[kJ/(m^3 \cdot K)]$	最大给热系数 $\alpha_{max}/[kJ/(m^2 \cdot h \cdot K)]$	
				实验值	计算值
水	0.69	2.248	4151	19997	19997
锭子油	15.2	0.507	1530	1549.5	1675.6
乙二醇	1.7	0.946	2661	5801.3	6539.8
乙醇	1.1	0.649	1945	6269.3	5224.7
甘油	4.3	1.009	3051	4395.7	3423.1
伍德合金	3.3	3.245	1670	28825	28105
水银	1.5	2.901	1883	39635	39815

给热系数可按下列关系计算

当 $K_b = \dfrac{u_{OG}\rho_L^{1/3}}{(\mu_L g)^{1/3}} \leqslant 18$ 时，

$$\frac{\alpha}{\lambda}\left(\frac{\mu_L^2}{\rho_L^2 g}\right)^{1/3} = 0.146 K_b^{1/4}\left(\frac{c_L \mu_2}{\lambda_L}\right)^{1/3} \tag{6-79}$$

当 $K_b > 18$ 时，$\dfrac{\alpha}{\lambda}\left(\dfrac{\mu_L^2}{\rho_L^2 g}\right)^{1/3} = 0.3\left(\dfrac{c_L \mu_L}{\lambda_L}\right)^{1/3}$ (6-80)

上两式不仅适用于鼓泡反应器，而且可用于板式反应器的传热。

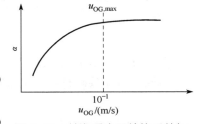

图 6-21　鼓泡反应器给热系数与表观气速的关系

五、鼓泡反应器的简化反应模型

考虑对气相反应物 A 和液相反应剂 B 均为一级的气-液反应（$A + \nu_B B \Longrightarrow$ 产物）。

1. 气相为平推流，液相为全混流

此情况属于小直径鼓泡反应器的情况。当塔高度较低或操作压力较高时，操作压力沿高度的变化可忽略，即可视为等压反应过程，则按气相质量衡算和吸收速率关系可得

$$-G'd\left(\frac{y}{1-y}\right) = K_G a p(y - y^*)dz$$

则

$$L = \frac{G'}{p}\int_{y_2}^{y_1}\frac{dy}{K_G a(1-y)^2(y-y^*)} \tag{6-81}$$

式中，G' 为惰性组分摩尔流量或摩尔通量，$kmol/(m^2 \cdot s)$；y^* 为液相主体 A 组分的平衡摩尔分数，如为不可逆反应，则 $y^* = 0$；$K_G a$ 为以容积为基准的气-液总传质系数，其中

$$K_G = \frac{1}{\dfrac{1}{k_g} + \dfrac{1}{\beta H k_L}}$$

若为不可逆反应，且 $K_G a$ 为常量，由分步积分得不含气体的清液层高度

$$L = \frac{G'}{K_G a p}\left[\ln\frac{y_1(1-y_2)}{y_2(1-y_1)} + \frac{1}{1-y_1} - \frac{1}{1-y_2}\right] \tag{6-82}$$

若气体中浓度较稀，则可简化为

$$L = \frac{G'}{K_G a p}\ln\frac{y_1}{y_2} \tag{6-83}$$

当鼓泡反应器高度较高而操作压力又较低时，压力必随塔高而变化。若鼓泡反应器塔顶气相部位的压力为 p_t，清液层总高度为 L 时，则离气相进口高度为 Z 处的压力为

$$p = p_t + \rho_L g(1-\varepsilon_G)(1-Z)$$

取 $\bar{p} = p/p_t$，$\bar{Z} = Z/L$，令 $a_p = \rho_L g(1-e_G)L/p_t$，则得

$$\bar{p} = 1 + a_p(1-\bar{Z}) \tag{6-84}$$

此时，由吸收微分方程积分可得

$$L(1+a_p/2) = \frac{G'}{p_t}\int_{y_2}^{y_1}\frac{\mathrm{d}y}{K_G a(1-y)^2(y-y^*)} \tag{6-85}$$

如为不可逆反应，$K_G a$ 为常量，则

$$p_t L\left(1+\frac{a_p}{2}\right) = \frac{G'}{K_G a}\left[\ln\frac{y_1(1-y_2)}{y_2(1-y_1)} + \frac{1}{1-y_1} - \frac{1}{1-y_2}\right] \tag{6-86}$$

上述各式表示了气相浓度和高度的关系。至于液相产品，需由气-液相间物料衡算获得。

当液相为连续出料，达定态时，则

$$x_B = \frac{c_{B1}-c_{B2}}{c_{B1}} = \frac{G'\nu_B}{u_{OL}c_{B1}}\left(\frac{y_1}{1-y_1} - \frac{y_2}{1-y_2}\right) \tag{6-87}$$

当液相为间歇加料和出料，即为非定态的半间歇过程，则

$$-L\frac{\mathrm{d}c_B}{\mathrm{d}t} = G'\nu_B\left(\frac{y_1}{1-y_1} - \frac{y_2}{1-y_2}\right)$$

由于 y_2 随时间 t 而变，故需对时间积分，即

$$x_B = \frac{c_{B0}-c_{Bt}}{c_{B0}} = \frac{G'\nu_B}{Lc_{B0}}\left[\left(\frac{y_1}{1-y_1}\right)t - \int_0^t\frac{y_2}{1-y_2}\mathrm{d}t\right] \tag{6-88}$$

需将上式与式(6-81)或式(6-85)联解，方可求出 x_B 随 t 的变化。

2. 气相和液相均为全混流

此情况符合搅拌鼓泡反应器的情况。如果是连续操作，则浓度变化为

$$\frac{u_{OL}}{\nu_B}(c_{B1}-c_{B2}) = G'\left(\frac{y_1}{1-y_1} - \frac{y_2}{1-y_2}\right) = K_G aL\left[p_t\left(1+\frac{a_p}{2}\right)y_2 - p^*\right] \tag{6-89}$$

如果是半间歇操作，则

$$-\frac{\mathrm{d}c_B}{\mathrm{d}t} = \nu_B K_G a\left[p_t\left(1+\frac{a_p}{2}\right)y_2 - p^*\right]$$

积分可得

$$x_B = \frac{\nu_B}{c_B}\int_0^t K_G a\left[p_t\left(1+\frac{a_p}{2}\right)y_2 - p^*\right]\mathrm{d}t \tag{6-90}$$

由于 K_G 和 c_{BL} 有关，而 y_2 随 t 而变，因此，上式需数值积分。

3. 考虑气相轴向弥散的计算法

液相为全返混而气相可用轴向弥散模型，对不可逆反应，液相主体 $c_{AL}=0$，即

$$\frac{1}{Pe_G}\frac{\mathrm{d}^2\bar{c}_{AG}}{\mathrm{d}\bar{z}^2}-\frac{\mathrm{d}\bar{c}_{AG}}{\mathrm{d}\bar{z}}-St_G\bar{c}_{AG}=0 \tag{6-91}$$

式中，Pe_G 为 $u_{OG}L/(E_{GZ}\varepsilon_G)$；$\bar{c}_{AG}=c_{AG}/c_{AG0}$，$c_{AG0}$ 表示进口气体浓度；$St_G=K_GaLHRT/u_{OG}$。

上式可以获得解析解，Levenspiel 等[33]将上式的解析解与活塞流进行比较，得出了轴向弥散对反应容积的定量影响，绘出了图 6-22。

Deckwer[34]将图 6-22 的数值与精确的轴向弥散模型计算值进行了比较，得出可适用于鼓泡反应器的设计计算。因此，先按气相为平推流的条件计算出所需反应器高度 L_p，然后用图 6-22 确定气相轴向弥散条件下实际应增大的倍数，按此设计出工业鼓泡反应器的实际尺寸。

【例 6-5】 邻二甲苯在鼓泡反应器中用空气进行氧化，反应温度为 160℃，压力为 1.378MPa（绝），已知鼓泡反应器直径 2m，氧加料速率 51.5kmol/h，氧与邻二甲苯的反应速率常数 $k_1=3.6\times10^3\mathrm{h}^{-1}$，出口气相氧分压 0.0577MPa，氧在邻二甲苯中的扩散系数为 $5.2\times10^{-6}\mathrm{m}^2/\mathrm{h}$，氧的溶解度系数为 $7.88\times10^{-2}\mathrm{kmol}/(\mathrm{m}^3\cdot\mathrm{MPa})$，求反应器高度（不考虑气膜阻力）。邻二甲苯的基础数据：$\rho_L=750\mathrm{kg/m}^3$，$\sigma_L=16.5\times10^{-3}\mathrm{N/m}$，$\mu_L=0.828\mathrm{kg}/(\mathrm{m}\cdot\mathrm{h})$。

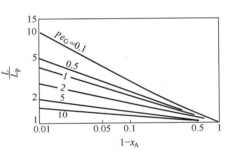

图 6-22 鼓泡反应器气相混合对反应器高度的影响

解 按气相为平推流、液相为全混流的简化模型考虑。反应条件下空气的加料速率为

$$(51.5/0.21)\times22.4\times(433/273)\times(0.1013/1.378)=640\mathrm{m}^3/\mathrm{h}$$

表观气速

$$u_{OG}=\frac{640}{3600\times\pi\times1^2}=0.0566(\mathrm{m/s})$$

气泡直径按式(6-67) 计算

$$d_{VS}=26\times2\times\left(\frac{9.81\times2^2\times750}{16.5\times10^{-3}}\right)^{-0.5}\left[\frac{9.81\times2^3\times750^2}{(0.828/3600)^2}\right]^{-0.12}\left[\frac{0.0566}{(9.81\times2)^{0.5}}\right]^{-0.12}$$

$$=26\times2\times7.48810^{-4}\times0.0162\times1.687=1.064\times10^{-3}(\mathrm{m})$$

气含率由式(6-68) 求取

$$\frac{\varepsilon_G}{(1-\varepsilon_G)^4}=0.2\times\left(\frac{0.0566\times0.828}{16.5\times10^{-3}\times3600}\right)\left[\frac{750\times(16.5\times10^{-3})^3}{9.81\times(0.828/3600)^4}\right]^{7/24}=0.2706$$

经试差解得

$$\varepsilon_G=0.1447$$

比表面积

$$a=\frac{6\varepsilon_G}{d_{VS}}=\frac{6\times0.1447}{1.064\times10^{-3}}=816(\mathrm{m}^2/\mathrm{m}^3)$$

液膜传质分系数可由式(6-76) 求得

$$k_L = \frac{5.2 \times 10^{-6}}{1.064 \times 10^{-3}} \times 0.5 \times \left(\frac{0.828}{750 \times 5.2 \times 10^{-6}}\right)^{0.5} \times$$

$$\left[\frac{9.81 \times (1.064 \times 10^3)^3 \times 750^2}{(0.828/3600)^2}\right]^{0.25} \left[\frac{9.81 \times (1.064 \times 10^{-3})^2 \times 750}{16.5 \times 10^{-3}}\right]^{0.375}$$

$$= 4.887 \times 10^{-3} \times 0.5 \times 14.57 \times 7.03 \times 3.84 = 0.961 (\text{m/h})$$

$$M = \frac{D_L k_1}{k_L^2} = \frac{5.2 \times 10^{-6} \times 3.6 \times 10^3}{0.961^2} = 2.02 \times 10^{-2}; \quad 因 M \ll 1, 故为慢反应。$$

$$\alpha_L = \frac{V}{\delta_L} = \frac{k_L}{D_L a} = \frac{0.961}{5.2 \times 10^{-6} \times 816} = 226.5$$

$$\beta = \frac{\alpha_L M}{\alpha_L M - M + 1} = \frac{226.5 \times 0.0202}{226.5 \times 0.0202 - 0.0202 + 1} = 0.82$$

不可逆反应，忽略压力沿高度变化，用式(6-82)计算鼓泡反应器高

$$L = \frac{G'}{K_G a P} \left[\ln \frac{y_1(1-y_2)}{y_2(1-y_1)} + \frac{1}{1-y_1} - \frac{1}{1-y_2}\right]$$

其中 $G' = 51.5 \times \dfrac{0.79}{0.21} \times \dfrac{1}{3600 \times \pi \times 1^2} = 0.0171 [\text{kmol/(m}^2 \cdot \text{s)}]$

$$K_G \approx \beta H k_L = 0.82 \times 7.88 \times 10^{-2} \times 0.961 = 6.21 \times 10^{-2} [\text{kmol/(m}^2 \cdot \text{MPa} \cdot \text{h)}]$$

进口气相浓度 $y_1 = 0.21$（空气），出口气相浓度 $y_2 = 0.0577/1.378 = 0.042$

故 $\quad L = \dfrac{0.0171 \times 3600}{1.378 \times 6.21 \times 10^{-2} \times 816} \left[\ln \dfrac{0.21(1-0.042)}{0.042(1-0.21)} + \dfrac{1}{1-0.21} - \dfrac{1}{1-0.042}\right]$

$$= 0.882 \times 2.024 = 1.79 (\text{m})$$

鼓泡层高度 $\quad L' = L/(1 - \varepsilon_G) = 1.79 \times (1 - 0.1447) = 2.09 (\text{m})$

六、搅拌鼓泡反应器

搅拌鼓泡反应适用于气体与黏性液体或悬浮溶液的反应系统。它与鼓泡反应器不同，气体的分散主要不是靠气体本身的鼓泡，而是靠机械搅拌，因此，即使在气体流率很小时，搅拌也可造成气体的充分分散。而且，由于分散依赖于搅拌，而搅拌又易于控制，因而反应器操作可靠，放大也容易，可以方便地半间歇式操作。然而，也存在功率消耗较大、严重的气液相返混、转动轴密封和稳定性等问题。

搅拌鼓泡反应器广泛应用于发酵、生物化学、制药以及有机化合物的氧化、加氢、氯化等生产过程，另外，湿法冶金和废水处理也常用这种反应器。

按照气体导入方式，搅拌鼓泡反应器可分为强制分散、自吸分散和表面充气分散三种形式。采用置于搅拌器之下的各种静态预分布装置（例如分气环或多孔烧结板等）导入气体的，称为强制分散；利用搅拌桨旋转后背所形成的低压，而由中空轴吸入液面上方气体的，称为自吸分散；利用快速表面搅拌所形成的旋涡，夹带气体面使液体表层充气，并由置于下方轴流型搅拌器使气液混合均匀的，称为表面充气分散。

强制分散、自吸分散和表面充气分散的气液搅拌鼓泡反应器的典型简图示于图 6-23。一般而言，强制分散具有较大的反应条件适应性，它可以独立改变搅拌器转速和气体的通量。自吸分散和表面充气分散方式中，气体通量不是独立变量而是搅拌器转速的函数。而且，即使在高搅拌转速下，自吸分散也仅能获得较低的气体通量，因此，它

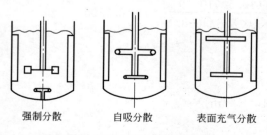

强制分散　　　自吸分散　　　表面充气分散

图 6-23 搅拌鼓泡反应器类别示意

仅适合于耗气量较少的缓慢反应；表面充气分散虽可获得很高的气含率和气体通量，但因所需转速较高，功率消耗较大，所以仅适用于高耗气量和需要强化传质（如气体溶解度极小时）的情况。应该指出，当气体需重复使用时，自吸分散和表面充气分散可不设置气体循环压缩机械。

七、鼓泡反应器的热稳定性

连续操作的鼓泡或搅拌鼓泡反应器中，由于反应器存在着严重的轴向返混，可出现多重定态[35-37]。气-液反应是多相反应，它与单相反应相比，热稳定性更为复杂，它是化学反应速率、传递速率和溶解度的共同作用的结果。其多态的数目也较单相反应为多。

气-液相均为理想混合时，气-液反应器的定态热平衡可写成

$$Q_{\mathrm{I}} \equiv (-\Delta_{\mathrm{r}}H)r_{\mathrm{A}}V_{\mathrm{R}} + (G_{\mathrm{L}}M_{\mathrm{L}}/\rho_{\mathrm{L}})c_{\mathrm{AL}}(-\Delta_{\mathrm{S}}H)$$
$$= (G_{\mathrm{L}}c_{\mathrm{PL}} + G_{\mathrm{G}}c_{\mathrm{PG}})(T-T_{\mathrm{f}}) + KA(T-T_{\mathrm{C}}) \equiv Q_{\mathrm{II}} \tag{6-92}$$

式中，Q_{I} 和 Q_{II} 分别表示气-液反应产生的热量和从反应器中排除的热量；$-\Delta_{\mathrm{r}}H$ 和 $-\Delta_{\mathrm{S}}H$ 分别表示反应焓变和溶解焓变；G_{L} 和 G_{G} 分别为气体和液体空塔摩尔流率；M_{L} 为液体的摩尔质量；r_{A} 和 V_{R} 分别为反应速率和反应体积；T、T_{f} 和 T_{C} 分别为反应器操作温度，进反应器的气、液物料的温度和冷却介质的温度；K 和 A 分别为冷却设备传热总系数和单位截面反应器中冷却表面。

上式可以改写成

$$q_{\mathrm{I}} \equiv \frac{(-\Delta_{\mathrm{r}}H)r_{\mathrm{A}}V_{\mathrm{R}} + (G_{\mathrm{L}}M_{\mathrm{L}}/\rho_{\mathrm{L}})c_{\mathrm{AL}}(-\Delta_{\mathrm{S}}H)}{G_{\mathrm{L}}c_{\mathrm{PL}} + G_{\mathrm{G}}c_{\mathrm{PG}}} = (T-T_{\mathrm{f}}) + \frac{KA(T-T_{\mathrm{C}})}{G_{\mathrm{L}}c_{\mathrm{PL}} + G_{\mathrm{G}}c_{\mathrm{PG}}} \equiv q_{\mathrm{II}} \tag{6-93}$$

Hoffman[35]等分析了单一不可逆反应绝热式连续操作理想混合型气-液反应器的多态特征，q_{I} 和 q_{II} 与反应温度 T 的关系见图 6-24。图 6-24 中呈 45°的直线为排热量 q_{II}，液相停留时间分别为 2min、4min、6min、8min 产生的热量曲线 q_{I} 有四根，其他操作参数如 k_1、E_{c}、k_{L}、D_{AL}、a、$(-\Delta_{\mathrm{r}}H)$ 及 $(-\Delta_{\mathrm{S}}H)$ 均标在左上角。由图 6-24 可见，当温度极低时，气-液反应不进行，产生的 q_{I} 由溶解热所决定，此时温度升高，气体溶解度下降，故 q_{I} 随温度升高而下降；当温度稍高后，气-液反应开始在液相主体中进行，q_{I} 随温度升高迅速增大，此时 $r_{\mathrm{A}} \propto Hk_1$；当温度再升高而达一定水平后，反应已能在液流主体中反应完毕（即 $\alpha_{\mathrm{L}}M \gg 1$），此时气-液反应由液膜传质所决定，$q_{\mathrm{I}}$ 与 T 的关系出现较为平坦的线，因气体溶解度随温度升高而下降，q_{I} 在此局部随温度上升稍有下降；继续升高温

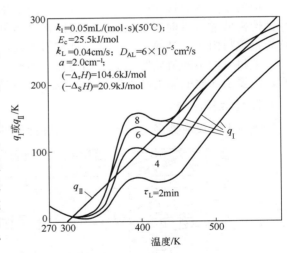

图 6-24 q_{I}、q_{II} 与 T 的关系

度，气-液反应落入快反应区间（$M \gg 1$），此时反应速率 $r_{\mathrm{A}} \propto H\sqrt{k_1}$，生成热 q_{I} 曲线将比慢反应时上升缓慢，这是由于 q_{I} 呈 0.5 次方的缘故。如此，在广泛的温度范围内，q_{I} 将呈现两次突跃升高的波形曲线，在绝热的情况下，$q_{\mathrm{II}} = T-T_{\mathrm{f}}$，其在图 6-24 中为 45°的直线，显然，$q_{\mathrm{I}}$ 和 q_{II} 之间最多只能存在 5 个交点，其交点是否稳定的判据式如下

$$\frac{\mathrm{d}q_{\mathrm{I}}}{\mathrm{d}T} < \frac{\mathrm{d}q_{\mathrm{II}}}{\mathrm{d}T} \tag{6-94}$$

上式表示只有当 q_{I} 曲率的切线的斜率小于 q_{II} 直线的斜率时，交点才是热稳定的。由图 6-24 可见，5 个交点中第 2 点和第 4 点（自低温计数起）不符合上述判据式，因而是不稳定的；而奇数的交点，即

第1点、第3点和第5点满足式（6-94）的关系，因而是稳定的。然而，只有第3点是满足反应的合适温度要求的。因此，由图6-24可见，只有在合适的液相停留时间 τ_L 才能获得合适温度下的稳态操作点，而 $\tau_L > 8\min$ 或 $\tau_L < 2\min$ 时就不能获得良好的气-液反应操作点。

Hoffman[35]的研究还表明，反应速率常数的大小还对起燃和熄火时的液相停留时间有较大的影响，如果 k_1 值减小，则起燃和熄火的液相停留时间都将增长；反之，k_1 值增大，起燃和熄灭的液相停留时间则相应缩短。

第六节　填料反应器

填料塔是工业上进行气-液反应最常见的形式，这是因为填料塔具有结构简单、压力降小、易于适应各种腐蚀介质和不易造成溶液起泡的特点，适用于瞬间反应、快速和中速反应过程。例如，催化热碱吸收 CO_2、水吸收 NO_x 形成硝酸、水吸收 HCl 生成盐酸、吸收 SO_3 生成硫酸等都使用填料反应器。填料反应器也有不少缺点，例如，无法从塔体中直接移去热量，当反应热较高时，必须借助增加液体喷淋量以显热形式带出热量；由于存在最低润湿率的问题，在很多情况下需采用自身循环才能保证填料的基本润湿，但这种自身循环破坏了逆流的原则。尽管如此，填料反应器还是气-液反应的常用设备。特别是在常压和低压下压降成为主要矛盾时和反应溶剂易于起泡时，采用填料反应器尤为适合。

一、填料特性和两相流动特征

填料必须具有较大的比表面、较高的空隙率、较强的耐腐蚀性、较好的耐久性及良好的可润湿性，并且价格低廉。目前用于填料反应器的常见填料有拉西环、鲍尔环、矩鞍形和阶梯环等。近年来，板波纹规整填料由于其高效、低压降和低材料消耗，获得了广泛的应用[38]。

填料可由不同材质所制成，如陶瓷、耐碱陶瓷、钢、铝、不锈钢、石墨和塑料等，采用何种填料材质，主要由介质的腐蚀特性所决定，以外，还要考虑填料的理化性质及经济效益等因素。

1. 泛点和压降

填料吸收反应器多为逆流操作，当进行不可逆反应时也可采用并流操作。对于逆流填充床，在液流速度恒定时，压降随气流速度的增加而增大。当气速较低时，气体的流动对填料上的液膜几乎没有影响，但当气速达到"载点"气速后，气体的逆向流动会导致填料上液膜的增厚，此时压降随气流速度的增加而急剧增高，气速进一步增大，将达到液体不能顺利流下的不稳定操作点，称为"泛点"。

填料塔的泛点和压降可以用陈敏恒[39]的关联图（见图6-25）进行计算。图6-25中纵坐标为 $\dfrac{u_{OG}^2 \phi \psi}{g}\left(\dfrac{\rho_G}{\rho_L}\right)\left(\dfrac{\mu_L}{\mu_W}\right)^{0.2}$，横坐标为 $\dfrac{G_L}{G_G}\left(\dfrac{\rho_G}{\rho_L}\right)^{1/2}$，其中 u_{OG} 为空塔气速，m/s；G_G 为气体质量流率，kg/(m² · h)；G_L 为液体质量流率，kg/(m² · h)；ϕ 为填料因子，在填料特性表中列出乱堆填料的 ϕ 的实验值，整砌填料用 a_t/ε^3 计 a_t 为填料总比表面积；ψ 为液相重度校正因子，是水与液体密度之比（ρ_W/ρ_L）。

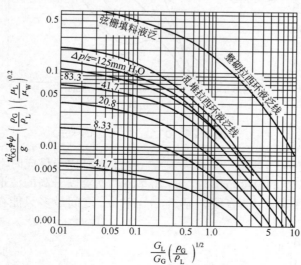

图 6-25　填料塔压降和液泛关联图
（1mmH₂O=9.80665Pa）

图 6-25 既可用于液泛条件的计算又可用于计算一般条件下填料塔的压力降。

填料塔的泛点是气体通量最高极限。在快速和中速反应的条件下，由于在有限高度的条件下需要设置足够的接触表面，填料塔中的气速常远小于泛点速度。在瞬间反应而由气膜控制的条件下，高压和中压下操作的填料塔可按泛点（通常气速达液泛速度的 50%～70%）来计算塔径；在常压和真空操作下的填料塔，由于压力降直接关系到输送动力的消耗，此时应按经济气速来计算塔径[40]。

2. 填料的持液量

填料层的持液量不仅与设备荷重有关，还与为维持正常操作所需的溶液量有关，除此以外，在反应进行较慢时，持液量的高低将直接影响反应吸收的效果，因此，填料层的持液量成为反应吸收的一个重要的参数。

填料层的持液量有动持液量 h_d 和静持液量 h_s 之分。动持液量是指喷淋液体以流动液膜或液滴状存在于塔内的液量；静持液量是指当停止喷淋液体时残存于填料层的液量。显然，总持液量等于两者之和，即

$$h_t = h_d + h_s \tag{6-95}$$

持液量的数据可归纳如下[41]

$$h_s = 1.53 \times 10^{-4} d_p^{-1.20} \tag{6-96}$$

$$h_d = 2.90 \times 10^{-5} \varepsilon Re_L^{0.66} \left(\frac{\mu_L}{\mu_W}\right)^{0.75} d_p^{-1.20} \tag{6-97}$$

$$h_t = h_s + h_d = \left[1.53 \times 10^{-4} + 2.90 \times 10^{-5} \varepsilon Re_L^{0.66} \left(\frac{\mu_L}{\mu_W}\right)^{0.75}\right] d_p^{-1.20} \tag{6-98}$$

式中，$Re_L = \dfrac{d_p \mu_{OL} \rho_L}{\mu_L \varepsilon}$；$\varepsilon$ 为干床层空隙率；d_p 为填料公称直径。

Bemer 等[42]用湍流条件来关联填料动持液量，获得

$$h_d = 0.34 a_t \left(\frac{\mu_L}{\rho_L}\right)^{2/3} \left(\frac{G_L}{a_t \mu_L}\right)^{2/3} \tag{6-98}$$

式(6-98)与拉西环和弧鞍形填料持液量的实验值误差在 20% 以内。

二、填料的润湿表面和传质系数

对于填料层气-液相的传质，早期均是以填料总比表面积 a_t 为基准，用实验数据确定 k_G 和 k_L，也有直接测定容积传质系数的。但是随着研究的不断深入，现已趋向使用润湿比表面积 a_W 的概念来关联 k_G 和 k_L。填料的润湿比表面积的关联式[43]为

$$\frac{a_W}{a_t} = 1 - \exp\left[-1.45 \left(\frac{\sigma_C}{\sigma_L}\right)^{0.75} \left(\frac{G_L}{a_t \mu_L}\right)^{0.1} \left(\frac{G_L^2}{\rho_L \sigma_L \mu_L}\right)^{0.2} \left(\frac{a_t G_L^2}{\rho_L^2 g}\right)^{-0.05}\right] \tag{6-99}$$

式中，σ_C 为填料材质的临界表面张力，即为该材料的接触角为零度时的液体表面张力。各种填料的临界表面张力的值见表 6-11。

表 6-11　填料材质的临界表面张力

填 料 材 质	$\sigma_C \times 10^3 / (\text{N/m})$	填 料 材 质	$\sigma_C \times 10^3 / (\text{N/m})$
玻璃	73	石墨	60～65
瓷质	61	铜质	71
聚氯乙烯	40	石蜡	20
聚乙烯	37		

第六章

由式（6-99）可见，填料的表面润湿率与液体的空塔质量流率、液体的物性和填料表面润湿性能有关。对于聚氯乙烯和聚乙烯等塑料材质的填料，由于材料的临界表面张力很小，填料表面湿润率就显得更低一些。为了改变这种情况。将塑料填料进行表面处理，以增大其临界表面张力从而改善其润湿性能，这是塑料填料的一个改进方向。

与式（6-99）润湿表面相适应的气相和液相传质分系数[44]分别可表示为

$$\frac{k_G RT}{a_t D_G Y_{Bm}} = 5.23\left(\frac{G_L}{a_t \mu_L}\right)^{0.7}(Sc_G)^{1/3}(a_t d_p)^{-2} \tag{6-100}$$

$$\frac{k_L d_p}{D_L} = 0.015\left(\frac{G_L}{a_t \mu_L}\right)^{0.5}\left(\frac{d_p^3 \rho_L^2 g}{\mu_L^2}\right)^{1/3}(Sc_L)^{1/2}(a_t d_p)^{0.4} \tag{6-101}$$

式中，Y_{Bm} 为气膜中惰性气体平均摩尔分数；$a_t d_p$ 值如下：球形为 3.4，条形为 3.5，拉西环为 4.7，弧鞍形为 5.6，鲍尔环为 5.8，矩鞍形为 7.1。

三、填料反应器的轴向混合

通常，填料反应器是假定气、液两相均处于平推流来设计的，但是，众多的研究指出[5]填料塔的气、液相的轴向混合会明显降低吸收效率。

关于填料塔气相轴向弥散的研究结果有较大的差导，图 6-26 列出了各研究者的研究结果比较。由图 6-26 可见，在 Pe_G 和 Re_G 的关系上不仅数值上有较大的差别，而且方向上也相互矛盾。各研究者所获得的 Pe_L' 示于图 6-27。研究结果很不一致，其中一个重要原因是各研究者所用装置的液体分布和气体分布效果不一，从而导致气、液相轴向弥散系数的差异。近来，填料塔的气体和液体分布已日益被人们所重视。关于液体分布，每平方米截面应设置约 60 个液体布液点[45]，可以达到理想的布液效果。至于气体的分布，直径大于 1m 的塔，就必须设置气体入口分布器，以使气体沿全截面分布均匀。

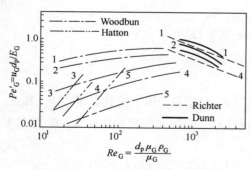

图 6-26 1″拉西环气相 Pe_G' 的比较
1—Re_L＝128；2—Re_L＝252；3—Re_L＝375；
4—Re_L＝500；5—Re_L＝825

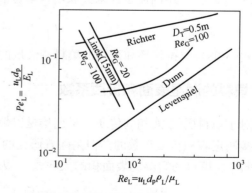

图 6-27 1″拉西环液相 Pe_L' 的比较

四、气-液接触有效表面

物理吸收的有效表面与润湿表面不相一致，在同一填料塔中，水蒸发速率要比吸收速率大一些，这是由于蒸发时所有润湿表面都为有效，而吸收时流动慢的死角（例如填料接触点之间）却不能发挥有效作用。因此，物理吸收的有效表面要较润湿表面小一些。

对于化学吸收，总润湿比表面积分为流动的比表面积 a_d（与动持液量相对应）和相对静止的比表面积 a_s（与静持液量相对应），而有效比表面积 a_e 由下式决定[46]

$$a_e = a_d + f a_s \tag{6-102}$$

式中，f 为相对静止表面与动表面的吸收速率之比，并得出拟一级反应时，$f = 0.87$；物理吸收时，$f = 0.078 \sim 0.1$；瞬间反应且反应剂浓度较低时，$f = 0.06 \sim 0.080$。

五、填料反应器有效高度的计算

填料吸收反应器虽然存在较为严重的气、液相各自的返混，但是由于此返混尚未有较好的模型加以预计，至今，工程上应用的设计计算方法仍是假定气、液两相均呈平推流状态，然后将设计计算结果再考虑一定的安全系数，当然，此安全系数具有较大的经验性。

在气、液相处于平推流状态下，填料吸收反应器的所需高度 L 可由微元高度 dZ 的微分速度式积分而得

$$-G' d \left(\frac{y}{1-y} \right) = K_G a p (y - y^*) dZ$$

则塔高

$$L = G' \int_{y_2}^{y_1} \frac{dy}{K_G a p (1-y)^2 (y - y^*)} \tag{6-103}$$

式中，G' 为填料塔内不被吸收的惰性物料的空塔摩尔流率，$kmol/(m^2 \cdot s)$；y、y^* 分别为气相中被吸收组分的摩尔分数和液流主体中被吸收组分平衡摩尔分数；y_1、y_2 分别为进、出吸收塔气体中被吸收组分摩尔分数；K_G 为气相总传质系数，$kmol/(m^2 \cdot MPa \cdot s)$；$a$ 为传质比表面积，m^2/m^3。

由于在整个塔高的区间内气、液相温度和浓度一般均有变化，为此，需进行物料衡算求出气相组分和液相组分变化间的定量关系。然后，进行热衡算，确定液相温度的相应变化。最后，根据液相组分浓度和温度，计算平衡分压，即确定实际吸收过程平衡线。并根据个别不同的反应模型，确定沿塔高不同点的增大因子和相应的气膜和液膜传质系数。按式(6-27) 确定 K_G，再按式(6-103) 进行图解积分，求得计算塔高。下面介绍几种较为简单的气、液吸收系统。

1. 全塔处于气膜控制

当反应为瞬间反应且液相中活性组分 B 的浓度大于临界值时；或快速反应且很快时，全塔处于气膜控制（即 $K_G = k_G$）。此时，设计计算方法将和物理吸收相近。例如，当气体中被吸收组分较低时，式(6-103) 可简化为

$$L = \frac{G'}{k_G a p} \int_{y_2}^{y_1} \frac{dy}{y - y^*} \tag{6-104}$$

如果液流主体中 $y^* = 0$，即可认为不可逆吸收时，得

$$L = \frac{G_G}{k_G a p} \ln \frac{y_1}{y_2} \tag{6-105}$$

式中，G_G 为吸收塔中气体的空塔摩尔流速，$kmol/(m^2 \cdot s)$。

多数碱性溶液的脱硫过程，铜液吸收 CO 和 O_2 的过程和有过量反应剂的强酸和氨中和过程经常会出现这种气膜控制的情况。

2. 快速虚拟一级不可逆反应

快速虚拟一级不可逆反应系统，反应在膜内完成，其增强因子 $\beta = \sqrt{M} = \sqrt{k_2 c_{BL} D_{AL}} / k_L$，由于吸收塔内液流主体中活性组分浓度 c_{BL} 沿塔高面变化，因而也随之而改变。若考虑到 c_{BL} 在塔内的变化，推得等温逆流操作的塔高 L 的计算式[47] 为

$$L = \frac{G_G}{k_G a p} \ln \frac{y_1}{y_2} + \frac{G_G}{H \sqrt{k_2 c_{BL} D_{AL}} a p} \frac{1}{e} \ln \frac{(e+1)(e-b)}{(e-1)(e+b)} \tag{6-106}$$

式中，$e=\sqrt{1+A(y_2/y_1)}$；$b=\sqrt{1+A(y_2/y_1)-A}=\sqrt{c_{B2}/c_{B1}}$；$A=\dfrac{\nu G_G y_1}{q_L c_{B1}}$，$c_{B1}$、$c_{B2}$ 分别为进塔和出塔吸收液中活性组分 B 的浓度，$kmol/m^3$；q_L 为塔中液体的喷淋密度，$m^3/(m^2 \cdot s)$。

【例 6-6】 温度 20℃，压力 1.5MPa 含 CO_2 1% 的空气用 1mol/L NaOH 溶液逆流吸收，塔径为 0.52m，每日处理空气 50000m^3（标准状态），碱液流量 V_L 为 2.5m^3/h，反应过程按一级不可逆反应考虑，试求出口气体中 CO_2 含量为 0.005% 所需的塔高。已知 $k_G=23.5kmol/(m^2 \cdot MPa \cdot h)$，$1/H=4.5m^3 \cdot MPa/kmol$，$D_{AL}=1.77\times10^{-9}m^2/s$，$k_2=5700m^3/(kmol \cdot s)$，$a=110m^2/m^3$。

解　$G_G=5000/(24\times22.4\times0.785\times0.52^2)=439kmol/(m^2 \cdot h)$

$$V_L=2.5/(0.785\times0.52^2)=11.8m^3/(m^2 \cdot h) \qquad y_2/y_1=0.005$$

反应式 $CO_2+2NaOH=\!=\!=Na_2CO_3+H_2O$，$\nu=2$，入塔 NaOH 浓度 c_{B1} 1.0$kmol/m^3$，出塔浓度 c_{B2} 可由吸收塔的物料衡算式确定，即

$$(11.8/2)\times(1.0-c_{B2})=439\times(0.01-10^{-5})=4.37kmol/(m^2 \cdot h)$$

解得 $c_{B2}=0.260kmol/m^3$；$A=2\times439\times0.01/(11.8\times1)=0.744$；$e=\sqrt{1+A(y_2/y_1)}=\sqrt{1+0.744\times(0.00005/0.01)}=1.00185$；$b=\sqrt{0.260/1}=0.510$

$$L=\frac{439}{23.5\times110\times1.5}\ln\frac{0.01}{0.00005}+$$
$$\frac{439\times4.5}{\sqrt{5700\times1\times1.77\times10^{-9}\times3600\times110\times1.5\times1.00135}}\ln\frac{2.00185\times0.492}{0.00185\times1.512}$$
$$=0.599+6.12=6.72m$$

3. 不可逆瞬间反应[48]

对不可逆反应，当 $c_{BL}>(c_{BL})_C$ 时，则为气膜控制，此时所需高度由式（6-105）所确定。当 $c_{BL}<(c_{BL})_C$ 时，此时气、液两相都存在吸收阻力，所需高度由下式决定

$$L=\left(\frac{1}{k_G}+\frac{1}{Hk_L}\right)\frac{G_G}{ap}\frac{\ln\left[\left(1-\frac{SG_G}{V_L}\right)\left(\frac{p_{G1}+Bc_{B1}}{p_{G2}+Bc_{B1}}+\frac{SG_G}{V_L}\right)\right]}{1-\frac{SG_G}{V_L}} \qquad (6\text{-}107)$$

式中，$S=\dfrac{1}{Hp}\times\dfrac{D_{BL}}{D_{AL}}$；$B=\dfrac{D_{BL}}{\nu HD_{AL}}$；$p_{G1}$、$p_{G2}$ 分别为进塔和出塔气体中吸收组分的分压。

在吸收塔中，何处是处于 $c_{BL}=(c_{BL})_C$ 的状态，可由临界浓度的关联式 $(c_{BL})_C=\dfrac{\nu k_G D_{AL}}{k_L D_{BL}}p_G$ 和吸收塔物料衡算式 $V_L[c_{B2}-(c_{BL})_C]=\nu(G_G/p)(p_G-p_{G1})$ 联立求得。临界浓度 $(c_{BL})_C$ 为

$$(c_{BL})_C=\frac{[V_L/(SG_G)]c_{B1}+(p_{G2}/B)}{(Hk_L/k_G)+[V_L/(SG_G)]}=\frac{[V_L/(SG_G)]c_{B2}+(p_{G1}/B)}{(Hk_L/k_G)+[V_L/(SG_G)]} \qquad (6\text{-}108)$$

其相应的气相中被吸收组分分压 p_G 为

$$p_G=\frac{k_L D_{BL}}{\nu k_G D_{AL}}(c_{BL})_C \qquad (6\text{-}109)$$

由此，可将 $c_{BL}>(c_{BL})_C$ 的区间和 $c_{BL}<(c_{BL})_C$ 的区间分开来。

【例 6-7】 逆流填充塔在 0.1MPa 下用 0.6mol/L H_2SO_4 吸收 5% 的氨气，出塔气中氨希望降低至 1%，气体和液体的摩尔流率分别为 45$kmol/(m^2 \cdot h)$ 和 9$m^3/(m^2 \cdot h)$，问塔高需多少米？已知 $k_Ga=$

350kmol/(m^2 • MPa • h)，$k_La=0.5h^{-1}$，$1/H=0.0013m^3$ • MPa/kmol，$D_{AL}/D_{BL}=1$。

解　反应 $NH_3+\frac{1}{2}H_2SO_4=\!=\!=\frac{1}{2}(NH_4)_2SO_4$，即 $\nu=\frac{1}{2}$，而 $p_{G1}=0.05\times0.1=0.005MPa$，$p_{G2}=0.01\times0.10=0.001MPa$，$c_{B1}=0.60kmol/m^3$，$G_G=45kmol/(m^2 \cdot h)$，$V_L=9m^3/(m^2 \cdot h)$，$p=0.1MPa$。则全塔吸收物料衡算式为

$$9\times2\times(0.60-c_{B2})=(45/1)\times(0.05-0.01)=1.80kmol/(m^2 \cdot h)$$

解得　　　　　　$c_{B2}=0.50kmol/m^3$；$\dfrac{D_{AL}}{D_{BL}}=1$，$1/H=0.0013m^3 \cdot MPa/kmol$；

$$S=(0.0013/0.1)\times1=0.013；B=0.0013/(1/2)\times1=0.0026；$$

$$V_L/SG_G=9/(0.013\times45)=15.4；Hk_L/k_G=0.5/(0.0013\times350)=1.10$$

可计算出 $(c_{BL})_C$，即

$$(c_{BL})_C=\frac{15.4\times0.5+\dfrac{0.005}{0.0026}}{1.10+15.4}=0.583kmol/m^3$$

则相对应的　　　　　$p_G=\dfrac{0.5\times1}{350\times0.5}\times0.583=0.00167MPa$

$c_{BL}>(c_{BL})_C$ 部分所需塔高按气膜控制式(6-105)计算

$$L_1=\frac{45}{350\times0.1}\ln\frac{0.0167}{0.01}=0.659m$$

$c_{BL}<(c_{BL})_C$ 部分由式(6-107)计算

$$L_2=\left(\frac{1}{350}+\frac{0.0013}{0.5}\right)\frac{45}{0.1\times[1-(1/15.4)]}\ln\left[\left(1-\frac{1}{15.4}\right)\times\frac{0.005+0.0026\times0.583}{0.00167+0.0026\times0.583}+\frac{1}{15.4}\right]$$

$$=1.79m$$

故　　　　　　　　　$L=L_1+L_2=0.659+1.79=2.45m$

第七节　讨论与分析

一、气-液反应的特征

气-液反应是一种气相与液相之间的反应，它与均相反应有着根本不同的特性。气-液反应必须先通过气体的溶解，然后再与液相中的反应物进行反应，因此，它是气体的溶解和液相反应的结合。

由此，气-液反应的平衡也是由气液溶解平衡和反应平衡综合而成，而气-液反应的反应速率自然也是溶解传质速率和反应速率的综合结果，例如，对于一级反应而言，以气相分压为推动力的快速反应的吸收速率系数为 $H_A\sqrt{D_{AL}k_1}$，而慢反应的吸收速率系数则与 Hk_1 呈关联。因此，气-液反应速率除了与反应速率常数 k_1 有关外，还与气体的溶解度系数 H 密切相关，当然，有时还与扩散系数 D_{AL} 和液相传质系数有关。

气-液反应的一种重要特征就是反应吸收速率通常与气体的溶解度系数 H 密切相关，这是气-液反应与其他均相反应相区别的显著特征。由于这一特征，气-液反应就显示出与均相反应不相一致的性能。例如在温度影响和反应物浓度影响方面，气-液反应会显示出独特的性状。

温度影响方面：鉴于气体的溶解绝大多数为放热过程，即随着温度升高溶解度系数 H 随之降低，它往往抵消了反应速率常数 k_1 随温度升高的影响。因此，温度对气-液反应的速率的影响，常常被溶解度的反向影响抑制了。对一级快速反应过程而言，如果 $\sqrt{D_{AL}k_1}$ 的温度有利影响被溶解度系数 H 的不

利影响刚好对消，则反应吸收速率系数将与温度无关，例如，氨水碳化过程实验数据表明，吸收速率系数确实与温度无关[49]。对慢反应而言，吸收速率系数与温度的影响将取决于溶解热和反应活化能的相对大小，如果溶解热高于反应活化能，则吸收速率系数则随温度升高而下降，反之，吸收速率系数则随温度升高。如果气-液反应是可逆的，即反应系统存在一定的平衡分压，温度升高还会引起平衡分压的上升，在温度升高会引起吸收速率系数上升的情况下，则必然有一个吸收速率最大的最佳温度存在。

反应物浓度影响方面：溶液反应物浓度升高通常会使反应速率加速，但是，当反应物浓度增高时，由于溶液中反应物和生成物浓度都将随之升高，气体在溶液中的溶解度系数 H 将随之降低（参见本章第一节），而且，溶液浓度的增加还会使黏度增大，并带来扩散系数和传质系数的下降，因此，对多数气-液反应系统，有一个最佳浓度的存在，例如，对 MDEA 水溶液吸收 CO_2（脱碳）而言，实验室模拟脱碳装置中获得其最佳浓度为 $3.0kmol/m^3$[50]。

各种气-液反应系统其反应特征是不同的，为充分了解其性能，可以寻找有关专业文献，如果找不着，可以在实验室中进行测定，以真实地反映该气-液反应的实质。

当带有平行或连串副反应进行气-液反应时，既获得较高的转化率又要获得较高的选择性就成为十分重要的问题。这一问题，目前工程界研究得尚属不够，有待进一步深入研究。有关这方面可参阅文献[51,52]。

二、气-液反应器的适应性

由于填料反应器的持液量不大，且塔内不易排除热量，它仅适用于中速和快速的而热效应又不太大的气-液反应，它具有阻力小和逆向返混较低的优点，在气体净化领域中得到广泛的应用。

鼓泡反应器和搅拌鼓泡反应器由于具有较大的持液量，适宜于慢速气-液反应过程，而且鼓泡反应器可以方便地内置传热元件以排除反应热量，因此，它也适宜于热效应较大的气-液反应。搅拌鼓泡反应器更适用于黏度高的非牛顿型流体的反应系统。

除此以外，当液相转化率需要较高而反应又是可逆的，液相与气相需要多级接触时，采用板式反应器将是合适的，它与填料反应器相比，具有不受最小喷淋密度的限制，而且也可在塔板上安置传热元件排去反应热量的优点。

有时，反应器的选型有很大的经验性，工业上已用的形式通常是可行的，但不一定是最佳的，但若要变更它却是很不容易的。

在工业实践中，更常碰到已有反应器的高效化课题，以适应日益增大生产能力和降低消耗的要求。

填料反应器是古老的设备，它由于阻力低，带来了气、液均匀接触设计的困难性。从收集到的国内外的填料反应器的设计来看，气、液均匀接触的问题尚未普遍解决。要解决流体沿全截面均匀分布的问题，必须使用动量交换流动的理论以设计流体的初级分布。此外，目前液体二级分布均采用浸没式孔流分布，孔口上方需保持 50～100mm 的液位以确保液流均匀分布。一般而言，此气、液均匀接触的设计可使过去设计的填料反应器生产能力提高 15%～30%。

填料反应器基本接触单元为填料。为了降低填料的制作成本，如何能保持足够的强度和刚度的前提下降低制作材料的厚度，已成为当今填料发展重要的方向之一。近年来推广应用的板波纹规整填料是由 0.2mm 不锈钢板压制而成，构成了单位传质表面金属消耗量低、空隙率高、阻力降低的优点。当反应系统较为清洁情况下，采用 $200m^2/m^3$ 板波纹规整填料，更换原 $\phi38～50mm$ 散装填料，可使填料反应器的生产能力增大 40%～60%。

鼓泡反应器中，气体分布也是一个重要的问题，气体分布不良，不仅会引起气相转化率下降，而且也会增大液相返混，降低液相反应效果。鼓泡反应器的气体分布具有"介稳"效应，即一旦发生少量不均匀分布，由于液层气体量不均匀分布，致使走气多的局部液层静压下降，这将愈益使该局部气量增大，使气体分布愈来愈恶化，直至气体将该处液层击穿为止。为了避免这种情况的发生，气体分布器的压降需取得足够的高以克服鼓泡反应器液面的波动的影响，对大型鼓泡反应器，此波动可高达 $200\sim300$mm。

鼓泡反应器具有较高的持液量以利于慢反应的进行，但是，必须尽可能使鼓泡反应器的液相容积保持有效的状态，即保持与气相处于均匀的接触状态。因此，任何内构件的设置都必须确保不影响气、液的均匀接触。

参 考 文 献

[1]　International Critical Tables：Vol Ⅲ．New York：McGraw Hill，1928：261．

[2]　日本化学会．化学便览基础编Ⅱ．东京：丸善株式会社，1975：775．

[3]　Bettino R，Clever H L．The solubility of gases in liquids．Chem Rev，1966，66：395-453．

[4]　Ueyama K，Hatanaka J．Mass transfer limitations in Fischer-Tropsch slurry reactions．Chem Eng Sci，1982，57：790-791．

[5]　张成芳．气液反应和反应器．北京：化学工业出版社，1985．

[6]　Carberry J J．Chemical and Catalytic Reaction Engineering．New York：McGraw Hill，1976．

[7]　Danckwerts P V．Gas-Liquid Reactions．New York：McGraw Hill，1970．

[8]　Huang C J，Kuo C H．Mathematical models for mass transfer accompanied by reversible chemical reaction．AIChE J，1965，11：901-910．

[9]　Ramachandran P A，Sharma M M．Simultaneous absorption of two gases．Trans Inst Chem Engrs，1971，49：253-280．

[10]　Jhaveri A S．Absorption a gas into a solution containing two reactions．Chem Eng Sci，1969，24：1738-1740．

[11]　Xu Guowen，Zhang Chengfang，Qin Shujun，et al．Kinetics study on absorption of carbon dioxide into solution of activated methyl-diethanolamine．Ind Eng Chem Res，1992，31：921-927．

[12]　Xu Guowen，Zhang Chengfang，Qin Shujun，et al．Desorption of CO_2 from MDEA and activated MDEA solutions．Ind Eng Chem Res，1995，34：874-880．

[13]　Mersmann A，et al．Absorption and absorbers．Ger Chem Eng，1979，2：249-258．

[14]　Shah Y T，et al．Design parameters estimations for bubble Column Reactors．AIChE J，1982，28：353-397．

[15]　Akita K，Yoshida F．Bubble size interfacial area and liquid-phase mass transfer coefficient．Ind Eng Chem Proc Des Dev，1974，13：84-91．

[16]　Falkov N N．Determination of the phase-contact area in bubbling columns with high liquid layers．Int Chem Eng，1973，13：240-245．

[17]　Hughamark G A．Holdup and mass transfer in bubble column．Ind Eng Chem Proc Des Dev，1967，6：218-220．

[18]　Koide K．Behavior of bubbles in large scale bubble column．J Chem Eng Japan，1979，12：98-104．

[19]　van Landeghen H．Multiphase reactors：mass transfer and Modeling．Chem Eng Sci，1980，35：1912-1949．

[20]　Павлов В П．Ццркуляция житкости в барбатаж ном аппарате периодического деиствия Хим．Пром，1965：698-700．

[21]　韩威，冯朴苏，沈自求．气升式环流反应器中气含率的研究．化工学报，1985，2：225-232．

[22]　Blenke H，Bohner B，Schuster S．Beitrag Zur Optimalen Gestaltung Chemischer Reaktoren．Chem Ing Tech，1965，37：289-294．

[23]　Towell G D．Proc 2nd Int Symp Chem Reaction Eng．Amsterdam：1972：B3-1．

[24]　Pavlica R T，Olson J H．Unified design method for continuous-contact mass transfer operations．Ind Eng Chem，1970，62（12）：45-48．

[25]　Mangartz K H，Pilhofer Th．Verfahrenstechnik（Mainz），1980，14：40-46．

[26]　Field R W，Davidson J F．Axial dispersion in bubble columns．Trans Instn Chem Engs，1980，58：228-236．

[27]　Deckwer W D．Mixing and mass transfer in tall bubble columns．Chem Eng Sci，1974，29：2177-2188．

[28]　Hikita H，Kihu Kawa H．Liquid-phase mixing in bubble columns：Effect of Liquid Properties．Chem Eng J，1974，8：191-197．

[29]　Deckwer W D．Zones of different mixing in the liquid phase of bubble columns．Chem Eng Sci，1973，28：1223-1225．

[30]　Badura R．Mixing in bubble column．Chem Ing Tech，1974，46：339-341．

[31]　Baird M H J，Rice R G．Axial dispersion in large unbaffled columns．Chem Eng J，1975，9：171-174．

[32]　Joshi J B，Sharma M M．Mass transfer characteristics of horizontal sparged contactors．Trans Instn Chem Engs，1976，54：42-53．

[33]　Levenspiel O，Bischoff K B．Backmixing in the design of chemical reactors．Ind Eng Chem，1959，51：1431-1434．

[34]　Deckwer W D．Bubble column reactors-their modeling and dimensioning．Int Chem Eng，1979，19：21-32．

[35]　Hoffman L A．Steady state multiplicity of adiabatic gas-liquid reactors．AIChE J，1975，21：318-326．

[36] Ding J S Y. Steady-state multiplicity and control of the chlorination of liquid n-decane in an adiabatic continuously stirred tank Reactor. Ind Eng Chem Fundem，1974，13：76-82.

[37] Raghuram S，Shah Y T. Criteria for unique and multiple states for a gas-liquid reaction in an adiabatic CSTR. Chem Eng J，1977，13：81-92.

[38] 袁渭康，王静康，费维扬，等. 化学工程手册. 3版. 北京：化学工业出版社，2019.

[39] 陈敏恒，丛德滋，方图南，等. 化工原理（下册）. 3版. 北京：化学工业出版社，2006.

[40] 马立斯，杰克逊. 填充吸收塔的设计. 上海：科技卫生出版社，1950.

[41] 高橋照男，赤木靖春. ケミカル ュンジニせリング，1981，26：900-905.

[42] Bemer G G，Kalis G A. A new method to predict hold-up and pressure drop in packed columns. J Trans Inst Chem Engrs，1978，56：200-204.

[43] 恩田格三朗，竹内宽，小山恭章. 化学工学，1967，31：126-129.

[44] Onda K，et al. Mass transfer coefficients between gas and liquid phases in packed columns. J Chem Eng Japan，1968，1：56-61.

[45] Terveer K J R，et al. The influence of the initial liquid distribution on the efficiency of a packed column. Chem Eng Sci，1980，35：759-761.

[46] Patwardkan V S. On gas-liquid mass transfer in packed trickle beds. Chem Eng Sci，1979，34：436-437.

[47] Porter K E. Absorption with an infinitely rapid chemical reaction in towers. Trans Inst Chem Engrs，1963，41：320-325.

[48] Secor R M，Southworth R W. Gas absorption with pseudo first chemical reaction. AIChE J，1961，7：705-707.

[49] 郑志胜，钦淑均，沈小耀，张成芳. 低碳化度氨水吸收二氧化碳速率的研究. 华东化工学院学报，1984（2）：137-146.

[50] XuZhang，Cheng-Fang Zhang，Guo-Wen Xu，et al. An experimental apparatus to minic CO_2 removal and optimun concentration of MDEA aqueous solution. Ind Eng Chem Res，2001，40：898-901.

[51] Brian P L T，Beaverstock M C. Gas absorption accompanied by a two-step chemical reaction. Chem Eng Sci，1965，20：47-56.

[52] van de Vusse J G. Consecutive reactions in heterogeneous systems. Chem Eng Sci，1966，21：631-643.

习　题

6-1 碳酸盐溶液吸收 CO_2，其反应为 $CO_2 + CO_3^{2-} + H_2O \rightleftharpoons 2HCO_3^-$，若起始碳酸盐浓度为 N，而溶液中 $\dfrac{[HCO_3^-]}{[HCO_3^-] + 2[CO_3^{2-}]} = R$。试从此化学反应的汽-液平衡关系推导该溶液上的 CO_2 平衡分压的理论表达式 $P^*_{CO_2} = \dfrac{2NR^2}{K'H_{CO_2}(1-R)[H_2O]}$；

又若实验得出 CO_2 平衡分压的表达式为

$$P^*_{CO_2} = \frac{AR^2N^{1.29}}{H_{CO_2}(1-R)(B-t)} \text{(mmHg)}$$

对 0.5～2mol/L，Na_2CO_3 溶液 $t = 18～65℃$，$A = 76$，$B = 185$。对 1～2mol/L，K_2CO_3 溶液 $t = 0～40℃$，$A = 25$，$B = 150$。试讨论理论式和实验式的异同和其原因。

6-2 一级不可逆反应过程，已知 $k_L = 10^{-4}$m/s，$D_L = 1.5 \times 10^{-9}$m²/s，试讨论：

（1）反应速率常数 k_1 高于什么数值时，将是膜中进行的快反应过程；k_1 低于什么数值时，将是液流主体中进行的慢反应。

（2）如果 $k_1 = 0.1s^{-1}$。试问 a_L 达到多大以上反应方能在液流主体中反应完毕，此时传质表面上的平均液体厚度将是多少？

（3）如果 $k_1 = 10s^{-1}$，$a_L = 30$，试求 η 和 β。

6-3 铜液吸收 O_2 为快速不可逆反应，其反应为

$$2Cu(NH_3)_2^+ + \frac{1}{2}O_2 + 2NH_3 + 2NH_4^+ \longrightarrow 2Cu(NH_3)_4^{2+} + H_2O$$

今在 12.0MPa 下吸收 0.1% 的氧气，已知 $k_g = 5.0$kmol/(m²·MPa·h)，$k_1 = 2 \times 10^{-4}$m/s，$D_{O_2,L}/D_{Cu(NH_3)_2^+,L} = 1$，试求含 $Cu(NH_3)_2^+$ 为 2.0kmol/m³ 的铜液吸收氧气的吸收速率。

6-4　以 NaOH 吸收 CO_2 溶液中的 NaOH 浓度为 0.5mol/L，如果 $k_g = 5.0$ kmol/($m^2 \cdot$ MPa $\cdot$ h)，$k_L = 5 \times 10^{-5}$ kmol/($m^2 \cdot$ MPa $\cdot$ h)，二级反应速率常数 $k_2 = 10^{-4}$ m^3/(kmol $\cdot$ s)，$H_{CO_2} = 0.25$ kmol/($m^3 \cdot$ MPa)，$D_{CO_2,L} = 1.8 \times 10^{-9}$ m^2/s，$D_{B,L}/D_{CO_2,L} = 1.7$，试求该碱液与含 CO_2 分压为 0.005MPa 的气相相接触时的吸收速率。并问它的反应模型可否视作虚拟一级反应？

6-5　对 $A + B \Longleftrightarrow Q$ 的瞬间可逆反应吸收过程，当 B 浓度很高而在膜中可视为常量，且 $D_{Q,L}/D_{A,L} = 1$，试推导此反应吸收的增强因子为 $\beta = (1 + Kc_B)$，并讨论其意义。

6-6　气体含 CO_2 2.5%，用 1.7kg/m^3 的乙醇胺溶液洗涤至出口含 CO_2 2×10^{-3}%，塔操作压力为 2.0MPa，空塔气速 $G = 3.16 \times 10^{-2}$ kmol/($m^2 \cdot$ h)，若其反应可视作虚拟一级反应处理，并不计乙醇胺溶液的 CO_2 平衡分压和吸收过程的浓度变化，试求所需塔高。

已知：$k_L = 2.2 \times 10^{-4}$ m/s，$k_g = 2.08$ kmol/($m^2 \cdot$ MPa $\cdot$ h)，$H_{CO_2} = 0.25$ kmol/($m^3 \cdot$ MPa)，$a_L = 140$ m^2/m^3，$D_{CO_2,L} = 1.4 \times 10^{-9}$ m^2/s，二级反应速率常数 $k_2 = 1.02 \times 10^{-4}$ m^3/(kmol $\cdot$ s)。

6-7　气体中 CO_2 在 $\phi 2000$mm 塔中被 40℃的氨水鼓泡吸收，CO_2 含量由 10% 降低至 1%，气量为 6500m^3 (STP)/h，设氨水与 CO_2 二级反应速率常数为 300m^3/(kmol $\cdot$ s)，鼓泡层液相混合均匀，氨水中游离氨为 0.3mol/L，操作压力 0.56MPa，反应过程可视为虚拟一级不可逆反应，试求鼓泡层的 ε、a、d_{VS} 和该塔所需多少净有效高度。

已知：$H_{CO_2} = 0.146$ kmol/($m^3 \cdot$ MPa)，$D_{CO_2,L} = 1.5 \times 10^{-9}$ m^2/s，$k_L = 3 \times 10^{-4}$ m/s，$k_g = 1.0$ kmol/($m^2 \cdot$ MPa $\cdot$ h)；氨水物性 $\rho_L = 960$ kg/m^3，$\mu_L = 0.9 \times 10^{-3}$ Pa $\cdot$ s，$\sigma_L = 6 \times 10^{-2}$ N/m。

第七章 流-固相非催化反应

○○ —— ○○ ○ ○○ ——

流-固相非催化反应（简称流-固相反应）是一类重要的化学反应，这类化学反应有两种相态的反应物或产物，一是流体相（气相或液相），另一是固相[1-4]。电力工业中煤的燃烧、化学工业中煤或焦炭的气化、有色冶金中矿石的焙烧和矿石的化学浸取、工业气体净化中氧化锌脱除硫化氢、工业催化中固体氧化态催化剂的还原、石油化工中固体催化剂结焦后的烧焦等都是流-固相非催化反应。与气-固相催化反应不同，这类反应的固相不是催化剂而是反应物或产物。反应过程中，固相颗粒内部性质随时间而变化，此类反应实质上具有非定态的特性。

流-固相非催化反应是一类比较复杂的反应，其复杂性在于：①有些流-固相反应，在反应时固体粒子的体积基本不变，如硫铁矿的焙烧，另一些则在反应时体积缩小，如煤的燃烧和制气；②有些流-固相反应，因固体粒子孔径较大，整个粒子内各处均匀反应，另一些则因固体粒子孔径较小，反应从外表面起渐向中心推进；③有些流-固相反应器内颗粒的粒径基本上是均匀的，另一些流-固相反应器颗粒大小是不均匀的；④进行流-固相反应的反应器，除固定床外，还有流化床或气流床反应器，流体相与固相之间的流动情况复杂，反应器的数学模拟设计的难度比固定床大得多。

本章在讨论流-固相非催化反应分类的基础上，着重讨论最基本的模型——收缩未反应芯模型，简要介绍其他模型，从工程角度讨论流-固相非催化反应器的主要特征。

第一节 流-固相非催化反应的分类及特点

一、流-固相非催化反应的分类

流-固相非催化反应可分为气-固相非催化反应和液-固相非催化反应两大类。

（一）气-固相非催化反应 [5-8]

气-固相非催化反应在煤炭燃烧、有色金属高温干法冶炼、纯碱制造、催化剂还原活化等领域有着广泛的应用，基于不同的反应物和产物的物相结合方式，气-固反应可分成以下 5 类。

1. 固 A ——→ 固 B + 气 C

这是固体分解反应，是工业上金属氧化物制备的主要方法。金属盐类、金属氢氧化物、金属酸盐、金属氧化物的水合物、金属络合酸盐、金属复盐的热分解均属此类反应。典型的反应有

$$CaCO_3(s) \longrightarrow CaO(s) + CO_2(g)$$
$$2NaHCO_3(s) \longrightarrow Na_2CO_3(s) + H_2O(g) + CO_2(g)$$

金属的盐类或氢氧化物分解制备金属氧化物超细粉末，通常具有较高的活性，在精细化工产品、陶

瓷材料基料、催化剂及其载体领域等许多高新技术材料的生产中得到广泛的应用。

核工业中，铀酰盐的煅烧分解是制备核燃料所需铀氧化物的重要过程，反应如下

$$(NH_4)_2U_2O_7(s) \longrightarrow 2UO_3(s) + 2NH_3(g) + H_2O(g)$$

2. 固 A + 气 B ⟶ 固 C

这类反应的典型实例是各类金属及其低价氧化物的氧化，气体在固体表面上的化学吸附，以及某些特殊固相产品的制备，例如：

$$4Fe(s) + 3O_2(g) \longrightarrow 2Fe_2O_3(s)$$
$$CaC_2(s) + N_2(g) \longrightarrow CaCN_2(s) + C(s)$$

3. 固 A + 气 B ⟶ 气 C

这类反应是固体气化反应。在化工生产中有广泛应用，例如煤的燃烧和气化、金属化合物的卤化等。

煤的燃烧反应是能源工业中极为重要的化学反应。

$$C(s) + O_2(g) \longrightarrow CO_2(g)$$

煤的气化反应是制备合成气的主要方法。

$$C(s) + H_2O(g) \longrightarrow CO(g) + H_2(g)$$
$$2C(s) + O_2(g) \longrightarrow 2CO(g)$$

金属化合物的卤化反应是制备金属卤化物的主要方法。

$$TiO_2(钛铁矿)(s) + 2Cl_2(g) \longrightarrow TiCl_4(g) + O_2(g)$$
$$UF_4(s) + F_2(g) \longrightarrow UF_6(g)$$

钛铁矿氯化后得到 $TiCl_4$，进一步高温氧化可得到钛白粉；UF_4 进一步氟化制备 UF_6，是生产核燃料的重要过程之一。

4. 固 A + 气 B ⟶ 固 C + 气 D

这类反应在气-固相非催化反应中最为普遍，其工业应用和涉及的技术领域更为广泛。

金属硫化物矿石的氧化焙烧和铁矿的直接还原，是冶金工业的主要反应。

$$4FeS_2(s) + 11O_2(g) \longrightarrow 2Fe_2O_3(s) + 8SO_2(g)$$
$$2ZnS(s) + 3O_2(g) \longrightarrow 2ZnO(s) + 2SO_2(g)$$

金属氧化物催化剂的还原也是这类反应的工业应用实例。

$$CuO(s) + H_2(g) \longrightarrow Cu(s) + H_2O(g)$$

氧化锌脱硫及有机硫的转化，也属于这类反应。

$$ZnO(s) + H_2S(g) \longrightarrow ZnS(s) + H_2O(g)$$

在稀有元素和核燃料生产中，这类气-固相反应也占有重要地位，例如金属氧化物的还原反应与 UO_2 的氢氟化反应。

$$WO_2(s) + 2H_2(g) \longrightarrow W(s) + 2H_2O(g)$$
$$UO_2(s) + 4HF(g) \longrightarrow UF_4(s) + 2H_2O(g)$$

5. 气 A + 气 B ⟶ 固 C + 气 D

这类反应是气相反应物向固相产物的转化，是制备超细粉末材料的一种重要的工业方法，例如 $TiCl_4$ 气相氧化生产 TiO_2 的反应及某些特种高温陶瓷粉末的制备反应。

$$TiCl_4(g) + O_2(g) \longrightarrow TiO_2(s) + 2Cl_2(g)$$
$$TiCl_4(g) + CH_4(g) \longrightarrow TiC(s) + 4HCl(g)$$

气-固相非催化反应是一类重要的反应，在超细材料制备和核工业发展中起着重要作用。在纳米颗粒制备过程的气相淀积法就是上述第 5 类反应。在核工业中，出于国防的需要，出于对核燃料的急迫需求，对铀转化反应过程及其反应器的研究投入了大量的人力和物力，其研究的广度和深度，远远超过了一般生产过程，从反应动力学到反应器设计开发都取得了相当丰富的成果，使核燃料的生产工艺和装备

在气-固相非催化反应工程领域始终处于相对领先的地位，同时也为学科的发展起到了重要的作用。

（二）液-固相非催化反应

液-固相非催化反应在磷肥、无机盐、有色金属湿法冶金和核能原料制备中广泛应用。这类反应一般是用酸、碱或碱性溶液处理固相原料，即化学浸取。基于不同的反应物和产物的物相结合方式，液-固相非催化反应也可分成以下 5 类。

1. 固 A + 液 B —→ 固 C + 气 D

这类反应是伴有气体生成的固体分解反应。其典型的实例是氟磷灰石与硫酸、磷酸的反应[9]。

$$2Ca_5F(PO_4)_3(s)+7H_2SO_4(l)+3H_2O === 3Ca(H_2PO_4)_2 \cdot H_2O(s)+7CaSO_4(s)+2HF(g)\uparrow$$
$$Ca_5F(PO_4)_3(s)+7H_3PO_4(l)+5H_2O === 5Ca(H_2PO_4)_2 \cdot H_2O(s)+HF(g)\uparrow$$

2. 固 A + 液 B —→ 固 C + 液 D + 气 E

这类在固体分解过程中，生成新的固相、液相，同时伴有气体生成。典型反应[10]如下

$$Ca_5F(PO_4)_3(s)+5H_2SO_4(l)+10H_2O === 5CaSO_4 \cdot 2H_2O(s)+3H_3PO_4(l)+HF(g)\uparrow$$

3. 固 A + 液 B —→ 液 C

这类反应中液体与固体反应生成另一种液体，典型反应有硫酸与铀矿石反应生成硫酸铀酰[11]，即

$$UO_3(s)+H_2SO_4(l) === UO_2SO_4(l)+H_2O(l)$$

4. 固 A + 液 B —→ 固 B

这类反应中液体与固体反应，生成另一种固相产物，典型反应有硫酸分解钛铁矿[12]，即

$$FeTiO_3(s)+2H_2SO_4(l) === TiOSO_4(s)+FeSO_4 \cdot 2H_2O(s)$$

5. 固 A + 液 B —→ 固 C + 液 D

这是一类固相与液相反应物生成另一种固相与液相产物的反应。典型反应有硼镁矿的碱解[13]及锌精矿用三氯化铁分解的反应[14]。

$$2MgO \cdot B_2O_3(s)+4NaOH(l) === 4NaBO_2(l)+2Mg(OH)_2(s)$$
$$ZnS(s)+2FeCl_3(l) === ZnCl_2(l)+2FeCl_2(l)+S(s)$$

液-固相非催化反应广泛地应用于矿石的湿法化学加工，为了使产物固相能从萃取液中分离，也可用浸取剂和萃取剂联合处理矿石，使浸取产物迅速转移到萃取液中得到分离，称为浸取-萃取联合过程[13]。

二、流-固相非催化反应的特点

流-固相非催化反应有以下特点[7]。

（1）**反应类型的多样性**　如上所述，无论是气-固相或液-固相非催化反应，都有多种类型，对于不同类型的反应，工艺流程不同，工艺操作参数不同，反应器不同，必须根据反应类型的特点进行过程与装备的设计与开发。

（2）**固相物料的多样性**　流-固相非催化反应所加工的固相物料种类繁多，物性各异：有的是天然矿物，有的是人工制备品；有的是球形等定形颗粒，有的是无定形颗粒；有的是厘米级大颗粒，有的是微米级小颗粒；有的是均匀颗粒，有的是粒度相差很大的非均匀颗粒；有的是坚硬、致密颗粒，有的是易脆、疏松颗粒；有的流动性良好，有的黏性很大而易于团聚。不同性质的固体颗粒，不仅对其输送、供料和在反应器中的流动状况不同，而且影响反应体系的总体动力学行为，影响对反应器形式的选择与设计。

（3）**反应器形式的多样性**　流-固相非催化反应的反应装备有的是间歇反应器，有的是连续反应器；在连续反应器中，固定床、移动床、流化床、气流床等反应器形式都有使用；某些气-固相非催化反应的流化床与气流床反应器，有的器外设置吹出颗粒的回收装置，有的对吹出的粒子不回收。

（4）固体颗粒的转化率高　　无论是用气体或是液体对固相进行化学加工的反应体系，都要求固相物料的转化率高。因此，不应使用固相返混严重的反应器，而是采用流-固逆流接触设备。但是，存在固相物料返混的装备（如流化床）的传热效率比逆流设备高，这就要求兼备传热效率高和固相转化率两方面性能良好的反应器。

对于可逆放热的气-固相非催化反应，与气-固相催化反应一样，存在最佳温度问题。沿反应器流动方向要有温度与转化率的合理分布，否则难以得到高转化率的合格产品。

（5）气-固相非催化反应的反应温度高　　多数气-固相非催化反应属高温焙烧或高温煅烧反应，反应温度在500℃以上，有的还兼有强腐蚀性介质。这就要求反应器的材料采用高温下抗腐蚀的特殊合金，或内衬耐火砖。固相加工的高温焙烧或煅烧反应，为防固体粉末的析出和气体的外逸，对反应器的密封和结构有特殊的要求。

三、流-固相非催化反应的研究方法[7]

流-固相非催化反应工程是化学反应工程的一个组成部分，它除了把研究体系局限于流-固反应所引起的一些特定问题，其基本内容和研究方法与其他反应过程并无原则区别。

流-固相反应器内进行的过程十分复杂，除了流体与固相颗粒之间的颗粒级宏观反应过程，还伴随着反应器中物料流动和混合以及热量和质量传递的反应器级宏观反应过程。研究流-固相非催化反应时，首先要确定其反应模型。根据固相物料的不同结构，已提出了多种反应模型，主要模型有：收缩未反应芯模型，整体反应模型，有限厚度反应区模型，微粒模型等。最常用的模型是收缩未反应芯模型，又可分为颗粒大小不变与颗粒逐渐减小两种情况。

研究流-固相非催化反应，要用"冷模"试验研究两相流动行为，用"热模"试验研究反应参数对反应性能的影响。

反应器内流-固两相的流动行为，对流-固接触效率与热、质传递都有很大影响，是反应器设计和放大所必备的知识。通常是在较大的实验装置中模拟类似工业反应器中的冷态流动行为，测取有关数据，采用数学方法加以归纳，建立经验的或半经验的数学方程。但是，这些数据或方程的应用只能局限在与实际体系基本相似的条件下，并严格地限制在实验的范围内，数据的外推经常会导致失效。这种研究方法通常称为"冷模"实验。

目前虽然采用数学模拟方法解决流-固相非催化反应器的放大设计已有成功的范例，但是，由于模型的过于简化从而导致所得结果与实际复杂过程之间不相一致则是时常发生的。因此，工程上还要依靠逐级放大，半工业规模的扩大试验仍然是进行新工程设计不可缺少的步骤，此即"热态"试验，从中获取更接近实际水平的设计参数；并对反应动力学和"冷模"试验结果加以检验。

第二节　流-固相非催化反应模型

为了研究流-固相非催化反应的总体速率，需要选择合适的反应模型。对模型的要求，既要能反映实际情况，又要便于数学处理。根据固相颗粒的不同结构，许多学者对流-固相非催化反应建立了不同的反应机理模型。

一、收缩未反应芯模型[1, 2]

收缩未反应芯模型简称缩芯模型（shrinking core model），是应用最广泛的流-固相非催化反应模型，其特征是反应只在固体颗粒内部产物与未反应固相的界面上进行，反应表面由表及里不断向固体颗粒中心收缩，未反应芯逐渐缩小。缩芯模型有两种情况。①反应过程中颗粒大小不变，有固相惰性物残留或有新的固相产物生成。此种情况下，反应开始时的反应界面是颗粒外表面，随着反应的进行，反应物流体要通过固体产物层或惰性物残留层扩散到反应界面，与未反应物进行反应。固体产物层或惰性物残留层不断向内收缩，未反应芯缩小，反应界面不断内移。这种情况一般在固体反应物无孔时或化学反应速率相对较快、流体扩散相对较慢时才发生，见图7-1。②反应过程中，不生成固体产物也无惰性物料残留，固体颗粒不断缩小。此时反应产物仅为流体。

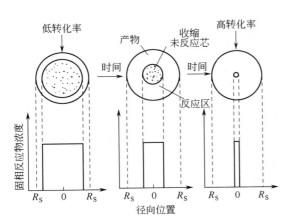

图 7-1　流-固相收缩未反应芯模型

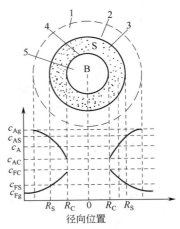

图 7-2　颗粒大小不变时流-固反应步骤及浓度分布
1—流体滞流膜；2—颗粒外表面；3—固体产物层；
4—收缩未反应芯界面；5—收缩未反应芯

以下述流-固相反应为例：

$$A(f) + bB(s) \longrightarrow fF(f) + sS(s)$$

与气-固相催化反应过程类似，当固体颗粒大小不变时，整个反应过程由以下几步骤组成：①流体反应物 A 由流体主体通过固体颗粒（半径为 R_S）外面的流体膜扩散到颗粒外表面，即反应物外扩散过程，浓度由 c_{Ag} 减低到 c_{AS}，其浓度梯度是常量；②流体反应物 A 由颗粒外表面通过固体产物层（或惰性残留层）扩散到收缩未反应芯（半径为 R_C）的界面，即反应物内扩散过程，浓度由 c_{AS} 减低到 c_{AC}，其浓度梯度也是常量；③流体反应物 A 与固相反应物 B 在半径为 R_C 的界面上进行反应，即表面化学反应过程；④流体产物 F 通过固体产物层（或惰性残留层）扩散到颗粒外表面，即产物内扩散过程，浓度由 c_{FC} 减低到 c_{FS}；⑤流体产物 F 由颗粒外表面通过流体膜扩散到流体主体，即产物外扩散过程，浓度由 c_{FS} 减低到 c_{Fg}。上述浓度分布见图7-2。以上 5 个步骤都是串联进行的。

当颗粒不断缩小，即无固相产物，仅有流体产物时，就不存在②、④两步，仅有①、③、⑤三步。当颗粒大小不变，但无流体产物，仅有固相产物时，就不存在④、⑤两步，仅有①、②、③三步。

二、整体反应模型[4]

当固体颗粒为孔隙率较高的多孔物质，且化学反应速率相对较小时，反应流体可以扩散到固体颗粒的中心，反应不再在明显的界面上进行，而是在整个颗粒内连续发生。这种模型称为整体反应模型（volume reaction model）。

整体反应模型固体颗粒中反应区内流体反应物的浓度梯度不是常量，越靠近颗粒中心，流体反应物由于反应消耗，浓度降低越多。若流体主体中反应物浓度为 c_{Af}，颗粒外表面为 c_{AS}，颗粒中心为 c_{AC}，相对于颗粒温度下可逆反应的平衡浓度为 c_A^*，则 $c_{Af} > c_{AS} > c_{AC} > c_A^*$。若固相反应物的初始浓度为 c_{B0}，颗粒外表面为 c_{BS}，颗粒内部为 c_B，颗粒中心为 c_{BC}，显然 $c_{B0} > c_{BC} > c_B > c_{BS}$。经过一段时间的反应，$c_{BS}$ 先变为零，形成一定厚度的产物层，并逐渐扩大产物层厚度，直至全部固相反应物转变成产物。

第七章

因此，整体反应模型，一般要分两个阶段来考虑。

（1）第一阶段　即整个颗粒都是反应区阶段。此时浓度分布见图 7-3（a），流体反应物 A 通过颗粒外表面后，在整个颗粒内边扩散边反应，反应区由颗粒外表面（即颗粒半径 R_S 处）逐渐向颗粒内部深入，图 7-3（a）中半径 R_S 与 R 间为反应面，固相反应物 B 同时参加反应，颗粒内固相反应物 B 的浓度下降，越接近颗粒外表面，固相反应物 B 的浓度 c_{BS} 下降越快。

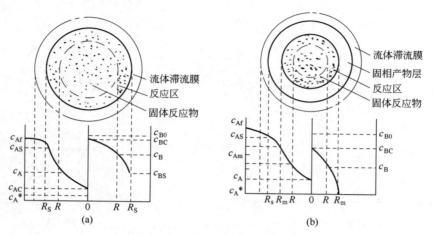

图 7-3　整体反应模型浓度分布

（a）第一阶段的浓度分布；（b）第二阶段的浓度分布

（2）第二阶段　即颗粒内靠外表面部分先形成产物层（或形成惰性残留物层），即无反应的区域。此时浓度分布见图 7-3（b）。流体反应物 A 连续扩散通过粒外流体滞流膜和产物层（或惰性残留物层），而到达颗粒中半径为 R_m 的反应区内同时进行扩散与反应。c_{Am} 为产物区与反应区交界的半径 R_m 处流体反应物 c_A 的浓度。第二阶段的固体颗粒多了一个固相产物层（或惰性残留物层），随着反应时间增加，该层厚度不断增厚，反应区不断向颗粒中心缩小，这时的模型成为一个动态边界问题，要将产物区（或残留物区）与反应区结合起来求解。

整体反应模型主要用于孔隙率相当大的颗粒，如多孔催化剂的烧炭再生反应和某些多孔金属氧化物的还原反应等。

三、有限厚度反应区模型[15]

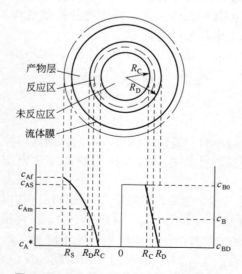

图 7-4　有限厚度反应区模型及浓度分布

有限厚度反应区模型（finite reaction model）以缩芯模型为基础，吸收了整体反应模型关于反应区的特征，它的主要特征是流体反应物 A 可以越过缩芯模型的"反应界面"向固相反应物扩散一段距离，即反应不仅是发生在产物层（或惰性物层）与固相反应物层的界面上，而是在固相反应物内具有一定厚度的狭窄区域内进行，此时浓度分布见图 7-4。图中 R_S、R_D、R_C 分别是颗粒半径、产物层（或惰性物层）半径和未反应芯半径。颗粒内未反应区中的固相反应物的浓度为 c_{B0}，产物层（或惰性物层）半径 R_D 处固相反应物的浓度 $c_{BD}=0$。R_D 和 R_C 之间的反应区的有限厚度 $Z（Z=R_D-R_C）$ 是反应时间的函数，决定于流体反应物在颗粒内的扩散速率和反应区内反应速率的相对关系。当反应区厚度为 $Z=0$ 时，即缩芯模型；当反应区厚度 Z 与未反应芯半径 R_C 相同时，即为整体反应模型。

第三节　粒径不变时缩芯模型的总体速率及控制

一、总体速率[1, 2]

根据缩芯模型的特征，在研究表征流-固相非催化反应宏观动力学的总体速率时，假定颗粒等温，并假定反应过程为拟定态过程，缩芯模型的反应界面本来是逐步向中心移动的，但因其移动速率远小于流体反应物通过固体产物层（或惰性残留层）的扩散速率，故可近似假定反应界面不动，将反应过程视为定态过程。

流-固相非催化反应的一般表示式为

$$A(f) + bB(s) \longrightarrow fF(f) + sS(s)$$

为简便计，下面讨论流体反应物 A 为一级不可逆反应的流-固相非催化反应的总体速率，并假定固体颗粒为球形颗粒。

对于拟定态过程，流体反应物 A 通过流体膜的外扩散过程速率，等于通过产物层（或惰性残留层）的内扩散速率，也等于在反应界面上的表面反应速率，并等于整个反应过程的总体速率。对于流-固相非催化反应，反应速率用单位时间内每个颗粒上流体反应物 A 的量 n_A（mol）的变化来表示。

1. 外扩散速率、内扩散速率与表面化学反应速率

流体反应物 A 通过滞流膜的外扩散速率为

$$-\frac{dn_A}{dt} = -\frac{1}{b}\frac{dn_B}{dt} = 4\pi R_S^2 k_G (c_{Ag} - c_{AS}) \tag{7-1}$$

流体反应物 A 通过固相产物层（或惰性残留层）的内扩散速率为

$$-\frac{dn_A}{dt} = -\frac{1}{b}\frac{dn_B}{dt} = 4\pi R_C^2 D_{eff}\left(\frac{dc_A}{dR}\right)_{R=R_C} \tag{7-2}$$

式中，D_{eff} 为组分 A 在固相产物层（或惰性残留层）内的有效扩散系数。

流体反应物 A 与固相反应物 B 进行一级不可逆反应的化学反应速率为

$$-\frac{dn_A}{dt} = -\frac{1}{b}\frac{dn_B}{dt} = 4\pi R_C^2 k c_{AC} \tag{7-3}$$

此时反应速率 $-\frac{dn_A}{dt}$ 的单位是 mol/s；反应速率常数 k 的单位是 m/s，与传质系数 k_G 单位相同。以上诸式中，c_{Ag} 是已知量，c_{AS}、c_{AC} 均为未知量，未反应芯半径 R_C 之值随时间而变。

2. 总体速率的一般计算式

固相产物层（或惰性残留物层）中流体反应物 A 的扩散速率可由式（7-2）计算，式中 $\left(\frac{dc_A}{dR}\right)_{R=R_C}$ 可用 A 在固相产物层中扩散过程计算，定态下无积累，则

$$\left(\pi R^2 D_{eff}\frac{dc_A}{dR}\right)_R - \left(\pi R^2 D_{eff}\frac{dc_A}{dR}\right)_{R+dR} = 0 \tag{7-4}$$

或

$$\frac{d}{dR}\left[R^2 D_{eff}\frac{dc_A}{dR}\right] = 0 \tag{7-5}$$

其边界条件为 $R=R_S$ 时，$c_A=c_{AS}$；$R=R_C$ 时，$c_A=c_{AC}$。在上述边界条件下将式（7-5）积分两次，可得

$$c_A - c_{AC} = (c_{AS} - c_{AC}) \frac{1 - R_C/R}{1 - R_C/R_S} \tag{7-6}$$

将此式在 $R = R_C$ 处对 R 微分，得到

$$\left(\frac{dc_A}{dR}\right)_{R=R_C} = \frac{c_{AS} - c_{AC}}{R_C(1 - R_C/R_S)} \tag{7-7}$$

代入式(7-2)，可得

$$-\frac{dn_A}{dt} = -\frac{1}{b}\frac{dn_B}{dt} = 4\pi R_S R_C D_{eff} \frac{c_{AS} - c_{AC}}{R_S - R_C} \tag{7-8}$$

由式(7-1)、式(7-3)、式(7-8) 消去 c_{AS}、c_{AC}，则

$$-\frac{dn_A}{dt} = -\frac{1}{b}\frac{dn_B}{dt} = 4\pi R_S^2 \frac{c_{Ag} - c_{AS}}{1/k_G} = \frac{c_{AS} - c_{AC}}{4\pi R_S^2 (R_S - R_C)R_S/(D_{eff}R_C)}$$

$$= 4\pi R_S^2 \frac{c_{AC}}{R_S^2/(kR_C^2)} = 4\pi R_S^2 c_{Ag}\left[\frac{1}{k_G} + \frac{R_S(R_S - R_C)}{D_{eff}R_C} + \frac{R_S^2}{R_C^2 k}\right]^{-1} \tag{7-9}$$

3. 未反应芯半径 R_C 与反应时间的关系

由于

$$n_B = \frac{\rho_B}{M_B}V_C = \frac{\rho_B}{M_B}\left(\frac{4}{3}\pi R_C^3\right) \tag{7-10}$$

因此

$$-\frac{dn_A}{dt} = -\frac{1}{b}\frac{dn_B}{dt} = -\frac{1}{b}\frac{d}{dt}\left(\frac{\rho_B}{M_B}\frac{4}{3}\pi R_C^3\right) = -\frac{4\pi\rho_B}{bM_B}R_C^2\frac{dR_C}{dt} \tag{7-11}$$

将式(7-11) 代入式(7-9)，可得

$$-\frac{dR_C}{dt} = \frac{bM_B c_{Ag}}{\rho_B}\left[\frac{1}{k} + \frac{(R_S - R_C)R_C}{R_S D_{eff}} + \frac{R_C^2}{k_G R_S^2}\right]^{-1} \tag{7-12}$$

4. 固相反应物 B 的转化率 x_B 与 R_C 的关系

$$x_B = \frac{初始量 - t\ 时量}{初始量} = \frac{\left(\frac{4}{3}\right)\pi R_S^3 \rho_B - \frac{4}{3}\pi R_C^3 \rho_B}{\frac{4}{3}\pi R_S^3 \rho_B} = 1 - \left(\frac{R_C}{R_S}\right)^3 \tag{7-13}$$

即固相反应物 B 的转化率 x_B 与未反应芯半径 R_C 之间的关系。

5. x_B 与反应时间的关系

将式(7-9) 与式(7-11) 联立，有

$$4\pi R_S^2 c_{Ag}\left[\frac{1}{k_G} + \frac{(R_S - R_C)R_S}{R_C D_{eff}} + \frac{R_S^2}{kR_C^2}\right]^{-1} = -\frac{4\pi\rho_B}{bM_B}R_C^2\frac{dR_C}{dt} \tag{7-14}$$

$$-\frac{\rho_B}{R_S^2}\int_{R_S}^{R_C}\left[\frac{1}{k_G} + \left(\frac{R_S}{R_C}\right)^2\frac{1}{k} + \frac{R_S^2}{D_{eff}}\left(\frac{1}{R_C} - \frac{1}{R_S}\right)\right]R_C^2 dR_C = bM_B c_{Ag}\int_0^t dt \tag{7-15}$$

$$t = \frac{\rho_B}{bM_B c_{Ag}}\left\{\frac{R_S}{3k_G}\left[1 - \left(\frac{R_C}{R_S}\right)^3\right] + \frac{R_S^2}{6D_{eff}}\left[1 - 3\left(\frac{R_C}{R_S}\right)^2 + 2\left(\frac{R_C}{R_S}\right)^3\right] + \frac{R_S}{k}\left(1 - \frac{R_C}{R_S}\right)\right\} \tag{7-16}$$

以式(7-13) 代入式(7-16)，可得

$$t = \frac{\rho_B}{bM_B c_{Ag}}\left\{\frac{R_S}{3k_G}x_B + \frac{R_S^2}{6D_{eff}}[1 - 3(1 - x_B)^{2/3} + 2(1 - x_B)] + \frac{R_S}{k}[1 - (1 - x_B)^{1/3}]\right\} \tag{7-17}$$

当颗粒完全反应时，$R_C = 0$，$x_B = 1$，此时

$$t_f = \frac{\rho_B}{bM_B c_{Ag}}\left(\frac{R_S}{3k_G} + \frac{R_S^2}{6D_{eff}} + \frac{R_S}{k}\right) \tag{7-18}$$

二、流体滞流膜扩散控制

流体滞流膜扩散控制时，外扩散阻力远大于其他各步阻力，流体反应物 A 的浓度分布见图 7-5。此时 $c_{Ag} \gg c_{AS}$，$c_{AS} \approx c_{AC}$，对于不可逆反应 $c_{AC} = c_{AS} = 0$。

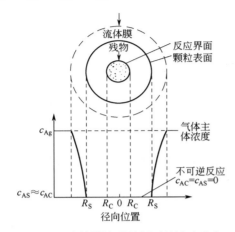

图 7-5　流体滞流膜控制时的浓度分布

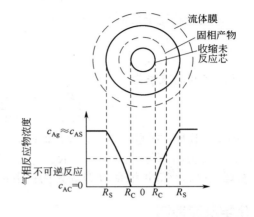

图 7-6　固体产物层内扩散控制时的浓度分布

当外扩散控制时，联立式(7-1) 和式(7-11)，可得

$$4\pi R_S^2 k_G c_{Ag} = -\frac{4\pi \rho_B}{b M_B} R_C^2 \frac{dR_C}{dt}$$

$$-\frac{\rho_B}{R_S^2 M_B} \int_{R_S}^{R_C} R_C^2 dR_C = b k_G c_{Ag} \int_0^t dt \tag{7-19}$$

积分后得到

$$t = \frac{\rho_B R_S}{3 b M_B k_G c_{Ag}} \left[1 - \left(\frac{R_C}{R_S} \right)^3 \right] \tag{7-20}$$

当固相反应物 B 完全反应时，$R_C = 0$，$x_B = 1$，此时的反应时间称为完全反应时间 t_f，则

$$t_f = \frac{\rho_B R_S}{3 b M_B k_G c_{Ag}} \tag{7-21}$$

t 与 t_f 之间的关系为

$$t/t_f = 1 - \left(\frac{R_C}{R_S} \right)^3 = x_B \tag{7-22}$$

当流体滞流膜扩散控制时，反应时间 t 与完全反应时间 t_f 之比，等于转化率。此时完全反应时间与 k_G、c_{Ag}、R_S 有关。k_G 增大，或 c_{Ag} 增大，或 R_S 减少，均可使完全反应时间 t_f 缩短。提高传质系数 k_G 是外扩散控制时强化总体速率的主要措施。

三、固体产物层内扩散控制

固体产物层（或惰性残留物层）内扩散控制时，外扩散阻力和表面化学反应阻力均小于内扩散阻力，流体反应物 A 的浓度分布见图 7-6。此时 $c_{Ag} \approx c_{AS}$，$c_{AS} \gg c_{AC}$，对于不可逆反应 $c_{AC} = c_A^* = 0$。

当固体产物层内扩散控制时，联立式(7-8) 和式(7-11)，可得

$$4\pi R_S R_C D_{eff} \frac{c_{Ag}}{R_S - R_C} = -\frac{4\pi \rho_B}{b M_B} R_C^2 \frac{dR_C}{dt}$$

第
七
章

$$-\frac{\rho_B}{M_B}\int_{R_S}^{R_C}\left(\frac{1}{R_C}-\frac{1}{R_S}\right)R_C^2\,dR_C=bD_{eff}c_{Ag}\int_0^t dt \tag{7-23}$$

积分后得到

$$t=\frac{\rho_B R_S^2}{6D_{eff}bM_B c_{Ag}}\left[1-3\left(\frac{R_C}{R_S}\right)^2+2\left(\frac{R_C}{R_S}\right)^3\right] \tag{7-24}$$

当固相反应物完全反应时，$R_C=0$，$x_B=1$，完全反应时间

$$t_f=\frac{\rho_B R_S^2}{6D_{eff}bM_B c_{Ag}} \tag{7-25}$$

t 与 t_f 之间的关系为

$$\frac{t}{t_f}=1-3\left(\frac{R_C}{R_S}\right)^2+2\left(\frac{R_C}{R_S}\right)^3=1-3(1-x_B)^{2/3}+2(1-x_B) \tag{7-26}$$

当固体产物层内扩散控制时，反应时间 t 与完全反应时间 t_f 之比，等于 $1-3(1-x_B)^{2/3}+2(1-x_B)$。此时，完全反应时间与 D_{eff}、c_{Ag}、R_S 有关。D_{eff} 增大，或 c_{Ag} 增大，或 R_S 减小，均可使完全反应时间 t_f 缩短。提高有效扩散系数 D_{eff} 是内扩散控制时强化总体速率的主要措施。

四、化学反应控制

如果流体反应物流速很高和固相产物层（或惰性残留物层）孔隙率很大，相对来说化学反应的阻力比其他步骤大，此时为化学反应控制，浓度分布见图 7-7，此时 $c_{Ag}=c_{AS}=c_{AC}$，因此，总体速率与固体产物层的存在无关，只取决于流体反应物 A 与固相反应物 B 的化学反应速率。

当化学反应控制时，联立式（7-3）与式（7-11），可得

$$4\pi R_C^2 k c_{Ag}=-\frac{4\pi\rho_B}{bM_B}R_C^2\frac{dR_C}{dt}$$

$$-\frac{\rho_B}{M_B}\int_{R_S}^{R_C}dR_C=bk c_{Ag}\int_0^t dt \tag{7-27}$$

积分后得到

$$t=\frac{\rho_B R_S}{bk M_B c_{Ag}}\left(1-\frac{R_C}{R_S}\right) \tag{7-28}$$

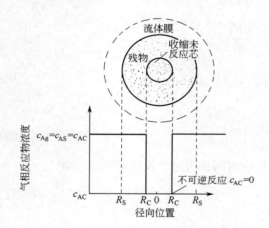

图 7-7 化学反应控制时的浓度分布

当固相反应物完全反应时，$R_C=0$，$x_B=1$，完全反应时间

$$t_f=\frac{\rho_B R_S}{bM_B k c_{Ag}} \tag{7-29}$$

t 与 t_f 之间的关系为

$$\frac{t}{t_f}=1-\frac{R_C}{R_S}=1-(1-x_B)^{1/3} \tag{7-30}$$

当化学反应控制时，反应时间 t 与完全反应时间 t_f 之比，等于 $1-(1-x_B)^{1/3}$。此时，完全反应时间与 k、c_{Ag}、R_S 有关。k 增大，或 c_{Ag} 增大，或 R_S 减小，都可使完全反应时间 t_f 缩短。提高反应速率常数 k 是表面化学反应控制时强化总体速率的主要措施。

【例 7-1】 过量的 H_2 在常压下以高速通过 FeS_2 床层，实验结果表明反应对 H_2 是一级不可逆反应，即

$$H_2(g)+FeS_2(s)\longrightarrow H_2S(g)+FeS(s)$$

在 450℃、477℃ 及 495℃ 时测得 FeS_2 的转化率与反应时间的关系见图（例 7-1-1），并得到反应活化能为 126000J/mol。试分析缩芯模型与此数据是否符合，并计算反应速率常数 k 与有效扩散系数 D_{eff}。已知 FeS_2 颗粒为球形，半径 $R_S = 0.035mm$，FeS_2 的密度为 $5g/cm^{3}$[1]。

解 由于此反应是气-固相非催化反应，气速高，通过气膜的外扩散阻力很小，又在低转化率时，FeS 的产物很薄，所以可能界面上的化学反应是控制步骤，因此可用式（7-28）进行计算。

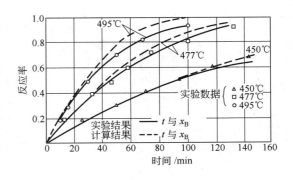

图（例 7-1-1） FeS_2 加氢的转化率与时间关系

先用低温 450℃ 数据进行分析拟合，用已知数据代入式（7-28），得

$$t = \frac{\rho_B R_S}{b M_B k c_{Ag}}\left(1 - \frac{R_C}{R_S}\right) = \frac{\rho_B R_S}{b M_B k c_{Ag}}[1 - (1 - x_B)^{1/3}] \qquad (\text{例 } 7\text{-}1\text{-}1)$$
$$= 5.0 \times 0.0035 \times [1 - (1 - x_B)^{1/3}]/(1 \times 120 c_{Ag} k)$$

常压下，450℃ 时 H_2 的 $c_{Ag} = \dfrac{p}{RT} = 1.69 \times 10^{-5} mol/cm^3$，代入上式可得

$$t = \frac{8.6}{k}[1 - (1 - x_B)^{1/3}] \qquad (\text{例 } 7\text{-}1\text{-}2)$$

根据图（例 7-1-1）中 450℃ 的数据计算 k，发现当 $k = 3.2 \times 10^{-4} cm/s$ 时，t-x_B 的数据吻合最好，即图（例 7-1-1）中的虚线。

又由反应活化能数据可得

$$k = 3.8 \times 10^5 \exp[-1.26 \times 10^5/(8.314T)] \qquad (\text{例 } 7\text{-}1\text{-}3)$$

用式（例 7-1-3）计算出 477℃ 及 495℃ 的 k，再代入式（例 7-1-2），求出 477℃、495℃ 下的转化率与时间的关系，即图（例 7-1-1）中这两个温度下的虚线。虚线比实验线高，特别是在高转化率时偏离较大，说明在高温下转化率较高时，固膜扩散的阻力不可忽视。实际上在此情况下要用式（7-17）进行计算，此时需忽略式（7-17）中气膜扩散阻力。

$$t = \frac{\rho_B}{b M_B c_{Ag}}\left\{\frac{R_S^2}{6 D_{eff}}\left[1 - 3\left(\frac{R_C}{R_S}\right)^2 + 2\left(\frac{R_C}{R_S}\right)^3\right] + \frac{R_S}{k}\left(1 - \frac{R_C}{R_S}\right)\right\}$$
$$= \frac{\rho_B}{b M_B c_{Ag}}\left\{\frac{R_S^2}{6 D_{eff}}[1 - 3(1 - x_B)^{2/3} + 2(1 - x_B)] + \frac{R_S}{k}[1 - (1 - x_B)^{1/3}]\right\} \qquad (\text{例 } 7\text{-}1\text{-}4)$$

用图（例 7-1-1）中 477℃ 的曲线去拟合上式，可得 477℃ 时

$$D_{eff} = 3.6 \times 10^{-6} cm^2/s$$

本例说明，随着温度增高，需考虑固膜扩散的影响。

第四节　颗粒缩小时缩芯模型的总体速率

如果流-固相非催化反应过程中，没有固相生成，也没有固相惰性残留物，则颗粒将不断缩小，最终全部消失。

$$A(f) + bB(s) \longrightarrow fF(f)$$

反应过程如图 7-8 所示。由于无固相产物层，未反应颗粒外表面即为反应界面，也不存在流体反应物与产物通过固相产物层的扩散。因此，此时只需考虑流体滞留膜扩散与外表面化学反应两个步骤。

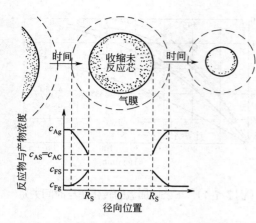

图 7-8 颗粒缩小时反应步骤与浓度分布

一、流体滞流膜扩散控制

固体颗粒缩小时，流体滞流膜扩散控制的情况与颗粒大小不变时有所不同。第一，扩散面积随颗粒缩小而缩小；第二，外扩散传质系数也因颗粒缩小也随之而变，流体滞流膜的传质系数 k_G 与颗粒大小、流体流速有关，一般用以下经验式计算。

$$\frac{2k_G R_S y_i}{D} = 2 + 0.6 \left(\frac{\mu_f}{\rho_f D}\right)^{1/3} \left(\frac{2R_S u \rho_f}{\mu_f}\right)^{1/2} \quad (7\text{-}31)$$

式中，y_i 为惰性组分在流体滞流膜两侧的平均摩尔分数；D 为组分 A 在流体滞流膜中的分子扩散系数。

在滞流区

$$k_G = \frac{D}{R_C y_i} \quad (7\text{-}32)$$

设颗粒初始半径为 R_S，反应时间为 t 时，缩小到 R_C，则

$$-\frac{dn_A}{dt} = -\frac{1}{b}\frac{dn_B}{dt} = 4\pi R_C^2 k_G c_{Ag} \quad (7\text{-}33)$$

由式(7-33) 及式(7-11)，可得

$$\frac{dR_C}{dt} = -\frac{bM_B k_G}{\rho_B} c_{Ag} \quad (7\text{-}34)$$

以式(7-32) 代入式(7-34)，积分可得

$$t = \frac{\rho_B y_i R_S^2}{2bDM_B c_{Ag}} \left[1 - \left(\frac{R_C}{R_S}\right)^2\right] \quad (7\text{-}35)$$

完全反应时间

$$t_f = \frac{\rho_B y_i R_S^2}{2bDM_B c_{Ag}} \quad (7\text{-}36)$$

转化率 x_B 与反应时间 t 的关系为

$$t/t_f = 1 - (R_C/R_S)^2 = 1 - (1-x_B)^{2/3} \quad (7\text{-}37)$$

二、化学反应控制

当反应过程为化学反应控制时，与颗粒大小不变时的情况完全一样，故式(7-28) 仍可适用。

三、宏观反应过程与控制阶段的判别 [1, 2]

前面讨论了颗粒大小不变和颗粒缩小时按缩芯模型推导出的总体速率式。宏观反应过程由外扩散、内扩散、表面化学反应等阶段组成，实际流-固相非催化反应，可能是其中某一个阶段阻力最大，为总体速率的控制阶段；也可能是两个阶段甚至三个阶段均影响总体速率。而且各个阶段对反应速率的影响会发生变化，如固体产物层的阻力，随着反应的进行由零变得越来越大。又如，对颗粒大小不变的过程，流体反应物的流速不变，外扩散阻力不变，但化学反应的速率却随未反应芯表面的减小而减少。

如果考虑各种阻力同时起作用，对于颗粒大小不变的反应，总体速率为

$$-\frac{dn_A}{dt} = -\frac{1}{b}\frac{dn_B}{dt} = 4\pi R_S^2 c_{Ag}\left[\frac{1}{k_G} + \frac{R_S(R_S-R_C)}{R_C D_{eff}} + \frac{R_S^2}{R_C^2 k}\right]^{-1} \tag{7-9}$$

对于颗粒缩小的反应，可得

$$-\frac{dn_A}{dt} = -\frac{1}{b}\frac{dn_B}{dt} = 4\pi R_C^2 c_{Ag}\left[\frac{1}{k_G} + \frac{1}{k}\right]^{-1} \tag{7-38}$$

上述讨论的是球形颗粒，如颗粒为其他形状，例如平板形、圆柱形，相应的计算式见表 7-1。

表 7-1 颗粒大小不变及颗粒缩小时不同形状颗粒的总体速率计算式

类　型		流体滞流膜扩散控制	固体产物层内扩散控制	化学反应控制
颗粒大小不变	平板 $X_B = 1-\dfrac{l}{L}$	$t/t_f = x_B$ $t_f = \dfrac{\rho_B}{bM_B k_G c_{Ag}}$	$t/t_f = x_B^2$ $t_f = \dfrac{\rho_B^2}{2bM_B D_{eff} c_{Ag}}$	$t/t_f = x_B$ $t_f = \dfrac{\rho_B}{bM_B k c_{Ag}}$
	圆柱体 $X_B = 1-\left(\dfrac{R_C}{R_S}\right)^2$	$t/t_f = x_B$ $t_f = \dfrac{\rho_B R_S}{2bM_B k_G c_{Ag}}$	$t/t_f = x_B + (1-x_B)\ln(1-x_B)$ $t_f = \dfrac{\rho_B R_S^2}{4bM_B D_{eff} c_{Ag}}$	$t/t_f = 1-(1-x_B)^{1/2}$ $t_f = \dfrac{\rho_B R_S}{bM_B k c_{Ag}}$
	球形 $X_B = 1-\left(\dfrac{R_C}{R_S}\right)^3$	$t/t_f = x_B$ $t_f = \dfrac{\rho_B R_S}{3bM_B k_G c_{Ag}}$	$t/t_f = 1-3(1-x_B)+2(1-x_B)$ $t_f = \dfrac{\rho_B R_S^2}{6bM_B D_{eff} c_{Ag}}$	$t/t_f = 1-(1-x_B)^{1/2}$ $t_f = \dfrac{\rho_B R_S}{bM_B k c_{Ag}}$
颗粒缩小	小颗粒斯托克 (Stokes)区	$t/t_f = 1-(1-x_B)^{2/3}$ $t_f = \dfrac{\rho_B y_i R_S^2}{2bM_B D_{eff} c_{Ag}}$		$t/t_f = 1-(1-x_B)^{1/3}$ $t_f = \dfrac{\rho_B R_S}{bM_B k c_{Ag}}$
	大颗粒气速不变	$t/t_f = 1-(1-x_B)^{1/2}$ $t_f = 常数\dfrac{R_S^{3/2}}{c_{Ag}}$		$t/t_f = 1-(1-x_B)^{1/3}$ $t_f = \dfrac{\rho_B R_S}{bM_B k c_{Ag}}$

对反应控制步骤的判别，主要通过实验考察温度、反应时间和颗粒大小对过程的影响。

① 用温度对总体速率的影响进行判别。温度对流-固相非催化反应的化学反应速率的影响远大于对扩散速率的影响，因此，改变反应温度很容易判别过程属化学反应控制还是扩散控制。图 7-9 为温度对不同控制步骤及总体速率的影响，由图 7-9 可见，化学反应速率的变化最明显。

② 用流速对总体速率的影响进行判别。如属扩散控制，则可改变流速，以判别是流体膜扩散控制还是固相产物层内扩散控制。若流速变化对总体速率有显著影响，可判别过程是外扩散控制，因流速对传质系数 k_G 的影响远大于对扩散系数 D_{eff} 的影响。

③ 用反应时间分数 t/t_f 与转化率 x_B 的关系及与未反应芯半径 R_C 的关系判别。不同控制步骤下，反应时间分数 t/t_f 与固相转化

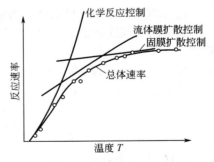

图 7-9 温度对不同控制步骤及总体速率的影响

率 x_B 之间的关系见图 7-10，与未反应芯半径 R_C 之间的关系见图 7-11。外扩散控制时，t/t_f 与 $1-x_B$ 呈直线关系。而化学反应控制时，t/t_f 与 R_C/R_S 是直线关系。如果是固相产物层内扩散控制，在两种图上均不是直线。利用这种特征，同时作 t/t_f 与 $1-x_B$ 和 t/t_f 与 R_C/R_S 关系图，即可判别属何种控制步骤。

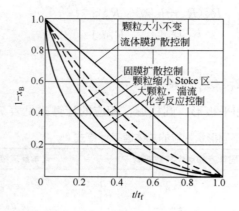 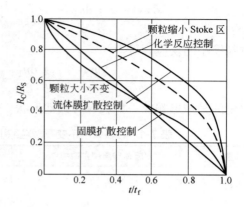

图 7-10　反应时间分数与固相反应率的关系　　　　**图 7-11**　反应时间分数与 R_C/R_S 的关系

④ 用颗粒大小与反应时间的关系来判别。由于实验结果存在一定误差，上述方法有时不易区分控制步骤，这就要从颗粒大小与反应时间的关系来判断。将式（7-20）、式（7-24）、式（7-28）与式（7-31）结合，可得达到同一固相转化率 x_B 所需要的反应时间 t 与颗粒半径 R_S 的关系如下：

流体滞流膜外扩散控制

$$\frac{t_2}{t_1} = \left(\frac{R_{S2}}{R_{S1}}\right)^{1.5 \sim 2.0} \tag{7-39}$$

固相产物层扩散控制

$$\frac{t_2}{t_1} = \left(\frac{R_{S2}}{R_{S1}}\right)^2 \tag{7-40}$$

化学反应控制

$$\frac{t_2}{t_1} = \frac{R_{S2}}{R_{S1}} \tag{7-41}$$

因此，可以在相同的操作条件下，用不同大小的颗粒测定达到同一固相转化率所需的反应时间来判别控制步骤。

【例 7-2】 等温下，以高气速进行某气-固相非催化反应，得到下述实验数据：

R_S/mm	t/h	x_B
4	1	0.580
2	1	0.875

已知颗粒为球形，且固体产物坚硬如故，试根据颗粒大小不变的缩芯模型，判断反应的控制步骤。

解　由于气速很高，且固体产物层坚硬如故，外扩散阻力可忽略不计，假定反应是固膜内扩散控制：

对 $R_S = 4\text{mm}$ 的颗粒，$t_{f4} = 1/[1 - 3(1-0.58)^{2/3} + 2(1-0.58)] = 6.35\text{h}$

对 $R_S = 2\text{mm}$ 的颗粒，$t_{f2} = 1/[1 - 3(1-0.875)^{2/3} + 2(1-0.875)] = 2.00\text{h}$

$$\frac{t_{f4}}{t_{f2}} = \frac{6.35}{2.00} = 3.18, \quad \left(\frac{R_{S4}}{R_{S2}}\right) = \left(\frac{4}{2}\right)^2 = 4$$

由 $\left(\dfrac{t_{f4}}{t_{f2}}\right) \neq \left(\dfrac{R_{S4}}{R_{S2}}\right)^2$，可判别不是固膜扩散控制。

假定反应是化学反应控制：

对 $R_S = 4\text{mm}$ 的颗粒，$t_{f4} = 1/[1 - (1-0.58)^{1/3}] = 4\text{h}$

对 $R_S = 2\text{mm}$ 的颗粒，$t_{f2} = 1/[1 - (1-0.875)^{1/3}] = 2\text{h}$

由 $\left(\dfrac{t_{f4}}{t_{f2}}\right) = \left(\dfrac{R_{S4}}{R_{S2}}\right)$，可判别是表面化学反应控制。

【例 7-3】 同上例，试计算：（1）对 $R_S=1mm$ 的颗粒，求完全反应时间；（2）对 $R_S=4mm$ 的颗粒，求 $x_B=50\%$ 的反应时间；（3）对 $R_S=3mm$ 的颗粒，求反应时间为 1h 可达到多少转化率？

解 （1）对 $R_S=1mm$，$\left(\dfrac{t_{f1}}{t_{f2}}\right)=\left(\dfrac{R_{S1}}{R_{S2}}\right)$，因此，$t_{f1}=2\times(1/2)=1h$

（2）对 $R_S=1mm$，$x_B=0.5$，$t=t_f[1-(1-x_B)^{1/3}]=1\times[1-(1-0.5)^{1/3}]=0.20h$

（3）对 $R_S=3mm$，$t/t_f=1-(1-x_B)^{1/3}$

$$1/3=1-(1-x_B)^{1/3}，\quad x_B=0.703$$

【例 7-4】 某等温下进行的流-固相非催化反应，颗粒为球形，当 $R_S=2mm$ 时，达到 $x_B=50\%$ 需 5min，当过程分别为外扩散控制、固膜内扩散控制及化学反应控制时，求对 $R_S=4mm$ 的颗粒，达到 $x_B=98\%$ 的转化率所需反应时间为多少？

解 （1）外扩散控制时，$R_S=2mm$ 的 $t_f=t/x_B=10min$

$R_S=4mm$ 的 $t_f=10\left(\dfrac{R_{S4}}{R_{S2}}\right)^{1.5\sim2.0}=(28.2\sim40)min$

$R_S=4mm$，$x_B=98\%$ 的反应时间 $t=t_f x_B=(28.2\sim40)\times0.98=(27.6\sim39.2)min$

（2）固膜内扩散控制时，$R_S=2mm$ 的 $t_f=t/[1-3(1-x_B)^{2/3}+2(1-x_B)]=45.4min$

$R_S=4mm$ 的 $t=t_f=45.4\left(\dfrac{R_{S4}}{R_{S2}}\right)^2=181.6min$

$R_S=4mm$，$x_B=98\%$ 的反应时间 $t=t_f=[1-3(1-x_B)^{2/3}+2(1-x_B)]=148.7min$

（3）化学反应控制时，$R_S=2mm$ 的 $t_f=t/[1-(1-x_B)^{1/3}]=24.2min$

$R_S=4mm$ 的 $t_f=24.2\left(\dfrac{R_{S4}}{R_{S2}}\right)=48.4min$

$R_S=4mm$，$x_B=98\%$ 的反应时间 $t=t_f[1-(1-x_B)^{1/3}]=35.3min$

第五节　流-固相非催化反应器及其计算

一、流-固相非催化反应器

根据工艺过程的特点，流-固相非催化反应大体上可以分成下列四类。

1. 液-固相浸取或分解反应

典型的液-固相浸取或分解反应，如硫酸与磷矿石反应制磷酸，硫酸与钛铁矿的反应，三氯化铁浸取辉锑矿的反应等，大都采用釜式反应器，间歇操作，矿石破碎成细小的颗粒，一般粒度在 1mm 以下，反应温度一般采用蒸汽加热或放热反应自身的热效应来维持。由于反应釜内机械搅拌作用，流体滞流膜的外扩散阻力一般可被消除，细小颗粒的内扩散过程阻力则视产物层的疏松程度而定，但由于颗粒细小，即使存在产物层固膜内扩散阻力，其影响也不大。由于流体与固体颗粒间接触表面积大，反应温度较高，因此总体速率较大。但由于反应本身的性质，有些反应釜中间歇反应的时间长达 4~6h，如硫酸与磷矿石的反应。

2. 气-固相高温焙烧或气化反应

典型的高温焙烧或气化反应，有煤的气化、硫铁矿的焙烧等。

工业化的煤的气化炉主要有间歇式造气炉、Lurgi 炉、Winkler 炉、$Koppers$-Totzek 炉和 Texaco 炉等。从气化炉中煤和气相的流动状况来区分，可分为固定床、移动床、流化床和气流输送床，其炉内气化反应状态和温度分布示意图见图 7-12。目前，我国绝大多数的中小型合成氨装置所用的煤气化炉是移动床间歇式常压造气炉。煤或焦炭自炉顶加下，逐渐下移，经历干燥、干馏及气化反应，最后形成固体灰渣排出。从反应工程的观点来看，此类气化炉中气体流速低，固相颗粒大，常压操作，气相反应物分压低，床层中有一定的温度分布，且最高温度受原料灰熔点的限制，原料单颗粒的总体速率和单位体积气化炉生产能力都较低。流化床气化炉可以采用较细颗粒（0.2～3mm），床内温度较高且比固定床均匀，为防止结疤造成流态化条件破坏，操作温度应低于灰熔点。由于流化床内固体颗粒严重返混，灰渣中残炭量仍相当高。气流床或射流携带床内煤的停留时间为秒级。煤粉以干燥形态或高浓度水煤浆形态进料，采用水蒸气和纯氧作气化剂，通常在加压下操作，反应温度超过 1300℃，液态溶渣排渣。从反应工程的观点来看，高温下采用细颗粒煤粉，化学反应速率不是反应的控制步骤，而受气化过程反应物料间混合速率控制，反应物料间的混合情况决定气流床气化过程的效果。华东理工大学对气流输送床内流体流动的流场结构，停留时间分布，喷嘴雾化性能等方面进行了大量研究工作[20,21]。

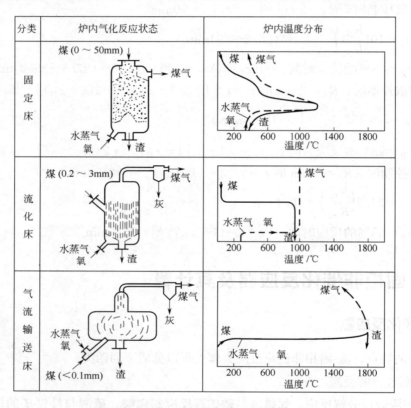

图 7-12　各床层的反应状态和温度分布

硫铁矿焙烧炉从早期的块矿炉改进为机械炉，再发展为流化床焙烧炉（或称沸腾炉），流化床焙烧炉可以维持尽可能高而不至于使矿粒熔结的温度，反应热可以迅速地传给换热元件，生产强度远大于机械炉，且操作方便，但流化床出口气体中含尘量比机械炉高得多。

3. 气-固相气体净化反应

氧化锌脱硫是典型的用于气体净化的气-固相非催化反应，氧化锌能直接与硫化氢、硫醇反应，使含硫组分得以消除。硫氧化碳和二硫化碳先加氢为硫化氢，再与氧化锌反应。由于产物 ZnS 较 ZnO 体积大，为避免孔口堵塞，氧化锌脱硫剂往往做成大孔径高孔隙的颗粒。高孔隙率的氧化锌脱硫剂的脱硫反应速率相当快，反应区很窄，气体入口处氧化锌被硫饱和，随着使用时间增长，饱和区扩大并下移，一直下移至反应器近出口端，即需更换新的氧化锌脱硫剂，其脱硫分层示意图见图 7-13。

太原工业大学用等效粒子模型描述了氧化锌脱硫颗粒总体动力学[22]，并对固定床氧化锌脱硫的床层反应动力学、穿透曲线等作了深入的研究[23,24]。

4. 气-固相催化剂的烧炭再生反应

石油化工中芳烃原料催化加氢反应与重质油的催化裂化过程中，催化剂不可避免会积炭失活。烧炭再生是一类特殊的气-固非催化反应，其操作条件受到反应器结构、催化剂耐热温度的限制。催化裂化反应为了便于烧炭再生，整个床层由流化床反应器与流化床再生器组成，结炭失活的催化剂在流化床再生器中用空气与炭进行放热燃烧反应，使催化剂再生。

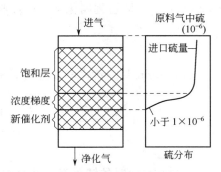

图 7-13　氧化锌脱硫床层分层示意

流-固相反应器设计时，主要取决于三个因素：单个颗粒的反应动力学，固体颗粒的粒度分布，以及反应器内流体与固体的流型。本节按气相浓度保持不变，均匀颗粒与非均匀颗粒两种情况，讨论达到一定的转化率所需要的反应时间，以确定反应设备的工艺尺寸。

二、固体颗粒呈平推流流动

固体颗粒在反应器中呈平推流流动时，所有颗粒的停留时间都相同，即整个物料的平均停留时间。先考虑均匀颗粒。要达到一定的转化率，可按照反应过程的控制步骤，按前述有关计算公式进行计算。再考虑不均匀颗粒。由于颗粒大小不同，虽然停留时间相同，不同大小的颗粒达到的转化率是不相同的。对于呈平推流流动的不均匀颗粒，要根据不同粒度颗粒所能达到的转化率，算出反应器出口的平均转化率。

现讨论反应过程中颗粒大小不变的过程。反应过程中，颗粒大小不变但物料的质量流量却可能会变化，因此采用体积流量。如果反应过程中固体物料的密度不变，则二者均可采用。设半径为 R_i 的颗粒的体积流量为 $V_{(R_i)}$，而 R_m 为最大颗粒的半径，则

$$V = \sum_{R_i=0}^{R_m} V_{(R_i)} \tag{7-42}$$

如果由前述相应计算算出半径 R_i 的颗粒所达到的转化率为 $x_{B(R_i)}$，则整个固体物料离开反应器时的平均转化率 $\overline{x}_B$ 为

$$1-\overline{x}_B = \sum_{R_i=0}^{R_m} [1-x_{B(R_i)}] \frac{V_{(R_i)}}{V}, \quad 0 \leqslant x_{B(R_i)} \leqslant 1 \tag{7-43}$$

式中，$[1-x_{B(R_i)}]$ 为半径 R_i 的颗粒的未转化率；$V_{(R_i)}/V$ 为该粒度颗粒占所有颗粒的体积分数，二者的乘积对所有颗粒粒度求和就是整个物料的未转化率。此式的限制条件为 $0 \leqslant x_{B(R_i)} \leqslant 1$。由于大颗粒的停留时间可能大于小粒度的完全反应时间，若在平推流反应器的停留时间中，能达到完全反应的颗粒中最大的颗粒为 $R_i(x_B=1)$，则上式应写为

$$1-\overline{x}_B = \sum_{R_i(x_B=1)}^{R_m} [1-x_{B(R_i)}] \frac{V_{(R_i)}}{V} \tag{7-44}$$

【例 7-5】　某气-固相非催化反应，固体物料置于移动炉算上，与错流流过的气体反应物作用。已知加料组成（体积分数）：半径为 $50\mu m$ 的颗粒占 20%，$100\mu m$ 的颗粒占 30%，$150\mu m$ 的颗粒占 30%，$200\mu m$ 的颗粒占 20%，4 种粒度的完全反应时间（min）分别为 5、10、15 及 20，试计算停留时间为 8min 及 16min 所达到的转化率。

解　固体物料呈平推流流动，根据完全反应时间与颗粒半径的关系可知 $R_1:R_2:R_3:R_4 = t_{f1}:$

$t_{f2}：t_{f3}：t_{f4}$，即过程属化学反应控制，此时

$$1-\overline{x}_B=\sum_{R_i=0}^{R_m}\left(1-\frac{t}{t_f}\right)^3\frac{V_{(R_i)}}{V}$$

（1）8min 时的转化率　此时 $R=50\mu m$ 的颗粒转化率等于1，故

$$1-\overline{x}_B=\left(1-\frac{8}{10}\right)^3\times0.3+\left(1-\frac{8}{15}\right)^3\times0.3+\left(1-\frac{8}{20}\right)^3\times0.2$$

$$=0.0024+0.03049+0.0432=0.07609$$

$$\overline{x}_B=0.9239$$

（2）16min 时的转化率　此时 $R=50\mu m$、$100\mu m$、$150\mu m$ 的颗粒转化率等于1，故

$$1-\overline{x}_B=\left(1-\frac{16}{20}\right)^3\times0.2=0.0016$$

$$\overline{x}_B=0.9984$$

三、固体颗粒呈全混流流动

流-固相流化床反应器中固体颗粒呈全混流流动，而气体的浓度在反应器内各处可以看成是均匀的。下面按均匀颗粒与不均匀颗粒分别讨论。

1. 均匀颗粒

固体颗粒在反应器内呈全混流流动时，各个颗粒在器内的停留时间是不同的。因此，要按全混流时颗粒的停留时间分布算出不同停留时间颗粒的转化率，然后求出整个物料的出口平均转化率，即

$$1-\overline{x}_B=\int_0^\infty(1-x_B)E(t)dt\quad x_B\leqslant1 \tag{7-45}$$

式中，$E(t)$ 为停留时间分布密度；$E(t)dt$ 为停留时间在 t 与 $t+dt$ 之间颗粒所占的分数。

在对各种不同停留时间的颗粒求和时，不应该包括停留时间大于完全反应时间 t_f 的那部分颗粒，上式应加限制条件 $x_B\leqslant1$。因此，上式也可写成

$$1-\overline{x}_B=\int_0^{t_f}(1-x_B)E(t)dt \tag{7-46}$$

将全混流的停留时间分布密度 $E(t)=\dfrac{1}{t_m}\exp(-t/t_m)$ 代入上式，可得

$$1-\overline{x}_B=\int_0^{t_f}(1-x_B)\frac{\exp(-t/t_m)}{t_m}dt \tag{7-47}$$

将此式按不同控制步骤积分，就可求出相应的平均转化率，积分时可将 x_B 换成 t 的函数。

（1）流体膜外扩散控制　将式（7-22）代入式（7-47），可得

$$1-\overline{x}_B=\int_0^{t_f}\left(1-\frac{t}{t_f}\right)\frac{1}{t_m}\exp(-t/t_m)dt$$

化简后，可得

$$\overline{x}_B=\frac{t_m}{t_f}[1-\exp(-t_f/t_m)] \tag{7-48}$$

若 $\dfrac{t_m}{t_f}$ 值较大时，用下式计算比较方便。

$$1-\overline{x}_B=\frac{1}{2}\left(\frac{t_f}{t_m}\right)-\frac{1}{3!}\left(\frac{t_f}{t_m}\right)^2+\frac{1}{4!}\left(\frac{t_f}{t_m}\right)^3+\cdots$$

$$=(-1)^{i-1}\sum_{i=1}^{\infty}\frac{1}{(i+1)!}\left(\frac{t_f}{t_m}\right)^i \tag{7-49}$$

（2）固体产物层内扩散控制 将式（7-26）代入式（7-47），可得

$$1-\overline{x}_B=\frac{1}{5}\left(\frac{t_f}{t_m}\right)-\frac{19}{420}\left(\frac{t_f}{t_m}\right)^2+\frac{41}{4620}\left(\frac{t_f}{t_m}\right)^3+\cdots \tag{7-50}$$

（3）化学反应控制 将式（7-30）代入式（7-47），可得

$$1-\overline{x}_B=\int_0^{t_f}\left(1-\frac{t}{t_f}\right)^3\frac{\exp(-t/t_m)}{t_m}dt$$

化简后可得

$$\overline{x}_B=3\left(\frac{t_m}{t_f}\right)-6\left(\frac{t_m}{t_f}\right)^2+6\left(\frac{t_m}{t_f}\right)^3\left[1-\exp(-t_f/t_m)\right] \tag{7-51}$$

若$\frac{t_m}{t_f}$值较大时，用下式计算比较方便。

$$1-\overline{x}_B=\frac{1}{4}\left(\frac{t_f}{t_m}\right)-\frac{1}{20}\left(\frac{t_f}{t_m}\right)^2+\frac{1}{120}\left(\frac{t_f}{t_m}\right)^3+\cdots$$

$$=(-1)^{i-1}\sum_{i=1}^{\infty}\frac{3}{(i+3)!}\left(\frac{t_f}{t_m}\right)^i \tag{7-52}$$

用式（7-49）、式（7-50）、式（7-52）计算时，可根据精度的要求和$\frac{t_m}{t_f}$值的大小来确定所选的项数，一般取 2～3 项即可。

【例 7-6】 在流化床中进行磁硫铁矿焙烧，颗粒的完全反应时间与颗粒大小的关系为$t_f\propto R_S^{1.5}$，反应过程中颗粒大小不变，且坚硬如故。加料为均匀颗粒，完全反应时间$t_f=20\text{min}$，平均停留时间t_m为 60min，求转化率。

解 首先判别控制步骤，流化床中的气-固相反应，气膜扩散控制可以排除，而由式（7-25）和式（7-29）可知，固相产物层内扩散控制与化学反应控制时，t_f与R_S的关系分别为

$$t_f\propto R_S^2 \text{ 及 } t_f\propto R_S$$

由题可知，实验结果在二者之间，可同时考虑这两种阻力，以这两种阻力作控制步骤可相应得到转化率的上下限。

流化床中固体颗粒可视作全混流，现$t_f/t_m=20/60=1/3$，代入相应公式，对化学反应控制，得

$$1-\overline{x}_B=\frac{1}{4}\left(\frac{20}{60}\right)-\frac{1}{20}\left(\frac{20}{60}\right)^2+\frac{1}{120}\left(\frac{20}{60}\right)^3=0.078$$

对于固相产物层内扩散控制，得

$$1-\overline{x}_B=\frac{1}{5}\left(\frac{20}{60}\right)-\frac{19}{420}\left(\frac{20}{60}\right)^2+\frac{41}{4620}\left(\frac{20}{60}\right)^3=0.062$$

因此，磁硫铁矿的转化率为 0.922～0.938。

2. 不均匀颗粒

在全混流反应器中进行不均匀颗粒的流-固相非催化反应，又分两种情况，一是出口流体不带走固体颗粒，另一种是带走。前面讨论均匀颗粒时，未作此划分，因为颗粒均匀时，不管气体是否带走物料，只要其他条件相同，其转化率必也相同。但对不均匀颗粒，气体可能会带走细小颗粒，这就改变了出口固体物料的粒度分布。对不均匀颗粒，气体是否带走固体颗粒会影响固体物料的平均出口转化率。

若出口气体不带走固体物料，此时可先按均匀颗粒的计算方法，先算出不同粒度的颗粒在反应器内所能达到的转化率，然后根据固体颗粒的粒度分布求出各种颗粒所占的百分率，采用加和平均便可求出

出口固体物料的平均转化率。

$$1-\overline{x}_B = \sum[1-\overline{x}_{B(R_i)}]\frac{V_{(R_i)}}{V} \tag{7-53}$$

其中

$$1-\overline{x}_{B(R_i)} = \int_0^{t_{f(R_i)}}[1-x_{B(R_i)}]\frac{\exp(-t/t_m)}{t_m}dt \tag{7-54}$$

【例 7-7】 在流化床中进行某硫铁矿的焙烧试验，已知加料组成为：半径为 $50\mu m$ 的颗粒占 30%，$100\mu m$ 的颗粒占 40%，$200\mu m$ 的颗粒占 30%，反应器高 1.2m，直径 0.1m，床内物料质量 W 为 10kg，加料的体积流量 V 为 1kg/min，流化气体为空气。在操作条件下三种粒度颗粒的完全反应时间为 5min、10min、20min，反应过程中颗粒的大小与密度不变，气相组成也为定值。此外，设定了旋风分离器，使出口气体的固体颗粒返回床层。求反应器出口转化率。

解 由 $R_1:R_2:R_3 = t_{f1}:t_{f2}:t_{f3}$，可知过程属化学反应控制。在流化床层中焙烧可视为全混流操作。由所给数据此时 $V=1000g/min$，$W=10000g$，可知 $t_m=W/V=10min$。

$$1-\overline{x}_B = \sum[1-\overline{x}_{B(R_i)}]\frac{V_{(R_i)}}{V}$$

$$= \sum\left[\frac{1}{4}\left(\frac{t_{f(R_i)}}{t_m}\right)-\frac{1}{20}\left(\frac{t_{f(R_i)}}{t_m}\right)^2+\frac{1}{120}\left(\frac{t_{f(R_i)}}{t_m}\right)^3+\cdots\right]\frac{V_{(R_i)}}{V}$$

$$= \left[\frac{1}{4}\left(\frac{5}{10}\right)-\frac{1}{20}\left(\frac{5}{10}\right)^2+\frac{1}{120}\left(\frac{5}{10}\right)^3+\cdots\right]\times 0.3+$$

$$\left[\frac{1}{4}\left(\frac{10}{10}\right)-\frac{1}{20}\left(\frac{10}{10}\right)^2+\frac{1}{120}\left(\frac{10}{10}\right)^3+\cdots\right]\times 0.4+$$

$$\left[\frac{1}{4}\left(\frac{20}{10}\right)-\frac{1}{20}\left(\frac{20}{10}\right)^2+\frac{1}{120}\left(\frac{20}{10}\right)^3+\cdots\right]\times 0.3$$

$$= 0.034+0.083+0.105 = 0.222$$

$$\overline{x}_B = 1-0.222 = 0.778$$

若进入反应器的物料粒度比较宽，则出口气体往往要带出较细的颗粒。这时进反应器的颗粒、由反应器溢出的颗粒以及被出口流体带走的颗粒三者的粒度分布是不相同的。由反应器溢出的颗粒中粗粒度较多，被出口气体带走的颗粒中细粒度较多。此时，式(7-50) 仍适用，但因不同粒度固相物料在反应器中的平均停留时间不同，式(7-51) 应改为

$$1-\overline{x}_{B(R_i)} = \int_0^{t_{f(R_i)}}[1-x_{B(R_i)}]\frac{\exp[-t/t_{m(R_i)}]}{t_{m(R_i)}}dt \tag{7-55}$$

半径为 R_i 的颗粒的平均停留时间 $t_{m(R_i)}$ 等于床层内该颗粒的体积与进口该颗粒的体积流速之比，计算过程中要引入扬析的概念，可参见相关文献 [1, 2]。

第六节　讨论与分析

本章讨论流-固相非催化反应的动力学与反应器的主要特征。

1. 关于流-固相非催化反应宏观动力学

本章着重讨论流-固相非催化反应宏观动力学的"收缩未反应芯模型"，包括固体颗粒粒径不变与颗粒粒径缩小时缩芯模型的整体速率，也介绍了"整体反应模型"。缩芯模型的反应界面是收缩未反应芯

的外表面；整体反应模型的反应区域是整个颗粒。前者反应层的厚度很薄，后者反应层的厚度是整个颗粒的直径。缩芯模型与整体反应模型是作为两种极端情况建立的。

在缩芯模型与整体反应模型的基础上，学者们深入固体颗粒的内部，根据固体颗粒的不同结构，提出了几种宏观动力学模型。

近年来，一些学者将目光建立在提出新的动力学模型上，或计入粒子半径的增减，或考虑颗粒空隙率的变化。其中破裂芯模型具有特色。破裂芯模型从无孔固体颗粒入手，认为在反应时，壳层会破裂成为细小粒子，细小粒子再继续进行反应。整个过程取决于反应速率与扩散速率的大小。若扩散较慢，颗粒始终以一个整体参与反应，符合缩芯模型。反之，颗粒会出现破裂，除了开始一段时间外，大部分时间按粒子反应模型进行，反应速率的变化与粒子表面积变化同步，反应速率随着反应进行，先加快后减慢，如同孔模型一样，会出现最大反应速率，固体的转化率 x 与时间 t 的关系是 S 曲线。破裂芯模型用于 CO 还原磁铁矿等气-固相非催化反应，符合良好。

随着人们对超细粒子的认识不断深化，观察到由若干超细粒子团聚起来的"团粒"也应归入粒子范畴。团粒的粒子尺寸很小，组成团粒的超细粒子之间只有能进行 Knudsen 扩散的微孔。这样，不论是进行脱硫一类闭孔反应，还是金属氧化物还原一类的开孔反应，空隙的变化主要反应在"团粒"上，而它对反应的影响远大于对颗粒的影响。由此发展了粒子模型既可以描述闭孔反应的动力学行为，也可以描述开孔反应的动力学行为，最大反应速率可能是"团粒"中微孔扩张而增大了表面积所引起的。

流-固相非催化反应宏观动力学的理论的建立与完善是一个逐步深化的认识过程，随着现代实验手段的不断完善，认识的不断深化，将会有更多的动力学规律被认识。流-固相非催化反应是一个复杂的物理、化学过程。反应中会伴随着热效应、固体烧结、颗粒结构与晶型变化，如在工业上应用，还涉及非等温过程，要按具体反应体系建立合适的动力学模型。

2. 关于流-固相非催化反应器

前已述及，用于煤的气化、金属硫化物焙烧等气-固相高温反应的反应器有固定床、移动床、流化床、气流床等类型，用于氧化锌脱硫等气-固相净化反应的反应器主要是反应区不断下移的固定床，用于石油化工中催化剂积碳的烧炭再生等气-固相反应的反应器主要是流化床，用于硫酸浸取磷矿石、硫酸浸取钛铁矿等液-固相浸取或分解反应的反应器主要为反应釜。湿法冶金过程常用气-液-固三相气体提升反应器。

从固体颗粒的流动型式来看有平推型与全混合两类，前者所有颗粒停留时间相同，后者的停留时间不同。从固体颗粒的粒度分布来看有均匀颗粒与非均匀颗粒两类，前者颗粒的完全反应时间相同，后者颗粒的完全反应时间不同；从宏观动力学模型的控制步骤来看，有流体滞留膜扩散控制、固体产物层内扩散控制与化学反应控制等几种类型。对流化床反应器，有固体颗粒不被吹出和被吹出两种情况，颗粒吹出后还有不被回收和被回收两种情况。由上可见，流-固相非催化反应器的设计是非常复杂的，需要针对具体反应过程具体分析。

流-固相非催化反应器在进行设计时除了上述需要考虑的问题外，还要考虑反应器内流体的流动特征，还要考虑固体颗粒的特征，还要考虑反应操作条件对反应速率、反应热效应、反应结果的影响。以华东理工大学开发成功的新型水煤浆气流床气化炉为例，气流床煤气化技术是煤气化技术发展的主要方向，气流床气化炉内平均温度高达 1350～1450℃，火焰前沿温度更高，气化过程基本上属快反应，因此与流体流动密切相关的混合过程起着特别重要的作用。鉴于流体流动特征以及与之相关的混合过程的特殊性，在新型水煤浆气化炉开发过程中，将流体流动与混合特征从复杂的气化反应中分解出来，通过大型冷模试验进行了详尽的研究，开发了多喷嘴对置式水煤浆气化炉的新形式。这种新型气化炉有流动特征不同的 6 个区域：射流区、撞击区、撞击扩展流区、回流区、折返流区和管流区。在对流场进行冷模研究的同时，对气化炉中的化学反应进行了研究，气化炉中存在化学反应各异的三个区域：一次反应区（燃烧反应）、二次反应区（C、CH_4 的气化反应与逆变换反应）、一次与二次反应共存区。在上述流场研究和反应研究的基础上，进一步分析两者之间的关联，一次反应区包括射流区、撞击区和撞击扩展流区的一部分；二次反应区包括管流区和撞击扩展流区的一部分，一次反应区的产物将进行二次反应；一次与二次反应共存区是回流区，回流区与射流区、撞击流区中进行质量交换，既有一次反应，也有二次反应[20,21]。

实验研究表明，高温煤的气化过程与煤的品种有关，低灰熔点的煤焦，在 1150～1500℃ 的高温下，灰分熔融包覆在煤焦外面，降低了总体反应的活化能[25]。

参 考 文 献

[1] Smith J M. Chemical Engineering Kinetics. 3rd ed. New York：McGraw-Hill, 1981.

[2] Levenspiel O. Chemical Reaction Engineering. 3rd ed. New York：John Wiley&Sons, 1999.

[3] Carberry J J. Chemical and Catalytic Reaction Engineering. New York：McGraw-Hill, 1976.

[4] Ishida M, Wen C Y. Comparison of kinetic and diffusional model for solid-gas reaction. AIChE J, 1968, 14 (2)：311-317.

[5] Szekely J, Evans J W, Sohn H Y. 气-固反应. 胡道和, 译. 北京：中国建筑工业出版社, 1986.

[6] [日] 鞭岩, 森山昭. 冶金反应工程学. 蔡志鹏, 谢裕生, 译. 北京：科学出版社, 1981.

[7] 许贺卿. 气固反应工程. 北京：原子能出版社, 1993.

[8] 葛庆仁. 气-固反应动力学. 北京：原子能出版社, 1991.

[9] 陈五平. 无机化工工艺学. 3 版. 北京：化学工业出版社, 2003.

[10] 吴佩芝. 湿法磷酸. 北京：化学工业出版社, 1987.

[11] 吴华武. 核燃料化学工艺学. 北京：原子能出版社, 1989.

[12] 周有英. 无机盐工艺学. 北京：化学工业出版社, 1995.

[13] 苏元复. 浸取-萃取联合法——矿物化学加工的新过程//苏元复教授论文选集. 上海：华东化工学院, 1992：34-35.

[14] Ramachandrun P A, Doraiswamy L K. Modeling of noncatalytic gas-solid reactions. AIChE J, 1982, 28：881-900.

[15] Carberry J J. A Boundary-layer model of fluid-particle mass transfer in fixed beds. AIChE J, 1960, 6：460-463.

[16] Szekely J, Evans J W. A structural model for gas-solid reactions. Chem Eng Sci, 1970, 25：1091-1107.

[17] Ramachandran P A, Smith J M. A single-pore model for gas-solid noncatalytic reactions. AIChE J, 1977, 23：362-375.

[18] Park J Y, Levenspiel O. The cracking core model for the reaction of solid particles. Chem Eng Sci, 1975, 30：1207-1214.

[19] 柳巧越, 孙文粹, 朱炳辰. 华东化工学院学报, 1991, 17 (2)：258.

[20] 刘洁好, 龚岩, 吴晓翔, 等. 多喷嘴对置式气化炉内颗粒挥发分火焰可视化研究. 化工学报, 2021, 72 (3)：1275.

[21] 仇鹏, 韩洋, 许建良, 等. 用于预测气流床煤气化的 EDC 模型参数研究. 化工学报, 2023, 74 (1)：428.

[22] 王恩过, 张栓兵, 郭汉贤. T305 脱硫剂脱除 H_2S 的宏观动力学研究：（Ⅱ）脱硫动力学模型及颗粒曲节因子. 化学反应工程与工艺, 1995, 11：348-353.

[23] 郭汉贤, 王恩过, 梁生兆. T305 脱硫剂脱除 COS 宏观动力学研究. 自然科学进展, 1994, 4：59-68.

[24] 王恩过, 郭汉贤. 金属氧化物固定床脱硫的动力学行为. 化工学报, 1997, 48：94-101.

[25] 朱子彬, 马智华, 林石英. 高温下煤焦气化反应特性：（Ⅰ）灰分熔融对煤焦气化反应的影响. 化工学报, 1994, 45 (2)：147-154.

✏ 习 题

7-1 球形颗粒在一定温度下进行流-固相非催化反应，当 $d_S=4mm$ 时，达到转化率 $x_B=50\%$ 的时间为 15min，试求 $d_S=8mm$ 时，达到转化率 $x_B=98\%$ 所需的时间，假定反应分别为（1）气膜扩散控制；（2）固膜扩散控制；（3）反应动力学控制。

7-2 球形颗粒进行流-固相非催化反应，反应物与生成物固体颗粒都很坚硬，反应存在一个控制步骤。对 $d_S=1mm$ 的颗粒，在 580℃ 下 $x_B=50\%$ 的时间为 3min，求对 $d_S=4mm$ 的颗粒，在 580℃ 下达到 $x_B=98\%$ 需多少时间？

7-3 某流-固相非催化反应 $A(g)+B(g)\longrightarrow R(g)+S(s)$，已知 $c_{Ag}=0.01kmol/m^3$。实验测得数据如下：

R_S/cm	x_B	τ/h
0.5	0.5	1
0.5	1	5

(1) 确定固体转化的速率控制机理。

(2) 若化学反应对于 A 可视为一级，试写出当颗粒半径为 R_S(m)，A 的气相浓度为 c_{Ag}(kmol/m^3) 时的反应速率表达式及完全反应时间 τ_f 表达式。

7-4 在 900℃及 0.1013MPa (1atm) 下，用含 8%O_2 的气体焙烧球形闪锌矿，其反应式为

$$2ZnS+3O_2 \longrightarrow 2ZnO+2SO_2$$

设反应按未反应芯模型进行。已知 $\rho_B=4.13g/cm^3$，$k=2cm/s$，$D_{eff}=0.08cm^2/s$，气膜扩散阻力可以忽略。

(1) 计算颗粒半径 $R_S=1mm$ 的颗粒完全反应时间，及反应过程中各阶段阻力的相对大小。

(2) 用 $R_S=0.05mm$ 重复以上计算。

7-5 直径为 5mm 的球形锌粒溶于某一元酸溶液中，过程受锌表面上的化学反应控制，实验测得特定酸浓度下，酸的消耗速率为 $3\times10^{-4}kmol/(m^2 \cdot s)$，试分别计算：(1) 锌粒溶解到一半重时；(2) 锌粒完全溶解时所需反应时间。

7-6 炭与氧的燃烧反应受氧气向炭表面气膜扩散，其完全反应时间由下式计算：

$$\tau_t=\frac{\rho_B y R_S^2}{2bDM_B c_{Ag}}$$

试求：(1) 气膜扩散控制时，球形炭颗粒燃烧到原直径一半时占完全反应时间的比例为多少？

(2) 如果改变反应条件，反应受化学反应控制，问反应到原颗粒直径一半时占完全反应时间的分数为多少？

7-7 在一管式反应器中将 FeS_2 用纯 H_2 还原，H_2 向上流动且设 H_2 在气相中的浓度不变，FeS_2 向下移动，反应器操作温度 495℃，压力 0.1MPa。在此条件下气膜阻力可以忽略。化学反应速率常数及 D_{eff} 与 [例 5-1] 相同。各种颗粒的半径、所占物料的质量分数及相应的停留时间如下所示：

颗粒半径/mm	质量分数 G_i	逗留时间 t/t_m	颗粒半径/mm	质量分数/G_i	逗留时间 t/t_m
0.05	0.1	1.40	0.15	0.4	0.95
0.10	0.3	1.10	0.20	0.2	0.75

如果反应器中物料的平均逗留时间 $t_m=60min$，试求 FeS_2 转化为 FeS 的转化率。

7-8 某流-固相非催化反应，固体物料置于移动炉栅上，与错流流过的气体反应。物料组成与性质如下：

R_S/μm	组成/%	τ_t/min
50	30	2.5
100	40	10
200	30	40

求在反应器中停留 8min 的固体颗粒转化率。

第八章　流化床反应工程

固体散料悬浮于运动的流体，颗粒之间脱离接触而具有类似于流体性能的过程，称为"固体流态化"。现代过程工业广泛使用固体流态化技术进行非催化和催化化学加工及物理操作。

我国于 1956 年开始将流态化技术应用于工业装置，南京化学工业公司自力更生建立了硫铁矿流化床焙烧装置，当时称为沸腾焙烧炉，取代了生产能力低、矿渣残硫高、劳动强度大及环境污染严重的多层硫铁矿机械焙烧炉，并迅速广泛推广，促进了硫酸工业发展。1957 年葫芦岛又开发了流化焙烧锌精矿。

国际上重质油催化裂化使用流态化技术的工业装置投产于 1942 年，我国自主开发的第一套流化床催化裂化工业装置于 1965 年建成投产，缩短了我国与发达国家在炼油领域内的差距，并对裂化催化剂及流化床装置系统进行了多次重大改进，发表了多部有关的专著，如侯祥麟[1]主编的《中国炼油技术》，陈俊武及曹汉昌[2]主编的《催化裂化工艺与工程》和卢春喜及王祝安的专著《催化裂化流态化技术》[3]。我国流化床催化工业反应器已应用于丙烯腈、乙酸乙烯酯、苯酐合成和乙烯氧氯化制二氯乙烷等有机合成中强放热反应而要求温度范围较窄的过程。在能源工业方面，我国正在发展超高压循环流化床电站锅炉。

近年来，陈甘棠、王樟茂的专著《流态化技术的理论和应用》[4]讨论了流态化技术的基础理论和工业应用。金涌、祝京旭、汪展文、俞芷青主编的专著《流态化工程原理》[5]阐述了我国学者在流态化领域的前沿研究工作，如循环流化床、下行床、三相流态化及测试技术等方面的研究成果。

第一节　固体流态化的基本特征及工业应用 [4, 5]

一、流态化现象

1. 颗粒的分类

颗粒的密度及粒度对流化特性有显著影响。Geldart[8]提出：对于气-固流态化，根据不同的颗粒密度和粒度，颗粒可以分为 A、B、C、D 共 4 类。

A 类颗粒称为细颗粒，一般粒度较小（$30 \sim 100 \mu m$）并且颗粒密度较小（$\rho_p < 1400 kg/m^3$）。A 类颗粒形成鼓泡床后，密相中空隙率明显大于临界流化空隙率 ε_{mf}，密相中气、固返混较严重，气泡相与密相之间气体交换速度较高。随着颗粒粒度分布变宽或平均粒度降低，气泡尺寸随之减小。催化裂化催化剂是典型的 A 类颗粒。

B 类颗粒称为粗颗粒，一般粒度较大（$100 \sim 600 \mu m$）并且颗粒密度较大（$\rho_p = 1400 \sim 4000 kg/m^3$）。其起始鼓泡速度 u_{mb} 与临界流化速度 u_{mf} 相等，密相的空隙率基本等于临界流化空隙率，且密相中气、固返混较小，气泡相与密相之间气体交换速度较低，气泡尺寸几乎与颗粒粒度分布宽窄和平均粒度大小无关。砂粒是典型的 B 类颗粒。

C 类颗粒属黏性颗粒或超细颗粒，一般平均粒度在 $20\mu m$ 以下，由于颗粒小，颗粒间易团聚，极易产生沟流。

D 类颗粒属于过粗颗粒，流化时易产生大气泡和节涌，操作难以稳定，适用于喷动床操作，玉米、小麦颗粒属这类颗粒。

2. 聚式流态化与散式流态化

使用不同的流体介质，固体流态化可分为散式流态化（particulate fluidization）、聚式流态化（aggregative fluidization）和气-液-固三相流态化（three-phase fluidization）。气-液-固三相流态化将在本书第九章气-液-固三相反应工程中讨论。

理想流态化是固体颗粒之间的距离随着流体流速增加而均匀地增加，颗粒均匀地悬浮在流体中，所有的流体都流经同样厚度的颗粒床层，保证了全床中的传质、传热和固体的停留时间都均匀，对化学反应和物理操作都十分有利。理想流态化的流化质量（fluidization quality）是最高的。在实际的流化床中，会出现颗粒及流体在床层中的非均匀分布，越不均匀，流化质量越差。

液体作流化介质时，液体与颗粒间的密度差较小，在很大的液速操作范围内，颗粒都会较均匀地分布在床层中，比较接近理想流态化，称为散式流态化。

气体作流化介质时，会出现两种情况，对于较大和较重的颗粒如 B 类和 D 类颗粒，当表观气速 u_g（表观气速是以扣除了换热元件、挡板等构件并且不包含所装载的固体的有效空截面积 A_c 及操作状态下气体体积流量计算的气速）超过临界流化或起始流化速度 u_{mf}，多余的气体并不进入颗粒群去增加颗粒间的距离，而形成气泡通过称为鼓泡流化床的床层，此时为聚式流态化。对于较小和较轻的 A 类颗粒，当表观气速 u_g 刚超过临界流化速度的一段操作范围内，多余的气体仍进入颗粒群使之均匀膨胀而形成散式流态化，但进一步提高表观气速将生成气泡而形成聚式流态化，这种情况下产生气泡的相应表观气速称为起始鼓泡速度或最小鼓泡速度 u_{mb}，超过 u_{mf} 的多余气体的绝大部分以气泡的形式通过床层，但所形成的气泡一般远比 B 类和 D 类颗粒形成的聚式流化床为小，即较细颗粒（指 A 类颗粒，C 类颗粒除外）的流化质量比粗颗粒的流化质量高。

决定散式或聚式流态化的主要因素是固体与流体之间的密度差，其次是颗粒尺寸。当用水流化密度很大的铅颗粒，液-固流化床中也有大液泡形成聚式流化行为。当用 $1.5\sim2.0MPa$ 压力下密度增大的空气流化 $260\mu m$ 的沙子，出现了散式流态化现象。

处于散式流态化的液-固流化床为均匀的理想流态化状态，当液体流速低于颗粒的终端速度时，颗粒均匀地悬浮在向上流动的液体中，各种流动参数如床层中颗粒密度、液体流速在轴、径向上都呈均匀分布。液-固流态化广泛应用于矿石的流化床浸取和洗涤[6]，电解质溶液通过导电颗粒的流化床电化学反应器[7]。

聚式流化床中存在明显的两相：一相是气体中夹带少量颗粒的气泡相（bubble phase）或稀相（lean phase）；另一相是颗粒与颗粒间气体所组成的颗粒相（particulate phase）或密相（dense phase），又称乳相（emulsion phase）。在低气速流化床中，乳相为连续相而气泡相为非连续相。

二、流化床反应器的流型、流型转变及基本特征

随着表观气速从零开始逐步提高，固体颗粒床层由固定床开始发生一系列的流型转变，如图 8-1 所示。

1. 低气速气-固流态化中的流型

（1）散式流态化　图 8-1 中，当表观气速 u_g 低于临界流化速度 u_{mf}，床层压降非常稳定，压降随

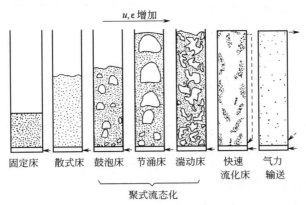

图 8-1 气-固流态化中各种流体力学流型的特征示意

u_g 的增加而增加。当 u_g 提高至 u_{mf} 时气体对颗粒的曳力刚好平衡床层颗粒的重力，床层开始流化；当 u_g 高于 u_{mf} 时，床层压降不再变化。前已述及，对于颗粒及密度均较小的 A 类颗粒，超过 u_{mf} 再提高 u_g 即导致床层发生均匀膨胀，气体通过比固定床空隙率增大的颗粒间隙，但并无气泡产生，床层均匀膨胀，压降波动较小，即散式流态化。

（2）聚式流态化　当 u_g 进一步提高到起始鼓泡速度 u_{mb} 时，床层从底部出现鼓泡，压降波动明显增加。对于粒径及密度均较大的 B 类颗粒，床层并不经历散式流态化阶段，u_{mf} 即 u_{mb}，产生的气泡数量不断增加，并且气泡在上升过程中相互聚并，尺寸不断长大，直至达到床层表面并开始破裂，颗粒的混合及床层压降波动非常剧烈。

气泡中所含颗粒约占颗粒总量的 2%～4%，气泡周围的密相或乳相中颗粒浓度很高。气泡的运动速度随气泡的大小而变，在上升途中，小气泡频繁地聚并而长大，过大而失稳时气泡则破裂。

气泡上升的同时又有颗粒在密相中向下流动以补充向上流动的气泡中带走颗粒所造成的空缺。另一方面，由于气泡在床层径向截面上不均匀分布，诱发了床内密相的局部以致整体的循环流动，气体的返混加剧。这种流型称为鼓泡流态化（bubbling fluidization），气-固接触效率和流化质量比散式流态化低得多。气泡上升到床层表面时的破裂将部分颗粒弹出床面。在密相床上面形成一个含有少量颗粒的自由空域（free board）。一部分在自由空域内的颗粒在重力作用下返回密相床，而另一部分较细小的颗粒就被气流带走，只有通过旋风分离器的作用才能被捕集下来，经过料腿而返回密相床内。

（3）节涌流化床　对于高径比较大的实验室及中间试验的流化床，由于床层直径较小，当表观气速大到一定程度时，会由于气泡直径长大到接近床层直径而产生气栓（slug）。气栓像活塞一样向上升，而气栓上面颗粒层中的颗粒纷纷下落，气栓达到床层表面时即破裂。后续的气栓又不断地形成、上升直至破裂。床层压降出现剧烈但有规则的脉动。这种现象称为节涌流态化（slugging fluidization）。节涌使颗粒夹带加剧，气-固接触效率和操作稳定性降低。在工业规模的大床中，节涌现象一般不至于产生。

（4）湍动流态化　随着表观气速进一步提高，鼓泡床中气泡的破裂逐渐超过气泡的聚并，导致床内的气泡尺寸变小，进入湍动流态化。这种小气泡通常称为气穴（void），气穴与密相或乳相间的边界变得较为模糊，此时称为湍动流态化（turbulent fluidization）。在鼓泡流化床中，增加表观气速，床层压力波动幅度增大，到某一表观气速时，压力波动的幅度达极大值，此时的表观气速称为起始湍动流化速度 u_c。

湍动流态化与鼓泡流态化有许多显著的不同：①气穴不像鼓泡床中的气泡有明显的上升轨迹可循，在不断的破裂和聚并过程中以无规律的形式上升，气穴的尺寸小使其上升速度减慢，增加了床层的膨胀；②气穴的运动膨胀，使湍动流化床中气、固接触加强，气体短路减少，因此湍动床（简称 TFB）内，气、固相间交换系数和传热、传质效率比鼓泡床高；③总体来讲，压力波动幅度小于鼓泡流化床，操作较平稳；④气速的提高导致床层上部的稀相自由空域中有大量颗粒存在，其中的反应不可忽视，并使床界面比鼓泡床模糊得多；⑤湍动流化床内固体返混程度大于鼓泡流化床，而气体返混则小于鼓泡流化床。

工业流化催化反应器已从 20 世纪 50～60 年代的鼓泡床为主过渡到以湍动流化床为主，利用湍流流化床气、固接触良好，传热、传质效率高和气体短路极少的优点。

鼓泡床和湍动床都属于低气速的密相流化床，压力升高会使鼓泡床和湍动床中气泡尺寸变小。

2. 高气速气-固流态化中的流型

在湍动流态化下继续提高气速，床层表面变得更加模糊，颗粒夹带速率随之增加，颗粒不断地被气流夹带离开密相床层。当气速增大到向快速流态化转变的速度时，颗粒夹带明显提高，在没有颗粒补充的情况下，床层颗粒将很快被吹空。如果有新的颗粒不断补充进入床层底部，或通过气-固分离设备及下行管回收带出的颗粒，操作可以不断维持下去，此时的流化状态称为快速流态化（fast fluidization），相应的流化床称为循环流化床（circulating fluidization bed，CFB），或称为快床。

图 8-2 是常见的几种气-固并流上行循环流化床系统。流化气体从提升管底部引入，携带由伴床（慢床）来的颗粒向上流动。提升管顶部装有气-固分离装置，如旋风分离器，颗粒分离后，返回伴床并向下流动，通过颗粒循环控制装置后，再进入提升管。在气-固并流上行快速流化床中，提升管主要用作反应器，而伴床可用作调节颗粒流率的储存设备、热交换器或催化剂再生器 [图 8-2(a)、(b)]，或单纯作为颗粒循环系统的立管（standpipe），见图 8-2(c)、(d)。还需从底部向伴床中充入少量气体，作为松动气，以保持颗粒在伴床中的流动性。

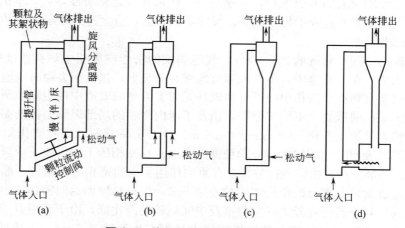

图 8-2 常见的几种循环流化床系统

颗粒循环控制装置的作用是调节颗粒循环速率，实现循环流化床操作并防止气体从提升管向伴床倒流。常见的颗粒循环控制装置有：①机械式，如滑阀、螺阀、螺旋加料器；②非机械式，如 L 阀、J 阀、V 阀、双气源阀。

目前工业用循环流化床主要可分为气-固催化反应器及气-固反应器两类。典型例子有流化催化裂化（fluid catalytic cracking，FCC）反应器和循环流化床燃烧反应器（circulating fluidized combustion，CFBC），特征见表 8-1。

表 8-1 典型的循环流化床特征

操 作 条 件	FCC	CFBC
颗粒特征	$\rho_p = 1100 \sim 1700 \text{kg/m}^3$ $d_p = 40 \sim 80 \mu m$	$\rho_p = 1800 \sim 2600 \text{kg/m}^3$ $d_p = 100 \sim 300 \mu m$
提升管表观气速/(m/s)	6～28	5～9

续表

操 作 条 件	FCC	CFBC
提升管颗粒循环速率/[kg/(m² · s)]	400～1200	10～100
提升管表观颗粒浓度/(kg/m³)	50～160	10～40
高径比	＞20	＜5～10
提升管直径/m	0.7～15	4～8
固体储量	高	低
出口结构	平滑	非平滑

　　当床层从低气速流态化的鼓泡床、湍动床转变为高气速的流态化后，气体从分散的气泡逐渐过渡到连续的气流；所有的颗粒从被当作连续相的床层逐渐转变为分散在气流连续相中的颗粒聚集体或颗粒族（cluster），成为分散相。气、固两相分别从分散相及连续相相互转变的流速范围称为转向流化区，开始进入这一区域的流速称为转相流化速度（phase fluidization velocity）u_{TF}。在转相后的快速流化区，由于气、固间剧烈变动，传质及传热效率增高，适合于许多快速的强放热及强吸热反应，如石油加工中的催化裂化反应。循环流化床中颗粒浓度沿床层轴向呈上稀下浓的连续分布。颗粒浓度沿床层径向为中心稀、边壁浓，颗粒流速在中心区主要向上、边壁区主要向下，呈现明显的内循环流动，或称为环-核（core-annulus）模型，导致一定程度的颗粒返混。气体返混则大为减小，少量气体可能被器壁附近的下行颗粒夹带而返混。

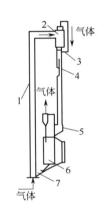

图 8-3　气-固下行管
反应器示意
1—提升管；2—气固
分离器；3—下行管
分布器；4—下行管
反应器；5—气固分
离器；6—储槽；
7—碟阀

　　传统的重质油流化催化反应器采用循环流化床，原料油气化后与经烧焦再生恢复活性的裂化催化剂，经上行提升管反应器，结焦后的催化剂经下行再生器（即伴床）烧焦再生，形成循环流化床。近年来，将气-固并流上行提升管反应器改为气-固并流下行床反应器，原来的提升管作为伴床再生器，称为气-固顺重力场流态化。气-固并流下行床的反应器的示意图见图 8-3，顺重力场流动与上行床的逆重力场流动比较，具有许多优点：局部颗粒浓度，局部气、固速度的径向分布更均匀；气、固相在反应器内的停留时间分布更均匀；有利于提高选择性；特别适用于一些需要接触时间短的裂解过程，如现行高活性的分子筛裂解催化剂。但也存在下列问题。反应器空隙率高，固相存量少；固相含量低导致床层与换热面间传热速率较低。

　　从下行床裂解实验可见，下行床反应器可用于轻烃催化裂解或热裂解制烯烃以取代目前乙烯、丙烯工业中通用的管式裂解炉[9]。

　　高气速流化床与低气速流化床操作的比较和高气速流态化的优缺点可参见表 8-2 及表 8-3[10]。

表 8-2　高气速流化床与低气速流化床操作的比较

流化床类型	低气速流化床	上行高气速流化床	下行高气速流化床	稀相上行输送床
颗粒的历程	在床内的停留时间为几分钟至几小时；部分颗粒有可能被带到旋风分离器,经料腿返回床层	周期性地在提升管和伴床之间循环,每次循环在提升管中的停留时间为几秒	周期性地在下行管和伴床之间循环,每次循环在下行管中的停留时间为几十毫秒至1s	多数情况下自下而上一次通过系统
两相流动结构	气体呈鼓泡或气节状通过床层,较高气速下进入湍动流化过渡区	气相转变为连续相,气流将颗粒群大量带出,底部有时为湍动流化区。床内为环-核流动结构	气相为连续相。颗粒浓度较低,而且很少聚集成颗粒群	颗粒呈单颗粒弥散在气流中

流化床类型	低气速流化床	上行高气速流化床	下行高气速流化床	稀相上行输送床
气速/(m/s)	0.1～0.5	1.5～1.6	3～16	15～20
颗粒平均直径/mm	0.05～3	0.05～0.5	0.05～0.5	典型为 0.02～0.08
颗粒的外循环量 /[kg/(m²·s)]	0.1～5	15～2000	15～2000	<50
空隙率	床层中为 0.6～0.8,稀相中空隙率很大	0.85～0.98	0.95～0.99	>0.99
气体返混	由于存在乳相和气泡相间的相间交换而部分返混	返混大大减小,少量气体可能被器壁附近的下行颗粒夹带而返混	轴向返混很小	轴向返混很小
床内颗粒返混	完全返混	由环-核流动结构引起的返混仍较为严重	轴向返混很小	轴向返混很小
气固滑落速度	低	高	较低	低

表 8-3　高气速流态化的优缺点

优　　点	缺　　点
(1)气-固为无气泡接触,改善气-固接触效果; (2)气-固轴向返混减少; (3)气速高,停留时间可以缩短至毫秒级,特别适合于以裂解为代表的快速反应过程; (4)气-固通量可达 200kg/(m²·s),传热效果好,反应-移热解耦能力强,适合于强吸热或强放热过程,能适合于单台处理能力巨大的工业过程; (5)颗粒的外部循环为催化剂的再生提供了场所,可解决催化剂快速失活问题,使反应器具有较强的反应-再生解耦能力; (6)不存在低速流化床特有的下行空间,避免了出现大的温度梯度区域; (7)可以实现多段气体进料; (8)固体颗粒团聚倾向减小	(1)反应器高度增加; (2)投资增大; (3)颗粒性质的允许范围受到一定的限制; (4)固体颗粒的循环系统增加了设计和操作的复杂性; (5)颗粒的磨损增加

三、流态化技术的基本问题及与其他流-固接触技术的比较[5]

1. 流态化技术的基本问题

① 气（流）体的分布——分布器的结构；它的分布均匀性和操作稳定性；气体通过分布器的形态；出分布器时的气体射流；初始气泡的行为以及分布板影响区等。

② 颗粒的流动特性——颗粒的尺寸、形状、密度以及粒度分布对颗粒流化性能的影响；颗粒层的黏度；颗粒的磨损等。

③ 特征流速——临界流化速度、起始鼓泡速度、起始湍动流化速度、快速流态化的转变速度及颗粒终端速度等。

④ 床层的膨胀与压降——均匀流化床的膨胀,聚式流化床的膨胀,床层压降与流速的关系等。

⑤ 气泡的行为和影响——气泡的结构、尺寸和上升速度；气泡的聚并和破裂；床层气含率；气泡与周围介质间的传递现象等。

⑥ 乳相的行为和影响——乳相中气体和颗粒的运动情况；颗粒的混合及停留时间分布；颗粒的离析分层和团聚等。

⑦ 流态化的热、质传递——气泡与乳相间的热、质传递；乳相中气体与颗粒间的热、质传递；床

层与壁面及浸没表面间的传热；湍动床及快速床中的热、质传递。

⑧ 内部构件的影响——垂直管、水平管、横向挡板及特种构件对气泡及乳相的运动、床内的返混以及热、质传递的影响等。

⑨ 颗粒的夹带和分离——颗粒的扬析与夹带；夹带分离高度；自由空域中气、固运动和热、质传递；旋风分离器及其他气-固分离装置。

⑩ 颗粒的输送——在垂直管、水平管、斜管、弯管及装置中的密相及稀相输送；输送压降及输送系统的稳定性等。

⑪ 流态化过程及流化床反应器在各种情况下的数学模型；模拟和放大技术。

2. 流态化技术与其他流-固接触技术的比较

流化床与固定床、移动床等不同的流-固接触反应器相比较，流化床既有显著的优点，又有不足之处，需要加以克服。

（1）流化床的优点

① 由于可采用细粉颗粒，并在悬浮状态下与流体接触，流-固相界面积大（可高达 $3000 \sim 16000 \mathrm{m}^2/\mathrm{m}^3$），有利于非均相反应的进行，提高了催化剂的利用率。而固定床与移动床所使用的固体颗粒要大得多（大约大 2 个数量级），因此单位质量催化剂的生产强度要低于流化床。

② 由于颗粒在床内混合激烈，使颗粒在全床内的温度和浓度均匀一致，床层与内浸换热表面间的传热系数很高，达 $200 \sim 400 \mathrm{W}/(\mathrm{m}^2 \cdot \mathrm{K})$，全床热容量大，热稳定性高，有利于强放热反应的等温操作。

③ 流化床内的颗粒群有类似流体的性质，可以大量地从装置中移出、引入，并可以在两个流化床之间大量循环。这使得一些反应-再生、吸热-放热等反应耦合过程和反应-分离耦合过程得以实现。使易失活催化剂能在工程中使用。

④ 流体与颗粒之间传热、传质速率也较其他接触方式为高。

⑤ 由于流-固体系中空隙率的变化可以引起颗粒曳力系数的大幅度变化，在很宽的范围内均能形成较浓密的床层，流态化技术的操作弹性范围宽，设备生产能力大，造价低，符合现代化大生产的需要。

正因为有以上显著的优点，流态化技术在许多情况下是不可取代的，并且得到广泛的应用。

（2）流化床的缺点

① 多相流系统规律复杂，工程放大技术难度较大。

② 传统的低气速流态化反应器中，大气泡的存在易造成气体短路，再加上床内返混明显，使气体严重偏离平推流。在要求气体转化率高时，对反应的影响较为明显。

③ 固体颗粒在传统流化床中混合激烈（近似为理想混合），所以在固体连续移出、引入时，其停留时间分布不均，降低了固体的出口平均转化率。

④ 采用高气速操作的快速循环流态化技术可以使许多上述缺点得到改善，但由于快床中两相接触时间变短，只适用于反应速率高的过程。又因为快床内颗粒浓度较低，使热量移出、移入的能力下降。

⑤ 颗粒易磨损和破碎，细颗粒容易被气流夹带，需要有较强的流、固分离能力的装置，在用贵金属作催化剂时，需要格外慎重地选择有效的分离器。

⑥ 颗粒对设备有一定的磨蚀作用，特别是采用硬度大、非球形矿石操作时，应加以注意。

四、流态化技术的工业应用[5]

流态化技术的工业应用包括以下内容。

（1）物理操作　流态化技术已应用于水泥、粮食、纯碱、树脂等固体颗粒的管道输送，固体物料的干燥，有机气体的吸附分离，矿物和煤矿石的分选，升华物料（如萘、苯酐等）的凝聚和尿素造粒等相变过程。

（2）矿物加工　有色金属及核工业中的氯化、氟化焙烧（如 UF_4 和 UF_6 的制备），铁矿石的直接还原和磁化焙烧，流态化浸取，硫铁矿、锌精矿和氢氧化铝的流化焙烧。

（3）煤的燃烧和转化　煤的流化燃烧已从鼓泡流化床锅炉向高效、清洁的循环流化床锅炉过渡。煤及粉状页岩的干馏、气化已应用流态化技术，煤的直接如氢液化已应用气-液-固三相流化床技术。

（4）石油加工　流化床催化裂化反应器是工业化最早的反应-再生系统，提升管反应器已向使用下行管超短接触进行催化裂化、同时用提升管进行再生的新一代的反应器发展。石脑油气相临氢重整、处理重油的硫化焦化、砂子炉裂解都应用流态化技术。

（5）有机合成工业　丙烯腈、丁二烯、氯乙烯、乙酸乙烯酯、三聚氰胺、甲醇氧化制甲醛、苯胺、苯二甲酸酐、顺丁烯二酸酐等有机合成反应及百菌清等农药的生产都已用流化床催化反应器。聚乙烯、聚丙烯和乙丙共聚物等聚合物生产已成功应用流化床技术。

（6）材料工业　石灰、水泥、陶粒、膨胀砂等建材产品和多晶硅、有机硅的生产都已应用流化床技术。

此外，生化工程中单细胞蛋白生产、生化法废水处理和生化法金属浸取，环境工程中的多层流化吸附回收环境中低浓度有机物，流化焚烧炉处理工业废气、废液、废渣及城市垃圾等都运用流态化技术。

第二节　流化床的特征速度

本节讨论流化床的特征速度，即临界流化速度 u_{mf}、起始鼓泡速度 u_{mb}、起始湍动流化速度 u_c、快速流化的转变速度 u_{TF} 和颗粒的终端速度 u_t 与有关参数间的关联式。颗粒的粒度分布对流化特征参数具有影响。临界流化速度和终端速度同时适用于气-固和液-固系统，而起始鼓泡速度、起始湍流速度和快速流态化的转变速度只是气-固流化床所具有的特征。关于颗粒的当量直径与形状因子，颗粒粒度分布与平均筛析直径等问题，已在本书第五章第二节阐述。

一、临界流化速度及起始鼓泡速度

1. 临界流化速度

图 8-4 是均匀砂粒的床层压降与表观气速 u_g 的关系，当 u_g 较小时，床层处于固定床状态，在图 8-4 的双对数坐标上，Δp 与 u_g 约成正比，即固定床压降式，一般采用 Ergun 式，即本书第五章式（5-13）～式（5-15）。床层压降达一最大值 Δp_{max} 后，床层中原来紧挤着的颗粒要先被松动，然后颗粒开始流动，Δp 略有降低，又趋于某一定值，即床层静压 W/A_c。此时床层处于由固定床向流化床转变的临界状态，相应的表观流速称为临界流化速度 u_{mf}，此后床层压降几乎保持不变，直至颗粒被带走，Δp 迅速下降。如果缓慢降低表观流速，床层逐步恢复到固定床，压降 Δp 将沿略为降低的路径返回

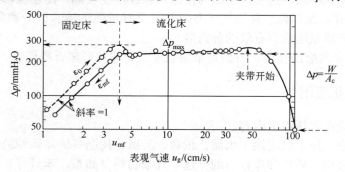

图 8-4　均匀砂粒的压降与气速的关系

（即图 8-4 中实线），并且不再出现极值，压降比增加表观流速时小一些，这是由于颗粒逐渐静止下来时，大体保持临界流速时的床层空隙率 ε_{mf}，从图中实线的拐弯点即可确定临界流化速度。

有许多关联式计算临界流化速度，可参见专著[5]表 2-1，但大多数关联式只适用于所研究的颗粒直径及临界 Re_{mf} 的实验范围。较为通用并且适用范围较广的计算 u_{mf} 的关联式是 Wen 和 Yu[11]基于 Ergun 的固定床压力降计算式获得的关联式。

临界流化状态时，床层的压力降 Δp 应按下式计算

$$\Delta p = \frac{W}{A_c} = L_{mf}(1-\varepsilon_{mf})(\rho_s - \rho_f)g \tag{8-1}$$

式中，ε_{mf} 为临界流化时的床层空隙率；ρ_s 和 ρ_f 分别为固体颗粒和流体的密度，kg/m^3。

本书第五章已阐述过 Ergun 固定床压力降计算式，如下

$$\frac{\Delta p}{L} = \left(1.75 + \frac{150}{Re_m}\right)\frac{\rho_f u_f^2}{d_s} \times \frac{1-\varepsilon}{\varepsilon^3} \tag{5-13}$$

及

$$Re_m = \frac{d_s \rho_f u_f}{\mu_f} \times \frac{1}{1-\varepsilon} = \frac{d_s G}{\mu_f} \times \frac{1}{1-\varepsilon} \tag{5-15}$$

$$\phi_s d_v = d_s = \frac{6V_p}{S_p} \tag{5-6}$$

式中，d_s 为与颗粒等比表面积的圆球直径；d_v 为与颗粒等体积的圆球直径；u_f 为流体的表观流速；ϕ_s 为形状因子。

临界流化状态时，式(5-13) 与式(8-1) 所求得的 $\frac{\Delta p}{L}$ 相等，即

$$1.75 \times \frac{\rho_f u_{mf}^2}{d_s} \times \frac{1-\varepsilon_{mf}}{\varepsilon_{mf}^3} + \frac{150(1-\varepsilon_{mf})\mu_f}{d_s \rho_f u_{mf}} \times \frac{\rho_f u_{mf}^2}{d_s} \times \frac{1-\varepsilon_{mf}}{\varepsilon_{mf}^3} = (1-\varepsilon_{mf})(\rho_s - \rho_f)g$$

上式等号的左右方均乘以 $d_s^3 \rho_f / \mu_f^2$，并以 $d_s = \phi_s d_v$ 代入，化简可得

$$\frac{1.75}{\phi_s \varepsilon_{mf}^3}\left(\frac{d_v u_{mf} \rho_f}{\mu_f}\right)^2 + \frac{150(1-\varepsilon_{mf})}{\phi_s^2 \varepsilon_{mf}^3} \times \frac{d_v u_{mf} \rho_f}{\mu_f} = \frac{d_v^3 \rho_f(\rho_s - \rho_f)g}{\mu_f^2} \tag{8-2}$$

以量纲 1 数 $d_v^3 \rho_f(\rho_s - \rho_f)g/\mu_f^2$ 即 Ar（Archmides）数，和 $Re_{mf} = d_v u_{mf} \rho_f / \mu_f$ 代入上式，即

$$\frac{1.75}{\phi_s \varepsilon_{mf}^3}(Re_{mf})^2 + \frac{150(1-\varepsilon_{mf})}{\phi_s^2 \varepsilon_{mf}^3}Re_{mf} = Ar \tag{8-3}$$

流化床中的颗粒大多数为形状不规则且粒度不均匀的颗粒群。根据 Wen 和 Yu 提出的非球形颗粒粒径可采用两相邻筛网的网孔净宽的几何平均值，或称为筛分直径 d_{pi}，作为等体积圆球直径 d_v。而形状不规则并存在粒度分布的颗粒群的调和平均直径 $\bar{d}_p$，本书中称为平均粒径，已表达于式(5-9)，即 $\frac{1}{\bar{d}_p} = \sum_{i=1}^{n} \frac{x_i}{d_{pi}}$。因此，以 $\bar{d}_p$ 作为混合颗粒的等体积球体直径 d_v 代入 Ergun 的压力降计算式。Wen 和 Yu 整理了许多研究者对多种球形及非球形颗粒，以水、空气、CO_2、氩及 H_2-N_2 混合气体作流体的临界流化速度 u_{mf} 在广泛范围的实验数据，其中 ϕ_s 为 $0.136 \sim 1.0$，粒径为 $0.05 \sim 50mm$，得到下列近似关系

$$(1-\varepsilon_{mf})/(\phi_s^2 \varepsilon_{mf}^3) \approx 11 \tag{8-4}$$

$$1/(\phi_s \varepsilon_{mf}^3) \approx 14 \tag{8-5}$$

因此，式(8-3) 可写成

$$Re_{mf} = \bar{d}_p u_{mf} \rho_f / \mu_f = [c_1^2 + c_2 Ar]^{0.5} - c_1 \tag{8-6}$$

而 $c_1 = 33.7$，$c_2 = 0.0408$。

对于小颗粒，Ar 数很小，式(8-2)中左边第一项可忽略，即

$$u_{mf} = d_v^2(\rho_s - \rho_f)g/(1650\mu_f) \qquad Re_{mf} < 20 \tag{8-7}$$

对于大颗粒，Ar 数很大，式(8-2)中左边第二项可忽略，即

$$u_{mf} = [d_v(\rho_s - \rho_f)g/(24.5\rho_f)]^{0.5} \qquad Re_{mf} > 1000 \tag{8-8}$$

实验表明，温度和压力对 u_{mf} 的影响并不只影响流体的黏度和密度。

Chitester 等[12]在 7MPa 压力下，以 N_2 为流化介质，得

$$Re_{mf} = (28.7^2 + 0.0494Ar)^{0.5} - 28.7 \tag{8-9}$$

Lucas 等[13]的研究表明，对于不同范围的形状因子 ϕ_s 值，应采用式(8-6)中不同的 c_1 及 c_2 值，其计算所得 u_{mf} 值与 Wen 的计算值的均方差比较见表 8-4。

一些颗粒的形状因子可参见文献 [4] 表 2-1.1。

表 8-4 Lucas 与 Wen 计算 u_{mf} 值均方差的比较

ϕ_s 值	$0.8 \leqslant \phi_s \leqslant 1$		$0.5 \leqslant \phi_s \leqslant 0.8$		$0.1 \leqslant \phi_s \leqslant 0.5$	
研究者	Wen	Lucas	Wen	Lucas	Wen	Lucas
c_1	33.7	29.5	33.7	32.1	33.7	25.2
c_2	0.0408	0.0357	0.0408	0.0571	0.0408	0.0672
$\left[\dfrac{\sum\left(\dfrac{u_{mf,实} - u_{mf,计}}{u_{mf,实}}\right)^2}{（实验数）N - 1}\right]^{0.5} \times 100$	21	21	36.2	23.4	53.5	21.9

压力和温度增高，u_{mf} 值变小，有利于流态化[4]。

2. 散式流态化与聚式流态化的判据

Wilhelm 及 Kwauk[14]在实验的基础上提出以 Fr（Froude）数表达的下述判据式

$$\begin{aligned} Fr_{mf} = u_{mf}^2/(g\bar{d}_p) < 0.13 \quad &\text{液-固散式流态化} \\ Fr_{mf} > 0.13 \quad &\text{气-固聚式流态化} \end{aligned} \tag{8-10}$$

3. 起始鼓泡速度

前已述及，对于 B 类和 D 类颗粒，当表观气速超过临界流化速度时，床层即已进入鼓泡流化床；对于 A 类较小和较轻的颗粒，当 u_g 超过 u_{mf} 后，还会经历一个散式流态化阶段，然后进入鼓泡流化床。此时，气-固流化床的起始鼓泡速度 u_{mb} 可按 Geldart[15]提出的下式计算

$$u_{mb}/u_{mf} = 4.125 \times 10^4 \mu_g^{0.9}\rho_g^{0.1}/[(\rho_s - \rho_g)g\bar{d}_p] \tag{8-11}$$

式中，$\bar{d}_p$ 为颗粒的调和平均直径；式中各物性参数的单位是 kg、m、s 制。

4. 单组分不等粒度颗粒对临界流化速度及起始鼓泡速度的影响

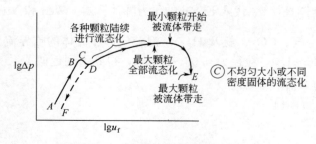

图 8-5 颗粒不均匀或密度不同的混合颗粒的流态化的 lg△p-lgu_f 图

实践表明，颗粒的流化特征不仅与颗粒的粒度有关，并且与粒度分布及混合颗粒的组成有关，图 8-5 是颗粒不均匀或密度不同的混合颗粒的流态化的 lg△p-lgu_f 图。在流态化过程中，u_f 开始增加时，许多粒度或密度较大的颗粒继续以固定床的状态存在，有些会被粒度或密度较小的颗粒冲击而带动，但基本上会下沉而失去流态化。当流速超过 D 点时，粒度或密度较大的颗粒逐渐流态化，不同粒度或密度颗粒的沉降速度也不同。本书只讨论常见

的单组分不等粒度颗粒的粒度分布对 u_{mf} 和 u_{mb} 的影响，至于密度不同的异类颗粒混合物对流态化的影响，可参见参考文献［4］第二章。

王樟茂等[16]提出了评价颗粒粒径比颗粒平均粒径小的颗粒作用的量纲 1 数 Fa，称为细颗粒作用因子，以表示粒度分布对颗粒流化特性的影响。

$$Fa = \sum (\overline{d}_p x_i / d_{pi}) \qquad (8\text{-}12)$$

式中，d_{pi} 及 x_i 分别为粒径比平均粒径 $\overline{d}_p$ 小的各细颗粒的直径及质量分率。

王樟茂等在 $\phi 100mm$ 的流化床内，对活性炭和黄沙粗粒子组成的 B 类颗粒及 FCC 催化剂和 Al_2O_3 细粒子组成的 A 类颗粒，配制成平均粒径 $\overline{d}_p$ 相同，但 Fa 不同的混合颗粒。例如，对 Al_2O_3 颗粒用 5 种不同的 d_{pi} 及 x_i 颗粒配制成 $\overline{d}_p = 80.17\mu_m$，而 Fa 分别为 0.5376 及 0.4498 的混合颗粒，进行 u_{mf} 和 u_{mb} 的实验测定。

（1）对临界流化速度的影响　由 Al_2O_3、沙子、流化催化裂化催化剂及 Al_2O_3 的多组单组分混合颗粒的试验数据得出

$$u_{mf} / u_{mf0} = 1 - 0.239 Fa \qquad (8\text{-}13)$$

式中，u_{mf} 为平均粒径 $\overline{d}_p$ 和细颗粒作用因子 Fa 的单组分不等粒度颗粒的临界流化速度；u_{mf0} 为直径与混合颗粒的平均粒径 $\overline{d}_p$ 值相同的单组分等粒度颗粒的临界流化速度。

式（8-13）计算值和实验值的平均误差为 1.97%。

上式表明当 Fa 增大时，细颗粒的作用增大。当气速略低于颗粒群的临界流化速度时，气体的动能还不足以使较大的颗粒流化，但足以使小颗粒流化，流化的小颗粒不断地冲击大颗粒，将动能传递给大颗粒，从而使整个床层流化。小颗粒在大颗粒周围起到润滑及能量传递的作用。因此，对于一些化学反应过程适当地控制和调节粒度及其分布，有助于提高流化质量和反应效果。但小颗粒被气流带出床外后，应适时补充。

（2）对起始鼓泡速度的影响　单组分颗粒的粒度分布对 u_{mb} 的影响可按下式计算

$$u_{mb} / u_{mf} = (0.4579 + 1.1 \times 10^{-6} Fa \overline{d}_p^{-2.2}) / \overline{d}_p^{0.2} \qquad (8\text{-}14)$$

式中，u_{mf} 为由式（8-13）求出的计入细颗粒因子的混合颗粒的临界流化速度。

式（8-14）的平均误差为 5.22%，式（8-14）中 $\overline{d}_p$ 的单位为 μm。

这是由于随着粒径的减小和细颗粒分率的增加，较难产生气泡，而气泡的形成对床层的热、质传递和稳定性都不利，即细颗粒有利于改善床层的流化质量。

二、起始湍动流化速度、快速流态化及密相气力输送的转变速度

1. 起始湍动流化速度

陈少鹏等[17]根据改变操作压力对无内部构件自由床的起始湍动流化速度 u_c 的影响试验，获得 u_c 与有关参数间的关联式如下

$$\frac{u_c}{\sqrt{gd_p}} = \left(\frac{0.211}{D_R^{0.27}} + \frac{2.42 \times 10^{-3}}{D_R^{1.27}} \right) \left(\frac{\mu_{g20}}{\mu_g} \right)^{0.2} \left(\frac{D_R}{\overline{d}_p} \times \frac{\rho_{g20}}{\rho_g} \times \frac{\rho_s - \rho_g}{\rho_g} \right)^{0.27} \qquad (8\text{-}15)$$

式中，μ_{g20} 和 ρ_{g20} 分别为 20℃、0.1MPa 条件下的气体黏度 μ_g 和密度 ρ_g 值。

上式的试验范围：温度 50～500℃，压力 0.1～0.8MPa，床径 D_R 50～500mm。试验时，采用了 8 种属于 A、B 类的颗粒，其平均直径 $\overline{d}_p$ 的范围为 53～476μm，ρ_s 0.706～4.51g/cm³。

由上式可见：①采用尺寸和密度都较大的颗粒，相同气速下向湍动流态化转变的 u_c 值升高，而采用尺寸较小和较轻的颗粒，则 u_c 较小，有利于改善密相流化床的流化质量；②增加操作压力，u_c 值下降；③增加操作温度，u_c 值上升；④流化床床径加大，对 u_c 的影响减少，床径大到一定程度后，对 u_c

值已无影响。

2. 湍动流态化向快速流态化的转变速度

湍动流态化向快速流态化的转变速度 u_{TF} 可采用白丁荣等[18]根据多组实验数据获得的关联式，即

$$(u_{TF}/\sqrt{gD_R})=1.463[(G_sD_R/\mu_g)(\rho_s-\rho_g)/\rho_g]^{0.268}(D_R/\overline{d}_p)^{-0.69}Re_t^{-0.2} \qquad (8-16)$$

式中，G_s 为颗粒的循环通量，$kg/(m^2 \cdot s)$；Re_t 为按颗粒带出速度 u_t 计算的 Re 数。上式所根据的实验条件，颗粒为 FCC（流化催化裂化）催化剂、氧化钴、铁精矿、硅砂、石英砂、黄铁矿、烟尘、Bi-Mo-P（丙烯腈合成）催化剂等，其粒度 $\overline{d}_p$ 范围为 $30\sim104\mu m$，粒度密度 ρ_s 的范围为 $700\sim4500kg/m^3$，反应器直径 D_R 为 $0.03\sim0.186m$。

李佑楚等[19]根据 5 组颗粒的实验研究，提出循环流化床的稳定操作条件，除了表观气速 $u_g \geqslant u_{TF}$ 外，还需 $G_s \geqslant G_{min}$，最小循环通量 G_{min} 可根据下式确定

$$G_{min}=\frac{u_{TF}^{2.25}\rho_g^{1.627}}{0.164[g\overline{d}_p(\rho_s-\rho_g)]^{0.627}} \qquad (8-17)$$

而 u_{TF} 与 G_{min} 的关系如下

$$[u_{TF}^2/(g\overline{d}_p)][\rho_g/(\rho_s-\rho_g)]=0.056[G_{min}/(u_{TF}\rho_g)]^{1.594} \qquad (8-18)$$

实验所用颗粒的平均粒径 $\overline{d}_p$ 的范围为 $54\sim105\mu m$，ρ_s 的范围为 $1780\sim4510kg/m^3$。

3. 快速流态化向密相气力输送的转变速度

白丁荣等[18]根据实验数据，获得快速流态化向密相气力输送的转变速度 u_{FD} 的表达式，即

$$u_{FD}/\sqrt{gD_R}=0.684[(G_sD_R/\mu_g)(\rho_s-\rho_g)/\rho_g]^{0.442}(D_R/\overline{d}_p)^{-0.96}Re_t^{-0.344} \qquad (8-19)$$

式(8-16)及式(8-19)的相关系数为 0.93。式(8-16)~式(8-19)所用参数的单位为 kg、m、s 制。

第三节　气-固密相流化床

一、气-固密相流化床的基本结构

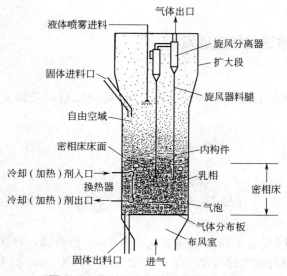

图 8-6　典型的密相流化床结构示意

图 8-6 是典型的气-固密相流化床结构示意，主要由床体、气体分布器、换热装置、内部构件和颗粒捕集系统组成。

1. 气体分布器

气体分布器的主要作用是将流化气体均匀地分布在整个床层截面，也起到支撑流化颗粒的作用，图 8-7 是若干常用的气体分布器。为了保证气体分布均匀，一般分布板开孔率约为 1% 以下，而分布板的压降为床层压降的 10%~20%，在工业流化床中，由于床层提高，有时分布板压降设计为床层压降的 5%。一般在分布器下面还有气体预分布器。专著［3］第二章详细地讨论了气体分布器的有关问题。

在气体分布器上方的一定距离内，气-固两相的流动状况受分布器的影响而与床层主体明显不同，称为"分布器控制区"，其中的流动行为和传质、传热对流

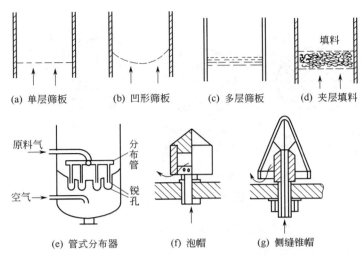

(a) 单层筛板　　(b) 凹形筛板　　(c) 多层筛板　　(d) 夹层填料

原料气　　　　　分布管　　　　　　　　　填料

空气　　　　　锐孔

(e) 管式分布器　　(f) 泡帽　　(g) 侧缝锥帽

图 8-7　常用分布器的若干形式

化床的功效都可能产生较大作用。

2. 自由空域和扩大段

工业流化床反应器的床体大都是圆柱形，上部扩大段直径一般为下部密相床直径的 1.5～2.5 倍。实验用流化床，当温度不高于 100℃ 时，一般用易于加工的有机玻璃制造，床体一般也为圆柱形，床体直径要大于颗粒平均直径的 100 倍。为了便于观察气泡及颗粒流动的特性，采用二维床。其截面为矩形，宽度远大于厚度，但厚度至少要为平均直径的 25～30 倍。

流化床内气-固浓相界面以上的区域称为自由空域（freeboard）。由于气泡逸出床面时的弹射和夹带作用，一些颗粒会离开浓相床层进入自由空域。一部分自由空域内的颗粒在重力作用下返回浓相床，而另一部分较细小的颗粒则最终被气流带出流化床。

在气流的作用下，多粒级组成的颗粒物料由各自的终端速度的差异而分级的现象称为扬析（elutriation），不同终端速度的颗粒依次被气流带出床层进入流化床上方的自由空域。夹带（entrianment）是流化床中气泡在上升过程中逐渐长大而不稳定，到达床层表面时气泡破裂，其中所夹带的颗粒被喷入自由空域。在一定的气速下，能被扬析带出的颗粒尺寸和通量是一定的，颗粒的粒度不同使自由空域中固体浓度沿高度成递降分布。

扩大段可以显著地降低气流的速度，从而有助于自由空域内的颗粒通过沉降作用返回浓相、减少颗粒带出及降低自由空域内的颗粒浓度。对于流化床化学反应器来说，较低的自由空域颗粒浓度对于减少不利的副反应往往是至关重要的。

3. 换热装置及内部构件

根据流化床内温度及单位体积放热量的大小，换热装置一般为内壁或浸没在床层内的垂直或水平管束。常用的为垂直管束，并与余热回收装置相连接。垂直换热器也是控制气泡聚并、维持流化稳定、促进气-固两相接触和减少颗粒带出的内部构件，但相邻两垂直面的间距应大于粒径的 30 倍，以免发生沟流。

水平构件主要有多旋导向挡板、单旋导向挡板及筛网，见图 8-8。水平构件能有效地将床层分为串联的若干区，两板分隔的区内上部会出现一段稀相段，稀相段下部密相段的密度随气速的变化与无挡板的自由床相同，各区间存在温度梯度，床内气-固流动较接近平推流。挡板对气相返混有明显抑制作用，每块挡板的上下之间几乎没有气体返混。挡板还能提早鼓泡流化床向湍动流化床过渡。李成钢等[21]测得

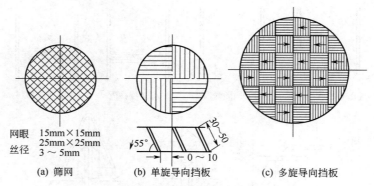

网眼　15mm×15mm
丝径　25mm×25mm
　　　3～5mm

(a) 筛网　　　　　(b) 单旋导向挡板　　　　(c) 多旋导向挡板

图 8-8 水平构件示意

$$Re_c = u_c d_p \rho_g / \mu_g = 0.1358(\rho_s / \rho_g)^{0.6576} Ga_p^{0.5120} \tag{8-20}$$

式中，Ga_p（Galileo 数）$= d_p^3 \rho_g^2 g / \mu_g^2$。

上式误差在 10% 以内。

金涌等[22,23]近年来开发了塔式及脊式垂直构件，见图 8-9 和图 8-10，兼有垂直构件和水平构件的作用，这两种构件中含有垂直换热管束，综合了横挡板与垂直管束的优点，特别在较高气速下，对流化床内气泡的破碎、固体颗粒的循环有明显的改善，床内压力波动和床层不均匀性都明显小于垂直管束流化床。

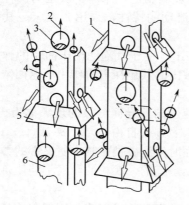

图 8-9 塔式构件示意

1—颗粒喷射方向；2—气泡运动方向；3—气泡尾涡；
4—气泡；5—槽板；6—多孔管

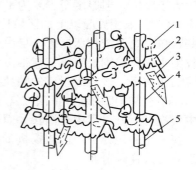

图 8-10 脊式构件示意

1—吹扫孔；2—脊形板；3—颗粒运动方向；
4—气泡运动方向；5—换热管

实验采用硅胶 A、硅胶 B、偏-Y 型 FCC 及 Y-T 型 FCC 催化剂，其物性数据（$\bar{d}_p$，ρ_s，ρ_g）及 u_{mf}、u_{mb} 等操作数据见参考文献 [22，23]。流化介质为空气，获得的预测流化床内起始湍动流化速度 u_c 如下

$$u_c = G' \sqrt{g d_p} \left(\frac{\rho_s - \rho_g}{d_p} \right)^{0.27} \tag{8-21}$$

式（8-21）采用的单位为 kg、m、s 制，平均误差 <10%。式（8-21）中常数 G' 值如下：对于脊形构件，$G' = 0.102$；塔形构件，$G' = 0.108$；垂直管束，$G' = 0.181$。

由实验所测膨胀后流化床高度 H_f 及流化床静床高 H_0，可以确定膨胀后床层空隙率 ε_f 和膨胀比 R 如下

$$R=\frac{H_0}{H_f}=\frac{1-\varepsilon_0}{1-\varepsilon_f} \qquad (8-22)$$

式中，ε_0 及 ε_f 分别为静止床及膨胀后流化床空隙率。

根据实验数据，可得 ε_f 的关联式如下

$$\varepsilon_f=G\left(\frac{Ly}{Ar}\right)^{0.0653} \qquad (8-23)$$

式中，Ly 为пачеико数，$Ly=\dfrac{u_g^3\rho_g^2}{\mu_g g(\rho_s-\rho_g)}$。

式(8-23)中对于脊形构件，$G=0.907$；塔形构件，$G=0.861$；垂直管束，$G=0.849$。

研究表明：其他条件相同时，$R_{脊}>R_{塔}>R_{垂}$，$\varepsilon_{脊}>\varepsilon_{塔}>\varepsilon_{垂}$，即脊形构件具有较高的膨胀比和床层空隙率，这是由于脊形构件对气泡有较强的破碎作用，使气泡直径变小，即脊形构件对化学反应更为有利。

4. 细颗粒的捕集

大多数流化床的沉降分离高度之上的细颗粒用设置在气-固流化床内的旋风分离器捕集，图 8-7 的气-固密相流化床内有二级旋风串联，也有三级旋风串联以增强分离效果，大型流化床中还设置多组并联的多级旋风分离器。所分离的颗粒通过料腿向下伸入密相床中，料腿中不能有向上"倒窜"的气流，一般在料腿末端设有"反窜气"装置如锥形堵头等装置。

焙烧矿石的气-固流化床产生的气体一般温度很高。例如硫铁矿流化焙烧炉的炉气温度约 900～950℃，夹带矿灰达 220～420g/m³（STP），不设置内旋风分离器，而利用出口炉气热量经锅炉降温至 350℃，可生产 40MPa 中压蒸汽，炉气中部分矿灰在锅炉中沉降，其余大部分矿灰经旋风分离器除去，剩余矿灰绝大部分在热电除尘器中被捕集，含尘量≤0.2g/m³（STP）的气体再送去制硫酸的净化工序。

二、气-固鼓泡流化床

1. 流动特性

鼓泡流化床的流动特性示意参见图 8-11。把气-固相流化床分成密相或乳相和气泡相的模型称为流态化的两相模型。气泡的顶部成球形，底部则向里凹，气泡底部压力较附近略低，以致吸入部分颗粒，形成局部涡流，此区域称为尾涡。随着气泡上升，部分被卷入的气体带着气泡中的气体由气泡顶部通过气泡边界层渗入乳相，在气泡周围向下运动的颗粒又借摩擦力将这部分气体向下带入尾涡，形成循环运动。气泡周围为循环气体所渗透的区域叫气泡晕。图 8-12 是气泡周围的流线，气泡上升时，相邻的小气泡凝聚成大气泡，气泡周围的气泡晕也不断合并、扩大，通过这种气泡中的气体与气泡晕中的对流交换作用形成气泡相和乳相中的气体交换，因此气泡相中的气体才能进入乳相，在固体催化剂上发生化学反应。乳相中固体颗粒存在定向的循环运动和类似于布朗运动的杂乱无章的运动。上升气泡的尾涡夹带部分颗粒，在空隙部位颗粒又沉降下来，造成了颗粒的上下循环。在流化床内出现多个颗粒上升后又下降的循环运动。气体流速越高，颗粒的杂乱无章运动愈剧烈，使颗粒的循环遭到破坏。由于乳相颗粒的剧烈循环运动，可以认为流化床中固体颗粒处于全混流状态。两相模型认为：单个气泡中的气体处于全混流状态，而整个床层的气泡相接近平推流。气泡上升时不断与颗粒进行气体交换，但气泡中的气体都能迅速混合。整个流化床中从气体分布板到密相床层顶端的不同高度处有一个个彼此独立，由小到大的气泡，每单个气泡又好比一个小型的全混流反应器。乳相中的气流情况比较复杂，乳相中部分气体以临界流化气速往上流动，但由于气泡向上流动，迫使乳相中有部分气体从上向下运动，可以认为乳相中存在着上流及回流两类区域。当操作气速与起始流化气速的比值超过 6～11 时，回流的气量超过了上流的气量，因此乳相中气体的静流量是往下的。工业流化床反应器的床层直径大，床高与床径之比较实验室

流化床小得多，尽管气体的大部分以气泡状态通过流化床，乳相中的气量只为一小部分，但它的返混作用对于可逆反应是不容忽视的。

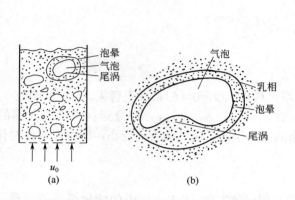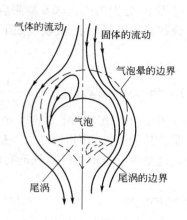

图 8-11 气-固流化床示意
（a）气-固流化床示意；（b）气泡放大图

图 8-12 气泡及其周围的流线

2. 气泡特性

专著[5]第三章阐述了气-固密相流化床中气泡的聚并与破裂，气泡的平均尺寸及上升速度。

（1）气泡的聚并与破裂　在气-固密相流化床中，上升的气泡之间由于流场的变化而相互作用，气泡会与其他气泡合并生成大气泡，也会破裂成小气泡。气泡发生聚并时一般是后面的气泡追上前面的气泡进行垂直方向的聚并，原因是前一个气泡的尾涡区是局部低压区而对后面气泡有吸引作用。两个气泡聚并后，新形成气泡的体积要大于原来两个气泡体积之和，这可能是由于气泡周围相对高空隙率区内的气体进入气泡，导致聚并气泡的总体积增大。图 8-13（a）表示流化床内气泡的聚并步骤，而图 8-13（b）表示流化床内气泡的破裂步骤。颗粒与气泡之间的相对运动会发生一些扰动，在气泡上都形成缺口，随着扰动加剧，缺口逐渐加深，最终导致气泡破裂。破裂后形成的新气泡体积之和小于破裂前的气泡。这也可能与气泡周围相对高空隙率区及气泡边缘的可渗透性有关。气泡的聚并与破裂与流化床内的相间传递密切相关。气泡聚并与破裂之间的动态平衡决定了床中气泡的平均尺寸和最大稳定尺寸，尺寸大于最大稳定尺寸的气泡都是不稳定的。Geldart A 类颗粒的最大稳定气泡尺寸较小。

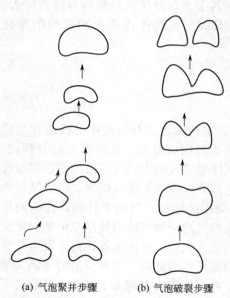

（a）气泡聚并步骤　（b）气泡破裂步骤

图 8-13 流化床内气泡的
聚并与破裂步骤

（2）气泡尺寸　在鼓泡流化床中，气速相对较低，气泡尺寸随气速增大而增大，当气速增大到进入湍动流化床时，由于床中运动剧烈，气泡尺寸随之减小。Cai[24]等提出适用于鼓泡流态化和湍动流态化计算全床层气泡平均直径 $\bar{d}_b$ 的关联式如下

$$\bar{d}_b = 0.21 H_f^{0.8} p_r^a (u_g - u_{mf})^b \exp[-cp_r^2 - d(u - u_{mf})^2 - ep_r(u - u_{mf})] \tag{8-24}$$

式中，H_f 为总膨胀床层高度，m；$\bar{d}_b$ 为整个流化床层的气泡平均直径，m；参数 $a = 0.06$，$b = 0.42$，$c = 1.4 \times 10^{-4}$，$d = 0.25$，$e = 0.1$；$p_r = p/p_{常压}$，p_r 为量纲 1 数。

此式适用范围：$-0.1 \sim 7$MPa，常温和高温，Geldart B 类，接近 B 类的 Geldart D 类和达到稳定气泡尺寸之前的 Geldart A 类颗粒。此式不体现分布器的影响，即更适用于床层高度不很低的绝大部分工业流化床。

（3）气泡的上升速度[25]　　根据实测，流化床中单个气泡的上升速度 u_{br} 为

$$u_{br}=(0.57\sim0.85)(gd_b)^{0.5}=0.711(gd_b)^{0.5} \tag{8-25}$$

式中，0.711 为平均值；u_{br} 的单位是 cm/s；d_b 是与球形顶盖气泡体积相等的球体的等效直径，cm；$g=981cm/s^2$。

从上述鼓泡流化床的乳相（或密相）和气泡相的两相模型来看：表观气速从临界流化速度 u_{mf} 增加到 u_g 时，气泡开始穿过床层，而在气泡前面的床层将以 u_g-u_{mf} 的速度向上运动。如果气泡与乳相之间的相对速度不受相邻气泡间相互作用的影响，则气泡群上升的绝对速度 u_b 为

$$u_b=u_g-u_{mf}+u_{br}=u_f-u_{mf}+0.711(gd_b)^{0.5} \tag{8-26}$$

（4）泡晕与尾涡[25]　　若 ε_{mf} 为临界流化状态下床层空隙率，则乳相中的真实气速 $u_f=u_{mf}/\varepsilon_{mf}$，当 $u_{br}>u_f$ 时，气泡内外由于气体环流而形成的泡晕的相对密度可按下式计算

$$\left(\frac{R_c}{R_b}\right)^3=\frac{u_{br}+2u_f}{u_{br}-u_f} \tag{8-27}$$

式中，R_c 及 R_b 分别为圆柱形的三维流化床中气泡晕及气泡的直径。

尾涡体积 V_w 与气泡体积 V_b 之比大致为 $V_w/(V_w+V_b)$。气泡中所含的颗粒约占全床层颗粒的 $2\%\sim4\%$，其量一般可以不计。泡晕及尾涡中含有大量颗粒，其浓度可认为与乳相相同，令 γ_b 为气泡中颗粒体积与气泡体积比，γ_c 为泡晕及尾涡中颗粒体积与气泡体积之比，γ_e 为乳相中颗粒体积与气泡体积之比，则

$$\gamma_c=(1-\varepsilon_{mf})\left(\frac{V_c+V_w}{V_b}\right) \tag{8-28}$$

γ_b、γ_c 和 γ_e 与床层空隙率 ε_f 间的关系可由下式表示

$$\delta_b(\gamma_b+\gamma_c+\gamma_e)=1-\varepsilon_f=(1-\varepsilon_{mf})(1-\delta_b) \tag{8-29}$$

式中，δ_b 为床层中气泡所占体积分数。

δ_b 可由下式确定

$$u_g=u_g\delta_b+u_{mf}[1-\delta_b-\delta_b(V_c+V_w)/V_b] \tag{8-30}$$

当流化床中大量气泡快速上升时，气泡泡晕体积可略去，即

$$u_g=u_g\delta_b+(1-\delta_b)u_{mf} \tag{8-31}$$

若临界流化状态下床高为 H_{mf}，则

$$\frac{H_f-H_{mf}}{H_f}=\frac{u_g-u_{mf}}{u_b-u_{mf}[1+(V_c+V_w)/V_b]} \tag{8-32}$$

3. 相间质量交换

通过上述讨论，可见密相气-固流化床内存在 4 个区域，即气泡、气泡晕、尾涡及乳相。无论是多相催化反应还是气-固相非催化反应。化学反应都是在颗粒的表面上进行的。绝大部分的颗粒存在于乳相中，而大部分气体又以气泡的形式通过床层，这就存在一个反应组分从气泡经气泡晕传至乳相的相间质量交换问题。从相际传递的角度看，尾涡与气泡晕无甚区别，因此合在一起考虑，称为泡晕。

图 8-14 是相间质量交换示意图[25]，反应组分从气泡经泡晕传至乳相的过程是一个串联的传递过程。设 c_{Ab}、c_{Ac} 及 c_{Ae} 分别表示气泡、泡晕及乳相中反应组分 A 的浓度，对于定态传递过程，相间传递速率方程可表示如下

$$-\frac{1}{V_b}\times\frac{dN_{Ab}}{dt}=-u_b\frac{dc_{Ab}}{dl}=(K_{bc})_b(c_{Ab}-c_{Ac})$$
$$=(K_{ce})_b(c_{Ac}-c_{Ae})=(K_{be})_b(c_{Ab}-c_{Ae}) \tag{8-33}$$

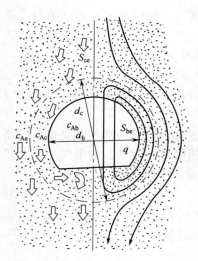

图 8-14 $u_b < u_f$ 的相间质量交换示意
→气体运动方向；
⇧颗粒运动方向

上式左边为交换速率，以气泡的体积 V_b 为计算基准，即以单位时间单位气泡体积所传递的组分 A 的物质的量来表示。由于 $\dfrac{\mathrm{d}N_{Ab}}{V_b} = \mathrm{d}c_{Ab}$ 及 $\mathrm{d}l = u_b \mathrm{d}t$，$\mathrm{d}l$ 为床层微元高度，所以传质速率又可写成 $-u_b \dfrac{\mathrm{d}c_{Ab}}{\mathrm{d}l}$。$(K_{bc})_b$、$(K_{ce})_b$ 及 $(K_{be})_b$ 分别为气泡与泡晕间、泡晕与乳相间和气泡与乳相间的传质系数。均按气泡体积作基准计算。由式（8-33）可导出这三个传质系数间的关系，即

$$\frac{1}{(K_{be})_b} = \frac{1}{(K_{bc})_b} + \frac{1}{(K_{ce})_b} \tag{8-34}$$

气泡与泡晕之间的传质包括两个方面：一个是从气泡底部流入而从顶部流出的气量 q（cm^3/s）（见图 8-14）所引起；一个是气泡内的气体与泡晕中的气体间的传质。对于单个气泡可以写出

$$-\frac{\mathrm{d}N_{Ab}}{\mathrm{d}t} = [q + (K_{bc})_b S_{bc}](c_{Ab} - c_{Ac}) \tag{8-35}$$

式中，S_{bc} 为气泡与泡晕间的传质表面积。

$(K_{bc})_b$ 可按下式计算

$$(K_{bc})_b = 0.975 D_A^{1/2} (g/d_b)^{1/4} \tag{8-36}$$

式中，D_A 是组分 A 的分子扩散系数，cm^2/s。

气体的穿流量

$$q = 3\pi u_{mf} d_b^2 \ (\mathrm{cm}^3/\mathrm{s}) \tag{8-37}$$

将式（8-35）及式（8-36）代入式（8-34），再与式（8-33）比较，可得 $(K_{bc})_b (\mathrm{s}^{-1})$ 的表达式

$$(K_{bc})_b = 4.5 \times \frac{u_{mf}}{d_b} + 5.85 \times \frac{D_A^{1/2} g^{1/4}}{d_b^{5/4}} \tag{8-38}$$

泡晕与乳相间的交换系数 $(K_{ce})_b$，可近似用下式计算

$$(K_{ce})_b = 6.78 \left(\frac{\varepsilon_{mf} \widetilde{D}_e u_b}{d_b^3}\right)^{1/2} \tag{8-39}$$

式中，$\widetilde{D}_e$ 为气体在乳相中的扩散系数，如缺乏实验数据，$\widetilde{D}_e$ 可在 D_A 及 $D_A \varepsilon_{mf}$ 之间选取。

4. 流化床传热

由于流化床中颗粒的快速循环，流化床床层温度是均匀的。气体进入流化床后很快达到流化床温度，这是由于气-固相接触面积大、颗粒循环速度高、颗粒混合很均匀和床层中颗粒热容远比气体热容高等原因。流化床传热的主要课题是床层与换热面之间的传热，以确定为了维持流化床温度所必需的传热面。

流体通过颗粒床层时，壁膜给热系数 α_w 与流速 u 的关系如图 8-15 所示。当流速小于临界流化速度 u_{mf} 时，床层属固定床，流速增加，α_w 缓慢增加；当流速超过 u_{mf} 时，α_w 随流速增大而急剧增加，达一极大值后，则随流速增加而减低。当流速等于终端速度时，则与空管的 α_w 十分接近。极大值的存在可用固体颗粒在流化床中的浓度随流速增加而减低来解释。

流化床对换热表面的传热是一个复杂的过程，给热系数的关联式与流体和颗粒的性质、流动条件、床层与换热面的几何形状等因素有关。流化床对换热面给热系数关联式的局限性很大，准确性较低。

（1）**直立换热管**　当换热管为直立管时，气-固流化床与换热管间给热系数 α_w 可按下式计算[26]

$$\frac{\alpha_w d_p}{\lambda_g} = 0.01844 C_R (1 - \varepsilon_f) \left(\frac{c_{pg} \mu_g}{\lambda_g}\right)^{0.43} \left(\frac{d_p \rho_g u_g}{\mu_g}\right)^{0.23} \left(\frac{c_{ps}}{c_{pg}}\right)^{0.8} \left(\frac{\rho_s}{\rho_g}\right)^{0.66} \tag{8-40}$$

式中，ε_f 是流化床的空隙率；下标 s 指固体；下标 g 指气体。
该式的使用条件

$$Re_p = \frac{d_p \rho_g u_g}{\mu_g} = 10^{-2} \sim 10^2$$

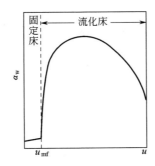

图 8-15 壁膜给热系数与流速的关系

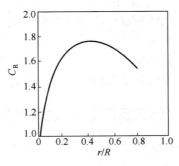

图 8-16 校正系数 C_R

式（8-40）的数群中 $\frac{c_{pg}\mu_g}{\lambda_g}$ 的单位为 s/cm^2，应用时必须符合此规定。式（8-40）中 C_R 为表示换热管在床层中的径向位置而引入的一个系数，其值可由图 8-16 查出。图 8-16 中的横坐标为换热管的中心至床层中心的径向距离 r 与床层半径 R 之比。当换热管位于床层中心时，$r/R = 0$，故 $C_R = 1$。

（2）水平换热管　当换热管为水平管时，α_w 可按下式计算[27]：

$$\frac{\alpha_w d_p}{\lambda_g} = 0.66 \left(\frac{c_{pg}\mu_g}{\lambda_g} \right)^{0.3} \left(\frac{d_{t0}\rho_g u_g}{\mu_g} \times \frac{1-\varepsilon_f}{\varepsilon_f} \times \frac{\rho_s}{\rho_g} \right)^{0.44} \tag{8-41}$$

当 $Re \left(\frac{d_{t0}\rho_g u_g}{\mu_g} \right) > 2500$ 时，应按下式计算[27]

$$\frac{\alpha_w d_p}{\lambda_g} = 420 \left(\frac{c_{pg}\mu_g}{\lambda_g} \right)^{0.3} \left(\frac{d_{t0}\rho_g u_g}{\mu_g} \times \frac{\mu_g^2}{d_p^3 \rho_s^2 g} \times \frac{\rho_s}{\rho_g} \right)^{0.3} \tag{8-42}$$

式中，d_{t0} 是水平换热管的外直径。

（3）外壁　文献上床层与外壁间的给热系数的关联式不少，举两例如下。

① Wen 及 Leva[28] 提出的关联式

$$\frac{\alpha_w d_p}{\lambda_g} = 0.16 \left(\frac{c_{pg}\mu_g}{\lambda_g} \right)^{0.4} \left(\frac{d_p \rho_g u_g}{\mu_g} \right)^{0.76} \left(\frac{\rho_s c_{ps}}{\rho_g c_{pg}} \right)^{0.4} \left(\frac{u_g}{g d_p} \right)^{-0.2} \left(\frac{u_g - u_{mf}}{u_g} \times \frac{H_{mf}}{H_f} \right)^{0.36} \tag{8-43}$$

② Wender 及 Cooper[26] 提出用图 8-17 及参数 ψ 计算流化床对壁的给热系数。

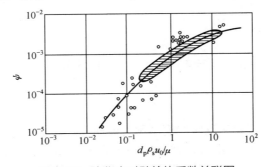

图 8-17 流化床对壁给热系数关联图

$$\psi=\frac{\left(\dfrac{\alpha_{w}d_{p}}{\lambda_{g}}\right)\bigg/\left[(1-\varepsilon_{f})\left(\dfrac{c_{ps}\rho_{s}}{c_{pg}\rho_{g}}\right)\right]}{1+7.5\exp\left(-0.44\times\dfrac{H_{h}}{D_{R}}\times\dfrac{c_{pg}}{c_{ps}}\right)} \tag{8-44}$$

式中，H_{h} 是流化床中加热面高度；D_{R} 是流化床反应器内直径。

计算流化床对壁的给热系数时可分别按式(8-43)及式(8-44)计算，然后取其中一个较小的 α_{w} 值。其他有关流化床传热的关联式可参见文献［4］第四章。

（4）流化床中流体与颗粒外表面间热、质传递　流化床中流体与颗粒外表面间热、质传递可以本书第五章第三节所讨论的传热 J 因子 J_{H} 和传质 J 因子 J_{D} 计算。

三、鼓泡流化床反应器的数学模型

鼓泡流化床反应器的数学模型很多，其中研究得较多的有两相模型及鼓泡床模型。

1. 两相模型 [29]

两相模型的基本思想是把流化床分成气泡相和乳相，分别研究这两个相中的流动和传递规律，以及流体和颗粒在相间的交换。图 8-18 是两相模型示意。两相模型有下列几个假设：①气体以速度 u_{g} 进入床层后，在乳相中的速度等于临界流化速度 u_{mf}，而在气泡相中的速度则为 $u_{g}-u_{mf}$；②从静止床高度 H_{0} 增至流化床的高度 H_{f}，是由于气泡总体积增加的结果；③气泡相中不含颗粒，且呈平推流向上移动，在不含催化剂颗粒的气泡中，不发生催化反应；④乳相中包含全部催化剂颗粒，化学反应只能在乳相中进行；⑤乳相的流动为平推流或全混流，与流化床处于鼓泡床、湍流床等状态有关；⑥乳相与气泡相间的交换是由于气体的穿流和通过界面的传质。设气体进入流化床时的浓度为 c_{A0}，在床层顶部气泡相中的浓度为 $c_{Ab,L}$，在床层顶部乳相中的浓度 $c_{Ac,L}$，两者按流量比例汇合成浓度 c_{AL}。

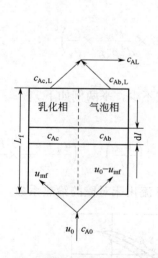

图 8-18　两相模型示意

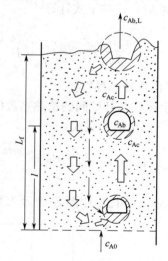

图 8-19　鼓泡床模型示意
（u_{g}/u_{mf}＞6～11）

2. 鼓泡床模型 [30]

Kunii 及 Levenspiel 提出的流化床反应器模型称为鼓泡床模型。鼓泡床模型用于剧烈鼓泡、充分流化的流化床，床层中腾涌及沟流极少出现，鼓泡床的示意图见图 8-19，它有下列基本假定：①假定床层分为气泡、泡晕及乳相三个区域，在这些相间产生气体交换，这些气体交换过程是串联的；②假定乳相处于临界流化状态，超过临界流化速度所需要的那部分气量以气泡的形式通过床层；③气泡的长大与合并主要发生在分布板附近的区域，因而假定在整个床层内气泡的大小是均匀的，认为气泡尺寸是决定床内情况的一个关键因素，这个气泡尺寸不一定就是实际的尺寸，因而称它为气泡有效直径；④只要气体流速大于临界流化速度的 2 倍，即 $u_g > 2u_{mf}$，床层鼓泡剧烈的条件便可满足，气泡内基本上不含固体颗粒；⑤乳相中的气体可能向上流动，也可能向下流动，当 $u_g/u_{mf} > 6 \sim 11$ 时，乳相中的气体从上流转为下流，虽然流向有所不同，但这部分的气量与气泡相相比甚小，对转化率的影响可忽略；⑥气泡与乳相均不考虑返混，离开床层的气体组成等于床层顶部处气体的组成。将鼓泡床模型用于流化床反应器，对关键组分 A 可作下列物料衡算式

$$
\left.
\begin{array}{l}
总消耗量＝在气泡中反应量＋传递至泡晕的量 \\
传递至泡晕的量＝在泡晕中反应量＋传递至乳相的量 \\
传递至乳相的量＝在乳相中反应量
\end{array}
\right\}
\tag{8-45}
$$

若进行一级不可逆反应，定态下物料衡算的数学表达式如下

$$
-\frac{dc_{Ab}}{dt} = -u_b \frac{dc_{Ab}}{dl} = k_f c_{Ab} = \gamma_b k_r c_{Ab} + (K_{bc})_b (c_{Ab} - c_{Ac})
\tag{8-46}
$$

$$
(K_{bc})_b (c_{Ab} - c_{Ac}) = \gamma_c k_r c_{Ac} + (K_{ce})_b (c_{Ac} - c_{Ae})
\tag{8-47}
$$

$$
(K_{ce})_b (c_{Ac} - c_{Ae}) = \gamma_e k_r c_{Ae}
\tag{8-48}
$$

式中，k_r 为以颗粒体积为基准的一级不可逆反应速率常数；k_f 则为包括上列各历程在内的总体反应速率常数。

当床高 $H = 0$ 时，$c_{Ab} = c_{A0}$，积分式（8-46），可得

$$
c_{Ab} = c_{A0} \exp\left(-\frac{k_f l}{u_b}\right)
\tag{8-49}
$$

当 $l = H_f$ 时，$c_{Ab} = c_{Ab,L}$，故

$$
c_{Ab,L} = c_{A0} \exp\left(-\frac{k_f H_f}{u_b}\right)
\tag{8-50}
$$

将式（8-46）～式（8-48）中的浓度项消去，可得

$$
k_f = k_r \left\{ \gamma_b + \left[\frac{k_r}{(K_{bc})_b} + \left(\gamma_c + \frac{1}{\dfrac{k_r}{(K_{ce})_b} + \dfrac{1}{\gamma_e}} \right)^{-1} \right]^{-1} \right\}
\tag{8-51}
$$

前面已经讨论过 $(K_{bc})_b$、$(K_{ce})_b$、γ_b、γ_c 和 γ_e 的计算方法，而 k_r 可由实验测得。由式（8-51）求出总体反应速率常数 k_f 后，再由式（8-50）及已知的 H_f 求气泡中关键组分 A 的出口浓度 $c_{Ab,L}$，或由已知的 $c_{Ab,L}$ 求出流化床高度 H_f。

在正常的流态化条件下，泡晕及尾涡中的气体对床层出口处气体浓度的影响不大，如忽略这项影响，则离开床层的气体浓度 $c_{AL} = c_{Ab,L}$，式（8-50）可改写成

$$
1 - x_{AL} = \frac{c_{AL}}{c_{A0}} = \exp\left(-\frac{k_f H_f}{u_b}\right)
\tag{8-52}
$$

以上讨论的是乳相气体向下流动的情况。如乳相的气体向上流动，则床层出口气体的浓度还需考虑乳相气体的影响。只要 $u_g/u_{mf} > 3$，乳相中的气量只占总气量非常小的一部分，总转化率近似地按气泡处理，作这样的近似处理是可以的。如果进行的不是一级不可逆反应，上列式（8-43）～式（8-47）仍可成立，但不能得出式（8-48）的形式，在计算机上可求得数值解。

由于流化床内的固体颗粒与气泡的流体力学及相间交换过程的复杂性，至今许多流化床催化反应器

的设计仍处于逐级放大的阶段。通过对比中试与小装置的结果来寻求内在的放大规律，以指导进一步的放大过程。

四、湍动流化床[4]

鼓泡流化床中的气速进一步提高时，床层压降的相对脉动，即床层压降的脉动值与平均压降之比，先随表观气速的增大而增大，见图 8-20，这是由于气泡发生的频率增大和聚并增大的程度加剧所致。当气速达到 u_c 时，相对脉动值曲线达到极大值 u_c，即起始湍动流化速度。再进一步提高表观气速 u_g，压力相对脉动值开始减小，直至气速达到 u_k 值后，压力脉动趋于平稳。可作如下解释：当表观气速达 u_c 时，促使气泡破碎变小的倾向超过了聚并增大的倾向，故压力脉动开始降低。当表观气速达 u_k 时，床内所含气泡已基本上是比较均匀的小气泡，原来不均匀性很强的鼓泡床已转变或近似于均相特性的湍流床，u_k 称为全湍动流化速度。式（8-15）是一个根据实验数据获得的 u_c 与有关参数的关联式。

据实验研究，湍动流化床中存在着中心区及壁面区。湍流床中气速相当高，但仍存在径向不均匀分布，在床中心处气体流量大，且多为上流。在近壁处，大量颗粒循环下流，带动气体也一起下流。壁面处的厚度及带下的气量均随表观气速的增加而增加。图 8-21 是湍动流化床的流速示意图。在全床层内，气-固两相间存在速度差，即滑移速度。在中心区，当气体进入分布板时，气速甚大，颗粒被带动起来，因此这一区间的滑移速度大，相应它的传质及传热系数大，总体反应速率大。随着气体向上运动，颗粒被加速，滑移速度逐渐减少；到达床面时，气泡爆破向上逸，气-固相间的相对速度又发生改变，颗粒大批沿壁面区回流循环，当速度大致等于沉降速度，气体被颗粒夹带而下，其速度低于颗粒的下降速度。

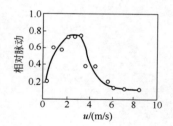

图 8-20　相对压力脉动与气速的关系

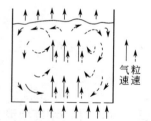

图 8-21　湍动流化床的流速示意

由于湍动流化床中气泡尺寸比较小而均匀，床层近于均匀化，可以借用鼓泡流化床的两相模型或两区模型加以简化处理，如假定气泡直径不变，气泡相为平推流。

五、气-固密相流化床的工业应用

1. 典型工业应用

气-固密相流化床是工业应用最广泛的流化床形式，如：①催化合成反应中的苯酐、丙烯腈、马来酸酐、二氯乙烯、乙烯醇等合成过程，甲醇制汽油及烯烃气相聚合等；②冶金和矿物的加工，如铀矿加工、铁矿石还原、硫、锌、铜等矿石焙烧，油页岩热解，二氧化钛和水泥熟料生产等；③煤的燃烧和气化；④物理操作，如换热、颗粒混合、颗粒涂覆、造粒、干燥、吸附等；⑤电子工业，如结晶硅生产；⑥生物过程，如微生物培养；⑦环保过程，如废物焚烧。可参见文献［5］表 3-2。

2. 气-固催化合成流化床反应器的数学模拟

我国科技工作者基于工业实践发表了许多依据催化剂性能和反应动力学特征的工业气-固催化合成流化床反应器研究的论文，如关于丙烯腈合成的流化床[31,32]，关于丁烯氧化制丁二烯的流化床[33,34]，硝基苯加氢流化床[35,36]等，可供读者参阅。

3. 丙烯腈催化合成流化床案例

目前，丙烯氨氧化催化合成丙烯腈的工业流化床反应器直径已超过 10m，装置的大型化增大了操作和控制的难度，而提高工业反应器中丙烯腈的单程收率的基础在于丙烯腈合成催化剂的性能和反应动力学，工业流化床反应器的设计要适应催化反应过程的特征。

【例 8-1】　Mo-Bi-P 系催化剂上丙烯氨氧化反应过程[4]。

解　现代丙烯腈合成主要采用钼-铋-磷系固体催化剂的丙烯氨氧化流化床技术。

丙烯氨氧化的总反应式如下

$$C_3H_6 + NH_3 + \frac{3}{2}O_2 \longrightarrow C_3H_3N + 3H_2O \quad \Delta_r H_{298.15} = -519kJ/mol \tag{例 8-1-1}$$

戴挚镰等[37]在等温积分反应器内进行了 MB82 型 Mo-Bi-P 系催化剂的丙烯腈合成的本征动力学实验，获得了反应网络中主副反应速率方程及反应活化能。在 Mo-Bi-P 系催化剂上，反应为选择性氧化过程，催化剂中晶格氧作为选择性催化剂参加反应而被还原，然后气相中的氧不断补充被消耗的晶格氧，使处于还原态的催化剂再生，即氧化-还原循环过程的反应机理。

反应网络如下所示

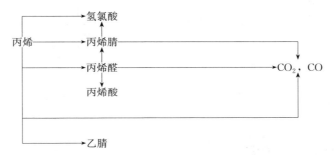

我国上海石油化工研究院先后开发了 MB82 型及 MB-86 型 Mo-Bi-P 多组分催化剂，MB-86 型的丙烯的单程摩尔收率可达 81%，丙烯腈选择率达 82.7%，已取代进口装置中所用的国外催化剂。MB-86 型催化剂为微球形，属 A 类颗粒，堆密度 ρ_b 为 1g/mL，颗粒密度 ρ_p 为 1.9g/mL，平均粒径 50～80μm，其中关键组分（<44μm）占 20%～50%。前已述及，关键组分是保证流化状态良好所必需的。由于细颗粒催化剂在流化床长期操作中被带出，其比例会减少，需及时补加。丙烯腈开始生成的温度在 633K 以上，升高反应温度，催化剂活性增加，丙烯转化率随之提高，但反应网络中许多副反应的活化能均比生成丙烯腈的反应活化能高。对副反应特别是深度氧化物 CO_2 的生成有利，并且长期在较高温度下运转使催化剂寿命降低，工业生产一般控制在 713K 左右。生产中，考虑到原料气中氧与丙烯摩尔比应比理论值稍高，一般控制尾气中氧为 1%～2%，以防止催化剂中主组分 Mo、Bi 等处于局部缺氧而逐渐还原失活，如原料气中氧与丙烯摩尔比过高，会造成丙烯和丙烯腈的燃烧而难以控制温度，且降低了反应物料中丙烯的浓度。对于原料气中的氨，考虑到氨可以控制丙烯醛的生成，此外，还应计入尾气中的氨要经硫酸吸收除去，以利环保的因素。氨与丙烯的摩尔比比理论值稍大，在 1.0～1.2 之间，国内丙烯腈流化床一般选择操作压力与后系统的阻力相当，约 0.06～0.08MPa（表压）。

【例 8-2】　丙烯腈生产工业流化床反应器及其数学模型。

解　**(一) 丙烯腈工业流化床**

工业上使用最多的丙烯腈流化床反应器是自由湍流流化床，其示意图见图（例 8-2-1）[4]，空气从下分布板进入，氨及丙烯的混合气从上分布板进入，三者在床层底部混合并在密相湍流床中反应，反应热靠兼起控制气泡作用多组垂直水冷管传出，夹带的催化剂靠三级旋风分离器捕集回收，年生产能力达 25000t 的丙烯腈流化床反应器直径 5.1m，密相段高约 6.34m，总高约 24m。在装有大量垂直冷却管的湍流密相床内，气泡较小而均匀。自由空域体积很大，其中催化剂颗粒浓度不小，且气体在其中停留时间相当长，应考虑在自由空域稀相区中发生的反应。反应器中操作表观气速为 0.55m/s 左右，温度 440~445℃，压力 0.064MPa（表压），装催化剂 70t。原料气配比为丙烯：氨：空气（摩尔比）为 1：(1.0~1.2)：(10~12)；丙烯单耗 1.15~1.25t 丙烯腈/t 丙烯腈。

近年来中国石化总公司联合反应工程研究所浙大分所设计部开发了 UL 型丙烯腈流化床反应器，示意图见图（例 8-2-2），其要点如下：①采用空气分段进气，用提升管分两次加入空气，降低原料气进口处的氧烯比，使反应器的下区处低氧烯比，以提高丙烯腈的选择率，但空气总量不变，使上区有较高的氧浓度，以保证催化剂的活性和丙烯的最终转化率；②在密相区的适当位置有一层横向构件并与提升管组合，限制密相区内气体返混，提升管的二次布气又弥补了横向构件对催化剂粒子自由运动的限制而实现催化剂颗粒的内循环。UL 型流化床已在千吨级及万吨级的工业装置中应用成功，使丙烯腈的单程收率提高了 1.8 个百分点，而 CO_2+CO 则下降了 2.3 个百分点[38,39]。

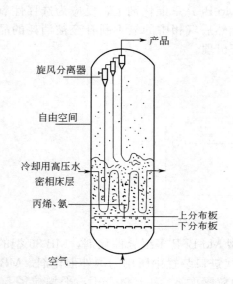

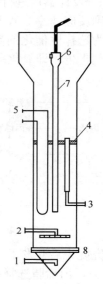

图（例 8-2-1） 丙烯氨氧化流化床示意　　**图（例 8-2-2）** 丙烯腈 UL 型流化床反应器的示意图

1—一次空气进入管；2—丙烯、氨原料进入；3—二次空气
提升管；4—横向挡板；5—U 形冷却管；6—旋风分离器；
7—料腿；8—三层多孔空气分布板

（二）丙烯腈合成自由湍流流化床的数学模型

于光认等[31]发表了基于自由湍流流化床的丙烯腈合成反应器的数学模型。针对自由湍流流化床的特点，见图（例 8-2-1），整个催化床分三段，即垂直冷却管顶端以下的密相段、冷却管顶端以上的密相段和稀相段（即自由空域）。在正常情况下，冷却管高度与密相床高度大体相当，流化床中直立构件有利于减小气泡大小，强化了气泡和乳相间的传质，也降低气-固相的返混程度。冷却管将密相段在径向上分成一个个的小流化床。整个流化床可以看作多个等效柱（即小流化床）并联，单个等效柱中的流动和反应状态能反映整个密相床的状况。当负荷增大时，气体流量和催化剂装量均增大，高于冷却管顶端的密相床与上述冷却管顶端以下密相床的流动、传递、反应条件均不同，与无内件的自由床相同。按照上述分析，建立数学模型的基本前提如下：①密相段分为泡晕相与乳相，泡晕相包括气泡及围绕气泡的泡晕，乳相为泡晕相以外的床层；②进入流化床的气体全部以平推流并以泡晕相形式通过床层，乳相中的气速为零，在泡晕相和乳相之间有热、质交换；③流化床中的气泡行为可用当量气泡描述，当量直径的平均值等于沿床高气泡直径的积分平均值，但冷却管顶端以下和以上的密相段中，由于有或无冷却管的约束，气泡的当量直径大不相同；④气泡内部是全混流；⑤在泡晕相和乳相之中均存在催化剂颗粒，在两相中均进行化学反应，但其中的颗粒浓度大不相同；⑥稀相段为平推流。

将基于上述数学模型的计算值与现场数据的检验表明，能比较准确地描述含有垂直内件的工业湍动流化床，所提出的等效柱模型是合理的。

第四节 循环流化床

一、流型转变[5]

本章前已简述，对于细颗粒气-固流化床，当表观流速逐步增高，床层状态将由鼓泡床和湍动床的低气速流态化向高气速流态化流型中的快速流态化转变，并介绍了湍动流态化向快速流态化的转变速度 u_{TF} 的关联式(8-16)，此时颗粒的夹带速率愈益增大，如果没有颗粒补入，床层中颗粒将很快被吹空。为维持正常操作，必须向床中补入颗粒，颗粒的循环通量 $G_s \geq G_{min}$，最小循环通量 G_{min} 可由式(8-17)确定。图 8-22 为高气速流态化中床层上部单位床高压降 $(\Delta p / \Delta z)_u$ 和下部单位床高压降 $(\Delta p / \Delta z)_L$ 与表观气速的关系。

在图 8-22 中曲线的左半段，床层处于密相流化床，上部稀相区的 $(\Delta p / \Delta z)_u$ 明显低于下部密相区的 $(\Delta p / \Delta z)_L$。当床层表观气速 u_g 增大，进入快速流态化状态后，原先密相流态化中，气-固两相间的结构发生了转变，此时气体由分散相变为连续相，而颗粒由连续相变为分散相。密相流态化的上部稀相区和下部浓相区的界面在快速流化中变得弥散甚至消失，其中颗粒浓度在密相床中沿床层轴向是上稀下浓的形式。在快速流态化中变成沿床层径向为中心稀，边壁浓。在中心区域，颗粒主要以单颗粒存在，颗粒浓度较低。靠近壁面处，颗粒主要以絮状物的成团形式存在，形成颗粒浓度较高的边

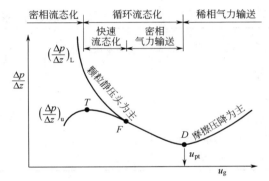

图 8-22 床层上、下部压降与表观气速的变化关系

壁区。颗粒速度在床中心区主要向上，边壁区主要向下，是明显的内循环流动，导致一定程度的边混。密相流化床中压降主要用于悬浮颗粒，而快速流化床中床层压降主要用于悬浮及输送颗粒，床层中颗粒浓度不断减小，上下部的轴向空隙率逐步趋向均匀。在图 8-22 中曲线的中段，当表观气速增大到 T 点时，床层上部 $(\Delta p / \Delta z)_u$ 由于颗粒逐渐减少而由密相流化床时的 $(\Delta p / \Delta z)_u$ 随 u_g 增大而上升转变为随 u_g 增大而下降，图 8-22 中曲线点 T 即为密相流化床向快速流化床的转变点，T 点的 u_g 即为转变流速 u_{TF}。当 $u_g > u_{TF}$ 并继续增大时，床层中颗粒浓度不断减小，轴向分布愈趋均匀，到图 8-22 中 F 点时，$(\Delta p)_u = (\Delta p)_L$，床层空隙率 ε 为 0.95 左右，床层状态由快速流态化向密相气力输送过渡，其特征为：床层压降转为主要用于输送颗粒，和克服气-固与壁面的摩擦，并且 $[\partial(-dp/dz)/\partial u_g]_{G_s} < 0$。再继续增大 u_g，床层颗粒浓度不断减小，并且 $\bar{\varepsilon} \rightarrow 1$，此时，床层压降受气-固两相与边壁摩擦的作用明显增加，在临界气速 u_{pt} 时，即图 8-22 中曲线上点 D，摩擦压降与颗粒静压头对床层压降的贡献相当，从而有 $[\partial(-dp/dz)/\partial u_g]_{G_s} = 0$。$u_g > u_{pt}$ 后，床层压降主要受摩擦压降支配，D 点可作为由密相气力输送向稀相气力输送的转变点。图 8-22 中曲线中部 TF 段为快速流态化，曲线 FD 段为密相气力输送。曲线右部，$u_g > u_{pt}$ 段为稀相气力输送，$[\partial(-dp/dz)/\partial u_g]_{G_s} > 0$。

工程上应用的循环流态化即包含上述快速流态化（如循环床燃煤锅炉）和密相气力输送（如 FCC 提升管反应器）两个流动状态。

图 8-23 为一定 D_R、ρ_p 及 d_p 条件下，循环流态化存在区域。

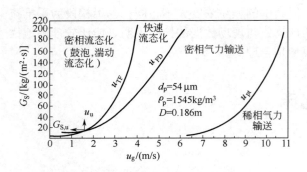

图 8-23　循环流态化存在区域

式(8-19) 是快速流态化向密相气力输送的转变速度 u_{FD} 的表达式。

u_{pt} 可参见下列关联式[18]

$$u_{pt} = 0.508\sqrt{gd_p}[(G_S D_R/\mu_g)(\rho_s - \rho_g)/\rho_g](D_R/d_p)^{0.471} \tag{8-53}$$

各种流化状态的主要特征可见表 8-5。

表 8-5　各种流化状态的特征及比较

项　　目	湍动流态化	快速循环流态化		稀相气力输送
		快速流态化	密相气力输送	
气体	分散相	连续相	连续相	连续相
颗粒	连续相	分散相	分散相（弱）	分散相
床层压降	悬浮颗粒	悬浮及输送颗粒	输送颗粒	输送颗粒并克服摩擦力
$(\Delta p/\Delta z)_u/(\Delta p/\Delta z)_L$	<1	<1	$=1$	$=1$
$[\partial(-dp/dz)/\partial u_g]_{G_S}$	—	<0	<0	>0

二、循环流化床的工业应用

1. 主要工业应用过程[40]

循环流化床作为一种无气泡气-固接触反应器，在石油、化工、冶金、能源、环境等工业领域中具有巨大的应用潜力和价值。由于具有的高气-固通量以及近于平推流流动的特征，和颗粒的循环操作方式，使得循环流化床反应器特别适合于具有以下特点的反应过程：①快速、不可逆反应；②催化剂迅速失活而需连续再生的反应；③中间物为目的产品、要求高收率和高选择性的反应；④氧化-还原类反应；⑤需用颗粒将热量引入或引出的强吸热和放热反应。

根据上述特点，循环流化床反应器在开发和应用过程中，具有显明的特征。

（1）气-固催化反应过程　循环流化床气-固催化反应器，操作气速一般为 2～10m/s，颗粒循环速率较高，有时可达 1000kg/(m² · s)。催化剂通常使用多孔、高比表面积、低密度的颗粒，其粒度范围一般为 20～150μm。催化反应过程的温度一般较低，约 250～650℃。

目前，循环流化床在催化反应中的应用除石油催化裂化（FCC）及费-托（F-T）合成两个过程已工业化之外，其余过程，如丁烯氧化制丁二烯、丁烷氧化制顺丁烯二酸酐、邻二甲苯/萘氧化制苯酐、丙烯氧化或氨氧化、乙烯环氧化、2-丙醇脱氢、由丙二醇-乙酸酯制 1,2-环氧丙烷、甲烷直接氧化叠合等过程均处于实验室研究或中间试验阶段。循环流化床催化反应器存在一个固体颗粒磨损较大的问题，F-T 合成过程由于不存在催化剂迅速失活，反应气体也无需在近于平推流下操作，为了减少催化剂耗损，Sasol 公司的 F-T 合成循环流化床反应器正逐步被传统的密相流化床所代替。

（2）气-固非催化反应过程　这类反应过程一般为高温（>800℃）强放热反应过程，因而要求反应器不仅有较高的气-固接触效率、较大的生产能力，并且能够使热量得到有效回收。在循环流化床气-固非催化反应器中，反应物颗粒较粗较重，颗粒循环速率较小，表观气速通常为 5～10m/s。目前成功地应用有氧化铝焙烧、煤的燃烧、矿物焙烧以及废料焚烧等过程，与传统的回转窑比较，循环床焙烧炉氧化铝产品质量好，能耗低，污染小，维修费用低，原料及设备利用率均较高。

循环流化床燃煤锅炉（CFB）是循环流化床气-固非催化反应的重要应用，与鼓泡流化床锅炉相比，具有如下主要优点：①燃烧适应性广（包括不同煤种、木材、生物物质、废渣等）；②良好的负荷变化能力，操作弹性大；③燃烧方式清洁、燃烧效率高（>99%）；④良好的环境保护特性（低 NO_x 及 SO_2 排放）；⑤简单的燃烧处理及加料系统。

循环流化床锅炉通常采用两次进气方式，一次进气约为总气量的 40%～80%，二次气量约为总气量的 20%～60%。在二次进气口以下，颗粒浓度较高，气、固两相可呈快速、湍动鼓泡流化状态（与煤的颗粒尺寸有关）。在二次进气口以上，气、固两相流动通常为快速或稀相输送状态。沿床层壁面，通常设置有换热表面，其热容量已达 150～400MW。我国已开发成功循环流化床锅炉[41]。

（3）循环流化床的工业放大　循环流化床反应器经过实验室和中间试验成功后，在工业放大上存在许多困难，其主要因素是循环流化床中的气、固流动和传递规律的复杂性，和循环系统的结构、匹配及传热等问题的复杂性。为了保持循环流化床中提升管与伴床间的压力平衡，实现良好循环。在机械结构方面如进口、出口及气固快速分离装置、伴床储料量等方面要采取良好的措施，适应不同反应过程的特点。对于热效应较大且反应温度较高的循环流化床，必须在反应器内设置换热装置，由于颗粒浓度较低，传热系数较小，和高速流动对传热面的磨损比较严重，也成为推广应用的障碍。

2. 流化催化裂化循环流化床案例

流化催化裂化（fluid catalytic cracking，FCC）是最重要的重质油轻质化过程之一，传统的催化裂化原料是重质馏分油，主要是直馏减压馏分油（VGO），也包括焦化重馏分油（CGO，通常须经加氢精制）。由于对轻质油品的需求不断增长及技术进步，更重的油料也作为催化裂化的原料，例如减压渣油、脱沥青的减压渣油、加氢处理重油等。一般都是在减压馏分油中掺入上述重质原料，其掺入的比例主要受制于原料的金属含量和残碳值，当减压馏分油中掺入更重质的原料时则通称为重油催化裂化。

原料油在 500℃左右、0.2～0.4MPa 压力下，经酸性催化剂进行裂化反应生成干气、液化气、汽油、柴油、重质油（可循环作原料）及焦炭。反应产物的产率与生产工艺要求、原料性质、反应条件及催化剂性能有密切的关系。焦炭是裂化反应的缩合产物，它的碳氢比很高，其原子比约为 1:（0.3～1），它沉积在催化剂的表面上，只能用空气烧去而不能作为产品分离出。催化裂化气所含烯烃，如乙烯、丙烯、丁烯、异丁烯等，是石油化工工业的主要原料。

【例 8-3】　流化催化裂化、循环流化床[2,3,42,43]。

解　重质油催化裂化是一个原料组成、产品分布和反应历程都很复杂的过程，循环流化床反应器的设计必须建立在重质油催化裂化的化学和生产工艺的基础上。

（一）石油烃类的催化裂化反应及催化剂

石油馏分是多种烃类组成的混合物，在催化裂化条件下，主要是大分子分解成小分子的反应，而且还有小分子缩合成大分子及缩合成焦炭的反应，还同时进行异构化、氢转移、芳构化等反应。催化裂化主要的分解反应的平衡常数值很大，一般不研究它的化学平衡而着重研究其动力学。

石油馏分催化裂化反应是一个很复杂的平行-连串反应网络，如图（例 8-3-1）所示。它有一个重要的特点，是转化率对各产品产率的分布有重要的影响。图（例 8-3-2）所示是某提升管反应器内原料油的转化率及各反应产物的产率沿提升管高度的变化情况。转化率随管高度而提高，最终产物气体和焦炭的产率一直增大。汽油的产率开始随管高度增大，而后下降。这是由于达到一定的转化率（即反应深度后），再加深反应进度，产品进一步分解成更轻馏分（如汽油分解成气体）的速率高于它们的生成速率。这种初次反应后再继续进行的反应称为二次反应。催化裂化的二次反应有许多种类，其中有些是生产所期望，而有些不是所期望的。当生产要求获得较高的轻质油收率时，应当限制原料转率不要太高，使原料在一次反应后即进行分馏，将与原料馏程相近的中间馏分，称回炼油，再送回反应器重新进行裂化。

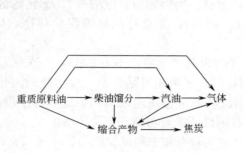

图（例8-3-1） 石油馏分催化裂化的平行-连串反应模型

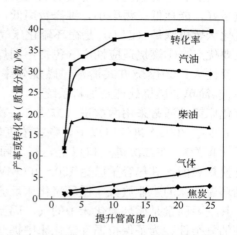

图（例8-3-2） 反应产物产率沿提升管高度的变化

目前普遍使用的催化裂化催化剂的主要组分是 Y 型分子筛，分子筛是晶体结构，孔的排列规则，孔径大小均匀，为分子大小的数量级，对反应物和产物具有择形选择性，Y 型分子筛的孔径为 0.8～0.9nm。人工合成的分子筛含钠离子，其中的钠离子必须与稀土金属离子及氢离子等其他阳离子交换后才具有活性。催化剂中经置换后的分子筛占 10%～40%，其余为载体、黏结剂和助剂。根据不同的工艺要求，已形成不同阳离子改质及添加不同载体和助剂的多种型号的分子筛系列催化剂。

为了保证良好的流化状态，裂化催化剂制成有一定机械强度的微球状，粒径分布主要在 20～100μm，新鲜催化剂中粒径为 40～80μm 的约占 1/2，而 20～40μm 及 80～100μm 粒径的各约占 1/4。

在反应过程中裂化催化剂的活性和选择性不断下降。失活的主要原因：①水热失活，高温或高温下与水蒸气作用，导致结构发生变化，一般温度超过 730℃时，这种结构就很明显了；②结焦失活，催化裂化生成的焦炭沉积在催化剂的表面上，覆盖活性中心；③毒物失活，主要是某些金属，如铁、铜、镍、钒和碱性氮化物。

裂化催化剂因此必须在反应器和再生器之间循环，离开反应器时催化剂含碳约 1%，须在再生器内烧去积炭，一般要求裂化催化剂再生后含碳量降至 0.2% 以下，但不能恢复水热失活和毒物失活的影响。

（二）催化裂化的反应-再生工业装置

工业催化裂化装置必须包括反应和再生两部分。裂化反应是吸热反应，反应热约为 400kJ/kg，焦炭燃烧的放热反应热约为 33500kJ/kg。催化裂化装置必须同时妥善地解决周期性地供热反应和取热再生问题。最早的工业装置是固定床反应器，在 20 世纪 40 年代，同时发展了移动床和密相流化床反应器。开发了高活性分子筛裂化催化剂后，为了适应催化剂的特性，改为提升管反应器，催化剂与油气同向向上流动，接近平推流，减少了返混并缩短了接触时间，明显减少了二次反应，改善了产品分布，增加了轻质油收率而减少了干气和焦炭产率，我国普遍使用提升管裂化反应器。

图（例 8-3-3）是高低并列式反应-再生系统简图。裂化原料油经换热和加热炉后送至提升管下部的喷嘴，用过热蒸汽雾化呈细滴喷入提升管内，与来自再生器的高温再生催化剂（650～750℃）接触，油瞬间蒸发气化。催化剂被油气携带着向上运动，其间进行催化裂化反应，提升管的长度使接触时间能保持在 2～4s 内。由于反应使大分子变成小分子，油气体积扩大，管内线速度不断增加，催化剂也逐渐被加速，一直到提升管的出口。为了防止过度裂化以改善产品分布、减少焦炭和气体产率、提高轻质油收率，在提升管出口采取快速分离措施，使油气尽快与催化剂脱离，立即终止反应。经快速分离后的催化剂称为待生剂，先依重力作用落入有人字挡板的气提段内，用过热蒸汽汽提除去表面吸附的油气，再通过待生斜管进入再生器。反应油气向上进入沉降器，依靠重力作用使油气中夹带的催化剂中的较大粒子沉降，以后油气再进入内旋风分离器，靠离心作用进一步除去催化剂细粒子后从沉降器顶部出口，进入分馏塔。

为了优化反应深度，有的装置采用中止反应技术，在提升管的中上部某个位置注入冷却介质（某种馏分油）以降低中上部的反应温度，从而抑制注入处上部的二次反应，防止过度裂化。

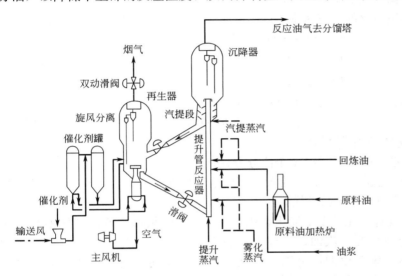 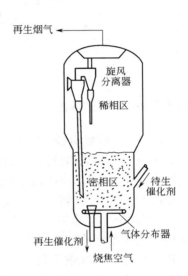

图（例8-3-3）　高低并列式提升管催化裂化反应-再生系统工艺原则流程

图（例8-3-4）　单段湍流床再生器简图

再生器是供待生催化剂用空气烧焦恢复活性的装置，图（例8-3-4）是常规的湍流床单段再生器，湍流床中的高气速可改善气-固接触传热和效率，也能提高氧的传递速率。再生烧焦用的空气由主风机供给，空气通过再生器底部的分布板均匀布气之后进入床层，再生器筒体下小上大，下部为密相床，上部为稀相床，密相床内气体的表观气速在 0.8～1.2m/s。烧焦之后的再生剂经再生斜管返回反应器，也有一部分催化剂被气体携带着上升，经过稀相段自由沉降之后，较大的催化剂会下落，较细的粒子随气体进入两级旋风分离器，被回收下来的催化剂沿料腿下落进入床层。再生器内设有多组旋分器，烟气从各组二级旋分出口后在集气室汇总，从再生器顶部排出。

再生剂通过再生斜管送到提升管反应器底部，靠预提升蒸汽作用使之转向后进入提升管内循环使用。在两条斜管内设有滑阀，调节滑阀开度可控制催化剂循环量，在再生烟气管路上设有双动滑阀，调节其开度可控制再生器压力。

再生器内的烧焦过程属于密相床内进行的气-固非催化反应过程，待生催化剂烧焦的本征动力学可用下式表示：

$$\frac{\mathrm{d}c}{\mathrm{d}\tau} = k p_{\mathrm{O}_2} c$$

（例 8-3-1）

式中，c 为催化剂中含碳量（质量分数），%；p_{O_2} 为氧分压。

经研究表明[44]，对于粒度 160～400 目的待生 Y 型分子筛催化剂，在流化床反应器内进行烧炭实验，氧摩尔分数为 0.04～0.203，粒内扩散影响可以不计，符合式（例 8-3-1）的对 O_2 的反应级数为 1 级的本征动力学控制。温度高于 630℃时，氧在上述颗粒中的扩散成为控制步骤，烧炭再生过程符合本教材第七章所介绍的有限厚度区模型。

（三）催化裂化的集总动力学模型

石油馏分的催化裂化动力学研究中广泛使用集总动力学模型。集总（lumping）是将一个复杂的多重反应体系按照动力学特性相似的原则把各类分子划分成若干个集总组分（lump），并当作虚拟的多组分体系进行动力学处理。例如，对某个反应体系，若按动力学特性相似原则可划分为三个集总组分 A_1、A_2、A_3，而且 Wei 及 Prater[45]提出它们之间的反应可以看作是一级可逆反应，则可以做出以下的反应网络，如图（例 8-3-5）所示。

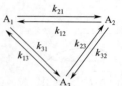

图（例 8-3-5）　反应网络

各虚拟组分的反应速率可以用下述线性微分方程组来描述

$$\left.\begin{array}{l} da_1/dt = -(k_{21}+k_{31})a_1 + k_{12}a_2 + k_{13}a_3 \\ da_2/dt = k_{21}a_1 - (k_{12}+k_{32})a_2 + k_{23}a_3 \\ dd_3/dt = k_{31}a_1 + k_{32}a_2 - (k_{13}+k_{23})a_3 \end{array}\right\} \qquad (例\ 8\text{-}3\text{-}2)$$

式（例 8-3-2）可用一个矩阵方程来表示

$$d\alpha/dt = K\alpha \qquad (例\ 8\text{-}3\text{-}3)$$

式中，α 为组成向量；K 为反应速率常数矩阵。

对于有 n 个集总组分的反应体系，则可以写出 n 个微分方程。

以上述微分方程为基础，加以考虑影响反应速率常数的诸因数（如催化剂的活性及失活速率、反应温度等因素）就可以形成一个集总反应动力学数学模型。

20 世纪 60 年代末期，Weekman 等首先开发了催化裂化三集总动力学模型，该模型把整个催化裂化反应系统中的所有组分，归并为原料油、汽油、气体＋焦炭三个集总。同时还考虑了因催化剂表面生焦所引起的催化剂失活。利用三集总模型，可以比较满意地预测相同原料在不同反应条件下的转化率和产物分布，预测该种原料油生成汽油的选择率，并实行优化操作。但是由于三集总模型在定义原料油集总时忽略了化学组成变化的影响，因而当原料油组成有较大变化，特别是掺有二次加工油时，该模型的适应性就变差了。为了克服三集总模型的缺点，70 年代中期，又开发了催化裂化十集总动力学模型[46]，即将原料油分成重原料油（HFO，＞343℃）和轻燃料油（LFO，221～343℃）两个馏分，又将 HFO 分为烷烃（P_h）、环烷烃（N_h）、芳烃（C_{Ah}）和芳烃中的取代基团（A_h）四个集总，同样 LFO 也分为烷烃（P_l）、环烷烃（N_l）、芳烃（C_{Al}）和芳烃中的取代基团（A_l）四个集总。而产物仍分为汽油（G）和气体＋焦炭（C）二个集总，这样就形成了十集总体系。十集总动力学模型具有更好的适应能力，而且可以不受原料油组分的限制而广泛的应用，它能够较好地预测转化率，汽油、柴油、气体和焦炭的产率和各个操作因素对产品产率的影响。模型中所有的反应均为一级不可逆反应。

我国洛阳石化工程公司和华东理工大学合作开发了适合我国原料和催化剂特点的催化裂化十一集总动力学模型，主要是把原代表重燃料油中的芳烃集总 C_{Ah} 按环数分为 C_{Ah}（一二环芳环集总）和 PC_{Ah}（三环和三环以上的芳环集总），即十一集总动力学模型。该模型的计算软件可适用于我国常用的多种裂化催化剂、渗渣油的原料、催化剂失活的影响及装置因素[47]。但上述集总动力学模型中的各个反应的速率常数值是通过实验室的密相流化床反应器的实验所确定的[48]，未能计入提升管反应器中气-液-固相流动模型及综合流动、传热、传质对反应复杂的宏观影响，近年来华东石油大学在这方面的开发研究工作已在专著[49]中论述。

（四）反应-再生系统的压力平衡

催化裂化反应器再生系统的压力平衡是保持系统正常运转的关键，专著[2,3]和教材[42,43]均有专门的章节进行阐述。

（五）流化催化裂化反应器的今后发展趋势

侯芙生在论述 21 世纪我国催化裂化可持续发展战略时[50]，提出要突破提升管催化裂化的技术，即将上行提升管反应器改为下行床而再生改为上行床。本教材表 8-2 已对上行及下行高气速流化床的特性作了介绍。专著[5]第四章和第五章对气-固顺重力场流态化的特征及研究成果作了阐述。

第五节　讨论与分析

1. 过程工业中的流态化技术

在现代石油、化工、冶金、能源、轻工、材料、环保等过程工业中的固相物料的非催化加工、固体催化剂的化学催化、颗粒物料及粉体的输送、干燥、造粒、混合等物理操作，由于使用了流化床技术，得到了巨大的发展，许多在原来固定床中操作的过程，如石油馏分的催化裂化、矿石的焙烧，改用了流态化技术，使生产规模、能耗、原料的适应性等多种技术指标获得了质和量的改变。如果未能将流态化技术和催化裂化结合起来，全世界的交通输送及化工产品必因油品的品种、质量和数量的大量匮乏，而不可能达到现今 21 世纪的规模和水平。作为 21 世纪面向过程工业的化学反应工程教材，必须有相当的篇幅讨论流化床反应工程中的有关基础内容和工程应用。

2. 流态化反应器中的多相流动

由于流化床反应器中的流体及固体颗粒间的复杂的多相流动行为，并且随着流体表观流速的增加，形成床层空隙率不断增加的多种流体力学流型，人们对于不同流型流化床中流体，特别是气体，与固体间流动行为的认识还停留在半理论和半经验的状态，不同流型中流体流动、传质、传热对化学反应的影响还在不断地研究和认识。

作为本科生的教材，本书只阐述固体流态化的基本特征，流化床反应器的不同流型及特征，流型转变速度的计算，气-固密相流化床的基本结构及其中气泡及固体流动特性的定性描述，和鼓泡流化床的数学模型等方面的基础内容。

3. 工业流化床反应器

流化床反应器的工业应用，必须结合过程的化学基础和生产工艺特点，已广泛应用的过程工业主要在化工冶金中的矿石焙烧和化学浸取，和催化反应过程中要求反应温度控制范围窄，对选择性要求高的过程，如本书所介绍的丙烯腈流化床催化合成案例。流化催化裂化循环流化床的发展是工艺与工程相互结合、相互发展和相互促进的范例，循环流化床的开发使催化裂化所要求的短接触时间和强放热反应及强吸热再生的工艺要求得以实现，而能源和石油化工工业的发展又要求现行的提升管循环流化床催化裂化向气-固顺重力场流态化的下行管催化裂化发展，更深入地研究其中的复杂的流动行为。本书在介绍了催化裂化的反应特征、催化剂及反应动力学的基础上讨论了提升管循环流化床反应器，再次强调了本书关于反应工程与生产工艺相互结合、相互促进的观点。

4. 关于流化床反应器的数学模型

本书只阐述了比较成熟的鼓泡流化床反应器的两相模型和鼓泡床模型，并且用一个关键的模型参数——气泡有效直径，来模拟密相流化床中的气泡运动，同时也介绍了丙烯腈催化密相流化床中通过直立冷却管将密相段在径向上分成一个个的小流化床的等效柱的模拟方法。由于节涌流化床，湍流流化床，快速流化床的反应器中气泡和颗粒流动的复杂性和各种内构件及调节装置的特性还研究得不够，当流化床反应器从实验室规模放大到工业规模时，还得采用中间规模的实验，通过对比中试结果与小装置的结果来寻求内在的放大规律，用来指导进一步的放大过程。固定床反应器由于气体在固定床中的流动规律较流化床简单，并且大型轴向固定床反应器的放大已积累多年的实践经验，其数学模型的预见性比流化床反应器要有效得多，但也还存在催化剂还原、失活及壁效应等因素影响的工业反应器的宏观反应动力学问题。

参 考 文 献

[1] 侯祥麟. 中国炼油技术. 北京：中国石化出版社，1991.

[2] 陈俊武，曹汉昌. 催化裂化工艺与工程. 北京：中国石化出版社，1995.

[3] 卢春喜，王祝安. 催化裂化流态化技术. 北京：中国石化出版社，2002.

[4] 陈甘棠，王樟茂. 流态化技术的理论和应用. 北京：中国石化出版社，1996.

[5] 金涌，祝京旭，汪展文，等. 流态化工程原理. 北京：清华大学出版社，2001.

[6] 郭慕孙. 流态化浸取和洗涤. 北京：科学出版社，1979.

[7] 张蕴壁. 流态化选论. 西安：西北大学出版社，1989.

[8] Geldart D. Types of gas fluidzation. Powder Technology，1973，7：285-292.

[9] 魏飞，金涌，俞芷青. 新一代催化裂化装置的开发——气-固超短接触裂化过程. 油气加工，1994，4（1）：26-30.

[10] 胡永琪，金涌. 高速流态化技术在 21 世纪的工程应用前景. 化工进展，1998，20（1）：1-6.

[11] Wen C Y，Yu Y H. A Generalized method for predicting the minimum fluidization velocity. AIChE J，1966，12：610-612.

[12] Chitester D C，Koruosky R M，Fan L S，Danko J P. Characteristics of fluidization at high pressures. Chem Eng Sci，1984，39：253-261.

[13] Lucas A，Arnaldos J，Casal J，et al. Improved equation for the calculation of minimum fluidization velocity. Ind Eng Chem Process Des and Dev，1986，26：426-429.

[14] Wilhelm R H，Kwauk M. Fluidization of solid particles. Chem Eng Progr，1948，44：201-218.

[15] Geldart D，Abrahamsen A R. Homogeneous fluidization of fine powders using various gases and pressures. Power Technology，1978，19：133-136.

[16] 王樟茂，张年英，陈甘棠. 粒度及粒度分布对流化床临界参数及床层膨胀的影响. 化学反应工程与工艺，1985，1-2：47-54.

[17] 陈少鹏，俞芷青，金涌，汪展文. 操作压力对鼓泡流态化向湍动流态化转变的影响. 石油化工，1990，19：696-700.

[18] 白丁荣，金涌，俞芷青. 循环流态化（Ⅰ）. 化学反应工程与工艺，1991，7（2）：202-213.

[19] 李佑楚，陈丙瑜，王冈鸣，等. 快速流态化的研究：（一）快速流态化流动模型参数的关联. 化工冶金，1980（4）：20-30.

[20] 白丁荣，金涌. 垂直气-固两相流动体系中颗粒群与气流之间的相互作用. 化工学报，1991，42：697-702.

[21] 李成钢，杨贵林. 挡板流化床中稳定湍流区的确定. 化工学报，1987，38：360-366.

[22] 金涌，俞芷青，张礼，等. 流化床反应器塔型内构件的研究. 化工学报，1980，2：117-128.

[23] 金涌，俞芷青，张礼，等. 流化床脊形内构件. 石油化工，1986，5：269-276.

[24] Cai P，Schiavetlie M，DeMichele G，Grazzini G C，Micro M. Quantitative estimation of bubble size in PFBC. Power Technology，1994，80：99.

[25] 陈甘棠. 化学反应工程. 4 版. 北京：化学工业出版社，2021.

[26] Wender L，Cooper G T. Heat transfer between fluidized -solids bed and boundary surfaces—correlation of data. AIChE J，1958，4：15.

[27] Vreedenbeng N A. Heat transfer between a fluidized bed and a horizontal-tube. Chem Eng Sci，1958，9：52-60.

[28] Wen C Y，Leva M. Fluidized-bed heat transfer. A Generalized dense-phase correlation. AIChE J，1956，2：482-488.

[29] Davidson J F，Harrison O.，Fluidized Particles. Cambridge：Cambridge university Press，1963.

[30] Kunii D，Levenspiel O. Fluidized Engineering. NewYork：John Wiley & Suns，1969.

[31] 于光认，陈晓春，肖楠. 丙烯氨氧化生产丙烯腈工业流化床反应器的模型化. 北京化工大学学报，2003，30（3）：42-47.

[32] 罗保林，俞江萍，范正，刘金忠. 丙烯氨氧化合成丙烯腈流化床反应器的模型拟合. 化工冶金，1994，20（1）：44-50.

[33] 赵新进，杨贵林. 挡板湍流流化床丁烯氧化脱氢制丁二烯数学模型计算. 化学反应工程与工艺，1988，4（2）：61-67.

[34] 陈大保. 丁烯氧化脱氢制丁二烯流化床反应器研究进展. 化学反应工程与工艺，1990，6（2）：97-102.

[35] 满金声. 硝基苯加氢制苯胺流化床反应器模拟设计. 化学反应工程与工艺，1998，4（1）：65-74.

[36] 汪智国，景山，魏飞. 硝基苯在湍动流化床加氢制取苯胺. 化学反应工程与工艺，2001，18（3）：278-281.

[37] 戴挚镰，俞坚，张虹，等. 丙烯氨氧化制丙烯腈的反应网络与动力学模型. 化学反应工程与工艺，1993，9（4）：345-352.

[38] 洪汇. 丙烯腈流化床反应器评述. 石油化工，1998，27（3）：221-225.

[39] 中国石化总公司. CN1032747-A.

[40] 白丁荣，金涌，俞芷青. 循环流态化：（Ⅵ）反应器行为及其模型. 化学反应工程与工艺，1992，8（2）：329-341.

[41] 林崇虎，魏敦崧，安恩科，等. 循环流化床锅炉. 北京：化学工业出版社，2003.

[42] 林世雄. 石油炼制工程. 3版. 北京：石油工业出版社，2000.

[43] 程丽华，梁朝林. 石油炼制工艺学. 2版. 北京：中国石化出版社，2021.

[44] 燕青芝，程振民，于丰东，等. 在流化床反应器内研究裂化催化剂烧碳再生的动力学. 石油学报（石油加工），2001，17（2）：38-44.

[45] Wei J，Prater C D. The structure and analysis of complex reaction systems. Advances in Catalyst，1962，13：203-399.

[46] Weckman V W. Lumps，models and kinetics in practice. AICh E Monopraph Series，1979，75：11.

[47] 江洪波，欧阳福生，翁惠新. 重油催化裂化集总动力学模型：（Ⅲ）工业装置的模拟计算. 化工学报，2001，52：606-611.

[48] 翁惠新，王顺生，邹滢，等. 催化裂化反应集总动力学模型的研究. 化学反应工程与工艺，1987，3（4）：9-17.

[49] 徐春明，高金森，林世雄，等. 重油催化裂化反应过程分析. 北京：石油工业出版社，2002.

[50] 侯芙生. 21世纪我国催化裂化可持续发展及战略. 石油炼制与化工，2001，32（1）：1-5.

习　题

8-1 某合成反应的催化剂，其粒度分布如下：

$d_p \times 10^5$/cm	40	31.5	25.0	16.0	10.0	5.0
质量分数/%	5.80	27.05	27.95	30.07	6.49	3.84

已知粒子形状系数 $\varphi_s = 0.75$，$\varepsilon_{mf} = 0.55$，$\rho_p = 1.30 \text{g/cm}^3$，在120℃及1atm（1atm＝101325Pa）下，气体的密度 $\rho = 1.453 \times 10^{-3} \text{g/cm}^3$，$\mu = 0.368 \times 10^{-5} \text{Pa·s}$。求（1）临界流化速度和起始鼓泡速度，分别考虑及不考虑细颗粒的作用；（2）起始端动流化速度；（3）快速流化的转变速度；（4）颗粒的终端速度。

8-2 同8-1题，但a. 压力为10atm，忽略压力对 μ 的影响，因压力的变化引起临界流化速度变化多少？b. 压力仍为1atm，但温度为420℃，这时 $\mu = 3.2 \times 10^{-5} \text{Pa·s}$ 结果又如何？c. 如压力为10atm，温度为420℃，求上述（1）、（2）、（3）及（4）的流化床鼓泡速度。

8-3 试计算一直径为8cm的气泡在流化床中的上升速度以及气泡外的云层厚度。已知 $u_{mf} = 4 \text{cm/s}$，$\varepsilon_{mf} = 0.5$。

8-4 在一直径为3m，内部装有垂直冷管的流化床中，气体以 $u_0 = 0.70 \text{m/s}$ 的空床气速通过，如床层平均空隙率为0.68，粒子与气体的物性如下：

$d_p = 0.12 \text{mm}$，$\rho_p = 2.0 \text{g/cm}^3$，$c_{ps} = 1.2 \text{J/(g·K)}$，$\rho = 5 \times 10^{-4} \text{g/cm}^3$，$\lambda = 0.0360 \text{W/(m·K)}$，$c_p = 1.0 \text{J/(g·K)}$，$\mu = 2 \times 10^{-5} \text{Pa·s}$。

如器壁的冷却面高1.2m，求床层向器壁及向位于床层中心和位于离中心2/3半径位置处的各传热面的给热系数。

8-5 在一自由流化床中进行 $A \longrightarrow R + S$ 的反应，由于是裂解反应，可作一级不可逆反应处理，在等温的床层中，$k_r = 5.0 \times 10^{-4} \text{mol/(h·atm·g)}$ 催化剂，总压力为0.1013MPa，临界床高3m，$\varepsilon_{mf} = 0.5$，$\mu_{mf} = 12.5 \text{cm/s}$，$u_g = 25 \text{cm/s}$，$\rho_p = 0.760 \text{g/cm}^3$，流化床高 $L_f = 3.4 \text{m}$，催化剂总量16.8t，气体进料量 $1.0 \times 10^5 \text{mol/h}$。

此外，气体物性如下：$\rho_g = 1.4 \times 10^{-3} \text{g/cm}^3$，$\mu_g = 1.4 \times 10^{-5} \text{Pa·s}$，$D_e = 0.1200 \text{cm}^2/\text{s}$。

求反应的转化率。

第九章　气-液-固三相反应工程

○○ —— ○○ ○ ○○ ——

气-液-固三相反应是反应工程中的一个新兴领域，具有巨大的现实及潜在的应用价值。在化工及生物生产过程中，经常遇到有气相、液相和固相参与的三相反应，例如，石油加工中的加氢反应和煤化工中的煤的加氢催化液化反应，均为使用固相催化剂的三相催化反应，许多矿石的湿法加工过程中固相为矿石的三相反应，发酵及抗菌素生产过程使用的三相反应。一些传统的气-固相反应过程，如果反应温度并不太高，可以选择到合适的在反应状态下呈液态的惰性液相热载体，使用细颗粒催化剂悬浮在惰性液相热载体中，形成气-液-固三相反应，既消除了催化剂内扩散过程对总体速率的影响，又在等温床下操作，消除了床层温升对气-固相可逆放热反应平衡的限制和固定床传热系数较低而形成的传热控制，提高了反应物的单程转化率和出口含量，节约了大量的气体循环压缩功。

论述三相床反应及反应器的专著很多，其中主要的可参见文献 [1-7]。

第一节　气-液-固三相反应器的类型及宏观反应动力学

一、气-液-固三相反应器的类型

气-液-固三相反应器按反应物系的性质区分主要有下列类型：①固相或是反应物或是产物的反应，例如加压下用氨溶液浸取氧化铜矿，钢渣提钒碳酸化浸取反应，煤的热液化，钙和铝的磷化物与水的反应（磷化氢解吸），碳化钙与水反应生成乙炔等；②固体为催化剂而液相为反应物或产物的气-液-固反应，这类反应在三相反应中占大多数，例如煤的加氢催化液化，石油馏分加氢脱硫，乙炔铜为催化剂合成丁炔二醇，苯乙炔和苯乙烯的催化加氢，煤制合成气催化合成燃料油的费-托（Fisher-Tropsch）合成过程等；③液相为惰性相的气-液-固催化反应，液相作为热载体，例如，一氧化碳催化加氢生成烃类、醇类、醛类、酮类和酸类的混合物；④气体为惰性相的液-固反应，空气起搅拌作用，例如硫酸分解钛铁矿槽式反应釜内用气体搅拌。

工业上采用的气-液-固反应器按床层的性质主要分成两种类型，即固体处于固定床和悬浮床。

1. 固定床气-液-固三相反应器

固定床气-液-固反应器中固体处于固定床状态，根据气流和液流的方向，一般采用三种方式操作：①气体和液体并流向下流动；②并流向上流动；③逆向流动（通常液体向下流动，气体向上流动），见图9-1。在不同的流动方式下，反应器中的流体力学、传质和传热条件是不同的。

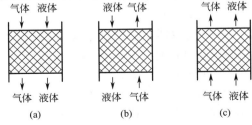

图9-1　固定床气-液-固反应器类型

（a）流体并流向下流动的固定床；（b）流体逆流流动的固定床；（c）流体并流向上流动的固定床

　　滴流床或称涓流床反应器是固定床三相反应器，液流向下流动，以一种很薄的液膜形式通过固体催化剂，而连续气相以并流或逆流的形式流动，但多数是气流和液流并流向下，即图 9-1(a)。

　　工业滴流床反应器有许多优点：气体在平推流条件下操作，使催化剂充分地湿润，可获得较高转化率；液固比（或液体滞留量）很小，可使均相反应的影响降至最低，这一点对加氢脱硫反应是很重要的，可以最大限度地降低油的热裂化或加氢裂化。在气-液-固反应中，存在气-液界面和液-固界面的传质及传热阻力。滴流床反应器中液层很薄，这两种界面阻力能结合起来，使总的液层阻力比其他类型三相反应器要小，气-液向下操作的滴流床反应器不存在液泛问题。滴流床三相反应器的压降比鼓泡反应器小。

　　滴流床反应器也有缺点：在大型滴流床反应器中，低液速操作的液流径向分布不均匀，如沟流、旁路，可能引起固体催化剂润湿不完全，并且引起径向温度不均匀，形成局部过热，使催化剂迅速失活并使液层过量汽化，这些都不利于反应器的操作。催化剂颗粒不能太小，而大颗粒催化剂存在明显的内扩散影响，由于组分在液相中的扩散系数比在气体中的扩散系数低许多倍，内扩散的影响比气-固相反应器更为严重。还可能存在明显的轴向温升，形成热点，有时可能飞温。

2. 悬浮床气-液-固三相反应器

　　固体呈悬浮状态的悬浮床气-液-固三相反应器一般使用细颗粒固体，有多种形式：①机械搅拌悬浮式；②不带搅拌的悬浮床气-液-固反应器，以气体鼓泡搅拌，又称为鼓泡淤浆反应器；③不带搅拌的气-液两相流体并流向上而颗粒不带出床外的三相流化床反应器；④不带搅拌的气、液两相流体并流向上而颗粒随液体带出床外，气、液分离后，颗粒进入下行的储料器再进入上升反应器的三相循环流化床；⑤具有导流筒的内环流反应器。

　　机械搅拌悬浮三相反应器依靠机械搅拌使固体悬浮在三相反应器中，通常用于三相反应过程的开发研究阶段及小规模生产。鼓泡淤浆床三相反应器从气-液鼓泡反应器变化而来，将细颗粒物料加入到气-液鼓泡反应器，固体颗粒依靠气体托起而呈悬浮状态，液相是连续相，多用于反应物和产物都是气相而固相是细颗粒催化剂的三相催化反应，强化了床层传热及易于保持等温，显然鼓泡淤浆三相反应器比机械搅拌悬浮三相反应器适宜于大规模生产，这是三相催化反应器中使用最广泛的形式。如果液相连续地流入和流出三相反应器，而固体颗粒仍然保留在反应器内，即三相流化床，它是在液-固流态化的基础上鼓泡通入气体，固体颗粒主要依靠液相托起而呈悬浮状态。如果固体颗粒随同液相一起呈输送状态而连续地进入和流出三相床，固体夹带在液相中，即三相输送床或三相携带床。显然需要有从液相分离固体颗粒的装置和淤浆泵输送浆料。如果将三相催化反应器中的惰性液相热载体改为能对气相产物进行选择性吸收的高沸点选择性吸收溶剂，则溶剂需要脱除所吸收的气体而再生循环使用，就要将鼓泡淤浆床改为三相流化床或三相循环流化床。

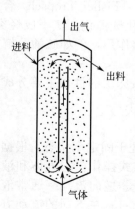

图 9-2　巴秋卡槽示意图

　　三相环流反应器是在进行气-液两相反应的环流反应器中添加固体颗粒的三相反应器，广泛应用于生物反应工程、湿法冶金、有机化工、能源化工及污水处理工程，如以甲醇为原料生产单细胞蛋白已采用 1500～3000m³ 容积的大型三相环流反应器。湿法冶金中在较高温度和加压下用液体来浸取矿石中的有色金属化合物，文献［8］对环流反应器用的发展和应用进行了综述。三相环流反应器用于湿法冶金中的浸取过程时，称为气体提升反应器或巴秋卡槽，见图 9-2[8,9]，专著[9]讨论氧化铜矿、镍矿、砷钴矿、钨矿、金矿等有色及贵金属矿的湿法冶金的浸取反应工程，对气-液-固三相气体提升反应器的有关颗粒的悬浮和沉淀、流体流动模型、气-液传质和多层气体提升反应器的开发、过程模拟[10,11]等反应工程方面的研究作了详细的阐述。

　　悬浮床气-液-固三相反应器由于存液量大，热容量大，并且悬浮床与传热元件之间的给热系数远大于固定床，容易回收反应热量及调节床层温度。

对于强放热多重反应可抑制其超温和提高选择率。三相悬浮床反应器可以使用含有高浓度反应物的原料气，并且仍然控制在等温下操作，这在固定床气-固相催化反应器中由于温升太大而不可能进行。三相悬浮床反应器使用细颗粒催化剂，可以消除内扩散过程的影响，但由于增加了液相，不可避免地增加了气体中反应组分通过液相的扩散阻力。并且要考虑所采用的液相热载体对原在固定床中反应的气体和固体催化剂是否具有不良的影响。三相悬浮床反应器易于更换和补充失活的催化剂，但又要求催化剂耐磨损。

3. 气、液并流向上气-液-固体系的操作流型

Fan 在《气-液-固流态化工程》专著[4]中指出三相床体系的分类是根据颗粒的运动状态，采用类似于气-固或液-固体系的方法进行分类，颗粒运动可分为三种基本操作方式，即固定床、膨胀床（expanded bed，本书称为悬浮床，即 suspended bed）和输送床（transport bed，本书称为携带床，即 entrained bed）。当气-液混合物流动产生的曳力小于系统中颗粒的有效重量时称为固定床，当气体和（或）液体的流速增加，使曳力与床中颗粒的有效重量相平衡时，床层处于临界流化状态，当气体或液体的流速进一步加大并超过临界流化速度 u'_{mf} 时，床层处于膨胀床状态，直至气速或液速达到气-液介质中的颗粒终端速度 u'_t 为止。当气速或液速大于 u'_t 时，操作处于输送状态。

液体介质的液-固系统中固体颗粒终端速度 u_t，即沉降速度，决定于颗粒密度 ρ_s 和液体介质密度 ρ_L 之差及颗粒直径 d_p，即

$$u_t = \sqrt{\frac{4g(\rho_s - \rho_L)d_p}{3\rho_L \zeta}} \tag{9-1}$$

通常鼓泡淤浆床及三相流化床中的颗粒直径小于 $500\mu m$，属于 $Re_p < 2$ 范围，阻力系数

$$\zeta = 24/Re_p \tag{9-2}$$

即 $\qquad u_t = g d_p^2 (\rho_s - \rho_L)/(18\mu_L) \tag{9-3}$

式中，g 为重力加速度；μ_L 为液体黏度。

Fan 等[12]在空气-水-细颗粒系统中，实验研究了气-液-固系统中的颗粒终端速度 u'_t，液体表观流速 u_L 及临界流化速度 u'_{mf} 与液-固系统的颗粒终端速度 u_t 和床层状态之间的关系，见图 9-3。

图 9-3 中三相床使用空气-水系统，固体为玻璃球，当颗粒的直径和密度一定，液-固系统的终端速度 u_t 绘于图 9-3 的横坐标，纵坐标是 u_L 或 u'_{mf} 或 u'_t。

图 9-3 下部有一组三根 u'_{mf}-u_t 曲线，相应于按设备不含固体及液体或其他内构件的空载面积计算的表观流速 u_g，自上而下分别为 0、1.73cm/s 及 5.19cm/s 时的气-液-固系统临界流化速度 u'_{mf} 值；当 $u_g = 0$ 时，系统为液-固流态化。表观流速即气-液吸收填料塔中的空塔流速。

图 9-3 上部有一组三根 $u'_t \sim u_t$ 曲线，表观速度 u_g 分别为 0、1.73cm/s 及 5.19cm/s 时的气-液-固系统颗粒终端速度 u'_t 值；当 $u_g = 0$ 时，系统为液-固流态化，$u'_t = u_t$。在曲线 u'_{mf}-u_t 下方，属于固定床区；在曲线 $u'_t \sim u_t$ 的上方，属于输送床区；在这两组曲线之间，属于膨胀床区。

对于一定直径的玻璃球，u_t 值一定，当 u_g 一定，表观液体流速 u_L 由 0cm/s 逐步增加，直至 u_L 与 u'_{mf} 相等时，床

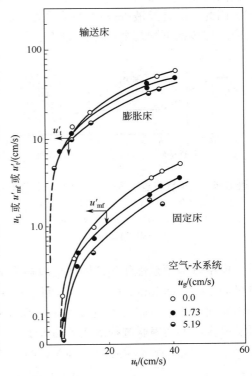

图 9-3 气液并流向上，液体为连续相的气-液-固体系操作流型

层开始转入膨胀床；当 u_L 增至 u'_t 时，床层开始转入输送床。当气体流速 u_g 增加时，u'_{mf} 和 u'_t 值都相应地减小，这是由于气体也有托起固体颗粒的作用，若增加气体的密度，例如加压下的气体，则进一步增加气体的托起作用，减小相应的 u'_{mf} 和 u'_t 值。

4. 气-液-固三相反应器的工业应用

气-液-固三相反应器在石油加工、化工冶金、基本有机化工、煤化工、生物化工和环境保护等领域得到广泛的应用，例如石油馏分的加氢裂化和加氢脱硫、费-托合成、煤的催化加氢液化、煤的脱硫、甲醇合成、甲烷化、氢氧化钠溶液吸收二氧化硫、电极反应、环己烷加氢、乙炔加氢、二氧化硫氧化、乙二腈生产、乙烯氧化、α-甲基苯乙烯加氢、铜矿石浸渍、聚乙烯和聚烯烃生产、石灰浆烟道气脱硫、沥青砂和渣油的加氢处理、由酵母细胞生产乙醇、用甜菜植物细胞生产维生素、市政污水处理、含酚废水处理、葡萄糖 BOD 废水处理、乳糖废水处理和从矿石中用生化法浸取金属[1,7]。

二、气-液-固三相反应的宏观反应动力学

气-液-固三相反应宏观动力学分颗粒级和床层级两个层次。颗粒宏观反应动力学，是指在固体颗粒被液体包围而完全润湿的情况下，以固体为对象的宏观反应动力学，是包括气-液相间、液-固相间传质过程和固体颗粒内部反应-传质的总体速率（global rate）。床层宏观反应动力学，是在颗粒宏观反应动力学的基础上，考虑三相反应器内气相和液相的流动状况对颗粒宏观反应动力学的影响，又称反应器宏观反应动力学。

1. 颗粒宏观反应动力学[1]

三相反应中，固体催化剂颗粒内的反应模型，采用计入内扩散过程的扩散-反应模型；固体反应物颗粒内的反应模型可采用颗粒大小不变或颗粒缩小的缩芯模型，颗粒外先考虑一层液相，外面再为气相，因此，除计及液-固相界面传质外，还要考虑气-液相之间的传质过程。三相床中颗粒催化剂的宏观反应过程包括下列几个过程：①气相反应物从气相主体扩散到气-液界面的传质过程；②气相反应物从气-液界面扩散到液相主体的传质过程；③气相反应物从液相主体扩散到催化剂颗粒外表面的传质过程；④颗粒催化剂内同时进行反应和内扩散的宏观反应过程；⑤产物从催化剂颗粒外表面扩散到液相主体的传质过程；⑥产物从液相主体扩散到气-液界面的传质过程；⑦产物从气-液界面扩散到气相主体的传质过程。上述过程中没有考虑到液相主体中的混合和扩散过程，显然，它是以气-液间传质的双膜论为基础的。

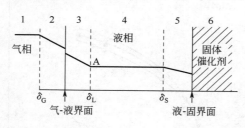

图 9-4 三相反应器中气相反应物的浓度分布
1—气相主体；2—气膜；3—液膜（气-液间）；
4—液相主体；5—液膜（液-固间）；
6—固体催化剂

以下讨论等温条件下，包括一个气态反应物的一级不可逆催化反应，液相是惰性介质的基本情况。在此情况下，气相反应物 A 从气相主体扩散到催化剂颗粒外表面的各个过程中的浓度分布见图 9-4。

模型以单颗粒催化剂或固体反应物为基础，总体速率 $r_{A,g}$ 为单位床层体积内气相反应物 A 的摩尔流量的变化，即 $kmol/(m^3 \cdot h)$。而单位床层体积内的颗粒外表面积为 S_e，m^2/m^3 床层，S_e 即液-固相传质面积；单位床层体积内气-液传质面积为 a，m^2/m^3 床层。定态情况下，若催化剂内进行一级不可逆反应，下列串联过程的速率均等于三相过程的总体速率，即

$$
\begin{aligned}
r_{A,g} &= -dN_A/dV_R = k_{AG}a(c_{Ag} - c_{Aig}) && \text{向气-液界面传质} \\
&= k_{AL}a(c_{AiL} - c_{AL}) && \text{向液相主体传质} \\
&= k_{AS}S_e(c_{AL} - c_{AS}) && \text{向催化剂外表面传质} \\
&= k_w S_e \rho_{sw} c_{AS} \zeta && \text{催化剂内的扩散-反应过程速率}
\end{aligned}
\tag{9-4}
$$

气-液相界面的相平衡

$$c_{Aig} = K_{GL}c_{AiL} \tag{9-5}$$

令

$$r_A = -dN_A/dV_R = k_T S_e c_{Ag} \tag{9-6}$$

则

$$\frac{1}{k_T} = \frac{S_e}{a}\frac{1}{k_{AG}} + \frac{S_e K_{GL}}{a\ k_{AL}} + K_{GL}\left(\frac{1}{k_{AS}} + \frac{1}{k_w\rho_{sw}\zeta}\right) \tag{9-7}$$

式中，k_{AG} 是以浓度为推动力的组分 A 的气相传质分系数，m/h；k_{AL} 是气-液相间组分 A 的液相传质分系数，m/h；k_{AS} 是液-固相间组分 A 的液相传质分系数，m/h；k_w 是以 1kg 催化剂为基准的本征反应速率常数，$m^3/(kg \cdot h)$；ρ_{sw} 是 $1m^2$ 颗粒外表面积所相应的 $1m^3$ 床层的催化剂质量，kg/m^2；c_{Ag}、c_{Aig}、c_{AiL}、c_{AL} 和 c_{AS} 分别是组分 A 在气相主体中、气-液界面气相侧、气-液界面液相侧、液相主体中和颗粒外表面上的浓度，$kmol/m^3$；K_{GL} 是量纲为 1 的气-液相平衡常数；k_T 是以催化剂颗粒外表面积和气相主体中反应物 A 浓度计算的总体速率常数，m/h；ζ 是内扩散有效因子。

对于非一级反应，总体速率难以用类似式(9-7) 的表达式，但式(9-4) 的串联过程总是成立的。

某些极限情况下：

① 不存在气膜传质阻力，$k_{AG} \to \infty$ 时

$$\frac{1}{k_T} = K_{GL}\left(\frac{S_e}{a}\frac{1}{k_{AL}} + \frac{1}{k_{AS}} + \frac{1}{k_w\rho_{sw}\zeta}\right) \tag{9-8}$$

② 不存在气-液界面处液膜传质阻力，$k_{AL} \to \infty$ 时

$$\frac{1}{k_T} = \frac{S_e}{a}\frac{1}{k_{AG}} + K_{GL}\left(\frac{1}{k_{AS}} + \frac{1}{k_w\rho_{sw}\zeta}\right) \tag{9-9}$$

③ 不存在液-固界面处液膜传质阻力，$k_{AS} \to \infty$ 时

$$\frac{1}{k_T} = \frac{S_e}{a}\frac{1}{k_{AG}} + \frac{S_e K_{GL}}{a\ k_{AL}} + \frac{K_{GL}}{k_w\rho_{sw}\zeta} \tag{9-10}$$

④ 催化剂内扩散有效因子趋近于 1，$\zeta \to 1$ 时

$$\frac{1}{k_T} = \frac{S_e}{a}\frac{1}{k_{AG}} + \frac{S_e K_{GL}}{a\ k_{AL}} + K_{GL}\left(\frac{1}{k_{AS}} + \frac{1}{k_w\rho_{sw}}\right) \tag{9-11}$$

Chaudhari 及 Ramachandran 对多种反应工况下三相床颗粒级宏观反应动力学作了研究[13]。

2. 床层宏观反应动力学

床层宏观反应动力学在考虑颗粒宏观反应动力学的基础上计及气相和液相在三相反应器中流动状况的影响，因而与反应器的类型有关。

滴流床三相反应器中固体颗粒如同填料吸收塔中填料一样装填在反应器中，在"滴流区"气相是连续相，液体则以膜状自上而下流动，由于固体颗粒间必然相互接触，液体不可能全部均匀地润湿固体颗粒，存在一个有效润湿率。从整个床层横截面看，液体的流动状况又是不均匀的，近器壁处液体的局部流速与中心处不同。应当设计一个良好的液体分布器使液体均匀地进入床层。工程设计时一般以计及颗粒催化剂内扩散过程的总体速率为基础，将颗粒的有效润湿率和颗粒外气-液相间和液-固相间传递过程综合成为"外部接触效率"，显然，外部接触效率与液体的喷淋密度有关。滴流床三相反应器中液体存量较少，某些反应热效应大的反应，存在轴向温升，可能形成热点甚至飞温，严重时可能使床层局部超温而使催化剂失活。滴流床三相反应器中气相和液相都可看作平推流。

在鼓泡淤浆床、三相流化床及三相循环流化床反应器中，一般液相是连续相，气相呈鼓泡状分散在液相中，要求固体均匀地分散在液相中并且气泡细小，增大气-液接触面积和均匀分散是三相反应器良好操作的前提，因此，需要研究三相反应器中固体颗粒悬浮且均布的条件、气含率、气-液接触面积、气体均匀分布及液相和气相的返混等流体力学问题。这些都与三相床的类型、流动状态、操作条件、气

体分布器设计等因素有关，并且也都不同程度地影响床层宏观反应动力学。

第二节　三相滴流床反应器

本节讨论气、液并流向下滴流床反应器的流体力学和反应动力学。流体力学包括气、液并流固定床内的流动状况、持液量和液体分布。反应动力学包括本征反应动力学、颗粒和床层宏观动力学。

一、气、液并流向下通过固定床的流体力学

1. 流动状态

固定床中气、液两相的流动状态影响滴流床的持液量和返混等反应器性能，不同的流动条件可以产生不同的流动状态。因此，确定床层的流动状态是研究滴流床反应器性能的基础。

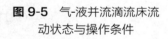

图 9-5　气-液并流滴流床流动状态与操作条件

根据气、液并流向下固定床内气体和液体的流动状态，过程可以分为稳定流动滴流区、脉冲流动区和分散鼓泡区，如图 9-5 所示，特征介绍如下。

（1）气-液稳定流动滴流区　当气速较低时，液体在颗粒表面形成滞流液膜，气相为连续相，这时的流动状态称为"滴流状"。若气速增加，颗粒表面出现波纹状或湍流状的液流，由于气流曳力的作用，有些液体呈雾滴状悬浮在气流中，称为"喷射流"。滴流与喷射流的转变不明显。喷射时气相仍为连续相。

（2）过渡流动区　继续提高气体流速，就进入过渡区。这时床层上部基本上是喷射流，床层下部则出现脉冲现象。在过渡区喷射流和脉冲流交替并存。

（3）脉冲流动区　随着气速进一步增大，脉冲不断出现，并充满整个床层。液体流速一定时，脉冲的频率和速度基本不变，脉冲现象具有一定的规律性。当液体流速增加时，脉冲频率也增加。

（4）鼓泡区　若再增大气速，各脉冲间的界限变得不易区分，达到一定程度后，形成鼓泡区。液相成为连续相，气相形成分散相。液体流速越大，越易形成脉冲区与鼓泡区，有关实验研究可见文献[14]。

2. 持液量

持液量分内持液量 h_i、静持液量 h_s 和动持液量 h_d，以单位床层体积中液体的分数计。内持液量是颗粒孔隙内的持液量，颗粒的孔隙率越大，则内持液量越大，内持液量一般为 $0.3 \sim 0.5$。静持液量是液体不流动时，润湿颗粒间的持液量，静持液量 h_s 与颗粒的比外表面积和表面粗糙程度有关，颗粒的直径越小，比外表面积越大，表面越粗糙，静持液量也越大，静持液量一般为 $0.02 \sim 0.06$。

动持液量是气、液流动稳定后，同时关闭气、液进口阀，在出口处收集到的床层流出的液流量。采用电阻探针测定电压，以空气作气相，分别用水、5％甲醛水溶液、10％丁炔二醇水溶液和煤油作液相，进行动持液量的测定，根据实验数据回归得到下列关联式[14]

$$h_d = 7.08 \left(\frac{\rho_L u_L d_p}{\mu_L} \right)^{0.54} \left(\frac{d_p^3 g \rho_L^2}{\mu_L^2} \right)^{-0.12} \tag{9-12}$$

式中，u_L 是表观液速；d_p 是颗粒的直径。

式(9-12)的相对误差在±20％以内。实验所采用的 4 个系统中，空气-煤油和空气-丁炔二醇属发泡系统，故式(9-12)适用于发泡和不发泡系统，颗粒有无孔隙和液体表面张力对动持液量的影响都不大。

式(9-12)的适用范围为：$Re_L\left(\dfrac{\rho_L u_L d_p}{\mu_L}\right)=5\sim170$；液体的表面张力 $\sigma_l=2.8\times10^{-5}\sim75\times10^{-5}\text{N/cm}$，

$Ga\left(\dfrac{d_p^3 g\rho_L^2}{\mu_L^2}\right)=9\times10^4\sim7\times10^6$，颗粒为球形或等高圆柱形；流动区为滴流区。

在常压～6MPa 的压力下，气、液两相并流向下流动的滴流床中动持液量的实验测定表明：动持液量随液体质量流率增加而增加，随气体体积流率和填料空隙率增大而减少，随压力增加而加大，但压力增加到一定程度反而减小[15]。

3. 外部有效润湿率

在滴流床气-液-固三相反应器中，固体催化剂被液体润湿是很重要的。液体分布系统设计不良时，催化剂颗粒和流动液相之间的接触是不完全的，当液体负荷低时更是如此。这时，大部分液体沿着反应器壁向下流动，并且主要以溪流形式通过颗粒间的大空间，而不像黏性薄膜那样完全包住催化剂颗粒，由此形成了液、固之间的接触效率。颗粒间的表面一部分为流动液膜所覆盖，另一部分表面为静止状态液囊所覆盖，见图 9-6，显见液囊区的传质效率远低于流动液膜区。采用多孔固体催化剂时，可以定义两种润湿率。①内部润湿，即在催化剂孔道内充满液体，这能衡量可利用于反应的潜在内部活性表面。由于催化剂内部孔道的毛细管作用，内部润湿通常是完全的。②外部有效润湿率，即颗粒与液体有效接触的外部面积。几乎催化剂颗粒内部液体和流动液体之间所有的质量交换都要通过这个面积。外部有效润湿率不同于物理的外部润湿，因为与颗粒接触的液囊区域对传质的贡献很小。

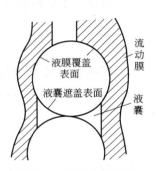

图9-6 催化剂颗粒间的液囊和流动膜

气速和液速对外部有效润湿率的影响尚待进一步研究，但液体的表面张力较小或黏度较高会增加外部有效润湿率。动态滞液量越高，外部润湿率越高。

4. 床层压力降

本教材第五章第二节已阐述单相气体通过固定床的压力降与气体的流速和物性、催化剂的粒径和形状及催化剂的装填状况等因素有关，并介绍了 Ergun 式作为计算固定床压降的基本方程。但并未计入破碎、积炭、物流中的固体杂物沉积和床层下沉等因素致使操作后期压力降增加，因此工业反应器开工初期的压力降可称为床层固有压力降。气、液并流向下滴流床反应器的床层固有压力降，还应考虑液体以液膜的形式在催化剂颗粒表面间流动形成的静持液量和动持液量对可供流体流动的床层空隙率的影响。王月霞等[16]通过实验研究，根据多种形状和粒径的颗粒并在不同条件下测得的滴流床压力降数据，提出以 Ergun 方程为基础的计入气、液两相并流向下的压力降计算方法，并经我国 4 套加压下加氢裂化装置开工初期的床层压力降实测数据验证，优于前人研究结果，可用于工程设计。

二、滴流床三相反应器中的传递过程

1. 滴流状态下气-液传质系数

许多对滴流床中气-液相间传质的研究表明[1]：在低气-液流速的滴流状态下，气-液相间传质主要决定于液相流速，它与相同条件下的连续吸收填充床具有相同的数量级。

滴流状态下的气相传质系数 k_G 可用 Gianetto 等[17]推荐的下式计算

$$\frac{k_G\varepsilon}{u_g}=0.035\left(-\frac{\Delta p}{\Delta l}\right)\left[\frac{g_c}{\bar{\psi}(\rho_g u_g^2+\rho_L u_L^2)}\right] \tag{9-13}$$

式中，$\bar{\psi}$ 是润湿填充物的填充表面系数，其值见表 9-1；ε 是只有填充物的干床层空隙率。

表 9-1　$\bar{\psi}$ 值

填 充 物	床层空隙率 ε	比表面积 $S_e/(m^2/m^3)$	$\bar{\psi}/m^{-1}$	填 充 物	床层空隙率 ε	比表面积 $S_e/(m^2/m^3)$	$\bar{\psi}/m^{-1}$
玻璃球,6mm	0.41	590	24500	磁环,6mm	0.52	872	36500
鞍形填料,6mm	0.59	900	18400	玻璃环,6mm	0.70	891	17100

滴流状态下的液相传质系数 k_L 可用 Gianetto 等[17]推荐的下式计算

$$\frac{\rho_L k_L\varepsilon}{u_L}=0.0305\left\{\left[\left(-\frac{\Delta p}{\Delta l}\right)\frac{g}{S_e\rho_L u_L^2}\right]^{0.068}-1\right\} \tag{9-14}$$

滴流状态下气-液相间传质面积 a 可根据固体颗粒的外表面积 S_e 由图 9-7 确定。

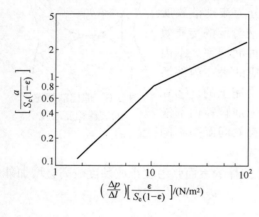

图 9-7　滴流状态下气-液相间传质面积图

2. 滴流状态下液-固传质系数

滴流状态下液-固相间传质系数可采用 Specchia[18]等提出的下式计算

$$\frac{k_S d_p}{D_L}\left(\frac{\mu_L}{\rho_L D_L}\right)^{-1/3}=2.79\left(\frac{u_L\rho_L}{S_e\mu_L}\right)^{0.7} \tag{9-15}$$

上式应用条件：$d_p=3\sim6mm$ 圆柱状，$Sc_L=\dfrac{\mu_L}{\rho_L D_L}=$ $1200\sim5400$，$Re_L=\dfrac{u_L\rho_L}{S_e\mu_L}=0.1\sim20$。

3. 滴流床中的传热

滴流状态操作时，气-液相间的相对湍动较少，传热性能较差，床层温度控制较困难。按照 Weekman 和 Myers 的概念[19]，气-液-固三相固定床反应器的床层径向有效热导率 λ_e 为无气液流动的静床层径向有效热导率 $(\lambda_e)_0$、气流径向混合有效热导率 $(\lambda_e)_G$ 和液相有效热导率 $(\lambda_e)_L$ 之和，即

$$\lambda_e=(\lambda_e)_0+(\lambda_e)_G+(\lambda_e)_L \tag{9-16}$$

上式又可进一步写为

$$\frac{\lambda_e}{\lambda_L}=\frac{(\lambda_e)_0}{\lambda_L}+A_G\frac{d_p G_G c_{pG}}{\lambda_G}\frac{\lambda_G}{\lambda_L}+A_L\frac{d_p G_L c_{pL}}{\lambda_L} \tag{9-17}$$

式中，λ_G 和 λ_L 分别为气相和液相的热导率；G_G 和 G_L 分别为气相和液相的空塔质量流率，kg/$(m^2\cdot s)$；c_{pG} 和 c_{pL} 分别为气相和液相的比热容，J/(kg·K)；A_G 和 A_L 为参数。A_L 值可用下式计算[20]

$$\frac{1}{A_L}=0.041\left(\frac{d_p G_L}{\beta_L\mu_L}\right)^{0.87} \tag{9-18}$$

式中，β_L 为以床层为基准的持液量率。

$\dfrac{(\lambda_e)_0}{\lambda_L}$ 及 A_G 值见表 9-2。

表 9-2　A_G 及 $\dfrac{(\lambda_e)_0}{\lambda_L}$ 值

颗粒 d_p/mm	1.2	2.6	4.3
$\dfrac{(\lambda_e)_0}{\lambda_L}$	1.3	1.7	1.5
A_G	0.412	0.334	0.290

滴流状态下床层对器壁的给热系数 α_t 的关联式如下[21]

$$\frac{\alpha_t d_p}{\lambda_L} = 0.057\left(\frac{d_p G_L}{\beta_L \mu_L}\right)^{0.89}\left(\frac{c_{pL}\mu_L}{\lambda_L}\right)^{1/3} \tag{9-19}$$

三、石油加工中催化加氢裂化的加压滴流床三相反应器

石油加工中馏分油经过加氢裂化后油的氢碳比上升，产品是轻质油品，如轻柴油、喷气燃料和汽油[25]。加氢裂化使用双功能催化剂，由具有加氢功能的金属和裂化功能的酸性载体两部分组成。有些加氢裂化催化剂外形为 $\phi 1.6mm$ 或 $\phi 3mm$ 条状，有些为 $\phi 6mm \times 4mm$ 圆柱状。加氢裂化是反应后 $\sum v_i < 0$ 的放热反应，提高反应压力可同时增加平衡转化率和提高氢和油的浓度，从而提高反应速率，尤其对于稠环芳烃和六元杂环氮化物的加氢，压力增加的效能更为明显，但提高压力时，设备投资和操作费用急剧增加，目前一般选用压力 $10\sim20MPa$，原料油越重，采用的压力越高。加氢裂化是放热反应，温度升高可以提高反应速率常数，但对加氢反应的化学平衡不利，原料油越重，氮含量越高，反应温度要越高，但过高的反应温度会增加催化剂表面的积炭。例如，对于轻循环油加氢过程，当原料油含氮（质量分数）分别为 0.04%、0.1% 及 0.16% 时，反应温度分别为 355～365℃、385～395℃ 及 430～435℃。加氢裂化过程中热效应较大，氢耗量相应较大，一般采用较高的氢油比，即含氢气体在 STP 状态下的体积流量（m^3/h）与 20℃ 原料油体积流量（m^3/h）之比为 1000～2000。

【例 9-1】　加压滴流床催化加氢裂化三相反应器。

加氢裂化三相滴流床反应器是加氢裂化装置的核心设备，于高温高压临氢环境下操作，除抗氢、氮腐蚀外，还需抗油料中硫与氢形成的硫化氢的腐蚀，且内径大，对选用材料、加工制作及其中气、液相流动均匀且与催化剂接触良好等方面均有很高的要求，可参考文献 [26] 第十章及第十一章的阐述。图（例 9-1-1）是现代热壁二段式加氢催化滴流床高压反应器，其热壁筒体采用含钒、钛及硼的铬-钼高合金钢，内衬有抗硫化氢腐蚀的 TP347 不锈钢。国外已制作内径 4.5m 的高压滴流床反应器，单台重量均在 1000t 以上。每段入口温度由原料油性质和空速确定，但绝热温升一般不超过 40～50℃。段间用冷氢气冷激以降低下一段入口温度且补充氢。反应器中的入口扩散器、气液分配器、去垢篮筐、催化剂支持盘、急冷氢箱及再分配盘等部件是为了均匀分布液体和气体，以免造成床层的径向温度分布不均和催化剂的润湿程度，最终影响产品的质量。

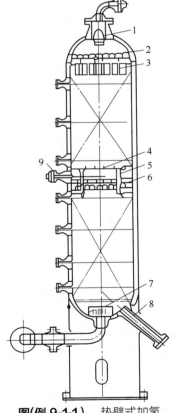

图（例 9-1-1）　热壁式加氢
裂化反应器

1—入口扩散器；2—气液分配器；
3—去垢篮筐；4—催化剂支持盘；
5—催化剂连通管；6—急冷氢箱及
再分配盘；7—出口收集器；
8—卸催化剂口；9—急冷氢管

第三节 机械搅拌鼓泡悬浮式三相反应器

一、机械搅拌鼓泡悬浮式三相反应器的特征

械搅拌鼓泡悬浮式三相反应器利用机械搅拌的方法使催化剂或固体颗粒保持悬浮状态，它有较高的传质和传热系数，对于三相催化反应和含高黏度的非牛顿型流体的反应系统尤为合适。通过剧烈搅拌，催化剂悬浮在惰性介质中，气体和颗粒催化剂充分接触，并使用细颗粒催化剂，可提高总体速率。这种反应器操作方便且运转费用低，特别适用于研究开发气-液-固三相反应过程的液相热载体和催化剂的筛选，以及压力、温度、原料气组成、气体质量空速等工艺条件的影响，并获得含传质过程影响的宏观反应动力学。

1. 反应器中固体的悬浮

三相机械搅拌悬浮反应器存在颗粒悬浮临界转速 n_c

$$n_c = d_p^{0.2} g^{0.45} (\rho_s - \rho_L)^{0.45} \gamma_L^{0.1} \left(\frac{w}{\rho_L}\right)^{0.13} (D_R/d_I)^{1.33} \rho_L^{-0.55} d_I^{-0.85} \tag{9-20}$$

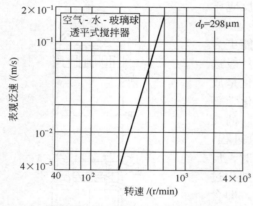

图9-8 搅拌悬浮反应器的泛速

式中，n_c 的单位为 r/s；D_R 为反应器内径，m；d_I，d_p 分别为搅拌桨直径和颗粒直径，m；$\frac{w}{\rho_L}$ 为单位质量液体中悬浮固体的质量分数；γ_L 为液体的动力黏度，m^2/s。

上式适用于盘式透平搅拌器[27]。

2. 极限气速

搅拌鼓泡悬浮反应器还存在一个允许的极限气速，如果超过了极限气速，搅拌器将失去分散气体的作用，气流将从容器中间冲破悬浮床垂直向上，此时容器底部的扰动较少，固体将会沉积在那里。此极限气速称之为泛速。气液搅拌悬浮反应器的泛速与转速的关系，见图9-8，随着转速增大，泛速将相应提高，但固体含量对泛速的影响不大。

二、机械搅拌反应器中三相床甲醇合成和一步法二甲醚合成案例

1. 三相淤浆床甲醇合成

气-液-固三相床甲醇合成或称为液相法甲醇合成是一项甲醇合成的新工艺，细颗粒催化剂悬浮在惰性液相热载体中，即使在高浓度 CO 和低空速下，床层仍可控制在等温操作，减少了可逆反应平衡的影响和内扩散过程对反应速率的影响，增加了出口气中甲醇含量，这在气-固相催化床中是不可能实现的。

三相床甲醇的研究工作大都从机械搅拌反应器中的工作开始，Lee 在这方面著有专著[28]，美国已进行工业规模的三相鼓泡淤浆床甲醇示范生产装置。Cybulski[24]对三相床甲醇合成的催化剂、溶剂及溶解度系数及反应动力学进行了综述。文献［7］第六章专门讨论了三相床甲醇合成。中国科学院山西煤炭化学研究所很早就在这方面进行了工作[29]，华东理工大学在机械搅拌反应器中进行了三相床甲醇合成，作为工业鼓泡淤浆三相床反应器开发的预实验，并且已完成了内径 0.2m 鼓泡淤浆床三相反应器的热模试验，数学模型计算值与工业实验值拟合情况良好。

【**例 9-2**】 机械搅拌鼓泡悬浮式反应器中三相床甲醇合成。

陈闵松等[30]在机械搅拌鼓泡悬浮式反应釜中研究了加压下由一氧化碳和二氧化碳同时加氢合成甲

醇过程的载热体筛选和宏观动力学。所选用的液相惰性载热体为医用液体石蜡。其中，砷、硫等杂质含量甚微，氯未检测出。常压下初馏点为 284℃，终馏点为 492.4℃。高压釜内装入医用液体石蜡 300mL 和 C301 铜基甲醇合成催化剂 20g（100～120 目），按催化剂的实验还原条件还原。实验条件为压力 3.8～5MPa，反应温度 210～255℃，入口原料气组成 CO 5%～14%、CO_2 6%～15%、H_2 55%～70%、其余为 CH_4+N_2，原料气质量空速 670～1800L(STP)/(kg·h)；出口气中 CH_3OH 含量可达 5%～10%。

　　三相淤浆床甲醇合成中，反应组分为一氧化碳、二氧化碳及氢，产物为甲醇及水，这是一个一氧化碳和二氧化碳同时加氢合成甲醇的多组分平行催化反应。三相床反应中，如果液体不为催化剂表面所吸附，则颗粒催化剂的本征反应动力学与气-固相催化相同。本教材第二章阐述了以组分逸度计算的 C301 铜基甲醇合成催化剂的气-固相催化反应本征动力学方程及 5MPa 压力下，工业颗粒 ϕ5mm×5mm 催化剂计入内扩散过程的气-固宏观动力学方程，它们都是 Langmuir-Hinshelwood 型。

　　在强烈搅拌使用细颗粒催化剂的三相反应釜中，CO、CO_2 和 H_2 等难溶组分的气膜传质阻力及催化剂内扩散阻力均可不计入，但必须考虑各反应组分及产物组分的气-液相传质过程，只能如气-固相催化反应计入内扩散过程的宏观动力学一样，表达成按单位质量催化剂以各组分的逸度计算的宏观动力学方程。显然这个宏观动力学方程与惰性液相介质和催化剂的性质、操作压力和搅拌情况等因素有关。与 C301 催化剂上气-固相甲醇合成一样，选取 CO 和 CO_2 加氢合成甲醇平行反应为独立反应，双曲型宏观动力学模型的表达式与本征动力学相同，但模型参数数值不同。

　　对于机械搅拌反应釜，强烈搅拌情况下，气、液相作为全混流，不同床层处固相催化剂颗粒可看作均匀分布，整个床层处于等温。根据实验数据，用改进的高斯-牛顿法，对宏观动力学模型进行参数估值，得到模型参数

$$k_1=1.173\times10^2\exp[-35523/(RT)]$$
$$k_2=7.992\times10^3\exp[-50927/(RT)]$$
$$K_{CO}=\exp[-15.471-11058(1/T-1/508.9)]$$
$$K_{CO_2}=\exp[0.095+92859\times(1/T-1/508.9)]$$
$$K_{H_2}=\exp[-1.060-407\times(1/T-1/508.9)]$$

　　由宏观动力学计算的反应器出口二氧化碳、甲醇摩尔分数的模型计算值与实验测定值基本相符，且 $y_{CO_2,out}$、$y_{m,out}$ 的残差正负相间。表（例 9-2-1）列出了宏观动力学的统计量。

表（例 9-2-1）　动力学模型统计量

反 应 类 型	$S\times10^4$	ρ^2	F	$10\times F_T$
CO 合成 CH_3OH，r_{CO}	2.926	0.9991	992.4	29.5
CO_2 合成 CH_3OH，r_{CO_2}	5.129	0.9953	192.2	31.4

　　表（例 9-2-1）中 ρ^2 是决定性指标，S 为残差平方和，F_T 为显著水平为 5% 的相应自由度下的 F 值。以上统计检验和残差分析表明所得宏观动力学方程式是适宜的。机械搅拌反应釜不适宜用于大规模工业生产，且气相属全混流，三相床甲醇合成工业化应使用鼓泡淤浆床反应器[31]。

　　王存文等[32]在机械搅拌反应器内使用进口 CO 摩尔分数高达 0.348 原料气，质量空速 1.0m³(STP)/(kg·h)，5.1MPa 压力，出口甲醇摩尔分数可达 0.1487，仍可维持 240℃ 的反应温度。

　　2. 三相淤浆床一步法二甲醚合成

　　二甲醚（dimethyl ether，DME）是一种重要的清洁燃料和化学品，其自燃温度低，十六烷值高于柴油，可以替代柴油作为清洁的车用燃料。传统的二甲醚生产工艺是将气-固相合成的甲醇产品汽化后在固定床反应器中经催化剂脱水，其生产流程长，能耗高。本书第五章已阐述，在三相淤浆床内使用甲

醇合成和甲醇脱水的混合催化剂和双功能催化剂一步法合成二甲醚是催化-催化耦联的新工艺，比传统的合成二甲醚工艺具有许多优点。中国科学院山西煤炭研究所[33]、中国科学院大连化学物理研究所[34]、华东理工大学[35]都进行了三相淤浆床一步法合成二甲醚过程及催化剂的研究工作。

【例 9-3】 高压机械搅拌反应器中含氮合成气双功能催化剂制二甲醚的宏观动力学。

由天然气空气催化氧化及由煤制取的含氮合成气比天然气制备的合成气成本低。聂兆广等[35]在［例9-2］所用高压机械搅拌反应器内采用含氮合成气经铜基催化剂和改性分子筛脱水催化剂的混合催化剂，进行三相淤浆床合成二甲醚的宏观动力学实验。两种催化剂的粒度均为 80～100 目，质量比为 1∶1，实验过程原料合成气中各组分的摩尔分数如下：H_2 0.40～0.51，N_2 0.12～0.22，CO 0.18～0.35，CO_2 0.02～0.06，CH_4 0.00～0.005。惰性热载体为矿物油，反应压力 3.1～7.2MPa，反应温度 220～260℃，质量空速 500～2000L(STP)/(kg·h)。

选用 CO 和 CO_2 加氢合成甲醇和甲醇脱水制二甲醚三个反应为独立反应，其中 CO 和 CO_2 加氢合成甲醇的宏观动力学模型与三相淤浆床 CO 和 CO_2 加氢合成甲醇相同，但模型参数值不同。而甲醇脱水采用下式（式中下标 m 表示甲醇）

$$r_{DME} = \frac{dN_{DME}}{dW} = \frac{k_3 f_m (1-\beta_3)}{(1+\sqrt{K_m f_m})^2} \qquad (例 9-3-1)$$

式中，$\beta_3 = \dfrac{f_{DME} f_{H_2O}}{(K_{f3} f_m^2)}$，$K_{f3}$ 为甲醇脱水反应按逸度计算的平衡常数，各组分的逸度用 SHBWR 状态方程计算。对上述实验范围内 25 组实验数据进行参数估值，选取 CO、CO_2 和 DME 三个关键组分出口摩尔分数的计算值与实验值的残差平方和为目标函数，得到模型参数如下：

$$r_{CO}\ 的\ k_1 = 2.623 \times 10^2 \exp[-28500/(RT)]$$
$$r_{CO_2}\ 的\ k_2 = 0.623 \times 10^2 \exp[-28097/(RT)]$$
$$r_{DME}\ 的\ k_3 = 3.604 \exp[-26957/(RT)]$$
$$K_{CO} = 2.382 \times 10^{-3} \exp[30923/(RT)]$$
$$K_{CO_2} = 1.615 \times 10^{-4} \exp[36704/(RT)]$$
$$K_{H_2} = 0.188 \times 10^2 \exp[-6773/(RT)]$$
$$K_m = 2.557 \times 10^{-8} \exp[64119/(RT)]$$

实验中出口 y_{CH_3OH} 为 0.011～0.0224，出口 y_{DME} 为 0.028～0.08。

上述宏观动力学方程的统计检验值如下：对于 r_{CO}，$\rho^2 = 0.9931$，$F = 305.17$；对于 r_{CO_2}，$\rho^2 = 0.9818$，$F = 114.90$；对于 r_{DME}，$\rho^2 = 0.9974$，$F = 795.28$。可见上述模型与实验数据吻合良好。

第四节　鼓泡淤浆床反应器

鼓泡淤浆床反应器（bubble column slurry reactor，BCSR）的基础是气-液鼓泡反应器，即在其中加入固体，往往文献中将鼓泡淤浆床反应器与气-液鼓泡反应器同时进行综述。

作为催化反应器时，鼓泡淤浆床反应器有下列优点：①使用细颗粒催化剂，充分消除了大颗粒催化剂粒内传质及传热过程对反应转化率、收率及选择率的影响；②反应器内液体滞留量大，且热容量大，并且淤浆床与换热元件间的给热系数高，容易移走反应热，温度易控制，床层可处于等温状态，在较低空速下可达到较高的出口转化率，并且可以减少强放热多重反应在固定床内床层温升对降低选择率的影响；③可以在不停止操作的情况下更换催化剂；④催化剂不会像固定床中那样产生烧结。

鼓泡淤浆床反应器作为催化反应器时有下列要求及缺点：①要求所使用的液体为惰性，不与其中某一反应物发生任何化学反应，在操作状态下呈液态，蒸气压低且热稳定性好，不易分解，并且其中对催化剂有毒物质含量合乎要求；②催化剂颗粒较易磨损，但磨损程度低于气-固相流化床；③气相呈一定程度的返混，影响了反应器中的总体速率。

Fan 所著《气-液-固流态化工程》[4] 第四章对淤浆鼓泡反应器的有关问题作了深入的讨论。当固体为细颗粒，淤浆的性能可作为拟均相（即拟液体）处理时，可采用气-液鼓泡反应器的有关理论[36]。Joshi 等[37] 于对气-液-固三相反应器的有关研究工作作了综述。Nigam 及 Schump 的专著[7] 对鼓泡淤浆床反应器的流体力学、传热、传质及工业应用作了详细的综述及讨论。

一、鼓泡淤浆床反应器的流体力学

本节讨论鼓泡淤浆床的流型、固体完全悬浮时的临界气速、气含率与气泡尺寸分布。

1. 流型

鼓泡淤浆床反应器的基础是气-液鼓泡反应器，其流体力学特性与气-液鼓泡反应器相同或相接近。Deckwer[38] 等发表了气体分布器工作良好情况下气-液两相鼓泡反应器的流型，参见图 9-9，对水-空气系统，气-液鼓泡反应器的流动状态与区域，参见图 9-10。根据气泡流动的行为，可以划分出三种流动状态：①安静鼓泡区，又称为气泡分散区（dispersed bubble regime）；②湍流鼓泡区，又称为气泡聚并区（coalesced bubble regime）；③栓塞区（slugging regime），又称节涌。

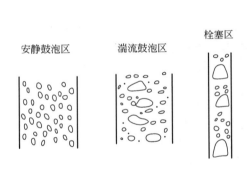

图 9-9 淤浆床鼓泡反应器中的流型

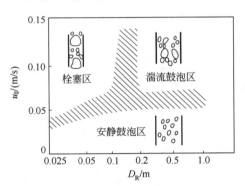

图 9-10 流动状态分区与气体流速及反应器直径间的关系

对于淤浆的性能可作为拟液体时，例如当颗粒直径≤50μm，并且固含率不超过 16%，气-液两相流动的流动状态分区图可适用于气-液-固三相鼓泡淤浆床，流型间的过渡条件与液体特性、气体分布器的设计、颗粒特性及床层尺寸等因素有关。例如，对于高黏度的流体在很低的表观气速下可形成栓塞流。气体分布器如采用微孔平均直径低于 150μm 的素烧陶瓷板，当表观气速达 0.05~0.08m/s 时，仍为气泡分散区，当多孔板孔径超过 1mm 时，气泡分散区仅存在于很低的表观气速。鼓泡淤浆床反应器能否使用上述流动状态分区图需视淤浆及分布器等系统具体情况而定。

2. 固体完全悬浮的临界气速

固体完全悬浮时的临界气速 u_{gc} 是非常重要的操作参数，如同气-固相流化床的临界流化气速，鼓泡淤浆反应器中操作气速一定要超过临界气速 u_{gc}，才能正常操作。u_{gc} 取决于颗粒的特性、固体的浓度、液体特性及床层特性，如床层直径与分布器直径之比，分布器的类型及开孔率，有无导流筒等因素有关。Fan[4] 的专著对鼓泡淤浆床反应器的临界气速作了综述。

Kojima[39] 归纳了众多研究者关于 u_{gc} 的关联式，不同的关联式有明显的差别，这可能来自不同的气-液-固实验系统，或不同的分布器及开孔率，或不同的临界气速测试方法。

Koide 等[40]关于临界气速的关联式是基于压差法所得数据，且实验条件很广。对于无导流筒的鼓泡淤浆床，在常压及常温下，以空气作气体，水、甘油水溶液及乙二醇水溶液作液体，固体采用玻璃球（$77\mu m \leqslant d_p \leqslant 846\mu m$，$\rho_s = 2500 kg/m^3$）及青铜球（$d_p = 167\mu m$，$\rho_s = 8770 kg/m^3$）；鼓泡淤浆床直径$D_R = 0.10m$、$0.14m$ 及 $0.30m$；静止床层高度$H_0 = 2m$，分布器为多孔板。实验数据表明：临界气速u_{gc} 随着固体颗粒在液体中的终端速度u_t 增大而增大，随着颗粒与液体的密度差（$\rho_S - \rho_L$）增大和颗粒浓度c_S 增大而增大；u_{gc} 随着床层直径增大而增大；u_{gc} 随着液体黏度μ_L 增大而增大，并随着表面张力σ_L 增大而减小。床层的锥形底比平底可降低u_{gc}/u_t 值。Koide 将实验数据回归，获得按表观气速计算的固体完全悬浮的临界气速u_{gc} 与固体颗粒在静止流体中的终端速度u_t 之比如下

$$\frac{u_{gc}}{u_t} = 0.801 \left(\frac{\rho_s - \rho_L}{\rho_L}\right)^{0.60} \left(\frac{c_s}{\rho_s}\right)^{0.146} \left(\frac{\sqrt{gD_R}}{u_t}\right)^{0.24}$$
$$\left[1 + 807\left(\frac{g\mu_L^4}{\rho_L\sigma_L^3}\right)^{0.578}\right] \qquad (9-21)$$

图 9-11 是固体浓度c_s 对u_{gc} 的影响[41]，如果固体颗粒的粒度范围宽，则u_{gc} 值有所增加。

3. 气含率

气-液-固三相鼓泡淤浆反应器的气含率，或气相分率ε_G，反映占主导的气泡尺寸与上升速度。在安静鼓泡区，径向气含率的分布趋于平坦。在湍流鼓泡区，气含率在床层中心区出现最大值，沿径向逐渐降低。表观气速u_g 增大，气含率ε_G 增大。$d_p \geqslant 100\mu m$ 时，ε_G 随淤浆中固含率ε_S 增大而减小，对于小颗粒固体，ε_S 增大时，ε_G 的变化不明显。液体的黏度和表面张力增加，ε_G 减小。

Fan 的专著[4]第 4.2 节整理了众多研究者所得气-液两相鼓泡床气含率ε_G 的关联式，其比较见图 9-12。一般来说，气-液两相鼓泡床气含率随表观气速上升而增大，并取决于所在流型区域和分布器设计。除床层直径甚小者，气含率几乎与床层直径和静止床高无关。

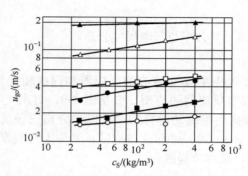

图 9-11 固体浓度对u_{gc} 的影响

$D_R = 0.14m$　$H = 1.00m$

$d_p \times 10^4/m$	固体	液体
○ 0.887	玻璃	水
● 1.98	玻璃	水
□ 5.01	玻璃	44%（质量分数）甘油水溶液
■ 5.01	玻璃	71%（质量分数）甘油水溶液
△ 5.01	玻璃	水
▲ 1.63	青铜	水

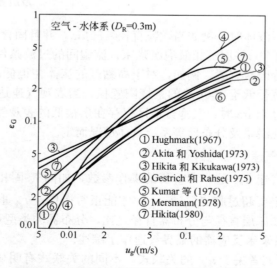

图 9-12 气液鼓泡淤浆床气含率关联式的比较

Koide 等[42]的研究结果表明：在鼓泡淤浆床中，过渡区域内，分布器的设计对气含率和发生过渡流型的起始条件有影响；对于多孔板分布器，当小孔直径 d_o 小于 2mm 或孔间距大于 2.5mm，在气-液两相鼓泡床的安静鼓泡区内，随着气速上升，气含率近似线性地增加至极大值，然后在过渡区内随之下降，最后在湍流鼓泡区内重新随气速增大而上升。实验表明，气含率随小孔直径减小而增大，通过实验，获得湍流鼓泡区 ε_G 的关联式，表明当固体浓度、固体密度、液体密度、表面张力和黏度增加时，ε_G 减小；当表观气速 u_g 及淤浆床直径减小时，气含率 ε_G 减小。

实验在常压及常温下进行，以空气为介质，对于水及甘油和乙二醇的水溶液，常数 $C_L = 0.227$；对于无机电解质的水溶液，$C_L = 0.364$。实验时：$0.14m \leqslant D_R \leqslant 0.30m$，$1.64 \times 10^{-4} \leqslant (u_g\mu_L/\sigma_L) \leqslant 2.92 \times 10^{-2}$，$0 \leqslant c_s/\rho_s \leqslant 0.08$，$1.12 \leqslant [(\rho_s - \rho_L)/\rho_L] \leqslant 0.280$，$1.61 \times 10^{-11} \leqslant [g\mu_L^4/(\rho_L\sigma_L^3)] \leqslant 2.84 \times 10^{-6}$，$3.15 \times 10^2 \leqslant (D_R u_g \rho_L/\mu_L) \leqslant 4.82 \times 10^4$。回归所得关联式如下[42]

$$\frac{\varepsilon_G}{(1-\varepsilon_G)^4} = \frac{C_L\left(\dfrac{u_g\mu_L}{\sigma_L}\right)^{0.918}\left(\dfrac{g\mu_L^4}{\rho_L\sigma_L^3}\right)^{-0.252}}{1 + 4.35\left(\dfrac{c_s}{\rho_s}\right)^{0.748}\left(\dfrac{\rho_s - \rho_L}{\rho_L}\right)^{0.88}\left(\dfrac{D_R u_g \rho_L}{\mu_L}\right)^{-0.168}} \tag{9-22}$$

【例 9-4】　冷态及热态鼓泡淤浆反应器中气含率的研究。

中国科学院山西煤炭化学研究所测定了冷态及热态鼓泡淤浆床中的气含率。冷态气含率研究采用空气-水-石英砂系统[43]，获得气含率 ε_G 随空床层表观气速 u_g 的变化及相应的关联式。ε_G 随 u_g 增大而增大，但在不同区域，增大程度不同；并且 ε_G 随 c_s 增大而减小。根据实验数据，可得下列关联式

（1）安静鼓泡区　$u_g \leqslant 3cm/s$，$Fr \leqslant 0.0391$ 时

$$\varepsilon_G = 5.057 \times 10^{-3} Fr^{0.927} Ga^{0.602} (d_o/D_R)^{1.463} \tag{例 9-4-1}$$

（2）过渡区　$3.0cm/s < u_g \leqslant 9cm/s$，$0.0391 < Fr \leqslant 0.0645$ 时

$$\varepsilon_G = 3.122 \times 10^{-4} Fr^{0.429} Ga^{0.884} (d_o/D_R)^{2.570} \tag{例 9-4-2}$$

（3）湍流鼓泡区　$u_g > 9cm/s$，$0.0645 < Fr \leqslant 0.1955$ 时

$$\varepsilon_G = 1.567 \times 10^{-2} Fr^{0.679} Ga^{0.353} (d_o/D_R)^{0.782} \tag{例 9-4-3}$$

式中，Fr（Froude 数）$= u_g/(gD_R)^{0.5}$；Ga（Galieo 数）$= gD_R^3\rho_{sL}^2/\mu_{sL}^2$；$\rho_{sL} = \rho_s X_s + (1-X_s)\rho_L$；$\mu_{sL} = \mu_L \exp[0.6X_s/(1-X_s)]$；$X_s$ 为不含气相的液-固两相淤浆中固体颗粒的体积分数；ρ_{sL} 及 μ_{sL} 分别为不含气泡的淤浆密度（g/cm³）和黏度（Pa·s×10^{-3}）。

热态气含率研究结合煤间接液化的费-托合成进行，三相床直径 0.098m，静止床高 1.85m，气体分布器为烧结金属板，孔径 40~60μm。采用氮-液体石蜡-石英砂系统，研究了表观气速、压力、温度、颗粒浓度等因素对气含率的影响[44]。

研究结果表明，除了气含率随操作态表观气速 u_g 增大而增大外，$1.01 \times 10^5 \sim 7.85 \times 10^5$Pa 范围内，压力对气含率没有影响；温度 150~210℃ 范围内，温度对气含率没有影响，对平均粒径 165μm 的石英砂颗粒，气含率随颗粒质量浓度（0~20%）增大而减小；但对于平均粒径 53μm 的石英砂，颗粒浓度对气含率的影响不明显。

将上述研究结果与其他研究工作所采用水-空气、甲醇-空气等气-液鼓泡床的气含率研究结果相比较，采用液体石蜡的系统，气含率之值较高，这与烃类体系鼓泡性质有关。

【例 9-5】　不同气体分布器的鼓泡淤浆床气含率。

华东理工大学在进行 ϕ0.2m 鼓泡淤浆三相床甲醇合成反应热模实验之前，进行了 ϕ0.2m 冷模中的平均气含率实验，所用的气体分布器为环形分布器，分布管下部有内/外两排均布向下的直径 ϕ1mm 的小孔，开孔率为 0.002，冷模鼓泡淤浆床中装有仿热态甲醇合成三相床反应器的换热构件。所用三相体系为空气-水-甲醇合成的 C302 催化剂和空气-医用液体石蜡-C302 催化剂，催化剂的平均颗粒密度为

3.504kg/L，粒度 120～150 目。实验时，空气-水-催化剂系统温度 2～11℃。

实验时，液-固两相淤浆中固体的质量分数 w_s 为 0.171～0.364，表观气速 3～27cm/s，用膨胀法测定床层的气含率。

当 $u_g > 6$cm/s 及有构件的情况下，从实验数据回归得下列关联式[45]

$$\varepsilon_G = 0.5845 u_g^{0.553} w_s^{-0.306} \mu_L^{0.014} \sigma_L^{0.155} \qquad \text{（例 9-5-1）}$$

4. 气泡尺寸与分布

气泡尺寸及尺寸分布可用摄像、电导或光纤探头、电容层析成像、光导纤维等测量，可参见文献[46,47]。在气-液两相鼓泡床或三相鼓泡淤浆床体系中，气泡在分布器的小孔或喷嘴处形成。当气泡上升时，可能因合并而增大，或因液相中的湍流剪切力而分裂成更小的气泡。在给定的条件下气泡在小孔或喷嘴处形成的尺寸大致是均一的，由多孔分布板形成的初始气泡尺寸仅受小孔直径及通过小孔气速的影响。气泡撞击在三相床设备的内构件时，会分裂成小气泡。

气泡的平均尺寸通常采用 Sauter 平均值（或称体积-表面积平均值），对于一组实测的气泡直径，其 Sauter 平均值 d_{vs} 可用下式表示

$$d_{vs} = \sum n_i d_{bi}^3 / \sum n_i d_{bi}^2 \qquad (9\text{-}23)$$

式中，n_i 是尺寸为 d_{bi} 的气泡的数目；d_{bi} 为任意的当量直径（如体积当量直径），选择 d_{bi} 的准确程度会影响 d_{vs} 的大小。

气-液相界面积 a 可由气-液鼓泡床或三相床的平均气含率 ε_G 及 Sauter 平均直径 d_{vs} 求出，即

$$a = 6\varepsilon_G / d_{vs} \qquad (9\text{-}24)$$

气-液相界面积 a 可由前面所讨论的物理方法测定气泡尺寸分布而求得，也可用化学方法，即已知动力学的气-液反应，如亚硫酸盐氧化法[48]来确定。

二、鼓泡淤浆反应器中的传递过程

在本章第一节已经讨论过，在气-液-固三相反应器中的宏观反应过程含气-液间传质及液-固间传质过程。基于相界面积的气相传质分系数 k_G 和液相传质分系数 k_L 及三相床中气泡面积 a 都与三相体系的性质、流体流动状况、压力和温度等因素有关。气相容积传质系数 $k_G a$ 和液相容积传质系数 $k_L a$ 是 k_G 及 k_L 分别与单位床层体积中气泡面积 a 的乘积，其测试比分别测试 k_G、k_L 与 a 方便且准确。在三相鼓泡淤浆床反应器中，大多数反应气体组分在液相介质或淤浆中的溶解度很小，气相容积传质系数 $k_G a$ 常可以忽略，本章只作简略讨论，而液相容积传质系数 $k_L a$ 是本章讨论的主要内容。对于液-固传质过程，若不计入过程中固相颗粒由于化学反应而改变尺寸及磨损，单位淤浆容积中固相的体积和外表面积 S_e 是固定的，一般只讨论液-固传质系数 k_s。

1. 气-液界面的气相容积传质系数

对于高度易溶气体如烟道气中 SO_2 溶于水，气相传质的阻力不能忽略，有关气-液鼓泡床及三相鼓泡淤浆床中气相传质分系数的研究很少，现介绍 Sada 等[49]在鼓泡淤浆床中对电解质淤浆测定的经验方程。

$$k_G a = 5.9 u_g^{0.73} \qquad (9\text{-}25)$$

式中，$k_G a$ 是气相容积传质系数，mol/(MPa·m³ 不含气相的淤浆体积·s)；u_g 是表观气速，m/s。

2. 气-液界面的液相传质

对于气-液界面的液相传质的研究，可分为气-液界面的液相传质分系数 k_L 和气-液界面的液相容积传质系数 $k_L a$，显然按 $k_L a$ 计算时，不需要单独研究或关联操作条件和系统性质对气-液相界面积的影响。

根据 Fan 的专著[4]中第 4.7 节、Nigam 和 Schump 的专著[7]中第 3.6 节及 Beenackers 和 Swaaij 的综述[50]，介绍下列有关 k_L、a 和 $k_L a$ 的关联式。

(1) 气-液界面的液相传质分系数 k_L　Calderbank 和 Moo-Young[51]提出的计算 k_L 的关联式如下

$$k_L Sc^{2/3} = A \left[\mu_L (\rho_L - \rho_G) g / \rho_L^2 \right]^{1/3} \tag{9-26}$$

式中，k_L 的单位是 cm^2/s。当气泡平均直径<2.5mm 时，$A = 0.31$；当气泡平均直径>2.5mm 时，$A = 0.42$。Sc（即表征液体性质的 Schmidt 数）$= \mu_L / (\rho_L D_L)$；D_L 为气体在液体中的分子扩散系数。

Deckwer 等在研究 F-T 合成过程中的流体力学性质[38]和反应器模拟[52]时，使用式(9-26) 计算 k_L，并提出其中连续相应为液、固两相淤浆，此时淤浆密度 ρ_{SL}(g/cm^3)

$$\rho_{SL} = \varepsilon'_S \rho_s + \varepsilon'_L \rho_L = \varepsilon'_S \rho_s + (1 - \varepsilon'_S) \rho_L \tag{9-27}$$

式中，ε'_S 及 ε'_L 分别是不含气相的液-固两相淤浆中固体及液体的容积分数，或不含气相的固含率及液含率。

对于 $\varepsilon'_S < 0.16$ 的低浓度悬浮固体淤浆的黏度

$$\mu_{sL} = \mu_L (1 + 4.5 \varepsilon'_S) \tag{9-28}$$

对于高浓度的细颗粒的悬浮固体，可采用 Thomas[53]对于牛顿型流体的关联式，即

$$\mu_{sL} = \mu_L [1.25 \varepsilon'_S + 10.05 (\varepsilon'_S)^2 + 2.73 \times 10^{-3} \exp(16.6 \varepsilon'_S)] \tag{9-29}$$

上式适用于 $0.099 \mu m \leqslant d_p \leqslant 435 \mu m$，$\varepsilon'_S \leqslant 0.60$。

(2) 气-液界面的液相容积传质系数　Koide[42]等在直径 D_R 10~20cm 的淤浆床鼓泡反应器中，研究湍流鼓泡区的气含率，也研究了 $k_L a$，实验在常温及常压下进行，气体介质为空气，用溶氧法测定。溶氧在液体介质中的扩散系数 $D_L \times 10^9$ 为 0.14~2.4m^2/s。研究所得湍流鼓泡区的 $k_L a$ 关联式如下

$$\frac{k_L a \sigma_L}{\rho_L D_L g_c} = \frac{2.11 \times \left(\dfrac{\mu_L}{\rho_L D_L} \right)^{0.50} \left(\dfrac{g \mu_L^4}{\rho_L \sigma_L^3} \right)^{-0.159} \varepsilon_G^{1.18}}{1 + 1.47 \times 10^4 \left(\dfrac{C_s}{\rho_s} \right)^{0.612} \left(\dfrac{u_t}{\sqrt{D_R g}} \right)^{0.486} \left(\dfrac{D_R^2 g \rho_L}{\sigma_L} \right)^{-0.477} \left(\dfrac{D_R u_g \rho_L}{\mu_L} \right)^{-0.345}} \tag{9-30}$$

式中，u_t 为单颗粒在静止液体介质中的终端速度，m/s。

对于细颗粒催化剂，处于 $Re_p < 2$ 的斯托克斯区，有

$$u_t = g d_p^2 (\rho_s - \rho_L) / 18 \mu_L \tag{9-31}$$

韩晖等[54]在 ϕ7cm，空气-水-黄沙和空气-医用液体石蜡-黄沙的气-液-固三相床中，常压下以溶氧仪测试了高固含率鼓泡淤浆床的液相容积传质系数 $k_L a$，采用 ϕ1mm 的小孔及孔径大小约 50μm 的金属烧结板气体分布器，两种分布器的总开孔率为千分之二左右。实验时，粒度为 80~100 目黄沙的浓度为 0.1~0.4g/mL 液体，表观气速为 1.8~11cm/s，获得 $k_L a$ 关联式，其模型与式(9-30) 相同，但参数数值不同，同等操作条件下，金属烧结板气体分布器的 $k_L a$ 值较高。

3. 液-固传质

三相鼓泡淤浆床中液-固传质系数 k_s 可以用圆球形固体颗粒如苯甲酸在溶液中的溶解或树脂在酸性或碱性溶液中的离子交换来测定，一般可写成下列形式[55]

$$Sh_p = 2 + n_1 Re_p^{n_2} Sc^{n_3} \tag{9-32}$$

式中，Sh_p（按颗粒直径 d_p 计算的 Sherwood 数）$= k_S d_p / D_L$。

Fan 的专著[4]第 4.8 节载有鼓泡淤浆反应器中计算 k_S 值的关联式的比较，对于 $50 \mu m \leqslant d_p \leqslant 1000 \mu m$ 的细颗粒，当密度 ρ_L 之差值（$\rho_s - \rho_L$）为 0.3~1.5g/cm^3 时，k_S 值大致为 0.01cm/s。

4. 浸没表面对淤浆床的传热

鼓泡淤浆床或气-液鼓泡床与外界的传热一般使用蛇形管、垂直或水平设置的换热管或壁面夹套，只在靠近传热表面处有温度突变，特征如下：①上述换热装置的几何形状对给热系数的影响不大，仅在低气速下差别较明显；②床径与床高对给热系数无影响；③设置传热元件强化了淤浆的湍动并可使气泡分裂，从而增大给热系数，但在高气速下这一影响逐渐减小。

Deckwer 等[56]研究了气-液-固三相淤浆床中床层对换热元件的给热系数，所得关联式如下

$$St = 0.1(Re_h Fr^2 Pr^2)^{-0.25} \tag{9-33}$$

式中，St（Stanton 数）$= \alpha_{sL}/(\rho_{sL} c_{sL} u_g)$；$Re_h = u_g \rho_{sL} D_R/\mu_{sL}$；$Pr = c_{sL} \mu_{sL}/\lambda_{sL}$；$\alpha_{sL}$ 为淤浆床对换热元件的给热系数，W/(m^2·K)；c_{sL} 为液-固两相淤浆的比热容；λ_{sL} 为淤浆的热导率，W/(m·K)。

$$c_{sL} = w'_s c_{ps} + w'_L c_{pL} \tag{9-34}$$

式中，w'_s 及 w'_L 分别为液-固两相淤浆床中固体及液体的质量分数；c_{ps} 及 c_{pL} 分别为固体及液体的比热容，J/(kg·K)。

μ_{sL} 的计算见式（9-28）及式（9-29）。

第五节　气-液并流向上三相流化床反应器

三相流化床反应器是在液-固流化床的基础上，自下而上通入气体，即一般采用气-液并流向上的操作方式。Fan 的专著[4]第二章讨论了并流向上三相流化床的流体力学，第三章讨论了并流向上三相流化床的传质、混合和传热。Muroyama 和 Fan 于 1985 年发表了关于三相流化床基础理论的综述[57]，Nigam 及 Schump 的专著[7]中第二章及第三章分别有三相流化床传热及传质的综述。

一、煤的直接液化三相流化床反应器

我国有丰富的煤资源，煤产量和消费量均居世界首位，而目前石油消费量和进口量不断增加，大力开发以煤造油是当前的重要任务。煤加氢制油或煤液化技术，分直接液化和间接液化两种。间接液化是将煤气化后的合成气经催化剂合成油品，又称费-托（F-T）合成。直接液化技术采用褐煤或年轻烟煤为原料，先制成小于 60 目的细粉与液化循环油混合制成煤浆，增压，与压缩氢混合经预热器，在气-液并流向上三相流化床中经催化剂（一般为 CO-MO/Al$_2$O$_3$）合成油品，图 9-13 是典型的氢-煤法三相流化床反应器装置简图，反应温度 450℃左右，压力 20MPa。部分物料从反应器底部经高压油循环泵抽循环，强化反应器内循环流动。从反应器连续抽出 2% 的催化剂进行再生，并同时补充等量新催化剂，由于煤直接液化放热反应的热量并不大，反应器中未安装换热器。可参见专著 [58] 第 212～214 页。

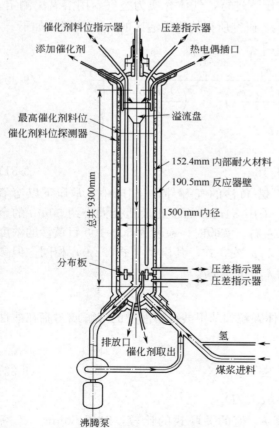

图 9-13　氢-煤法三相流化床反应器结构简图

二、气-液并流向上三相流化床的流体力学

1. 流型

图 9-14 是并流向上三相流化床的结构图，图 9-15 是并流向上三相流化床的操作区域图[59]。如同鼓泡淤浆床一样，可分为气泡分散区、气泡合并区、栓塞区及过渡区。低气速下，液体为连续相；高气速下，气体为连续相。流型区域图与流体的性质（如密度、黏度）及固体颗粒的性质（如密度、粒度）有关。

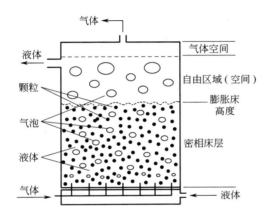

图 9-14　并流向上三相流化床的结构

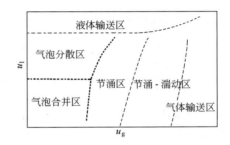

图 9-15　并流向上三相流化床的操作区域图

给定气速和增加液速，三相流化床可从气泡合并区过渡到气泡分散区，最后进入液体输送区。若同时增加气速，则经过节涌区、节涌湍动区而进入气体输送区。紧随气泡后面并同气泡一起上升的流场称为气泡尾涡，其中携带着液体和固体颗粒，并在上升过程中不断形成、破裂，剧烈搅动液体，造成液相的轴向和径向混合及颗粒的强烈混合[59]。

2. 气-液并流向上三相流化床的液体临界流速

三相流化床与气-固两相流化床不同，固体颗粒同时受液体和气体的支持，液体临界流速不仅与三相床系统的物理性质有关，并且增大表观气速和表观液速，临界流速 u_{Lmf} 将减小。给定气速时，三相床由固定床状态转变为流化状态时，压降会陡然变化，此时液体的流速即液体临界流速。液-固两相的液体临界流速 u_{Lmf0} 是计算三相床 u_{Lmf} 的基础。一般 u_{Lmf0} 大于 u_{Lmf}，这是由于液-固两相床中没有气体。小而轻的颗粒体系，从固定床的转变界限不明显；大而重的体系，无论增加液速或气速，流化床膨胀都比较均匀，固定床的转变界限明显。

Song 等[60]对于渣油及煤液化中所用圆柱状加氢催化剂，研究了并流向上气-液-固三相流化床的液体临界流速 u_{Lmf}。根据实验数据，Song 等获得了表征上述三相流化床的液体临界流速 u_{Lmf}（m/s），与相应的液-固两相流化床的液体临界流速 u_{Lmf0} 之比值的经验关联式如下

$$u_{Lmf}/u_{Lmf0}=1-376u_g^{0.327}u_L^{0.227}d_v^{0.213}(\rho_s-\rho_L)^{-0.423} \tag{9-35}$$

上式使用 SI 制，即 u_g 和 u_L 的单位为 m/s，与催化剂颗粒等体积的球体的当量直径 d_v 的单位为 m。上式的实验范围：D_R 分别为 0.075m 及 0.152m，表观气速 $0 \leqslant u_g \leqslant 8 \times 10^{-2}$ m/s，23~25℃，表观液速 $0.35 \times 10^{-2} \leqslant u_L \leqslant 15 \times 10^{-2}$ m/s，液体为水及水-0.5%叔戊醇（质量分数），气体为空气。

上式中液-固两相流化床的临界流化速度 u_{Lmf0} 由第八章式(8-6)确定。颗粒的粒度增大，u_{Lmf0} 增大。由于气体对三相流化床中的颗粒具有托起作用，u_g 增大，u_{Lmf} 减小，但减小的趋势逐渐减少。

第九章

对于双组分颗粒，三相流化床的液体临界流速 $(u_{Lmf})_m$ 可由下式确定[61]

$$\frac{(u_{Lmf})_m}{(u_{Lmf})_1} = [(u_{Lmf})_2/(u_{Lmf})_1] x_2^{1.69} \tag{9-36}$$

式中，x_2 为大颗粒的质量分数；$(u_{Lmf})_1$ 及 $(u_{Lmf})_2$ 分别为小颗粒及大颗粒的液体临界流速。混合颗粒的液体临界流速比单一大颗粒的液体临界流速低，小颗粒使床层均匀性得到改善。

Zhang 等[62] 以 Ergun 固定床压降公式为基础，提出了计算气-液并流向上三相床流体临界流速的气体扰动流体模型，即

$$Re_{Lmf} = u_{Lmf} d_r \rho_L / \mu_L$$
$$= \sqrt{[42.86(1-\varepsilon_{mf})/\phi_s]^2 + 0.5715\varepsilon_{mf}^3(1-\varepsilon'_G)^3 Ar_L} - 42.86(1-\varepsilon_{mf})/\phi_s \tag{9-37}$$

式中，Ar_L（液体的 Ar 数）$=d_v^3\rho_L(\rho_s-\rho_L)g/\mu_L^2$；$\varepsilon'_G$ 为三相流化床临界流化状态下基于气-液两相的气含率。

在高气速下，Zhang 等[62] 认为气体和液体混合均匀形成单一流体，称为拟均相流体模型，即

$$Re_{Lmf} = \sqrt{(42.86(1-\varepsilon_{mf})/\phi_s)^2 + 0.5715\phi_s\varepsilon_{mf}^3 Ar_{gL}} - 42.86(1-\varepsilon_{mf})/\phi_s \tag{9-38}$$

$$Ar_{gL}（气-液的 Ar 数）= Ar_L \frac{(1-\varepsilon'_G)}{(1+\varepsilon'_G)^2} \frac{\rho_s - (1-\varepsilon'_G)\rho_L}{\rho_s - \rho_L} \tag{9-39}$$

式(9-39) 仅适用于 $\varepsilon'_G \leqslant 0.05$。

3. 气含率

Song 等[60] 的研究工作表明，对于空气-水系统，在气泡分散区或安静鼓泡区，气含率

$$\varepsilon_G = 0.280(Fr^2)^{0.126} Re_L^{-0.0873} \tag{9-40}$$

在气泡合并区或湍流鼓泡区

$$\varepsilon_G = 0.342(Fr^2)^{0.0373} Re_L^{-0.192} \tag{9-41}$$

上式中液-固系的颗粒 Reynolds 数

$$Re_L = u_L d_v \rho_L / u_L \tag{9-42}$$

Lee 等于 1993 年发表了有关气-液并流向上三相流化床中有关气含率及传质的研究工作[63]，实验是在内径 0.142m、高 2.0m 的三相床中进行。所用液体为水、乙醇、丙酮和羧甲基纤维素（CMC）水溶液，后者为强黏性的假塑性流体，具有强烈的非牛顿流体的流动性质。

对于牛顿型流体通过回归实验数据可得下面结论。

① 在安静鼓泡区，并流向上三相流化床的气含率可表示为

$$\varepsilon_G = 4.83 \times 10^{-3} u_g^{0.667} u_L^{-0.087} d_v^{0.196} \sigma_L^{-0.721} \tag{9-43}$$

② 在湍流鼓泡区或栓塞区

$$\varepsilon_G = 6.48 \times 10^{-3} u_g^{0.74} u_L^{-0.068} d_v^{0.052} \sigma_L^{-0.692} \tag{9-44}$$

上两式的实验范围：$0.01m/s \leqslant u_g \leqslant 0.20m/s$；$0.01m/s \leqslant u_L \leqslant 0.12m/s$；$1.0 \times 10^3 m \leqslant d_v \leqslant 8.0 \times 10^3 m$；$42.6 \times 10^3 N/m \leqslant \sigma_L \leqslant 72.4 \times 10^3 N/m$。

三、气-液并流向上三相流化床中的传递过程

1. 气-液界面的液相容积传质系数

Lee 等[63] 同时发表了三相流化床中气-液界面的液相容积传质系数 $k_L a$ 的研究结果。

① 在安静鼓泡区

$$\frac{k_L a d_v^2}{D_L}=4.51\times10^{-5}\left(\frac{\mu_L}{\rho_L D_L}\right)^{0.5}\left(\frac{E_{TF}d_v^4\rho_L^3}{\mu_L^3}\right)^{0.507}\left(\frac{u_L^2\rho_L d_v}{\sigma_L}\right)^{0.457} \tag{9-45}$$

② 在湍流鼓泡区或栓塞区

$$\frac{k_L a d_v^2}{D_L}=4.19\times10^{-5}\left(\frac{\mu_L}{\rho_L D_L}\right)^{0.5}\left(\frac{E_{TF}d_v^4\rho_L^3}{\mu_L^3}\right)^{0.483}\left(\frac{u_L^2\rho_L d_v}{\sigma_L}\right)^{0.436} \tag{9-46}$$

式(9-45) 及式(9-46) 中三相流化床的能量耗散速率 E_{TF}[64]，可表示为

$$E_{TF}=\frac{[(u_L+u_g)(\varepsilon_S\rho_s+\varepsilon_L\rho_L+\varepsilon_G\rho_G)-u_L\rho_L]g}{(\varepsilon_S\rho_s+\varepsilon_L\rho_L)} \tag{9-47}$$

式(9-45) 及式(9-46) 的实验范围与式(9-43) 及式(9-44) 相同。

2. 液-固传质系数

三相流化床中的液体与固体颗粒表面间的传质速率可用液-固传质系数 k_s、液-固界面积即颗粒的外表面积和浓度差的乘积来表示，若不计入颗粒在三相床中的磨损及由于化学反应的粒度变化，颗粒的外表面积是不变的，而液-固传质系数明显受到操作参数和各相物理性质的影响。

并流向上三相流化床中的液-固传质系数可采用 Arters 等的关联式[65]

$$Sh_S=\frac{k_S d_v}{D_L}=0.228(1+0.826Re_G^{0.623})\phi_s^{1.35}Ga^{0.323}[(\rho_s-\rho_L)/\rho_L]^{0.30}Sc^{0.40} \tag{9-48}$$

式中，Re_G（气体 Reynlods 数）$=u_g d_v\rho_G/\mu_G$；Ga（Galileo 数）$=d_v^3\rho_L g/\mu_L^2$。

3. 传热表面对三相流化床的传热

浸没表面及壁面对气-液并流向上三相流化床的给热系数 α_{TF}，可采用 Kang 等的研究工作[66]，即

$$Nu_{TF}=0.036Pr_L^{0.65}Re_{TF}^{0.81} \tag{9-49}$$

式中，Nu_{TF}（三相流化床传热 Nu 数）$=\alpha_{TF}d_v(1-\varepsilon_S)/(\lambda_L\varepsilon_S)$；$Re_{TF}$（三相流化床 Re 数）$=d_v\rho_L(u_g+u_L)/(\mu_L\varepsilon_S)$；$Pr_L$（Prandtl 数）$=c_p\mu_L/\lambda_L$。

给热系数 α_{TF} 的单位是 $J/(m^2\cdot K\cdot s)$，λ_L 是液体的热导率，$J/(m\cdot K\cdot s)$。由上式可知：三相流化床给热系数 α_{TF} 随气体表观流速增大而增大，随液体黏度和颗粒直径增大而减小。

第六节 气-液-固三相悬浮床反应器的数学模型

一、三相悬浮床反应器的数学模型

在研究了气-液-固三相悬浮床的流体力学、传质、传热、液相及气相的返混和固相沉降等方面的基础上，众多研究工作者提出了三相反应器的数学模型，如赵玉龙[67]、Joshi 及 Shertukde[68]、Torvik 及 Svendsen[69]、Schluter 及 Steiff 等[70]、Hillmer 及 Weismantel 等[71]。

赵玉龙综合了有关研究工作者关于三相悬浮床催化反应器的数学模型[67]，对于单颗颗粒催化剂，其总体速率即式(9-4)～式(9-7)。对于反应 A $\longrightarrow v_B$B，A 为气相中反应物，B 为液相中产物，本征反应速率方程为 $-\frac{dN_A}{dw}=k_w f(c_A,c_B)$，$k_w$ 为按单位质量催化剂计算的反应速率常数，宏观动力学应计入 A 及 B 在气、液相间的传质过程，若不计入径向返混，定态下三相床的数学模型如下。

气相
$$E_{GZ}\frac{d}{dz}\left(\varepsilon_G\frac{dc_{A,L}}{dz}\right)-u_g\frac{dc_{A,g}}{dz}-k_La(c_{A,L}^*-c_{A,L})=0 \tag{9-50}$$

液相
$$E_{LZ}\frac{d}{dz}\left(\varepsilon_L\frac{dc_{A,L}}{dz}\right)\pm u_L\frac{dc_{A,L}}{dz}+k_La(c_{A,L}^*-c_{A,L})-k_{S,A}S_e(c_{A,L}-c_{A,S})=0 \tag{9-51}$$

$$E_{LZ}\frac{d}{dz}\left(\varepsilon_L\frac{dc_{B,L}}{dz}\right)\pm u_L\frac{dc_{B,L}}{dz}-k_{S,B}S_e(c_{B,L}-c_{B,S})=0 \tag{9-52}$$

固相
$$E_{SZ}\frac{d}{dz}\left(\varepsilon_S\frac{dc_{A,S}}{dz}\right)+\left(u_{ts}+\frac{u_L}{\varepsilon_L}\right)\frac{dc_{A,S}}{dz}+k_{S,B}S_e(c_{A,L}-c_{A,S})-\zeta k_wc_Sf(c_{A,S},c_{B,S})=0 \tag{9-53}$$

$$E_{SZ}\frac{d}{dz}\left(\varepsilon_S\frac{dc_{B,L}}{dz}\right)+\left(u_{ts}+\frac{u_L}{\varepsilon_L}\right)\frac{dc_{B,L}}{dz}+k_{S,B}S_e(c_{B,L}-c_{B,S})-\zeta v_Bk_wc_Sf(c_{A,S},c_{B,S})=0 \tag{9-54}$$

式(9-53)及式(9-54)中$k_wf(c_{A,S},c_{B,S})$是单位质量催化剂的本征反应速率，c_S是三相床中催化剂的浓度。若式(9-53)及式(9-54)中的催化剂为细颗粒，可不计入内扩散过程的影响，则内扩散有效因子$\zeta=1$。若不计入轴向热弥散过程，则淤浆相

$$\pm\rho_Lu_L\frac{dT}{dz}-\varepsilon_LK_HS_H(T-T_H)+(-\Delta_rH)\zeta k_wc_Sf(c_{A,S},c_{B,S})=0 \tag{9-55}$$

式中，K_H是三相床与传热介质间的传热总系数；S_H是传热比表面积；T和T_H分别是三相床和传热介质的温度。

催化剂的轴向颗粒浓度c_S分布

$$E_{SZ}\frac{d^2c_S}{dz^2}+\left(u_{ts}\pm\frac{u_L}{\varepsilon_L}\right)\frac{dc_S}{dz}=0 \tag{9-56}$$

上列诸式中u_L及$\frac{u_L}{\varepsilon_L}$项前的正、负号分别代表气-液相逆流和并流。当$u_L=0$时，三相反应器为液相不流动的鼓泡淤浆反应器。

不同的情况下，可以不同地简化：不计入气相轴向混合，称为气相平推流模型，即PFM（plug flow model）；若计入气相和液相的轴向混合，称为轴向弥散模型，即ADM（axial dispersion model）；若液相作全混流，称为连续搅拌槽模型，即CSTR（continuous stirred tank reactor）；若计入催化剂的轴向颗粒浓度分布，称为沉降弥散模型，即SDM（sedimentation dispersion model）。

二、鼓泡三相淤浆床甲醇合成的数学模型和试验验证

本章［例9-2］已介绍机械搅拌反应器是一个良好的筛选液相惰性热载体及进行三相床工艺条件试验的实验装置，由于是全混釜，设备的空时产率（space time yield，STY）较低和设备制造加工的限制，大型工业装置应使用鼓泡淤浆床反应器。

王存文等[72]在机械搅拌反应器实验室小试及大量基础数据测定的基础上，建立了三相床甲醇合成的工厂侧线热模试验装置，在1000h的连续运行中，装置操作正常，可调性好，甲醇产品质量好，杂质含量低于0.04%。催化剂平均每天失活速率1.38%，与美国采用反应器及管道相同材质的中试平均失活速率相当。其数学模型及试验验证见［例9-6］。

【例9-6】　0.2m鼓泡淤浆反应器甲醇合成的数学模拟与试验验证[73]。

1. 热模试验流程及三相淤浆鼓泡床

试验流程见图（例9-6-1）。热模试验在上海焦化有限公司进行。反应器内径0.2m，静止液层高度3.87m，反应器高度8.7m。

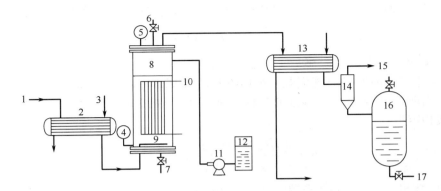

图（例9-6-1） 试验流程示意

1—原料气；2—原料气预热器；3—过热蒸汽；4—隔膜式压力表；5—精密压力表；6—催化剂与液体石蜡入口；
7—排放口；8—鼓泡淤浆反应器；9—气体分布器；10—反应器内置换热器；11—液体石蜡补给泵；12—液体石
蜡储槽；13—冷凝器；14—分离器；15—去气柜；16—粗甲醇产品储槽；17—放料口

试验采用 80～120 目 C302 型甲醇合成铜催化剂 40kg，医用液体石蜡 100L。

实验条件：压力 2.4～3.1MPa；温度 220～255℃；质量空速 4000～6500L(STP)/(kg·h)；催化剂浓度 40kg/kg 溶剂；入口气体组成（质量分数）为 H_2 64%、CO 31%、CO_2 3%，其余为 CH_4 及 N_2。

2. 鼓泡淤浆反应器的数学模型

模型假定：①反应器内总压不变，由于反应器床层高度较低，且反应压力较高，不考虑静压的变化；②床层温度均匀，在高空速和原料气充分预热的条件下，床层可视为等温，$\phi0.2m$ 鼓泡淤浆反应器热模试验的轴向温度实测结果也表明这一假定是合理的；③热模反应器内径 0.2m，静止液层高度 3.87m，淤浆床高径比>20，假定气相为平推流是合理的；④液相存在轴向返混，采用轴向弥散模型描述液相的返混过程；⑤催化剂颗粒很小，液-固之间传质阻力忽略不计，催化剂的内扩散过程阻力也不计；⑥所用液相热载体不吸附在甲醇合成铜基催化剂表面上，甲醇合成本征动力学模型采用气-固相本征动力学模型；⑦所有气体组分均难溶于医用液体石蜡，气膜传质阻力可不计；⑧用固相沉降模型处理催化剂的轴向分布；⑨流体的性质，如气含率、传质系数、扩散系数等沿床层高度不变；⑩以 CO+$2H_2$ ══ CH_3OH 和 CO_2+3H_2 ══ CH_3OH+H_2O 为独立反应。

基于以上假定，在定态条件下，分别对气相、液相中的反应组分和产物进行物料衡算，可得下列描述鼓泡淤浆三相床反应器的数学模型，$u_L=0$。

气相中 j 组分的物料衡算

$$\frac{\mathrm{d}(u_g c_{g,j})}{\mathrm{d}Z}+k_{L,j}a(c_{g,j}^*-c_{L,j})=0 \quad j=H_2、CO、CO_2、CH_3OH、H_2O \tag{例9-6-1}$$

液相中 j 组分的物料衡算

$$\varepsilon_L E_{LZ}\frac{\partial^2 c_{L,j}}{\partial Z^2}+k_{L,j}a(c_{g,j}^*-c_{L,j})-c_s r_i=0 \quad i=1,2; \ j=H_2、CO、CO_2 \tag{例9-6-2}$$

$$\varepsilon_L E_{LZ}\frac{\partial^2 c_{L,j}}{\partial Z^2}+k_{L,j}a(c_{g,j}^*-c_{L,j})+c_s r_i=0 \quad i=1,2; \ j=CH_3OH、H_2O \tag{例9-6-3}$$

边界条件

$$Z=0, \ c_{g,j}\big|_0=0, \ \frac{\mathrm{d}c_{L,j}}{\mathrm{d}Z}\bigg|_0=0; \quad Z=L, \quad \frac{\mathrm{d}c_{L,j}}{\mathrm{d}Z}=0$$

鼓泡淤浆反应器内颗粒轴向浓度分布用 Smith 颗粒沉降模型描述，三相床中催化剂的浓度 c_s

$$c_s = c_s^0 \exp(AX) \tag{例9-6-4}$$

式中，$A = -\varepsilon_L' u_{ts} L_0 / E_{sz}$；$\varepsilon_L' = (1 - \bar{c}_s / \rho_s)$；$u_{ts} = 1.10 u_g^{0.026} u_t^{0.80} (\varepsilon_L')^{0.35}$；$c_s^0 = \bar{c}_s A / (\exp A - 1)$；催化剂在静止床层中的（即液-固两相淤浆）平均浓度 $\bar{c}_s$ 及底部浓度 c_s^0 的单位是 kg/m³。

所建立的鼓泡淤浆反应器模型中涉及的参数分别采用以下的关联式估算。

气-液传质液相容积传质系数[74] $k_{L,j}a$，s⁻¹

$$k_{L,j}a = 0.6 D_{L,j}^{0.5} \left(\frac{\mu_{SL}}{\rho_{SL}}\right)^{-0.12} \left(\frac{\sigma_L}{\rho_S}\right)^{-0.62} D_R^{0.17} g^{0.93} \varepsilon_G^{1.1} \tag{例9-6-5}$$

鼓泡淤浆反应器中液相轴向混合弥散系数[75] E_{LZS}，m²/s

$$E_{LZS} = 0.768 D_R^{1.32} u_g^{0.32} \tag{例9-6-6}$$

固相沉降弥散系数[74] E_{SZ}，m²/s

$$u_g D_R / E_{SZ} = 9.6 (Fr^6 / Re_g)^{0.1114} + 0.019 Re_t^{1.1} \tag{例9-6-7}$$

气含率（采用环型气体分布器）[45]

$$\varepsilon_G = 0.584 u_g^{0.553} w_S^{-0.306} \mu_L^{0.014} \sigma_L^{0.155} \tag{例9-6-8}$$

淤浆黏度 μ_{SL} 的计算方法如下

$$\mu_{SL} = \mu_L (1 + 4.5 V_{cat}) \tag{例9-6-9}$$

式中，V_{cat} 为液-固淤浆中催化剂的体积分数。

各组分在液体石蜡中的扩散系数按下式计算[76]

$$D_{A,L} = 7.4 \times 10^{-8} (\phi M_L)^{0.5} \mu_c^{-1} (M_{V,A})^{-0.6} \tag{例9-6-10}$$

式中，M_L 为溶剂摩尔质量，液体石蜡平均摩尔质量为 0.412kg/mol；对甲醇合成体系，$\phi = 1$；$M_{V,A}$ 为正常沸点下组分 A 的摩尔体积，cm³/mol。

液体石蜡的物化性质分别如下

密度/(kg/m³)　　$$\rho_L = 864.4 - 0.6714t \tag{例9-6-11}$$

黏度/mPa·s　　$$\ln\mu_L = -3.0912 + 1.7038 \times 10^3 / T \tag{例9-6-12}$$

表面张力/(mN/m)　　$$\sigma_L = 50.7657 - 7.37 \times 10^{-2} T \tag{例9-6-13}$$

式中，t 为温度，℃；T 为温度，K。

各组分在液体石蜡中的溶解度 C_i^*，mol/m³

$$C_{H_2}^* = 1.019 \times 10^6 (p_{H_2}/T)^{0.9} \exp[-1.942 \times 10^4/(RT)] \tag{例9-6-14}$$

$$C_{CO}^* = 3.741 \times 10^5 (p_{CO}/T)^{0.9} \exp[-1.281 \times 10^4/(RT)] \tag{例9-6-15}$$

$$C_{CO_2}^* = 2.247 \times 10^3 (p_{CO_2}/T)^{0.9} \exp[1.083 \times 10^4/(RT)] \tag{例9-6-16}$$

$$C_{CH_3OH}^* = 1.167 \times 10^4 (p_{CH_3OH}/T)^{0.4} \exp[3.938 \times 10^3/(RT)] \tag{例9-6-17}$$

$$C_{H_2O}^* = 1.875 \times 10^5 (p_{H_2O}^{0.5}/T^{0.9}) \exp[2.253 \times 10^3/(RT)] \tag{例9-6-18}$$

各组分的反应速率由甲醇合成反应本征动力学方程计算。

$$r_1 = r_{CO} = \frac{k_1 f_{CO} f_{H_2}^2 (1 - \beta_1)}{(1 + K_{CO} f_{CO} + K_{CO_2} f_{CO_2} + K_{H_2} f_{H_2})^3} \tag{例9-6-19}$$

$$r_2 = r_{CO_2} = \frac{k_2 f_{CO_2} f_{H_2}^3 (1-\beta_2)}{(1+K_{CO}f_{CO}+K_{CO_2}f_{CO_2}+K_{H_2}f_{H_2})^4} \qquad (例\ 9\text{-}6\text{-}20)$$

$$k_1 = 4.706 \times 10^5 \exp[-3.859 \times 10^4/(RT)] \qquad (例\ 9\text{-}6\text{-}21)$$

$$k_2 = 1.909 \times 10^6 \exp[-4.490 \times 10^4/(RT)] \qquad (例\ 9\text{-}6\text{-}22)$$

$$K_{CO} = \exp[-16.04 - 1.5 \times 10^4 (1/T - 1/508.05)] \qquad (例\ 9\text{-}6\text{-}23)$$

$$K_{CO_2} = \exp[8.50 \times 10^{-2} + 1.715 \times 10^4 (1/T - 1/508.05)]$$

$$K_{H_2} = \exp[-5.791 \times 10^{-1} + 3.831 \times 10^2 (1/T - 1/508.05)] \qquad (例\ 9\text{-}6\text{-}24)$$

式中，$\beta_1 = f_m/(K_{f_1} f_{CO} f_{H_2}^2)$；$\beta_2 = f_m f_{H_2O}/(K_{f_2} f_{CO_2} f_{H_2}^3)$；$K_{f_1}$、$K_{f_2}$ 分别为 CO 加氢和 CO_2 加氢反应以逸度表示的平衡常数，由专著［77］提供的公式计算。

由 r_{CO}、r_{CO_2} 可确定其他组分的反应速率

$$r_{H_2} = 2r_{CO} + 3r_{CO_2}; \quad r_m = r_{CO} + r_{CO_2}; \quad r_{H_2O} = r_{CO_2}$$

28 组试验的甲醇合成的空时产率（STY）和出口甲醇的摩尔分数 y_m 的模型计算值与试验值的 AAD 分别为 9.34％和 7.20％，可见本试验所用的数学模型和模型参数是合适的。

三、三相床 F-T 合成 [78, 79]

煤或天然气制合成气主要含 CO 及 H_2，经 F-T 合成反应，再经加氢或异构化反应，制成汽油、柴油、石蜡等产品是原料油制燃料油以外另一个主要的燃料油生产路线。

在 F-T 合成中，为了取得较高的空时收率，反应条件一般选择在压力 $0.5 \sim 3.0$MPa 和温度 $200 \sim 350℃$，一氧化碳和氢反应主要是生成烃类。

$$nCO + (2n+1)H_2 \longrightarrow C_nH_{2n+2} + nH_2O \qquad (9\text{-}57)$$

$$nCO + 2nH_2 \longrightarrow C_nH_{2n} + nH_2O \qquad (9\text{-}58)$$

这些反应可以认为是烃类、水蒸气转化的逆反应，都是放热量大的反应。例如式（9-57）反应热大致可表示为

$$\Delta_r H_{298} = -151.9n - 43.5(kJ/mol)$$

即相当于每一个碳的平均反应热约 163kJ/mol。此外，在 F-T 合成的反应条件下，除烃外还副产醇等含氧化合物，在使用氮化铁和钌系催化剂时尤为明显。

$$nCO + 2nH_2 \longrightarrow C_nH_{2n+1}OH + (n-1)H_2O \qquad (9\text{-}59)$$

对于低级醇，每一个碳的反应热约 126.6kJ/mol，并随碳数增加而提高，逐渐接近合成烃类时的反应热。

反应生成的水，大部分在反应条件下进一步与反应气中的一氧化碳进行水煤气变换反应，水煤气变换也是放热反应。除上述反应外，会发生析炭反应而析出游离炭，引起催化剂上积炭。

因此，在 F-T 合成的反应条件下发生多种放热反应。由于放热量大，常发生催化床局部过热，降低了反应的选择率，为了得到高选择率，有效地除去反应热和保持床内温度均匀是一个重要的课题，例如，在固定床反应装置的情况下，采取增大循环气量、提高空速并进行冷却等措施来控制床层反应温度，现在，采用气-固密相流化床和鼓泡淤浆床反应器。固定床、淤浆床和密相流化床三种反应器中进行 F-T 合成反应的比较可参见表 9-3。

表9-3　固定床、淤浆床和流化床反应器的比较

反应器类型	固 定 床	淤 浆 床	密相流化床	淤 浆 床
催化剂类型	沉淀铁催化剂		熔铁催化剂	
颗粒直径	2.5mm	$40\sim150\mu m$	$<70\mu m$	$<40\mu m$
催化剂床高/m	3.8	3.8	2.0	3.8
入口温度/℃	223	235	320	320
出口温度/℃	236	238	325	328
循环比	1.9	1.9	2.0	2.0
气体线速/(cm/s)	36	36	45	45
$CO+H_2$ 转化率/%	46	49	93	79
选择率（碳原子）/%				
$\quad CH_4$	7	5	12	12
$\quad C_3$			14	14
汽油	14	15	43	42
硬蜡	27	31	0	0

目前，在F-T合成工艺中，大部分采用淤浆床反应器。淤浆床F-T合成反应器具有如下优点：①关键参数容易控制，操作弹性大，产品灵活性大；②从反应器移热容易，温度控制方便；③催化剂负荷较均匀；④单程转化率高，C_3^+ 烃选择性高；⑤易于连续或定期地更换失活的催化剂。

用于F-T合成的催化剂主要有铁系和钴系两大类。铁系催化剂价廉，但易于被氧化、中毒并对硫特别敏感和积炭。钴系催化剂比铁系催化剂稳定，但要在较低温度下反应方可获得合适的选择率，而较低温度下操作，降低了空时产率和烯烃含量，铁系和钴系催化剂的实验结果，可参见文献［78］。

中国科学院山西煤炭研究所对煤制合成燃料进行了大量的研究工作[79]，发表了专著[80]。近年来，有关F-T合成的本征动力学模型研究可参见文献［81,82］。我国已建成具有自主知识产权的F-T合成工业装置。

延伸阅读 9-1
F-T合成鼓泡
浆态床反应器
数学模型

【例 9-7】　鼓泡淤浆床F-T合成的数学模拟。

工业F-T合成淤浆反应器是鼓泡淤浆床，反应器中液体是合成的液态产品，需将积累的含细颗粒催化剂的液体产品输送到器外，存在一个类似于三相流化床的液-固分离的技术问题。但并无液体通过分布器进入淤浆床。有关淤浆床F-T合成反应器的数学模拟，可参见文献［83-85］。

吕朝晖等[85]提出淤浆床F-T合成反应器的定态等温数学模拟的主要假设如下：①气相活塞流，液相无返混，反应器内催化剂浓度分布均匀；②传质阻力主要存在于气、液相界面；③组分在气液界面处的汽-液平衡服从 Henry 定律。

在原料气中 H_2/CO 的摩尔比≤0.8，以及使用铁基催化剂的条件下，合成气消耗的化学计量式如下

$$(1+R_n)CO+(1+n/2-R_n)H_2 \longrightarrow -CH_n-+R_nCO_2+(1-R_n)H_2O \qquad (例 9\text{-}7\text{-}1)$$

式中，R_n 为CO变换反应转化为产物水的转化率；n 为 F-T 合成反应产品平均 H 与 C 的原子比（一般 $n=2.3$）。

显然，上式将 F-T 合成过程中众多的碳氢化合物产品归纳成 $-CH_n-$，而 $n=2.3$，而过程中还存在着 CO 与 H_2O 的变换反应并生成 CO_2 和 H_2。

F-T 合成的本征动力学方程由下式表达

$$r_{H_2+CO}=kc_{H_2}/[1+K(c_{CO_2}/c_{CO})] \qquad ([H_2]/[CO]=0.8) \qquad (例 9\text{-}7\text{-}2)$$

式中，K 是 CO_2 的化学吸附常数与 CO 的化学吸附常数的比值，并假设其值与温度无关。

反应速率常数 k 的表达式如下

$$k = k_0 \exp[-E_A/(RT) - \beta_m t] \qquad (例 9\text{-}7\text{-}3)$$

式中，β_m 是考虑催化剂失活的活性校正因子；t 是操作时间。

第七节　讨论与分析

1. 悬浮床气-液-固三相反应器在强放热催化反应中的应用展望

悬浮床气-液-固三相反应器具有可使用细颗粒催化剂和床内等温的特点。如果强放热可逆反应平衡对气-固相反应过程的最终转化率具有很大的限制作用，可采用多段悬浮床三相反应器串联，在不同的等温下操作，每段经历一定的转化率变化。所使用的细颗粒催化剂可完全消除内扩散过程的影响，各段的反应温度和各段进、出口的转化率可进行优化，可望超过传统的气-固相催化反应器的最终转化率和时空产率。如果将各段流出反应器的产物分离，逆反应对反应平衡的限制可进一步消除，可达得到更高的转化率和空时产率，但另一方面，必须增加设备投资。

在气-固相反应器中进行的强放热多重反应，如烃类催化氧化，副反应是生成二氧化碳和水的深度氧化反应，往往深度氧化副反应的活化能超过主反应的活化能，反应温度愈高，深度氧化副反应的反应速率愈大，目的产物的选择率愈低。上述反应在三相悬浮床中进行时，可消除床层轴向及催化剂粒内温升，提高选择率。

2. 悬浮床气-液-固三相反应器所用的液相载热体

悬浮床三相反应器的床内能维持等温的关键是床层内具有高液相含率的液相载热体，它的热容比气相反应物大许多倍，并且三相床与换热体之间的传热远大于固定床。

如果产品是所用的液相载热体，或产品溶解于液相载热体，后者形成催化-分离一体化，必须使用三相流化床或三相循环流化床，三相流化床存在出口处液-固分离的困难，固相催化剂必须存留在三相床内。三相循环流化床中催化剂磨损率较高。

如果可使用与反应物或产品无关的惰性液相载热体，则应使用三相鼓泡淤浆床，要求惰性液相载热体具有高沸点和低蒸气压，不含对催化剂有毒的成分，并不与气相反应物或产物发生化学反应。选择不含对催化剂有害毒物的高沸点载热体还比较容易，但如反应气体混合物中含有氧，则选择价廉的抗氧化的惰性液相载热体难度很大。

3. 加压搅拌反应釜作为三相反应器的应用

加压机械搅拌反应釜作为三相反应器的主要优点是气体分布器容易设计，不存在三相悬浮床所需催化剂完全悬浮的最低气速的问题，可在低质量空速下操作，但主要缺点是气相属全混流，反应器中气相组成即出口气相组成，不利于可逆反应。但由于易于设计和操作，仍然可以作为研究三相床催化合成过程的实验室阶段研究工作。

对于反应物及产物均为液相的过程如油脂的催化加氢，可采用机械搅拌反应釜，可连续操作，也可间歇操作，后者更为方便，并且放大过程也很简单。

4. 鼓泡淤浆三相反应器的气体分布器设计

气体分布器关系到鼓泡淤浆床三相反应器中的气含率、气泡尺寸及其分布、临界气速和气-液传质等参数。实验室三相床大都使用多孔分布板，其中小孔在长期工业使用中易堵塞，开发工业三相鼓泡淤浆反应器要改进气体分布器的设计，在研究开发过程中，应进行使用所改进的气体分布器的冷模试验。本章 [例 9-5] 反映了不同气体分布器，同一表观气速下，气含率有较大差异。

5. 加压、加温下鼓泡淤浆三相反应器中的传递过程及相混合研究

一般鼓泡淤浆床三相反应器的传递过程及相混合研究在常温、常压下进行。但绝大多数工业三相床催化反应在加压、加温条件下进行，已进行的研究工作表明，加压操作淤浆反应器中气泡直径较小并且分布较窄，应进一步研究加压和加温条件下使用改进气体分布器的气含率、气泡尺寸及分布、传递过程参数等方面的研究，以取得较好的工业生产效果和更接近实际的加压三相反应器的有关流体力学及传递过程模型参数。

<h2 style="text-align:center">参 考 文 献</h2>

[1] Shah Y T. 气-液-固反应器设计. 萧明威，单渊复，译. 北京：烃加工出版社，1989.

[2] Ramachandran P A，Chaudhari R V. Three-phase Catalytic Reactor. New York：Gorden and Breach Sci Publ，1983.

[3] Gianetto A，Silveston P L. Multiphase Chemical Reactors. Washington：Hemispere Publ Cor，1986.

[4] Fan L-S. 气-液-固流态化工程. 蔡平，俞芷青，金涌，等译. 北京：中国石化出版社，1994.

[5] 朱炳辰，翁惠新，朱子彬. 高等反应工程. 3 版. 北京：中国石化出版社，2019.

[6] Westerterp K R，van Swaiij W P M，Beenackers A A C M. Chemical Reactor Design and Operation. 2nd ed. Chichester：John Wiley&Sons，1982.

[7] Nigam K D P，Schump A. Three-phase Sparged Reactors. Netherlands：Gorden and Breach Sci Publ，1996.

[8] 丁富新，李飞，袁乃驹. 环流反应器的发展和应用. 石油化工，2004，33：801-807.

[9] 陈家镛，杨守志，柯家骏，等. 湿法研究的研究与发展. 北京：冶金工业出版社，1998.

[10] 范正，黄安吉，陈家镛. 气体提升搅拌反应器的研究. 化学工程，1980，12：36-53.

[11] 毛卓雄，戴佐虎，杨守志，等. 多层气提式气-液-固三相反应器的研究. 化工学报，1980，1：11-18.

[12] Fan L-S，Jean R H，Kitano K. On the operation regimes of cocurrent upward gas-liquid-solid systems with liquid as the continuous phase. Chem Eng Sci，1988，42：1853-1855.

[13] Chaudhari R V，Ramachandran P A. Three phase slurry reactors. AIChE J，1980，26：177-201.

[14] 张濂，毛之侯，顾其威. 气-液并流固定床内流动状态研究. 华东化工学院学报，1984，4：427-433.

[15] Anter A M，肖琼，程振民，等. 高压下滴流床反应器动持液量的测定. 华东理工大学学报，1999，25：555-558.

[16] 王月霞，朱豫飞，郭文良，等. 滴流床反应器压力降的预测//加氢装置工程设计 40 年论文集. 洛阳石化工程公司，1996：120-129.

[17] Gianetto A，Specchia V，Baldi G. Absorption in packed towers with cocurrent downward high velocity flow-Ⅱ：mass transfer. AIChE J，1973，19：916-922.

[18] Specchia V，Baldi G，Gianetto A. Solid-liquid mass transfer in concurrent two-phase flow through packed beds. Ind Eng Chem Proc Des Dev，1978，16：362-367.

[19] Weekman Jr J V W，Myers J E. Heat htansfer characteristics of concurrent gas-liquid in packed beds. AIChE J，1965，11：13-17.

[20] Specchia V，Baldi G，Gianetto A. Heat transfer in trickle bed reactors. Chem Eng Comm，1979，3：483-499.

[21] Matsaura A，Hitaka Y，Akehata T，et al. Radial effective thermal conductivity in packed beds with cocurrent gas-liquid downflow. Kagaku Kogaku Ronbushu，1979，5：263-369.

[22] 顾其威，毛之侯，朱余民. 滴流床催化反应过程开发中的实验研究. 化工学报，1985，2：151-159.

[23] 朱余民，顾其威，朱炳辰. 丁炔二醇催化合成的床层宏观动力学. 华东化工学院学报，1984，4：435-439.

[24] Cybulski A. Liquid-phase methanol synthesis：Catalysts，Mechanism，Kinetics，Chemical Equilibia，Vapor-liquid Equlibia，and Modeling. A review Catal Rev-Sci Eng，1994，36：557-615.

[25] 林世雄. 石油炼制工程. 3 版. 北京：石油工业出版社，2000.

[26] 韩崇仁. 加氢裂化工艺与工程. 北京：中国石化出版社，2001.

[27] Nienow A W. Suspension of solid particles in turbine agitated buffled vessels. Chem Eng Sci，1968，23：1453-1454.

[28] Lee S. Methanol Synthesis Technology. New York：CRC Press Inc，1990.

[29] 赵玉龙. 三相床合成甲醇技术的开发. 石油化工，1983，12：444-451.

[30] 陈闵松，应卫勇，房鼎业，等. 机械搅拌反应釜内三相淤浆床甲醇合成宏观动力学. 燃料化学学报，1994，22：380-385.

[31] Skrzypek J，Sloczynski J，Ledakowicz S. Methanol Synthesis-Science and Engineering. Warszawa：Polish Sci Publ，1994.

[32] 王存文，丁百全，王弘轼，等. 三相床甲醇合成研究：Ⅰ机械搅拌及反应釜中高一氧化碳合成气甲醇合成宏观反应动力学. 华东理工大学学报，2000，26：329-333.

[33] 郭俊旺，牛立琴，张碧江. 气-液-固三相合成二甲醚技术进展. 天然气化工，1996，22（6）：38-43.

[34] 贾羡林，李文钊，葛庆杰. 含氮合成气直接制二甲醚的铜基催化剂研究. 分子催化，2002，16（1）：35-38.

［35］ 聂兆广，刘宏伟，刘殿华，等. 含氮合成气双功能催化剂制二甲醚的宏观动力学. 化学反应工程与工艺，2004，20：1-7.

［36］ Shah Y T，Kelkar S P，Gogbole S P，et al. Design parameters estimation for bubble column reactors. AIChE J，1982，28：353-379.

［37］ Joshi J B，Utgikar V P，Sharma M M，et al. Modelling of three phase spayged reactors. Rev in Chem Eng，1985，3：281-406.

［38］ Deckwer W-D，Louisini Y，Zardi A，Ralik M. Hydrodynamic properties of the Fischer-Tropsh slurry process. Ind Eng Chem Proc Des Dev，1980，19：699-708.

［39］ Kojima H，Asano K. Hydrodynamic characteristic of a suspension bubble column. Int Chem Eng，1981，21：473-481.

［40］ Koide K，Yasuda T，Iwamoto S，Fukuda S. Critical gas velocity required for complete suspension of solid particles in solid-suspended bubble columns. J Chem Eng Japan，1983，16：7-12.

［41］ Koide K，Terasawa M，Takekawa H. Cratical gas velocity required for complete suspension of multicomponent-solid particles mixture in solid-suspended bubble column，J Chen Eng Japana，1986，19：341-344.

［42］ Koide K，Takazawa A，Komara M，Matsunaga H. Gas holdup and volumetric liquid-phase mass Transfer coefficient in solid-suspended bubble column. J Chem Eng Japan，1984，17：459-466.

［43］ 宋同贵，曹翼卫，赵玉龙，等. 淤浆床气泡特性研究. 燃料化学学报，1987，17：322-328.

［44］ 周冬，赵玉龙，曹翼卫，等. 热态下鼓泡淤浆床反应器的气含率研究. 化学反应工程与工艺，1990，6：89-93.

［45］ 丁百全，张吉波，房鼎业，等. 高固含率三相淤浆床反应器流体力学研究. 华东理工大学学报，2000，26：228-231.

［46］ Warsito W，Fan L-S. Measurements of real-time flow structures in gas-liquid and gas-liquid-solid flow systems using electrical capacitance tomography. Chem Eng Sci，2001，56：6455-6462.

［47］ 任欧旭，张少峰，闫少军，等. 气-液-固三相流化床中的气泡行为研究进展. 河北工业大学学报，2002，31（5）：44-49.

［48］ Linek V，Vacek V. Chemical engineering use of catalyzed sulfite oxidation kinetics for the determinations of mass transfer characteristics of gas-liguid contactor. Chem Eng Sci，1981，36：1747-1768.

［49］ Sada E，Kumazawa H，Lee C，Fujiwara N. Gas-Liquid mass transfer characterictics in a bubble column with suspended sparingly solubbe fine particles. Ind Eng Chem Proc Des Dev，1985，24：255-261.

［50］ Beenackers A A C M，van Swaaij W P M. Mass transfer in gas-liquid slurry reactor. Chem Eng Sci，1993，48：3109-3139.

［51］ Calderbank P H，Moo-Young M B. The continuous phase heat and mass-transfer properties of dispersions. Chem Eng Sci，1961，16：39-54.

［52］ Deckwer W-D，Serpemen Y，Ralek M，et al. Modelling the Fischer-Tropsch synthesis in the slurry phase. Ind Eng Proc Des Dev，1982，21：231-241.

［53］ Thomas D. Transpost characteristics of suspension：Ⅷ. A note on the viscosity of newtonian suspension of uniform sphorical particles. J Colloid Sci，1965，20：267-277.

［54］ 韩晖，房鼎业，朱炳辰. 高固含率三相鼓泡淤浆反应器气液传质研究及其采用两种分布器的比较. 高校化工学报，2003，17：383-388.

［55］ Sanger P，Deckwer W-D. Liquid-solid mass transfer in aerated suspensions. Chem Eng J，1981，22：179-186.

［56］ Deckwer W-D. On the mechanism of heat transfer in bubble column reactor. Chem Eng Sci，1980，35：1341-1346.

［57］ Muroyama K，Fan L-S. Fundamentals of gas-liquid-solid fluidization. AIChE J，1985，3：1-34.

［58］ 高普生，张德祥. 煤液化技术. 北京：化学工业出版社，2005.

［59］ 金涌，祝京旭，汪展文，等. 流态化工程原理. 北京：清华大学出版社，2001：483-485.

［60］ Song G-H，Bavarian F，Fan L-S. Hydrodynamics of three-phase fliudized bed contraining cylindical hydro-treating catalysts. Cand J Chem Eng，1989，67：265-275.

［61］ Fan L-S，Matsuttra A，Chern S-H. Hydrodynamic characteristics of a gas-liquid-solid fliudization bed contraining a binery mixtures of particles. AIChE J，1985，31：1801-1810.

［62］ Zhang J P，Epstein N，Grace J R，et al. Minimun fluidization velocity of gas-liquid beds. Chem Eng Res Des，1995，73（A3）：347-353.

［63］ Lee D-H，Kim J-O，Kim S-D. Mass transfer and phase holdup characteristics in three-phase fluidized bed. Chem Eng Commoun，1993，119：179-196.

［64］ Schumpe A，Deckwer W-D，Nigam K D. Gas-liquid mass transfer in three-phase Fluidized bed with viscous pseudoplastic liquids. Cand J Chem Eng，1989，67：873-887.

［65］ Arters D C，Fan L-S. Solid-liquid mass transfer in a gas-liquid-solid fluidized bed. Chem Eng Sci，1986，41：107-115.

［66］ Kang Y，Such I S，Kim S-D. Heat transfer characteristics of three-phase fluidized beds. Chem Eng Commun，1985，34：1-13.

［67］ 赵玉龙. 鼓泡淤浆反应器的反应工程问题. 化学反应工程与工艺，1988，4（4）：94-110.

［68］ Joshi J B，Shertukde P V. Modelling of three-phase sparged catalytic reactors. Rev in Chem Eng，1998，5：71-154.

［69］ Torvik R，Svendsen H F. Modelling of slurry reactors. a fundamental approach. Chem Eng Sci，1990，45：2325-2332.

[70] Schluter S，Steiff A，Weinspach P M. Modelling and simulation of bubble column reactors. Chem Eng Process，1992，31：97-117.

[71] Hillmer G，Weismantel L，Hofmann H. Investgation and modelling of slurry bubble columns. Chem Eng Sci，1994，49：837-843.

[72] 王存文，朱炳辰，丁百全，等. 三相床甲醇合成新工艺工程开发研究. 化学工程，2001，29（4）：51-54.

[73] 王存文，朱炳辰，丁百全，等. 鼓泡淤浆床甲醇合成：（Ⅰ）数学模型及试验验证. 化工学报，2001，52：1006-1011.

[74] Akita K，Yoshida F. Bubble size interfacial area and liquid-phase mass transfer coefficent in bubble column. Ind Eng Chem Process Des Dev，1974，13：84-91.

[75] Shah Y T，Deckwer W-D. Scale-up in Chemical Process Industries. New York：John and Sons，1986.

[76] 童景山. 流体的热物理性质. 北京：中国石化出版社，1996.

[77] 房鼎业，姚佩芳，朱炳辰. 甲醇合成技术及进展. 上海：华东化工学院出版社，1990.

[78] 应卫勇. 煤基合成化学品. 北京：化学工业出版社，2010.

[79] 赵亚龙，王佐. Sasol 的浆态床 F-T 合成技术. 煤炭转化，1996，19（2）：54-58.

[80] 张碧江. 煤基合成液体燃料. 太原：山西科学技术出版社，1993.

[81] Qian W X，Zhang H T，Ying W Y，et al. The comprehensive kinetics of Fischer-Tropsch synthesis over a Co/AC catalyst on the basis of CO insertion mechanism. Chemical Engineering Journal，2013，228：526.

[82] 颜芳，钱炜鑫，孙启文，等. 铁基催化剂上费托合成本征动力学研究. 计算机与应用化学，2015，32（9）：1054.

[83] Saxena S C. Bubble column Reactors and Fischer-Tpropsh synthesis Catal. Rev-Sci Eng，1995，37（2）：227-309.

[84] Wang Yining，Li Yongwang，Zhao Yuling，ZhangBijiang. Modeling of Fischer-Tropsch Synthesis in Bubble column Slurry Reactors：numerical analysis. J Fuel Chem And Techn，1996，27（3）：193-302.

[85] 吕朝晖，赵玉龙，赵亮富，等. 浆态 F-T 合成反应器的数学模拟. 化学反应工程及工艺，2000，16（1）：209-215.

习　题

9-1 在内径 0.2m，静止液层高 4.0m，反应器高 8m 的冷模中，用空气-水-C302 催化剂系统进行鼓泡淤浆床的冷模试验，催化剂粒度 80～100 目，颗粒密度 3.5kg/L。液-固两相淤浆中固含率为 0.35kg/kg 水。常压，水温 25℃，表观气速 u_g 为 10cm/s 和 25cm/s。

分别求上述两种 u_g 下的 （1）气含率 ε_G，分别用式（9-22）及式（例 9-5-1）计算；（2）固体完全悬浮时的临界气速 u_{gc}；（3）气-液界面的液相容积传质系数 $k_L a$；（4）颗粒轴向沉降弥散系数 E_{SZ} 和液相轴向弥散系数 E_{LZS}；（5）浸没表面对淤浆床的给热系数 α_{SL}；（6）鼓泡淤浆床高 L。

9-2 题 9-1 的冷模如在 10MPa 压力下进行，其余不变。求：u_g 为 （1）10cm/s；（2）25cm/s 时，鼓泡淤浆床的 ε_G、u_{gc}、$k_L a$、E_{SZ}、E_{LZS} 及鼓泡淤浆床高。

9-3 如 ［例 9-1］的冷模内径为 0.5m，其余不变，求：u_g 为 （1）10cm/s，（2）25cm/s；压力为 （1）0.1MPa，（2）10MPa 时 E_{SZ} 值。

9-4 ［例 9-1］的常压冷模改为并流向上三相流化床，如气速分别为 10cm/s 及 25cm/s，（1）分别用式（9-35）及式（9-37）求三相流化床液体临界流速 u_{Lmf}，（2）ε_G，（3）$k_L a$，（4）α_{TF} 及（5）液相轴向混合弥散系数 E_{LZ}。

主要符号一览表

○○ ——— → ○○ ○ ○○ ————————

A_C	反应器的空截面积，即扣除了换热装置等内部构件，并且不包含所装载固体的截面积
a	单位体积气-液两相或气-液-固三相床中气-液相界面积
c	浓度
c_p	摩尔等压热容
D	扩散系数；直径
d_p	颗粒的筛析直径；或泛指颗粒的直径
E	活化能；弥散系数；亨利系数
f	逸度
G	质量流率或质量通量；空塔摩尔流率
g	重力加速度
H	溶解度系数；焓
$\Delta_r H$	反应焓
K	反应平衡常数；总传质系数；总传热系数；气-液相平衡常数
k	反应速率常数；传质分系数
k_0	指前因子
l	长度；床高（变量）
L	床高
M	摩尔质量
N	摩尔流量；摩尔扩散通量
n	反应级数；气泡数
p	总压
p_i	i 组分的分压
R	摩尔气体常数；半径
r	反应速率；床层中径向距离
S	选择率；表面积
T	绝对温度
t	反应时间；停留时间
u_f	流体表观流速（按反应器的空截面积计算）
u_t	单颗颗粒终端速率
V	体积；体积流量
W	质量
x	转化率；液相摩尔分数
Y	收率

y	气相摩尔分数
Z	压缩因子

希腊字母

α	给热系数
ε	床层空隙率
ε_G	气含率
ε_L	液含率
ε_S	固含率
ζ	阻力系数；内扩散有效因子
λ	热导率
μ	黏度
ν	化学计量系数；动力黏度
ρ	密度
σ	表面张力
ϕ	逸度系数

上标

$*$	平衡状态
0	进口状态

下标

A	组分 A
B	组分 B
b	床层；气泡
e	外部；颗粒外表面
G	气相
g	气相；宏观的
i	内部；组分；气-液相界面
L	液相
l	液相
mf	起始流化或临界流化
p	颗粒
r	径向
s	颗粒，固体，固相外表面
SL	淤浆
TF	三相流化床
Z	轴向

数字资源索引